普通高等教育机电工程类应用型本科规划教材

机械制造技术基础

李永刚　主　编
李从权　副主编

清华大学出版社
北　京

内容简介

本书根据普通高等学校应用型本科教育教材规划的目标和要求，贯彻将理论知识和实践知识有机结合的改革思路，综合了金属切削原理及刀具、金属切削机床设计、机械制造工艺学的基本内容，对机械制造技术的基础知识、基本理论、基本方法等有机整合后，撰写而成。

该书涉及的知识面较广，内容充实，图文并茂，宜教宜学，结合生产实际，是一本可读性较强的实用教材。全书除绪论外共分8章，包括：金属切削基础知识、金属切削过程及其控制、金属切削机床及其基本知识、工件夹紧及机床夹具、机械加工质量分析与控制、机械加工工艺规程的设计、典型零件加工工艺的设计、特种加工与先进制造技术。在每章首页均写有内容提要、本章要点及难点，供大家学习时参考。每章后均附有习题与思考题。

本书可作为高等工科院校机械、机电类或其他相关专业的本科、专科教材或教学参考书，也可作为高等职业技术学院、成人高校等机械类相关专业的教材或参考书，也可供机械制造技术人员参考使用。

图书在版编目(CIP)数据

机械制造技术基础/李永刚主编. —北京：清华大学出版社，2014（2024.8重印）
普通高等教育机电工程类应用型本科规划教材
ISBN 978-7-302-37695-8

Ⅰ. ①机… Ⅱ. ①李… Ⅲ. ①机械制造工艺－高等学校－教材 Ⅳ. ①TH16

中国版本图书馆 CIP 数据核字(2014)第 186380 号

责任编辑：孙　坚　赵从棉
封面设计：常雪影
责任校对：王淑云
责任印制：丛怀宇

出版发行：清华大学出版社
网　　址：https:// www.tup.com.cn，https:// www.wqxuetang.com
地　　址：北京清华大学学研大厦 A 座　　**邮　　编**：100084
社 总 机：010-83470000　　**邮　　购**：010-62786544
投稿与读者服务：010-62776969，c-service@tup. tsinghua. edu. cn
质量反馈：010-62772015，zhiliang@tup. tsinghua. edu. cn
印 装 者：北京鑫海金澳胶印有限公司
经　　销：全国新华书店
开　　本：185mm×260mm　　**印　　张**：22.75　　**字　　数**：553 千字
版　　次：2014 年 12 月第 1 版　　**印　　次**：2024 年 8 月第 6 次印刷
定　　价：65.00 元

产品编号：047958-03

普通高等教育机电工程类应用型
本科规划教材编委会

序

当今世界，科技发展日新月异，业界需求千变万化。为了适应科学技术的发展，满足人才市场的需求，高等工程教育必须适时地进行调整和变化。专业的知识体系、教学内容在社会发展和科技进步的驱使下不断地伸展扩充，这是专业或课程边界变化的客观规律，而知识体系内容边界的再设计则是这种调整和变化的主观体现。为此，教育部高等学校机械设计制造及其自动化专业教学指导分委员会与中国机械工程学会、清华大学出版社合作出版了《中国机械工程学科教程》(2008 年出版)，规划机械专业知识体系结构乃至相关课程的内容，为我们提供了一个平台，帮助我们持续、有效地开展专业的课程体系内容的改革。本套教材的编写出版就是在上述背景下为适应机电类应用型本科教育而进行的尝试。

本套教材在遵循机械专业知识体系基本要求的前提下，力求做到知识的系统性和实用性相结合，满足应用型人才培养的需要。

在组织编写时，我们根据《中国机械工程学科教程》的相关规范，按知识体系结构将知识单元模块化，并对应到各个课程及相关教材中。教材内容根据本专业对知识和技能的设置分成多个模块，既明确教材应包含的基本知识模块，又允许在满足基本知识模块的基础上增加特色模块，以求既满足基本要求又满足个性培养的需要。

教材的编写，坚持定位于培养应用型本科人才，立足于使学生既具有一定的理论水平，又具有较强的动手能力。

本套教材编写人员新老结合，在华中科技大学、武汉大学、武汉理工大学、江汉大学等学校老教师指导下，一批具有教学经验的年轻教师积极参与，分工协作，共同完成。

本套教材形成了以下特色：

(1) 理论与实践相结合，注重学生对知识的理解和应用。在理论知识讲授的同时，适当安排实践动手环节，培养学生的实践能力，帮助学生在理论知识和实际操作方面都得到很好的锻炼。

(2) 整合知识体系，由浅入深。对传统知识体系进行适当整合，从便于学生学习理解的角度入手，编排教材结构。

(3) 图文并茂，生动形象。图形语言作为机电行业的通用语言，在描述机械电气结构方面有其不可替代的优势，教材编写充分发挥这些优势，用图形说话，帮助学生掌握相应知识。

（4）配套全面。在现代化教学手段不断发展的今天，多媒体技术已经广泛应用到教学中，本套教材编写过程中，也尽可能为教学提供方便，大部分教材有配套多媒体教学资源，以期构建立体化、全方位的教学体验。

本套教材以应用型本科教育为基本定位，同时适用于独立学院机电类专业教学。

作为机电类专业应用型本科教学的一种尝试，本套教材难免存在一些不足之处，衷心希望读者在使用过程中，提出宝贵的意见和建议，在此表示衷心的感谢。

吴昌林

2012年6月

前言

为了适应我国制造业的高速发展以及对高级专业技术人才培养的需要，我国高等教育事业正进行着一场重大变革。就人才培养而言，应力求造就一代知识面广、具有一定实践经验和动手能力、适应性强的宽厚型、复合型、开放型的新型人才。

本着此宗旨，按照机械设计及制造类专业的教学要求，高等工科院校的教学计划对机械制造系列课程及其学时进行了相应的调整。为了适应新的教学体系和制造业的发展趋势，本书将原机械设计与机械制造专业的三门主干专业课(金属切削原理及刀具、金属切削机床设计、机械制造工艺学)的基本内容加以提炼、充实和更新，在着重讲清基本概念、基本原理的基础上，按照少而精的原则浓缩内容，用尽量少的文字反映国内外先进制造技术水平，为机械工程类专业培养通用型人才奠定一定的专业基础知识。

本书在内容安排上侧重机械制造方面冷加工领域的基本知识、基本原理和基本方法，突出了专业基础内容；在章节次序的安排上，既考虑了专业知识本身的内在联系，又遵循了专业基础前后贯通的原则。本书集基础性、传统性、应用性、学以致用等特点于一身。

该书内容包括金属切削加工、磨削过程中的物理现象及其规律，金属切削刀具的功用、性能和常用金属切削机床的传动、特点，以及有关制造过程中的加工质量、加工精度、工装夹具、加工工艺规程和装配工艺规程、特种加工(非常规加工)等方面的必备知识。

全书内容所涉及的知识面较广，分析透彻，重点突出。其特点是在每个知识点上都配有图例说明，讲解由浅入深，使学生宜懂、老师宜教，真正做到了事半功倍的效果。同时对于从事机械制造专业的工程技术人员、管理人员，本书也是必不可少的专业参考书。

本书作者曾长期在机械制造企业的生产第一线从事技术工作，之后因工作需要到高校从事本专业的教学工作，有着丰富的实践和教学经验。该书由华中科技大学文华学院李永刚任主编，具体分工为：绪论、第1章、第2章、第4～8章由华中科技大学文华学院李永刚编写，第3章由江汉大学文理学院李从权编写。

全书由华中科技大学张福润教授主审，张教授认真仔细地审阅了全书，提出了极为宝贵的修改和指导意见，对提高本书的质量给予了重要帮助，作者在此谨致以衷心的感谢。

本书在编写过程中得到了华中科技大学吴昌林教授、华中科技大学文华学院李元科教授、华中科技大学文华学院朱传军副教授等专家学者的热情帮助与大力支持，并对书稿内容和教材体系提出了宝贵的意见和具体建议，编者在此表示诚挚的谢意，本书在编写过程中，参考了许多学者和专家的文献和著作，作者特别感谢他们的学术贡献。

由于本书内容较多，融入个人的想法也较多，加之精力有限、时间仓促，以及编者水平的不足，书中难免有欠妥之处，敬请读者批评指正。

编　者

2014 年 11 月

目录

绪　论

0.1　制造业和机械制造技术

1. 制造业和机械制造技术的概念

所谓制造，是指人类运用自己掌握的知识和技能，通过手工或工具，采用有效的方法，按照所需的目的，将原材料加工成具有使用价值的物质产品并投放市场的过程。随着社会的进步和制造活动的发展，制造的内涵也在不断地深化和扩展，因此制造的概念是不断发展进化的。

机械制造是指各种机械、仪器、仪表制造过程的总称，也就是说，要获得一个合格的零件和产品，必然要经过一系列从原材料到成品的制造过程，这种制造过程称为机械制造。

所谓制造业是所有与制造有关的行业的总称，制造业是将各种原材料加工制造成可使用的工业制成品的工业，制造业不仅为广大消费者直接提供商品，满足人民群众日益增长的物质需求，还担负着为国民经济各部门以及科技、国防等提供各种技术装备的重任。

制造业在众多国家尤其是发达国家的国民经济中占有十分重要的位置，是国民经济的支柱产业和物质基础，是国家综合竞争力的重要标志和社会进步的象征，是国家安全的基本保证。据报道，美国68%的财富来源于制造业，日本国民总产值的49%是由制造业提供的。中国的制造业在国民生产总值中也占有40%的比例。另外，中国的制造业还创造了一半的财政收入、吸引了一半的城市就业人口和农村剩余劳动力，创造了接近3/4的外汇收入。可以说，没有发达的制造业就不可能有国家真正的繁荣和富强。

机械制造技术是机械制造过程中所涉及的各种技术的总称，是完成机械制造活动所施行的一切手段的总和，是国民经济得以发展的基础，也是制造业本身赖以生存的关键技术。

2. 机械制造技术的发展历史

人类文明的发展与制造业的进步密切相关。早在石器时代，人类就开始利用天然石料制作工具，用其猎取自然资源为生。到了青铜器和铁器时代，人们开始采矿、冶金、铸锻工具，并开始制作纺织机械、水力机械、运输车辆等，以满足以农业为主的自然经济的需要。那时，采用的是作坊式的以手工劳动为主的生产方式。

机械制造作为一门系统的科学和技术，主要还是近200多年的事。18世纪中叶，随着蒸汽机的发明和以瓦特改进蒸汽机及其大量的应用，机械和蒸汽动力技术相结合，出现了以动力驱动为特征的制造方式，引发了第一次工业革命。1775 年，英国人约翰·威尔金森(J. Wilkinson)为加工瓦特蒸汽机的汽缸，研制成功了第一台卧式镗床。到 1860 年，车、铣、刨、插以及齿轮和螺纹加工机床相继出现，形成了较为完整的金属切削机床产品系列，为机械制造技术的发展提供了有利条件。

19 世纪中叶，电磁场理论的建立为发电机和电动机的产生奠定了基础，从而迎来了以电气化为特征的第二次工业革命。以电能作为新的动力源，不仅改变了机器的结构，而且提高了生产效率。与此同时，互换性原理和公差配合制度应运而生，所有这些使机械制造业发生了重大变革，从而使机械制造技术进入了快速发展时期。

随着冶金技术的发展，钢铁及其合金材料得到大量使用，对切削加工的精度和效率的要求则越来越高。1898 年美国机械工程师泰勒(F. W. Taylor)和冶金工程师怀特(M. White)发明了高速钢刀具，使切削速度提高了 3～5 倍，1927 年德国人首先研制出硬质合金刀具，切削速度比高速钢刀具又提高了 3～5 倍。为了适应硬质合金刀具高速切削的需求，金属切削机床的结构发生了较明显的改进，从带传动改为齿轮传动，机床的速度、功率、刚度和精度也随之提高。后来又出现了陶瓷、立方氮化硼、金刚石等超硬(现代)刀具材料，这些新型刀具材料的优越性能，促进了加工方法的改进与工艺的进步，也再次推动了机床的改进与发展，使机床的性能，尤其是在控制方面，有了极大的改进和提高。

20 世纪初，内燃机的发明使汽车开始进入欧美家庭，引发了机械制造业的又一次革命。制造业进入了以汽车制造为代表的流水式、大批量生产模式的时代，相继出现了流水生产线、装配线、自动化机床与自动生产线。制造业追求的目标是大批量、高效率、低成本。同时，随着科学管理理论体系的不断建立和完善，发展成了制造技术的过细分工和制造系统的功能细化。

第二次世界大战后，电子计算机和集成电路的出现，以及运筹学、现代控制论、系统工程等软科学的产生和发展，使机械制造业产生了一次新的飞跃。传统的大批量生产方式难以满足市场多变的需要，多品种、中小批量生产逐渐成为制造业的主流生产方式。传统的自动化生产方式只有在大批量生产的条件下才能实现，而数控机床的出现使中、小批量生产自动化成为可能。科学技术的高速发展，促进了生产力的进一步提高。

0.2 先进制造技术的特点及发展趋势

1. 先进制造技术的特点

随着以信息技术为代表的高新技术的不断发展，个性化和多样化将是未来制造业发展的显著特征，与此相适应，先进制造技术的主要特点可归纳为以下 6 个方面。

(1) 先进制造技术贯穿了从产品设计、加工制造到产品销售及使用维修等全过程，成为“市场—产品设计—制造—市场”的大系统，而传统制造工程一般单指加工过程。

(2) 先进制造技术充分应用计算机技术、传感技术、自动化技术、新材料技术、管理技术等的最新成果，与其他学科不断交叉、融合，相互之间的界限逐渐淡化甚至消失。

(3) 先进制造技术是技术、组织与管理的有机集成，特别重视制造过程组织和管理体制的简化及合理化。

(4) 先进制造技术并不追求高度自动化或计算机化，而是通过强调以人为中心，实现自主和自律的统一，最大限度地发挥人的积极性、创造性和相互协调性。

(5) 先进制造技术是一个高度开放、具有高度组织能力的系统，通过大力协作，充分、合理地利用全球资源，不断生产出最具竞争力的产品。

(6) 先进制造技术的目的在于能够以最低的成本、最快的速度提供用户所希望的产品，实现优质、高效、低耗、清洁、灵活生产，并取得理想的技术经济效果。

2. 先进制造技术的主要发展趋势

(1) 制造技术向自动化、集成化和智能化方向发展

计算机数字控制(computer numerical control，CNC)机床、加工中心(mechine center，MC)、柔性制造系统(flexible manufacture system，FMS)以及计算机集成制造系统(computer integrated manufacturing systems，CIMS)等自动化制造设备或系统的发展适应了多品种、小批量的生产方式，它们将进一步向柔性化、对市场快速响应以及智能化的方向发展，敏捷制造设备将会问世，以机器人为基础的可重组加工或装配系统将诞生，智能制造单元也可望在生产中发挥作用。加速产品开发过程的计算机辅助设计(computer aided design，CAD)、计算机辅助制造(computer aided manufacturing，CAM)一体化技术、快速成形(rapid prototyping，RP)技术、并行工程(concurrent engineering，CE)和虚拟制造(virtual manufacturing，VM)将会得到广泛的应用。

信息高速公路的出现大大缩短了人们之间的物理距离，使基于网络的远程制造成为现实。随着世界市场竞争的日益激烈，以及微电子技术和信息技术的高速发展，全球化敏捷制造将成为21世纪制造业的主要生产模式。

(2) 制造技术向高精度、高效率方向发展

21世纪的超精密加工已向分子级、原子级精度推进(如纳米加工已经能对单个原子进行搬运加工)，采用一般的精密加工也可以稳定地获得亚微米级的精度。精密成形技术与磨削加工相结合，有可能覆盖大部分零件的加工技术。以微细加工为主要手段的微型机电系统技术将广泛应用于生物医学、航空航天、军事、农业以及日常生活等领域，成为21世纪最重要的先进制造技术前沿之一。由于高速切削已经成功应用于飞机制造业和汽车制造业，并表现出众多常规加工切削不具有的优良特性，如单位时间的金属切除率高、能耗低、加工精度高、工件表面质量好、可加工难加工材料等，近年来，世界各主要工业国家都在大力发展高速加工技术。生产实践表明，采用高速切削可以使特种合金制造的发动机零件的工效比传统加工工艺提高10倍以上，还可以延长刀具耐用度，改善零件的加工质量。

(3) 制造技术向可持续方向发展

综合考虑社会、环境要求及节约资源的可持续发展的制造技术将越来越受到重视，绿色产品、绿色包装、绿色制造系统、绿色制造过程将在21世纪得以普及。

面对日趋严峻的资源和环境约束，世界各国都采取了促进制造业向可持续方向发展的相关措施。例如，德国制定了《产品回收法规》，日本等国提出了减少、再利用及再生的3R(reduce，reuse，recycle)战略，美国提出了再制造(remanufacturing)及无废弃物制造(waste-free process)的新理念。欧盟颁布了汽车材料回收法规，要求从2005年起新生产的汽车材料85%能再利用，到2015年汽车材料的再利用率要达到95%。

制造过程的废物不得污染环境，环境保护成为建立现代制造企业的先决条件。绿色制造要求产品的零部件易回收、可重复使用、尽量少用污染材料，在整个产品的制造和使用过程中排废少、对环境的污染要尽可能小、所消耗的能量也尽可能少。产品和制造过程的绿色化，不仅要求企业把环境保护当作自己的重要使命，同时也是企业未来生存和发展的战略。

(4) 制造技术从制造死物向制造活物方向发展

现代社会基于对人类疾病抗争的需要，希望制造业能承担起制造有生命活物的重任。因此，制造活物逐渐成为制造技术发展的一个方向，如人体脏器、人造骨骼、人造皮肤等将成为制造业的产品对象。与此相对应，生物制造与仿生制造也将得到长足的发展。

0.3 课程的学习要求和学习方法

1. 本课程的学习目的和学习要求

机械制造技术基础是机类和近机类专业的一门重要的专业基础课程，课程设置的目的是为学生在机械制造技术方面奠定最基本的知识和最基本的技能。因此，对于本课程的学习，主要要求如下：

(1) 对制造业、机械制造、机械制造技术的概念有一个总体的、全貌的了解与把握。

(2) 了解金属切削加工的基本理论，以及常用的各类金属切削刀具的结构、工作原理和工艺特点，能够结合生产实际，合理地选用和使用各类刀具。

(3) 掌握金属切削过程中的诸多物理现象(如切屑形成机理、积屑瘤、切削力、切削热、切削温度、刀具磨损等)的变化规律，并能结合生产实际，初步解决切削加工生产中出现的相关问题。

(4) 熟悉常用金属切削机床的结构、工作原理，初步掌握分析机床运动和传动系统的方法，根据零件结构、加工要求，能正确选用常用金属切削机床设备。

(5) 掌握机械加工的基本知识，能正确选择加工方法与机床、刀具、夹具及切削用量等参数，初步具有编制零件加工工艺规程、设计机床夹具的能力。

(6) 掌握机械制造工艺的基本理论，机械加工精度和表面质量的基本理论和基本知识，具有分析、解决现场生产过程中的质量、生产效率、经济性问题的能力。

(7) 了解各类特种加工的工作原理、加工特点，以及适用范围，根据加工要求能正确选用特种加工的类别和方法。

(8) 了解当今先进制造技术和先进制造模式的发展概况，初步具备对制造系统、制造模式选择、决策的能力。

2. 本课程的特点及学习方法

机械制造技术基础这门课程涉及面广、知识点散、实践性强、综合性强、灵活性大。通过对本课程的学习，应对以下特点加以理解。

(1) 机械制造技术既是一门科学，有其系统性和内在规律；又是一门技术，凝聚了大量实践经验的结晶。本课程既是一门技术基础课，为其他专业课的学习打下良好基础；又是一门专业课，其知识在机械制造专业领域内可直接应用于生产，指导实践。

（2）机械制造技术是一门具有悠久历史的学科，经过长期研究和积累，形成了比较完整及系统的理论和经验。同时，在科学技术快速发展的今天，许多新的学科、新的技术、新的手段被不断地引入进来，使机械制造技术不断更新、发展和完善，从而焕发出勃勃生机。

（3）本课程系统性强，实践性强，工程性强，应用性强。本课程是在学习了前期一系列基础课程的基础上进一步专业化的综合应用课程，强调与相关基础课程的有机联系与衔接，强调理论密切联系工程实际，注重对在工程实践中发现问题、综合分析问题和解决实际问题的能力的培养。

针对以上特点，在学习本课程时，要特别注意充分理解机械制造技术的基本概念，牢固掌握机械制造技术的基本理论和基本方法，以及这些理论和方法的灵活应用。

本课程教学内容的实践性很强，与生产实际联系密切，只有具备较多的实践知识，才能在学习时理解得深入透彻。此外，对课程内容的掌握，需要实习、课程设计、实验及课后练习等多种教学环节配合，每一个环节都是重要的、不可缺少的，学习时应予以注意。

因此，学习本课程时，除了参考大量的书籍之外，更加重要的是必须重视实践环节，要注意向生产实际学习。在学习过程中要注意实践知识的学习和不断积累，加强感性实践与理论知识的紧密结合，是学习本课程的最好方法。

习题与思考题

0-1 什么是制造业？什么是机械制造？什么是机械制造技术？它们在国民经济中有何重要作用？

0-2 了解并简述机械制造技术的发展历史。

0-3 先进制造技术有哪些主要特点？

0-4 简述先进制造技术的主要发展趋势？

0-5 了解并知晓机械制造技术基础课程的学习目的和学习要求。

0-6 简述机械制造技术基础课程的特点及学习方法。

第1章

金属切削基础知识

【内容提要】 本章主要介绍了切削运动与切削用量的基本概念，详细地描述了车刀切削部分的几何参数及选择、系统地讲解了常用刀具的材料及选用，并阐述了其他常用金属切削刀具和砂轮等方面的基础知识。

【本章要点】

1. 切削运动与切削用量的基本概念
2. 车刀切削部分的几何参数及选择
3. 常用金属切削刀具的材料及选用
4. 其他常用金属切削刀具和砂轮

【本章难点】

1. 车刀切削部分的几何参数及选择
2. 常用金属切削刀具的材料及选用

金属切削加工是目前机械制造的主要方法和手段之一，金属切削过程是刀具与工件相互作用的过程。在金属切削加工过程中，起着主要作用的基本要素是：切削运动、切削用量和刀具。

1.1 切削运动与切削用量

1.1.1 切削运动

1. 工件上的加工表面

在切削加工过程中，工件上的金属层不断地被刀具切除而变成切屑，同时在工件上形成新的表面。在新表面的形成过程中，工件上有3个不断变化着的表面(见图1-1、图1-2)，它们是：

(1) 待加工表面。指工件上有待切除金属层的加工表面。

(2) 已加工表面。指工件上经刀具切除金属层后产生的新表面。

(3) 加工表面(或称过渡表面)。指工件上正在被主切削刃切削的表面，它是待加工表面和已加工表面之间的过渡表面。

2. 切削运动

金属切削加工是利用刀具从工件待加工表面上切去一层多余的金属，从而使工件达到规定的几何形状、尺寸精度、位置精度和表面质量的机械加工方法。为了切除多余的金属，刀具和工件之间必须有相对运动，即切削成形运动，简称切削运动。切削运动可分为主运动和进给运动(见图 1-1、图 1-2)。

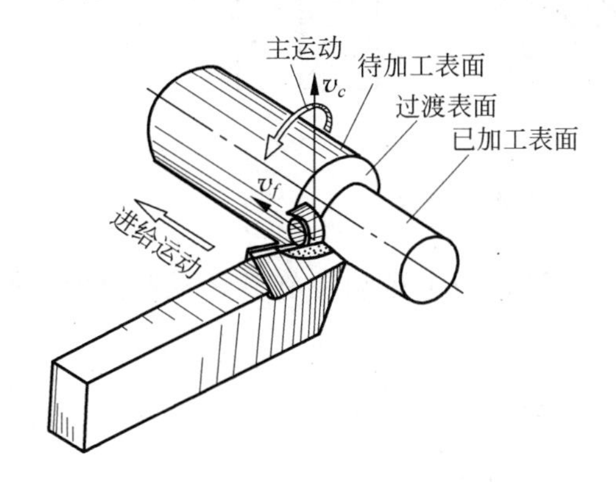

图 1-1　外圆车削的切削运动与加工表面

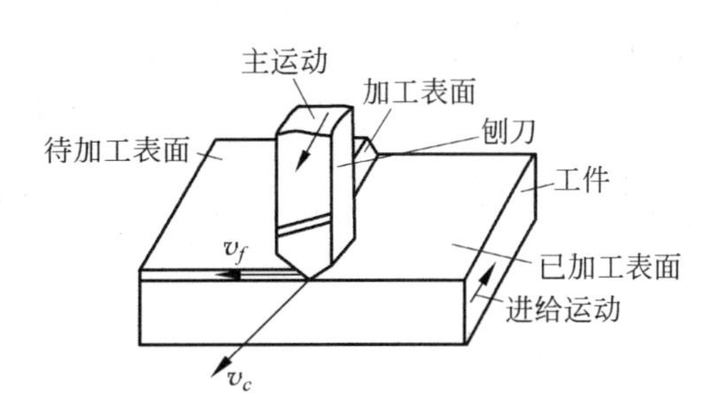

图 1-2　平面刨削的切削运动与加工表面

(1) 主运动

使工件与刀具产生相对运动以进行切削的最基本运动，称为主运动。主运动的速度最高，所消耗的功率最大。在切削运动中，主运动只有一个，它可以由工件完成，也可以由刀具完成；可以是旋转运动，也可以是直线运动。例如，外圆车削时工件的旋转运动是主运动；在钻削、铣削和磨削时，刀具或砂轮的旋转运动是主运动；在平面刨削时，刀具的直线往复运动是主运动。

(2) 进给运动

与主运动配合，连续不断地把被切削层投入切削，以逐渐切削出整个工件表面的运动，称为进给运动。进给运动一般速度较低，消耗的功率较少。它可以是连续的，也可以是间断的。外圆车削时的进给运动是车刀沿平行于工件轴线方向的连续直线运动，平面刨削时的进给运动是工件沿垂直于主运动方向的间歇直线运动。

进给运动可由一个或多个运动组成，可以由工件或刀具分别完成，也可以由刀具单独完成。例如车削圆弧面或球面时车刀的纵向和横向进给运动需同时进行，磨削外圆面时工件的旋转和工作台带动工件的纵向移动，有些机床(如拉床)加工时，没有进给运动。

1.1.2　切削用量三要素

在切削加工过程中，需要针对不同的工件材料、刀具材料和加工要求来选定适宜的切削速度 v_c、进给量 f 和背吃刀量 a_p。切削速度 v_c、进给量 f 和背吃刀量 a_p 三者通常称为切削用量三要素，如图 1-3 所示(同时参见图 1-1、图 1-2)，它们是用来表示切削运动的主要参数。

1. 切削速度 v_c

切削刃上选定点相对于工件沿主运动方向的瞬时线速度称为切削速度，用符号 v_c 表

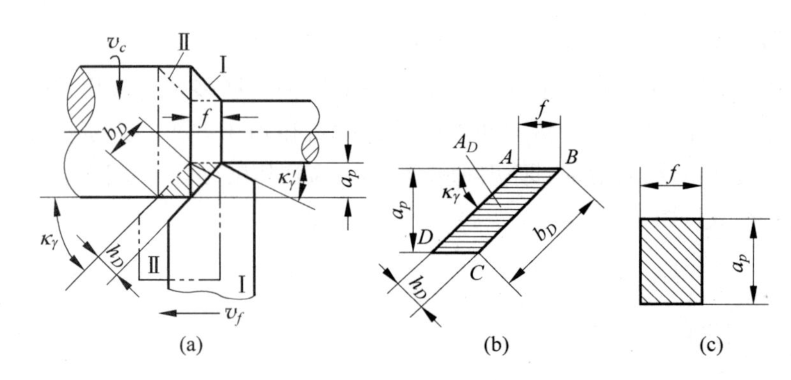

图 1-3　车外圆时的切削用量及切削层参数

示，单位 m/min。刀刃上各点的切削速度可能是不同的，当主运动是旋转运动时，切削速度为

$$v_c = \frac{\pi d_w n}{1000} \quad (\text{m/min 或 m/s}) \tag{1-1}$$

式中：d_w——工件待加工表面的直径或刀具的最大直径，mm；

n——工件主运动的转速或刀具主运动转速，r/min或 r/s。

若主运动为往复直线运动，则常用其平均速度作为切削速度 v_c，即

$$v_c = \frac{2Ln}{1000 \times 60} \quad (\text{m/min}) \tag{1-2}$$

式中：L——往复直线运动的行程长度，mm；

n——主运动每分钟往复的次数，次/min。

2. 进给量 f

进给量也称为走刀量，是指主运动每转一圈，刀具与工件在进给运动方向上的相对位移量，用符号 f 表示，单位为 mm/r。

对于刨削、插削等主运动为直线运动的加工，单位为 mm/行程或 mm/双行程。对于铣刀、铰刀等多齿刀具，还可用每齿进给量 f_z 表示，它是刀具上每个刀齿每转相对于工件在进给运动方向的位移量，单位为 mm/齿。

刀具移动速度 v_f、进给量 f 及每齿进给量 f_z 三者之间有如下关系：

$$v_f = nf = nzf_z \quad (\text{mm/min}) \tag{1-3}$$

式中：z——刀具齿数；

n——主运动每分钟转数或往返次数；

f_z——每齿进给量，mm/z。

3. 背吃刀量(或切削深度)a_p

背吃刀量是一个和主切削刃与工件切削表面接触长度有关的量，是在垂直于进给运动方向上测量的主切削刃切入工件的深度。在一般情况下，也就是工件的待加工表面与已加工表面之间的垂直距离，用符号 a_p 表示，单位为 mm，见图 1-3。

a_p 的大小直接影响主切削刃的工作长度，反映切削负荷的大小。车削圆柱面时的背吃刀量 a_p 为该次切削余量的一半；车削端面和刨削平面时的背吃刀量 a_p 等于该次的切削余

量。例如外圆车削时的背吃刀量 a_p 计算如下：

$$a_p = \frac{d_w - d_m}{2} \qquad (\text{mm})$$

式中：d_w——工件待加工表面的直径，mm；

d_m——工件已加工表面的直径，mm。

4. 切削层公称截面面积 A_D（简称切削面积）

切削层公称截面面积是指通过切削刃上的选定点，在切削层尺寸测量平面内测量的切削层的横截面面积，单位为 mm^2，见图 1-3(b)。

$$A_D = h_D b_D = f\sin\kappa_\gamma \cdot a_p/\sin\kappa_\gamma = fa_p$$

式中：h_D——切削厚度，即两相邻加工表面间的垂直距离，$h_D = f\sin\kappa_\gamma$，mm；

b_D——切削宽度，即沿主切削刃度量的切削层尺寸，$b_D = a_p/\sin\kappa_\gamma$，mm。

由此可见，当 $\kappa_\gamma = 90°$ 时，切削层为一矩形截面，见图 1-3(c)。

切削层参数是研究切削过程的重要参数，切削过程中的各种物理现象也主要发生在切削层内。掌握切削层的基本概念和物理实质，对切削过程的研究具有重要意义。

1.2　刀具切削部分的几何参数

切削刀具的种类虽然很多，形状各异，但它们切削部分的结构要素和几何角度都有着许多共同的特征。而外圆车刀是最基本、最典型的刀具，其他刀具都可以看作是以外圆车刀切削部分为基本形状的演变和组合。下面以普通外圆车刀为代表来说明刀具切削部分的组成，并给出切削部分几何参数的一般性定义。

1.2.1　刀具切削部分的结构要素

外圆车刀由刀头和刀体两部分组成。车刀刀头是车刀的切削部分，用于承担切削工作，刀体是夹持部分，用于车刀在车床刀架上的装夹，如图 1-4 所示。普通外圆车刀切削部分由“三面两刃一尖”，即前刀面、主后刀面、副后刀面、主切削刃、副切削刃、刀尖所组成，各部分定义如下。

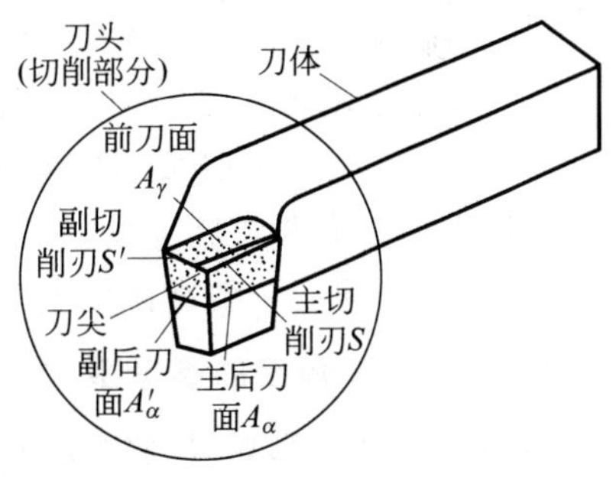

图 1-4　外圆车刀切削部分的组成

(1) 前刀面 A_γ

切下的切屑延其流过的表面，以 A_γ 表示。

(2) 主后刀面 A_α

与工件上加工表面(或过渡表面)相对的表面，以 A_α 表示。

(3) 副后刀面 A'_α

与工件上已加工表面相对的表面，以 A'_α表示。

(4) 主切削刃 S

前刀面与主后刀面的交线，以 S 表示，它承担主要的切削工作。

(5) 副切削刃 S'

前刀面与副后刀面的交线，以 S'表示，它协同主切削刃完成切削工作，并最终形成已加工表面。

(6) 刀尖

主切削刃与副切削刃连接处的那部分切削刃，它可以是小的直线段或圆弧。

其他各类刀具，如刨刀、麻花钻、铣刀等，都可以看作是外圆车刀的演变和组合。如图 1-5(a)所示的刨刀，其切削部分的形状与车刀相同；如图 1-5(b)所示的麻花钻，可看作是两把一正一反并在一起同时镗削孔壁的车刀，因而有 2 个主切削刃、2 个副切削刃，另外还多了 1 个横刃；如图 1-5(c)所示的铣刀，可看作由多把车刀组合而成的复合刀具，其每 1 个刀齿相当于 1 把车刀。

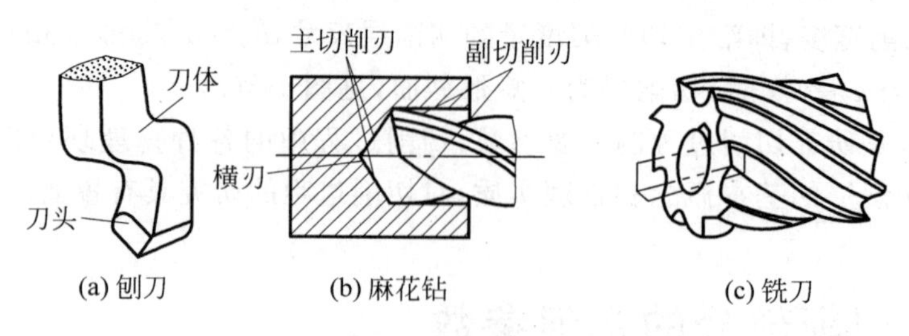

图 1-5 三种常见刀具切削部分的形状

1.2.2 刀具标注角度参考系

1. 刀具运动条件和安装条件的假设

刀具要从工件上切下金属，必须具有一定的切削角度，也正是切削角度决定了刀具切削部分各表面间的空间位置。为了便于设计和制造刀具，首先要假定刀具的运动条件和安装条件，以此来确定刀具的标注角度坐标系。因此，欲确定外圆车刀的标注角度，要做以下假设(见图 1-1)：

(1) 切削刃上选定点(刀尖)的主运动方向 v_c 与刀具底面垂直；

(2) 进给运动方向 $f(v_f)$与刀体中心线垂直；

(3) 该选定点(刀尖)安装需与工件轴线等高。

在以上假设条件下建立的参考系中，所确定的刀具几何角度，称为标注角度。在车削加工时，刀具的安装一定要遵循以上 3 条假设，否则车刀角度会发生变化。

2. 定义刀具角度的参考系

为便于定义和测量刀具角度，在以上假设条件下，引入一个空间坐标参考系，即刀具的标注角度坐标系，由以下平面组成，如图 1-6、图 1-7 所示。

(1) 基面 P_γ

它是通过主切削刃上的选定点，与车刀底面平行，并垂直于该点切削速度 v_c 方向的平面。

(2) 主切削平面 P_s

通过主切削刃上的选定点，与主切削刃相切，同时垂直于该点基面 P_γ 的平面。

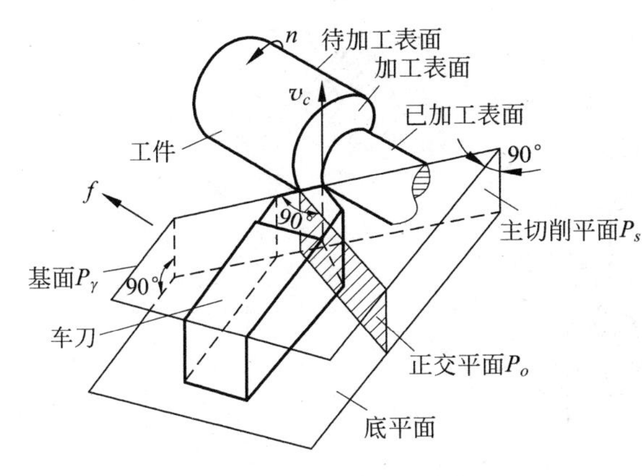

图 1-6　正交平面参考系

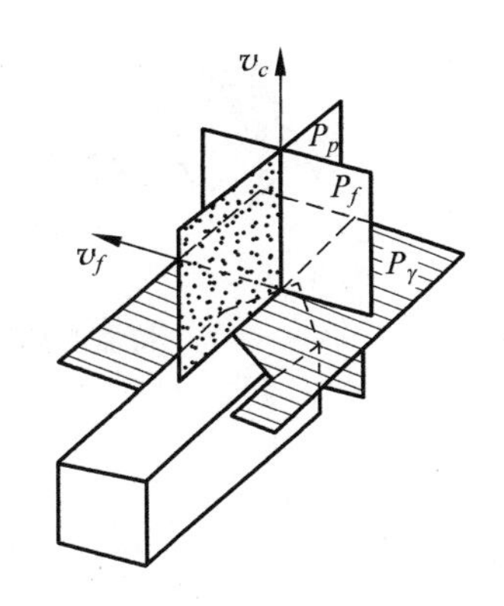

图 1-7　假定工作平面与背平面参考系

(3) 正交平面 P_o

它是通过主切削刃上选定点，同时垂直于基面 P_γ 和主切削平面 P_s 的平面。

(4) 假定工作平面 P_f

通过主切削刃上选定点，同时垂直于基面 P_γ、垂直于刀杆中心线，并平行于纵向进给运动方向 v_f 的平面(见图 1-7)。

(5) 背平面 P_p

通过切削刃上选定点，且垂直于基面 P_γ 和假定工作平面 P_f 的平面。

P_γ、P_s、P_o 3 个平面构成了一个空间坐标系，称为正交平面参考系，见图 1-6。

P_γ、P_f 与 P_p 构成空间互相垂直的假定工作平面与背平面参考系，见图 1-7。

1.2.3　刀具的标注角度

在刀具的标注角度参考系中，确定切削刃和各刀面相对于参考平面的方位角度，称为刀具的标注角度。刀具的标注角度是刀具工作图上，用于限定刀具切削部分形状所标注的角度，也是制造、刃磨和检查刀具所需要的角度。车刀的标注角度主要有以下 8 个，如图 1-8 所示。

(1) 前角 γ_o

前刀面 A_γ 与基面 P_γ 之间的夹角称为前角，用符号 γ_o 表示。它是在正交平面 P_o 内测量的，前角的正负方向按图 1-8 中的规定表示，即以基面 P_γ 为基准，刀具前刀面在基面 P_γ 之下时为正前角，在基面 P_γ 之上时为负前角。

前角 γ_o 是一个非常重要的角度，对刀具的切削能力有很大的影响。

(2) 主后角 α_o

主后刀面 A_α 与主切削平面 P_s 之间的夹角称为主后角，用符号 α_o 表示，它也是在正交平面 P_o 内测量的。在实际切削中，后角必须大于 0°，否则无法切削加工。

(3) 主偏角 κ_γ

主切削刃 S 在基面 P_γ 上的投影与进给运动方向(或假定工作平面)之间的夹角称为主偏角，用符号 κ_γ 表示，它是在基面 P_γ 内测量的。主偏角一般为正值。

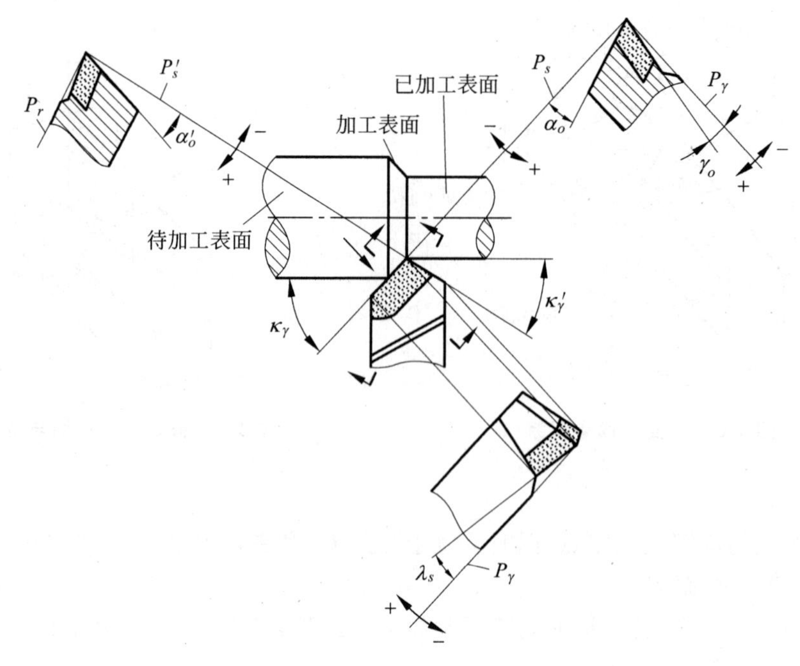

图 1-8 车刀的主要标注角度

(4) 副偏角 κ_γ'

副切削刃 S' 在基面 P_γ 上的投影与进给运动反方向(或假定工作平面)之间的夹角称为副偏角,用符号 κ_γ' 表示,它也是在基面内测量的。副偏角一般也为正值。

(5) 刃倾角 λ_s

主切削刃 S 与基面 P_γ 之间的夹角称为刃倾角,用符号 λ_s 表示。它是在主切削平面 P_s 内测量的,当刀尖是主切削刃上最高点时,刃倾角为正;当刀尖是主切削刃上的最低点时,刃倾角为负;当主切削刃与基面 P_γ 重合或平行时,刃倾角为零,如图 1-9 所示。

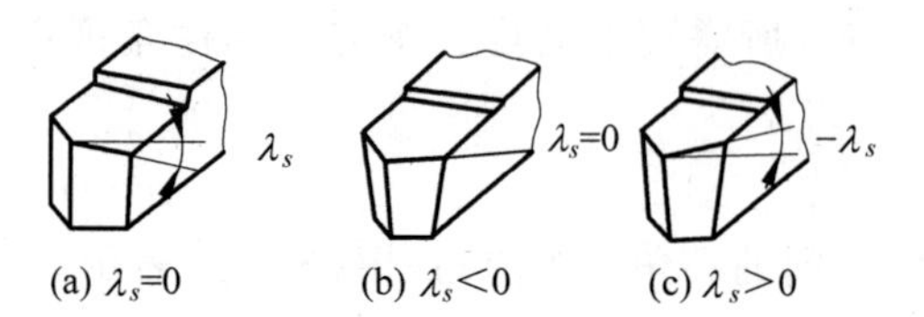

图 1-9 刃倾角 λ_s 的正负规定

(6) 副后角 α_o'

副后刀面 A_α' 与副切削平面 P_s' 之间的夹角称为副后角,用符号 α_o' 表示。它是在副正交平面 P_o' 内测量的(P_s' 和 P_o' 可参考 P_s 和 P_o 定义)。

(7) 楔角 β_o

前刀面 A_γ 与主后刀面 A_α 之间的夹角称为楔角,用符号 β_o 表示。它也是在正交平面 P_o 内测量,其计算公式为

$$\beta_o = 90° - (\alpha_o + \gamma_o)$$

(8) 刀尖角 ε_γ

主切削平面 P_s 与副切削平面 P'_s之间的夹角称为刀尖角,用符号 ε_γ 表示。它也是在基面 P_γ 内量测量的,其计算公式为

$$\varepsilon_\gamma = 180^\circ - (\kappa_\gamma + \kappa'_\gamma)$$

上述 8 个角度中,前 6 个为刀具的基本角度,后 2 个均为派生角度,用来反映和描述刀头切削部分的强度及散热条件等方面的问题。

1.2.4 刀具的工作角度

在实际的切削加工中,由于车刀的安装位置和进给运动的影响,上述车刀的标注角度会发生一定的变化。而在切削过程中以实际的基面 P_γ、主切削平面 P_s 和正交平面 P_o 为参考系所确定的刀具角度,与刀具刃磨角度(或标注角度)往往有所不同,因此,称这些角度为工作角度。

通常,刀具的进给速度远小于主运动速度,因此,在正常安装条件下,刀具的工作角度与标注角度基本相等。但在切断、车削大螺距螺纹,或刀具被特殊安装时,需要计算刀具的工作角度,其目的是使刀具的工作角度得到最合理值。据此换算出刀具标注角度,以便于制造或刃磨。

1. 刀具安装高低对工作角度的影响

车削外圆时,车刀的刀尖一般与工件轴心线是等高的,若车刀的刃倾角 $\lambda_s=0^\circ$,则此时刀具的工作前角和工作主后角与其标注前角 γ_o 和标注主后角 α_o 相等。如果刀尖高于或低于工件轴线,则导致切削速度方向会发生变化,引起基面 P_γ 和主切削平面 P_s 的位置发生改变,从而使车刀的实际切削角度发生变化。

如图 1-10 所示,当刀尖高于工件轴线时,工作切削平面变为 P_{se},工作基面变为 $P_{\gamma e}$,则工作前角 γ_{oe}增大,工作后角 α_{oe}减小;当刀尖低于工件轴线时,工作角度的变化则正好相反。刀具工作角度与刀具标注角度的换算关系如下:

$$\gamma_{oe} = \gamma_o \pm \theta \tag{1-4}$$

$$\alpha_{oe} = \alpha_o \mp \theta \tag{1-5}$$

$$\tan\theta \approx \frac{2h}{d_w} \tag{1-6}$$

式中:h——切削刃高于或低于工件中心的距离,mm;

d_w——工件上选定点的直径,mm。

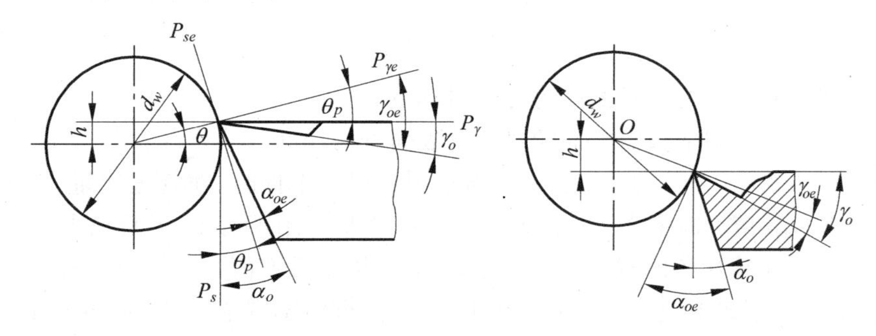

图 1-10 刀具安装高低的影响

若加工内孔，则内孔镗削时刀具工作角度的变化情况恰好与外圆车削时刀具工作角度的变化情况相反。

2. 刀杆中心线与进给运动方向不垂直的影响

当车刀刀杆的中心线与进给方向不垂直时，车刀的主偏角 κ_γ 和副偏角 κ'_γ 将会发生变化，如图 1-11 所示。若刀杆右斜，则使工作主偏角 $\kappa_{\gamma e}$ 增大，使工作副偏角 $\kappa'_{\gamma e}$ 减小；若刀杆左斜，则使工作主偏角 $\kappa_{\gamma e}$ 减小，使工作副偏角 $\kappa'_{\gamma e}$ 增大。当车削锥面时，进给方向与工件轴线不平行，也会使实际的主偏角和副偏角发生变化，刀具工作角度与刀具标注角度的换算关系如下：

$$\kappa_{\gamma e} = \kappa_\gamma \pm \varphi \tag{1-7}$$

$$\kappa'_{\gamma e} = \kappa'_\gamma \mp \varphi \tag{1-8}$$

式中：φ——进给方向的垂线与刀杆中心线间的夹角。

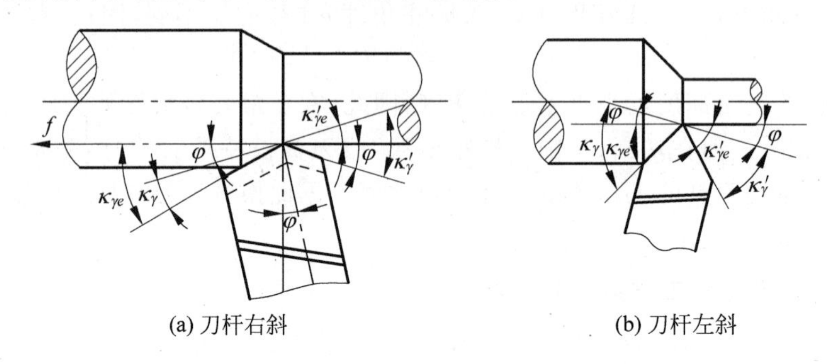

(a) 刀杆右斜　　(b) 刀杆左斜

图 1-11　刀杆中心线与进给运动方向不垂直的影响

3. 横向或轴向(纵向)进给量对刀具工作角度的影响

以切断刀加工为例，设切断刀主偏角 $\kappa_\gamma=90°$，前角 $\gamma_o>0°$，主后角 $\alpha_o>0°$，安装时刀尖对准工件的中心高。不考虑进给运动时，前角 γ_o 和主后角 α_o 为标注角度。当考虑横向进给运动后，切削刃上选定点相对于工件表面的运动轨迹，是主运动和横向进给运动的合成运动轨迹，即阿基米德螺旋线，如图 1-12 所示。其合成运动方向 v_e 为过切削刃上选定点的阿基米德螺旋线的切线方向，因此，工作基面 $P_{\gamma e}$ 和工作主切削平面 P_{se} 相对 P_γ 和 P_s 相应地转动了一个角度 μ，结果引起了切断刀的角度变化，从而使刀具的工作前角 γ_{oe} 增大，工作后角 α_{oe} 减小，其值分别为

$$\gamma_{oe} = \gamma_o + \mu \tag{1-9}$$

$$\alpha_{oe} = \alpha_o - \mu \tag{1-10}$$

$$\tan\mu = \frac{v_f}{v_c} = \frac{f}{\pi d} \tag{1-11}$$

式中：f——工件每转一周刀具的横向进给量，mm；

d——工件切削刃上选定点的瞬时过渡表面直径，mm。

由式(1-9)～式(1-11)可知，在横向进给切削或切断工件时，随着进给量 f 的增大和加工直径 d 的减小，μ 值不断增大，工作前角 γ_{oe} 不断增大，工作后角 α_{oe} 不断减小。当刀尖接近工件中心位置时，工作后角的减小特别严重，很容易因主后刀面和工件加工表面(过渡表面)剧烈摩擦使切削刃崩碎或使工件挤断。因此，切断工件时不宜选用过大的进给量 f，在切断接近结束时，应适当减小进给量或适当增大工作后角。

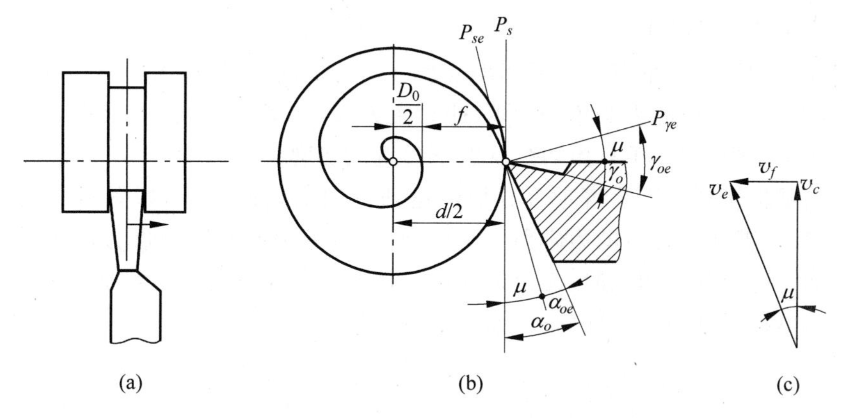

图 1-12　横向进给运动对工作角度的影响

对于轴(或纵)向外圆车削,同样随着进给量 f 的增大和加工直径 d 的减小,μ 值不断增大,工作前角 γ_{oe} 不断增大,工作后角 α_{oe} 不断减小。但由于轴(或纵)向外圆车削过程中,工件直径基本不变,进给量又较小,一般可忽略不计,因而不必进行刀具工作角度的计算。当轴(或纵)向进给量很大,如车削大螺距的螺纹或蜗杆(尤其是大导程或多头螺纹)时,其刀具工作角度与刀具标注角度相差很大,故轴向进给运动对刀具工作角度的影响需考虑,并必须进行刀具工作角度的计算。其计算公式与式(1-9)～式(1-11)相同。

1.2.5　切削方式

切削方式是指加工时刀具相对工件的运动方式,包括自由切削和非自由切削、直角切削和斜角切削。

1. 自由切削与非自由切削

刀具在切削过程中,如果只有一条直线刀刃参加切削工作,这种情况称为自由切削。其主要特征是切削变形过程比较简单,刀刃上各点切屑流出的方向大致相同,被切金属的变形基本上发生在二维平面内。如图 1-13(a)所示车削加工,由于其主切削刃长度大于工件宽度,没有其他刀刃参加切削,且主切削刃上各点切屑流出的方向基本上都是沿着刀刃的法向,所以其切削属于自由切削。又如图 1-14(a)所示的宽刃刨刀,其切削也属于自由切削。

反之,若刀具上的刀刃为曲线,或有几条切削刃(包括主切削刃和副切削刃)都参加了切削,并且同时完成整个切削过程,则称之为非自由切削,如图 1-13(b)、(c)所示。其主要特征是各刀刃交接处切下的金属互相影响和干涉,金属变形更为复杂,且发生在三维空间内。又如外圆车削时除主切削刃外,还有副切削刃同时参加切削,所以它属于非自由切削方式。

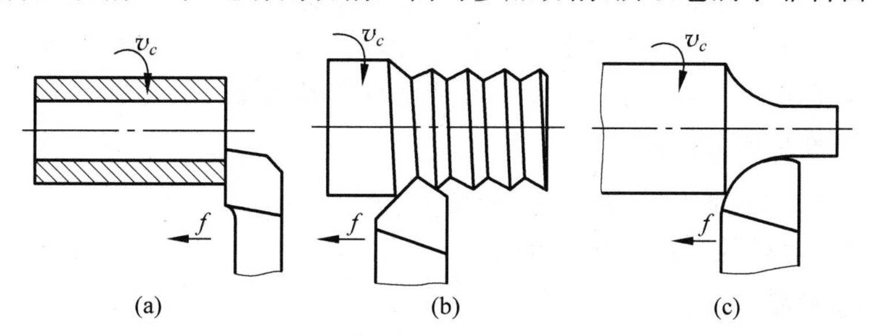

图 1-13　自由切削与非自由切削

2. 直角切削与斜角切削

直角切削是指切削刃垂直于合成切削运动方向的切削方式，如图 1-14(a)所示。当采用直角切削时，刀具主刀刃的刃倾角 $\lambda_s=0°$，此时主刀刃与切削速度方向成直角，切屑流出方向在切削刃法平面内，它属于自由切削状态下的直角切削。

斜角切削是指切削刃不垂直于合成切削运动方向的切削方式，如图 1-14(b)所示。当采用斜角切削时，刀具主刀刃的刃倾角 $\lambda_s \neq 0°$，此时主刀刃与切削速度方向不成直角，它也属于自由切削。一般斜角切削时，无论是在自由切削还是在非自由切削状态下，主刀刃上的切屑流出方向不在切削刃法平面内，即偏离主刀刃的法向。

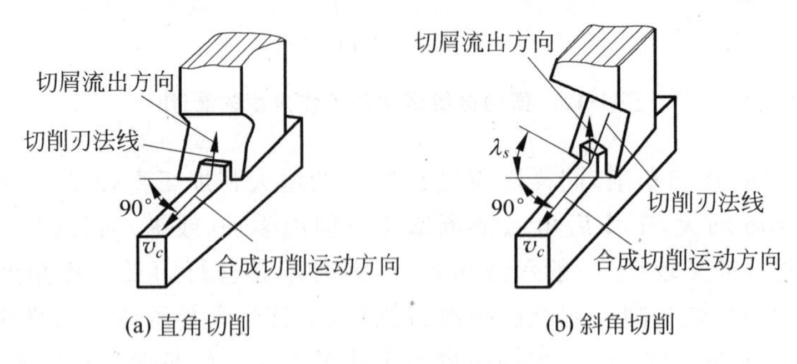

图 1-14　直角切削与斜角切削

1.3　常用刀具材料及其选用

刀具材料指的是刀具切削部分的材料。在金属切削过程中，刀具切削部分承担着切除工件上多余金属以形成已加工表面的任务。刀具切削性能的好坏，取决于刀具切削部分的材料、几何参数以及结构的合理性等几个方面。刀具材料对刀具寿命、加工生产效率、加工质量以及加工成本都有很大影响，因此必须合理选择。

1.3.1　刀具材料应具备的性能

性能优良的刀具材料是保证刀具高效工作的基本条件。刀具切削部分在切削时要承受高温、高压、强烈的摩擦、冲击和振动，因此刀具材料必须具备以下性能。

1. 高硬度和高耐磨性

刀具材料的硬度必须高于被加工材料的硬度才能切下金属，这是刀具材料必备的基本性能。通常刀具材料应具备高的硬度和耐磨性，刀具材料的硬度越高，其耐磨性越好，刀具切削时能保持合理几何形状的时间越长。刀具材料常温硬度一般要求大于 60HRC。

2. 足够的强度与冲击韧性

在切削过程中，刀具要承受很大的切削抗力、冲击和振动，为不产生断裂和崩刃的情况，刀具材料必须具备足够的强度和冲击韧性。

3. 高的热稳定性

刀具在高温下工作，要求刀具材料具备高的热稳定性，也称高的耐热性，即刀具材料在高温下保持高的硬度、耐磨性、强度和韧性的能力。

4. 良好的热物理性能和耐热冲击性能

即刀具材料的导热性能要好，不会因受到大的热冲击产生刀具内部裂纹而导致刀具断裂。

5. 良好的工艺性和经济性

为了便于制造，刀具材料应具有良好的工艺性，如锻造、热处理、焊接及可刃磨性等加工性能。同时，刀具材料的选用应考虑到它的经济成本，必须资源丰富、价格合理。

1.3.2　常用刀具材料的介绍及分类

生产中常用的刀具材料有碳素工具钢、合金工具钢、高速钢、硬质合金、陶瓷、金刚石、立方氮化硼等。

碳素工具钢(如 T8A、T10A、T12A 等)及合金工具钢(如 9Mn2V、9SiCr、CrWMn 等)，因耐热性较差，通常用于制造手工用工具及切削速度很低的刀具，如锉刀、手用锯条、丝锥、板牙和铰刀等。

碳素工具钢热硬性较低，存在碳化物分布不均匀、淬火后变形较大、易产生裂纹、淬透性差、淬硬层薄等缺点，因而使用范围受到影响。碳素工具钢以 T12A 用得最多，淬火后的硬度可达 58～62HRC，热硬性可达 200～300℃，允许的切削速度可达 5～10m/min。

合金工具钢是在碳素工具钢中加入 Mn、Si、Ni、Cr、W、Mo、V 等合金元素的钢。加入 Mn 和 Cr 等合金元素可提高合金工具钢的淬透性和回火稳定性，细化晶粒，减小变形。可根据使用要求，有选择地加入或同时加入其他元素(加入总量一般不超过 5%)，形成一系列的合金工具钢。

合金工具钢淬火后的硬度一般可达 60～65HRC，热硬性可达 300～400℃，允许的切削速度可达 10～15m/min。其淬硬性、淬透性、耐磨性和冲击韧性均比碳素工具钢高。按其用途大致可分为刀具、模具和量具用钢。常用合金工具钢的牌号、化学成分、硬度及用途见表 1-1。

表 1-1　常用合金工具钢的牌号、化学成分、硬度及用途

牌　号	化学成分/%					硬度(HRC)	用途
	C	Mn	Si	Cr	W		
9Mn2V	0.85～0.95	1.7～2.0	≤0.035			≥62	丝锥、板牙、铰刀等
9SiCr	0.85～0.95	0.3～0.6	1.2～1.6	0.95～1.2		≥62	丝锥、板牙、钻头、铰刀
CrW5	1.26～1.5	≤0.3	≤0.3	0.4～0.7	4.5～5.5	≥65	车刀、铣刀、刨刀等
CrMn	1.3～1.5	0.45～0.75	≤0.35	1.3～1.6		≥62	量规、块规
CrWMn	0.9～1.05	0.8～1.1	0.15～0.35	0.9～1.2	1.2～1.6	≥62	板牙、拉刀、量规等

而陶瓷、金刚石和立方氮化硼等现代刀具材料，仅用于有限的场合。目前，刀具材料中用得最多、最普及的仍是高速钢和硬质合金。

1.3.3 高速钢

高速钢又称为锋钢或白钢，是一种加入了较多的 W、Cr、Mo、V 等合金元素的高合金工具钢，它具有较高的强度和韧性。其制造工艺简单，容易刃磨成锋利的切削刃，能锻造、热处理变形小，在制造形状复杂的刀具，如丝锥、麻花钻、拉刀、齿轮刀具和成形刀具中，仍占有主要的地位。

高速钢是综合性能较好的一种刀具材料，其热处理后的硬度可达 62～66HRC，耐热性可达 550～650℃，切削普通钢料时的切削速度为 40～60m/min。与碳素工具钢和合金工具钢相比，高速钢将耐热性提高了 1～2 倍，将切削速度提高了 3～5 倍(因此而得名)，将刀具耐用度提高了 10～40 倍，甚至更多。它可以加工包括非铁金属、高温合金在内的范围广泛的材料。

高速钢按用途不同，可分为通用型高速钢和高性能高速钢；按制造工艺方法不同，可分为熔炼高速钢和粉末冶金高速钢。

通用型高速钢通常用在切削硬度在 280HBS 以下的结构钢和铸铁的基本刀具材料，应用最为广泛。通用型高速钢一般可分为钨钢和钨钼钢两类，常用牌号分别是 W18Cr4V 和 W6Mo5Cr4V2。

表 1-2 列出了几种高速钢常用的牌号及其主要用途，可供选择时参考。

表 1-2 常用高速钢牌号及其应用范围

<table>
<tr><th colspan="2">类 别</th><th>典 型 牌 号</th><th>主 要 用 途</th></tr>
<tr><td colspan="2" rowspan="3">普通高速钢</td><td>W18Cr4V</td><td>广泛应用于制造钻头、铰刀、铣刀、拉刀、丝锥、齿轮刀具等</td></tr>
<tr><td>W6Mo5Cr4V2</td><td>用于制造要求热塑性好和受较大冲击载荷的刀具，如轧制钻头等</td></tr>
<tr><td>W14Cr4VMnRe</td><td>用于制造要求热塑性好和受较大冲击载荷的刀具，如轧制钻头等</td></tr>
<tr><td rowspan="7">高性能高速钢</td><td>高碳</td><td>95W18Cr4V</td><td>用于制造对韧性要求不高，但对耐磨性要求较高的刀具</td></tr>
<tr><td>高钒</td><td>W12Cr4V4Mo</td><td>用于制造形状简单，对耐磨性要求较高的刀具</td></tr>
<tr><td rowspan="5">超硬</td><td>W6Mo5Cr4V2Al</td><td>用于制造复杂刀具和难加工材料用的刀具</td></tr>
<tr><td>W10Mo4Cr4V3Al</td><td>耐磨性能好，用于制造加工高强度耐热钢刀具</td></tr>
<tr><td>W6Mo5Cr4V5SiNbAl</td><td>用于制造形状简单的刀具，如加工铁基高温合金的钻头</td></tr>
<tr><td>W12Cr4V3Mo3Co5Si</td><td>耐磨性好、耐热性好，用于制造加工高强度钢的刀具</td></tr>
<tr><td>W2Mo9Cr4VCo(M42)</td><td>制造难加工材料刀具，因其磨削性好，可制造复杂刀具，但价格昂贵</td></tr>
</table>

1.3.4 硬质合金

硬质合金是用高耐热性和高耐磨性的金属碳化物(如 WC、TiC 等)，以钴(Co)、镍(Ni)、钼(Mo)等金属为黏结剂，在高温下烧结而成的粉末冶金制品。由于硬质合金中所含难熔金属碳化物远远超过了高速钢，因此硬质合金的硬度(特别是高温硬度)、耐磨性、耐热性都高于高速钢。

硬质合金的硬度为 89～93HRA(相当于 74～81HRC)，能耐 850～1000℃的高温，允许使用的切削速度可达 100～300m/min。与高速钢刀具相比，硬度更高，耐热性更好，切削速度比高速钢提高了 3～5 倍，刀具耐用度是高速钢的几倍到几十倍。因此，硬质合金刀具，可加工包括淬硬钢在内的金属和非金属多种材料。目前在工业发达的国家有 90%以上的车刀和 55%以上的铣刀都采用硬质合金来制造。

硬质合金刀具也存在一些缺陷，比如硬质合金较脆，抗弯强度低，仅是高速钢的 1/3 左右；韧性也很低，仅是高速钢的十分之一，甚至几十分之一；制造工艺性也较差，不易做成形状较为复杂的整体刀具，因此，还不能完全取代高速钢。目前，硬质合金大量应用在刚性好、刃形简单的高速切削刀具上，随着技术的进步，复杂刀具也在逐步扩大其应用。

常用的硬质合金按其化学成分与使用性能可分为 4 类：钨钴类(YG 类)、钨钛钴类(YT 类)、添加稀有金属碳化物的通用硬质合金(YW 类)和碳化钛基类(YN 类)。

1. 钨钴类硬质合金(YG 类)

YG 类硬质合金主要由碳化钨(WC)和钴(Co)组成，常用的牌号有 YG3、YG6、YG6X、YG8 等。牌号中的 Y 表示硬质合金，G 表示钴，“X”表示细晶粒组织，无“X”的为中晶粒。牌号中数字表示钴含量的百分数，Co 含量低(如 YG3)则硬度高、耐热、耐磨性好，但脆性增加，适合于精加工；Co 含量高(如 YG8)则抗弯强度和冲击韧性好，耐磨性较差，适合于粗加工。

YG 类硬质合金有较好的抗弯强度和冲击韧性以及较高的导热系数，刃磨性较好，耐热性和耐磨性较差，因此一般用来加工铸铁、有色金属以及非金属材料，也适用于加工不锈钢，低速时也可加工高温合金、钛合金等难加工材料，一般不用于普通钢材的切削加工。

综上所述，牌号 YG8 适合以上材料的间断切削和粗加工，牌号 YG3 适合以上材料的精加工。

2. 钨钛钴类硬质合金(YT 类)

YT 类硬质合金主要由碳化钨(WC)、碳化钛(TiC)和钴(Co)组成，常用的牌号有 YT5、YT15、YT30 等。牌号中数字表示 TiC 含量的百分数，TiC 含量越高(如 YT30)，合金的硬度、耐磨性和耐热性越高，但抗弯强度降低，冲击韧性变差，一般用于精加工；TiC 含量越低(如 YT5)，耐磨性和耐热性较低，但强度较高，可用于粗加工。与 YG 类相比，YT 类的硬度、耐热、耐磨性较好，但更脆。

YT 类硬质合金里面加入碳化钛后，增加了硬质合金的硬度、耐磨性、耐热性、抗黏结性和抗氧化能力。但抗弯强度和冲击韧度较差，故主要用于切削切屑一般呈带状的普通碳钢及合金钢等塑性材料。

综上所述，牌号 YT5 适合以上材料的间断切削和粗加工，牌号 YT30 适合以上材料的精加工。

3. 通用硬质合金(YW 类)

YW 类硬质合金即钨(W)、钛(Ti)、钽(Ta)、铌(Nb)、钴(Co)类硬质合金，它是在普通硬质合金中加入碳化钽(TaC)或碳化铌(NbC)，从而提高了硬质合金的韧度和耐热性，使其具有较好的综合切削性能。

YW 类硬质合金主要用于不锈钢、耐热钢、高锰钢的加工，也适用于普通碳钢、铸铁和有色金属的加工，因此，被称为通用型硬质合金，常用的牌号有 YW1、YW2 等。

4. 碳化钛基类硬质合金(YN 类)

YN 类硬质合金是以碳化钛(TiC)为主要碳化物，以镍(Ni)或钼(Mo)为黏结剂制成的合金。它比 WC 基合金有更好的耐磨性、耐热性和更高的硬度(近似金属陶瓷)，但抗弯强度和冲击韧性较差。通常适用于钢和铸铁的半精加工和精加工，代表牌号为 YN05 和 YN10。

另外，按国际标准化组织(ISO)和国标 GB/T 18376.1—2001 的标准，把切削用硬质合金分为 K、P、M 3 类：

K 类用于加工短切屑(铸铁脆性材料)黑色金属、有色金属和非金属材料，相当于我国的 YG 类。

P 类用于加工长切屑(碳钢塑性材料)黑色金属，相当于我国 YT 类硬质合金。

M 类可加工长切屑和短切屑黑色金属和有色金属，相当于我国的 YW 类。

常用硬质合金的牌号、性能和使用范围见表 1-3。

表 1-3 常用硬质合金的牌号、性能及其使用范围

<table>
<tr><th rowspan="3">类型</th><th rowspan="3">牌号</th><th colspan="3">物理力学性能</th><th colspan="3">使用性能</th><th colspan="2">使用范围</th></tr>
<tr><th colspan="2">硬度</th><th rowspan="2">抗弯强度/GPa</th><th rowspan="2">耐磨</th><th rowspan="2">耐冲击</th><th rowspan="2">耐热</th><th rowspan="2">材料</th><th rowspan="2">加工性质</th></tr>
<tr><th>HRA</th><th>HRC</th></tr>
<tr><td rowspan="4">钨钴类(K类)</td><td>YG3</td><td>91</td><td>78</td><td>1.08</td><td rowspan="4">↑</td><td rowspan="4">↓</td><td rowspan="4">↑</td><td>铸铁、非铁金属</td><td>连续切削精加工、半精加工</td></tr>
<tr><td>YG6X</td><td>91</td><td>78</td><td>1.37</td><td>铸铁、耐热合金</td><td>精加工、半精加工</td></tr>
<tr><td>YG6</td><td>89.5</td><td>75</td><td>1.42</td><td>铸铁、非铁金属</td><td>连续切削粗加工、间断切削半精加工</td></tr>
<tr><td>YG8</td><td>89</td><td>74</td><td>1.47</td><td>铸铁，非铁金属</td><td>间断切削粗加工</td></tr>
<tr><td rowspan="3">钨钛钴类(P类)</td><td>YT5</td><td>89.5</td><td>75</td><td>1.37</td><td rowspan="3">↓</td><td rowspan="3">↑</td><td rowspan="3">↓</td><td>钢</td><td>粗加工</td></tr>
<tr><td>YT15</td><td>91</td><td>78</td><td>1.13</td><td>钢</td><td>连续切削粗加工、间断切削半精加工</td></tr>
<tr><td>YT30</td><td>92.5</td><td>81</td><td>0.88</td><td>钢</td><td>连续切削精加工</td></tr>
<tr><td rowspan="2">通用型(M类)</td><td>YW1</td><td>92</td><td>80</td><td>1.28</td><td></td><td>较好</td><td>较好</td><td>难加工钢材</td><td>精加工、半精加工</td></tr>
<tr><td>YW2</td><td>91</td><td>78</td><td>1.47</td><td></td><td>好</td><td></td><td>难加工钢材</td><td>半精加工、粗加工</td></tr>
<tr><td>碳化钛基类</td><td>YN10</td><td>92.5</td><td>81</td><td>1.08</td><td>好</td><td></td><td>好</td><td>钢</td><td>连续切削精加工</td></tr>
</table>

1.3.5 其他刀具材料

1. 涂层刀具材料

在韧性较好的硬质合金或高速钢刀具基体表面上，通过化学或物理方法涂覆一层耐磨性高的难熔金属化合物，使合金既有高硬度和高耐磨性的表面，又有强韧的基体。一般情况下，涂层高速钢刀具的寿命较未涂层的可提高 2～10 倍，而涂层硬质合金刀具的寿命可提高 1～3 倍。国内涂层硬质合金刀片牌号有 CN、CA、YB 等系列。

常用的涂层材料有 TiC、TiN、Al_2O_3 等。其晶粒尺寸在 0.5μm 以下，涂层厚度为 5～10μm。TiC 涂层呈灰色，硬度高，耐磨性好，抗氧化性好，但较脆，不耐冲击，对于会产生剧烈磨损的刀具，TiC 涂层较好。TiN 涂层呈金黄色，硬度稍低于 TiC 涂层，高温时能产生氧化膜，与铁基材料摩擦小，在容易产生黏结的条件下，TiN 涂层较好。在高速切削产生大量热量的场合，采用 Al_2O_3 为好，因为 Al_2O_3 在高温下具有良好的热稳定性。

除了单涂层外，还可采用复合涂层，如 TiC-TiN 复合涂层（里层 TiC、外层 TiN）、TiC-Al_2O_3 复合涂层和 TiC-Al_2O_3-TiN 三涂层硬质合金。常用的涂层方法有化学气相沉积（chemical vapor deposition，CVD）法和物理气相沉积（physical vapor deposition，PVD）法。CVD 法的沉积温度约1000℃，适用于硬质合金刀具，PVD 法的沉积温度约500℃，适用于高速钢刀具。

2. 陶瓷材料

陶瓷刀具是以氧化铝（Al_2O_3）或氮化硅（Si_3N_4）为主要成分，经压制成形后烧结而成的刀具材料。其常温硬度可达 91～95HRA（相当于 78～86HRC），摩擦系数小，耐磨性好，耐热性好，在1200℃高温时仍能保持 80HRA（大约相当于 58HRC）的硬度，且化学稳定性好，与钢不易亲和，耐氧化，抗黏结能力强，不易产生积屑瘤，加工表面光洁，广泛用于高速切削加工中。但其最大的缺点是脆性大，抗弯强度和冲击韧度很低，切削时容易崩刃，因此，主要用于半精加工和精加工高硬度、高强度的钢和冷硬铸铁等材料。常用的陶瓷材料有：氧化铝陶瓷、氧化铝复合陶瓷、氮化硅基陶瓷等。

为了提高陶瓷刀片的强度和韧性，可在矿物陶瓷中添加高熔点、高硬度的碳化物（TiC）和一些其他金属（如镍、钼）以构成复合陶瓷。一些新型复合陶瓷（如金属陶瓷）的性能已大大提高，也可用于冲击负荷下的粗加工。

我国的陶瓷刀片牌号有 AM、AMF、AT76、SG4、LT35、LT55 等。

3. 金刚石

金刚石是碳的同素异构体，是自然界中最硬的材料。金刚石刀具具有如下特点：硬度极高，可达 10000HV（而硬质合金仅达 1000～2000HV），耐磨性很好，摩擦系数小（所有刀具材料中最小的），切削刃极锋利，能切下极薄的切屑，加工工件的表面质量很高。它可切削极硬的材料并长时间保持尺寸的稳定。但其主要缺点是耐热性差（切削温度不得超过800℃），抗弯强度低，脆性大，对振动敏感，与铁有很强的化学亲和力，易产生黏结作用而加快刀具磨损，故不宜于加工铁族金属。人造金刚石多用于高速精细车削或镗削有色金属及其合金和非金属材料，尤其是在加工硬质合金、陶瓷、高硅铝合金、玻璃等高硬度、高耐磨性的材料时，具有很大的优越性。

金刚石材料有 3 种：天然金刚石、人造聚晶金刚石（polycrystalline diamond，PCD）及金刚石复合刀片。天然金刚石虽然切削性能优良，但价格昂贵，故很少使用。人造聚晶金刚石是在高温高压下将金刚石微粉聚合而成的多晶体材料，其硬度比天然金刚石稍低，但抗弯强度大大提高，且价格较低。金刚石复合刀片是在硬质合金刀片的基体上烧结一层约 0.5mm 厚的聚晶金刚石而成，其强度高，材质稳定，能承受冲击载荷，是金刚石刀具的发展方向。

4. 立方氮化硼（cubic boron nitride，CBN）

立方氮化硼是由六方氮化硼在高温高压下加入催化剂转变而成的超硬刀具材料，它是在20世纪70年代才发展起来的一种新型刀具材料。立方氮化硼的硬度高达8000～9000HV，仅次于金刚石，但它的耐热性和化学稳定性都大大高于金刚石，能耐1300～1500℃的高温。其最大优点是与铁族金属的亲和力小，在1200～1300℃高温时也不会与铁族金属发生化学反应。它抗黏结能力强，与钢的摩擦系数小，因此，切削性能好，不但适于非铁族难加工材料的加工，也适于铁族材料的加工。但在800℃以上易与水起化学反应，故不宜用水基切削液。

CBN和金刚石刀具一样脆性大，故使用时机床刚性要好，尽量避免冲击和振动。它主要用于连续切削。

1.4 刀具材料和几何参数的选择

1.4.1 刀具材料的选择

刀具材料主要根据工件材料、刀具形状、刀具类型及加工要求等进行选择。切削一般碳钢与铸铁时的常用刀具材料见表1-4。

表1-4 切削一般碳钢与铸铁的常用刀具材料

刀具类型	切削碳钢的刀具材料	切削铸铁的刀具材料
车刀、镗刀	WC-TiC-Co WC-TiC-TaC-Co TiC(N)基硬质合金，Al_2O_3	WC-Co，WC-TaC-Co TiC(N)基硬质合金，Al_2O_3 Si_3N_4
面铣刀	WC-TiC-TaC-Co TiC(N)基硬质合金	WC-TaC-Co，TiC(N)基硬质合金 Si_3N_4，Al_2O_3
麻花钻	HSS，WC-TiC-Co WC-TiC-TaC-Co	HSS，WC-Co WC-TaC-Co
扩孔钻、铰刀	HSS，WC-TiC-Co WC-TiC-TaC-Co	HSS，WC-Co WC-TaC-Co
成形车刀	HSS	HSS
立铣刀、圆柱铣刀	HSS	HSS
拉刀	HSS	HSS
丝锥、板牙	HSS	HSS
齿轮刀具	HSS	HSS

对于切削刃形状复杂的刀具(如拉刀、丝锥、板牙、齿轮刀具等)或容屑槽是螺旋形的刀具(如麻花钻、铰刀、立铣刀、圆柱铣刀等)，目前，大多采用高速钢(high speed steel HSS)制造。硬质合金的牌号很多，其切削速度和刀具寿命都很高，应尽量选用，以提高生产率。

各种常用刀具材料可以切削的主要工件材料见表1-5。

表 1-5　常用刀具材料可切削的主要工件材料

刀具材料		结构钢	合金钢	铸铁	淬硬钢	冷硬铸铁	镍基高温合金	钛合金	铜铝等非铁金属	非金属
高速钢		√	√	√			√	√	√	√
硬质合金	K类			√		√	√	√	√	√
	P类	√	√							
	M类	√	√	√			√		√	√
涂层硬质合金		√	√	√					√	
YN类		√	√	√					√	√
陶瓷	Al_2O_3	√	√	√			√			
	Si_3N_4			√			√			
超硬材料	金刚石								√	√
	CBN				√	√	√			

1.4.2　刀具几何参数的选择

当刀具材料和刀具结构确定之后，刀具切削部分的几何参数对切削性能的影响尤为重要。切削加工时，刀具角度对切削零件的变形、切削力的大小、切削温度的高低、加工质量的好坏以及刀具耐用度、生产效率、生产成本的高低等都密切相关，因此，刀具几何参数的合理选择是提高零件切削效益的重要措施之一。

合理选择刀具几何参数的原则是在保证加工质量的前提下，尽可能地充分发挥刀具的切削性能，获得较高的刀具耐用度，从而达到提高切削效率或降低生产成本的目的。但在生产中应根据具体情况决定哪一项是主要目标，如粗加工时，主要考虑生产率、刀具耐用度；精加工时，主要考虑保证加工质量。

应当指出，刀具各角度之间存在着相互依赖、相互制约的作用，孤立地选择某一角度并不能得到所希望的合理值。因此，应综合考虑各种参数的影响以便进行合理的选择。

下面以外圆车刀为例，分析几个主要角度对切削加工时的影响和作用，提出选用原则，并介绍一些参考值。对于其他种类的刀具，则要把这些原则与刀具的结构特点和工作条件结合起来，进行分析和研究，以便选用合理的角度值。

1. 前角 γ_o 的作用及选择

前角是刀具上最重要的角度之一，它决定切削刃的锋利程度和刀尖的坚固程度，如图 1-15 所示。当取较大的前角时($\gamma_o=20°\sim25°$)，切削刃锋利，切削轻快，切屑变形小，从而减小切削力、切削功率，降低切削温度和刀具磨损，提高刀具耐用度。同时能减小或抑制积屑瘤，减小振动，从而改善加工表面质量。

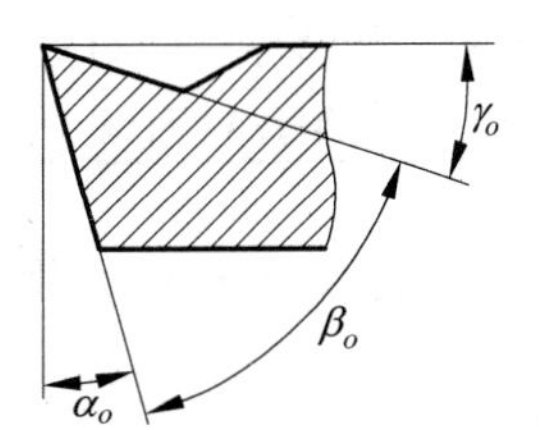

图 1-15　刀具前角大小的变化分析

但当前角 γ_o 过大时，使刀头部分的楔角 β_o 减小，刀具的散热体积变小，切削刃和刀尖的强度削弱，使刀具磨损加快，反而使刀具耐用度降低，严重时甚至崩刃损坏。

综合以上分析，刀具前角 γ_o 大小的选择，应在满足刀刃强度要求的条件下，选用较大的前角 γ_o。通过实践证明，刀具合理前角 γ_o 的大小主要取决于工件材料、刀具材料以及工件的加工性质要求，具体选择原则如下。

（1）工件材料

工件材料的强度和硬度越低，塑性越大时，产生的切削力小、切削热少，刀具磨损较慢，且不易崩刃，应选用较大的前角；工件的强度和硬度较高时，产生的切削力大，为了保证刀具的强度和改善刀具的散热条件，避免发生崩刃和迅速磨损，应选择较小的前角。

当加工脆性材料时，其材质较硬，且切屑呈崩碎状，切削力集中在刃口附近且有冲击，产生的切削力较大，为保护刀刃，防止崩刃，一般应选较小的前角 γ_o。

（2）刀具材料

对于强度和韧度高的刀具材料应选取较大的前角。比如高速钢刀具的抗弯强度和冲击韧度比硬质合金刀具要高得多，因此高速钢刀具可选择较大的前角，硬质合金刀具则选择较小的前角，一般可小 5°～10°。陶瓷刀具的合理前角应选得比硬质合金刀具更小一些。

（3）加工性质

在粗加工时，特别是断续切削，不仅切削力大，切削温度高，并且承受冲击载荷，为保证刀具有足够的强度和散热体积，应选择减小前角；在精加工时，切削力较小，对切削刃强度要求较低，为提高刀刃的锋利，可选择较大的前角，以获得较高的表面质量。

工艺系统刚度差和机床功率小时，宜选用较大的前角，以减小切削力和振动。

数控机床和自动机床、自动线上用刀具，为保证刀具不发生崩刃和破损，一般选用较小的前角。

硬质合金车刀合理前角 γ_o 的参考值见表 1-6。

表 1-6　硬质合金车刀合理前角 γ_o 的参考值

工件材料	合理前角 γ_o/(°)		工件材料	合理前角 γ_o/(°)	
	粗车	精车		粗车	精车
低碳钢 Q235	18～20	20～25	40Cr(正火)	13～18	15～20
45 钢(正火)	15～18	18～20	40Cr(调质)	10～15	13～18
45 钢(调质)	10～15	13～18	40 钢、40Cr 钢锻件	10～15	13～18
45 钢、40Cr 铸钢件或钢锻件断续切削	5～10	10～15	淬硬钢(40～50 HRC)	−15～−5	
灰铸铁、青铜、脆黄铜	5～10	10～15	灰铸铁断续切削	0～5	5～10
铝及铝合金	30～35	35～40	高强度钢(σ_b<180MPa)	−5	
纯铜 T1～T3	25～30	30～35	高强度钢($\sigma_b \geqslant$180MPa)	−10	
奥氏体不锈钢(185 HBS 以下)	15～25		锻造高温合金	5～10	
马氏体不锈钢(250 HBS 以下)	15～25		铸造高温合金	0～5	
马氏体不锈钢(250 HBS 以上)	−5		钛及钛合金	5～10	

2. 主后角 α_o 的作用及选择

主后角 α_o 的主要作用是减小刀具主后刀面与工件加工表面间的摩擦。增大主后角，可以减小主后刀面与加工表面间的摩擦，并使刃口锋利，有利于提高刀具耐用度和加工表面质量。但主后角过大，刀具楔角减小，切削刃强度和散热条件变差，反而使刀具耐用度降低。具体选择时应考虑以下几个方面。

(1) 切削厚度 $h_D(f)$

切削厚度越大，切削力越大，为保证切削刃强度和提高刀具耐用度，应选择较小的主后角(参见图 1-3)。

(2) 工件材料

工件材料的硬度、强度较高时，为保证切削刃强度，应选择较小的主后角；工件材料塑性越大，材料越软，为减小主后刀面的摩擦对工件加工表面质量的影响，应选择较大的主后角。

(3) 加工性质

粗加工时为提高刀具强度，应取较小的主后角，通常选择 $\alpha_o=4^\circ\sim6^\circ$；精加工时为减少摩擦，可选取较大的主后角，一般选取 $\alpha_o=6^\circ\sim10^\circ$。

(4) 工艺系统刚度

当工艺系统刚度差时，可适当减小主后角以防止振动。

3. 主偏角 κ_γ 的作用及选择

主偏角 κ_γ 的大小主要影响刀尖强度、刀具耐用度、已加工表面的表面粗糙度值及切削分力的大小和比例，如图 1-16 所示。

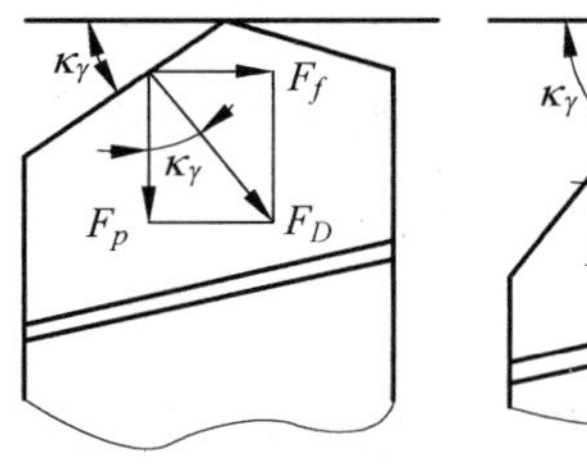

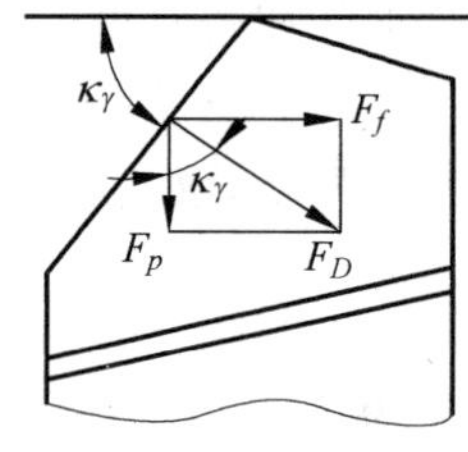

图 1-16　刀具主偏角大小的变化分析

主偏角 κ_γ 减小时，刀尖角增大，使刀尖强度提高，散热体积增大，同时，也会减小切削加工中残留面积高度，使加工表面的粗糙度值减小。

在进给量和背吃刀量一定时，减小主偏角 κ_γ，可使主切削刃上参加切削的长度(即切削宽度 b_D)增加，切削厚度 h_D 减小，见图 1-3(a)，从而减轻主切削刃单位长度上的负荷，有利于刀具耐用度的提高。

同时，主偏角 κ_γ 减小，也会引起吃刀抗力(或背向力 $F_p=F_D\cos\kappa_\gamma$)增大，见图 1-1(b)，过大的 F_p 则会导致工件弯曲变形和振动，降低零件表面质量和加工精度。

合理主偏角 κ_γ 主要根据工艺系统刚度来选择，同时兼顾工件材料的性质和工件表面形状等要求。主偏角 κ_γ 的选择原则包括以下几点。

(1) 当工艺系统刚度好时，应选用较小的主偏角 κ_γ，取 $\kappa_\gamma=30^\circ\sim45^\circ$，以提高刀具耐用度和加工表面质量；当刚度较差时，可选 $\kappa_\gamma=60^\circ\sim75^\circ$；若车削细长轴时，应取较大的主偏角，取 $\kappa_\gamma=90^\circ\sim93^\circ$，以减小吃刀抗力(或背向力)，避免切削过程中产生振动。

(2) 加工材料强度、硬度高时，应选用较小的主偏角 κ_γ，以减轻主切削刃单位长度上的负荷，改善刀尖散热条件，提高刀具耐用度。

(3) 粗加工时主偏角 κ_γ 选大些，以利于减振，防止崩刃；精加工时，主偏角 κ_γ 选小些，以减小已加工表面的粗糙度值。

4. 副偏角 κ_γ' 的作用及选择

副偏角 κ_γ' 主要用以减小副切削刃与已加工表面间的摩擦，防止切削振动。κ_γ' 的大小直接影响已加工表面的粗糙度值和刀具耐用度。

副偏角 κ_γ' 越小，已加工表面残留面积的最大高度越小，表面粗糙度值越小，同时，刀尖角增大，刀具强度提高，散热条件改善，但如果副偏角 κ_γ' 过小，将增加副切削刃与已加工表面间过多的接触和摩擦，易引起工件的振动。

副偏角 κ_γ' 的大小，应根据表面粗糙度值的要求进行选择，通常取 $\kappa_\gamma'=5°\sim10°$，最大不超过 15°。粗加工时 κ_γ' 选取大值，精加工时 κ_γ' 选取小值。

5. 刃倾角 λ_s 的作用及选择

刃倾角 λ_s 主要用来控制切屑流出的方向并影响刀头的强度，如图 1-17 所示。

当主切削刃呈水平时，$\lambda_s=0°$，刀尖和主切削刃同时切入工件，切屑沿垂直于主切削刃方向排出，如图 1-17(a)所示。当刀尖为主切削刃上最低点时，λ_s 为负，切削刃后半部分先切入工件，冲击点远离刀尖，有利于保护刀尖，其切屑流向已加工表面，易划伤已加工表面，适用于粗加工和有冲击的断续切削，如图 1-17(b)所示。当刀尖为主切削刃上最高点时，λ_s 为正，刀尖先切入工件，冲击点在刀尖上，刀尖强度差，切屑流向工件待加工表面，不会划伤已加工表面，适用于精加工，如图 1-17(c)所示。

刃倾角的选择主要考虑加工性质和切削刃的受力情况。λ_s 的取值范围通常为：在加工一般钢件和铸铁时，无冲击的粗车取 $\lambda_s=-5°\sim0°$，精车取 $\lambda_s=0°\sim5°$；有冲击负荷时，取 $\lambda_s=-15°\sim-5°$；切削高强度钢、冷硬钢时，可取 $\lambda_s=-30°\sim-10°$；当冲击特别大时，为提高刀头强度，取 $\lambda_s=-45°\sim-30°$。

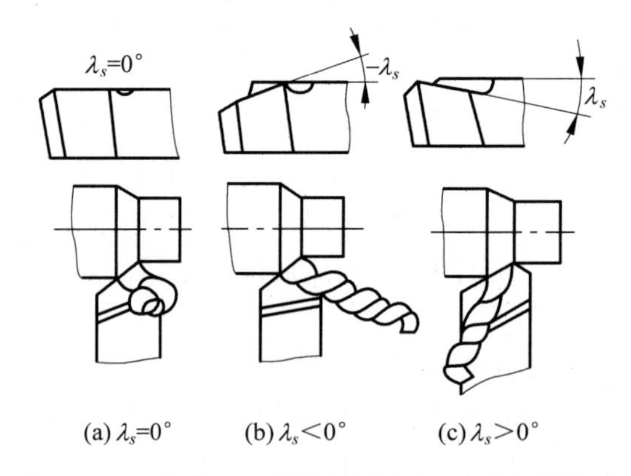

图 1-17 刃倾角 λ_s 对切屑流向及刀头强度的影响

6. 副后角 α_o' 的作用及选择

副后角 α_o' 的作用主要是减少副后刀面与已加工表面之间的摩擦。一般情况下，车刀的 $\alpha_o'=\alpha_o$。粗加工时通常选择 $\alpha_o'=4°\sim6°$；精加工时一般选取 $\alpha_o'=6°\sim10°$。

7. 其他几何参数的选择

(1) 负倒棱及其参数的选择

对于粗加工以及断续切削碳钢和铸铁的硬质合金刀具，常在主切削刃上刃磨出一条很窄的棱边，相当于在主切削刃上倒一个角，称这个倒棱面为负倒棱，如图 1-18 所示。其作用是增加主切削刃强度，改善刃部散热条件，避免崩刃并提高刀具耐用度。由于倒棱宽度很窄，它不改变刀具前角的作用。

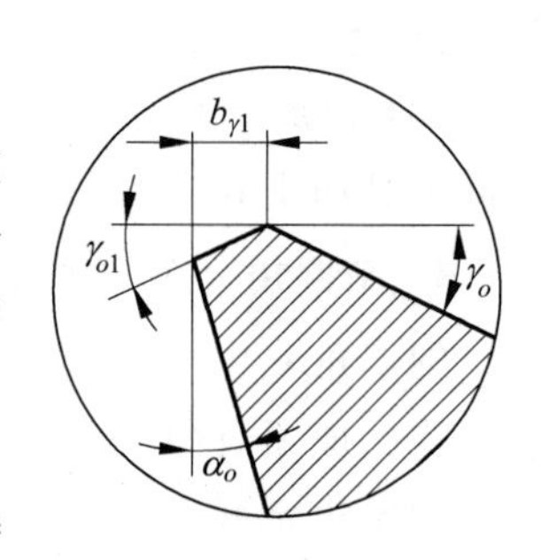

图 1-18 负倒棱

负倒棱参数，即倒棱宽度 $b_{\gamma1}$ 和倒棱角 γ_{o1}，必须适当选择，特别是倒棱宽度 $b_{\gamma1}$ 不能过大，若过大则变成负前角切削（原来选定的正前角已不起作用），导致主切削刃变钝，会增大切削力和切削变形。

对于切削塑性材料的硬质合金刀具，一般取倒棱宽度 $b_{\gamma1}=(0.3\sim1.0)f$，倒棱角 $\gamma_{o1}=-10°\sim-5°$。当粗加工铸件、锻钢件或断续切削，且机床功率和工艺系统刚性足够时，可取倒棱宽度 $b_{\gamma1}=(1.5\sim2)f$，倒棱角 $\gamma_{o1}=-15°\sim-10°$。

（2）过渡刃及其参数选择

连接刀具主、副切削刃的刀尖通常刃磨成一段圆弧或直线刃，它们统称为过渡刃或修光刃，如图1-19所示。当刀尖处强度、散热条件均较差，主偏角和副偏角较大时，过渡刃尤为重要。在切削加工中则需采取强化刀尖的措施，其刀尖强化的措施是磨过渡刃。

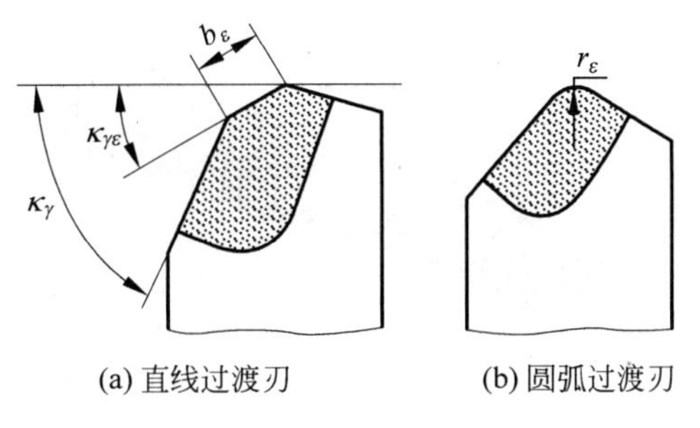

(a) 直线过渡刃　(b) 圆弧过渡刃

图1-19　两种过渡刃

在主切削刃和副切削刃之间磨制过渡刃或修光刃，有利于加强刀尖强度，改善散热条件，提高刀具耐用度，减小已加工表面的表面粗糙度值和提高已加工表面尺寸精度。

① 直线过渡刃

图1-19(a)中直线过渡刃主要用在粗加工、有间断冲击的切削和车刀、铣刀上的强力切削。直线过渡刃的偏角一般取 $\kappa_{\gamma\varepsilon}=\kappa_\gamma/2$，过渡刃宽度 $b_\varepsilon=0.5\sim2$mm。

② 圆弧过渡刃

图1-19(b)中圆弧过渡刃多用在精加工刀具上，过渡刃圆弧半径 r_ε 不宜太大，否则可能会引起工件振动。其半径 r_ε 可根据刀具材料、加工工艺系统刚度或表面粗糙度值的要求进行选择。一般高速钢刀具的过渡刃圆弧半径可取 $r_\varepsilon=0.5\sim5$mm；硬质合金刀具的过渡刃圆弧半径可取 $r_\varepsilon=0.2\sim2$mm。

1.4.3 刀具几何参数的选择实例

在生产中，应根据具体加工条件和加工要求灵活地运用刀具几何参数的选择原则，而不能生搬硬套，应根据具体情况作具体分析，合理运用。其最终目的是使刀具各几何参数产生有效的作用，充分发挥刀具的切削性能，以保证加工质量，提高切削效率，降低加工成本，从而促进金属切削技术的发展。

下面以图1-20所示的加工细长轴类的外圆车刀为例，分析刀具几何参数的选择方法。

1. 加工对象

中碳钢或合金钢的轴、丝杠等细长轴类零件，$d=20\sim40$mm。

2. 使用机床

中等功率，刚度一般的数控机床。

3. 刀具材料

刀片材料为硬质合金YT30，刀杆材料为45钢的焊接刀具（用于精加工）。

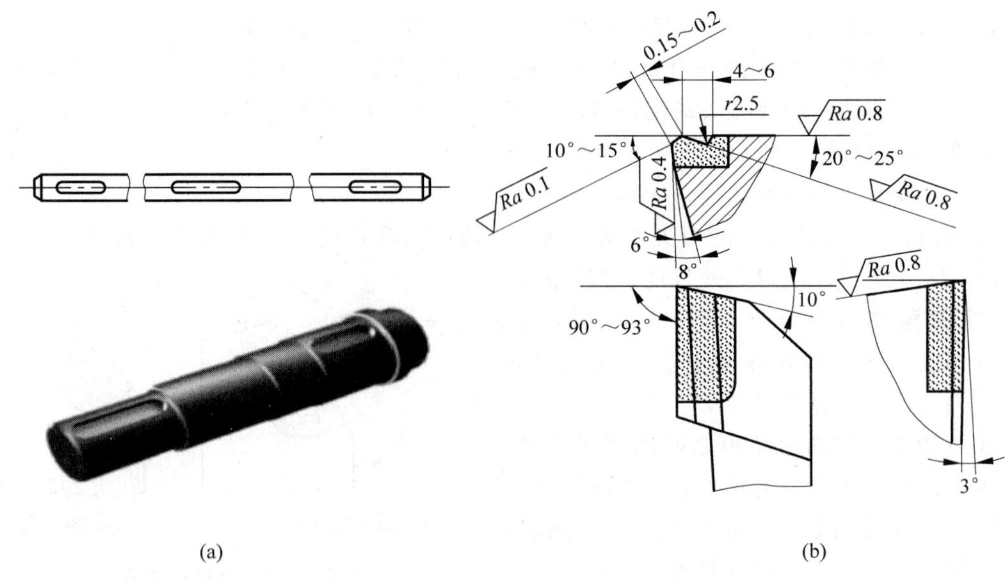

图 1-20 车削细长轴类的外圆车刀

4. 刀具几何参数的选择与分析

工件材料的可加工性是比较好的,但由于加工的是细长轴类的零件,切削过程中要解决的主要矛盾是防止工件的弯曲变形。因此,应尽量减小吃刀抗力(径向力),增强工艺系统的刚度,防止振动的产生,具体选择如下。

(1) 选择较大的前角,选取 $\gamma_o=20°\sim25°$,目的是使刀刃锋利,以降低切削力和切削温度,减小切削变形,使切削轻快。

(2) 采用较大的主后角,选取 $\alpha_o=6°\sim8°$,以减小主后刀面与工件加工表面之间的摩擦,减小刀具磨损,提高加工表面质量。

(3) 采用较大的主偏角,选取 $\kappa_\gamma=90°\sim93°$,以减小径向力,避免加工时工件的弯曲变形和振动。

(4) 选择较小副偏角,选取 $\kappa_\gamma'=10°$,以提高刀具强度,减小加工表面粗糙度值。

(5) 选择正的刃倾角,取 $\lambda_s=3°$,以增加刀头强度,并使切屑流向待加工表面,不致划伤已加工表面。

(6) 在刀具前刀面上磨出 4~6mm 宽的直线圆弧形断屑槽,以获得较好的断屑效果。

(7) 沿主切削刃磨出倒棱宽度 $b_{\gamma1}=0.15\sim0.2$mm、倒棱角 $\gamma_{o1}=-15°\sim-10°$的倒棱,以提高切削刃强度。

(8) 磨制圆弧过渡刃的圆弧半径为 $r_\varepsilon=0.5$mm 修光刃,以提高刀尖强度,减小已加工表面的表面粗糙度值。

1.5 常用金属切削刀具与砂轮

常用的机械加工方法包括车削、钻削、扩削、铰削、铣削、镗削、刨削、拉削、插削、磨削等,每种加工方法所使用的工艺装备都不一样。下面介绍几种典型加工方法及对应的常用刀具。

1.5.1　车削与车刀

1. 车削的基本特征与工艺特点

车削加工通常都是在车床上进行的，主要用于加工回转表面及其端面。车削时，工件的回转运动为切削主运动，刀具的直线或曲线运动为进给运动，二者共同组成切削成形运动，从而形成相应的工件表面，如图 1-21(a)所示。

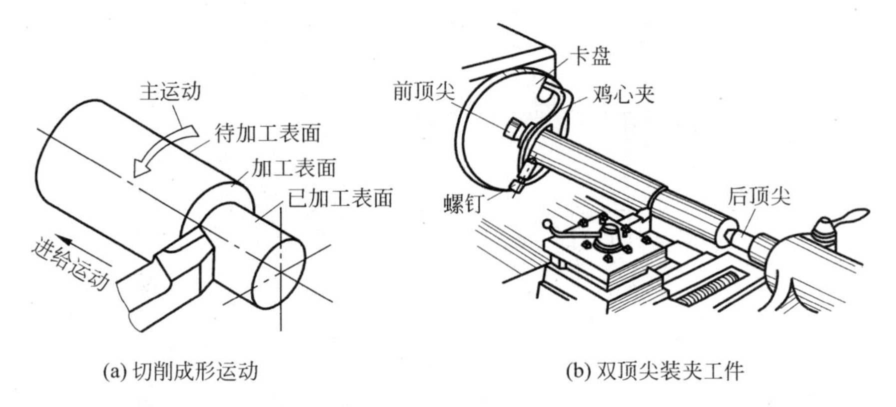

(a) 切削成形运动　　(b) 双顶尖装夹工件

图 1-21　外圆车削的切削运动

车削加工是机械加工中使用最为普及的一种加工方式，其工艺特点如下。

(1) 适用范围广泛

车削是轴、盘、套、盖等回转体零件广泛采用的加工工序。

(2) 易于保证被加工零件各表面间的位置精度

一般短轴、套类或盘、盖类零件利用三爪或四爪卡盘装夹，长轴类零件可利用中心孔装夹在前、后顶尖之间，见图 1-21(b)。在一次装夹中，对各外圆表面进行加工时，能保证内外圆或各外圆之间的同轴度要求；在一次装夹中车出的轴肩和端面，还能保证与轴线的垂直度。

(3) 可用于有色金属的精加工

当有色金属零件的精度较高、表面粗糙度值 Ra 较小时，若采用磨削，易堵塞砂轮，加工较为困难，故可由精车完成。

(4) 切削过程比较平稳

除了车削断续表面之外，一般情况下车削过程是连续进行的，且切削层面积不变(不考虑毛坯余量不均匀)，所以切削力变化小，切削过程平稳。又由于车削的主运动为回转运动，避免了惯性力和冲击力的影响(与往复运动相比)，所以车削允许采用大的切削用量，进行高速切削或强力切削，这有利于生产效率的提高。

(5) 生产成本较低

车刀结构简单，制造、刃磨和安装方便。车床附件较多，可满足常见零件的装夹，生产准备时间较短，加工成本低，既适宜单件小批量生产，也适宜大批量生产。

(6) 加工范围广

车床上通常采用顶尖、三爪卡盘和四爪卡盘等装夹工件，也可通过安装附件来支承和装夹工件，扩大了车削的加工工艺范围。

2. 车刀的加工范围与结构形式

车刀是金属切削加工中应用最为广泛的一种刀具。它可以用来加工各种内、外回转体表面和端面，如外圆、内孔、端面、螺纹、成形表面，也可用于切槽和切断等，因此车刀类型很多，形状、结构、尺寸各异，其加工范围如图 1-22 所示。

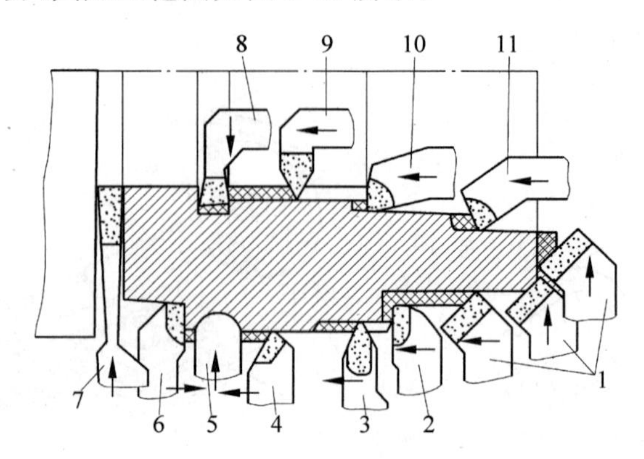

图 1-22 几种常用的车刀

1—45°弯头车刀；2,6—90°外圆车刀；3—外螺纹车刀；4—75°外圆车刀；
5—成形车刀；7—切断刀；8—内孔切槽刀；9—内螺纹车刀；
10—盲孔镗刀；11—通孔镗刀

车刀的结构形式有整体式、焊接式、机夹重磨式和机夹可转位式等。整体式通常为高速钢车刀，用得较少；后几种为硬质合金车刀，应用很广泛。

3. 整体式车刀

用整块高速钢做成长条形状，称为整体式车刀，俗称为“白钢刀”，如图 1-23 所示。该车刀的刃口可磨得较锋利，主要用于小型车床或加工有色金属。通常也可作为螺纹车刀、成形车刀，以及切槽刀和切断刀。这类刀具容易刃磨成形，但由于红硬性较差，切削速度不高，使用不普及。

4. 硬质合金焊接式车刀

焊接式车刀是在 45 钢的刀杆上，按硬质合金刀片的几何角度及尺寸要求铣出刀槽，用铜焊或其他焊料镶焊在刀槽内成为一体，并按所选定的几何角度刃磨后使用的车刀，其结构如图 1-24 所示。

图 1-23 整体式车刀

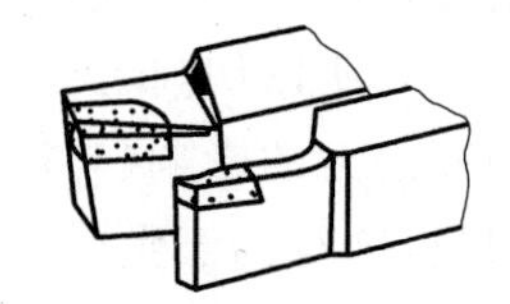

图 1-24 硬质合金焊接式车刀

焊接式车刀结构简单，制造方便，刚度好，适应性强，可以根据具体的加工条件和要求刃磨出合理的几何角度，但焊接时易在硬质合金刀片内产生应力或裂纹，使刀片硬度下降，切削性能和耐用度降低。

焊接车刀的硬质合金刀片利用充分，但其切削性能取决于工人的刃磨水平。此外，焊接车刀杆不能重复使用，当刀片用完后，刀杆也随之报废。

焊接式车刀的硬质合金刀片型号(表示形状和尺寸)已经标准化，可根据需要选用。刀杆的截面形状有正方形、矩形和圆形，一般是根据机床的中心高和切削力的大小来选择其截面尺寸和长度。

5. 硬质合金机夹重磨式车刀

机夹重磨式车刀，就是用机械的方法将硬质合金刀片夹固在刀杆上的车刀，如图1-25所示。刀片磨损后，可卸下重磨，然后再安装使用。与焊接式车刀相比，机夹重磨式车刀可避免焊接引起的缺陷，刀杆也可多次重复使用，但其结构较复杂，刀片重磨时仍有可能产生应力和裂纹。

6. 机夹可转位式车刀

机夹可转位式车刀，就是将预先加工好的、有一定几何角度的、多角形硬质合金刀片，用机械的方法装夹在特制刀杆上的车刀。

可转位式车刀的基本结构如图1-26所示，由刀片、刀垫、刀杆和夹紧元件组成。可转位刀片的型号已经标准化，种类很多，可根据需要选用。选择刀片的形状时，主要是考虑加工工序的性质、工件的形状、刀具的耐用度和刀片的利用率等因素。选择刀片的尺寸时，主要是考虑切削刃工作长度、刀片的强度、加工表面质量及工艺系统刚度等因素。

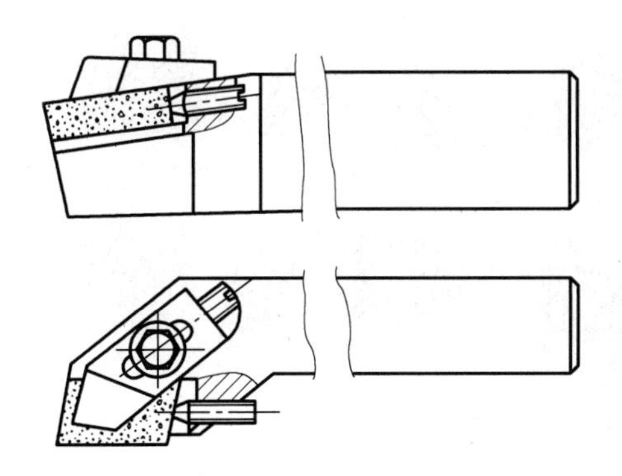

图1-25　机夹重磨式车刀

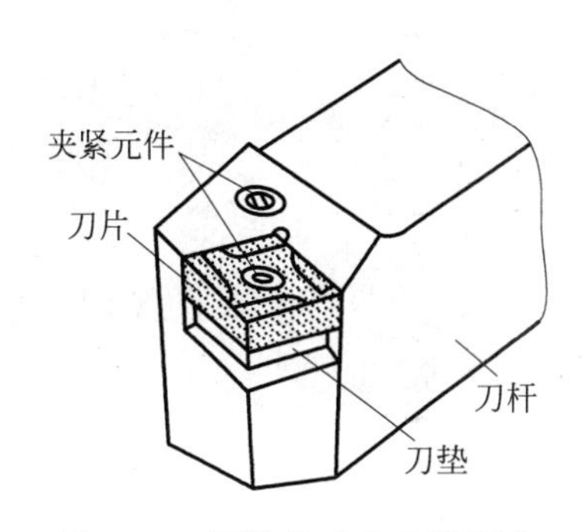

图1-26　可转位式车刀的组成

可转位车刀的夹紧机构，应该满足夹紧可靠、装卸方便、定位精确、结构简单等要求。图1-27所示为生产中常用的几种夹紧机构。

机夹可转位车刀是一种高效率的新型刀具，它具有如下特点。

(1) 可以避免因焊接和重磨对刀片造成的缺陷。因此，在相同的切削条件下，刀具的耐用度和刀具的寿命较焊接式硬质合金车刀大大提高。

(2) 刀片上的一个刀刃用钝后，可将刀片转位换成另一个新切削刃继续使用，不会改变切削刃与工件的相对位置，从而能保证加工尺寸，并能减少调刀时间，适合在专用车床和自动线上使用。

(3) 刀片不需重磨，有利于涂层硬质合金、陶瓷等新型刀片的推广使用。

(4) 刀杆使用寿命长，刀片和刀杆可标准化，有利于专业化生产，提高经济效益。

刀片是机夹可转位车刀的一个最重要的组成元件，其类型很多，已由专门厂家定点生

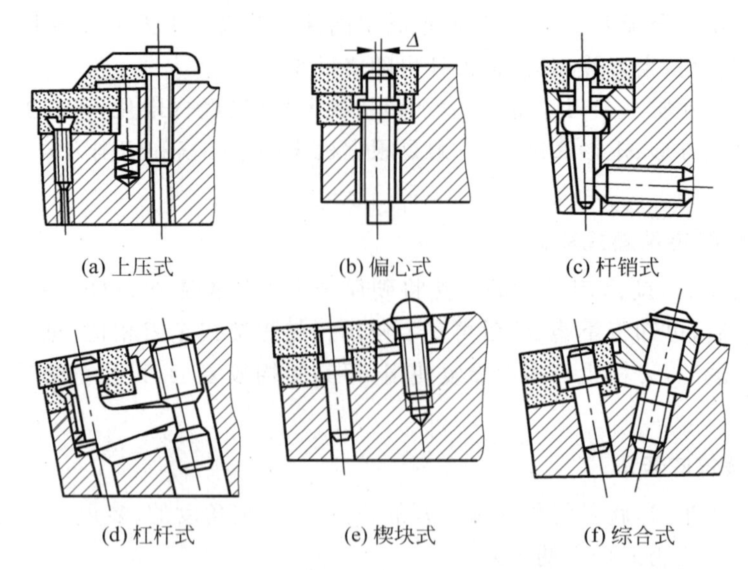

(a) 上压式　(b) 偏心式　(c) 杆销式

(d) 杠杆式　(e) 楔块式　(f) 综合式

图 1-27　可转位式车刀的夹紧机构

产。按刀片形状不同，有正三角形、正方形、各角度菱形、五边形等，种类繁多，图 1-28 所示为常见的几种可转位车刀刀片。

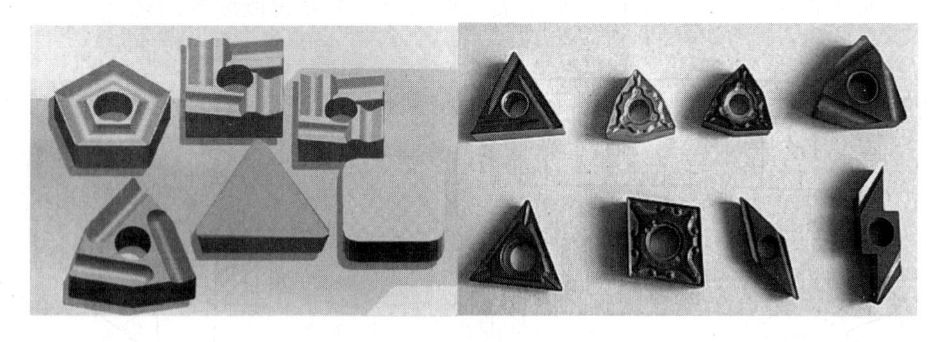

图 1-28　常见可转位车刀刀片

1.5.2　孔加工刀具

孔加工刀具按其用途一般分为两大类：一类是从实体材料上加工出孔的刀具，如麻花钻、中心钻及深孔钻等；另一类是对已有孔进行再加工的刀具，如扩孔钻、铰刀、镗刀等。此外，内拉刀、内圆磨砂轮、珩磨头等也可以用来加工孔。

这些孔加工刀具工艺特点相近，刀具均在工件内表面切削，其工作部分处于加工表面包围之中。刀具的强度、刚度和导向、容屑、排屑及冷却润滑等都比切削外表面时问题突出。

1. 麻花钻

麻花钻是钻削中最常用的刀具，它是一种形状复杂的双刃钻孔或扩孔的标准刀具。一般应用于孔的粗加工，也可用于攻螺纹、铰孔、镗孔、拉孔、磨孔等的预制孔加工。其加工精度一般为 IT13～IT11，表面粗糙度约为 $Ra25 \sim 6.3\mu m$。

(1) 麻花钻的结构

麻花钻由柄部、颈部和工作部分 3 个部分组成，如图 1-29(a)所示。

① 柄部

柄部是钻头的夹持部分，用于与机床的连接，并传递扭矩和轴向力。钻头柄部有直柄与锥柄 2 种，直柄用于小直径钻头，锥柄用于大直径钻头。

② 颈部

颈部是工作部分和柄部间的连接部分，也是磨削钻头时砂轮的退刀槽，此外也用于打印钻头标记。为制造方便，小直径直柄钻头没有颈部。

③ 工作部分

工作部分是钻头的主要部分，前端锥体为切削部分，承担主要的切削工作；后端为导向部分，起引导钻头的作用，也是切削部分的后备部分。钻头的工作部分有 2 条对称的螺旋槽，因其外形很像麻花而得名，它是容屑和排屑的通道。

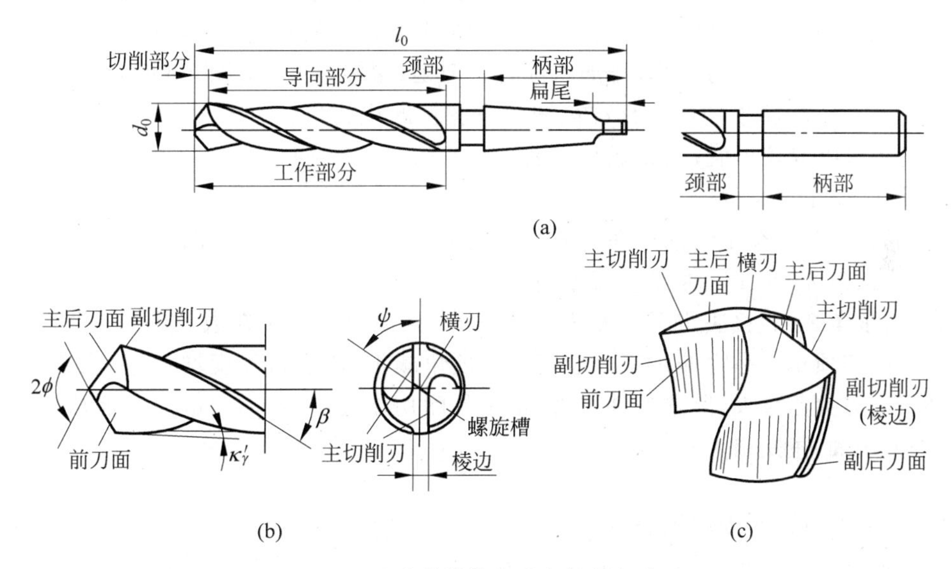

图 1-29　麻花钻的组成和切削部分

切削部分由 2 个前刀面、2 个主后刀面、2 个副后刀面所组成，如图 1-29(b)、(c)所示。螺旋槽的 2 个螺旋面形成了钻头的 2 个前刀面；与工件加工表面(孔底面)相对的端部 2 个曲面为主后刀面；与工件已加工表面(孔壁)相对的 2 条棱边为副后刀面。螺旋槽与主后刀面的 2 条交线为 2 个主切削刃；2 个主切削刃由钻心连接，为增加钻头的刚度与强度，钻心制成正锥体。螺旋槽与棱边(副后刀面)的 2 条交线为 2 个副切削刃；2 个主后刀面在钻心处的交线构成了横刃。

导向部分有 2 条棱边(刃带)，棱边直径磨有(0.03～0.12)/100的倒锥量，即直径由切削部分顶端向尾部逐渐减小，从而形成了副偏角 κ_γ'，以减少与加工孔壁的摩擦。

(2) 麻花钻的主要几何参数

麻花钻的主要几何参数有螺旋角 β、顶角 2ϕ、主偏角 κ_γ、前角 γ_o、后角 α_f、横刃斜角 Ψ 等，如图 1-30 所示。

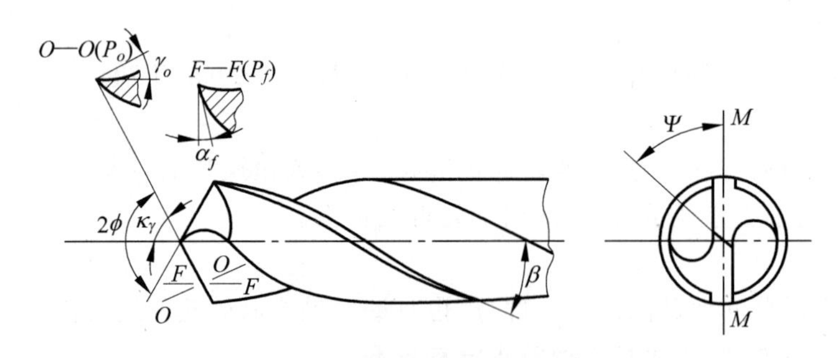

图 1-30 标准麻花钻的几何参数

① 螺旋角 β

麻花钻的螺旋角 β 是螺旋槽刃带棱边螺旋线的切线与钻头轴线间的夹角。在主切削刃上半径不同的点的螺旋角不相等。麻花钻外缘处的螺旋角最大，越靠近麻花钻中心，其螺旋角越小。螺旋角实际上是钻头假定工作平面内的前角。螺旋角大，即麻花钻的前角大，麻花钻锋利，切削扭矩和轴向力减小，排屑状况好。但是，螺旋角过大，会降低麻花钻的强度和散热条件，使麻花钻的磨损加剧。标准高速钢麻花钻的螺旋角 $\beta=18°\sim30°$，对于小直径的麻花钻，螺旋角 β 应取较小值，以保证其刚度。

② 顶角 2ϕ 和主偏角 κ_γ

钻头的顶角为 2 个主切削刃在与其平行的轴向平面上投影之间的夹角，见图 1-30。标准麻花钻的顶角 $2\phi=118°$，主切削刃是直线。

钻头的顶角 2ϕ 直接决定了主偏角 κ_γ 的大小，且顶角之半 ϕ 在数值上与主偏角 κ_γ 很接近，因此一般用顶角代替主偏角来分析问题。顶角减小，切削刃长度增加，单位切削刃长度上负荷降低，刀尖角增大，散热条件改善，钻头的耐用度提高，轴向力减小。但切屑变薄，切屑平均变形增加，扭矩增大。

③ 前角 γ_o

钻头的前角是在正交平面内测量的前刀面与基面间的夹角。由于钻头的前刀面是螺旋面，且各点处的基面和正交平面位置亦不相同，故主切削刃上各处的前角也是不相同的，越接近钻心，前角越小。对于标准麻花钻，前角由外缘处的30°逐渐变为钻心处的$-30°$，故靠近中心处的切削条件很差。

④ 后角 α_f

钻头的后角是在假定工作平面(即以钻头轴线为轴心的圆柱面的切平面)内测量的切削平面与主后刀面之间的夹角。在切削过程中，α_f 在一定程度上反映了主后刀面与工件过渡表面之间的摩擦关系，而且测量也比较容易。

刃磨钻头后角时，应沿主切削刃将后角从外缘处向钻心逐渐增大，一般将后刀面磨成圆锥面。标准麻花钻的后角(最外缘处)$\alpha_f=8°\sim20°$，大直径钻头取小值，小直径钻头取大值。

⑤ 横刃斜角 Ψ

横刃是两个主后刀面的交线，横刃斜角 Ψ 是在端面投影上，横刃与主切削刃之间的夹角，它是后刀面刃磨时形成的，标准麻花钻的 $\Psi=50°\sim55°$。在后角磨得偏大时，横刃斜角减小，横刃长度增大。因此，在刃磨麻花钻时，可以通过观察横刃斜角的大小来判断后角是否磨得合适。横刃是通过钻头中心的，在钻头端面上的投影为 1 条直线，因此横刃上各点的基面和切削平面的位置是相同的。从横刃上任一点的主剖面看，横刃前角为负值(标准麻花钻的 $\gamma_{o\Psi}=-60°\sim-54°$)。由于横刃的负前角较大，钻削时横刃的切削条件很差，横刃处发生严重的挤压，其结果会产生很大的轴向力(通常横刃的轴向力约占全部轴向力的 1/2 以上)，同时对加工工件孔的尺寸精度影响很大。

(3) 标准麻花钻的钻削特点

① 刚度差

2 条又宽又深的螺旋槽，极大地影响了麻花钻的钻削能力和刚度。

② 导向性差

钻削时，只有 2 条很窄的棱带与孔壁接触导向，其效果较差。

③ 切削条件差

钻孔时，孔内的实体材料要全部变成卷曲的切屑，体积急剧膨胀，而钻孔又属于半封闭式切削，切屑只能沿钻头的螺旋槽从孔口排出，致使切屑与孔壁剧烈摩擦，一方面划伤和拉毛已加工的孔壁，另一方面产生了大量的切削热，半封闭式的切削又使切削液难以进入切削区域，切削条件较差。

④ 轴向力大

在钻削加工时，由于横刃处产生严重的挤压，对轴向切削力及孔的加工精度影响很大。

另外，钻头的 2 条主切削刃手工刃磨难以准确对称，致使钻孔具有易引偏、孔径易扩大和孔壁质量差等工艺问题。

2. 扩孔钻

扩孔钻是用于扩大孔径、提高孔加工精度等级的刀具。扩孔加工既可以作为精加工孔前或铰孔前的预加工，也可以作为要求不高的孔的最终加工。扩孔钻的加工精度可达 IT10～IT9，表面粗糙度值为 $Ra6.3\sim3.2\mu m$。

扩孔钻钻心不工作，扩孔时切削条件大大改善，所以扩孔钻的结构与麻花钻相比有较大的不同，图 1-31 所示为扩孔钻工作部分的结构简图，其结构特点如下。

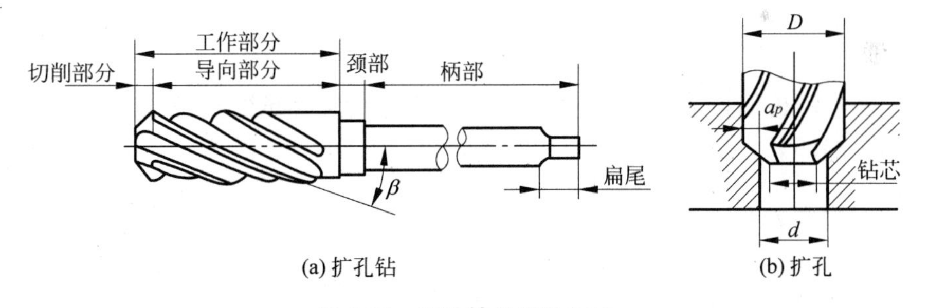

(a) 扩孔钻　(b) 扩孔

图 1-31　扩孔钻及扩孔加工

(1) 与麻花钻相比，它没有横刃，因而轴向力小；由于加工余量小，产生的切屑少，无需容积较大的容屑槽；钻心直径大，因而刀体的强度和刚度好，工作平稳。

(2) 由于容屑槽较浅，扩孔钻可做出较多刀齿，一般整体式扩孔钻为 3～4 齿，因而导向性好；加之切削深度较小，切削角度可取较大值，切削较省力。

扩孔钻的加工质量和生产率均比麻花钻高。通常高速钢扩孔钻为 $\phi7.8\sim\phi50$mm 的规格时制成锥柄，$\phi25\sim\phi100$mm 的规格时制成套式。近年来，硬质合金扩孔钻和可转位扩孔钻也被普遍采用。

3. 铰刀

铰刀用于已有中、小尺寸孔的半精加工和精加工，也可用于磨孔或研孔前的预加工。铰刀加工精度可达IT8～IT6，表面粗糙度值可达$Ra1.6$～$0.4\mu m$。

铰刀的加工余量小，齿数多(6～12个)，导向性好，刀齿负荷小，心部直径大，刚度好。铰削余量小，切削速度低，加上切削过程中的挤压作用，所以能获得较高的加工精度和较好的表面质量。铰孔的生产效率较高，费用较低，生产中应用广泛。

铰刀分为手用铰刀和机用铰刀两类。手用铰刀又分为整体式和可调整式两种，机用铰刀分为带柄的和套式两种，如图1-32所示。

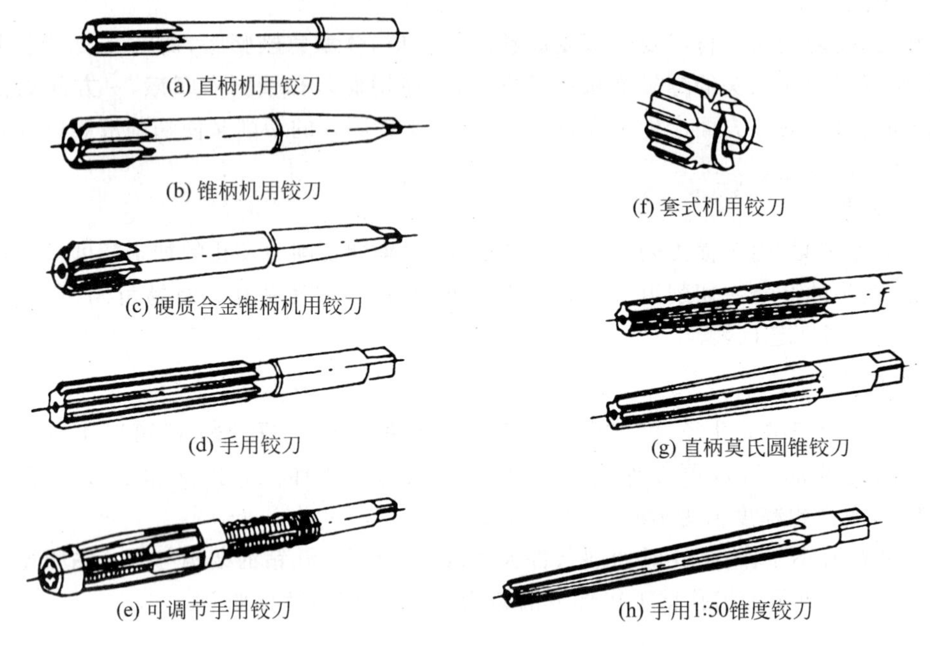

图1-32 铰刀的类型

铰刀的基本结构如图1-33所示，由工作部分、颈部及柄部组成，工作部分包括引导锥、切削部分和校准部分。

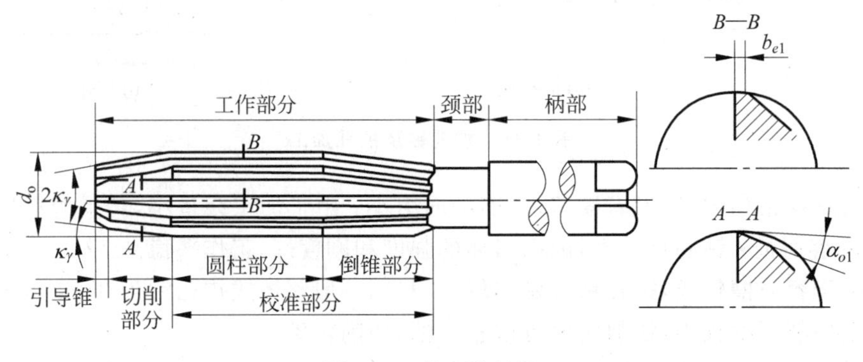

图1-33 铰刀的结构

铰刀切削部分承担主要的切削工作，用于切除加工余量；校准部分起校准孔径、修光孔壁及导向作用。校准部分又分为圆柱部分和倒锥部分，圆柱部分保证加工孔径的精度和表面粗糙度值的要求；倒锥部分的作用是减小铰刀与孔壁的摩擦和避免孔径扩大等现象。

铰刀切削部分呈锥形，其锥角 $2\kappa_\gamma$ 的大小主要影响被加工孔的质量和铰削时轴向力的大小。对于手用铰刀，为了减小轴向力，提高导向性，一般取 $\kappa_\gamma=30'\sim1°30'$；对于机用铰刀，为提高切削效率，一般加工钢件时，$\kappa_\gamma=12°\sim15°$；加工铸铁件时，$\kappa_\gamma=3°\sim5°$；加工盲孔时，$\kappa_\gamma=45°$。

由于铰削余量很小，切屑很薄，故铰刀的前角作用不大，为了制造和刃磨方便，一般取 $\gamma_o=0°$。铰刀的切削部分为尖齿，后角一般为 $\alpha_o=6°\sim10°$。而校准部分应留有宽 0.2～0.4mm、后角 $\alpha_{o1}=0°$的棱边，以保证铰刀有良好的导向与修光作用。

铰刀的直径 d_o 是指铰刀圆柱校准部分的刀齿直径，它直接影响被加工孔的尺寸精度、铰刀的制造成本及使用寿命。铰刀的基本直径等于孔的基本直径，直径公差应综合考虑被加工孔的公差、铰削时的扩张量或收缩量(一般为 0.003～0.02mm)、铰刀的制造公差和备磨量等因素来确定。

1.5.3　铣削与铣刀

铣削是机械加工中最常用的加工方法之一。铣削是以铣刀的旋转作主运动，工件随工作台的直线运动(或曲线运动)为进给运动，如图 1-34 所示。

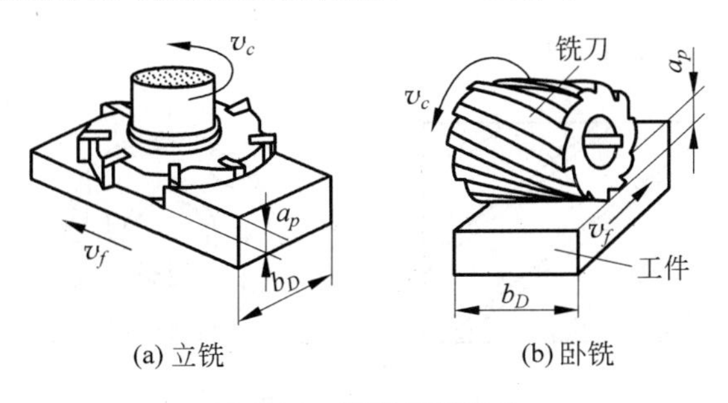

图 1-34　铣削切削运动

铣削的加工范围广、生产率高，而且还可以获得较好的加工表面质量，其加工精度一般为 IT8～IT9，表面粗糙度值为 Ra1.6～6.3μm。在不同类型铣床上使用各种铣刀，可以完成的工作内容为平面铣削、凸台铣削、各类沟槽、各种成型表面的铣削等。

1. 铣削加工的工艺特点

(1) 工艺范围广

通过合理地选用铣刀和铣床附件，铣削不仅可以加工平面、沟槽、成形面、台阶，还可以进行切断和刻度加工。

(2) 生产效率高

铣削时，同时参加铣削的刀齿较多，进给速度快。铣削的主运动是铣刀的旋转，有利于进行高速切削。因此，铣削生产效率比刨削高。

(3) 刀齿散热条件较好

由于是间断切削，每个刀齿依次参加切削，在切离工件的一段时间内，刀齿可以得到冷却。这样有利于减小铣刀的磨损，延长使用寿命。

(4) 容易产生振动

铣削过程是多刀齿的不连续切削,刀齿的切削厚度和切削力时刻变化,容易引起振动,对加工质量有一定影响。另外,铣刀刀齿安装高度的误差,会影响工件的表面粗糙度值。

(5) 可选用不同的切削方式

铣削时,可根据不同材料的可加工性和具体加工要求,选用顺铣和逆铣、对称铣和不对称铣等切削方式,提高刀具耐用度和加工生产率。

2. 铣刀及其几何角度

铣刀是刀齿分布在圆周表面上或端面上的多刃回转刀具。根据铣刀结构的不同,可分为圆柱铣刀、盘形铣刀、端面铣刀、指状立铣刀等。铣刀的几何角度可以按圆柱铣刀和端铣刀两种基本类型来分析。

(1) 圆柱铣刀及其几何角度

圆柱铣刀如图 1-34(b)所示,它的结构形式分为高速钢整体制造的圆柱形铣刀和镶焊硬质合金刀片的镶齿圆柱形铣刀。螺旋形切削刃分布在圆柱表面上,没有副切削刃。螺旋形的刀齿切削时是逐渐切入和脱离工件的,所以切削过程较平稳。主要用于卧式铣床上加工宽度小于铣削长度的狭长平面。

根据加工要求不同,圆柱铣刀有粗齿和细齿之分。粗齿的容屑槽大,常用于粗加工,细齿常用于精加工。

圆柱铣刀的几何角度如图 1-35 所示。

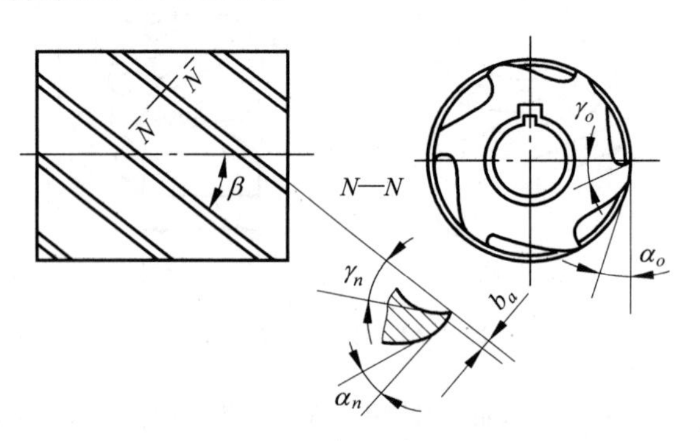

图 1-35 圆柱铣刀的几何角度

① 前角 γ_n

为了设计与制造方便,规定圆柱铣刀的前角用法向前角 γ_n(在切削刃的法剖面内测量的前刀面与基面的夹角)表示,γ_n 与 γ_o 的换算关系如下:

$$\tan\gamma_n = \tan\gamma_o \cos\beta$$

铣刀的前角主要根据工件材料来选择。铣削钢件时,一般取 $\gamma_o=10°\sim20°$;铣削铸铁件时,取 $\gamma_o=5°\sim15°$。加工软材料时,为了减小变形,可取较大值;加工硬而脆的材料时,为了保护刀刃,则应取较小值。

② 后角 α_o

在正交平面内测量的切削平面与后刀面的夹角 α_o(亦即端平面后角)。由于铣削厚度较小,磨损主要发生在后刀面上,故铣刀后角一般较大。通常粗加工时取 $\alpha_o=12°$,精加工时取 $\alpha_o=16°$。

③ 螺旋角 β

铣刀的螺旋角 β 就是其刃倾角 λ_s，它能使刀齿逐渐切入和切离工件，使铣刀同时工作的齿数增加，故能提高铣削过程的平稳性。增大 β 角，可增大实际切削前角，使切削轻快，排屑变得容易。一般粗齿铣刀 $\beta=40°\sim60°$，细齿铣刀 $\beta=30°\sim35°$。

(2) 端铣刀及其几何角度

端铣刀如图 1-34(a)所示，主切削刃分布在圆柱或圆锥表面上，端面切削刃为副切削刃，铣刀的轴线垂直于被加工表面。按刀齿材料可分为整体式高速钢和硬质合金镶齿结构两大类。端铣刀主要用在立式铣床上加工平面，特别适合较大平面的加工，主偏角为90°的端铣刀可铣底部较宽的台阶面。

用端铣刀加工平面时，切削厚度变化小，同时参加切削的齿数多，因此铣削较平稳。端铣刀的侧刀刃承担主要切削工作，又有副切削刃(端面刃)的修光作用，使加工表面粗糙度值较小。端铣刀刀杆比圆柱铣刀刀杆短，刚性好，能减少加工中的振动，因此可以采用较大的切削用量，生产效率高，在铣削平面时，应用广泛。

端铣刀的每一个刀齿相当于一把车刀，其端铣刀的几何角度如图 1-36 所示。在正交平面系内端铣刀的标注角度有 γ_o、α_o、κ_γ、κ_γ' 和 λ_s。

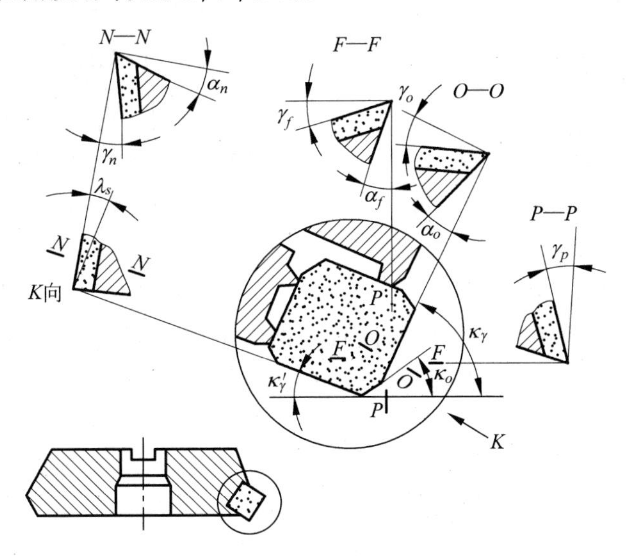

图 1-36　端铣刀的几何角度

机夹端铣刀的每一个刀齿的 γ_o 和 λ_s 均为 0°，以利于刀齿的集中制造和刃磨。把刀齿安装在刀体上时，为了获得所需要的切削角度，应使刀齿在刀体中径向倾斜 γ_f 角、轴向倾斜 γ_p 角，并把它们标注出来，以供制造时参考。它们之间可由下式来换算：

$$\tan\gamma_f = \tan\gamma_o\sin\kappa_\gamma - \tan\lambda_s\cos\kappa_\gamma$$

$$\tan\gamma_p = \tan\gamma_o\cos\kappa_\gamma + \tan\lambda_s\sin\kappa_\gamma$$

由于硬质合金端铣刀是断续切削，刀齿经受较大的冲击，在选择几何角度时，应保证刀齿具有足够的强度。一般铣削钢件时，取 $\gamma_o=-10°\sim15°$；铣削铸铁件时，取 $\gamma_o=-5°\sim5°$。粗铣时，$\alpha_o=6°\sim8°$；精铣时，取 $\alpha_o=12°\sim15°$。主偏角取值范围为 $\kappa_\gamma=45°\sim75°$，副偏角为 $\kappa_\gamma'=2°\sim5°$，刃倾角为 $\lambda_s=-15°\sim5°$。

3. 硬质合金端铣刀

(1) 硬质合金机夹重磨式端铣刀

如图 1-37 所示，它是将硬质合金刀片焊接在小刀齿上，再用机械夹固的方法装夹在刀体的刀槽中。这类铣刀的重磨方式有体外刃磨和体内刃磨两种。因其刚度好，目前应用较多。

(2) 硬质合金可转位端铣刀

如图 1-38 所示，它是将硬质合金可转位刀片直接用机械夹固的方法安装在铣刀体上，磨钝后，可直接在铣床上转换切削刃或更换刀片。其刀片的夹固方法与可转位车刀的夹固方法相似。因此，硬质合金可转位铣刀在提高铣削效率和加工质量、降低生产成本等方面显示出一定的优越性。

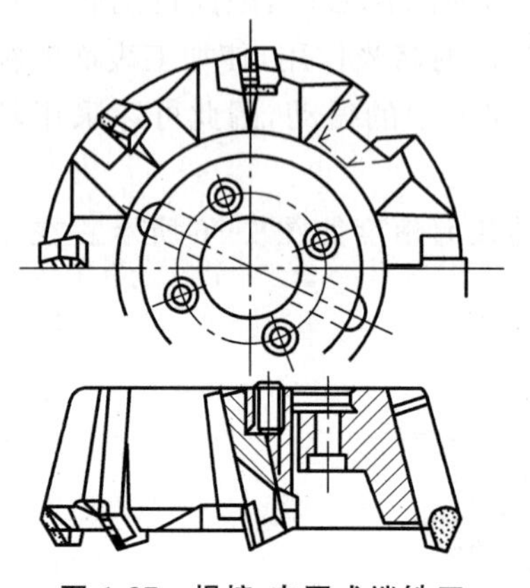

图 1-37 焊接-夹固式端铣刀

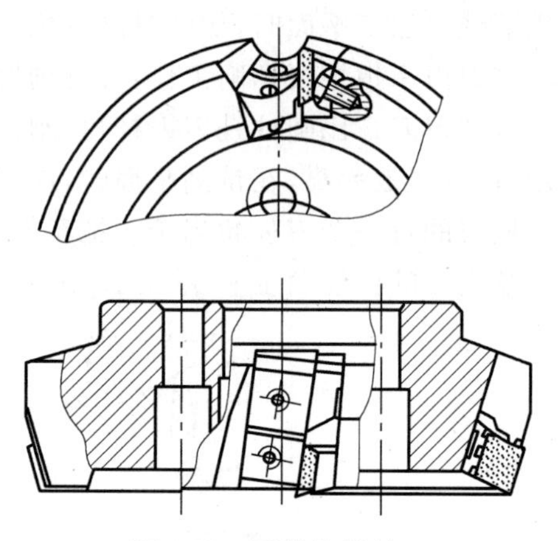

图 1-38 可转位端铣刀

4. 铣削方式及合理选用

铣削方式是指铣削时铣刀相对于工件的运动和位置关系。不同的铣削方式对刀具的耐用度、工件的加工表面粗糙度值、铣削过程的平稳性及切削加工的生产率等都有很大的影响。

(1) 圆周铣削法(周铣法)

用铣刀圆周上的切削刃来铣削工件加工表面的方法，称为圆周铣削法，简称周铣法。它有逆铣法和顺铣法两种铣削方式。

① 逆铣法，即切削部位刀齿的旋转方向与工件进给方向相反，如图 1-39(a)所示。

② 顺铣法，即切削部位刀齿的旋转方向与工件进给方向相同，如图 1-39(b)所示。

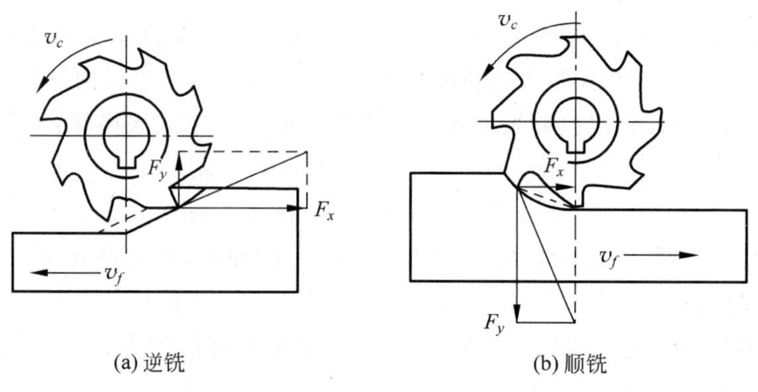

图 1-39 逆铣与顺铣

逆铣时，刀齿由切削层内切入，从待加工表面切出，切削层厚度由零增至最大。由于刀刃并非绝对锋利，所以刀齿在刚接触工件的一段距离上不能切入工件，只是在加工表面上挤压、滑行，使工件表面产生严重的冷硬层，降低了表面加工质量，并加剧了刀具磨损。

同时逆铣时，切削力可分解为水平切削分力 F_x 和垂直切削分力 F_y。逆铣时铣刀的垂直切削分力 F_y 对工件有上抬的趋势，会导致工件上、下振动，影响工件安装在工作台上的稳固性。其铣刀的水平分力 F_x 与进给方向相反，不会拉动工作台，无窜动现象。

顺铣时，切削层厚度由大到小，没有逆铣时的缺点，后刀面与工件的已加工表面的挤压、磨损较小。同时，顺铣时垂直切削分力 F_y 始终压向工作台，避免了工件的上、下振动，因而可提高铣刀的耐用度和加工表面质量。但顺铣时由于水平切削分力 F_x 与进给方向相同，当工作台进给丝杠和螺母之间有间隙时，可能使铣床工作台产生窜动，引起振动和进给不均匀。

加工有硬皮的工件时，由于刀齿首先接触工件表面硬皮，会加速刀齿的磨损。这些缺陷都使顺铣的应用受到很大的限制。

一般情况下，尤其是粗加工或是加工有硬皮的毛坯时，采用逆铣。精加工时，加工余量小，铣削力小，不易引起工作台窜动，可采用顺铣。

(2) 端面铣削法(端铣法)

端面铣削法简称端铣法，它是利用铣刀端面的刀齿来铣削工件的加工表面。端铣时，根据铣刀相对于工件安装位置的不同，可分为 3 种不同的切削方式。

① 对称铣

如图 1-40(a)所示，工件安装在端铣刀的对称位置上，具有较大的平均切削厚度，可保证刀齿在切削表面的冷硬层之下铣削。

② 不对称逆铣

如图 1-40(b)所示，铣刀从较小的切削厚度处切入，从较大的切削厚度处切出，可减小切入时的冲击，提高铣削的平稳性，适合于加工普通碳钢和低合金钢。

③ 不对称顺铣

如图 1-40(c)所示，铣刀从较大的切削厚度处切入，从较小处切出。在加工塑性较大的不锈钢、耐热合金等材料时，采用不对称顺铣，可减小毛刺及刀具的黏结磨损，大大提高刀具耐用度。

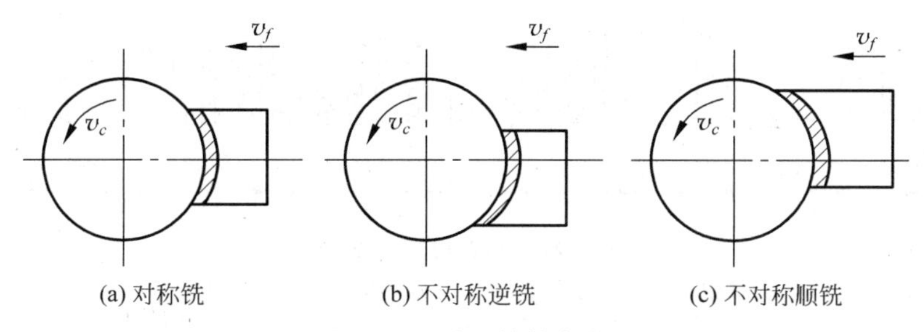

(a) 对称铣　(b) 不对称逆铣　(c) 不对称顺铣

图 1-40　端面铣削方式

1.5.4　拉削与拉刀

1. 拉削过程及拉削特点

拉刀是一种高生产率、高精度的多齿刀具。拉削时，拉刀沿其轴线作等速直线运动，由于拉刀的后 1 个(或 1 组)刀齿高出前 1 个(或 1 组)刀齿 1 个齿升量 α_f，从而能够依次从工件上切下一层层金属,并能获得较高的尺寸精度和较好的表面质量。

拉削加工与其他切削加工方法相比较,具有以下特点。

(1) 生产率高

拉刀是多齿刀具,同时参加工作的刀齿多,切削刃的总长度大,而且多为直线运动,一次行程能完成粗、半精及精加工,因此生产率很高。

(2) 加工精度高

拉削速度低(一般不超过 0.3m/s),切削过程平稳,切削厚度薄(一般精切齿的切削厚度为 0.0015～0.005mm),因此,可加工出精度为 IT7 级,表面粗糙度值不大于 $Ra0.8\mu m$ 的表面。

(3) 拉削运动简单

拉削只有主运动,进给运动靠拉刀切削部分的齿升量来完成,因此,拉床结构简单,操作也方便。

(4) 拉刀使用寿命长

由于拉削速度很低,每个刀齿实际参加切削的时间很短,切削温度低,刀具磨损慢,因此拉刀使用寿命长。

(5) 制造成本高

由于拉刀结构比一般刀具复杂,制造成本高,因此多用于大量生产和成批生产。

2. 拉刀的类型

(1) 按加工工件表面不同,可分为内拉刀和外拉刀。内拉刀用于加工各种形状的内表面(如圆孔、花键孔等),外拉刀用于加工各种形状的外表面(如平面、成形面等)。

(2) 按拉刀工作时受力方向的不同,可分为拉刀和推刀。拉刀受拉力,推刀受压力。

(3) 按拉刀的结构不同,可分为整体式拉刀和组合式拉刀。中、小尺寸的高速钢拉刀主要采用整体式结构;大尺寸拉刀和硬质合金拉刀多为组合式结构。

3. 拉刀的结构

各种拉刀的外形和构造虽有差异,但其组成部分和基本结构是相似的。图 1-41 所示为典型的圆孔拉刀,其各部分的基本功能如下。

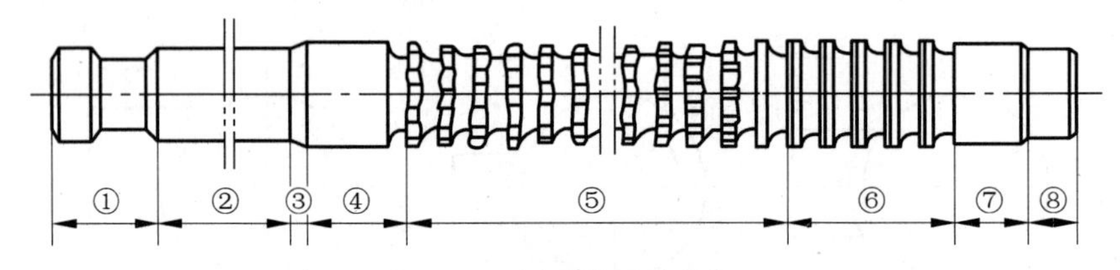

图 1-41 圆孔拉刀的结构

1—头部;2—颈部;3—过渡锥部分;4—前导部分;5—切削部分;6—校准部分;7—后导部分;8—尾部

(1) 头部

拉刀的夹持部分,与机床连接,用于传递运动和拉力。

(2) 颈部

头部和过渡锥部分之间的连接部分,也是打标记的地方。

(3) 过渡锥部分

引导拉刀,使其容易进入工件的预制孔,易对准孔中心。

（4）前导部分

引导拉刀平稳地、不发生歪斜地过渡到切削部分，并可检查预制孔是否符合要求，防止孔过小，避免拉刀因第一个刀齿负荷过大而损坏。

（5）切削部分

担任全部加工余量的切除工作。它由粗切齿、过渡齿和精切齿3部分组成。通常粗切齿切除拉削余量的80%左右。每齿的齿升量（即相邻齿的齿高差）相等。为了使拉削负荷平稳下降，过渡齿的齿升量按粗切齿的齿升量逐渐递减至精切齿的齿升量。为了减小切削宽度，便于容屑，在刀齿顶端一般都均匀地开有分屑槽。

（6）校准部分

最后几个无齿升量和分屑槽的刀齿，起修光、校准作用，以提高孔的加工精度和表面质量，常作为精切齿的后备齿。

（7）后导部分

用来保持拉刀最后几个刀齿的正确位置，防止拉刀在即将离开工件时，因工件下垂而损坏已加工表面质量及刀齿。

（8）尾部

当拉刀长而重时，用以支托拉刀，防止拉刀下垂。一般拉刀则不需要该部分。

4. 刀齿几何参数

拉刀切削部分的主要几何参数如图1-42所示。

（1）齿升量 α_f

前、后两刀齿（或齿组）半径或高度之差。齿升量的确定必须考虑拉刀强度、机床功率及工件表面质量要求。一般粗切齿 $\alpha_f=0.02\sim0.20$mm，精切齿 $\alpha_f=0.005\sim0.015$mm。

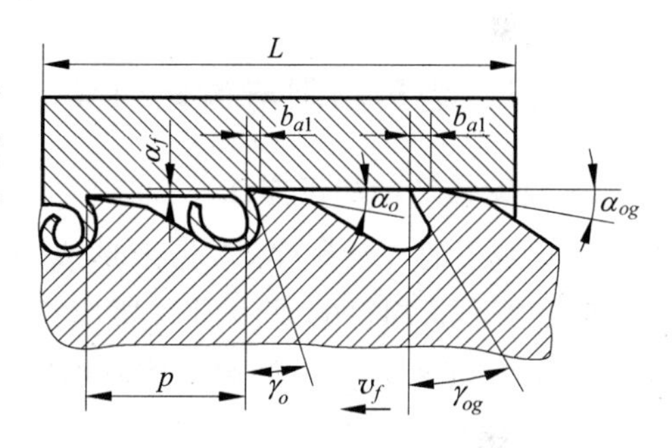

图1-42　拉刀切削部分的主要几何参数

（2）齿距 p

相邻两刀齿之间的轴向距离，它取决于容屑空间、同时工作齿数及拉刀强度等。一般 $p=(1.25\sim1.9)\sqrt{L}$（L 为孔的拉削长度）。为了保证拉削过程的平稳，拉刀同时工作的齿数可取3～8个。

（3）前角 γ_o

前角根据工件材料选择。一般高速钢拉刀切削齿的前角 $\gamma_o=5°\sim20°$，硬质合金拉刀的前角 $\gamma_o=0°\sim10°$。校准齿前角 γ_{og} 与切削齿前角相等。

（4）后角 α_o

因后角直接影响到拉刀刃磨后的径向尺寸，故一般取得很小。切削齿后角 $\alpha_o=2°30'\sim4°$，校准齿后角 $\alpha'_{og}=30'\sim1°30'$。

（5）刃带 b_{a1}

为了增加拉刀的重磨次数，提高切削过程的平稳性和便于制造时控制刀齿的直径，在刀齿后刀面上留有一后角为0°的棱边，这就是刃带。一般粗切齿 $b_{a1}<0.2$mm，精切齿 $b_{a1}=0.3$mm，校准齿 $b_{a1}=0.6\sim0.8$mm。

5. 拉削方式

拉削方式是指拉削过程中，加工余量在各刀齿上的分配方式，它决定每个刀齿切下的切削层的截面形状。不同的拉削方式对拉刀的结构形式、拉削力的大小、拉刀的耐用度、拉削表面质量及生产效率有很大影响。拉削方式主要分为分层式拉削、分块式拉削和综合式拉削3类。

（1）分层式拉削

分层式拉削的特点是刀齿的刃形与被加工表面相同，它们一层层地切下加工余量，由拉刀的最后1个刀齿和校准齿切出工件的最终尺寸和表面。这种方式可获得较高的表面质量，但拉刀长度较长，生产率较低。

（2）分块式拉削

分块式拉削是将加工余量分为若干层，每层金属不是由1个刀齿切去，而是由几个刀齿分段切除，每个刀齿切去该层金属中的相互间隔的几块金属。其优点是切屑窄而厚，在同一拉削余量下所需的刀齿总数较分层式少，故拉刀长度大大缩短，生产率也大大提高。这种方式还可用来加工带有硬皮的铸件和锻件。其缺点是拉刀结构复杂，加工表面质量较差。

（3）综合式拉削

综合式拉削集中了分层式拉削与分块式拉削的优点，拉刀的粗切齿及过渡齿制成分块式结构，分块拉削，精切齿则采用分层式结构，分层拉削。这样既缩短了拉刀长度，提高了生产率，又能获得较好的表面质量。

1.5.5 齿形切削与齿轮刀具

1. 齿轮齿形的加工方法

齿形加工的方法很多，按齿形形成的原理，可以分为两种类型：一类是成形法，用与被切齿轮齿槽形状相符的成形刀具切出齿形，如铣齿、拉齿和成形磨齿等；另一类是展成法（包络法），齿轮刀具与工件按齿轮副的啮合关系作展成运动，工件的齿形由刀具的切削刃包络而成，如滚齿、插齿、剃齿、磨齿和珩齿等，其滚齿刀与插齿刀如图1-43所示。

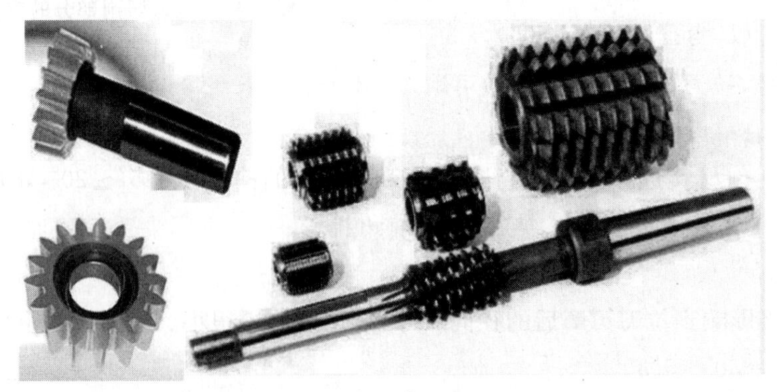

(a) 滚齿刀　　(b) 插齿刀

图1-43　滚齿刀和插齿刀图片

2. 齿轮刀具的类型

齿轮刀具是用于切削齿轮齿形的刀具。齿轮刀具结构复杂，种类繁多。按其工作原理，可分为成形法刀具和展成法刀具两大类。

(1) 成形法齿轮刀具

这类刀具适用于加工直齿槽工件，如直齿圆柱齿轮、斜齿齿条等。常用的成形法齿轮刀具有盘形齿轮铣刀，见图 1-44(a)，指状齿轮铣刀，见图 1-44(b)。成形法齿轮铣刀的结构比较简单，制造容易，可在普通铣床上使用，但加工精度和效率较低，主要用于单件、小批量生产和修配加工。

(2) 展成法齿轮刀具

这类刀具加工时，刀具本身就相当于 1 个齿轮，它与被切齿轮作无侧隙啮合，工件齿形由刀具切削刃在展成过程中逐渐切削包络而成。因此，刀具的齿形不同于被加工齿轮的齿槽形状。常用的展成法齿轮刀具有：滚齿刀(简称滚刀)、插齿刀、剃齿刀等。

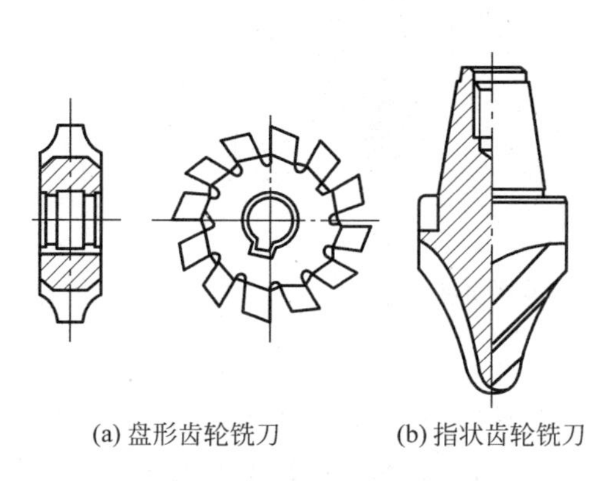

图 1-44　成形齿轮铣刀

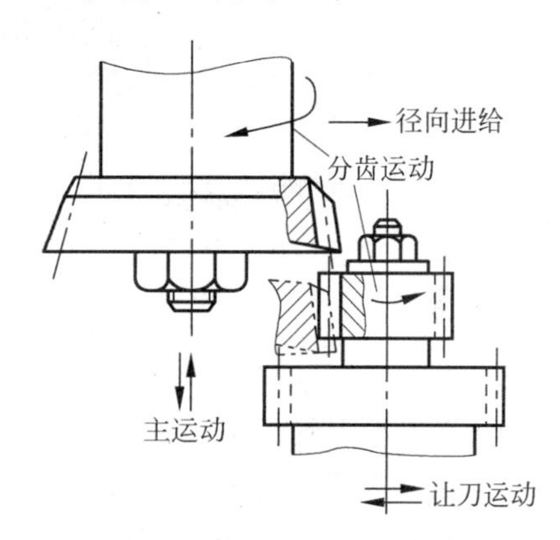

图 1-45　插齿刀的基本工作原理

3. 插齿刀

插齿刀可以加工直齿轮、斜齿轮、内齿轮、塔形齿轮、人字齿轮和齿条等，是一种应用很广泛的齿轮刀具。

插齿刀的形状如同圆柱齿轮，但其具有前角、后角和切削刃。插齿时，它的切削刃随插齿机床的往复运动在空间形成 1 个渐开线齿轮，称为铲形齿轮。如图 1-45 所示，插齿刀的上、下往复运动就是主运动，同时，插齿刀的回转运动与工件齿轮的回转运动相配合形成展成运动(相当于铲形齿轮与被切齿轮之间的无间隙啮合运动)。展成运动一方面包络形成齿轮渐开线齿廓，另一方面又是切削时的圆周进给运动和连续的分齿运动。在开始切削时，还有径向进给运动，切到全齿深时径向进给运动自动停止。为了避免后刀面与工件的摩擦，插齿刀每次空行程退刀时，应有让刀运动。

插齿刀是一种展成法齿轮刀具，它可以用来加工同模数、同压力角的任意齿数的齿轮，并且既可以加工标准齿轮，也可以加工变位齿轮。

4. 齿轮滚刀

齿轮滚刀是加工直齿和螺旋齿圆柱齿轮时常用的一种刀具。它的加工范围很广，模数从0.1～40mm的齿轮，均可使用滚刀加工。同一把齿轮滚刀可以加工模数、压力角相同而齿数不同的齿轮。

(1) 齿轮滚刀的工作原理

齿轮滚刀是利用螺旋齿轮啮合原理来加工齿轮的。在加工过程中，滚刀相当于1个螺旋角很大的斜齿圆柱齿轮，与被加工齿轮作空间啮合，滚刀的刀齿就将齿轮齿形逐渐包络出来，如图1-46所示。

滚齿时，滚刀轴线与工件端面倾斜一定角度。滚刀的旋转运动为主运动。加工直齿轮时，滚刀每转1转，工件转过1个齿(当滚刀为单头时)或数个齿(当滚刀为多头时)，以形成展成运动，即圆周进给运动；为了在齿轮的全齿宽上切出齿牙，滚刀还需沿齿轮轴线方向进给。加工斜齿轮时，除上述运动外，还需给工件1个附加的转动，以形成斜齿轮的螺旋齿槽。

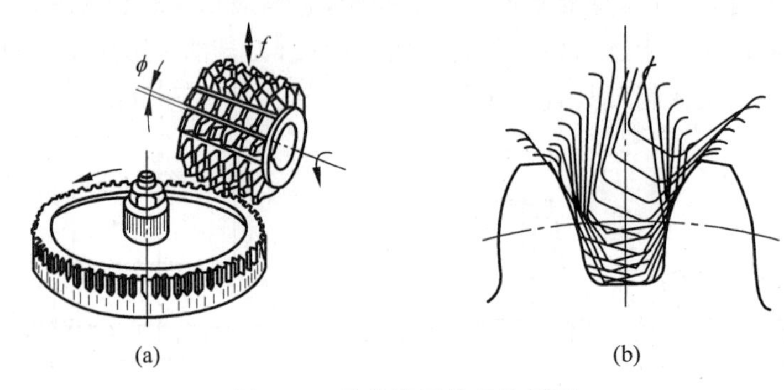

图1-46 齿轮滚刀的工作原理

(2) 齿轮滚刀的选用

用于加工基准压力角为20°的渐开线齿轮的齿轮滚刀(均为阿基米德整体式滚刀)已经标准化，模数$m=1\sim10$mm，单头，右旋，前角为0°，直槽。其基本结构形式及主要结构尺寸见标准齿轮滚刀的相关表格。

1.5.6 磨削与砂轮

1. 磨削的特点

磨削是用带有磨粒的工具(如砂轮、砂带、油石等)对工件进行半精加工和精加工的方法。磨削具有以下特点。

(1) 磨削加工的精度高，表面粗糙度值小。磨削精度可达IT5～IT6，表面粗糙度值小至Ra0.01～1.25μm，镜面磨削时可达Ra0.01～0.04μm，其主要原因有以下几点。

① 砂轮表面有极多的切削刃，并且刃口圆弧半径ρ小。例如粒度号为46的白刚玉磨粒，$\rho=0.006\sim0.012$mm(一般车刀、铣刀的$\rho=0.012\sim0.032$mm)。磨粒上锋利的切削刃，能够切下一层很薄的金属，切削厚度可以小到数微米。

② 磨床有较高的精度和刚度，并有微量进给机构，可以实现微量切削。

③ 磨削的切削速度高。普通外圆磨削时$v_c=35$m/s，高速磨削时$v_c>50$m/s。因此，磨削时单位时间内有很多磨粒的切削刃同时参加切削，每个切削刃只切下极细薄的金属，残留部分的高度很小，有利于形成光洁的表面。

(2) 磨削时径向磨削力大，且作用在工艺系统刚度较差的方向上。因此，在加工刚度较差的工件(如细长轴)时,应采取相应的措施,防止因工件变形而影响加工精度。

(3) 磨削温度高。磨削产生的切削热多,且80%～90%传入工件(10%～15%传入砂轮,1%～10%由磨屑带走),加上砂轮的导热性很差,大量的磨削热在磨削区形成瞬时高温,容易造成工件表面烧伤和微裂纹。因此,磨削时应采用大量的切削液降低磨削温度。

(4) 砂轮有自锐作用。在磨削过程中,磨粒的破碎产生新的较锋利的棱角,以及由于磨粒的脱落而露出一层新的锋利磨粒,能够部分地恢复砂轮的切削能力,这称为砂轮的自锐作用,是其他切削刀具所没有的。

磨削加工时,常常通过适当选择砂轮硬度等途径,以充分发挥砂轮的自锐作用,来提高磨削的生产效率。必须指出,磨粒随机脱落的不均匀性,会使砂轮失去外形精度,破碎的磨粒和切屑也会造成砂轮堵塞。因此,砂轮磨削一定时间后仍需进行修整,以恢复其切削能力和外形精度。

(5) 磨削除可以加工铸铁、碳钢、合金钢等一般结构材料外,还能加工一般刀具难以切削的高硬度材料,如淬火钢、硬质合金、陶瓷和玻璃等,但不宜加工有色金属。因为有色金属塑性较大,磨削下来的磨屑易嵌入砂轮磨粒的空隙中,导致砂轮表面被堵塞,使砂轮失去磨削能力,并能引起工件表面烧伤。

(6) 磨削加工的工艺范围广,不仅可以加工外圆面、内圆面、平面、成形面、螺纹、齿形等各种表面,还常用于各种刀具的刃磨。

(7) 磨削在切削加工中的比重日益增大。随着毛坯制造工艺水平的提高,加工余量不断减小,以及磨床、磨具、磨削工艺和冷却技术的发展,磨削已可以直接用于毛坯的加工。因此,在工业发达国家中,磨床在机床总数中的比重已占到30%～40%,且有不断增长的趋势。磨削在机械制造业中将得到日益广泛的应用。

2. 砂轮的特性与选用

砂轮是最重要的磨削工具,它是用结合剂把磨粒黏结起来,经压坯、干燥、焙烧及车整而成的多孔疏松物体。砂轮的结构示意如图1-47所示。砂轮的特性主要由磨料、粒度、硬度、结合剂、组织及形状尺寸等因素所决定。磨削加工时,应根据具体的加工条件选用合适的砂轮,才能充分发挥砂轮的磨削性能。

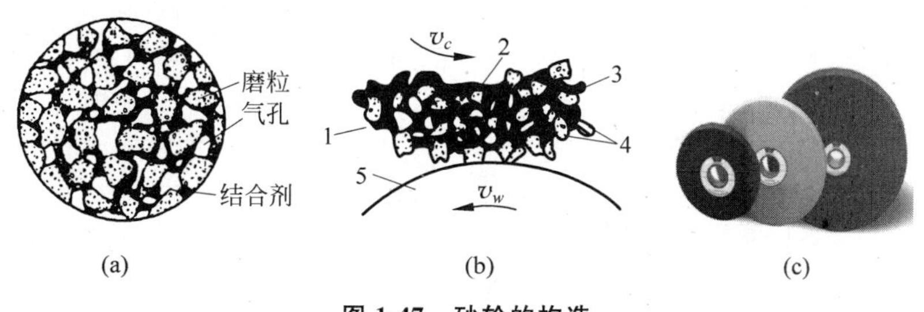

图1-47　砂轮的构造

1—砂轮；2—结合剂；3—磨料；4—磨屑；5—工件

(1) 磨料

磨料是制造砂轮的主要材料,直接担负切削工作。磨料应具有高硬度、高耐热性和一定的韧度,在磨削过程中受力破碎后还要能形成锋利的几何形状。常用的磨料有氧化物系(刚玉类)、碳化物系和超硬磨料系3类,其性能、适用范围见表1-7。

砂轮
- 磨粒：磨料、粒度
- 结合剂：种类、硬度
- 气孔：组织

表 1-7 砂轮特性、代号和适用范围

系列	名称	代号	性能	适用范围
刚玉	棕刚玉	A	棕褐色，硬度较低，韧度较好	磨削碳素钢、合金钢、可锻铸铁与青铜
	白刚玉	WA	白色，较 A 硬度高，磨粒锋利，韧度差	磨削淬硬的高碳钢、合金钢、高速钢、磨削薄壁零件、成形零件
	铬刚玉	PA	玫瑰红色，韧度比 WA 好	磨削高速钢、不锈钢，成形磨削，刀具刃磨，高表面质量磨削
碳化物	黑碳化硅	C	黑色带光泽，比刚玉类硬度高、导热性好，但韧度差	磨削铸铁、黄铜、耐火材料及其他金属材料
	绿碳化硅	GC	绿色带光泽，按 C 硬度高、导热性好、韧度较差	磨削硬质合金、宝石、光学玻璃
起硬磨料	人造金刚石	JR	白色、淡绿、黑色，硬度最高，耐热性较差	磨削硬质合金、光学玻璃、宝石、陶瓷等高硬度材料
	立方氮化硼	CBN	棕黑色，硬度仅次于 D，韧度较 D 好	磨削高性能高速钢、不锈钢、耐热钢及其他难加工材料

类别	粒度号	适用范围
磨粒	8# 10# 12# 14# 16# 20# 22# 24#	荒磨
	30# 36# 40# 46#	一般磨削，加工表面粗糙度可达 $Ra0.8\mu m$
	54# 60# 70# 80# 90# 100#	半精磨、精磨和成形磨削，加工表面粗糙度可达 $Ra0.8\sim0.16\mu m$
	120# 150# 180# 220# 240#	精磨、精密磨、超精磨、成形磨、刀具刃磨、珩磨
微粉	W63 W50 W40 W28	精磨、精密磨、超精磨、珩磨、螺纹磨
	W20 W14 W10 W7 W5 W3.5 W2.5 W1.5 W1.0 W0.5	超精密磨、镜面磨、精研，加工表面粗糙度可达 $Ra0.05\sim0.012\mu m$

名称	代号	特性	适用范围
陶瓷	V	耐热、耐油和耐酸、耐碱的侵蚀，强度较高，但性较脆	除薄片砂轮外，能制成各种砂轮
树脂	B	强度高，富有弹性，具有一定抛光作用，耐热性差，不耐酸碱	荒磨砂轮，磨窄槽、切断用砂轮，高速砂轮，镜面磨砂轮
橡胶	R	强度高，弹性更好，抛光作用好，耐热性差，不耐油和酸，易堵塞	磨削轴承沟道砂轮，无心磨导轮，切割薄片砂轮，抛光砂轮

等级	超软			软			中软		中		中硬			硬		超硬
代号	D	E	F	G	H	J	K	L	M	N	P	O	R	S	T	Y
选择	磨未淬硬钢选用 L～N，磨淬火合金钢选用 H～K，高表面质量磨削时选用 K～L，刃磨硬质合金刀具选用 H～J															

组织号	0	1	2	3	4	5	6	7	8	9	10	11	12	13	14
磨粒率/(%)	62	60	58	56	54	52	50	48	46	44	42	40	38	36	34
用途	成形磨削，精密磨削			磨削淬火钢，刀具刃磨					磨削韧度大而硬度不高的材料					磨削热敏性大的材料	

(2) 粒度

粒度是指磨料颗粒的大小,通常分为磨粒(颗粒尺寸>40μm)和微粉(颗粒尺寸≤40μm)2类。磨粒用筛选法确定粒度号,如粒度为60#的磨粒,表示其大小正好能通过1英寸长度上孔眼数为60的筛网。粒度号越大,表示磨粒颗粒越小。微粉按其颗粒的实际尺寸分级,如W20是指用显微镜测得的实际尺寸为20μm的微粉。

粒度对加工表面粗糙度和磨削生产率影响较大。一般来说,粗磨用粗颗粒砂轮(30#～46#),精磨用细颗粒砂轮(60#～120#)。当工件材料硬度低、塑性大和磨削面积较大时,为了避免砂轮堵塞,也可采用粗颗粒的砂轮。

(3) 硬度

砂轮的硬度是指砂轮工作表面的磨粒在磨削力的作用下脱落的难易程度,它反映磨粒与结合剂黏固的强度。磨粒不易脱落,称砂轮硬度高;反之,称砂轮硬度低。因此,砂轮的硬度与磨料的硬度是2个不同的概念。

砂轮的硬度从低到高分为超软、软、中软、中、中硬、硬、超硬7个等级,见表1-7。

工件材料较硬时,为使砂轮有较好的自砺性,应选用较软的砂轮;工件与砂轮的接触面积大,工件的导热性差时,为减少磨削热,避免工件表面烧伤,应选用较软的砂轮;对于精磨或成形磨削,为了保持砂轮的廓形精度,应选用较硬的砂轮;粗磨时应选用较软的砂轮,以提高磨削效率。

(4) 结合剂

结合剂是将磨料黏结在一起,使砂轮具有必要的形状和强度的材料。结合剂的性能对砂轮的强度、抗冲击性、耐热性、耐腐蚀性,以及磨削温度和磨削表面质量都有较大的影响。

常用结合剂的种类有陶瓷、树脂、橡胶及金属等。陶瓷结合剂的性能稳定,耐热、耐酸碱,价格低廉,应用最为广泛。树脂结合剂强度高,韧度好,多用于高速磨削和薄片砂轮。橡胶结合剂适用于无心磨的导轮、抛光轮、薄片砂轮等。金属结合剂主要用于金刚石砂轮。

(5) 组织

砂轮的组织是指砂轮中磨料、结合剂和气孔3者间的体积比例关系。按磨料在砂轮中所占体积的不同,砂轮的组织分为紧密、中等和疏松3大类。

组织号越大,磨粒所占体积越小,表明砂轮越疏松。这样,气孔就越多,砂轮不易被切屑堵塞,同时可把冷却液或空气带入磨削区,使散热条件改善。但过分疏松的砂轮,磨粒含量少,容易磨钝,砂轮廓形也不容易保持长久。生产中最常用的是中等组织(组织号为4～7)的砂轮。

(6) 砂轮的形状、尺寸及代号

根据不同的用途、磨削方式和磨床类型,砂轮被制成各种形状和尺寸,并已标准化。表1-8列出了常用砂轮的形状、代号和主要用途。

表 1-8 常用砂轮的形状、代号及主要用途

砂轮名称	代号	断面形状	主要用途
平形砂轮	P		根据不同尺寸,分别用于外圆磨、内圆磨、平面磨、无心磨、工具磨、螺纹磨和砂轮机上
双斜边一号砂轮	PSX1		主要用于磨齿轮齿面和磨单线螺纹
双面凹砂轮	PSA		主要用于外圆磨削和刃磨刀具,还用作无心磨的磨轮和导轮
薄片砂轮	PB		用于切断和开槽等
筒形砂轮	N		用于立式平面磨床上
杯形砂轮	B		主要用其端面刃磨刀具,也可用其圆周面磨平面及内孔
碗形砂轮	BW		通常用于刃磨刀具,也可用于导轨磨床上磨机床导轨
碟形砂轮	D		适于磨铣刀、铰刀、拉刀等,大尺寸的砂轮一般用于磨齿轮的齿面

砂轮的特性用代号标注在砂轮端面上,砂轮的代号表示砂轮的磨料、粒度、硬度、结合剂、组织、形状和尺寸等。例如:

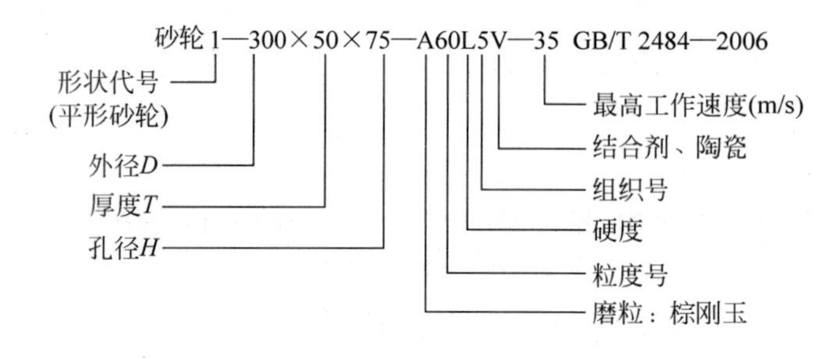

(7) 砂轮的选用

砂轮选择的主要依据是被磨材料的性质、要求达到的工件表面粗糙度和金属磨除率。选择的原则如下:

① 磨削碳钢时,选用刚玉类砂轮;磨削硬铸铁、硬质合金和非铁金属时,选用碳化硅砂轮。

② 磨削软材料时,选用硬砂轮;磨削硬材料时,选用软砂轮。

③ 磨削软而韧的材料时,选用粗磨粒(如 12#~36#);磨削硬而脆的材料时,选用细

磨料(如 46＃～100＃)。

④ 对磨削表面的粗糙度值要求较低时,选用细磨粒；金属磨除率要求高时,选用粗磨粒。

⑤ 要求加工表面质量好时,选用树脂或橡胶结合剂的砂轮；要求最大金属磨除率时,选用陶瓷结合剂砂轮。

3. 新型磨料磨具

新型磨料磨具的出现,推动着磨削技术向高精度、高效率、高硬度的方向发展。在 20 世纪 80 年代,美国的 3M 公司和诺顿公司推出了一种被称为 SG 的新型磨料。该磨料是指用溶胶-凝胶(SG)工艺生产的刚玉磨料,其工艺过程是：$Al_2O_3 \cdot H_2O$ 的水溶胶体经凝胶化后,干燥固化,再破碎成颗粒,最后烧结成磨料。

SG 磨料的韧度特别好,是普通刚玉的 2 倍以上,其硬度和普通刚玉相接近。此外,SG 磨料颗粒是由大量亚微米级的 Al_2O_3 晶体烧结而成的,在磨削时能不断破裂暴露出新的切削刃,因此自锐性特别好。其磨削性能明显优于普通刚玉,主要表现为耐磨、自锐性好、磨除率高、磨削比大等优点。

用 SG 磨料可制成各种磨具,其中诺顿公司的 SG 砂轮是将 SG 磨料与该公司的 38A 磨料混合而制成的(其混合比例有四种：含 100％、50％、30％、10％的 SG 磨料),所用结合剂为陶瓷。特别是用 SG 磨料和 CBN 磨料混合而结合成的 SG/CBN 砂轮,既具有 SG 磨料的韧度,又具有 CBN 的超硬性。这种新型砂轮耐磨、寿命长、磨除率高和加工精度高,因而特别适于航空、汽车、刀具等行业用超硬度材料的精密磨削,顺应了磨削加工向高精度、高效率和高硬度方向发展的趋势。

习题与思考题

1-1　切削加工由哪些运动组成？它们各有什么作用？

1-2　切削用量 3 要素如何定义？怎样表示？举例说明它们与切削层厚度 h_D 和切削层宽度 b_D 各有什么关系。

1-3　刀具正交平面参考系由哪些平面组成？它们是如何定义的？

1-4　刀具基面和主切削平面是如何定义的？怎样表示？

1-5　已知一外圆车刀切削部分的主要几何参数为 $\gamma_o=15°$、$\alpha_o=\alpha_o'=8°$、$\kappa_\gamma=75°$、$\kappa_\gamma{}'=15°$、$\lambda_s=5°$,试绘出该刀具切削部分的工作图,并在该工作图上分别标注出前刀面 A_γ、主后刀面 A_α,基面 P_γ、主切削平面 P_s。

1-6　刀具的工作角度和标注角度有什么区别？影响刀具工作角度的主要因素有哪些？试举例说明。

1-7　与其他刀具材料相比,高速钢有什么特点？常用的高速钢牌号有哪些？它们主要用来制造哪些刀具？试举例说明。

1-8　什么是硬质合金？常用的硬质合金有哪几大类？一般如何选用？

1-9　刀具的前角、主后角、主偏角、副偏角、刃倾角各有何作用？如何选用合理的刀具切削角度？

1-10 常用的车刀有哪几大类？各有何特点？

1-11 麻花钻、扩孔钻、铰刀、拉刀各有什么特点？各用在什么场合？

1-12 什么是逆铣？什么是顺铣？各有何特点？

1-13 刀具材料应具备哪些性能？

1-14 齿轮刀具有哪些类型？各有何特点？

1-15 简述齿轮滚刀的工作原理和加工范围。

1-16 砂轮的特性主要由哪些因素决定？一般如何选用砂轮？

1-17 何为砂轮的自锐性？为什么砂轮不宜加工有色金属？

1-18 生产中常用的刀具材料有哪些？各有什么特点？适用什么场合？试举例说明。

1-19 试述前角、主偏角、刃倾角各有什么作用？如何选择？

1-20 何为刀具的负倒棱？它有什么作用？

第2章

金属切削过程及其控制

【内容提要】 本章主要介绍金属切削过程的变形、切削力、切削热与切削温度的基本概念，以及刀具磨损与刀具耐用度的相关知识，系统地讲解了切削用量的选择和切削液的选用，并阐述了磨削过程及磨削特征等方面的有关知识点。

【本章要点】

1. 金属切削过程的变形、切削力、切削热与切削温度的基本概念
2. 刀具磨损与刀具耐用度的相关知识
3. 切削用量的选择和切削液的选用
4. 磨削过程及磨削特征的有关知识点

【本章难点】

1. 金属切削过程的变形、切削热与切削温度
2. 刀具耐用度的相关知识
3. 切削用量的选择

金属切削过程是通过切削运动，刀具从工件表面上切除多余的金属层，形成切屑和已加工表面的过程。

在金属切削过程中，始终存在着刀具切削工件和工件材料抵抗切削的矛盾，从而产生一系列物理现象，如切削变形、积屑瘤、加工硬化、切削力、切削热与切削温度、刀具磨损、刀具耐用度与刀具寿命等，这些现象都与金属的切削变形及其变化规律有着密切的关系。研究切削过程对保证产品质量、提高生产率、降低生产成本和促进切削加工技术的发展，有着十分重要的意义。

2.1 金属切削过程的变形

2.1.1 切削变形区的划分

大量的实验和理论分析证明，塑性金属切削过程中切屑的形成过程就是切削层金属的变形过程。图 2-1 是用显微镜直接观察低速直角自由切削工件侧面得到的切削层的金属变形情况，根据该图可绘制出图 2-2 所示的金属切削过程中的滑移线和流线示意图。流线表示被切削金属的某一点在切削过程中流动的轨迹。

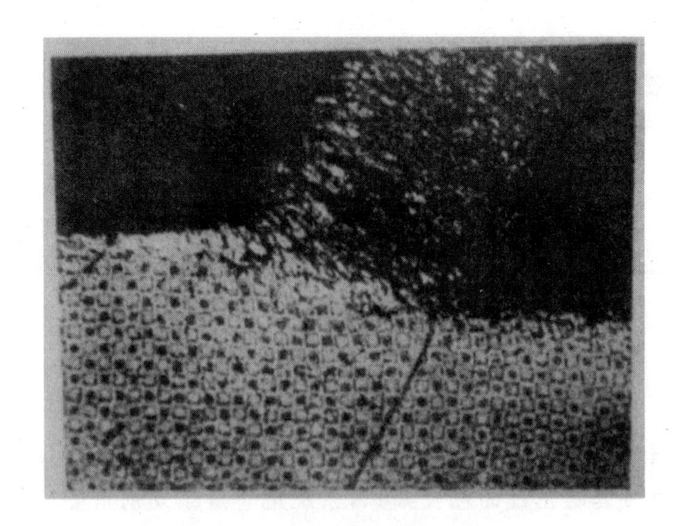

图 2-1 金属切削层变形图像

（工件材料：Q235A，$v_c=0.01\text{m/min}$，$a_c=0.15\text{mm}$，$\gamma_o=30°$）

切削层金属在切削过程中的变形是非常复杂的。切削层金属在刀具的挤压作用下，会发生弹性变形和塑性变形，根据切削层金属受力与变形特点的不同，可把切削刃作用范围内的切削层大致划分为3个变形区，如图 2-2 所示。

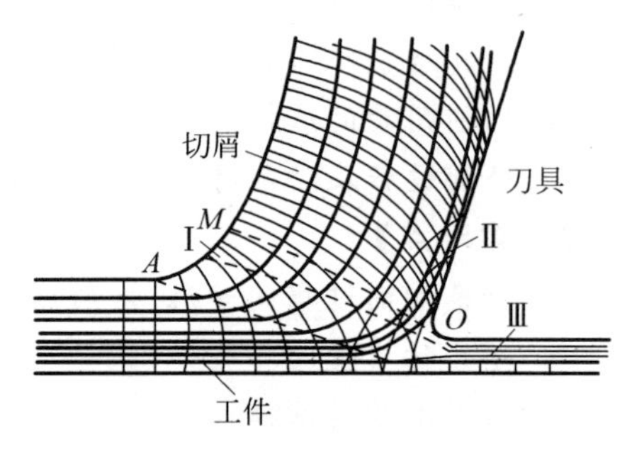

图 2-2 金属切削过程中的滑移线和流线示意图

1. 第Ⅰ变形区（剪切区）

由靠近切削刃的滑移线 *OA* 处开始发生塑性变形，到滑移线 *OM* 处的剪切滑移基本完成，曲线 *OAMO* 所围的塑性变形区域称为第Ⅰ变形区，也称为剪切区。第Ⅰ变形区是切削过程中产生变形的主要区域，将消耗大部分功率且产生大量的切削热。

实验证明，在一般切削速度范围内，第Ⅰ变形区的宽度仅为 0.02～0.2mm。切削速度越高，宽度越小，故可近似地用滑移线 *OM* 来代替这个剪切区，即把 *OM* 称为剪切面。这种单一的剪切面切削模型虽不能完全反映塑性变形的本质，但简单实用，因而在切削理论研究和实践中应用较广。

2. 第Ⅱ变形区（摩擦区）

第Ⅰ变形区的剪切变形不是切屑形成过程的全部变形。切屑从 *OM* 处开始同材料基体相分离，切屑在沿刀具前刀面流出的过程中，继续受到前刀面的挤压和摩擦，使切屑底层的金属进一步产生滑移变形，完成这一变形的区域即为第Ⅱ变形区。第Ⅱ变形区位于刀具与切屑接触区，基本上和前刀面相平行。

3. 第Ⅲ变形区（挤压区）

加工表面受到切削刃钝圆部分和主后刀面的挤压、摩擦和工件回弹，会产生以加工硬化和残余应力为特征的滑移变形。这一部分的变形也是比较密集的，构成了第Ⅲ变形区。

以上金属切削过程的 3 个变形区都集中在切削刃附近，因此该处的应力比较集中、复杂，而切削层就在该处与工件本体材料相分离，绝大部分变成切屑，很小一部分留在已加工表面上。必须指出，3 个变形区既相互联系，又相互影响。例如，前刀面上的摩擦力大时，切屑流出不通畅，挤压变形就会加剧，以致第Ⅰ变形区的剪切滑移受到影响而增大，同时，第Ⅲ变形区也会受到延伸至加工表面下的第Ⅰ变形区的影响。

2.1.2　切屑形成过程及切削变形程度

1. 切屑形成过程

金属切削过程中的变形，通常主要发生在切削层金属转变为切屑时，即第Ⅰ、Ⅱ变形区的变形。

切削层金属在外力作用下，在靠近切削刃处产生弹性变形，如图 2-3 所示。随着与刀刃的接近，变形增大，继而产生塑性变形，金属内部晶格产生畸变和滑移。为清楚地了解切削过程，现追踪切削层上一点 P，以此来观察切屑的变形及其形成过程。

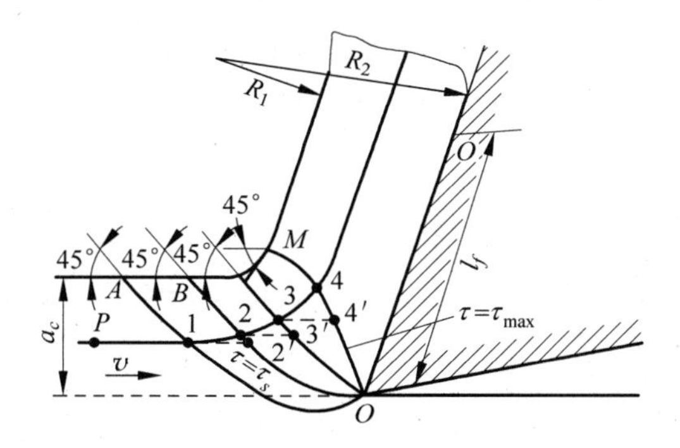

图 2-3　第Ⅰ变形区的剪切变形

当点 P 向切削刃逼近过程中，应力较小时产生弹性变形。随着 P 点向切削刃靠拢，应力逐渐增大。当应力增大至材料屈服极限时（P 点处于 1 点位置，$\tau_1=\tau_s$），则 P 点在向前移动的同时，还将沿 OA 面剪切滑移，其合成运动将使 P 点从 1 点流动到 2 点位置，2-2′的距离为滑移量。由于塑性变形过程中的强化现象，使不断流动中的 P 点应力继续增加，流动方向也因变形中的滑移而不断改变。当 P 点的流动方向与前刀面平行时，P 点经 3 点到达 4 点，则不再产生剪切滑移，其基本变形到此结束。这时的剪切应力达到最大值，$\tau_4=\tau_{\max}$，切削层金属成为切屑。

应力值 $\tau=\tau_s$ 的等应力线 OA 称为始滑移线，切削层金属到达 OA 线时开始产生塑性滑移。应力值 $\tau=\tau_{\max}$ 的等应力线 OM 称为终滑移线，切削层金属到达 OM 线时滑移终止。切屑的形成是在 OA 与 OM 间的第Ⅰ变形区内完成的，其主要特征是沿滑移线的剪切变形，以及随之产生的表面加工硬化。

沿滑移线的剪切变形，从金属晶体结构的角度来看，就是沿晶格中晶面的滑移。滑移的情况可用图 2-4 所示的模型来说明。金属原材料的晶粒可假定为圆形的颗粒（见图 2-4(a)），当它受到切应力作用时，晶格内的晶面就发生滑移，而使晶粒呈椭圆形。这样，圆形的直径 AB 就变成椭圆的长轴 $A'B'$（见图 2-4(b)），即 $A''B''$ 就是金属纤维化的方向（见图 2-4(c)）。

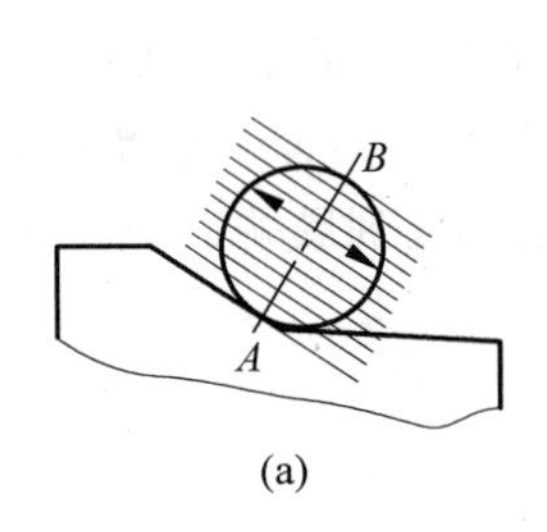

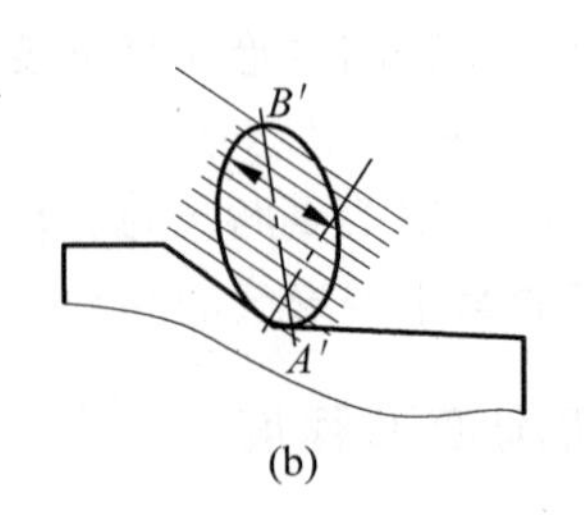

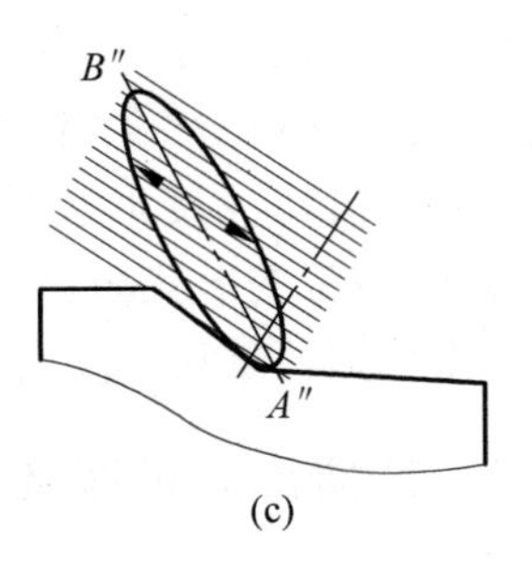

图 2-4 晶粒滑移示意图

由此可见，晶粒伸长的方向即金属纤维化的方向，它与滑移方向即剪切面 OM 的方向是不重合的，两者间成一夹角 ψ。同时，把剪切面 OM 和切削速度之间的夹角称为剪切角，以 ϕ 表示，如图 2-5 所示。图 2-5 中的第Ⅰ变形区较宽，代表切削速度很低的情况。

根据上述的变形过程，可以把塑性金属的切削过程粗略地用图 2-6 所示的示意图进行模拟。金属被切削层就像一叠卡片 1′，2′，3′，4′，…，当刀具切入时，这叠“卡片”被摞到 1，2，3，4，…的位置，“卡片”之间发生滑移，其滑移的方向就是剪切平面方向。当然“卡片”和前刀面接触的这一端应该是平整的，只有外侧是锯齿形的，或呈不明显的毛茸状。

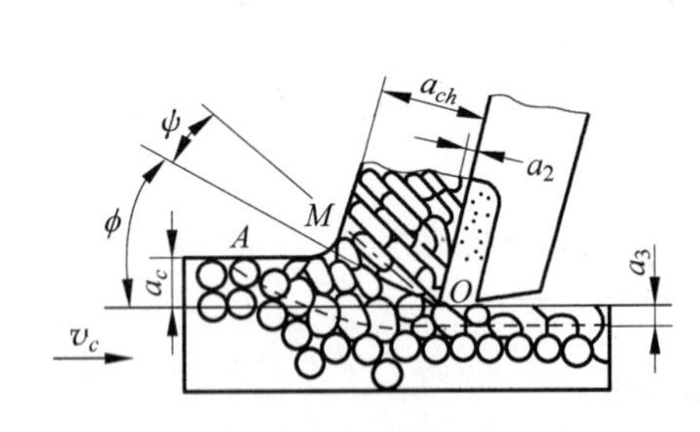

图 2-5 滑移与晶粒的伸长

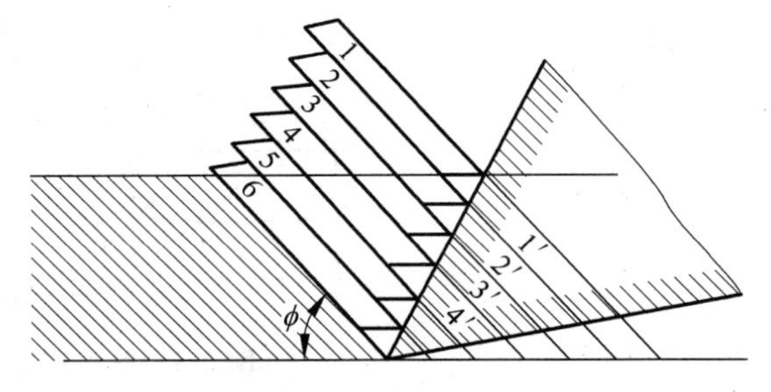

图 2-6 金属切削变形过程示意图

2. 切削变形程度

（1）切削变形系数

在金属切削加工中，被切下的切屑厚度 a_{ch} 通常都要大于工件上切削层的厚度 a_c，而切屑长度 l_{ch}，却小于切削层长度 l_c，如图 2-7 所示。根据这一事实来衡量切削变形程度，就得出了切削变形系数 ξ 的概念。切屑厚度 a_{ch} 与切削层厚度 a_c 之比，称为厚度变形系数 ξ_a；而切削层长度 l_c 与切屑长度 l_{ch} 之比，称为长度变形系数 ξ_l，即

$$\xi_a = \frac{a_{ch}}{a_c} \tag{2-1}$$

$$\xi_l = \frac{l_c}{l_{ch}} \tag{2-2}$$

由于工件上切削层变成切屑后宽度的变化很小，根据体积不变原理，有

$$\xi_a = \xi_l = \xi \tag{2-3}$$

变形系数 ξ 是大于 1 的数，在前苏联称为收缩系数，在英美则以其倒数用 r_c 表示，r_c 称为“切削比”。

变形系数 ξ 直观地反映了切削变形程度，并且比较容易测量，但很粗略。

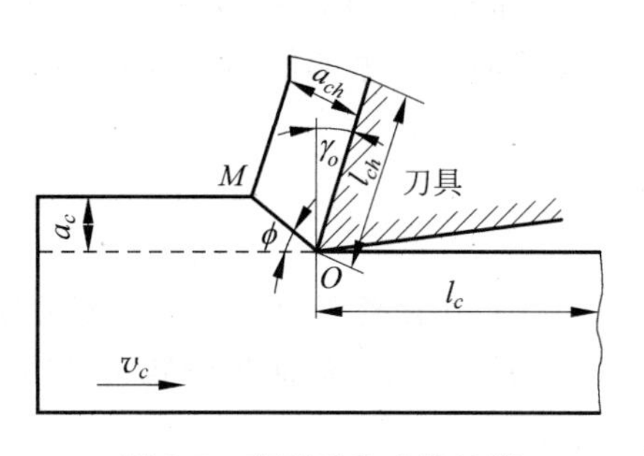

图 2-7　变形系数 ξ 的计算

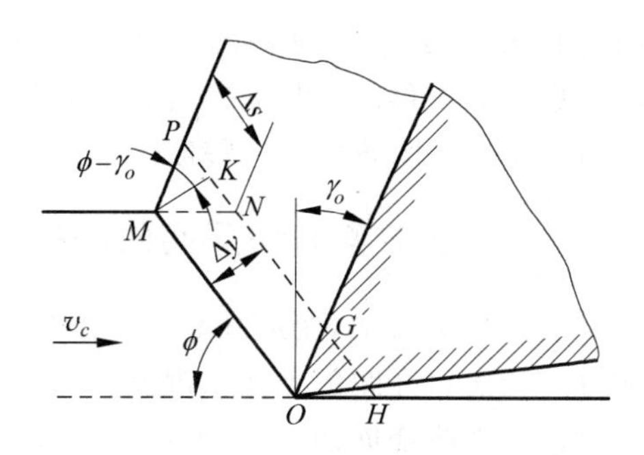

图 2-8　剪切变形示意图

(2) 相对滑移

切削过程中金属变形的主要形式既然是剪切滑移，那么，采用相对滑移 ε 这一指标来衡量变形程度，应该说是比较合理的。如图 2-8 所示，如果平行四边形 $OHNM$ 发生剪切变形后变为四边形 $OGPM$，则其相对滑移为

$$\varepsilon=\frac{\Delta s}{\Delta y}$$

在切削过程中，这个相对滑移 ε 可以近似地看成是发生在剪切平面 NH 上。由于金属变形过程中剪切平面 NH 被推移到 PG 的位置，故有

$$\varepsilon=\frac{\Delta s}{\Delta y}=\frac{NP}{MK}=\frac{NK+KP}{MK}$$

于是

$$\varepsilon=\cot\phi+\tan(\phi-\gamma_o) \tag{2-4}$$

$$\varepsilon=\frac{\cos\gamma_o}{\sin\phi\cos(\phi-\gamma_o)} \tag{2-5}$$

(3) 相对滑移与变形系数的关系

从图 2-7 中的几何关系，可以推出变形系数 ξ 和剪切角 ϕ 的关系。因

$$\xi=\frac{a_{ch}}{a_c}=\frac{OM\sin(90^\circ-\phi+\gamma_o)}{OM\sin\phi}$$

故

$$\xi=\frac{\cos(\phi-\gamma_o)}{\sin\phi} \tag{2-6}$$

由式(2-6)可知，当剪切角 ϕ 增大时，变形系数 ξ 减小。将上式变换后可写成

$$\tan\phi=\frac{\cos\gamma_o}{\xi-\sin\gamma_o} \tag{2-7}$$

将式(2-7)代入式(2-4)，可得

$$\varepsilon=\frac{\xi^2-2\xi\sin\gamma_o+1}{\xi\cos\gamma_o} \tag{2-8}$$

式(2-8)表示了相对滑移 ε 与变形系数 ξ 的函数关系，这个关系可用曲线表示，如图 2-9 所示。根据计算和图 2-9 可知，在 $\gamma_o=0^\circ\sim30^\circ$，$\xi\geqslant1.5$ 的范

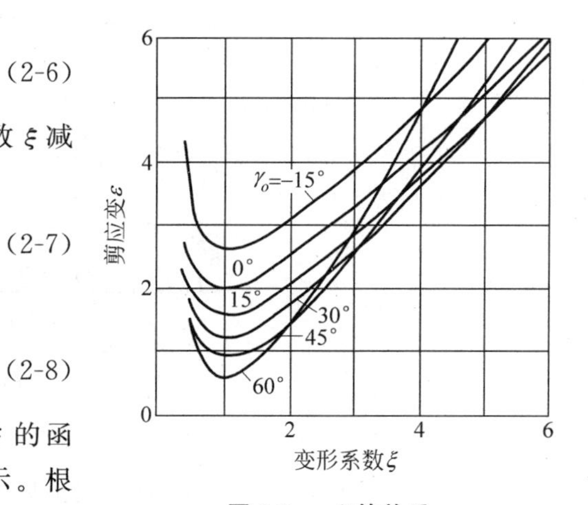

图 2-9　ε-ξ 的关系

围内，ξ 越大，ε 也越大，两者的比值比较接近。所以在这个范围内，变形系数 ξ 在一定程度上能反映相对滑移 ε 的大小。当 $\gamma_o<0$ 或很大时，或 $\xi<1.5$ 时，ε 与 ξ 的值相差很大，因而就不能用 ξ 来表示切屑的变形程度。

2.1.3 前刀面与切屑间的摩擦

由上述分析可知，变形系数 ξ 和相对滑移 ε 都与剪切角 ϕ 有着密切的关系。而剪切角 ϕ 与前刀面和切屑之间的摩擦状况又紧密相连，切削过程中的许多因素都通过影响刀-屑之间的摩擦状况来改变剪切角 ϕ，从而影响切屑变形。

1. 作用在切屑上的力

在直角自由切削条件下，作用在切屑上的力有：前刀面上的法向力 F_n 和摩擦力 F_f；剪切平面上的法向力 F_{ns} 和剪切力 F_s，如图 2-10 所示。这两对力的合力应相互平衡，即 F_r 和 F_r' 大小相等、方向相反，且作用在同一直线上（实际上这 2 个合力还产生一个使切屑卷曲的力矩，所以严格地讲，它们是不共线的）。如果把前刀面作用在切屑上的力画在切削刃的前方，就可以得到如图 2-11 所示各力之间的关系。其中 F_r 是摩擦力 F_f 和法向力 F_n 的合力；ϕ 是剪切角；β 是合力 F_r 和法向力 F_n 的夹角，又称为摩擦角（$\tan\beta=\mu$，μ 为前刀面的平均摩擦系数）；γ_o 是刀具的前角；F_c 是总切削力在主运动方向的正投影（或称为分力）；F_p 是垂直于工作切削平面方向的分力；a_c 是切削厚度。另外，b_D 是切削宽度；A_D 是切削层横截面积（$A_D=a_cb_D$）；A_s 是剪切平面的横截面积（$A_s=A_D/\sin\phi$）；τ 是剪切平面上的剪切应力，则

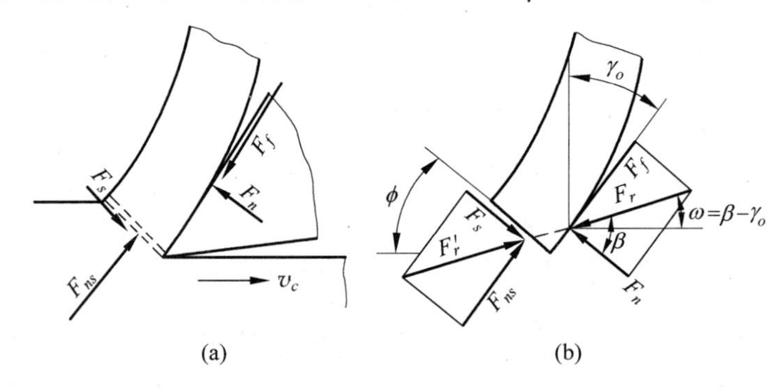

图 2-10 直角自由切削时作用在切屑上的力

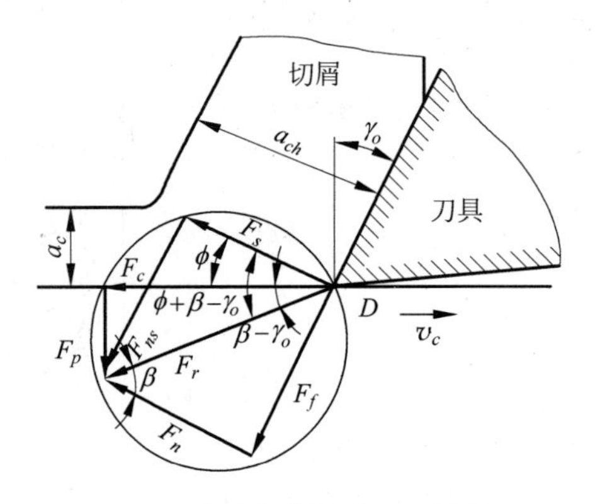

图 2-11 各力与各角度之间的关系

$$F_s = \tau A_s = \frac{\tau A_D}{\sin\phi}$$

$$F_s = F_r \cos(\phi + \beta - \gamma_o)$$

$$F_r = \frac{F_s}{\cos(\phi + \beta - \gamma_o)} = \frac{\tau A_D}{\sin\phi\cos(\phi + \beta - \gamma_o)} \tag{2-9}$$

$$F_c = F_r \cos(\beta - \gamma_o) = \frac{\tau A_D \cos(\beta - \gamma_o)}{\sin\phi\cos(\phi + \beta - \gamma_o)} \tag{2-10}$$

$$F_p = F_r \sin(\beta - \gamma_o) = \frac{\tau A_D \sin(\beta - \gamma_o)}{\sin\phi\cos(\phi + \beta - \gamma_o)} \tag{2-11}$$

式(2-10)和式(2-11)表明了摩擦角 β 与切削分力 F_c 和 F_p 的关系。如果用测力仪测得 F_c 和 F_p 的值而暂时忽略后刀面上的作用力，可从下式求得摩擦角 β

$$\frac{F_p}{F_c} = \tan(\beta - \gamma_o)$$

这就是通常测定前刀面平均摩擦系数 μ 的方法。

2. 剪切角 ϕ 与前刀面摩擦角 β 的关系

现在由图 2-10 和图 2-11 来分析剪切角 ϕ 和前刀面与切屑间的摩擦角 β 的关系。F_r 是前刀面作用于切屑上的摩擦力 F_f 和法向力 F_n 的合力，切削合力 F_r 的方向就是主应力的方向。F_s 是剪切面上的剪切力，在最大切应力方向。根据材料力学的平面应力状态理论，主应力方向与最大切应力方向的夹角应为 45°(或 $\pi/4$)，即 F_r 和 F_s 的夹角应为 $\pi/4$。由图 2-11 可知，F_r 和 F_s 的夹角为 $\phi+\beta-\gamma_o$，故有

$$\phi + \beta - \gamma_o = \frac{\pi}{4}$$

或

$$\phi = \frac{\pi}{4} - \beta + \gamma_o \tag{2-12}$$

式(2-12)就是李(Lee)和谢弗(Shaffer)根据滑移线场理论推导的剪切角公式。根据这个公式可知：

(1) 剪切角 ϕ 随前角 γ_o 增大而增大，即在前角 γ_o 增大时，切屑变形减小。所以在保证切削刃强度的条件下增大前角 γ_o，有利于改善切削过程。

(2) 剪切角 ϕ 还随摩擦角 β 的增大而减小，即在摩擦角 β 增大时，切屑变形增大。所以仔细研磨刀面，或使用切削液以减小前刀面上的摩擦，同样有利于改善切削过程。

2.1.4　积屑瘤的形成及其对切削过程的影响

1. 现象

在中速或较低的切削速度范围内，切削一般钢料或其他塑性金属材料，而又能形成带状切屑的情况下，常在刀具前刀面靠近切削刃附近黏附着一小块剖面呈三角状的硬块，其硬度通常是工件材料硬度的 2～3 倍，并能代替切削刃进行切削，这部分冷焊在前刀面上的金属称为积屑瘤，如图 2-12 所示。

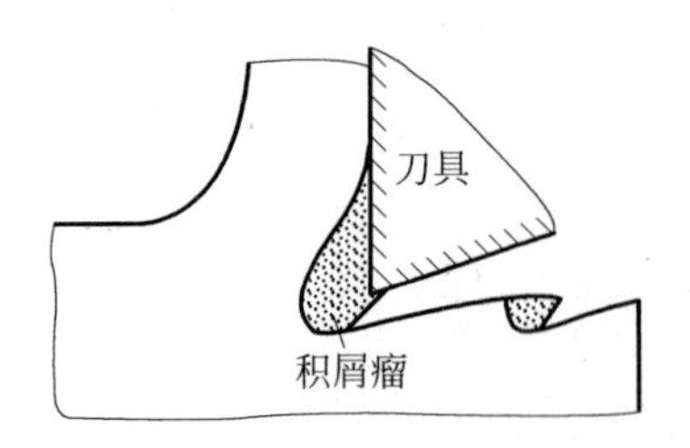

图 2-12 刀具前刀面上的积屑瘤

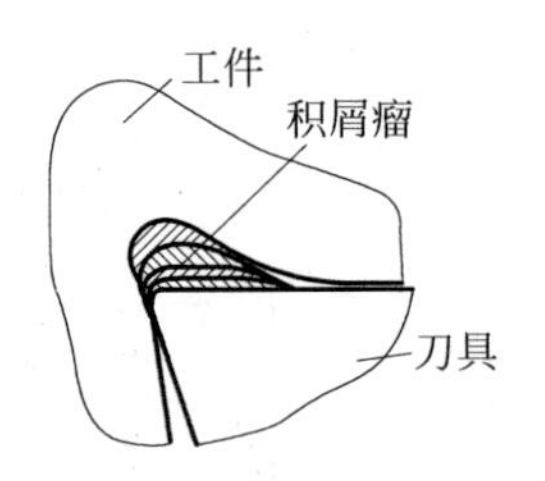

图 2-13 积屑瘤的形成

2. 形成原因

(1) 在切削过程中,切屑与前刀面之间产生强烈的摩擦和巨大的压力,使切屑在流动过程中,切屑底层与前刀面接触处的流速较上层缓慢很多,出现“滞流”现象。

在高温、高压的情况下,由于分子间的亲和力,切屑底层金属与前刀面紧密接触,而发生“冷焊”现象,并黏结在前刀面上,形成第一层积屑瘤,由于切屑还在不停地流动,第一层积屑瘤会逐渐增大,直到该处的温度和压力不足以造成黏结为止(如图 2-13 所示)。此后,切屑就沿着积屑瘤的表面流出。

(2) 积屑瘤的产生主要取决于切削温度。切削温度很低(250～300℃)时,摩擦系数小,不易形成黏结区,积屑瘤不易形成;切削温度很高(500～600℃)时,切屑底层金属呈微熔状态,工件材料的剪切强度降低,摩擦系数比较小,也不易形成积屑瘤;中等温度(300～380℃)时,摩擦系数最大,产生的积屑瘤也最大。

3. 对切削过程的影响

(1) 使刀具实际前角 γ_o 增大

如图 2-14 所示,使刀刃变锋利,切削力降低。

(2) 使切入深度增大

见图 2-14,积屑瘤使切入深度增大了 Δh_D,影响尺寸精度。

(3) 影响刀具耐用度

由于积屑瘤硬度很高,稳定时能代替刀刃工作,起保护刀刃、提高刀具耐用度的作用。但积屑瘤会不断脱落破碎,并可能引起刀具材料颗粒剥落,反而会加剧刀具磨损与破损。

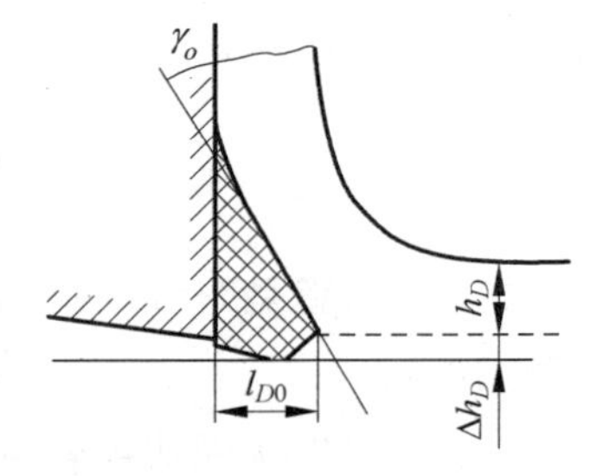

图 2-14 积屑瘤的影响

(4) 使工件表面粗糙度值变大

由于积屑瘤时大时小,使切削力的大小也发生波动,因此便造成了切削过程的不稳定。对刀具来说,积屑瘤的产生使切削刃的几何形状发生畸变,直接影响加工精度。破碎的积屑瘤有一部分会黏附在已加工表面上,使加工表面非常粗糙。

总的来说,精加工时,为了保证工件尺寸精度和表面质量,一定要设法避免产生积屑瘤。粗加工时,虽然积屑瘤对切削有一定的好处,如能保护刀刃,增大刀具前角,但也不需要它产生,且由积屑瘤引起的振动会加剧刀具的磨损。

4. 避免产生或减小积屑瘤的措施

(1) 切削速度

避开产生积屑瘤的中速区(v_c=18～20m/min),如图 2-15 所示,采用较低(v_c<3m/min)或较高(v_c>50m/min)的切削速度。但低速加工效率低,故精加工一般采用较高的切削速度。

(2) 切削液

使用润滑性能良好的切削液可以降低切削温度,减小摩擦,从而抑制积屑瘤的形成。

(3) 刀具前角

增大刀具前角,减小前刀面与切屑间的接触压力,减小切削变形,可抑制积屑瘤的产生。经验证明,当前角大于30°时,一般不再产生积屑瘤。

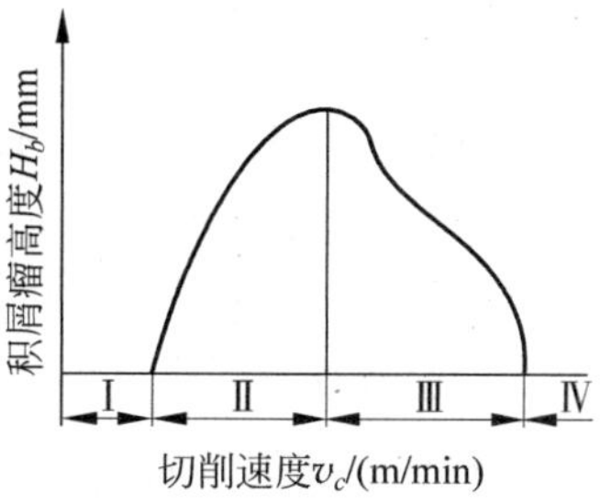

积屑瘤高度H_b/mm

Ⅰ　Ⅱ　Ⅲ　Ⅳ

切削速度v_c/(m/min)

图 2-15　积屑瘤高度与切削速度关系示意图

(4) 工件材料

适当提高工件材料硬度。当工件材料塑性过高,硬度很低时,可进行适当热处理,以提高其硬度,降低塑性,减小加工硬化倾向,从而抑制积屑瘤的产生。

2.1.5　切屑的类型及控制

1. 切屑的类型

由于工件材料的性能和切削条件的不同,切削过程中的变形程度也就不同,因而产生的切屑种类也就多种多样,但主要有以下 4 种类型,如图 2-16 所示。

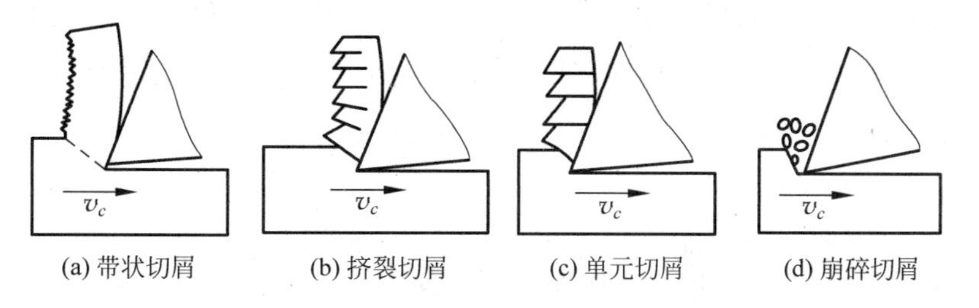

(a) 带状切屑　(b) 挤裂切屑　(c) 单元切屑　(d) 崩碎切屑

图 2-16　切屑类型

(1)带状切屑

带状切屑呈连续的带状,与刀具前刀面接触的底面是光滑的,外表面呈毛茸状,无明显裂纹,如图 2-16(a)所示,这是最常见的一种切屑。在带状切屑的形成过程中,其内部的切应力尚未达到材料的破裂强度。当加工塑性金属材料,切削厚度较小、切削速度较高、刀具前角较大时,常形成这类切屑。

形成带状切屑的切削过程比较平稳,切削力波动较小,加工表面质量高。但必要时需采取断屑措施,以免对工作环境和工人安全造成危害。

(2) 挤裂切屑

挤裂切屑的底层仍较光滑,有时出现裂纹,而外表面呈明显的锯齿状,如图 2-16(b)所示。在挤裂切屑的形成过程中,由于第Ⅰ变形区较宽,在剪切滑移过程中滑移量较大,由滑移变形所产生的加工硬化使切应力增加,在局部地方达到材料的破裂强度。挤裂切屑大多在加工塑性较低的金属材料,且切削速度较低、切削厚度较大、刀具前角较小时产生。产生挤裂切屑时,切削过程不太稳定,切削力波动也较大,加工表面质量稍差。

(3) 单元切屑

切削塑性材料,若整个剪切平面上的切应力超过了材料的破裂强度极限时,裂纹扩展到整个面上,切屑便切离成一个个梯形状的单元切屑,如图 2-16(c)所示。当采用小前角或负前角,以极低的切削速度和大的切削厚度切削时,容易生成单元切屑。此时切削力波动最大。

(4) 崩碎切屑

崩碎切屑在加工脆性材料(如铸铁、黄铜等)时容易形成,它是由于切削层金属塑性很小,刀具切入后,未发生塑性变形就突然崩断成不规则的碎块状,如图 2-16(d)所示。崩碎切屑的脆断主要是由于材料所受应力超过其抗拉极限。工件材料越脆硬、刀具前角越小、切削厚度越大时,越容易产生崩碎切屑。

形成崩碎切屑时切削力波动大,切削过程容易产生振动,工件加工表面质量较为粗糙。且切削力集中在刀刃附近,刀刃容易损坏,故应尽量避免。可通过提高切削速度,减小切削厚度,适当增大前角等措施,使得切屑呈针状或片状。

以上是 4 种典型的切屑,但加工现场获得的切屑形状是多种多样的。在现代切削加工中,切削速度与金属切除率达到了很高的水平,切削条件很恶劣,常常产生大量“不可接受”的切屑。这类切屑会带来一定的危害:或拉伤工件的已加工表面,使表面粗糙度变差;或划伤机床,卡在机床运动副之间;或造成刀具的早期破损;有时甚至威胁到操作者的安全。特别对于数控机床、生产自动线及柔性制造系统,如不能进行有效的切屑控制,轻则将限制机床能力的发挥,重则将使生产无法正常进行。所谓切屑控制(即“断屑”)是指在切削加工中采取适当的措施来控制切屑的卷曲、流出与折断,使之成为“可接受”的良好的切屑。

从切屑控制的角度出发,国际标准化组织(ISO)制定了切屑的分类标准,如图 2-17 所示。

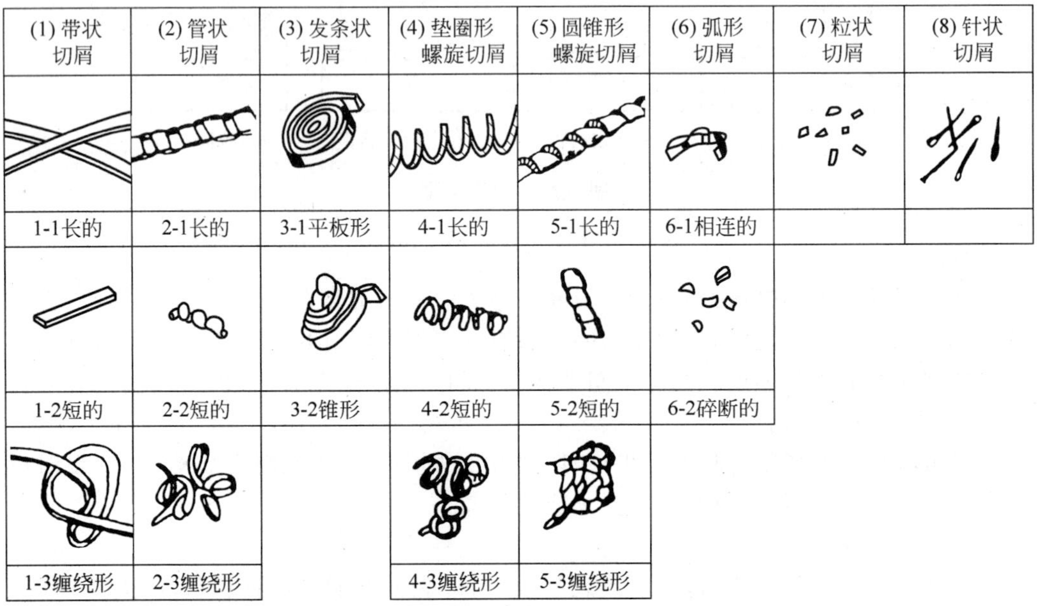

(1) 带状切屑	(2) 管状切屑	(3) 发条状切屑	(4) 垫圈形螺旋切屑	(5) 圆锥形螺旋切屑	(6) 弧形切屑	(7) 粒状切屑	(8) 针状切屑
1-1长的	2-1长的	3-1平板形	4-1长的	5-1长的	6-1相连的		
1-2短的	2-2短的	3-2锥形	4-2短的	5-2短的	6-2碎断的		
1-3缠绕形	2-3缠绕形		4-3缠绕形	5-3缠绕形			

图 2-17 国际标准化组织的切屑分类法(参见 ISO 3685-1993(E))

衡量切屑可控性的主要标准是：不妨碍正常的加工(即不缠绕在工件、刀具上，不飞溅到机床运动部件中)；不影响操作者的安全；易于清理、存放和搬运。ISO 分类法中的 2-2、3-1、3-2、4-2、5-2、6-2 类切屑单位质量所占空间小，易于处理，属于屑形良好的切屑。对于不同的加工场合，例如不同的机床、刀具或者不同的被加工材料，均有相应的可接受屑形。因而，在进行切屑控制时，要针对不同情况采取相应的措施，以得到可接受的良好屑形。

2. 切屑的卷曲

切屑卷曲是由于切屑内部变形或碰到卷屑槽(断屑槽)等障碍物造成的。如图 2-18(a)所示，切屑从工件材料基体上剥离后，在流出过程中，受到前刀面的挤压和摩擦作用，使切屑内部继续产生变形。越近前刀面的切屑层变形越严重，剪切滑移量越大，外形越伸长；离前刀面越远的切屑层变形越小，外形伸长量越小。因而沿切屑厚度 h_{ch} 方向出现变形速度差。切屑流动时，就在速度差作用下产生卷曲，直到 C 点脱离前刀面为止。

采用卷屑槽能可靠地促使切屑卷曲，如图 2-18(b)所示。切屑在流经卷屑槽时受到外力 F_R 作用产生力矩 M 而使切屑卷曲。由图 2-18(b)可得切屑的卷曲半径为

$$r_{ch} = \frac{(l_{Bn} - l_f)^2}{2h_{Bn}} + \frac{h_{Bn}}{2} \tag{2-13}$$

加工钢时，刀屑接触长度 $l_f \approx h_{ch}$，故有

$$r_{ch} = \frac{(l_{Bn} - h_{ch})^2}{2h_{Bn}} + \frac{h_{Bn}}{2} \tag{2-14}$$

由式(2-14)可知，卷屑槽的宽度 l_{Bn} 越小，深度 h_{Bn} 越大，切屑厚度 h_{ch} 越大，则切屑的卷曲半径 r_{ch} 越小，切屑越易卷曲，则切屑越易折断。

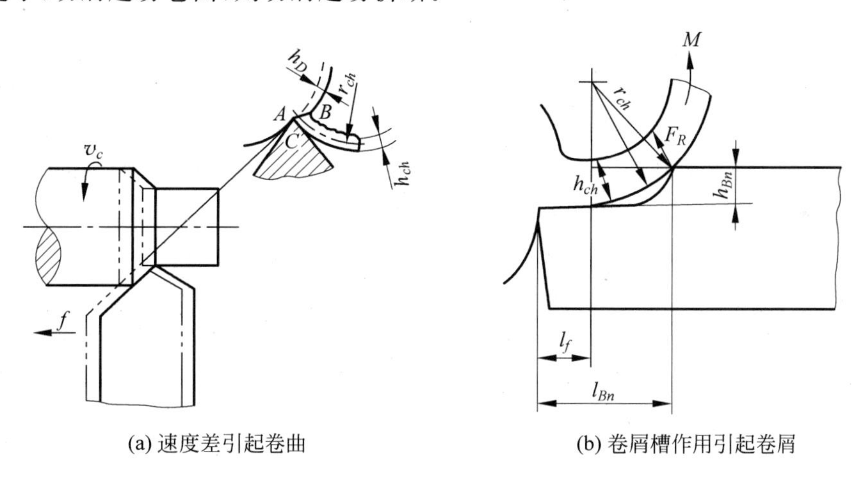

(a) 速度差引起卷曲　　(b) 卷屑槽作用引起卷屑

图 2-18　切屑卷曲成图

3. 切屑的折断

切屑经卷曲变形后产生的弯曲应力增大，当弯曲应力超过材料的弯曲强度极限时，就使切屑折断。因此，可采取相应措施，增大切屑的卷曲变形和弯曲应力来断屑。

(1) 磨制断屑(卷屑)槽

在前刀面上磨制出断屑槽，断屑槽的形式如图 2-19 所示。折线形和直线圆弧形适用于加工碳钢、合金钢、工具钢和不锈钢；全圆弧形适用于加工塑性大的材料和用于重型刀具。

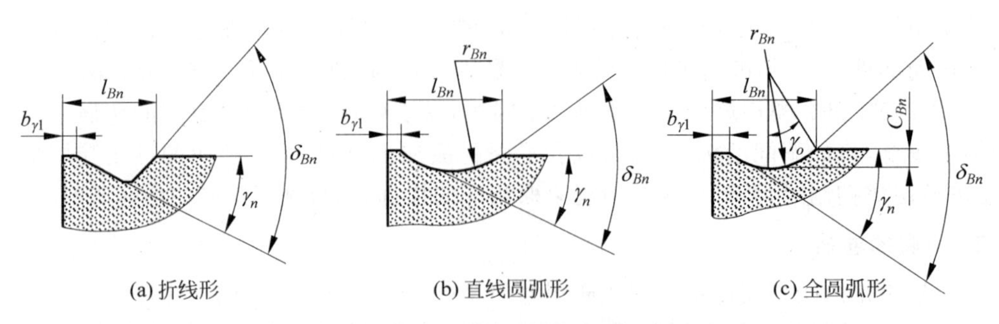

(a) 折线形　(b) 直线圆弧形　(c) 全圆弧形

图 2-19　断屑槽的形式

在槽的尺寸参数中，减小宽度 l_{Bn}，增大反屑角 δ_{Bn}，均能使切屑卷曲半径 r_{ch} 减小、卷曲变形和弯曲应力增大，切屑易折断。但 l_{Bn} 太小或 δ_{Bn} 太大，切屑易堵塞，使切削力、切削温度升高。通常 l_{Bn} 按下式初选

$$l_{Bn} = (10-13)h_D \tag{2-15}$$

反屑角 δ_{Bn} 按槽形选：折线槽 $\delta_{Bn}=60°\sim70°$；直线圆弧槽 $\delta_{Bn}=40°\sim50°$；全圆弧槽 $\delta_{Bn}=30°\sim40°$。当背吃刀量 $a_p=2\sim6$mm 时，一般取断屑槽的圆弧半径 $r_{ch}=(0.4\sim0.7)l_{Bn}$。上述数值经试用后再修正。

(2) 适当调整切削条件

① 减小前角

刀具前角越小，切屑变形越大，切屑越容易折断。

② 增大主偏角

在进给量 f 和背吃刀量 a_p 一定的情况下，主偏角 κ_γ 越大，切屑厚度 h_D 越大，切屑的卷曲半径越小，弯曲应力越大，切屑越易折断。

③ 改变刃倾角

如图 2-20 所示，当刃倾角 λ_s 为负值时(即刀尖为主切削刃上最低点)，切屑流向已加工表面或过渡表面，受碰后折断；当 λ_s 为正值时(即刀尖为主切削刃上最高点)，切屑流向待加工表面或背离工件后与刀具刀面相碰折断，也可能呈带状螺旋屑而被甩断。

④ 增大进给量

进给量 f 增大，切屑厚度 h_D 也按比例增大，切屑卷曲时产生的弯曲应力增大，切屑易折断。

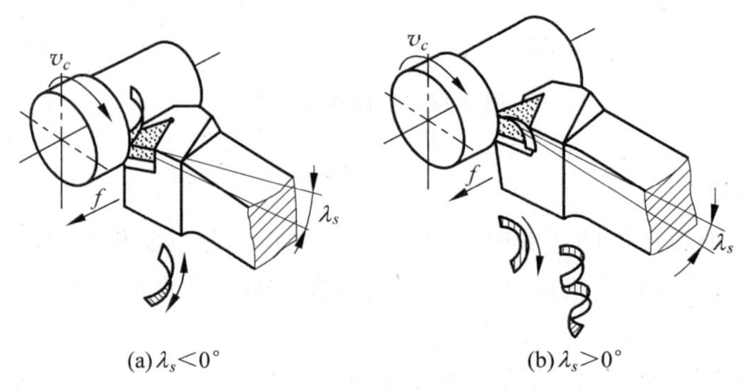

(a) $\lambda_s<0°$　(b) $\lambda_s>0°$

图 2-20　对断屑的影响

2.1.6　加工表面的形成与加工硬化

第Ⅰ变形区的塑性变形对加工表面质量是有影响的，但是，第Ⅲ变形区与加工表面的形成关系更为密切。第Ⅲ变形区，即刀具主后刀面与加工表面接触区，它决定了加工表面质量（如表面粗糙度、加工硬化与残余应力），对零件使用性能影响很大。

1. 加工表面的形成过程

图 2-21 所示为加工表面的形成过程。在分析第Ⅰ和第Ⅱ变形区的切屑形成过程时，假定刀具的刀刃是绝对锋利的，但实际上刀刃总不可避免地有一钝圆半径 r_β；此外，刀具开始切削后不久，主后刀面就会因磨损形成一段后角为 0°的棱带 V_B，刀刃的钝圆半径 r_β 及主后刀面磨损棱带 V_B 对加工表面的形成有很大的影响。

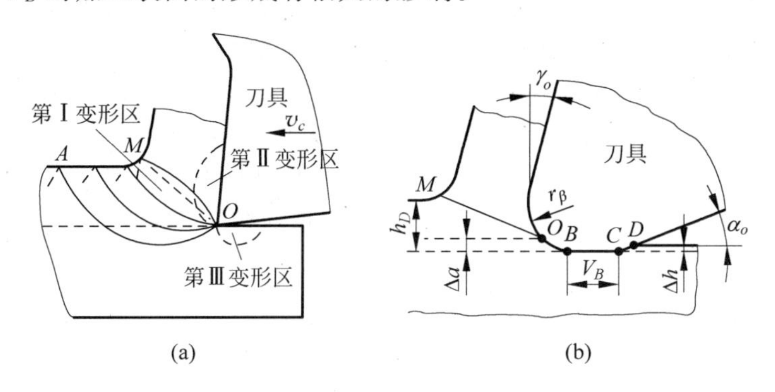

(a)　(b)

图 2-21　已加工表面的形成过程

当切削层金属逼近刀刃时，产生剪切变形及摩擦，最终沿前刀面流出而成为切屑。但由于刃口半径 r_β 的作用，整个切削层厚度 h_D 中，将有一厚度为 Δa 的薄层金属无法沿剪切面 OM 的上方滑移，而是从刀刃钝圆部分 O 点下面挤压过去，即切削层金属在 O 点处出现分离。O 点以上部分成为切屑沿前刀面流出，O 点以下部分经过刀刃挤压留在加工表面上。该部分金属经过刀刃钝圆部分 OB 后，又受到主后刀面上后角为 0°的一段棱带 V_B 的挤压与摩擦，随后开始弹性恢复（假定弹性恢复的高度为 Δh），则加工表面在 CD 段继续与刀具主后刀面摩擦。

刀刃钝圆 OB 部分、V_B 部分、CD 部分构成主后刀面上的接触长度，这种接触状况对加工表面质量有很大影响。

2. 加工硬化

经切削加工后，加工表面将产生加工硬化现象，即金属材料经冷塑性变形后，随着变形程度的增加，硬度、强度显著提高，而塑性、韧性下降的现象，称为加工硬化或冷作硬化。材料变形程度越大，加工表面的加工硬化程度越高，硬化层的厚度也越大。加工硬化将给后续的工序加工增加了困难，更重要的是会影响零件的加工表面质量。硬化层在提高工件表面耐磨性的同时也增大了表面层的脆性，从而降低了零件表面的耐冲击能力。

产生加工硬化的原因是在加工表面的形成过程中，表面层经受了复杂的塑性变形，金属晶格被拉长、扭曲与破碎，阻碍了进一步塑性变形而使金属强化。此外，切削温度有可能引起的相变也可导致加工硬化。加工表面的加工硬化就是这种强化、相变的综合结果。

3. 残余应力

经过切削加工后，在工件的加工表面上常常会有残余应力。残余应力分压应力和拉应力。一般来说，压应力对提高零件使用性能有利(经常人为地形成，如进行喷丸、滚压处理)；拉应力则易使工件表面产生微裂纹，降低疲劳强度。

关于加工硬化和残余应力方面的详细情况，请参阅第5章的相关内容。

4. 鳞刺

表层剧烈的塑性变形会造成加工硬化。由于存在残余应力，硬化层的表面上，还常常出现细微的裂纹和鳞刺。鳞刺是已加工表面上的一种鳞片状毛刺。

在较低或中等切削速度下，对塑性金属进行车、刨、钻、拉、攻螺纹及齿形加工时，鳞刺都可能出现，并严重影响已加工表面质量。因此，必须采取措施进行抑制。当切削速度较低时，可采取进一步降低速度、减小切削厚度、增大前角、采用润滑性能好的切削液等措施；当切削速度较高时，可采用硬质合金刀具等以进一步提高切削速度、对工件进行调质、提高切削温度等措施，抑制鳞刺。一般当切削温度高于500℃时将不再出现鳞刺。同时，采用高速切削，以及其他能使积屑瘤高度减小的措施，都可以使鳞刺受到抑制。

2.2 切削力

金属切削过程中，将刀具施加于工件使工件材料产生变形，并使多余材料变为切屑所需的力，称为切削力。在切削过程中，切削力直接影响切削热、刀具磨损与刀具耐用度、加工精度和已加工表面质量。在生产中，切削力又是计算切削功率，设计机床、刀具、夹具，以及监控切削过程和刀具工作状态的重要依据。研究切削力的规律对于分析切削过程和指导实际生产都有重要意义。

2.2.1 切削力的来源、切削合力及分力、切削功率

1. 切削力的来源

刀具要切下金属材料，必须使被切金属产生弹性变形、塑性变形，并要克服金属材料对刀具的摩擦。因此，如图2-22所示，切削力的来源有以下2个方面：

(1) 切削层金属、切屑和工件表面层金属的弹性、塑性变形所产生的抗力；

(2) 刀具与切屑、工件表面间的摩擦阻力。

要顺利进行切削加工，切削力必须克服上述各力。

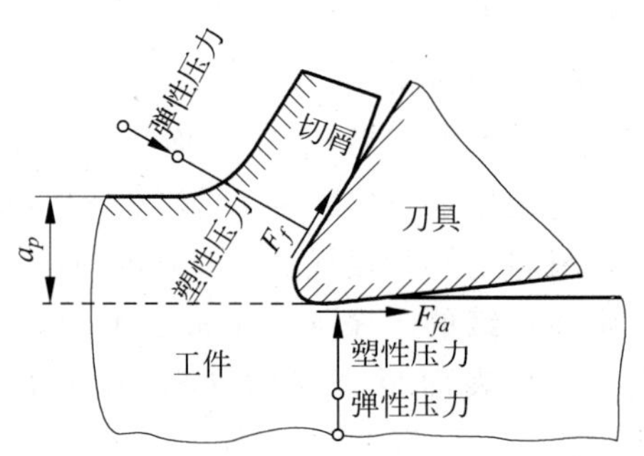

图2-22 切削力的来源

2. 切削合力及其分力

上述各力的总和形成作用在刀具上的合力 F，

即作用在刀具上的总切削力。切削时，合力 F 作用在近切削刃空间的某一点，且其大小与方向都不易确定。因此，为便于测量、计算和实际应用，常将合力 F 分解成3个互相垂直的分力。

如图2-23所示为车削外圆时的切削合力 F 及其分力，3个互相垂直的分力分别为主切削力 F_c、切深抗力 F_p、进给力 F_f。

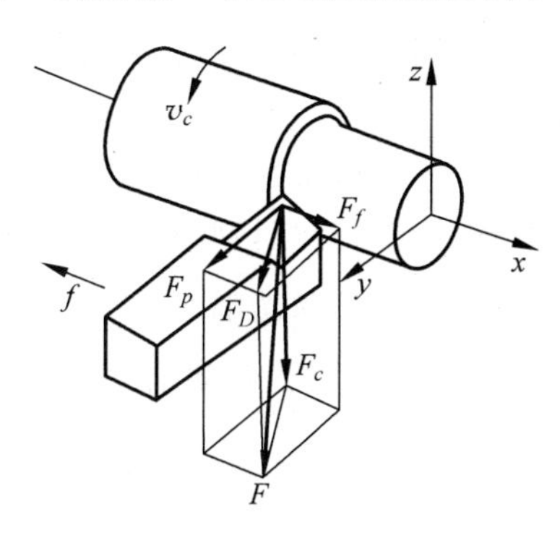

图2-23　切削合力及其分力

（1）主切削力 F_c

主切削力也称为切向力，它切于加工表面（过渡表面）且与基面垂直，并与切削速度 v_c 的方向一致。生产中所说的切削力一般都是指主切削力，因其在切削过程中消耗的功率最大，所以是计算切削功率的主要依据，此外，它还是计算车刀强度、设计机床、确定机床动力的必要数据。F_c 会将刀头向下压，过大时，可能会使刀具崩刃或折断。

（2）切深抗力 F_p

切深抗力也称为背向力、径向力、吃刀力，它处于基面内并与进给方向垂直，是已加工表面法线方向上的分力。由于在 F_p 方向上没有相对运动，它不消耗功率。但 F_p 易引起工件的弯曲，使工件变形并产生振动，尤其是在切削加工细长轴类工件时更为明显，是影响工件加工质量的主要分力。F_p 还是机床主轴轴承设计和机床刚度校验的主要依据。

（3）进给力 F_f

进给力也称为轴向力、走刀力，它处于基面内并与工件轴线方向平行，是与进给方向相反的力。F_f 是检验机床进给机构强度、计算车刀进给功率所必需的数据。

由图2-23可知，切削合力与各分力之间的关系为

$$F = \sqrt{F_c^{\,2} + F_D^{\,2}} = \sqrt{F_c^{\,2} + F_p^{\,2} + F_f^{\,2}} \tag{2-16}$$

随着刀具材料、刀具几何角度、切削用量及工件材料等加工情况的不同，这3个分力之间的比例可在较大范围内变化，其中 $F_p \approx (0.15 \sim 0.7)F_c$，$F_f \approx (0.1 \sim 0.6)F_c$。比如，通过实验可知，当 $\kappa_\gamma = 45°$，$\gamma_o = 15°$，$\lambda_s = 0°$ 时，主切削力 F_c、切深抗力 F_p、进给力 F_f 及其合力 F 之间有如下近似关系：

$$F_p = (0.4 \sim 0.5)F_c,\quad F_f = (0.3 \sim 0.4)F_c,\quad F = (1.12 \sim 1.18)F_c$$

3. 切削功率 P_c

消耗在切削过程中的功率称为切削功率，用 P_c 表示。计算切削功率主要用于核算加工成本和计算能量消耗，并在设计机床时根据它来选择机床主电动机功率。

切削加工过程中所消耗的功率为总切削力 F 的3个分力消耗的功率总和。在车削外圆时，因为切深抗力 F_p 方向没有位移，所以不消耗功率。又因为进给力 F_f 相对于主切削力 F_c 所消耗的功率很小，一般只占2%～3%，故可忽略不计。因此切削功率 P_c 可近似认为是主运动消耗的功率

$$P_c = F_c v_c \times 10^{-3} \tag{2-17}$$

式中：P_c——切削功率，kW；

F_c——主切削力，N；

v_c——切削速度，m/s。

计算出切削功率后，可以进一步计算出机床电动机的功率 P_E，以便选择机床电动机，此时还应考虑到机床的传动效率。

机床电动机功率 P_E 应满足

$$P_E \geqslant P_c/\eta \tag{2-18}$$

式中：η——机床的传动效率，一般取 0.75～0.85，大值适用于新机床，小值适用于旧机床。

按式(2-18)可检验和选取机床电动机的功率。

4. 单位面积切削力 k_c

切削层单位面积切削力是指切削力与切削层公称横截面积 A_D 之比，表示为

$$k_c = F_c/A_D \qquad (\mathrm{N/mm^2}) \tag{2-19}$$

一般简称为单位面积切削力或单位切削力。

单位切削力 k_c 可通过实验求得。不同的刀具材料切削不同的工件材料的单位切削力可见表 2-2 或查阅《金属切削手册》等相关资料。

5. 切削力的测量

在切削实验和生产条件下，可以用测力仪测量切削力。测力仪有多种，按工作原理可分为机械式、液压式和电气式 3 类。其中电气类应用较广泛，有电阻式、电容式、电感式、压电式和电磁式等，目前，常用的是压电式测力仪。

压电式测力仪是利用某些材料(石英晶体或压电陶瓷等)的压电效应测量切削力的大小。在受力时，压电材料的表面将产生电荷，电荷的多少与所施加的压力成正比，且与压电晶体的大小无关。用电荷转换器将电荷数转换成相应的电压参数，经标定后，就可测出力的大小。

此外，还可通过测定机床功率来计算切削力。用功率表测出机床电动机在切削过程中所消耗的功率 P_E 后，即可计算出切削功率；当切削速度 v_c 为已知时，即可求出主切削力。但这种方法只能粗略估算切削力的大小，不够精确。

随着计算机的广泛应用，也可以利用计算机对切削力进行辅助测试。

2.2.2 切削力的计算及经验公式

切削力的大小可根据理论公式和实验公式进行计算。但由于切削变形非常复杂，用材料力学和弹性、塑性变形理论推导的计算切削力的理论公式与实际结果相差较大，故理论公式通常用于定性分析。

目前计算切削力多采用经验公式，它是通过大量的实验，用切削力测量仪测得切削力实验数据后，对所得数据用图解法、线性回归法等方法进行处理而得到的。对于一般加工方法，如车削、孔加工和铣削等，已建立了可直接利用的经验公式。

在生产中，计算切削力的经验公式可分为两类：一类是指数公式；另一类是按单位切削力进行计算的公式。

1. 指数公式

指数公式是以背吃刀量 a_p、进给量 f 和切削速度 v_c 为变量，其他影响因素固定不变(即在一定的实验条件下)，利用测力仪测出切削力的大小，绘出切削力与 a_p、f 的关系曲线，加以适当处理，得出的实验公式，其形式为指数形式

$$
\begin{cases}
F_c = C_{F_c} \cdot a_p{}^{x_{F_c}} \cdot f^{y_{F_c}} \cdot v_c{}^{n_{F_c}} \cdot K_{F_c} \\
F_p = C_{F_p} \cdot a_p{}^{x_{F_p}} \cdot f^{y_{F_p}} \cdot v_c{}^{n_{F_p}} \cdot K_{F_p} \\
F_f = C_{F_f} \cdot a_p{}^{x_{F_f}} \cdot f^{y_{F_f}} \cdot v_c{}^{n_{F_f}} \cdot K_{F_f}
\end{cases} \tag{2-20}
$$

式中：F_c, F_p, F_f——分别为主切削力、切深抗力、进给力；

$C_{F_c}, C_{F_p}, C_{F_f}$——与工件材料、刀具材料和切削条件有关的系数；

$x_{F_c}, x_{F_p}, x_{F_f}$——背吃刀量 a_p 对切削力影响的指数；

$y_{F_c}, y_{F_p}, y_{F_f}$——进给量 f 对切削力影响的指数；

$n_{F_c}, n_{F_p}, n_{F_f}$——切削速度 v_c 对切削力影响的指数；

$K_{F_c}, K_{F_p}, K_{F_f}$——当实际加工条件与经验公式的试验条件不同时，各种因素对各切削分力的修正系数。

式(2-20)中的系数和指数及修正系数均可从《金属切削手册》中查得。

《金属切削手册》中记录了在某特定加工条件下对应的各系数、指数的值。当实际加工条件与所求得的经验公式的条件不符时，各种因素可应用修正系数进行修正。修正系数的值也可查阅《金属切削手册》。表 2-1 列出了车削时切削力指数公式中的系数和指数。从表 2-1 中可以看出，对于大部分的加工形式，在求主切削力时，背吃刀量 a_p 的影响指数 x_{F_c} 大部分为 1.0，进给量 f 的影响指数 y_{F_c} 大部分为 0.75，切削速度 v_c 的影响指数 n_{F_c} 大部分为 0。这是一组最典型的数值，它反映了切削用量三要素中对切削力的影响关系，影响最大的是背吃刀量 a_p，进给量 f 次之，切削速度 v_c 影响最小。并可以此来指导生产实际。

表 2-1　车削时切削力指数公式中的系数和指数

加工材料	刀具材料	加工形式	指数公式中的系数及指数											
			主切削力 F_c				切深抗力 F_p				进给力 F_f			
			C_{F_c}	x_{F_c}	y_{F_c}	n_{F_c}	C_{F_p}	x_{F_p}	y_{F_p}	n_{F_p}	C_{F_f}	x_{F_f}	y_{F_f}	n_{F_f}
结构钢及铸钢 $\sigma_b=650$ MPa	硬质合金	纵车、横车及镗孔	1433	1.0	0.75	−0.2	572	0.9	0.6	−0.3	561	1.0	0.5	−0.4
		切槽及切断	3600	0.72	0.8	0	1393	0.73	0.67	0	—	—	—	—
	高速钢	纵车、横车及镗孔	1766	1.0	0.75	0	922	0.9	0.75	0	530	1.2	0.65	0
		切槽及切断	2178	1.0	1.0	0	—	—	—	—	—	—	—	—
		成形车削	1874	1.0	0.75	0	—	—	—	—	—	—	—	—
不锈钢	硬质合金	外圆纵车、横车及镗孔	2001	1.0	0.75	0	—	—	—	—	—	—	—	—
灰铸铁 190 HBS	硬质合金	外圆纵车、横车及镗孔	903	1.0	0.75	0	530	0.9	0.75	0	451	1.0	0.4	0
	高速钢	纵车、横车及镗孔	1118	1.0	0.75	0	1167	0.9	0.75	0	500	1.2	0.65	0
		切槽及切断	1550	1.0	1.0	0	—	—	—	—	—	—	—	—
可锻铸铁 150 HBS	硬质合金	外圆纵车、横车及镗孔	795	1.0	0.75	0	422	0.9	0.75	0	373	1.0	0.4	0
	高速钢	纵车、横车及镗孔	981	1.0	0.75	0	863	0.9	0.75	0	392	1.2	0.65	0
		切槽及切断	1364	1.0	1.0	0	—	—	—	—	—	—	—	—
铝及铝硅合金	高速钢	纵车、横车及镗孔	392	1.0	0.75	0	—	—	—	—	—	—	—	—
		切槽及切断	491	1.0	1.0	0	—	—	—	—	—	—	—	—

2. 单位切削力和单位切削功率

① 单位切削力

单位切削力指的是单位切削面积上的主切削力，用 k_c 表示(见式(2-19))

$$k_c = \frac{F_c}{A_D} = \frac{F_c}{a_p f} \qquad (\mathrm{N/mm^2})$$

式中：F_c——主切削力，N；

A_D——切削面积，$\mathrm{mm^2}$；

a_p——背吃刀量，mm；

f——进给量，mm/r。

若已知单位切削力 k_c，则可根据切削用量求出主切削力

$$F_c = k_c a_p f \tag{2-21}$$

② 单位切削功率

单位时间内切除单位体积的材料所需要的功率称为单位切削功率 P_s，其公式为

$$P_s = \frac{P_c}{Q_z} \tag{2-22}$$

式中：Q_z—— 单位时间内所切除材料的体积，$\mathrm{mm^3/s}$ 或 $\mathrm{mm^3/min}$；

P_c—— 切削功率，kW。

且

$$Q_z = v_c a_p f \times 10^3$$
$$P_c = F_c v_c \times 10^{-3} = k_c a_p f v_c \times 10^{-3}$$

将 Q_z 和 P_c 代入式(2-19)，得

$$P_s = \frac{P_c}{Q_z} = \frac{k_c a_p f v_c \times 10^{-3}}{v_c a_p f \times 10^3} = k_c \times 10^{-6} \tag{2-23}$$

可见，若已知单位切削力 k_c，即可求出单位切削功率 P_s 和切削功率 P_c。

表 2-2 为几种常用金属外圆车削时的单位切削力和单位切削功率。实验结果表明，对于不同的加工材料，单位切削力不同，即使是同一材料，如果切削用量、刀具几何参数不同，k_c 的值也不相同。表 2-2 中的数值是在一定实验条件下得到的，因此，在计算主切削力 F_c 时，如果实际切削条件与实验条件不符，则必须引入相应的修正系数。修正系数可查阅《金属切削手册》以及有关表格。

表 2-2 硬质合金外圆车刀切削常用金属时的单位切削力和单位切削功率

(f=0.3mm/r)

加工材料				实验条件		单位切削力 k_c/($\mathrm{N/mm^2}$)	单位切削功率 P_s/($\mathrm{kW/(mm^3 \cdot s^{-1})}$)
名称	牌号	热处理状态	硬度(HBS)	车刀几何参数	切削用量范围		
钢	Q235	热轧或正火	134～137	$\gamma_o=15°$，$\kappa_\gamma=75°$ $\lambda_s=0°$ 前刀面带卷屑槽	a_p=1～5mm f=0.1～0.5mm/r v_c=90～105m/min	1884	1884×10^{-6}
	45		187			1962	1962×10^{-6}
	40Cr		212			1962	1962×10^{-6}
	45	调质	229	$\gamma_{o1}=-20°$ $b_{\gamma1}$=0.1mm 其余同 Q235		2305	2305×10^{-6}
	40Cr		285			2305	2305×10^{-6}
	1Cr18Ni9Ti	淬火回火	170～179	$\gamma_o=20°$ 其余同 Q235		2453	2453×10^{-6}

续表

加工材料				实验条件		单位切削力 k_c/(N/mm^2)	单位切削功率 P_s/($kW/(mm^3 \cdot s^{-1})$)
名称	牌号	热处理状态	硬度(HBS)	车刀几何参数	切削用量范围		
灰铸铁	HT200	退火	170	其余同 Q235	$a_p=2\sim10$mm $f=0.1\sim0.5$mm/r $v_c=70\sim80$m/min	1118	1118×10^{-6}
可锻铸铁	KHT300-60	退火	170	其余同 Q235		1344	1344×10^{-6}

2.2.3　影响切削力的主要因素

影响切削力的因素很多，除了工件材料、切削用量和刀具几何参数等主要因素外，刀具材料、刃磨质量、磨损情况以及切削液使用情况等，都会对切削力产生不同程度的影响。

1. 工件材料性能

工件材料的强度越大，硬度越高，切削时变形的抗力越大，切削力也越大。在强度、硬度相近的情况下，材料的塑性、韧性越大，其切削变形也越大，加工硬化越明显，故切削力也越大(见表 2-2)。例如，不锈钢 1Cr18Ni9Ti 与正火的 45 钢在强度和硬度上比较接近，但其塑性、韧性较 45 钢高(延伸率比值为 55∶16)，加工硬化能力强，切削不锈钢要比切削 45 钢的切削力大 25%左右；灰铸铁 HT200 的硬度与正火的 45 钢相近，但其塑性、韧性较低，且产生的崩碎切屑与前刀面的接触面积小，摩擦抗力小，其切削力比 45 钢(正火态)约低 40%。对于铝、铜等有色金属的加工，虽然材料的塑性很大，但其加工硬化能力差，所以切削力小。

另外，同一材料在不同的热处理状态下的金相组织不同也会影响切削力的大小，如 45 钢，其正火、调质、淬火状态下的硬度不同，切削力的大小也不同。

2. 切削用量

(1) 背吃刀量 a_p 和进给量 f

增大背吃刀量和进给量时，均能使切削面积增大，其变形抗力、摩擦力增大，切削力也随之增大，但二者的影响程度不同。背吃刀量增大时，切削层宽度成正比增加，切削变形抗力和刀具前刀面上的摩擦力均成正比例增加。而进给量增加时，切削层厚度增大，平均变形减小，故切削力有所增加，但不成正比增加，其切削力只增加 68%～86%。因此，切削加工中，如从减小切削力和切削功率角度考虑，加大进给量比加大背吃刀量有利，在实际生产中，可优先选用增大进给量的办法来提高生产效率。

(2) 切削速度 v_c

切削速度对切削力的影响因材料不同而不同。

加工塑性金属时，切削速度主要通过积屑瘤的变化对切削力产生影响。例如车削 45 钢，当切削速度 v_c 在 5～20m/min 范围内不断升高时，积屑瘤高度逐渐增加，这时刀具的实际前角也逐渐加大，故切削力逐渐减小；当切削速度在 20～35m/min 范围内不断升高时，积屑瘤逐渐减小，刀具的实际前角也逐渐减小，切削力逐渐增大；当切削速度 $v_c>35$m/min 时，积屑瘤消失，随着切削速度的增大，摩擦系数减小，变形系数减小，使切削力逐步减小，而且随着切削速度不断增大，切削温度也上升，使被加工金属的强度和硬度降低，也会使切削力降低；当切削速度 $v_c>90\mathrm{m/min}$ 时，切削力无明显变化。

切削铸铁等脆性金属材料时会形成崩碎切屑，因金属的塑性变形很小，切屑与前刀面的摩擦也很小，所以此时切削速度对切削力没有显著影响。

3. 刀具几何参数

在刀具的几何参数中，前角 γ_o 和主偏角 κ_γ 对切削力影响尤为突出。另外，刃倾角 λ_s、刀尖圆弧半径 r_ε、负倒棱等也会对切削力产生不同程度的影响。

(1) 前角 γ_o

前角 γ_o 增大时，若后角 α_0 不变，则楔角 β_0 减小，切削刃锋利，容易切入工件，有助于减小切削变形(见图 1-15)。此外，前角 γ_o 增大，前刀面推挤金属的正压力和摩擦力都相应降低，切屑流出顺畅，因此切削力下降。前角 γ_o 增大时，主切削力 F_c、切深抗力 F_p、进给力 F_f 3 个分力都减小，但以 F_f 减小的幅度最大，F_c 和 F_p 减小的幅度大体相当。工件材料的塑性越好，前角 γ_o 的影响就越显著，对脆性材料，前角 γ_o 的影响较小。

(2) 主偏角 κ_γ

主偏角 κ_γ 对主切削力 F_c 的影响较小，而对切深抗力 F_p、进给力 F_f 的影响较大，且主要影响 F_p、F_f 的比例关系(如图 2-24 所示)，其关系如下：

$$F_p = F_D\cos\kappa_\gamma,\quad F_f = F_D\sin\kappa_\gamma \tag{2-24}$$

可见，当主偏角 κ_γ 增大时，F_D 方向改变，使进给力 F_f 增大，而背向力 F_p 则减小。在进给量和背吃刀量不变的情况下，主偏角增大，使切削厚度增大，切削变形减小，切削力减小。一般 $\kappa_\gamma=60°\sim75°$时能减小 F_c 和 F_p，因此生产中 $\kappa_\gamma=75°$的车刀用得较多。而当车削细长轴时，系统刚度较差，为避免 F_p 将工件顶弯，常用 $\kappa_\gamma=90°\sim93°$的车刀，以减小 F_p，从而减小工件变形和切削振动。

(3) 刀尖圆弧半径 r_ε

刀尖圆弧半径 r_ε 增大，切削刃曲线部分的长度和切削层公称宽度也随之增大，如图 2-25 所示，曲线刃上各点的主偏角 κ_γ 减小，切屑变形增大，切削力增大。r_ε 通过 κ_γ 影响切削力。通过实验证明，r_ε 增大对 F_p 的影响比对 F_c 的影响大，因随 r_ε 增加 κ_γ 减小，故 $F_p=F_D\cos\kappa_\gamma$ 就增大。所以为防止振动，应减小刀尖圆弧半径 r_ε。

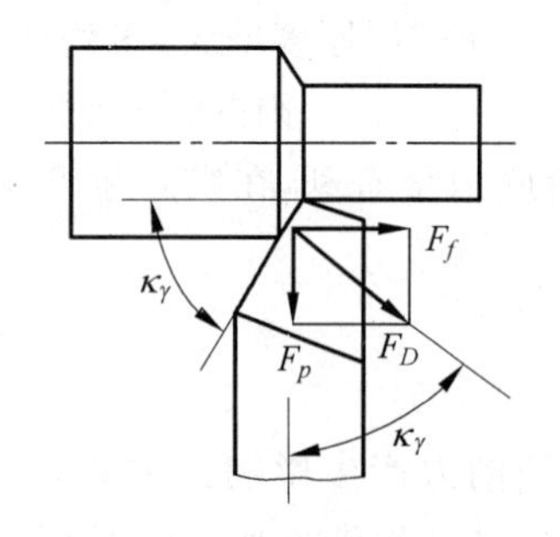

图 2-24　主偏角不同时 F_p、F_f 的变化

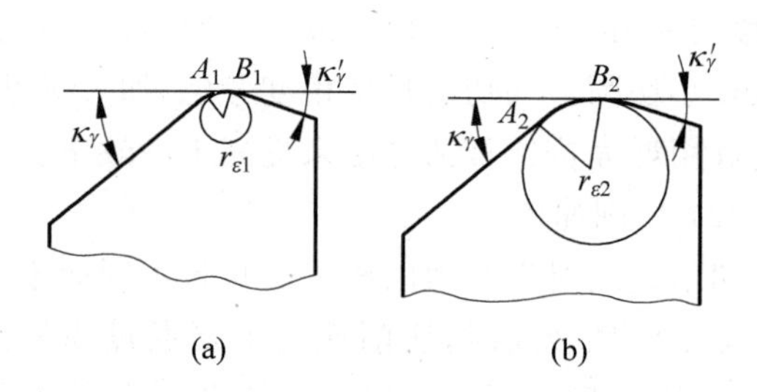

图 2-25　刀尖圆弧半径与刀刃曲线部分的关系

（4）刃倾角 λ_s

实验证明，刃倾角 λ_s 在 $-40°\sim+40°$ 内变化时，主切削力 F_c 没有什么变化，但对 F_p 和 F_f 的影响较大。刃倾角增大，改变了变形抗力的方向，使 F_p 减小，F_f 增大。因此，一般情况下，不宜采用过大的负刃倾角，以免 F_p 过大。

（5）负倒棱

在锋利的切削刃上磨出负倒棱，可以提高刃口强度，从而提高刀具使用寿命。但负倒棱导致切削变形增加，切削力增大。如图 2-26 所示，负倒棱宽度为 $b_{\gamma1}$，倒棱角为 γ_{o1}，切屑与前刀面的接触长度为 l_f。当 $b_{\gamma1}<l_f$ 时，如图 2-26(b)所示，切屑沿前刀面流出，正前角 γ_o 仍起作用，但切削力比无倒棱（见图 2-26(a)）时要大些；而当 $b_{\gamma1}>l_f$ 时，如图 2-26(c)所示，则切屑沿负倒棱面而不是沿前刀面流出，切削力相当于倒棱角 $\gamma_{o1}=\gamma_o$ 的负前角车刀的切削力，切削力将显著增加。

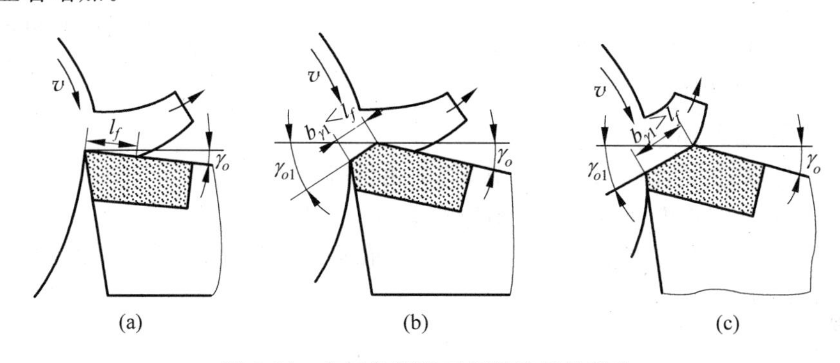

图 2-26　车刀负倒棱对切屑流出的影响

（6）其他因素

① 刀具材料

不同的刀具材料与工件材料的亲合力与摩擦系数不同，故切削力不同。在同样切削条件下，陶瓷刀具切削力最小，硬质合金次之，高速钢刀具的切削力最大。

② 刀具磨损

当刀具主后刀面磨损后形成主后角 $\alpha_o=0°$、宽度为 V_B 的窄小棱面时，主后刀面与工件加工表面（过渡表面）接触面增大，作用于主后刀面的正压力和摩擦力增加，导致 F_c、F_p、F_f 都增加。

③ 切削液

以冷却作用为主的水溶液对切削力影响很小。润滑作用强的切削油由于其润滑作用，不仅能减小刀具与切屑、工件表面间的摩擦，而且能减小加工中的塑性变形，故能显著降低切削力。

2.3　切削热与切削温度

切削热和由它产生的切削温度是切削过程中的又一个重要物理现象，它直接影响刀具的磨损和刀具耐用度，限制切削速度的提高，影响工件加工精度和表面质量。研究切削热和切削温度的产生及其变化规律是研究切削过程的一个重要方面。

2.3.1 切削热的产生和传导

1. 切削热的产生

切削过程中，切削热来源于两方面：切削层金属发生弹性变形、塑性变形所产生的热和切屑与前刀面、工件与主后刀面间的摩擦热。因此，工件上3个塑性变形区，每个变形区都是1个发热源，如图2-27所示。

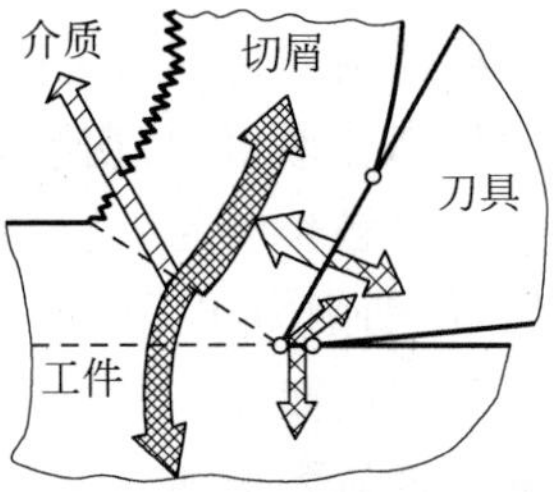

介质
切屑
刀具
工件

图 2-27 切削热的来源和传导

切削热是由切削功转化的，切削时所消耗的能量有98%～99%转换为切削热。单位时间内产生的切削热可由下式计算：

$$Q = F_c v_c \tag{2-25}$$

式中：Q——每秒钟内产生的切削热，J/s；

F_c——主切削力，N；

v_c——切削速度，m/s。

3个热源产生热量的比例与工件材料、切削条件等有关。切削塑性材料，当切削厚度较大时，第Ⅰ变形区产生的热量最多；切削厚度较小时，则第Ⅲ变形区产生的热量占较大比重。加工脆性材料时，因形成崩碎切屑，故第Ⅱ变形区产生的热量比重下降，而第Ⅲ变形区产生的热量比重相应增加。

2. 切削热的传导

切削加工中产生的切削热主要由切屑、工件及刀具传出，周围介质带走的热量很少(干切削时约占1%)。影响切削热传导的主要因素是工件和刀具材料的导热系数以及切削条件的变化。

由于切削条件不同，各部分传导的比例也不同。以车削和钻削为例，车削时，热量主要由切屑带走，其次是刀具，而传给工件的热量较少；钻削由于是在半封闭的状态下进行的，热量主要通过工件传导，切屑带走的热量相对不多。车削与钻削时切削热的传导比例见表2-3。

表 2-3 车削与钻削时切削热的传导

	切屑	刀具	工件	介质
车削	50%～86%	10%～40%	3%～9%	1%
钻削	28%	14.5%	52.5%	5%

2.3.2 切削温度的分布及其对切削过程的影响

1. 切削温度的分布

图2-28所示为车削时正交平面内切屑、工件和刀具上的温度分布情况。

从图2-28及其他一些切削温度测量实验中可以归纳出切削温度分布的一些规律，即：

(1) 剪切平面上各点温度变化不大，几乎相同。

(2) 不论刀具前刀面还是主后刀面上的最高温度都处于离主切削刃一定距离处(该处

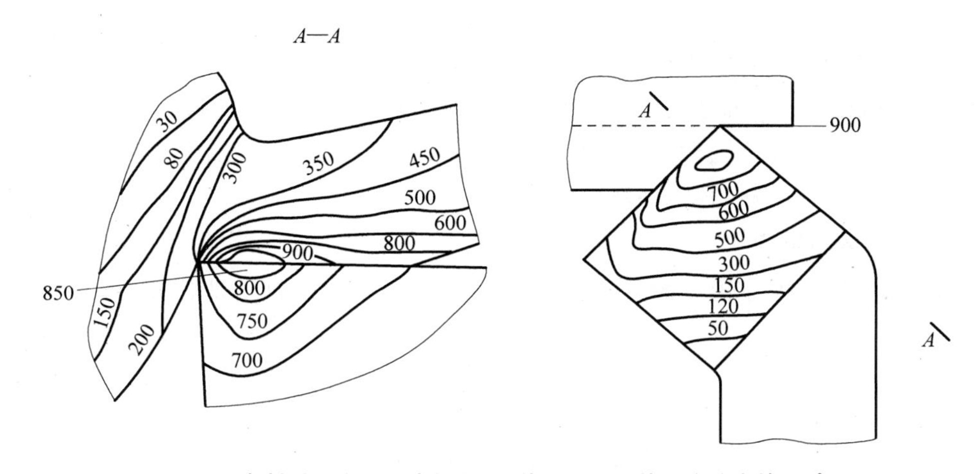

图 2-28　车削时正交平面内切屑、工件和刀具上的温度分布情况(℃)

(工件材料：GCr15；刀具材料：YT15；切削用量：$v_c=1.3\mathrm{m/s}$，$f=0.5\mathrm{mm/r}$，$a_p=4\mathrm{mm}$)

称为温度中心)。这说明切削塑性金属时，切屑沿刀具前刀面流出过程中，摩擦热是逐步增大的，一直至切屑流至黏结与滑动的交界处，切削温度才达到最大值。此后，因进入滑动区摩擦逐渐减小，加上热量传出条件改善，切削温度又逐渐下降。

(3) 切削底层(同刀具前刀面相接触的一层)温度最高，离切削底层越远温度越低。这主要是因为切削底层金属变形最大，且又与刀具前刀面存在摩擦的缘故。切屑底层的高温将使工件材料的剪切强度下降，并使其与刀具前刀面间的摩擦系数减小。

(4) 塑性越大的工件材料在刀具前刀面上切削温度的分布越均匀，且最高温度区距切削刃越远。这是因为塑性越大的工件材料，刀具与切屑接触长度越长的缘故。

(5) 导热系数越低的工件材料，其刀具前刀面和主后刀面上的温度也就越高，且最高温度区距切削刃越近，这就是一些高温合金和钛合金难切削和刀具容易磨损的主要原因之一。

2. 切削温度及其对切削过程的影响

切削时工件、切屑和刀具吸收切削热而使温度升高，温度的高低不仅取决于切削时产生热量的多少，还与热传导密切相关。所以，吸热多且散热不易的部位温度高。一般所说的切削温度是指切削区的平均温度。

切削温度是影响切削过程最佳化的重要因素之一。切削温度对工件、刀具及切削过程将产生一定的影响，高的切削温度是造成刀具磨损的主要原因。但较高的切削温度对提高硬质合金刀具材料的韧度有利。由于切削温度的影响，精加工时，工件本身和刀杆受热膨胀致使工件尺寸精度达不到要求。切削中产生的热量还会使机床产生热变形而导致加工误差的产生。

可以利用切削温度控制切削过程。实验发现，对给定的刀具材料，以不同的切削用量加工各种工件材料时都有一个最佳切削温度，在这个温度下，刀具磨损强度最小，耐用度最高，工件材料的切削加工性也最好。如用硬质合金车刀切削碳素钢、合金钢、不锈钢时的最佳切削温度约为 800℃；用高速钢车刀切削 45 钢的最佳切削温度为 300～350℃。因此，可按最佳切削温度来控制切削用量，以提高生产率及加工质量。

2.3.3 影响切削温度的因素

在切削过程中,切削温度的高低取决于切削热的产生和传导的快慢。切削温度是指切削过程中切削区域的温度随切削条件的变化而变化。影响切削温度的主要因素有:切削用量、刀具几何参数、工件材料、刀具磨损状况等。

1. 切削用量的影响

切削用量是影响切削温度的主要因素。通过实验可得到切削用量对切削温度影响的经验公式

$$\theta = C_\theta v_c^{z_\theta} f^{y_\theta} a_p^{x_\theta} K_\theta \tag{2-26}$$

式中:θ—— 实验测得的刀具前刀面与切屑接触区的平均温度,℃;

C_θ—— 切削温度系数,主要取决于加工方法和刀具材料;

$z_\theta, y_\theta, x_\theta$——分别表示切削用量 v_c, f, a_p 对切削温度影响程度的指数;

K_θ—— 切削条件改变后的修正系数。

式(2-26)中,随着刀具材料、加工方法和切削用量的不同,其切削温度的系数 C_θ 和指数 $z_\theta, y_\theta, x_\theta$ 也是不同的,详见表 2-4。

表 2-4 加工条件对切削温度系数和指数的影响

刀具材料	加工方法	C_θ	z_θ			y_θ	x_θ
			f=0.1mm/r	f=0.2mm/r	f=0.3mm/r		
高速钢	车削	140～170	0.35～0.45			0.20～0.30	0.08～0.10
	铣削	80					
	钻削	150					
硬质合金	车削	320	0.41	0.31	0.26	0.15	0.05

表 2-4 列出了用高速钢刀具和硬质合金刀具切削中碳钢时,不同的加工方法所对应切削温度公式中的指数与系数。由表中可看出 $z_\theta > y_\theta > x_\theta$,即 v_c 的指数最大,f 的指数其次,a_p 的指数最小,这说明切削速度 v_c 对切削温度 θ 的影响最大,进给量 f 的影响次之,背吃刀量 a_p 的影响最小。

根据式(2-26)和表 2-4,以及切削过程中切削用量的变化所伴随的现象分析,可以得到以下结论。

(1) 切削速度 v_c

实验证明,随着切削速度的提高,切削温度将明显地上升。这是因为当切削速度提高后,沿前刀面流出的切屑与前刀面发生强烈的摩擦,由此而产生大量的摩擦热。同时由于切屑流出的速度加快,热量来不及向切屑上方传导,因此热量集中在切屑底层,从而使切屑温度升高。此外,由于切削速度提高时,材料的剪切变形减小,单位体积的切屑中由塑性变形所产生的热量减少,所以切削温度 θ 不随 v_c 成正比增加,当切削速度 v_c 提高 1 倍时,切削温度 θ 约增加 20%～40%。

(2) 进给量 f

随着进给量的增大,单位时间内金属切除量增多,切削过程产生的热量也增多。但进给量增大时,切屑的平均变形减小,从而使热量又有所减小,而当进给量增大时,切屑厚度增

加，切屑的热容量增大，从切削区带走的热量也多。此外，当进给量增大时，由于切屑与前刀面的接触区长度增长，改善了散热条件，因此，增大进给量使切削温度升高的幅度，不如切削速度那样显著。实验证明，当进给量 f 增大 1 倍时，切削温度 θ 约升高 15%。

(3) 背吃刀量(切削深度)a_p

随着背吃刀量增大，切削层金属的变形功与摩擦功都成正比地增加，切削热也会成正比地增多。但由于切削刃工作长度也成正比地增长，从而改善了散热条件，所以切削温度的升高并不明显。当背吃刀量提高 1 倍时，切削温度 θ 仅上升 5%左右。

如上所述，切削速度 v_c、进给量 f、背吃刀量 a_p 增加，切削功率增大，切削热增多，切削温度升高，但三者对切削温度的影响程度不一。其中，切削速度的影响最大，进给量次之，背吃刀量的影响最小。即在选择切削用量时，为使切削温度 θ 较低，选用较大的背吃刀量 a_p 或进给量 f，比选用大的切削速度 v_c 有利。

2. 刀具几何参数的影响

(1) 前角 γ_o

前角对切削温度的影响主要是依据其对变形和摩擦的影响。前角 γ_o 增大，使切屑变形和刀-屑间摩擦减小，单位切削力减小，产生的切削热减少，切削温度低；但前角增大又使刀具楔角 β_o 减小而导致刀头切削部分的散热体积减小。因此，只在一定范围内增大前角才对降低切削温度有利。实验证明，切削中碳钢时，当前角 γ_o 从 10°增加到 18°时，切削温度将下降约 15%，但当前角达 18°～20°后，若继续增大，会使楔角 β_o 变小，使刀具散热条件变差，对降低切削温度无明显作用。

(2) 主偏角 κ_γ

主偏角对切削温度的影响主要是依据其对切削刃工作长度和刀尖角变化的影响。当主偏角减小时，使切削宽度增大，切削刃工作长度加大，刀具散热条件改善，切削温度降低。而主偏角加大后，使切削宽度减小，切削刃工作长度缩短，切削热相对集中，同时刀尖角减小，散热条件变差，切削温度将升高。因此，适当减小主偏角，既能使切削温度降低较大幅度，又能提高刀具强度，对提高刀具耐用度将起一定的作用，但是工艺系统应有足够的刚度。

(3) 倒棱宽度 $b_{\gamma1}$ 及刀尖圆弧半径 r_ε

倒棱宽度和刀尖圆弧半径基本上不影响切削温度。虽然随倒棱宽度和刀尖圆弧半径的增大，切屑变形增大，切削热随之增多，但另一方面，这 2 个参数都能使刀具的散热条件有所改善，传出的热量增加。一般而言，这两方面的影响趋于平衡。

3. 工件材料的影响

工件材料对切削温度的影响取决于其强度、硬度、导热性等。工件材料的强度、硬度越高，加工硬化程度越大，则单位切削力越大，切削功率消耗越多，产生的切削热越多，切削温度因而升高。工件材料的导热系数越低，切屑传出的切削热越少，则切削温度就越高。比如，合金钢强度高，比普通钢消耗功率大，而且导热系数小，散热性差，故切削温度高。又如切削铸铁等脆性材料时，由于形成崩碎切屑，变形与摩擦都小，故切削温度低。

4. 刀具磨损的影响

刀具磨损后切削刃变钝，切削刃前方的挤压严重，切屑变形增大，塑性变形增加；同时，刀具磨损后还使工件与刀具主后刀面的摩擦加大。以上两方面均使产生的切削热增多，切削温度升高。

2.4 刀具磨损与刀具耐用度

在切削过程中，刀具在高压、高温和强烈的摩擦条件下工作，切削刃由锋利逐渐变钝，以致失去正常切削能力。磨损后的刀具继续切削会使切削力增加，切削温度升高，切屑颜色改变，甚至产生振动，使工件加工质量和生产效率降低，成本提高。

2.4.1 刀具的磨损形式

刀具磨损的方式分为正常磨损和非正常磨损两大类。正常磨损是指刀具的前、后刀面和切削刃上的金属微粒被工件、切屑带走而使刀具丧失切削能力的现象，是刀具的连续逐渐磨损；而非正常磨损则是刀具在切削过程中突然或过早产生的损坏现象，是因刀具的裂纹、崩刃、卷刃和破碎使刀具丧失切削能力。非正常磨损往往是由于选择、设计、制造或使用刀具不当造成的，生产中应尽量避免。

刀具正常磨损时，按其发生的部位不同，可分为前刀面磨损、主后刀面磨损以及前刀面和主后刀面同时磨损 3 种形式，如图 2-29 所示。

1. 前刀面磨损

在切削塑性金属材料时，如果切削速度和切削厚度较大，切屑沿前刀面流出时，在前刀面上经常会磨出一个月牙洼，称为月牙洼磨损。月牙洼处于前刀面上切削温度最高处，月牙洼和切削刃之间有一条小棱边。在连续磨损过程中，月牙洼的宽度、深度不断增大，并逐渐向切削刃方向扩展。当接近刃口时，切削刃强度大大降低，因此极易导致刀具崩刃。月牙洼的磨损量及其深度以 K_T 表示，如图 2-30(b)、(c)所示。

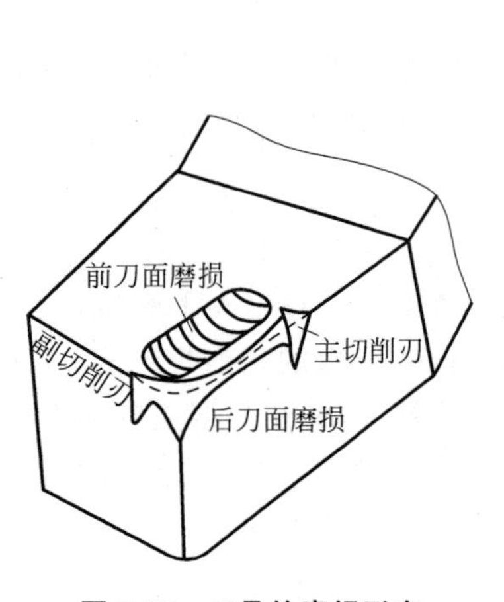

图 2-29 刀具的磨损形态

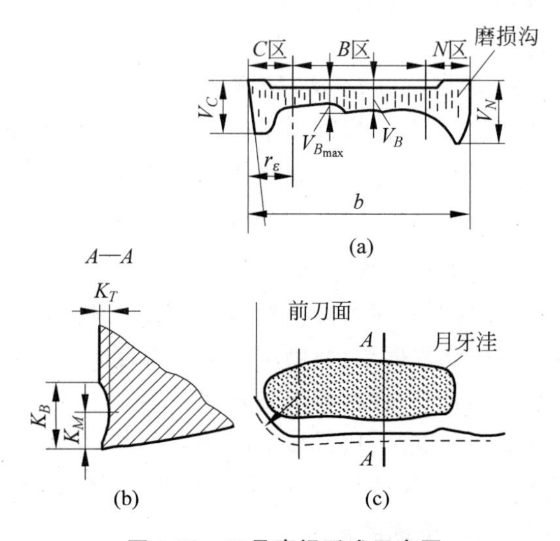

图 2-30 刀具磨损形式示意图

2. 主后刀面磨损

切削加工中，由于主后刀面和加工表面间存在着强烈的挤压摩擦，两者之间的接触压力大，在刀具主后刀面上沿切削刃附近的区域很快被磨出后角为0°的小棱面，如图2-30(a)所示，这种形式的磨损就是主后刀面磨损。通常在切削速度较低、切削厚度较小的情况下，切削塑性材料和加工脆性材料时，主要发生主后刀面磨损。但在切削脆性材料时，前刀面不形成月牙洼，其磨损形式主要是主后刀面磨损。

如图2-30(a)所示，在切削刃参加切削工作的各点上，主后刀面磨损带往往是不均匀的。靠近刀尖部位的C区，由于刀尖部分强度低，散热条件差，磨损较严重，磨损区的最大宽度为V_C。在接近工件外表皮的N区，因上道工序加工硬化层或毛坯表面硬化层的影响，磨损也较大，形成磨损深沟，磨损宽度的最大值为V_N。在磨损带中间的B区，磨损比较均匀，以V_B表示其平均磨损宽度，以$V_{B_{max}}$表示最大磨损宽度。

3. 前刀面和主后刀面同时磨损

前、后刀面同时磨损是一种兼有前两种磨损的形式。当以中等切削速度和中等进给量切削塑性金属材料时，常会发生前刀面和主后刀面同时出现磨损的现象。

尽管刀具的磨损形式和位置随切削条件的不同而不同，但在多数情况下，切削塑性和脆性材料时，主后刀面都有磨损。主后刀面磨损不仅直接影响加工质量，而且磨损量的测量非常方便，故常以主后刀面磨损量V_B来表示刀具磨损程度。

4. 非正常磨损

刀具的非正常磨损(破损)主要有脆性破损(包括崩刃、碎裂、剥落、热裂等)和塑性破损(包括卷刃、烧刃、塌陷)两种形式。刀具的非正常磨损必须采取相应措施予以防止。主要措施有：合理选择刀具材料，根据切削条件，兼顾刀具材料的硬度、耐磨性和韧性；合理选择刀具几何参数，保证刀具具有足够的强度和良好的散热条件；保证刀具焊接和刃磨质量，尽量选用机夹可转位不重磨刀具；合理选择切削用量，避免过大的切削力和过高的切削温度，避免积屑瘤的产生；提高工艺系统的刚性，减小或消除振动；采用正确的操作方法，防止突变性载荷；合理使用切削液等。

2.4.2 刀具的磨损原因

切削时刀具的磨损是在高温高压条件下产生的，而且由于工件材料、刀具材料和切削条件变化很大，刀具磨损形式又各不相同，因此刀具磨损原因比较复杂。通常刀具的正常磨损是机械作用、热作用和化学作用的综合结果，比如，由工件材料中硬质点的刻划作用产生的硬质点磨损，由压力和强烈摩擦产生的黏结磨损，由高温产生的扩散磨损，由氧化作用等产生的化学磨损以及相变磨损、热电磨损等。

1. 硬质点磨损(磨料磨损、机械磨损)

切削时，切屑、工件材料中含有的一些硬度极高的微小硬质点，如碳化物、氮化物和氧化物以及剥落的积屑瘤碎片等，在刀具表面刻划出沟痕而造成的磨损，为硬质点磨损，或称为磨料磨损、机械磨损。高速钢刀具的硬质点磨损比较显著，硬质合金刀具的硬度高，发生硬质点磨损的概率较小。

硬质点磨损在各种切削速度下都存在，但它是低速刀具(如拉刀、板牙等)磨损的主要原因。因为此时切削温度较低，其他形式的磨损还不显著。

2. 黏结磨损（冷焊磨损）

切削时，由于高温高压以及强烈的摩擦，刀具与切屑、工件接触表面间常会发生冷焊黏结。由于摩擦面之间的相对运动，冷焊黏结层金属破裂并被一方带走，从而造成黏结磨损。一般情况下，工件材料或切屑的硬度低，冷焊黏结层的破裂往往发生在工件或切屑这一方。但因交变应力、疲劳、热应力以及刀具表层结构缺陷等因素，冷焊黏结层破裂也可能发生在刀具一方，使刀具表面上的金属微粒被切屑、工件带走，从而造成刀具的黏结磨损。黏结磨损一般在中等偏低的切削速度下比较显著。

3. 扩散磨损

在切削高温的作用下，硬质合金中的 C、W、Ti、Co 等元素会向工件、切屑中扩散，而工件、切屑中的 Fe 元素则向刀具中扩散，从而改变刀具材料的化学成分，使刀具切削性能降低，导致刀具磨损过程加快。这种固态下元素相互迁移而造成的刀具磨损称为扩散磨损。扩散磨损主要发生在高速切削，因为此时切削温度很高，化学元素扩散速率较高，同时随着切削速度和温度的提高，扩散磨损程度加剧。

扩散磨损的快慢程度与刀具材料的化学成分关系很大，这是由于不同元素的扩散速率不同。如 YT 类合金的抗扩散磨损能力优于 YG 类合金。由于 YW 硬质合金中添加 Ta、Nb 元素后形成固熔体，更不易扩散，故 YW 类合金和涂层合金具有更良好的抗扩散磨损性能。

4. 化学磨损（氧化磨损）

在一定温度下，刀具材料与某些周围介质（如空气中的氧，切削液中的极压添加剂硫、氯等）起化学作用，在刀具表面形成一层硬度较低的化合物，被切屑或工件擦掉而形成磨损，称为化学磨损。比如，当切削温度达到 700°～800℃时，硬质合金刀具中的 Co、WC、TiC 等与空气中的氧发生化学反应，生成 Co_3O_4、CoO、WO_3、TiO_2 等较软的氧化物，这些氧化物容易被工件、切屑擦去，从而造成磨损。

5. 相变磨损

刀具材料都有一定的相变温度（如高速钢的相变温度为 550～600℃）。当切削温度超过了相变温度时，刀具材料的金相组织发生转变，硬度显著下降，从而使刀具迅速磨损。

6. 热电磨损

在切削区高温作用下，刀具材料与工件材料形成热电势，当形成闭合回路时将有热电流产生。在热电流的作用下，加快了元素的扩散速率，使刀具磨损加快。

刀具磨损的原因比较复杂，造成刀具磨损的结果是由多种因素综合作用的结果。在不同的刀具材料、工件材料及切削条件下，磨损原因和磨损强度是不同的。但切削速度（切削温度）对刀具磨损有着决定性影响。图 2-31 所示为使用硬质合金刀具切削钢料时，不同切削速度（切削温度）对刀具磨损强度的影响。由图可见，在低速（低温）区以硬质点磨损和黏结磨损为主；在高速（高温）区以扩散磨损和

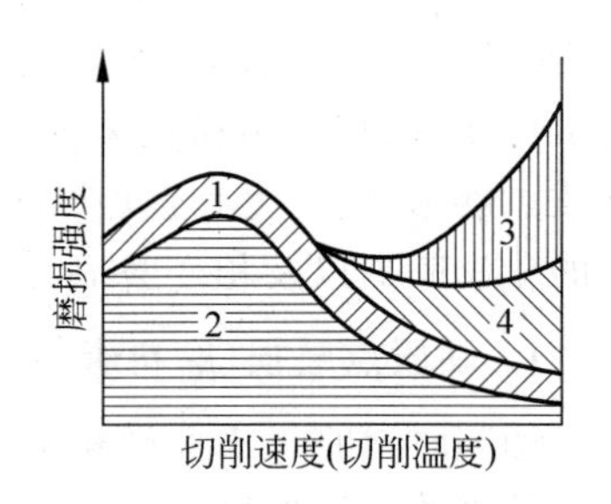

图 2-31 切削速度对刀具磨损强度的影响

1—硬质点磨损；2—黏结磨损；3—扩散磨损；4—化学磨损

化学磨损为主。刀具的磨损是一个复杂的过程，磨损原因之间也会相互作用，如热电磨损促使扩散磨损加剧，扩散磨损又促使黏结、硬质点磨损加剧。

2.4.3　刀具的磨损过程及磨钝标准

1. 刀具磨损过程

在正常条件下，随着刀具切削时间的延续，刀具的磨损量将增加。通过实验得到如图 2-32 所示的刀具主后刀面磨损量 V_B 与切削时间 t 的关系曲线。由图可知，刀具磨损过程可分为以下 3 个阶段。

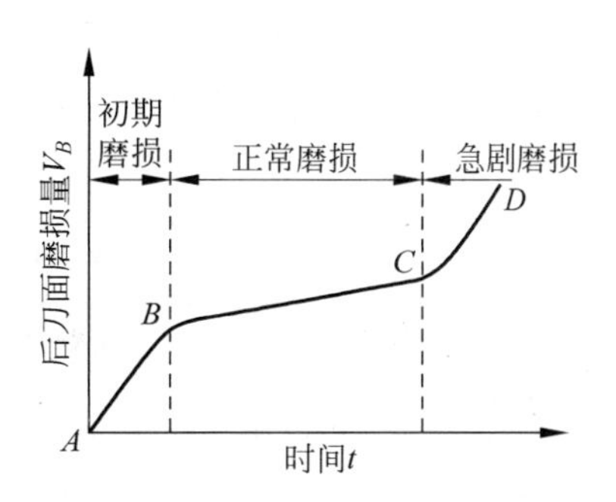

图 2-32　刀具磨损的典型曲线

(1) 初期磨损阶段(*AB* 段)

这一阶段的磨损较快。因为新刃磨的刀具切削刃较锋利，其主后刀面存在着粗糙不平、显微裂纹、氧化及其脱碳层等缺陷，所以主后刀面与加工表面之间为凸峰点接触，实际接触面积很小，压应力较大，导致在极短的时间内 V_B 上升很快。

初期磨损量 V_B 的大小与刀具主后刀面刃磨质量关系较大。经过仔细研磨的刀具，其初期磨损量较小且耐用。初期磨损量 V_B 的值一般为 0.05～0.1mm。

(2) 正常磨损阶段(*BC* 段)

经过初期磨损阶段后，刀具主后刀面的粗糙表面已磨平，主后刀面与工件接触面积增大，压应力减小，磨损量均匀而缓慢地增加，经历的切削时间较长，是刀具工作的有效阶段。这一阶段中，磨损曲线基本上是一条上行的斜线，刀具主后刀面的磨损量随切削时间的延长而近似呈正比例增加。

(3) 急剧磨损阶段(*CD* 段)

刀具经过正常磨损阶段后，切削刃逐渐变钝，当磨损带宽度增加到一定限度后，刀具与工件接触情况恶化，摩擦增加，切削力、切削温度均迅速升高，磨损速度急剧增快，V_B 在较短的时间内增加很快，以致刀具损坏而失去切削能力。

生产中为合理使用刀具，保证加工质量，应当在这个阶段到来之前就及时更换刀具或重新刃磨刀具。

2. 刀具磨钝标准

刀具磨损到一定限度就不能继续使用，必须重磨或更换新刀刃，这个磨损限度称为磨钝标准。一般刀具主后刀面上都有磨损，它对加工质量、切削力和切削温度的影响比前刀面磨损显著，且直观，易于控制和测量。因此，磨钝标准通常指刀具主后刀面上磨损带中间部位平均磨损量 V_B 允许达到的最大值，如图 2-30(a)所示。

对于粗加工和半精加工，为充分利用正常磨损阶段的磨损量，充分发挥刀具的切削性能，充分利用刀具材料，减少换刀次数，使刀具的切削时间达到最大，其磨钝标准较大，一般取正常磨损阶段终点处的磨损量 V_B 作为磨钝标准，该标准称为经济磨损限度。

对于精加工，为了保证零件的加工精度及其表面质量，应根据加工精度和表面质量的要求确定磨钝标准，此时，磨钝标准应取较小值，该标准称为工艺磨损限度。

自动化生产中用的精加工刀具常以沿工件径向的刀具磨损尺度作为衡量刀具的磨钝标准，称为刀具径向磨损量，以 N_B 表示，如图 2-33 所示。

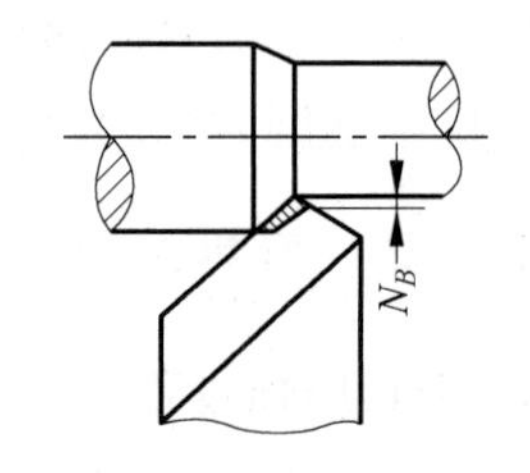

图 2-33 车刀的径向磨损量

制定磨钝标准时，除了考虑加工对象的特点外，还应考虑工艺系统刚性等因素。刀具磨钝标准可从《金属切削手册》等有关资料中查到。

根据生产中的调查资料，硬质合金车刀的磨钝标准推荐值见表 2-5。

表 2-5 硬质合金车刀的磨钝标准推荐值

加工条件	磨钝标准/mm	加工条件	磨钝标准/mm
精车	0.1～0.3	粗车钢件	0.6～0.8
合金钢粗车	0.4～0.5	粗车铸铁件	0.8～1.2
粗车低刚度工件	0.4～0.5	低速粗车钢及铸铁大件	1.0～1.5

2.4.4 刀具耐用度概念及其影响因素

1. 刀具耐用度概念

刃磨后的刀具自开始切削，至磨损量达到磨钝标准为止的实际切削时间称为刀具耐用度，用符号 T 表示，单位为 min。

刀具耐用度是个时间概念，但在某些情况下，也可用切出的工件数目或切削路程 l_m 来表示，l_m 等于切削速度与耐用度的乘积。

这里需要指出刀具耐用度与刀具寿命的概念是不同的。刀具寿命是指一把新刀具从投入切削起，直到刀具报废为止的总的切削时间。通常一把新刀可刃磨多次才报废，因此，刀具寿命应等于刀具耐用度与刃磨次数的乘积。

刀具耐用度是一个表征刀具材料切削性能优劣的综合指标。在相同的切削条件下，刀具耐用度越高，表明刀具材料的耐磨性越好；在比较不同的工件材料的切削加工性时，刀具耐用度也是一个重要的指标，即刀具耐用度越高，表明工件材料的切削加工性越好；同时，刀具耐用度也是衡量刀具几何参数和切削用量选择是否合理的重要指标。

2. 影响刀具耐用度的因素

分析刀具耐用度影响因素的目的在于调整各因素的相互关系，以保持刀具耐用度的合理数值，使切削过程趋于合理。

(1) 切削用量对刀具耐用度的影响

切削用量与刀具耐用度有着密切的关系，因此，刀具耐用度将直接影响机械加工中的生产效率和加工成本。切削用量三要素对切削温度有着不同的影响，在此分别讨论这三要素与刀具耐用度的关系。

① 切削速度 v_c 的影响

工件材料、刀具材料和刀具几何参数选定后，切削速度是影响刀具耐用度的最主要因素。提高切削速度,刀具耐用度就降低,其关系可通过刀具磨损实验求得。与切削力一样,刀具磨损可采用实验方法求得,其数据处理采用图解法。

刀具磨损实验前先选定刀具主后刀面的磨钝标准,按照国际标准 ISO 3685:1993 对车刀耐用度实验的规定:若切削刃磨损均匀,则取 $V_B=0.3\text{mm}$;若切削刃磨损不均匀,则取 $V_{B_{\max}}=0.6\text{mm}$。选定好刀具主后刀面的磨钝标准后,固定其他切削条件,在常用的切削速度范围内,取不同的切削速度 v_1、v_2、v_3、v_4,逐一进行刀具磨损实验,得出在各种切削速度下的刀具磨损曲线,如图 2-34 所示。根据规定的刀具主后刀面的磨钝标准 V_B 求出在各切削速度下所对应的刀具耐用度 T_1、T_2、T_3、T_4,在双对数坐标纸上标出(T_1,v_1)、(T_2,v_2)、(T_3,v_3)、(T_4,v_4)各点。在一定的切削速度范围内,可发现这些点基本上在一条直线上,如图 2-35 所示,该直线的方程为

$$\lg v_c = -m\lg T + \lg A$$

式中:m——该直线的斜率,即 $m=\tan\phi$;

A——当 $T=1\text{min}$(或 1s)时该直线纵坐标上的截距。

m 和 A 均可求出,因此,刀具耐用度 T 和切削速度 v_c 的关系式也可写成

$$v_c T^m = A \quad 或 \quad v_c = \frac{A}{T^m} \tag{2-27}$$

式(2-27)为重要的刀具耐用度公式,又称为泰勒(Taylor)公式,是选择切削速度 v_c 的重要依据。

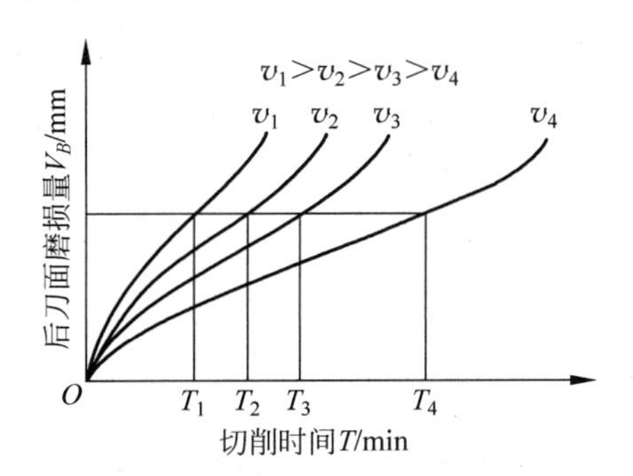

图 2-34　各种速度下的刀具磨损曲线

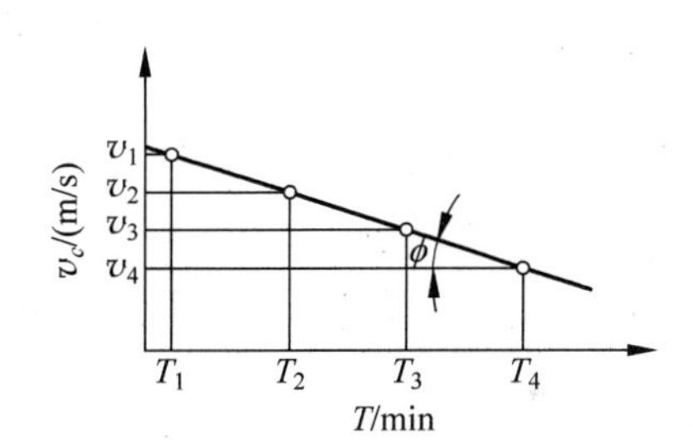

图 2-35　刀具耐用度和切削速度的关系曲线

m 表示切削速度对刀具耐用度的影响指数。耐热性越差的刀具材料,m 值越小,直线的斜率越小,即切削速度 v_c 对刀具耐用度 T 的影响越大。如高速钢刀具的耐热性较差,其 $m=0.1\sim0.125$,而硬质合金刀具 $m=0.2\sim0.3$,陶瓷车刀具 $m=0.4$,可见陶瓷刀具的曲线斜率比硬质合金和高速钢的都大,表示陶瓷刀具的耐热性很高。

② 背吃刀量 a_p 和进给量 f 的影响

按照求刀具耐用度和切削速度关系式的方法,同样可以求得刀具耐用度 T 和进给量 f,以及刀具耐用度 T 和背吃刀量 a_p 的关系式,即

$$fT^n = B \quad 或 \quad f = \frac{B}{T^n} \tag{2-28}$$

$$a_p T^p = C \quad 或 \quad a_p = \frac{C}{T^p} \tag{2-29}$$

式中:B,C——常数;

n,p——分别表示进给量和背吃刀量对刀具耐用度的影响指数，其值越小，影响越大。

由式(2-27)～式(2-29)可得切削用量三要素与刀具耐用度 T 的关系式，即

$$T=\frac{C_T}{v_c^{\frac{1}{m}}f^{\frac{1}{n}}a_p^{\frac{1}{p}}}=\frac{C_T}{v_c^x f^y a_p^z} \tag{2-30}$$

式中：C_T——刀具耐用度系数，与工件材料、刀具材料和切削条件有关，其大小可查阅相关手册。

x,y,z——切削用量对刀具耐用度影响的程度，通常 $x>y>z$。

例如，当用 YT 15硬质合金车刀切削 $\sigma_b=0.63\text{GPa}$ 的碳素钢时($f>0.7\text{mm/r}$)，切削用量三要素的指数分别为 $x=5,y=2.25,z=0.75$。x,y,z 分别表示各切削用量对刀具耐用度的影响程度，则切削用量与刀具耐用度的关系式为

$$T=\frac{C_T}{v_c^5 f^{2.25} a_p^{0.75}} \tag{2-31}$$

或

$$v_c=\frac{C_v}{T^{0.2} f^{0.45} a_p^{0.15}} \tag{2-32}$$

式中：C_v——切削速度系数，与切削条件有关，其大小可查阅相关手册。

由式(2-31)可看出，切削速度 v_c 对刀具耐用度 T 的影响最大，进给量 f 的影响次之，背吃刀量 a_p 的影响最小。这与三者对切削温度 θ 的影响顺序完全一致(见式(2-26))，说明切削温度 θ 对刀具耐用度 T 有着重要的影响。

在保证一定刀具耐用度 T 的条件下，为提高生产效率，减少刀具磨损，应首先选取较大的背吃刀量 a_p，再选取尽可能大的进给量 f，最后按公式计算出切削速度 v_c。

(2) 刀具几何参数对刀具耐用度的影响

刀具几何参数中对刀具耐用度 T 影响较大的是前角 γ_o 和主偏角 κ_γ。

① 前角 γ_o 的影响

前角 γ_o 增大，切削温度降低，刀具耐用度提高；但若前角 γ_o 太大，刀刃强度降低，散热条件变差，刀刃易于破损，刀具耐用度反而下降。因此，前角对刀具耐用度的影响曲线呈驼峰形，对应于峰顶耐用度 T 值存在一个合理前角值，前角取该值时，刀具的耐用度最高，或在一定耐用度下允许的切削速度最高。

② 主偏角 κ_γ 的影响

主偏角 κ_γ 对刀具耐用度的影响是多方面的。主偏角增大，刀尖角减小，散热条件变差，切削温度升高，且由于切削层公称厚度的增大使单位切削刃负荷增大，导致刀具耐用度降低。但是过分减小主偏角 κ_γ 值，由于切深抗力 F_p 的增大可能会引起切削振动而降低刀具耐用度。因此，在不引起切削振动的情况下减小主偏角 κ_γ，对提高刀具耐用度是有利的。

(3) 工件材料对刀具耐用度的影响

工件材料的强度、硬度越高，材料导热系数越小，产生的切削温度越高，刀具磨损越快，刀具耐用度越低。此外，工件材料的成分、组织状态对刀具磨损也有影响，因而影响刀具耐用度。

(4) 刀具材料对刀具耐用度的影响

刀具材料的强度、硬度越高，耐磨性越好，刀具材料的耐热性、导热性越好，刀具耐用

度就越高。合理选用刀具材料，采用涂层刀具材料、陶瓷刀具材料、立方氮化硼(CBN)等新型刀具材料，是改善和提高刀具的切削性能，提高刀具耐用度和提高切削速度的重要途径。

2.4.5　刀具耐用度的合理选择

刀具耐用度 T 并不表征刀具的切削性能，而是根据切削加工要求人为的规定值。因而，刀具耐用度 T 选择的合理与否，直接影响到生产效率、加工成本和经济效益。若耐用度 T 选大值，则势必采用较小的切削用量，使加工零件的切削时间增加，反而降低生产率，使加工成本提高。若耐用度 T 选小值，则可采用较大的切削用量，但加快了刀具的磨损，增加了刀具材料的消耗，使换刀、磨刀及调整刀具等辅助时间增多，同样会使生产效率降低和生产成本增加。因此，切削加工时要根据具体的切削条件选择合适的刀具耐用度 T。在自动线生产中，为协调加工节奏，必须严格规定各刀具的耐用度 T，定时换刀。

根据生产实际情况的需要，刀具耐用度合理值的确定一般从以下 3 方面进行考虑。

1. 最大生产率耐用度 T_P

最大生产率耐用度是从该工序的加工效率最高，即零件的加工时间最短的观点制定的。一个工序所需工时由机动工时、换刀工时和其他辅助工时组成。在不同的刀具耐用度下，机动工时、换刀工时及其他辅助工时有不同的变化规律，经过实验、统计，可找到一个对应于最低工序工时的刀具耐用度，即为最大生产率耐用度 T_P。

2. 最低成本耐用度 T_C

最低成本耐用度是从该工序的生产成本最低，即所消耗的费用最低的观点制定的。一个零件在一道工序中的加工费用由与机动工时有关的费用、与换刀工时有关的费用、与其他辅助工时有关的费用及与刀具消耗有关的费用 4 部分组成。同样，可通过一定的方法寻找到对应于 4 部分组成最低的刀具耐用度，即为最低成本耐用度 T_C。

3. 最大利润耐用度 T_{Pr}

最大利润耐用度是使该工序所获利润最高。因此，最大利润耐用度是以一定时间内企业能获得最大利润为目标来确定的。

一般最大生产率耐用度 T_P 要低于最低成本耐用度 T_C，而最大利润耐用度 T_{Pr} 则位于两者之间。生产中往往采用最低成本耐用度 T_C，任务紧迫或生产中出现不平衡环节时，才采用最大生产率耐用度 T_P。关于最大利润耐用度 T_{Pr}，目前还研究得不够。

4. 刀具耐用度推荐参考数值

刀具耐用度的数值反映了工厂企业的技术水平和管理水平的高低。目前，我国对硬质合金焊接车刀推荐的耐用度值约为 60min，高速钢车刀的耐用度为 30～60min，硬质合金可转位车刀因具有无需刃磨以及换刀时间短的特点，为充分发挥其切削性能，应将刀具耐用度选得低些，一般取耐用度为 15～45min。

对于制造和刃磨较复杂、成本较高的刀具，耐用度应适当选高一些(即降低切削速度，减缓刀具磨损)才符合经济要求。例如，高速钢钻头的耐用度为 80～120min，硬质合金端铣刀耐用度则取 120～180min，而齿轮刀具的耐用度可达 200～300min。

安装和调整费时的刀具，应尽量减少安装、调整次数，即应提高刀具耐用度。如仿形车床和组合钻床用的刀具耐用度为普通机床上同类刀具的200%～400%。加工大型长轴零件时，为避免在切削过程中中途换刀，耐用度应选高一些，或按加工零件数目（走刀次数）来确定。

2.4.6 刀具的破损

刀具破损和磨损一样，也是刀具主要失效形式之一。特别是用硬质合金、陶瓷、超硬刀具材料制成的刀具进行断续切削，或者加工高硬度材料时，刀具的破损就更加严重。刀具破损的形式很多，主要分为脆性破损和塑性破损两类。

1. 刀具的脆性破损

硬质合金和陶瓷刀具，在机械应力和热应力冲击作用下，经常发生以下几种形式的脆性破损。

（1）碎断

在切削刃上的刀具材料发生小块碎裂或大块断裂，使刀具不能继续正常切削，这种破损称为碎断。硬质合金和陶瓷刀具断续切削时常出现碎断现象。

（2）崩刃

在切削刃上产生小的缺口，称为崩刃。一般缺口尺寸与进给量相当或稍大一点时，刀刃还能继续切削，但在继续切削过程中，刃区崩损部分往往会迅速扩大，并导致刀具完全失效。用陶瓷刀具切削或用硬质合金刀具断续切削时，经常会发生崩刃。

（3）裂纹破损

在较长时间连续切削后，切削刃常因疲劳而产生裂纹，最终导致刀具破损，称为裂纹破损。裂纹的种类有因热冲击引起的热裂纹，也有因机械冲击而发生的机械疲劳裂纹。这些裂纹不断扩展合并，到一定程度时就会引起切削刃的碎裂或断裂。

（4）剥落

在刀具前、后刀面上几乎平行于切削刃的方向上剥下一层碎片，称为剥落。碎片经常连切削刃一起剥落，有时也在离切削刃一小段距离处剥落。用陶瓷刀具端铣时常见到这种剥落。

2. 刀具的塑性破损

切削过程中，位于刀具前、后刀面和切屑、工件的接触层上的刀具材料，由于高温和高压的作用发生塑性流动而丧失切削能力，称为刀具的塑性破损。

刀具塑性破损直接与刀具材料和工件材料的硬度比有关。硬度比越高，越不容易发生塑性破损。硬质合金、陶瓷刀具的高温硬度高，一般不容易发生塑性破损。高速钢刀具因其耐热性较差，容易出现塑性破损。

3. 防止刀具破损的措施

（1）选择刀具材料的牌号。对于断续切削刀具，必须选用具有较高冲击韧度、疲劳强度和热疲劳抗力的刀具材料。如铣削专用的硬质合金刀片YTM30，就具有较好的抗破损能力。

（2）选择合理的刀具角度。通过调整前角、主后角、刃倾角和主、副偏角，增加切削刃和刀尖的强度，或者在主切削刃上磨出倒棱，可以有效地防止崩刃。

(3) 选择合适的切削用量。硬质合金较脆，要避免切削速度过低时因切削力过大而崩刃，也要防止切削速度过高时因温度太高而产生热裂纹。

(4) 尽量采用可转位刀片。采用焊接刀具时，要避免因焊接、刃磨不当而产生的各种缺陷。

(5) 要尽可能保证工艺系统有足够的刚度，以减小切削时的振动。

2.5　切削用量的合理选择

选择切削用量就是根据切削条件和加工要求，确定合理的背吃刀量 a_p、进给量 f 和切削速度 v_c。切削用量的选择直接影响切削力、切削功率、切削温度、刀具磨损、加工精度和表面质量以及加工成本等因素。选择时，应在保证加工质量和刀具耐用度的前提下，充分发挥机床潜力和刀具的切削性能，使切削效率最高，加工成本最低。

2.5.1　选择切削用量时考虑的因素及选用原则

1. 制定切削用量时应考虑的因素

切削用量的合理选择对生产率和刀具耐用度有着重要的影响。由前可知，机床的切削效率可以用单位时间内所切除材料的体积 Q_z($\mathrm{mm^3/min}$)表示

$$Q_z = a_p f v_c \tag{2-33}$$

由式(2-33)可知，机床切削效率 Q_z 同切削用量三要素 a_p、f、v_c 均有着线性关系，它们对机床切削效率影响的权重是完全相同的。仅从提高生产率看，切削用量三要素 a_p、f、v_c 中任一要素提高一倍，机床切削效率 Q_z 都能提高一倍，但 v_c 提高一倍与 f 和 a_p 提高一倍对刀具耐用度的影响程度却大不相同，它们不是简单的乘积关系。

由式(2-31)切削用量与刀具耐用度 T 的关系式 $T=C_T/(v_c^5 f^{2.25} a_p^{0.75})$ 可知，在切削用量中，切削速度 v_c 对刀具耐用度 T 的影响最大，进给量 f 的影响次之，背吃刀量 a_p 的影响最小。也就是说，当提高切削速度 v_c 时，刀具耐用度 T 下降的速度，比增大同样倍数的进给量 f 或背吃刀量 a_p 时快得多。由于刀具耐用度 T 迅速下降，势必增加换刀或磨刀的次数，增加辅助时间，从而影响生产率的提高。因此，要保持已确定的合理刀具耐用度 T，提高切削用量中某一参数时，其他一个或两个参数必须按相应的比例减小。可见切削用量三要素 a_p、f、v_c 对生产率和刀具耐用度 T 的影响程度是不同的。所以，在制定切削用量时，使三要素 a_p、f、v_c 获得最佳组合，才能获得最高的生产率。

2. 选择切削用量的原则

由以上分析可知，在保证刀具耐用度 T 一定的条件下，提高背吃刀量 a_p 比提高进给量 f 的生产率高，比提高切削速度 v_c 的生产率更高。根据切削用量对刀具耐用度 T 及生产效率的影响规律，选择切削用量的总体原则是：首先选取尽可能大的背吃刀量 a_p；其次根据加工精度和表面粗糙度值的要求，选取尽可能大的进给量 f；最后在机床功率和刀具强度允许的情况下，选取合理的切削速度 v_c。

不同的加工性质对切削加工的要求是不一样的，因此，在选择切削用量时，考虑的侧重

点也有所不同。对于粗加工，加工质量要求低，要尽可能保证的是较高的金属切除率和必要的刀具耐用度，一般同时选取较大的背吃刀量 a_p 和进给量 f，切削速度 v_c 并不是很高，通常偏低；半精加工、精加工时，首先要保证加工精度和表面质量，同时应兼顾必要的刀具耐用度和生产效率，因而，同时采用较小的背吃刀量 a_p 和进给量 f，而尽可能地选用较高的切削速度 v_c。

2.5.2 合理切削用量的选择方法

1. 背吃刀量 a_p 的选择

通常根据加工性质与加工余量确定背吃刀量 a_p。

粗加工时，一般是在保留半精加工和精加工余量的前提下，尽可能用一次走刀切除该工序全部的加工余量，以使走刀次数最少。在中等功率的车床上，a_p 可达 8～10mm。只有在加工余量太大或一次走刀切削力太大，会产生机床功率不足或刀具强度不够；工艺系统刚性不足或加工余量极不均匀，如加工细长轴和薄壁工件；断续切削，刀具受到很大的冲击而造成打刀等的情况下，为了避免振动才分成两次或多次走刀。多次走刀时，应尽量将第一次走刀的背吃刀量取大些，通常为总加工余量的 2/3～3/4。切削表层有硬皮的铸锻件或切削不锈钢等冷硬较严重的材料时，应尽量使背吃刀量 a_p 超过硬皮或冷硬层厚度，以防刀尖过早磨损或破损。

半精加工时，通常取 $a_p=0.5～2$mm。精加工时背吃刀量不宜过小，若背吃刀量 a_p 太小，因刀具切削刃都有一定的钝圆半径，使切屑形成困难，已加工表面与刃口的挤压、摩擦变形加大，反而会降低加工表面的质量，所以精加工时，通常取 $a_p=0.5～1.5$mm。

2. 进给量 f 的选择

粗加工时，对加工表面质量没有太高要求，这时切削力较大(因为背吃刀量 a_p 较大)，进给量 f 的选择主要受切削力的限制。在刀具、工件刚度与机床走刀机构强度允许的情况下，可选取较大的进给量 f，一般可取 $f=0.4～1.0$mm/r。

半精加工和精加工时，因背吃刀量 a_p 较小，产生的切削力不大，合理进给量 f 的大小主要受表面粗糙度值的限制。当刀具有合理的过渡刃、修光刃且采用较高的切削速度 v_c 时，进给量 f 可适当选小些。但 f 不应选得太小，否则不但生产效率低，而且因切削厚度太薄而切不下切屑，反而影响加工质量，一般可取 $f=0.15～0.3$mm/r。

在生产中，进给量 f 常常根据实际生产经验或通过查表法来选取。粗加工时，根据加工材料、车刀刀杆直径、工件直径及已确定的背吃刀量 a_p，由《切削用量手册》即可查得进给量 f 的取值，表 2-6 列出了用硬质合金车刀粗车外圆及端面的进给量 f 的推荐值。

半精加工和精加工时，需按表面粗糙度值的大小选择进给量 f，此时可参考表 2-7。使用该表时，一般参照下列情况，先预估一个切削速度：如硬质合金车刀，$v_估>50$m/min(在加工表面的表面粗糙度值为 $Ra1.25～2.5\mu$m 时，取 $v_估>100$m/min)；高速钢车刀，$v_估<50$m/min。待实际切削速度 v_c 确定后，若发现 $v_估$ 与 v_c 相差太大，再修正进给量 f。

表 2-6　硬质合金车刀粗车外圆及端面的进给量 f 的推荐值

工件材料	车刀刀杆尺寸/mm×mm	工件直径/mm	背吃刀量 a_p/mm				
			≤3	3～5	5～8	8～12	＞12
			进给量 f/(mm/r)				
碳素结构钢、合金结构钢及耐热钢	16×25	20	0.3～0.4				
		40	0.4～0.5	0.3～0.4			
		60	0.5～0.7	0.4～0.6	0.3～0.5		
		100	0.6～0.9	0.5～0.7	0.5～0.6	0.4～0.5	
		400	0.8～1.2	0.7～1.0	0.6～0.8	0.5～0.6	
	20×30 25×25	20	0.3～0.4				
		40	0.4～0.5	0.3～0.4			
		60	0.6～0.7	0.5～0.7	0.4～0.6		
		100	0.8～1.0	0.7～0.9	0.5～0.7	0.4～0.7	
		400	1.2～1.4	1.0～1.2	0.8～1.0	0.6～0.9	0.4～0.6
铸铁及铜合金	16×25	40	0.4～0.5				
		60	0.6～0.8	0.5～0.8	0.4～0.6		
		100	0.8～1.2	0.7～1.0	0.6～0.8	0.5～0.7	
		400	1.0～1.4	1.0～1.2	0.8～1.0	0.6～0.8	
	20×30 25×25	40	0.4～0.5				
		60	0.6～0.9	0.5～0.7	0.4～0.7		
		100	0.9～1.3	0.8～1.2	0.7～1.0	0.5～0.8	
		400	1.2～1.8	1.2～1.6	1.0～1.3	0.9～1.1	0.7～0.9

注：(1) 加工断续表面及有冲击的工件时，表内进给量应乘系数 k(k=0.75～0.85)；

(2) 在无外皮加工时，表内进给量应乘系数 k(k=1.1)；

(3) 加工耐热钢及其合金时，进给量不大于 1mm/r；

(4) 加工淬硬钢时，进给量应减小。当钢的硬度为 44～56HRC 时，乘系数 0.8；当钢的硬度为 57～62HRC 时，乘系数 0.5。

表 2-7　按表面粗糙度选择进给量 f 的参考值

工件材料	表面粗糙度 Ra/μm	切削速度范围 v_c/(m/s)	刀尖圆弧半径 r_ε/mm		
			0.5	1.0	2.0
			进给量 f/(mm/r)		
铸铁、青铜、铝合金	5～10	不限	0.25～0.40	0.40～0.50	0.50～0.60
	2.5～5		0.15～0.25	0.25～0.40	0.40～0.60
	1.25～2.5		0.10～0.15	0.15～0.20	0.20～0.35
碳钢及合金钢	5～10	＜50	0.30～0.50	0.45～0.60	0.55～0.70
		＞50	0.40～0.55	0.55～0.65	0.65～0.70
	2.5～5	＜50	0.18～0.25	0.25～0.30	0.30～0.40
		＞50	0.25～0.30	0.30～0.35	0.35～0.50
	1.25～2.5	＜50	0.10～0.20	0.11～0.15	0.15～0.22
		50～100	0.11～0.16	0.16～0.25	0.25～0.35
		＞100	0.16～0.20	0.20～0.25	0.25～0.35

3. 切削速度 v_c 的选择

粗加工时，切削速度 v_c 受刀具耐用度和机床功率的限制；精加工时，机床功率足够，切削速度 v_c 主要受刀具耐用度的限制。

(1) 用公式计算切削速度 v_c

根据已经选定的背吃刀量 a_p、进给量 f 及刀耐用度 T，可以用公式计算切削速度 v_c，车削的切削速度计算公式为

$$v_c = \frac{C_v}{T^m a_p^{x_v} f^{y_v}} K_v \tag{2-34}$$

式中：C_v——切削速度系数；

m, x_v, y_v——T, a_p 和 f 的指数；

K_v——切削速度的修正系数(即工件材料、毛坯表面状态、刀具材料、加工方式、主偏角 κ_γ、副偏角 κ'_γ、刀尖圆弧半径 r_ε 及刀杆尺寸对切削速度的修正系数的乘积)。

外圆车削时切削速度公式中的系数和指数，可参考表 2-8。

切削速度确定之后，机床转速(r/min)计算公式为

$$n = 1000 v_c / \pi d_w \tag{2-35}$$

计算出的转速应按机床转速系列最后确定。

表 2-8 外圆车削时切削速度公式中的系数和指数

工件材料	刀具材料	进给量 f/(mm/r)	公式中的系数和指数				
			C_v	x_v	y_v	m	K_v
碳素结构钢 σ_b=0.65GPa	YT15(不用切削液)	≤0.30	291	0.15	0.20	0.20	0.65～0.75
		0.30～0.70	242		0.35		
		>0.70	235		0.45		
	W18Cr4V(不用切削液)	≤0.25	67.2	0.25	0.33	0.125	0.60～0.70
		>0.25	43		0.66		
灰铸铁 190HBS	YG6(不用切削液)	≤0.40	189.8	0.15	0.20	0.20	0.80～0.90
		>0.40	158		0.40		

(2) 用查表法确定切削速度 v_c

切削速度 v_c 还可以用查表法确定。表 2-9 为硬质合金外圆车刀切削速度的参考值，其他加工方式的 v_c 的参考值可参见有关文献。

表 2-9 硬质合金外圆车刀切削速度的参考值 m/min

工件材料	热处理状态或硬度	a_p=0.3～2mm f=0.08～0.3mm/r	a_p=2～6mm f=0.3～0.6mm/r	a_p=6～10mm f=0.6～1mm/r
中碳钢	热轧	130～160	90～110	60～80
	调质	100～130	70～90	50～70
合金结构钢	热轧	100～130	70～90	50～70
	调质	80～110	50～70	40～60
灰铸铁	190HBS 以下	90～120	60～80	50～70
	190～22HBS	80～110	50～70	40～60
铜及铜合金		200～250	120～180	90～120
铝及铝合金		300～600	200～400	150～300

(3) 用经验法确定切削速度 v_c

在实际生产中,往往可根据生产经验来确定切削速度 v_c。

通过以上分析,在选择切削速度时,还应考虑以下几点:

(1) 粗加工的切削速度 v_c 通常选得比精加工的小,这是由于粗加工的背吃刀量 a_p 和进给量 f 比精加工的大。

(2) 刀具材料的切削加工性能越好,切削速度选得就越高。

(3) 精加工时,应尽量避免积屑瘤和鳞刺产生的区域。

(4) 断续切削时,为减小冲击和热应力,宜适当降低切削速度 v_c。

(5) 加工大件、细长件、薄壁件以及带硬皮的工件时,应选用较低的切削速度 v_c。

(6) 工件材料强度、硬度较高时,应选较低的切削速度 v_c,如加工奥氏体不锈钢、钛合金和高温合金等难加工材料时,只能取较低的切削速度 v_c。

2.5.3 提高切削用量的途径

从提高加工生产率来考虑,要尽量提高切削用量。提高切削用量的途径很多,从切削原理这个角度来看,主要包括以下几个方面。

1. 提高刀具耐用度,以提高切削速度

刀具耐用度是限制提高切削用量的主要因素,尤以对切削速度的影响最大。因而,如何提高刀具耐用度,提高切削速度以实现高速切削成为提高切削用量的首要考虑。而新型刀具材料的开发和使用,给这一目的带来了希望。目前,硬质合金刀具的切削速度已达200m/min;陶瓷刀具的切削速度可达500m/min;聚晶金刚石和立方氮化硼(CBN)新型刀具材料,切削普通钢材时切削速度可达900m/min,加工60HRC以上的淬火钢时切削速度在90m/min以上。

2. 进行刀具改革,加大进给量和背吃刀量

由于种种原因,新型刀具材料的广泛使用还有待时日。因此,对刀具本身的几何参数加以改进,从加大进给量和背吃刀量方面予以突破,是提高切削用量的又一途径。强力切削这种高效率的加工方法便是这一途径的成功范例。

3. 改进机床,使其具有足够的刚度

从刀具的因素着手固然是提高切削用量的主要途径,但与此同时,机床的因素也不容忽视。由于切削用量的提高(往往是正常量的几倍或几十倍),切削力也相应增加,因而,机床必须具有高转速、高刚度、大功率和抗振性好等性能。否则,零件的加工质量难以得到保证,切削用量的提高也就失去了意义。

2.6 切削液的合理选用

金属切削过程中的切削温度较高,刀具与工件间的摩擦也较大,若合理选用切削液,可以改善切屑、工件与刀具界面的摩擦状况,改善散热条件,降低切削力、切削温度和减缓刀具磨损,从而提高刀具耐用度,减小工件热变形,提高加工质量和生产率。

2.6.1 切削液的作用

1. 冷却作用

切削液的冷却作用主要靠热传导带走大量的切削热，从而降低切削温度，减少工件热变形，提高刀具耐用度和加工质量，同时降低断续切削时的热应力，防止刀具热裂破损等。在切削速度高，刀具、工件材料导热性差，热膨胀系数较大的情况下，切削液的冷却作用尤其重要。

切削液的冷却性能取决于它的导热系数、比热容、汽化热、汽化速度、流量、流速等。一般水溶液的导热系数、比热容比油大得多，因此，水溶液的冷却性能最好，乳化液次之，油类最差。

2. 润滑作用

金属切削时切屑、工件与刀具之间的摩擦可分为干摩擦、流体润滑摩擦和边界润滑摩擦3类。若不用切削液(即干切削)，则形成金属与金属接触的干摩擦，此时摩擦系数较大。使用切削液后，切屑、工件与刀具之间形成完全的润滑油膜，金属直接接触面积很小或近似为零，这种状态称为流体润滑摩擦。流体润滑时摩擦系数很小。但在很多情况下，由于切屑、工件与刀具之间承受的载荷较大和较大压力，温度也较高，流体油膜大部分被破坏，造成部分金属直接接触，这种状态称为边界润滑摩擦。边界润滑时的摩擦系数大于流体润滑，但小于干摩擦。金属切削中的润滑大部分属于边界润滑摩擦。

切削液的润滑性能与其渗透性有关，而渗透性又取决于切削液表面的张力和黏度。表面的张力和黏度大时，渗透性较差。切削液的润滑性能还同形成吸附膜的牢固程度有关。切削液中的油性添加剂能在接触表面上形成牢固的物理吸附膜，但这种吸附膜只能在低温(200℃以内)起到较好的润滑作用。

3. 清洗和排屑作用

切削液能将切削中产生的细碎切屑和磨粉冲出切削区，以减少刀具磨损，且能防止划伤已加工表面和机床导轨面。切削液的清洗效果与其渗透性、流动性和使用压力有关。

深孔加工时，使用高压切削液，有助于排屑。

4. 防锈作用

为保护工件、机床、夹具、刀具不受周围介质(如空气、水分、酸等)的腐蚀，要求切削液具有一定的防锈作用。

在切削液中加入缓蚀剂，如亚硝酸钠、磷酸三钠和石油磺酸钡等，使金属表面生成保护膜，起到防锈、防蚀作用。

2.6.2 切削液和添加剂的分类及选用

1. 切削液的分类

常用的切削液分为水溶性切削液、油溶性切削液两大类。

(1) 水溶性切削液

水溶性切削液主要有水溶液、乳化液和化学合成液3种，具有良好的冷却、清洗作用。

水溶液主要用于粗加工和普通磨削加工中，根据需要可在水中加入缓蚀剂、清洗剂、油性添加剂等，以增强其性能。

乳化液是由矿物油、乳化剂及其他添加剂与水混合而成的不同浓度的切削液。低浓度乳化液以冷却为主，用于粗加工和普通磨削加工；高浓度乳化液具有良好的润滑作用，可用于精加工和复杂刀具加工。

化学合成液是由水、各种表面活性剂和化学添加剂组成，具有良好的冷却、润滑、清洗和防锈性能。

（2）油溶性切削液

油溶性切削液主要有切削油和极压切削油两种，主要起润滑作用。

切削油有矿物油、动植物油和混合油等，其热稳定性好，资源丰富，价格便宜。

极压切削油是在切削油中加入了硫、氯、磷等极压添加剂的切削液，可显著提高润滑效果和冷却作用。

2. 添加剂的分类

为了改善切削液的性能所加入的化学物质称为添加剂。它可分为油性添加剂、极压添加剂和表面活性剂等。添加剂的加入，对切削液的分类和选用也有影响。

（1）油性添加剂

油性添加剂含有极性分子，能与金属表面形成牢固的吸附膜，主要起润滑作用。但这种吸附膜只能在较低温度下起较好的润滑作用，故多用于低速精加工的情况。油性添加剂有动植物油（如豆油、菜子油和猪油等）、脂肪酸、胺类、酸类及脂类。

（2）极压添加剂

常用的极压添加剂是含硫、磷、氯、碘等元素的有机化合物。这些有机化合物在高温下可与金属表面起化学反应，形成化学润滑膜。因此，极压添加剂比吸附膜耐高温。

用硫可直接配制成硫化切削油，或在矿物油中加入含硫的添加剂，如硫化动植物油、硫化烯烃等，配制成含硫的极压切削油。这种含硫的极压切削油使用时与金属表面化合，形成的硫化铁膜在高温下不易被破坏（切削钢时在1000℃左右仍能保持其润滑性能），但其摩擦系数较大。

含氯的极压添加剂有氯化石蜡（含氯量为40%～50%）、氯化脂肪酸等，它们与金属表面作用生成氯化亚铁、氯化铁、氧化铁薄膜。这些化合物有石墨那样的层状结构，剪切强度和摩擦系数小，但在300～400℃时易被破坏，遇水易分解成氢氧化铁和盐酸，失去润滑作用，同时对金属有腐蚀作用，必须与防锈添加剂一起使用。

含磷的极压添加剂与金属表面作用生成磷酸铁膜，它的摩擦系数较小。

为了得到性能良好的切削液，根据具体要求，往往在一种切削液中加入上述几种极压添加剂。

（3）表面活性剂（乳化剂）

表面活性剂是使矿物油和水乳化，形成稳定的乳化液添加剂。它是一种有机化合物，由极性和非极性基团两部分组成，前者亲水，后者亲油，可以使原本互不相溶的水和油联系起来，形成稳定的乳化液。它除起乳化作用外，还能吸附在金属表面上形成润滑膜，起润滑作用。

常用的表面活性剂有石油磺酸钠、油酸钠皂、聚氯乙烯、脂肪、醇、醚等。

3. 切削液的选用

切削液的种类很多,性能各异,应根据工件材料、刀具材料、加工条件和加工性质合理选择。实际生产中一般根据加工条件和加工性质选用合理的切削液。

(1) 粗加工时切削液的选用

粗加工时切削用量较大,产生大量的切削热,容易导致高速钢刀具迅速磨损。这时宜选用以冷却性能为主的切削液(如 3%～5% 的乳化液),以降低切削温度。

硬质合金刀具耐热性较好,一般不用切削液。若使用切削液,应注意连续、充分地浇注,不可断断续续,以免因冷热不均产生很大热应力,使刀具因热裂而损坏。

(2) 精加工时切削液的选用

精加工时,切削液的主要作用是减小工件表面粗糙度值和提高加工精度,应选用具有良好润滑性能的切削液。

加工一般钢件时,切削液应具有良好的渗透性、润滑性和一定的冷却性。高速钢刀具在中、低速下应选用极压切削油或 10%～12% 极压乳化液。硬质合金刀具精加工时采用的切削液与粗加工时采用的基本相同,但应适当提高其润滑性能。

加工铜、铝及其合金和铸铁时,可选用 10%～12% 的乳化液。但应注意,因硫对铜有腐蚀作用,因此,切削铜及其合金时不能选用含硫的切削液。切削镁合金时,严禁使用乳化液作为切削液,以防燃烧引起事故。

(3) 切削难加工材料时切削液的选用

切削高强度钢、高温合金等难加工材料时,切削力大,切削温度高,摩擦严重,应选用极压切削油或极压乳化液。

(4) 磨削加工中切削液的选用

磨削加工的速度高,温度高,工件易烧伤,同时,产生的大量细屑、砂末会划伤已加工表面。所以,应选用具有良好的冷却、清洗作用的水溶液或普通乳化液。磨削难加工材料时,应选用润滑性能好的极压乳化液或极压切削油。

2.6.3 切削液的使用方法

1. 浇注法

直接将充足大流量的低压切削液浇注在切削区的方法,称为浇注法。这种方法在生产中较常用,但难使切削液直接渗入最高温度区,影响切削液的使用效果。

2. 喷雾法

用压缩空气以 0.3～0.6MPa 的压力通过喷雾装置使切削液雾化,高速喷至切削区的方法,称为喷雾法。高速气流带着雾化成微小液滴的切削液渗透到切削区,在高温下迅速汽化,吸收大量切削热,因此可取得良好的冷却效果。

3. 内冷却法

将切削液通过刀体内部以较高的压力和较大流量喷向切削区,将切屑冲刷出来,同时带走大量的热量的方法,称为内冷却法。采用这种方法可大大提高刀具耐用度、生产效率和加工质量。深孔钻、套料钻等刀具加工时常采用这种冷却方法。

2.7　磨削过程及磨削特征

在机械加工中，磨削是一种使用非常广泛的加工方法。磨削加工的精度高，表面粗糙度值小。随着现代加工技术的发展，磨削除了作为传统的精加工方法，其应用范围已扩大到包括粗加工和毛坯去皮加工等工序。

2.7.1　磨粒特征

砂轮表面上分布着许多磨粒，每个磨粒就相当于一个刀齿。由于磨粒是由机械粉碎方法得到的，其形状极不规则，常见的几种磨粒形状如图 2-36 所示。其主要特征是：

(1) 顶尖角通常为 90°～ 120°，因此，磨削时磨粒基本上以负前角进行切削。

(2) 磨粒的切削刃和前面虽很不规则，但几乎都存在切削刃钝圆半径，多在几到几十微米，磨粒磨损后其值还要大。

(3) 磨粒在砂轮表面除分布不均匀外，位置高低也各不相同。

砂轮如果经过精细修整，其磨粒表面可出现数个微小的切削刃，称之为微刃，如图 2-37 所示。

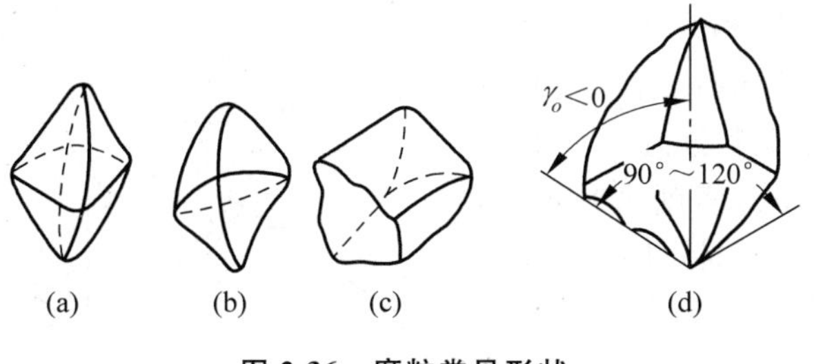

图 2-36　磨粒常见形状

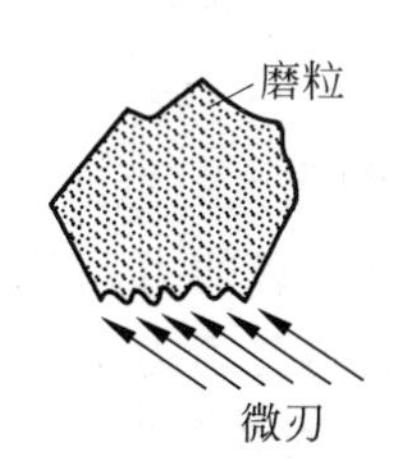

图 2-37　磨粒的微刃

2.7.2　磨屑的形成过程

工件表层金属被砂轮表面凸出锋利的磨粒所切削而形成磨屑，其典型过程如图 2-38 所示。磨屑的形成大致要经历滑擦、刻划(耕犁)和切削 3 个阶段。

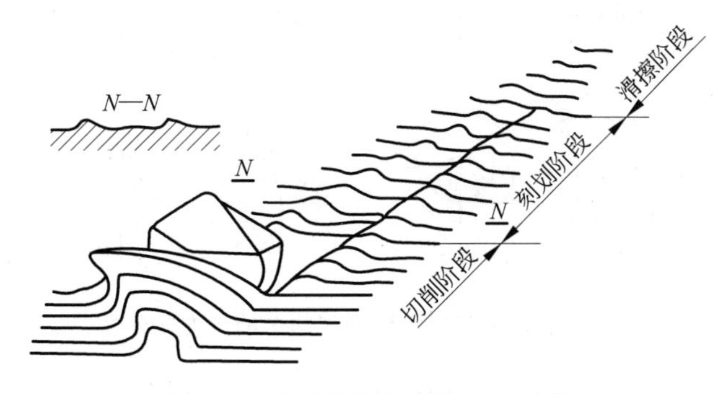

图 2-38　磨粒切削过程的 3 个阶段

在滑擦阶段，磨粒与工件开始接触时的切削厚度很小，由于磨粒存在很大的负前角及刃口钝圆半径，所以不能切下磨屑，只能在工件表面进行滑擦，使工件表面发生弹性变形。

随着磨粒逐步深入工件，它与工件间的压力增大，工件表面变形增大，并逐步由弹性变形转变至塑性变形，使磨粒前方受挤压金属向两边塑性流动，在工件表面刻划出沟槽，沟槽两侧微微隆起，这便是磨粒切入过程的刻划(耕犁)阶段。磨粒的钝圆半径越大，刻划阶段就越长。

随着刻划阶段的继续进行，磨粒切入深度加大，当切削厚度达到某一临界值时，磨粒前方金属被推挤而产生滑移形成磨屑，即为切削阶段。

由于磨粒在砂轮上的分布极不规则，其凸出砂轮表面的高度也不一致，所以，各磨粒在磨削中所起作用便不相同。砂轮上只能有部分磨粒完成整个切削过程的 3 个阶段，切下磨屑。而有些磨粒由于凸出高度较小，只能起到滑擦或刻划作用。所以，磨削过程是包含切削、滑擦、刻划(耕犁)作用的综合过程。

2.7.3 磨削力和磨削用量

1. 磨削力

磨削与其他切削加工一样会产生切削力。磨削力来源于两方面，工件材料产生变形时的抗力和磨粒与工件间的摩擦力。一个砂轮表层有大量的磨粒同时工作，因此总的磨削力相当大。总磨削力可分解为 3 个分力：F_z 为主磨削力(切向磨削力)、F_y 为切深力(径向磨削力)、F_x 为进给力(轴向磨削力)，如图 2-39 所示，同时，几种不同类型磨削加工的 3 个方向的分力如图 2-40 所示。

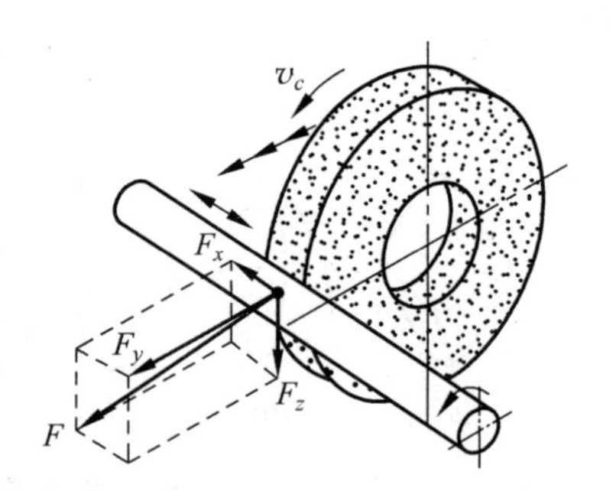

图 2-39 总磨削力及其分解

由于磨粒形状的特殊及磨削过程的复杂，磨削力又不同于其他切削力而有其本身的特征。

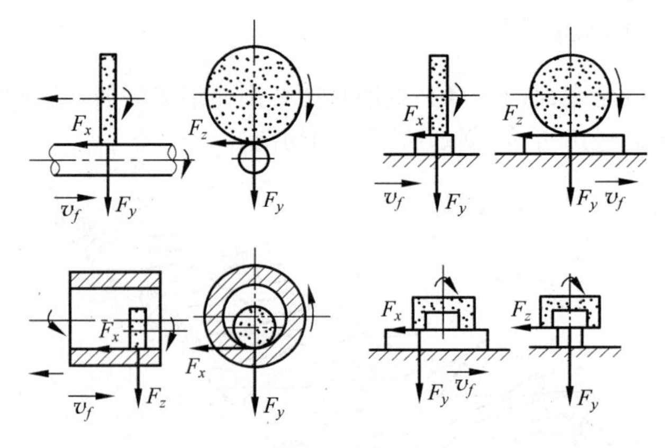

图 2-40 几种不同类型磨削加工的 3 方向分力

(1) 单位磨削力很大。这主要由于磨粒形状的不合理及其随机性所致。一般单位磨削力 $k_c=7\times10^4\sim20\times10^4$ MPa，而其他加工方法的 $k_c\leqslant7\times10^3$ MPa。

(2) 径向分力 F_y 很大。一般切削加工中往往以切向分力 F_z 为最大,而磨削时的径向分力 F_y 远超出切向分力 F_z,F_y 为 F_z 的 2～4 倍。这是由于磨削时背吃刀量小、磨粒负前角大及刃口钝的缘故。径向力虽不耗功,但会使工件产生水平方向的弯曲变形,引起工件振动,直接影响加工精度与表面质量。

(3) 磨削力随不同的磨削阶段而变化。

2. 磨削用量

(1) 砂轮线速度 v_c

砂轮线速度一般比车削速度大 10～15 倍。但 v_c 太高时,可能会产生振动或烧伤工件表面,一般取 $v_c=30\sim35\text{m/s}$。高速磨削时,可用 $v_c=45\sim100\text{m/s}$ 或更高。

(2) 工件速度 v_w

粗磨时,通常取 $v_w=15\sim85\text{m/min}$;精磨时为 $v_w=15\sim50\text{m/min}$。外圆磨时,速度比 $q=v_c/v_w=60\sim150$;内圆磨时,$q=v_c/v_w=40\sim80$。v_w 太低时,工件易烧伤;v_w 太高时,磨床可能会产生振动。

(3) 磨削深度 a_p

粗磨时,可取 $a_p=0.01\sim0.07\text{mm}$;精磨时,可取 $a_p=0.0025\sim0.02\text{mm}$;镜面磨削时,可取 $a_p=0.0005\sim0.0015\text{mm}$。

(4) 砂轮轴向进给量 f_a

砂轮轴向进给量 f_a 是指工件每转沿轴线方向相对于砂轮移动的距离(mm),设砂轮宽度为 b(mm),则粗磨时,取 $f_a=(0.3\sim0.85)b$;精磨时,取 $f_a=(0.1\sim0.3)b$。

2.7.4 磨削阶段

磨削过程中,由于径向分力 F_y 较大,工艺系统将沿工件径向产生弹性变形,使实际磨削背吃刀量 a_p 不同于径向进给量 f,图 2-41 所示为径向进给量与磨削时间的关系。磨削过程可分为以下 3 个阶段。

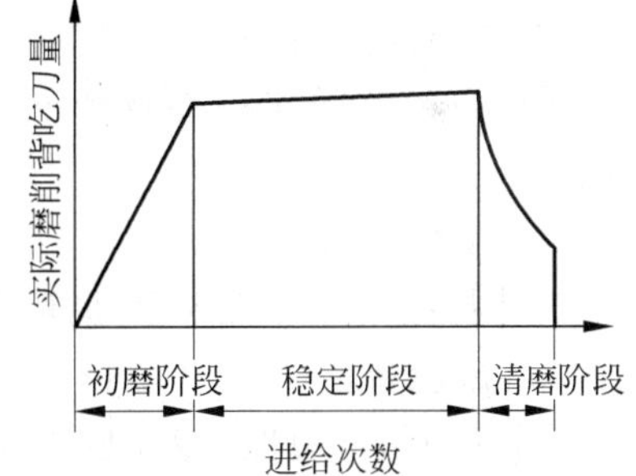

图 2-41　磨削过程的 3 个阶段

(1) 初磨阶段

在最初的几次进给中,砂轮切入工件时产生较大的径向力,会使工艺系统产生弹性变形,实际磨削背吃刀量小于径向进给量。随着进给次数的增加,工艺系统弹性变形的抗力增加,实际磨削背吃刀量也增加而逐渐达到名义进给量值。显然,工艺系统刚度越差,初磨阶段所用时间就越长。

(2) 稳定阶段

这时,系统弹性变形已达到一定程度,且基本保持不变,实际磨削背吃刀量基本等于径向进给量。

(3) 清磨阶段

当磨削余量即将磨完时,机床停止径向进给,径向磨削力逐渐减小,使工艺系统的弹性变形逐渐恢复,实际磨削背吃刀量逐渐减小但仍大于零(仍可看到稀疏的火花)。此阶段可提高磨削精度和减小表面粗糙度值。

由图 2-41 可知，缩短初磨阶段和稳定阶段可提高生产效率，而保持适当清磨(去火花)进给次数和清磨时间可提高表面质量。

2.7.5 磨削热和磨削温度

由于磨削速度很高，加之磨削过程中的刻划、滑擦作用导致的严重挤压、摩擦变形，磨削过程中会产生大量的磨削热。一般切削加工中，切屑可带走大部分的切削热，而对于磨削加工，由于磨屑非常细小，砂轮的导热性较差，加之切削液难以进入磨削区，所以大部分磨削热会传入工件，使工件温度升高，从而影响工件的尺寸、形状精度。

磨削时，由于砂轮速度很高，且切除单位体积金属所消耗的能量也高(为车削时的10～20 倍)，磨削温度很高。在工件与磨粒接触处可出现 1000℃以上的高温，称为磨粒磨削点温度。这种高温作用时间极短，作用区域小，与磨粒磨损和切屑熔着现象有着密切的关系。

一般所说的磨削温度是指砂轮与工件接触面的平均温度。由于磨削时消耗的大量能量在极短时间内转化为热能，所以磨削区温度升高非常迅速。急剧变化的磨削温度不仅可使工件热变形而影响其加工精度，而且与磨削烧伤、磨削裂纹的产生有着密切关系。所以，磨削中的温度升高不容忽视，一般应注入磨削液进行冷却。

影响磨削温度的因素主要有以下几方面。

(1) 砂轮速度 v_c

砂轮速度增大，单位时间内参加切削的磨粒数增多，切削厚度减小，挤压、摩擦作用加剧，磨削温度升高。

(2) 工件速度 v_w

工件速度的增加使金属切除量增加，从而导致发热量增大，磨削温度升高。

(3) 径向进给量 f_r

径向进给量增加将导致磨削中变形力及摩擦力的增大，引起磨削热增加，磨削温度升高。

(4) 工件材料

工件材料的导热性越差，磨削区温度就越高。

(5) 砂轮特性

砂轮越硬，自锐性越差，磨粒与工件的挤压、摩擦就越严重，磨削温度也越高。砂轮的粒度越细，砂轮工作面上磨粒越多，磨削温度就越高。

2.7.6 砂轮磨损与耐用度

砂轮的磨损可分为磨耗磨损和破碎磨损，如图 2-42 所示。另外，砂轮的构成及作用如图 2-43 所示。

砂轮磨耗磨损的特征是磨粒一层层被磨掉，是由磨粒与工件间的摩擦引起的。图 2-42 中 *B-B* 线表示磨粒的破碎，*C-C* 线表示结合剂的破碎，它们都属于砂轮的破碎磨损。

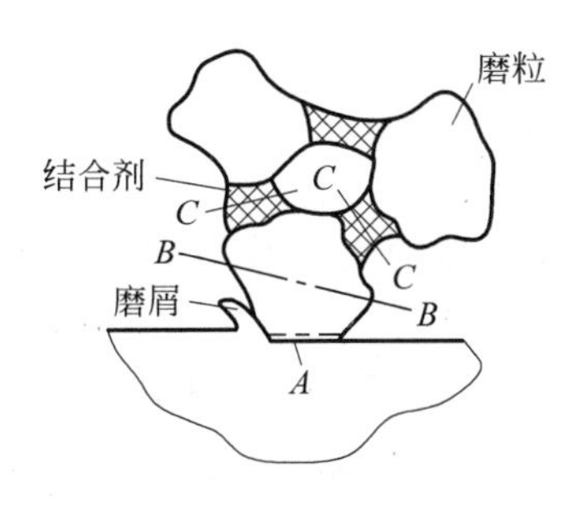

图 2-42　砂轮磨损

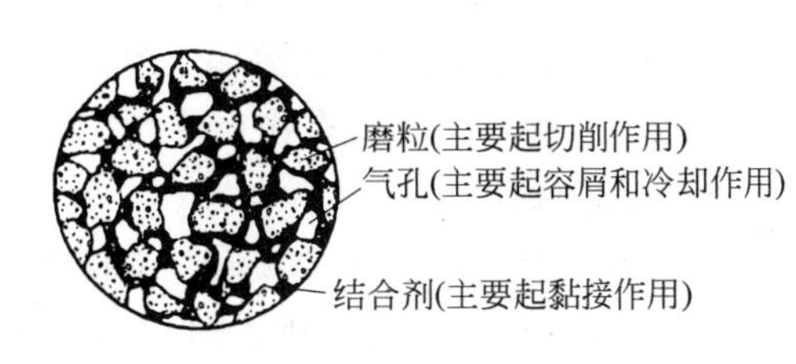

图 2-43　砂轮的构成及作用

破碎磨损的强烈程度取决于磨削力的大小和磨粒或结合剂的强度。相比之下，破碎磨损消耗的砂轮质量要大于磨耗磨损。就软砂轮而言，结合剂的破碎多于磨粒的破碎。从磨损后的影响看，磨耗磨损影响大些，因为磨耗磨损直接影响到砂轮磨损表面的大小及磨削力的大小，而它们又反过来影响破碎磨损，从而影响砂轮耐用度、磨削区温度及工件表面质量。

此外，磨削下来的磨屑嵌入砂轮磨粒的空隙中，使砂轮表面被堵塞，也会使砂轮失去磨削能力。

砂轮磨损后若继续使用就会使磨削效率降低、磨削表面质量下降，并会产生振动和噪声。砂轮磨损后应进行修整，以消除钝化的磨粒和堵塞层，恢复砂轮的切削性能及正确形状。常用的修整工具有：单颗粒金刚石、碳化硅修整轮、电镀人造金刚石滚轮等。其中最常用的是单颗粒金刚石修整工具。

砂轮耐用度用砂轮在两次修整之间的实际磨削时间 T 表示，单位为 s 和 min。它是砂轮磨削性能的重要指标之一，同时还是影响磨削效率和磨削成本的重要因素。砂轮磨损量是最主要的耐用度判断依据。当磨损量大至一定程度时，工件将发生振颤，表面粗糙度值突然增大，或出现表面烧伤现象，但准确判断比较困难。在实际生产中，砂轮耐用度的常用合理数值可参考表 2-10 确定。

表 2-10　砂轮常用合理耐用度的数值　　s

磨削种类	外圆磨	内圆磨	平面磨	成形磨
耐用度 T	1200～2400	600	1500	600

习题与思考题

2-1　切削变形区的划分有哪几个阶段？各有什么特点？

2-2　如何表示切屑变形程度？

2-3　何为剪切角？试指出剪切角公式 $\phi=\frac{\pi}{4}-\beta+\gamma_o$ 中各希腊字母的含义，并分析该公式对切削加工的指导作用。

2-4　积屑瘤是如何产生的？积屑瘤对切削过程有何影响？

2-5　避免产生或减小积屑瘤有哪些措施？

2-6 切屑类型分为哪几种？各在什么条件下产生？

2-7 何为加工硬化？加工硬化对切削加工有什么影响？

2-8 在金属切削过程中，试述加工表面的形成过程。

2-9 刀-屑接触区的摩擦有什么特点？影响前刀面摩擦系数的主要因素有哪些？这些因素如何影响前刀面摩擦系数？

2-10 切削力来源于哪几个方面？为便于测量计算，常将合力 F 分解为哪几个分力？

2-11 背吃刀量 a_p 与进给量 f 对切削力的影响有何不同？为什么？

2-12 试说明刀具几何参数对切削力的影响。

2-13 影响切削热的产生和传导的因素是什么？

2-14 试分析各切削用量(a_p、f、v_c)对切削温度的影响，并比较其差别。

2-15 试分析刀具几何参数对切削温度的影响。

2-16 硬质点磨损、黏结磨损和扩散磨损有何本质区别？它们分别发生在什么情况？

2-17 何为刀具的正常磨损和非正常磨损？各表现为哪些形式？

2-18 何为刀具的磨损过程及磨钝标准？磨钝标准通常怎样确定？

2-19 何为刀具的耐用度？刀具的耐用度的选用原则是什么？

2-20 刀具破损与磨损的原因有何本质区别？刀具破损的形式表现在哪几个方面？

2-21 选择切削用量的原则是什么？试阐述为什么？

2-22 试述粗加工与精加工时如何选择切削用量？两者有何不同？

2-23 提高切削用量的途径和方法有哪些？

2-24 在一定的生产条件下，切削速度是不是越高越有利？刀具的耐用度是否越大越好？为什么？

2-25 常用的切削液分为两大类，其主要作用是什么？

2-26 加入切削液中的添加剂有哪几类？各适用什么场合？

2-27 磨削力来源于哪几方面？总磨削力可分解为哪几个分力？

2-28 磨削过程可分为几个阶段？各阶段有哪些现象？

2-29 砂轮的磨损可分为哪几种形式？其特征是什么？

第3章

金属切削机床及其基本知识

【内容提要】 本章主要介绍了金属切削机床的分类及型号、机床的运动和传动等基本知识，以及车床、磨床、铣床、镗床、钻床等机床的运动分析，车床、磨床的组成、技术参数及传动系统分析，并简要介绍了铣床、镗床、钻床等的分类及其加工对象。

【本章要点】

1. 金属切削机床的分类及型号
2. 机床的运动及其传动形式
3. 机床的运动分析
4. 车床、磨床的组成、技术参数及传动系统分析
5. 铣床、镗床、钻床等的分类

【本章难点】

1. 机床的运动及其传动形式
2. 车床、磨床的组成、技术参数及传动系统分析

金属切削机床是用刀具切削的方法将金属毛坯加工成机械零件的机器。由于机床是制造机器的机器，故也称为“工具机”或“工作母机”。目前，机床的品种非常繁多，达千种以上。在机器制造部门所拥有的技术装备中，机床所占的比重一般在50％～60％以上。在生产中所担负的工作量占制造机器总工作量的40％～60％。所以，机床是加工机械零件的主要设备。机床的技术水平直接影响着机械制造工业的产品质量和劳动生产率。一个国家的机床工业的发展水平在很大程度上标志着这个国家的工业生产能力和科学技术水平。

3.1 金属切削机床的基本知识

3.1.1 机床分类及型号

1. 金属切削机床的分类

金属切削机床的分类主要有以下6种分类方法：

(1) 按机床的加工性质和特点分类可分为11大类，即车床、钻床、镗床、铣床、刨插床、拉床、磨床、齿轮加工机床、螺纹加工机床、锯床和其他机床。

(2) 按机床的使用范围(通用程度)分类可分为通用(普通)机床、专用机床和专门化机床。

(3) 按机床的精度分类可分为普通精度机床、精密机床和高精度机床。

(4) 按机床的重量和尺寸分类可分为仪表机床、中型机床、大型机床、重型机床。

(5) 按机床的自动化程度分类可分为手动与机动机床、半自动与自动机床。

(6) 按机床主要工作部件的数量分类可分为单轴与多轴机床、单刀与多刀机床。

2. 通用机床的型号编制

机床型号是赋予每种机床一个代号,用以简明地表示机床的类型、主要规格及有关特征等。从1957年开始我国就对机床型号的编制方法作了规定。随着机床工业的不断发展,至今已经修订了数次,目前是按1994年颁布的标准《金属切削机床型号编制方法》(GB/T 15375—1994)执行,适用于各类通用、专门化及专用机床,不包括组合机床在内。此标准规定,机床型号采用汉语拼音字母和阿拉伯数字按一定的规律组合而成。

通用机床型号用下列方式表示:

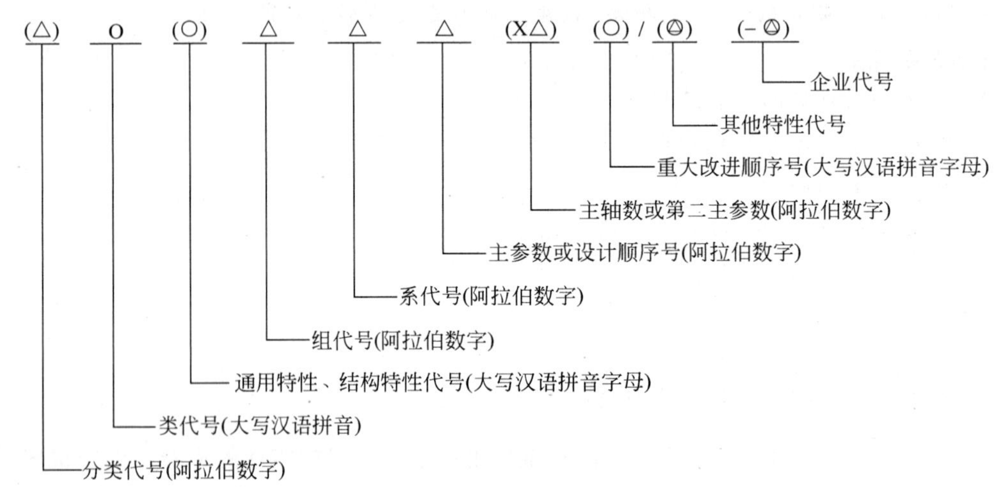

(1) 类别代号

用大写汉语拼音字母表示,位于型号的首位,表示各类机床的名称。各类机床代号见表3-1,其中2M表示珩磨机、研磨机、抛光机等,3M表示轴承滚道磨床、叶片磨床、专业化磨床。

表3-1 机床类别和类代号

类别	车床	钻床	镗床	磨床			齿轮加工机床	螺纹加工机床	铣床	刨插床	拉床	锯床	其他机床
代号	C	Z	T	M	2M	3M	Y	S	X	B	L	G	Q
读音	车	钻	镗	磨	二磨	三磨	牙	丝	铣	刨	拉	割	其

(2) 特性代号

用大写汉语拼音字母表示,位于类别代号之后。特性代号分为通用特性代号、结构特性代号。

① 通用特性代号

当某类机床除有普通型号外，还具有某些通用特性时，可用表 3-2 所列通用特性代号表示。例如，CK 表示数控机床；MBG 表示半自动高精度磨床。

表 3-2　机床通用特性代号

通用特性	高精度	精密	自动	半自动	数控	加工中心（自动换刀）	仿形	轻型	加重型	简式或经济型	柔性加工单元	数显	高速
代号	G	M	Z	B	K	H	F	Q	C	J	R	X	S
读音	高	密	自	半	控	换	仿	轻	重	简	柔	显	速

② 结构特性代号

为区别主参数相同而结构不同的机床，在型号中用结构特性代号表示。结构特性代号也用拼音字母大写，但无统一规定。注意不要使用通用特性的代号来表示结构特性。例如，可用 A，D，E，…代号。如 CA6140 型卧式车床中的 A，即表示在结构上区别于 C6140 型卧式车床。

(3) 组别、系别代号

用两位阿拉伯数字表示某类机床的具体产品名称，位于类别代号或特性代号之后。每类机床按其结构性能及使用范围划分若干个系，同一系机床的基本结构和布局形式相同。

(4) 主参数或设计顺序号

用阿拉伯数字表示。机床主参数代表机床规格的大小，用折算值表示。当无法用一个主参数表示时，则可以加用设计顺序号表示。设计顺序号以 01，02，03，…依次选用。

(5) 主轴数或第二主参数

用阿拉伯数字表示。机床的第二主参数为主轴数、最大跨距、最大工件长度、工作台工作面长度。也用折算值表示。

(6) 重大改进顺序号

用大写汉语拼音字母表示。当机床的性能和结构有重大改进时，以 A，B，C，…依次选用。

(7) 其他特性代号

用大写汉语拼音字母或阿拉伯数字表示。主要用来反映各类机床的特性。如，对于数控机床，可以用来反映不同控制系统。

(8) 企业代号

用大写汉语拼音字母和阿拉伯数字表示。主要包括机床生产厂代号或机床研究单位代号。

3.1.2　机床运动

机床运动包括表面成形运动和辅助运动。表面成形运动包括主运动和进给运动，辅助运动包括切入运动、空行程运动、分度运动、操作与控制运动等。工件在被切削加工过程中，通过机床的传动系统，使机床上的工件和刀具按一定规律作相对运动，从而切削出所需要的表面形状。零件表面是由若干个表面元素组成的，这些表面元素是：平面、直线、成形表面、圆柱面、圆锥面、球面、圆环面、各种成形表面（齿形面、螺旋面）等，如图 3-1 所示。

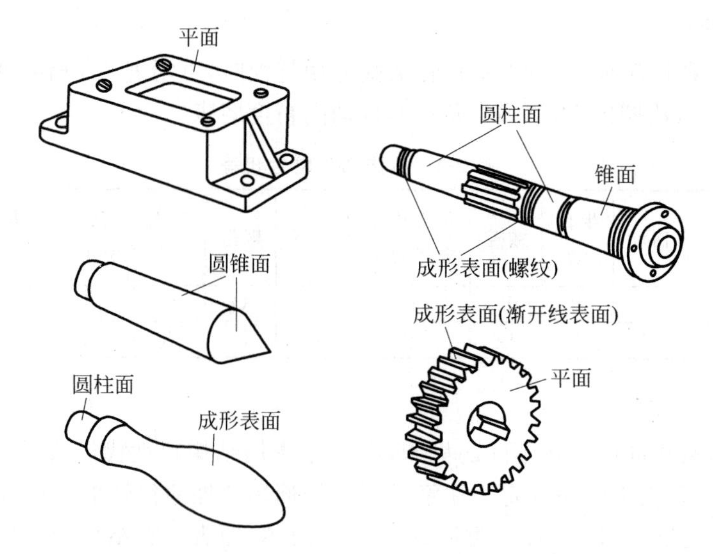

图 3-1 机器零件上常用的各种典型表面

从几何观点来看,任何表面都可以看作是一条线(母线)沿另一条线(导线)运动而形成的。如一条直线 1 沿着另一条直线 2 运动形成了平面;一条直线 1 沿着一个圆 2 的运动则形成了圆柱面,如图 3-2 所示。这两条线分别被称为母线与导线,统称为发生线。母线和导线的运动轨迹形成了工件表面,因此分析工件加工表面的形成方法关键在于分析发生线的形成方法。

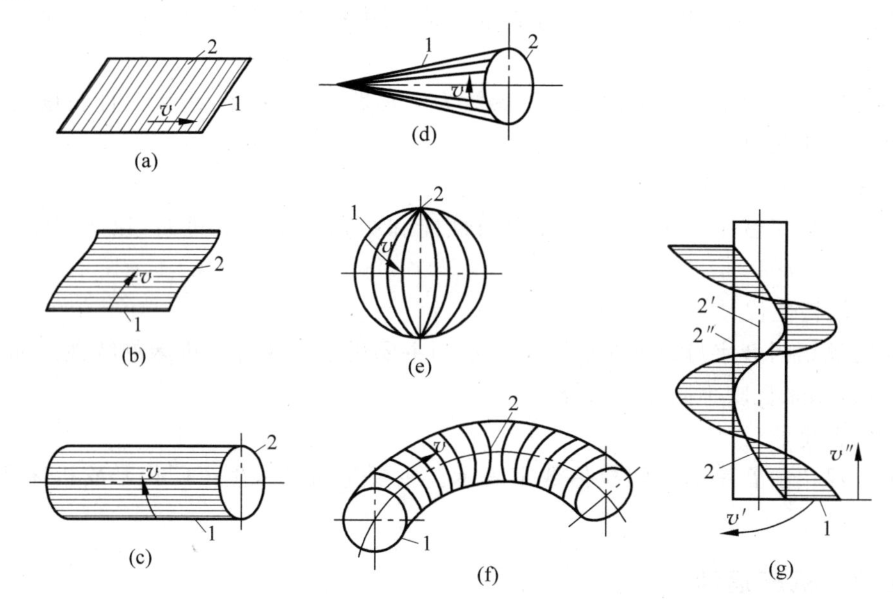

图 3-2 组成工件轮廓的几种几何表面

1—母线;2—导线

1. 切削刃的形状与发生线的关系

发生线的形成是由刀具的切削刃和工件的相对运动得到的。因此,机床在切削加工时,刀刃和工件相接触部分的形状和工件表面成形有着密切的关系。所谓切削刃的形状是指刀刃和工件相接触部分的形状。切削加工时,切削刃和工件接触的形状是一个切削点或一条切削线。根据刀刃形状和需要成形的发生线的关系可分为 3 种形式:刀刃的形状为一切削点(见图 3-3(a));刀刃的形状为一切削线,且与需要成形的发生线的形状完全吻合(见图 3-3(b));刀刃的形状为一条切削线,且与需要成形的发生线的形状不吻合(见图 3-3(c))。

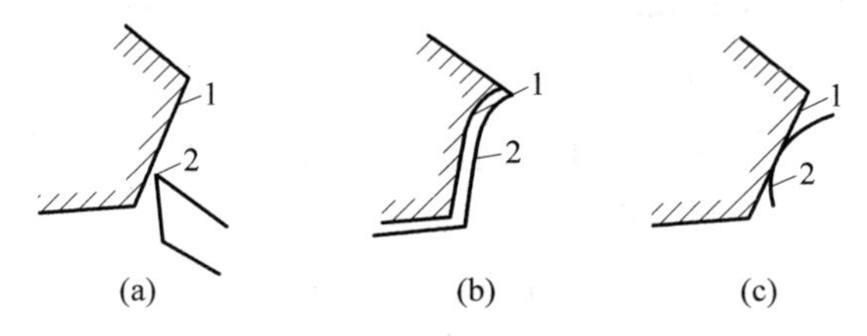

图 3-3　切削刃的形状与发生线的关系

1—工件材料;2—刀刃

2. 发生线的形成方法

发生线是由刀具的切削刃与工件间的相对运动得到的。由于使用的刀具切削刃形状和采取的加工方法不同,形成发生线的方法归纳为 4 种。为获得所需的工件表面形状,必须使刀具和工件按这 4 种方法之一来完成一定的运动,这种运动称为表面成形运动。

(1) 轨迹法

轨迹法是利用刀具作一定规律的轨迹运动对工件进行加工的方法,如图 3-4 所示。其刀刃 1 的形状为一切削点,它按一定规律作直线或曲线运动,从而形成所需的发生线 2。采用轨迹法形成发生线需要一个成形运动。

(2) 成形法

成形法是利用成形刀具对工件进行加工的方法,如图 3-5 所示。刀刃 1 为一切削线,它的形状和长短与需要形成的发生线 2 完全重合。因此,采用成形法形成发生线不需成形运动。

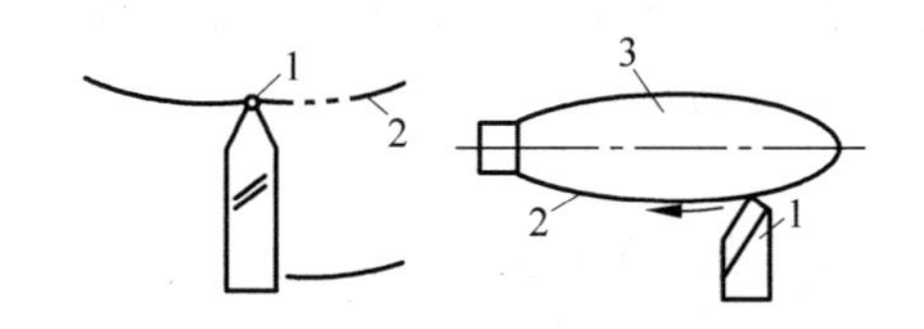

图 3-4　按轨迹法加工形成的表面

1—切削刃;2—发生线(母线);3—工件

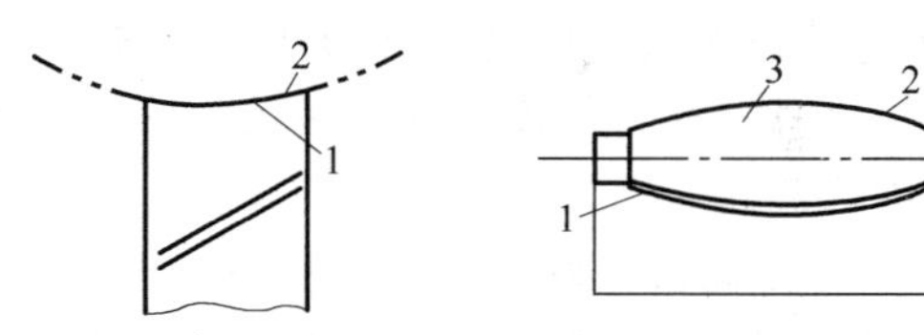

图 3-5　按成形法加工形成的表面

1—切削刃;2—发生线(母线);3—工件

(3) 相切法

相切法是利用刀具边旋转边作轨迹运动来对工件进行加工的方法,如图 3-6 所示。刀具 1 作旋转运动,刀具中心按一定规律作直线或曲线运动,切削点的运动轨迹与工件相切,形成了发生线 2。用相切法得到发生线需要 2 个成形运动,即刀具的旋转运动和刀具中心按一定规律的运动。

(4) 展成法(范成法)

展成法是利用刀具和工件作展成切削运动的加工方法,如图 3-7 所示。刀具切削刃 1 为一切削线,它与需要形成的发生线 2 的形状不吻合。切削线与发生线彼此作无滑动的纯

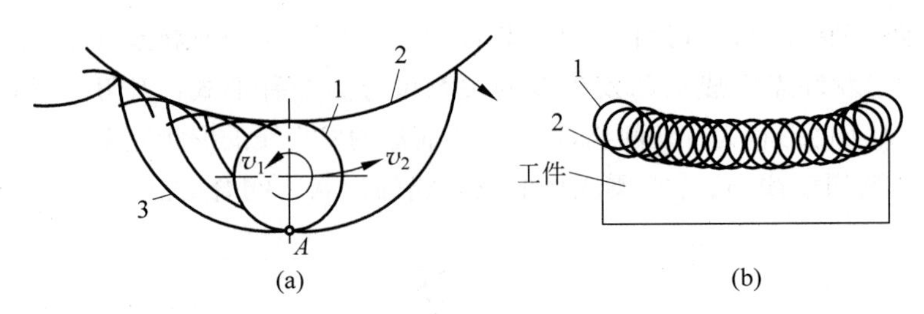

图 3-6 按相切法加工形成的表面

1—切削刃；2—发生线；3—运动轨迹

滚动。发生线 2 就是切削线在切削过程中连续位置的包络线。切削刃 1(刀具)和发生线 2(工件)共同完成复合的纯滚动，这种运动称为展成运动。因此，采用展成法形成发生线需要一个成形运动。

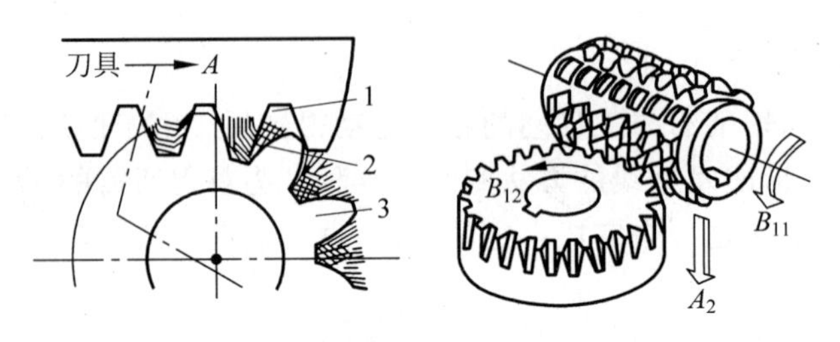

图 3-7 按展成法加工形成的表面

1—刀具；2—发生线；3—齿坯

3.1.3 机床传动

1. 传动链

将执行件和动力源，或执行件和执行件之间联接起来的一系列传动件称为传动链。传动链是运动传递经过的每个传动件的集合，如皮带轮、皮带、传动轴、轴承、齿轮副、联轴器、丝杆副、导轨副等。按传动链传递运动的性质分为外联系传动链(外传动链)和内联系传动链(内传动链)。

(1) 外传动链是联系动力源和执行件之间的传动链，具有以下特点：

① 执行件得到运动，能改变运动速度和方向；

② 不要求动力源和执行件之间有严格的传动比关系。

(2) 内传动链是联系复合运动之间的各个分解部分，具有以下特点：

① 执行件相互之间的相对速度(及相对位移量)有严格的要求；

② 传动副的传动比必须准确不变；

③ 无摩擦传动或瞬时变化的传动比。

因为内联系传动链传递的运动是复合运动，要保证零件表面成形的形状精度，两端执行件之间有严格的传动比要求，因此，内联系传动链中不允许有摩擦副传动，并对传动链有传动精度要求。

2. 传动原理图

拟定或分析机床的传动原理时，常用传动原理图。传动原理图只用简单的符号来表达各执行件、运动源之间的传动联系，并不表达实际传动机构的种类和数量，如图 3-8 所示。因此，为了表达机床上的成形运动及其传动联系和运动关系，用图 3-8 所示的一些简明符号把机床运动的动力源、传动装置和执行元件之间的传动联系和传动原理表示出来的示意图称为机床传动原理图。图 3-9 所示为车床的传动原理图，图中电动机、工件、刀具、丝杠螺母等均以简单的符号表示，1～4 及 4～7 分别代表电动机至主轴、主轴至丝杠的传动链。传动链中传动比不变的定比传动部分以虚线表示，如 1～2、3～4、4～5、6～7 之间均代表定比传动机构。2～3 及 5～6 之间的符号表示传动比可以改变的机构，即换置机构，其传动比分别为 u_v 和 u_x。

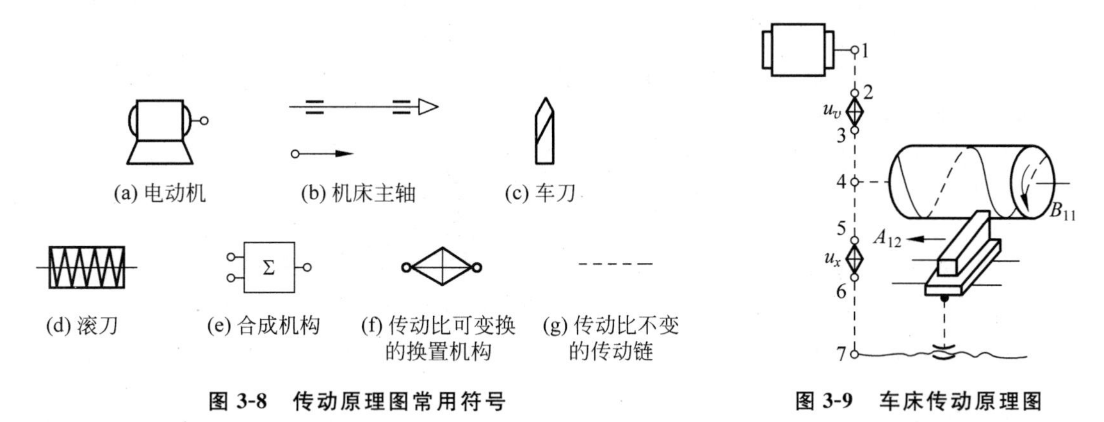

图 3-8　传动原理图常用符号　　图 3-9　车床传动原理图

3. 转速图

设有一中型卧式车床，其主运动传动系统图如图 3-10(a)所示，图 3-10(b)是它的转速图。转速图是由一些互相平行和垂直的格线组成。其中，距离相等的一组竖线代表各轴，轴号写在上面，从左向右依次标注电动机、Ⅰ、Ⅱ、Ⅲ、Ⅳ等，分别表示电动机轴、Ⅰ轴、Ⅱ轴、Ⅲ轴、Ⅳ轴，Ⅳ轴即为主轴。竖线间的距离不代表各轴间的实际中心距。

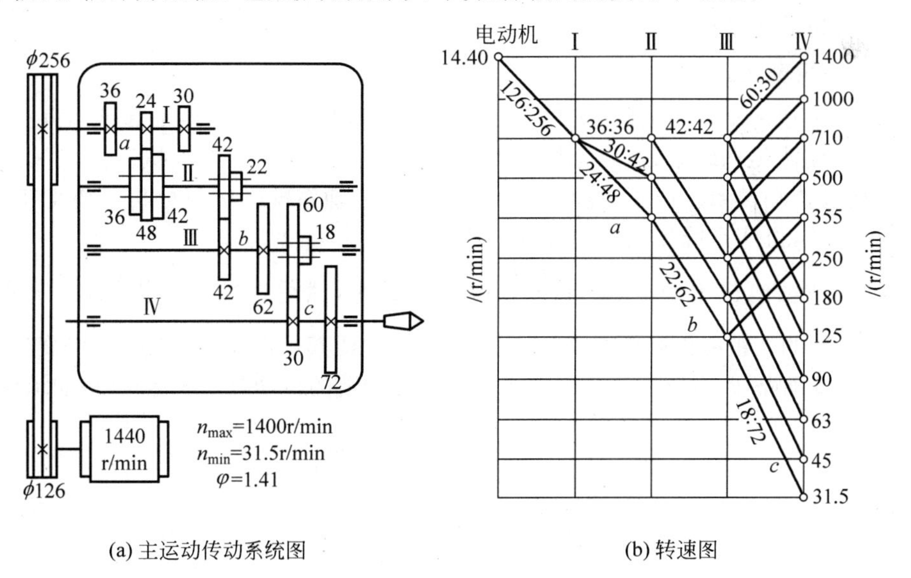

(a) 主运动传动系统图　　(b) 转速图

图 3-10　卧式车床主运动传动系统图和转速图

距离相等的一组水平线代表各级转速，与各竖线的交点代表各轴的转速。由于分级变速机构的转速是按等比级数排列的，如竖线是对数坐标，相邻水平线的距离是相等的，表示的转速之比是等比级数的公比 φ，本例 $\varphi=1.41$。转速图中的小圆圈表示该轴具有的转速，称为转速点。如在Ⅳ轴(主轴)上有12个小圆圈，即12个转速点，表示主轴具有12级转速，从31.5～1400r/min，相邻转速的比是 φ。

传动轴格线间转速点的连线称为传动线，表示两轴间一对传动副的传动比 u，用主动齿轮与从动齿轮的齿数比或主动带轮与从动带轮的轮径比表示。传动比 u 与速比 i 互为倒数关系，即 $u=1/i$。若传动线是水平的，表示等速传动，传动比 $u=1$；若传动线向右下方倾斜，表示降速传动，传动比 $u<1$；若传动线向右上方倾斜，表示升速传动，传动比 $u>1$。

本例的传动方式如下所述：

(1) 电动机轴与Ⅰ轴之间为皮带定比传动，其传动比为：$u=126/256\approx1/2\approx1/1.41^2=1/\varphi^2$，是降速传动，传动线向右下方倾斜两格。

Ⅰ轴的转速为：$n_1=1440\times126/256=710$r/min。

(2) 轴Ⅰ—Ⅱ间的变速组 a 有3个传动副，其传动比分别为 $u_{a1}=36/36=1/1=1/\varphi^0$，$u_{a2}=30/42=1/1.41=1/\varphi^1$，$u_{a3}=24/48=1/2=1/\varphi^2$。

则在转速图上，轴Ⅰ—Ⅱ之间有3条传动线，分别为水平、向右下方降一格、向右方下降两格。

(3) 轴Ⅱ—Ⅲ轴间的变速组 b 有2个传动副，其传动比分别为 $u_{b1}=42/42=1/1=1/\varphi^0$，$u_{b2}=22/62=1/2.82=1/\varphi^3$。

则在转速图上，Ⅱ轴的每一转速都有2条传动线与Ⅲ轴相连，分别为水平和向右下方降三格。

由于Ⅱ轴有3种转速，每种转速都通过2条线与Ⅲ轴相连，故Ⅲ轴共得到 $3\times2=6$ 种转速。连线中的平行线代表同一传动比。

(4) Ⅲ—Ⅳ轴之间的变速组 c 也有2个传动副，其传动比分别为 $u_{c1}=60/30=2/1=\varphi^2/1$，$u_{c2}=18/72=1/4=1/\varphi^4$。

则在转速图上，Ⅲ轴上的每一级转速都有2条传动线与Ⅳ轴相连，分别为向右上方升两格和向右下方降四格。

Ⅳ轴的转速共为 $3\times2\times2=12$ 级。

4. 传动路线表达式

在阅读主运动传动系统图时，首先要了解该传动所具有的执行件及其运动方式，以及执行件之间是否保持传动联系，然后分析从运动源至执行件或执行件至执行件之间的传动顺序、传动结构及传动关系。以下对图3-10(a)所示的传动系统图进行分析。传动工作时，主轴旋转作主运动，机床系统传动由主传动链完成。

主运动由主动电机驱动，经带轮 $\dfrac{\phi126}{\phi256}$ 使轴Ⅰ旋转，然后经轴Ⅰ—Ⅱ、轴Ⅱ—Ⅲ以及轴Ⅲ—Ⅳ(主轴)间的3组滑移齿轮变速组传动至主轴，并使其获得 $3\times2\times2=12$ 级变速。因此，将各种可能的传动路线全部列出来，就得出主运动传动链的传动路线表达式(传动结构式)：

$$\text{电动机(1440r/min)}-\frac{\phi126}{\phi256}-\text{Ⅰ}-\begin{bmatrix}\dfrac{36}{36}\\ \dfrac{24}{48}\\ \dfrac{30}{42}\end{bmatrix}-\text{Ⅱ}-\begin{bmatrix}\dfrac{42}{42}\\ \dfrac{22}{62}\end{bmatrix}-\text{Ⅲ}-\begin{bmatrix}\dfrac{60}{30}\\ \dfrac{18}{72}\end{bmatrix}-\text{Ⅳ(主轴)}$$

5. 传动系统图

机床主运动传动系统图(简称机床传动系统图)如图 3-10(a)所示,是表示机床全部或部分运动传动关系的示意图。图中各种传动元件用规定的符号(见表 3-3)绘制,传动件按运动传递顺序尽可能画在系统外形的平面轮廓内,只表示运动传递关系,不代表传动件的实际尺寸和空间位置。

机床主运动传动系统图既可以用来分析现有机床,又可表达机床或其他传动装置的传动设计方案;既可表示机床全部运动的传动系统,又可表示机床的一个或几个部分运动的传动系统。

表 3-3　传动系统图中的常用简图符号

名　称		简图符号	名　称		简图符号
轴			带传动	平带传动	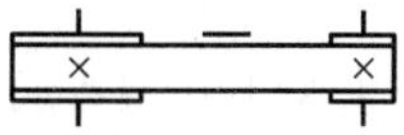
轴承	滑动轴承	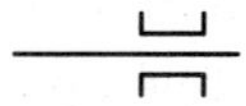	带传动	V 带传动	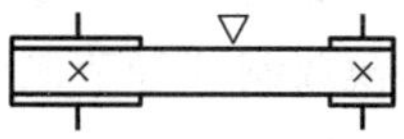
轴承	滚动轴承	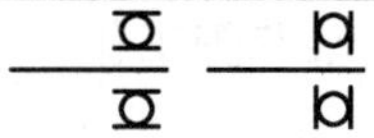	圆柱齿轮传动		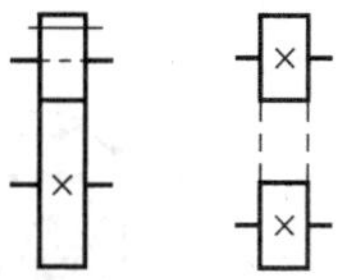
齿轮与轴连接	活动连接(空套)	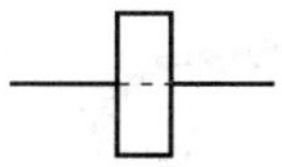	蜗杆蜗轮传动		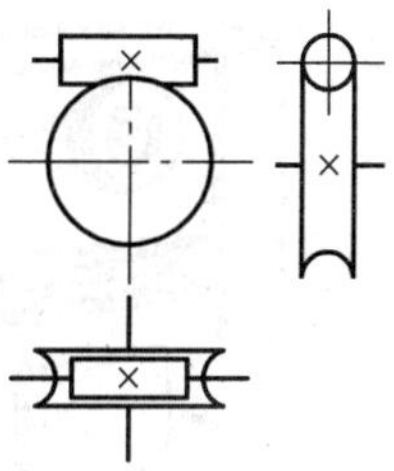
齿轮与轴连接	导键连接(可相对滑动)	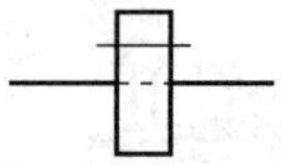	圆锥齿轮传动		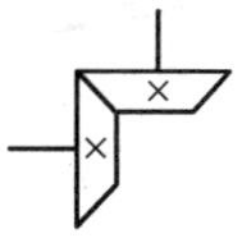
齿轮与轴连接	花键连接	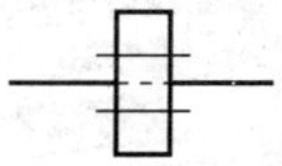	离合器	啮合式离合器(单向式)	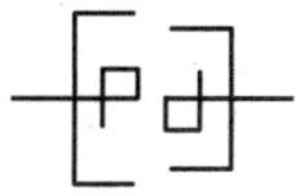
齿轮与轴连接	固定键连接	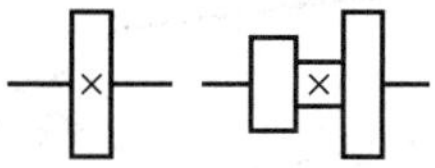	离合器	摩擦片离合器(单向式)	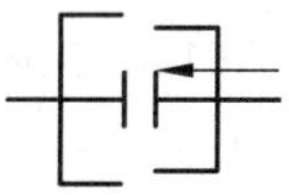
齿条传动		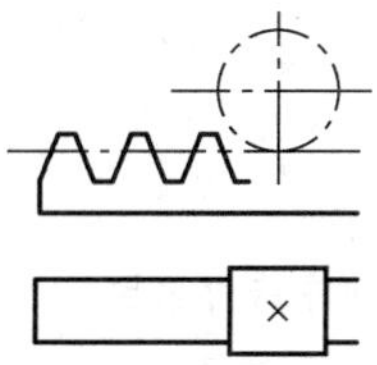	离合器	锥形摩擦离合器(单向式)	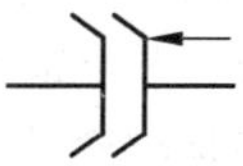
丝杠螺母传动	开合螺母				
丝杠螺母传动	整体螺母				

6. 运动平衡式

为表达传动系统中两末端件(动力源和执行件)计算转速之间的数值关系,常将传动路线中各传动副的传动比连乘,组成一个等式,称为运动平衡式。如图 3-10(a)所示的主运动传动链在图示的啮合位置时的运动平衡式为

$$1440\text{r/min}\times\frac{126}{256}\times\frac{24}{48}\times\frac{42}{42}\times\frac{60}{30}=710\text{r/min}$$

3.2 车床

3.2.1 CA6140型卧式车床的组成和主要技术参数

CA6140型普通车床是普通精度级的万能机床,如图 3-11 所示。它适用于加工各种轴类、套筒类和盘类零件上的内、外回转表面,以及车削端面,它还能加工各种常用的公制、英制、模数制和径节制螺纹,以及作钻孔、扩孔、铰孔、滚花等工作。

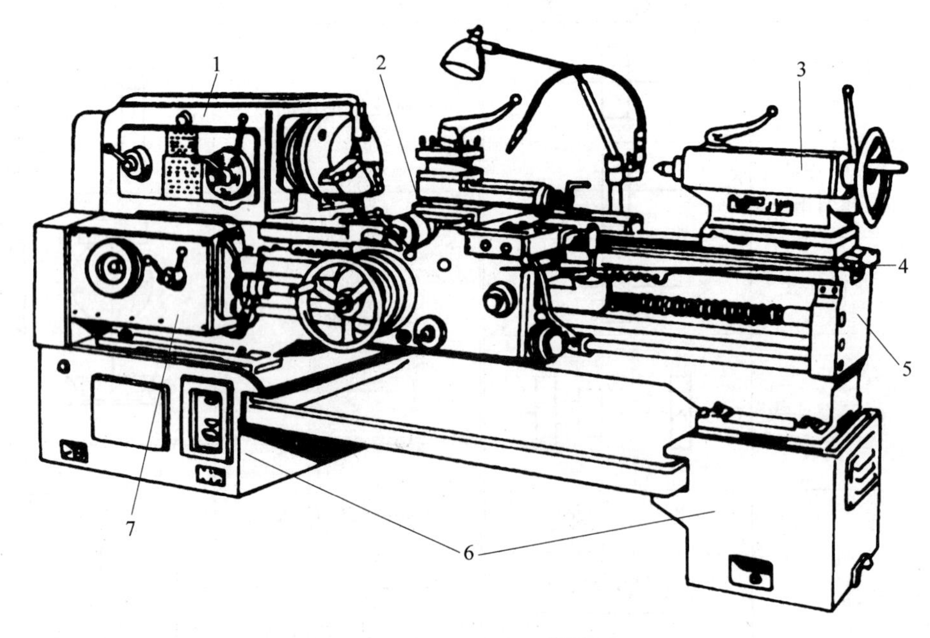

图 3-11 CA6140型普通车床外形图

1—主轴箱;2—刀架;3—尾架;4—溜板箱;5—床身;6—床腿;7—进给箱

CA6140型卧式车床的组成如下所述。

(1) 主轴箱1,它固定在床身的左端。在主轴箱中装有主轴,以及使主轴变速和变向的传动齿轮。通过卡盘等夹具装夹工件,使主轴带动工件按需要的转速旋转,以实现主运动。

(2) 进给箱7,它固定在床身的左前侧。进给箱中有进给运动的变速装置及操纵机构,其功能是改变被加工螺纹的螺距或机动进给时的进给量。

(3) 溜板箱4,它位于床身前侧和刀架部件相连接。它的功能是把进给箱的运动传递给刀架,使刀架实现纵向进给、横向进给、快速移动或车螺纹。在溜板箱上还装有操纵手柄和

按钮，以使操作者方便地操纵机床。

（4）刀架 2，它装在床身的刀架导轨上，并可沿刀架导轨作纵向移动。刀架部件由床鞍（大拖板）、横拖板、小拖板和四方刀架等组成。刀架部件是用于装、夹车刀，并使车刀作纵向、横向或斜向的运动。

（5）尾架 3，它装在床身的右端，可沿尾架导轨作纵向位置的调整。尾架的功能是用后顶尖支承工件；还可安装钻头、铰刀等孔加工刀具，以进行孔加工。尾架也可作适当调整，以实现加工长锥形的工件。

（6）床身 5，它固定在左右床腿上。床身是车床的基本支承件，是机床各部件的安装基准，使机床各部件在工作过程中保持准确的相对位置。

CA6140 型普通车床的主要技术性能见表 3-4。

表 3-4　CA6140 型普通车床的主要技术性能

床身上最大工件回转直径/mm		400	
最大工件长度/mm		750，1000，1500，2000	
最大车削长度/mm		650，900，1400，1900	
刀架上最大工件回转直径/mm		210	
主轴中心到床身平面导轨距离（中心高）/mm		205	
主轴转速/(r/min)	正转	24 级	10～1400（共 64 级）
	反转	12 级	14～1580（共 64 级）
进给量/(mm/r)	纵向进给量	$S_{纵}=0.028\sim6.33$	
	横向进给量	$S_{横}=0.5S_{纵}$	
刀架纵向快移速度/(m/min)		4	
车削螺纹的范围	公制螺纹	44 种	$S=1\sim192$mm
	英制螺纹	20 种	$a=2\sim24$ 牙/in
	模数螺纹	39 种	$m=0.25\sim48$mm
	径节螺纹	37 种	$D_p=1\sim96$ 牙/in
主电动机功率/kW		7.5	
主电动机转速/(r/min)		1450	

3.2.2　传动系统：主运动传动链、传动路线表达式

主运动传动链的两末端是主电动机和主轴，如图 3-12 所示。运动电机（7.5kW，1450r/min）经 V 带轮传动副$\frac{\phi130\text{mm}}{\phi230\text{mm}}$传至主轴箱中的轴Ⅰ。在轴Ⅰ上装有双向多片摩擦离合器 M_1，使主轴正转、反转或停止。当压紧离合器 M_1 左部的摩擦片时（主轴正转），轴Ⅰ的运动经齿轮副$\frac{56}{38}$或$\frac{51}{43}$传给轴Ⅱ，使轴Ⅱ获得两种转速。压紧 M_1 右部摩擦片时（主轴反转），经齿轮 50、轴Ⅶ上的空套齿轮 34 传给轴Ⅱ上的固定齿轮 30，这时轴Ⅰ至轴Ⅱ间多一个中间齿轮 34，故轴Ⅱ的转向与经 M_1 左部传动时相反。反转转速只有一种。当离合器处于中间位置时，左、右摩擦片都没有被压紧，轴Ⅰ的运动不能传至轴Ⅱ，主轴停转。

轴Ⅱ的运动可通过轴Ⅱ、Ⅲ间 3 对齿轮的任一对传至轴Ⅲ，故轴Ⅲ正转共 2×3＝6 种转速。

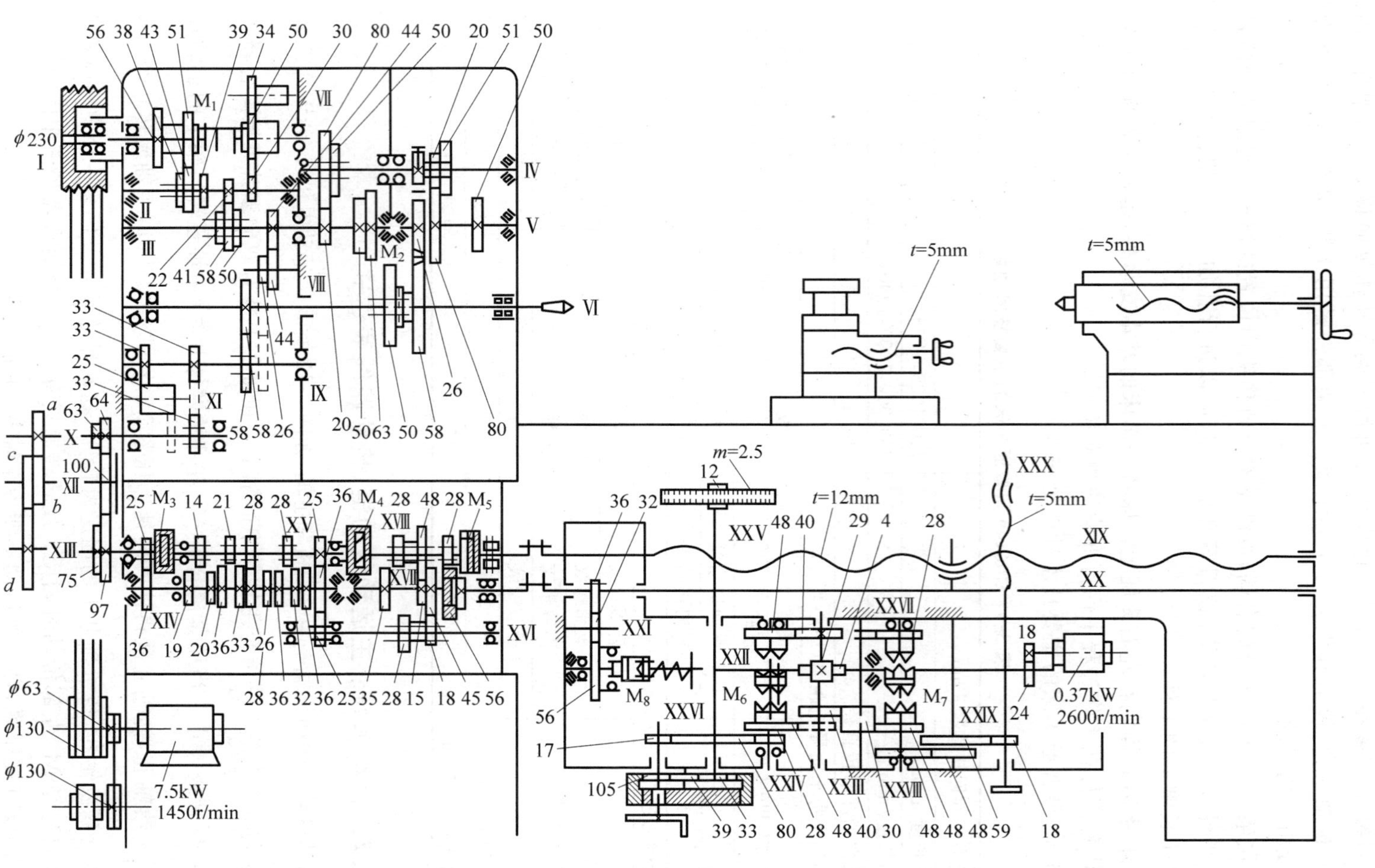

图 3-12 CA6140 型卧式车床的传动系统图

运动由轴Ⅲ传往主轴有2条路线：

（1）高速传动路线

主轴上的滑移齿轮50移至左端，使之与轴Ⅲ上的右端齿轮63啮合。运动由轴Ⅲ经齿轮副$\frac{63}{50}$直接传给主轴，得到450～1400r/min的6种高转速。

（2）低速传动路线

主轴上的滑移齿轮50移至右端，使主轴上的齿式离合器M_2啮合。轴Ⅲ的运动经齿轮副$\frac{20}{80}$或$\frac{50}{50}$传给轴Ⅳ，又经齿轮副$\frac{20}{80}$或$\frac{51}{50}$传给轴Ⅴ，再经齿轮副$\frac{26}{58}$和齿式离合器M_2传至主轴，使主轴获得10～500r/min的低转速。

传动系统可用传动路线表达式表示如下：

$$\underset{\left(\substack{7.5\text{kW}\\1450\text{r/min}}\right)}{\text{主电动机}} - \frac{\phi130\text{mm}}{\phi230\text{mm}} - \text{I} - \left\{\begin{array}{l} \underset{(\text{正转})}{\text{M}_1(\text{左})} - \left\{\begin{array}{c}\frac{56}{38}\\ \frac{51}{43}\end{array}\right\} - \\ \underset{(\text{反转})}{\text{M}_1(\text{右})} - \frac{50}{34} - \text{VII} - \frac{34}{30}\end{array}\right\} - \text{II} - \left\{\begin{array}{c}\frac{39}{41}\\ \frac{30}{50}\\ \frac{22}{58}\end{array}\right\}$$

$$- \text{III} - \left\{\begin{array}{c} - \frac{63}{50} - \\ \left\{\begin{array}{c}\frac{20}{80}\\ \frac{50}{50}\end{array}\right\} - \text{IV} - \left\{\begin{array}{c}\frac{20}{80}\\ \frac{51}{50}\end{array}\right\} - \text{V} - \frac{26}{58} - \text{M}_2(\text{右移})\end{array}\right\} - \text{VI}(\text{主轴})$$

主轴Ⅵ正转时只能得到1×2×3×(2×2×1+1－1)＝24级不同的转速。式中减1是由于从轴Ⅲ至轴Ⅴ的4种传动比中，$\frac{20}{80}\times\frac{50}{50}$与$\frac{20}{80}\times\frac{51}{50}$的值近似相等。

主轴Ⅵ反转时，由于轴Ⅰ经惰轮至轴Ⅱ只有1种传动比，故反转转速为12级。当各轴上的齿轮啮合位置完全相同时，反转的转速高于正转的转速。主轴反转主要用于车螺纹时退刀，快速反转能节省辅助时间。

3.3　磨床

3.3.1　M1432A型万能外圆磨床的组成和主要技术参数

图3-13所示是M1432A型万能外圆磨床的外形图，它由下列各主要部分组成。

（1）床身1，它是磨床的基础支承件，支承着砂轮架、工作台、头架、尾架、垫板及滑鞍等部件，使它们在工作时保持准确的相对位置。床身内部用作液压油的油池。

（2）头架2，它用于安装及夹持工件，并带动工件转动。

（3）尾架5，它和头架的前顶尖一起，用于支承工件。

（4）砂轮架4，用于支承并传动高速旋转的砂轮主轴。砂轮架装在滑鞍6上，当需要磨削短圆锥面时，砂轮架可以调整至一定的角度位置。

(5) 内圆磨具3,它用于支承磨内孔的砂轮主轴。内圆磨具主轴由单独的内圆砂轮电机驱动。

(6) 工作台8,它由上工作台和下工作台两部分组成。上工作台可以绕下工作台的在水平面内调整至某一角度位置,用以磨削锥度较小的长圆锥面。工作台台面上装有头架和尾架,这些部件随着工作台一起沿着床身纵向导轨作纵向往复运动。

(7) 滑鞍6上装有砂轮架4和内圆磨具3,转动横向进给手轮7,通过横向进给机构能使滑鞍和砂轮架作横向运动。砂轮架也能在滑鞍上调整一定角度,以磨削锥度较大的短锥面。为了便于装卸工件及测量尺寸,滑鞍与砂轮架还可以通过液压装置作一定距离的快进或快退运动。将内圆磨具3放下并固定后,就能启动内圆磨具电动机,磨削夹紧在卡盘中的工件的内孔。此时电气连锁装置使砂轮架不能作快进或快退运动。

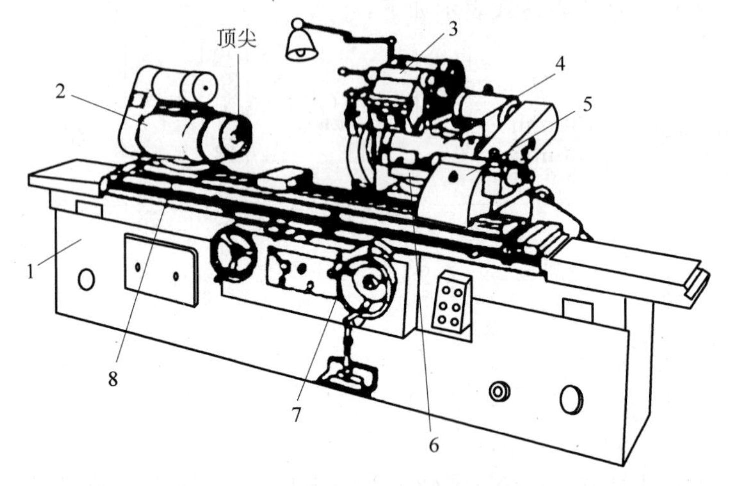

图 3-13 M1432A 型万能外圆磨床

1—床身; 2—头架; 3—内圆磨具; 4—砂轮架; 5—尾架; 6—滑鞍; 7—手轮; 8—工作台

图3-14所示为万能外圆磨床的几种典型加工方式。图(a)所示为以顶尖支承工件,磨削外圆柱面;图(b)所示为上工作台调整一个角度磨削长锥面;图(c)所示为砂轮架偏转,以切入法磨削短圆锥面;图(d)所示为头架偏转磨削锥孔。

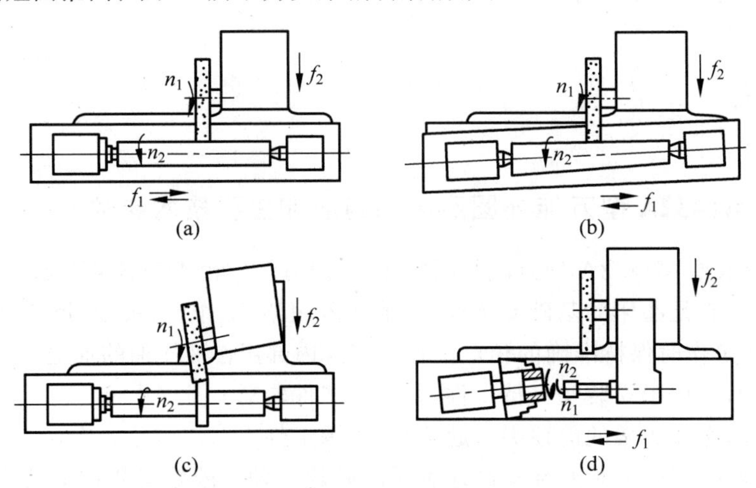

图 3-14 万能外圆磨床的典型加工方式

从万能外圆磨床的这些典型加工方式可知，机床应有以下几种运动：

(1) 砂轮旋转主运动 n_1（或 $n_{砂}$），由电动机经带传动驱动砂轮主轴作高速转动；

(2) 工件圆周进给运动 n_2（或 $n_{工}$），转速较低，可以调整；

(3) 工件纵向进给运动 f_1（或 $f_{纵}$），通常由液压传动，使得换向平衡并能无级调速；

(4) 砂轮架周期或连续横向进给运动 f_2（或 $f_{横}$），可由手动或液动实现。

机床的辅助运动有砂轮架的横向快进、快退和尾座套筒的缩回，它们也用液压传动。

M1432A 型万能外圆磨床的主要技术性能见表 3-5。

表 3-5　M1432A 型万能外圆磨床的主要技术性能

项目		数值
床身上最大工件回转直径/mm		320
最大工件长度/mm		1500
电动机功率/kW	主电机	4
	头架电机	1.1/0.55
质量/t		4.5
工作精度		—
圆度柱/mm		0.008
表面粗糙度 $Ra/\mu m$		0.32

3.3.2　传动系统、传动路线表达式

外圆磨床的机械传动系统须按照磨削运动的特殊要求与液压传动系统密切配合、协同工作。下面以 M1432A 万能外圆磨床为例，对磨床的机械传动系统进行分析。图 3-15 为 M1432A 万能外圆磨床的机械传动系统图。

1. 外圆磨削时砂轮主轴的传动链

外圆磨削时，砂轮的旋转运动（n_1）是磨削的主运动，它由主电机 M_1（1500r/min，4kW）经皮带轮（V 形带）带动砂轮主轴旋转而实现。其传动路线表达式为

$$主电机\ M_1—\frac{\phi 127}{\phi 113}—砂轮(n_1)$$

2. 内圆磨具的传动链

内圆磨削时，砂轮的旋转也是主运动（n_1'），由内圆砂轮电机 M_2（3000r/min，1.1kW）经皮带轮直接传动。通过更换皮带轮，可使内圆砂轮获得 2 种高转速，即，10000r/min 和 15000r/min。内圆磨床装在支架上，为了保证安全，内圆砂轮电机的启动与内圆磨具支架的位置有连锁作用。只有当支架翻到工作位置时电机才能启动。这时，外圆砂轮架快速进退手柄在原位自动锁住，不能快速移动。

3. 头架拨盘（或卡盘）的传动链

拨盘的运动是由双速电机 M_3（750/1500r/min，0.55/1.1kW）驱动。经 V 带塔轮及 2 次 V 带传动，使头架的拨盘（或卡盘）带动工件，实现圆周进给运动 n_2。其传动路线表达式为

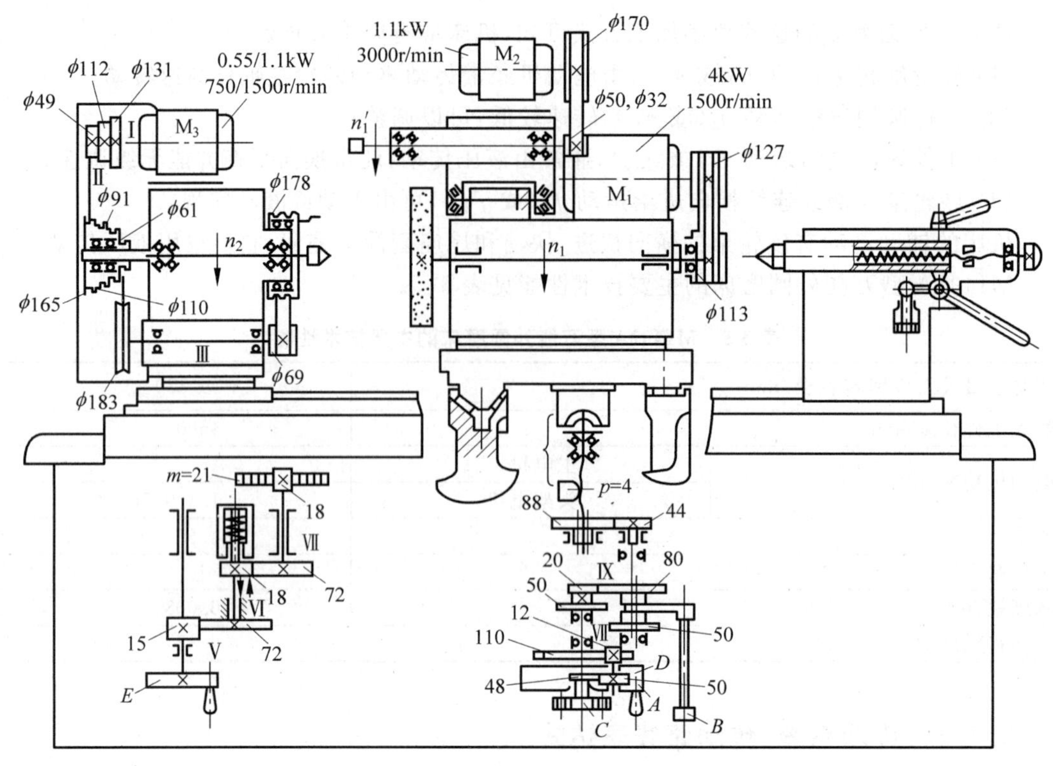

图 3-15　M1432A 型万能外圆磨床机械传动系统图

$$\text{头架电机 } M_3(\text{双速})—Ⅰ—\begin{bmatrix}\dfrac{\phi131}{\phi91}\\ \dfrac{\phi112}{\phi110}\\ \dfrac{\phi49}{\phi165}\end{bmatrix}—Ⅱ—\frac{\phi61}{\phi183}—Ⅲ—\frac{\phi69}{\phi178}—\text{拨盘或卡盘}(n_2)$$

因为此头架电机为双速，所以可使工件获得 6 种转速。

4. 工作台的手动驱动

在调整机床及磨削阶梯轴的台肩端面和倒角时，通常是用手轮驱动工作台，这样更为方便和安全。其传动路线表达式为

$$\text{手轮 } E—Ⅴ—\frac{15}{72}—Ⅵ—\frac{18}{72}—Ⅶ—\frac{18}{\text{齿条}}—\text{工作台纵向移动}(f_1 \text{ 或 } f_{纵})$$

手轮转 1r，工作台纵向移动量 f_1 为

$$f_1 = 1 \times \frac{15}{72} \times \frac{18}{72} \times 18 \times 2 \times \pi(\text{mm}) = 5.89\text{mm} \approx 6\text{mm}$$

f_1 或 $f_{纵}$ 由液压转动时，为了避免工作台纵向往复运动时带动手轮 E 快速转动碰伤操作者，这时应脱开手轮与工作台运动转动联系。因此在液压传动和手轮 E 之间采用了联锁装置。轴Ⅵ上的小液压缸（联锁油缸）与液压系统相通，工作台纵向往复运动时，压力油推动轴Ⅵ上的双联齿轮，使齿轮 18 与 72 脱开。这样就保证液压驱动工作台纵向运动时手轮 E 不会转动。

5. 滑板及砂轮架的横向进给运动

横向进给运动 f_2 或 $f_{横}$，可通过手轮 A 来实现；也可以由进给油缸的活塞 C 驱动，实现

周期性地自动进给。其传动路线表达式为

$$\begin{bmatrix} \text{手轮}\ A \\ \text{进给油缸活塞}\ C \end{bmatrix} — \text{Ⅷ} — \begin{bmatrix} \frac{50}{50} \\ \frac{20}{80} \end{bmatrix} — \text{Ⅸ} — \frac{44}{88} — \text{丝杆}(t=4) — \text{半螺母}$$

3.3.3　几种典型的加工方式

(1) 外圆磨床：万能、普通、无心外圆磨床。

(2) 内圆磨床：普通、无心、行星式内圆磨床。

(3) 平面磨床：卧轴矩台、立轴矩台、卧轴圆台、立轴圆台平面磨床。

(4) 工具磨床：万能工具磨床、钻头刃磨床、拉刀刃磨床、滚刀刃磨床。

(5) 专门化磨床：凸轮轴磨床、花键轴磨床、曲轴磨床。

3.3.4　平面磨床

平面磨床的磨削方法，见图3-16。平面磨床有用砂轮的轮缘(圆周)磨削的，也有用砂轮的端面磨削的。前者砂轮主轴为水平(卧轴)，后者为竖直(立轴)。轮缘磨削精度较高，可得到较光洁的加工表面，但生产率较低。工作台有矩形和圆形两种。前者适宜加工长工件，但工作台作往复运动，较易发生振动；后者适宜加工短工件或圆工件的端面，如磨轴承套圈的端面，工作台连续旋转，无往复冲击。平面磨床据此可分为4类：卧轴矩台式、立轴矩台式、立轴圆台式和卧轴圆台式，其加工方式见图3-16。图中，主运动为砂轮的旋转 n_1($n_{砂}$)，矩台的直线往复运动或圆台的回转 $f_{纵}$ 是进给运动。用轮缘磨削时(见图3-16(a)和(d))，砂轮宽度小于工件宽度，故卧轴磨床还有轴向进给运动 $f_{横}$。矩台的 $f_{横}$ 是间歇运动，在 $f_{纵}$ 的两端进行；圆台的 $f_{横}$ 是连续运动，$f_{纵}$ 是周期的切入运动。

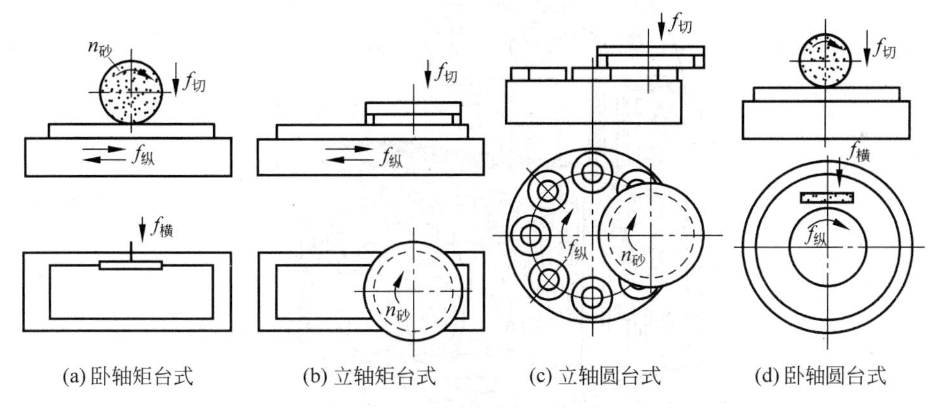

图3-16　平面磨床加工示意图

3.4　铣床

铣床是用铣刀进行铣削加工的机床。通常铣削的主运动是铣刀的旋转，工件或铣刀的移动为进给运动，这有利于采用高速切削。铣床的生产率比刨床高。铣床适应的工艺范围较广，可加工各种平面、台阶、沟槽、螺旋面等，如装上分度头还可以进行分度加工。

铣床的主要类型有升降台式铣床、床身式铣床、龙门式铣床、工具铣床、仪表铣床、仿形铣床以及数控铣床等。

(1) 升降台式铣床

升降台式铣床按照主轴在铣床上布置方式的不同,分为卧式和立式两种类型。卧式升降台铣床又称卧铣,如图 3-17(a)所示;立式升降台铣床又称立铣,如图 3-17(b)所示。

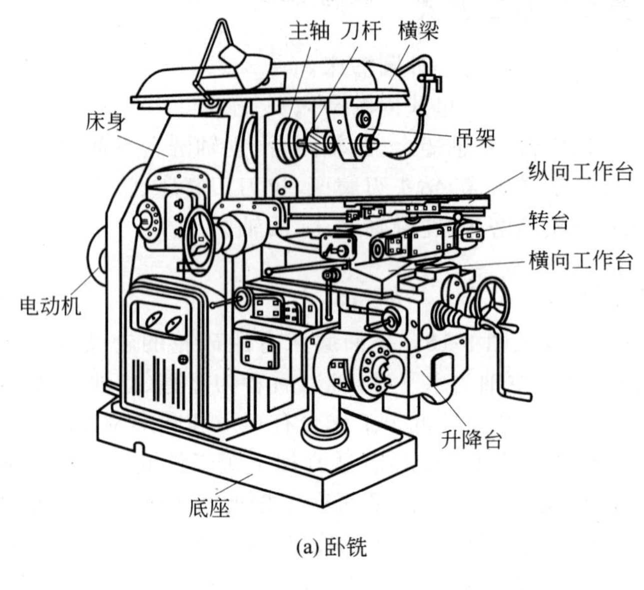

(a) 卧铣

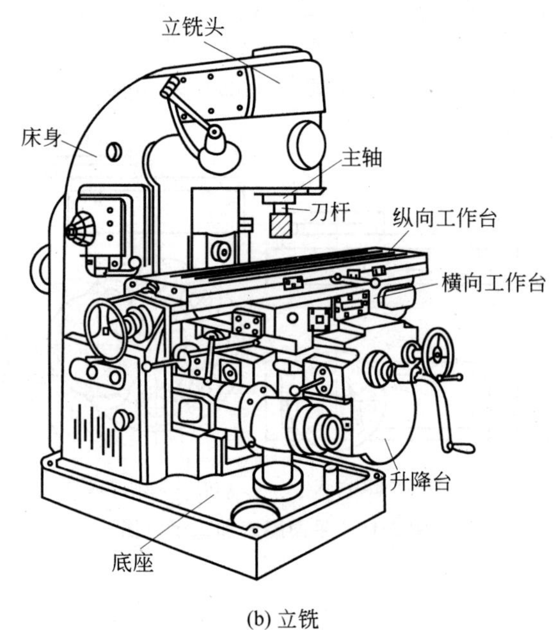

(b) 立铣

图 3-17 升降台式铣床

图 3-18 所示为万能升降台铣床。它与卧式升降台铣床的区别在于它在工作台与床鞍之间增装了一层转盘,转盘相对于床鞍可在水平面内扳转一定的角度(±45°范围),以便加工旋转槽等表面。

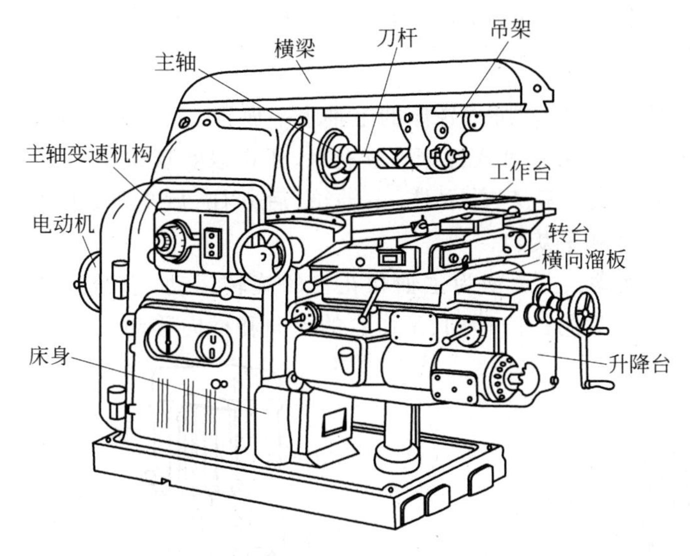

图 3-18　万能升降台铣床

(2) 床身式铣床

床身式铣床的工作台不作升降运动,也就是说它是一种工作台不升降的铣床。机床的垂直运动由安在立柱上的主轴箱来实现,这样可以提高机床的刚度,便于采用较大的切削用量。此类机床常用于加工中等尺寸的零件。床身式铣床的工作台有圆形和矩形两类,如图 3-19 所示。

关于铣削方式,前面已讲到,详见 1.5.3 节所述。

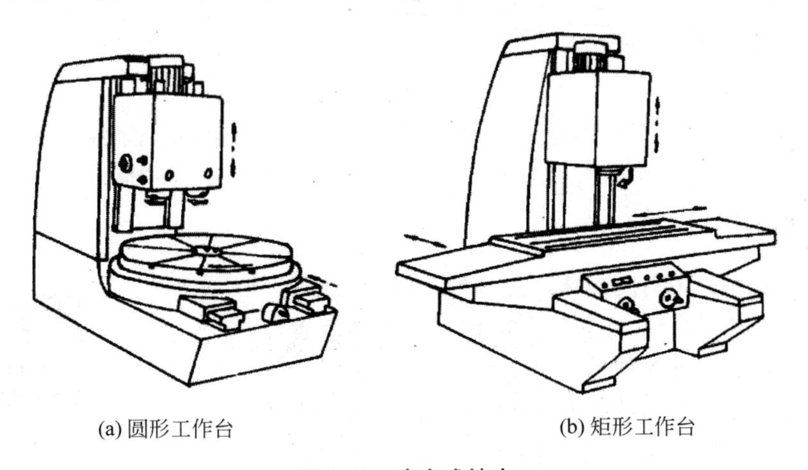

(a) 圆形工作台　　(b) 矩形工作台

图 3-19　床身式铣床

3.5　镗床

镗床的主要工作是用镗刀在箱体类或板类零件上加工尺寸精度要求较高的预制孔或位置精度(同轴度、垂直度、平行度)及孔间距精度要求较高的孔系,此外还可以实现铣平面、车外圆、车端面、钻孔等工作。

镗床可分为卧式镗床、坐标镗床、金刚镗床和落地镗床等。

1. 卧式镗床

图 3-20 所示为卧式镗床。卧式镗床的主轴水平放置，适合加工复杂的箱体类零件上加工精度要求较高的孔及孔系。卧式镗床除镗孔外，还可以实现铣平面、车端面、钻孔等工作。

(1) 卧式镗床的组成：床身、前立柱、主轴箱、后立柱、后支架、工作台、上滑座、下滑座等。主轴箱上装有镗杆和平旋盘。

(2) 卧式镗床的运动：主运动为主轴和花盘的旋转运动，进给运动为主轴箱的上下移动、主轴的轴向移动、花盘的径向移动、工作台的纵向和横向移动。

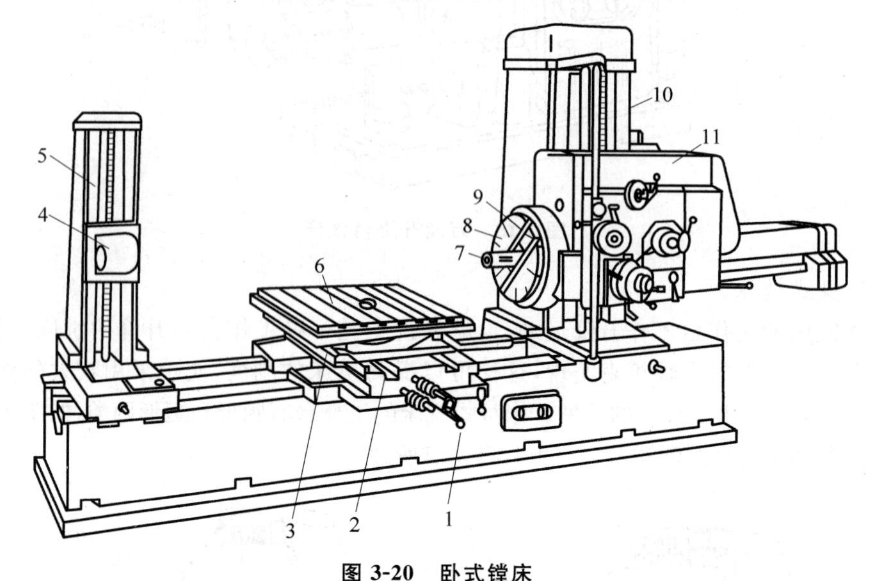

图 3-20 卧式镗床

1—床身；2—下滑座；3—上滑座；4—后支架；5—后立柱；6—工作台；7—镗轴；8—平旋盘；9—径向刀架；10—前立柱；11—主轴箱

2. 坐标镗床

坐标镗床是一种高精度镗床。这种镗床除主要零部件的制造和装配精度都很高外，还具有精密的坐标测量装置，用来精确测量工作台及主轴的移动位置。

坐标镗床的加工范围较广，可以进行镗孔、钻孔、扩孔、铰孔、精铣平面和沟槽，还可以进行精密划线、刻线和测量。适用于镗削尺寸精度要求较高的精密孔和位置精度要求较高的孔系，如钻模、镗模、量具等零件上的孔及孔系的加工。坐标镗床可分为立式和卧式两种，如图 3-21 所示为立式单柱坐标镗床，图 3-22 所示为立式双柱坐标镗床。

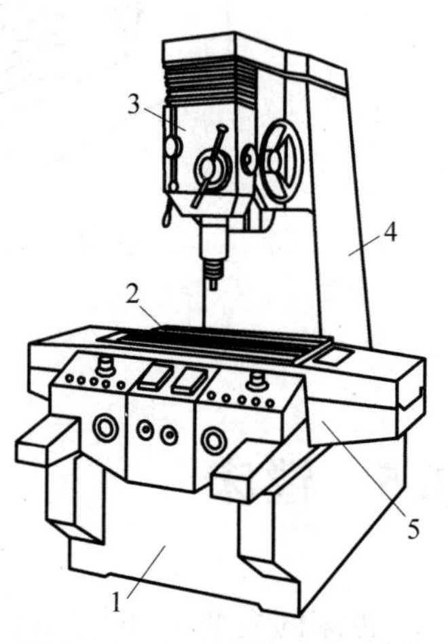

图 3-21 立式单柱坐标镗床

1—床身；2—工作台；3—主轴；4—立柱；5—床鞍箱

3. 金刚镗床

金刚镗床是一种高速精细镗床，因为最初采用金刚石材料作镗刀而得名，现已用硬质合金代替金刚石。这种机床的特点是切削速度较高，而进给量和切削深度很小，因此可以加工出质量很高的表面。

金刚镗床主要用于成批、大量生产中加工零件上的精密孔及其孔系。图 3-23 所示为单面单轴卧式金刚镗床的外形图。

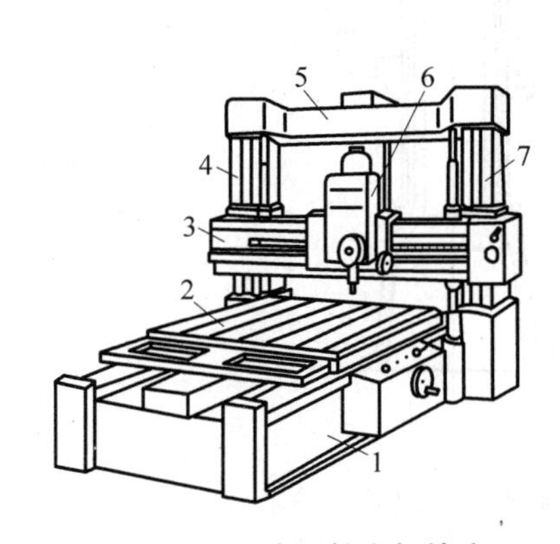

图 3-22　立式双柱坐标镗床

1—床身；2—工作台；3—横梁；4,7—立柱；5—顶梁；6—主轴

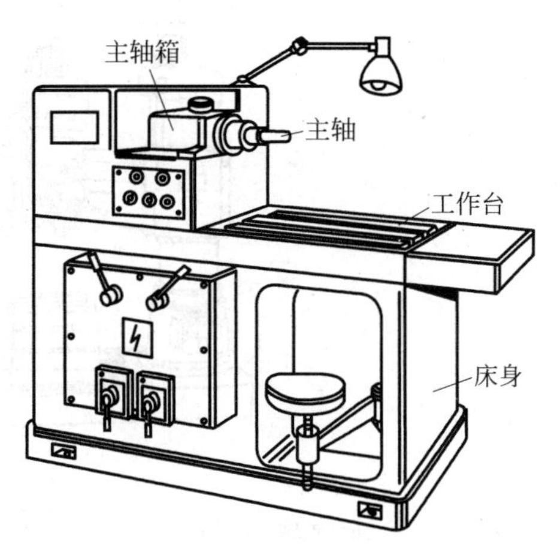

图 3-23　单面单轴卧式金刚镗床的外形图

3.6　钻床

钻床是一种孔加工机床。在钻床上加工时，工件不动，刀具作旋转主运动的同时还沿其轴向移动，以完成进给运动。在钻床上可完成钻孔、扩孔、铰孔、锪孔、攻螺纹和锪平面等工作。钻床的加工精度不高，只适用于加工一些精度要求不高的孔。所使用的孔加工刀具主要有：麻花钻、中心钻、深孔钻、扩孔钻、铰刀、丝锥和锪钻等。

钻床可分为立式钻床、台式钻床、摇臂钻床以及其他专门化钻床。

（1）立式钻床

图 3-24 所示为立式钻床，它主要由底座、立柱、变速箱、进给箱、主轴、工作台等部分组成。

立式钻床的特点是主轴垂直且轴心位置固定不变，加工时用移动工件的方法来找正刀具与孔的位置。因此，只适用于单件、小批量的中小型零件上的孔。

（2）摇臂钻床

图 3-25 所示为摇臂钻床，它主要由底座、立柱、摇臂、主轴箱、主轴、工作台等部分组成。适用于加工大、中型工件上的孔。

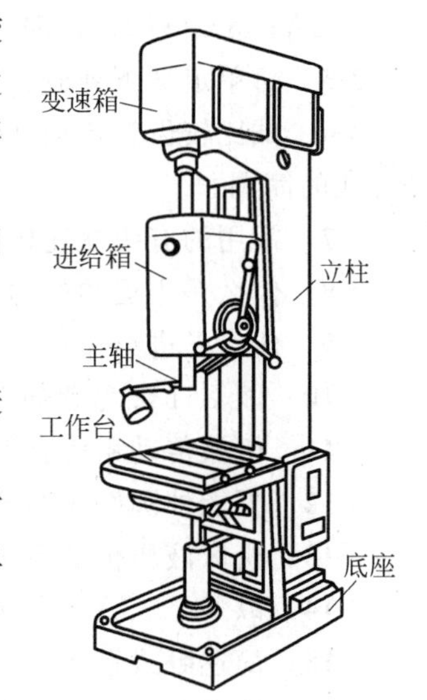

图 3-24　立式钻床

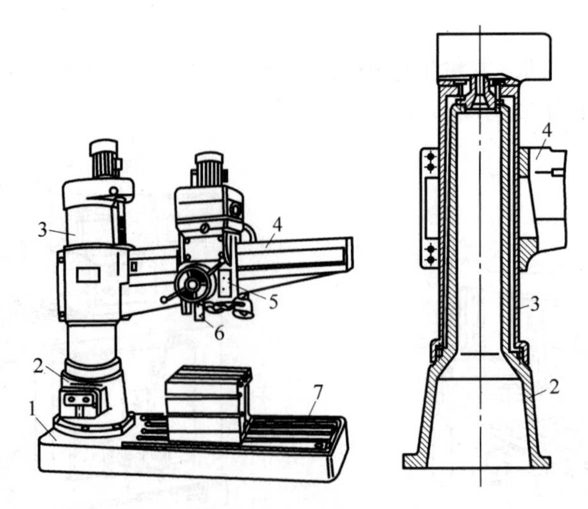

图 3-25 摇臂钻床

1—底座；2—静立柱；3—动立柱；4—摇臂；5—主轴箱；6—主轴；7—工作台

习题与思考题

3-1 什么是金属切削机床？

3-2 机床由哪些主要部分组成？机床的基础构造有哪些类型？

3-3 通用机床按照加工性质和所用的刀具不同分为哪 12 大类？其类别代号是什么？

3-4 写出下列机床型号的含义：①CM1107A；②CA6140；③Y3150E；④MGB1432A；⑤C6132A；⑥C1312；⑦T4140；⑧L6120；⑨X5032；⑩DK7752。

3-5 简单定义下列概念：执行件、动力源、传动装置、传动副、进给量、传动链。

3-6 试比较齿轮传动、蜗轮蜗杆传动以及丝杠螺母传动各有什么特点？画出这 3 种传动方式的简图。

3-7 常用的有级变速机构有哪几种？比较这几种有级变速机构并列出其特点。

3-8 什么是主运动的功用？以 C6132 型普通车床为例，简述主运动的传动方式。

3-9 什么是进给运动？以 C6132 型普通车床为例，简述进给运动的传动方式。

3-10 以 C6132 型普通车床为例，简述车床传动系统的组成。

3-11 机械传动系统有哪些优缺点？

3-12 万能外圆磨床的传动系统是由哪些传动系统组合而成？各自有什么特点？

3-13 机床液压传动系统是由哪几部分组成？在系统中各起什么作用？

3-14 以 M1432A 万能外圆磨床为例，分析其机械传动系统由哪几部分组成？

3-15 简述卧式镗床的功用及其结构。

3-16 简述卧式镗床的主运动传动系统及其进给传动系统的工作过程。

第4章

工件夹紧及机床夹具

【内容提要】 本章主要介绍了工件的装夹、基准等基本概念，以及如何选择和确定夹紧力的作用方向、作用点及大小方面的相关知识，系统地讲解了工件的六点定位原理和常用定位元件所限制的自由度，并阐述了定位误差分析和几种典型的夹紧机构。

【本章要点】

1. 设计基准和工艺基准以及定位基准、测量基准、装配基准、工序基准
2. 夹紧装置的组成及基本要求
3. 夹紧力的确定
4. 工件定位的基本原理和定位方式及定位元件的选择
5. 常用夹紧机构

【本章难点】

1. 设计基准和工艺基准以及定位基准、测量基准、装配基准、工序基准
2. 工件定位的基本原理和定位方式及定位元件的选择

工件的夹紧是指工件定位以后，还须采用一定的装置把工件压紧、夹牢在定位元件上，使工件在加工过程中不会由于切削力、重力或惯性力等的作用而发生位置变化，以保证加工质量和生产安全。能完成夹紧功能的这一装置就是夹紧装置。

在机械加工过程中，为了提高生产效率，保证加工质量，往往需要借助一些工艺装备将工件迅速、准确地固定在机床上，以完成切削加工、检验、装配、焊接等工艺过程，这些工艺装备就称为夹具。工件在机床夹具中装夹的质量直接影响工件的加工质量，因此，机床夹具在机械加工中占有十分重要的地位。

4.1 概述

4.1.1 装夹的概念

工件的装夹是指工件在机床上或夹具中定位、夹紧的过程。机械加工时，为了将工件加工出符合技术要求的表面，必须使工件在机床上或夹具中占有正确位置的过程，称为定位。定位位置的正确与否，要用能否满足加工的技术要求来衡量。

夹紧是指工件定位后将其固定，并在切削力的作用下，使其在加工过程中保持定位位置

不变的操作。工件在机床上或夹具中装夹好以后，才能进行切削加工。装夹是否正确、稳固、迅速和方便，对加工质量、生产率均有较大影响。

4.1.2 基准的概念及其分类

1. 基准的概念

基准是用来确定生产对象上几何要素间的几何关系所依据的那些点、线、面，即基准是零件本身上的一些点、线、面，根据这些点、线、面来确定零件上的另一些点、线、面的位置。作为基准的点、线、面在工件上不一定具体存在，例如几何中心、对称线、对称平面等。

2. 基准的分类

基准根据其功用的不同可分为设计基准和工艺基准两大类。

(1) 设计基准

设计基准是根据零部件的结构特点及设计要求所选定的基准，是设计图样上所采用的基准，也是标注设计尺寸或位置公差的起点。

如图 4-1 所示的轴套，其中心轴线 *O*—*O* 是各外圆表面 *B*、*C* 和内孔的设计基准。端面 *F* 是端面 *D*、*E* 在轴向方向的设计基准。内孔 ϕ30H7 的中心轴线，是外圆 ϕ50g6 同轴度的设计基准。同时内孔 ϕ30H7 的中心轴线，又是端面 *E* 的端面跳动的设计基准。又如图 4-2 所示的键槽加工，圆柱的下母线 *D* 是键槽 *C* 的设计基准，而不是轴心线。

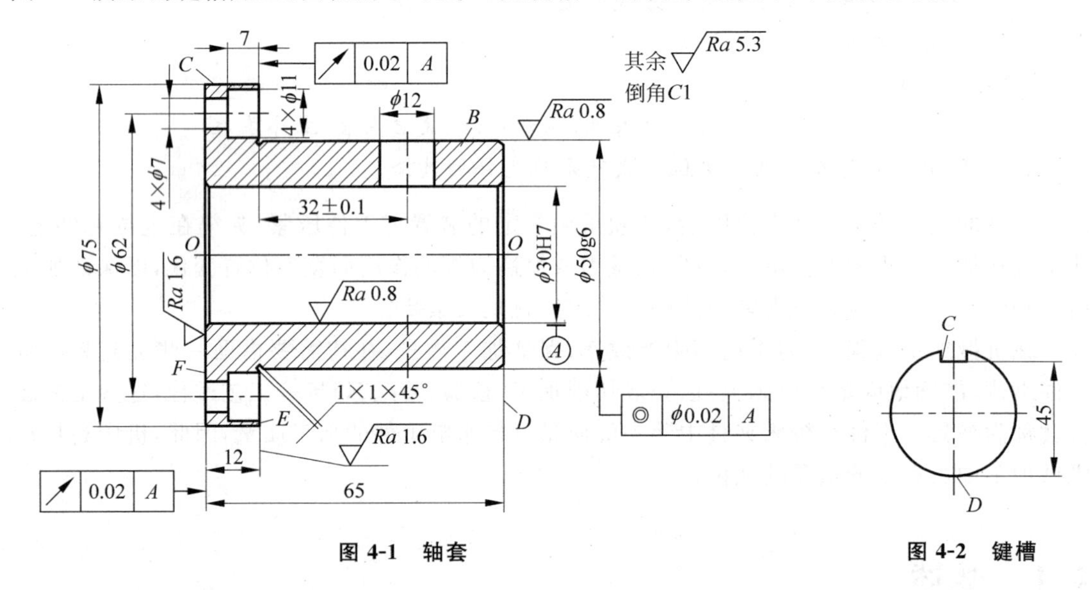

图 4-1 轴套 **图 4-2 键槽**

(2) 工艺基准

工艺基准是指零件在加工、测量和装配等工艺过程中所采用的基准。工艺基准按其功用不同分为定位基准、测量基准、装配基准和工序基准。

① 定位基准

定位基准是指在加工时，工件在机床上或夹具中定位用的基准。用夹具定位时，定位基准(或定位基面)就是工件上直接与夹具的定位元件相接触的点、线、面。

作为定位基准的点、线、面，可能是工件上的某些面，也可能是看不见摸不着的中心轴线、对称平面等，这些在工件上不一定具体存在，但往往又需要通过工件的某些定位表面来体现，体现基准作用的表面称为定位基面。

例如图 4-3(a)所示，在车床上用三爪卡盘夹持工件的圆柱外圆表面时，则体现以圆柱的轴心线为定位基准，而外圆柱面为定位基面。又如图 4-3(b)所示，在轴类零件进行精加工时，常用双顶尖作为车、磨工序的定位基准，此时的定位基准为轴心线，定位基面为轴心线上的两个中心孔，此时两者重合，均作用在轴心线上。

定位基准常以符号“—∧—”来表示，如图 4-4、图 4-5 所示。

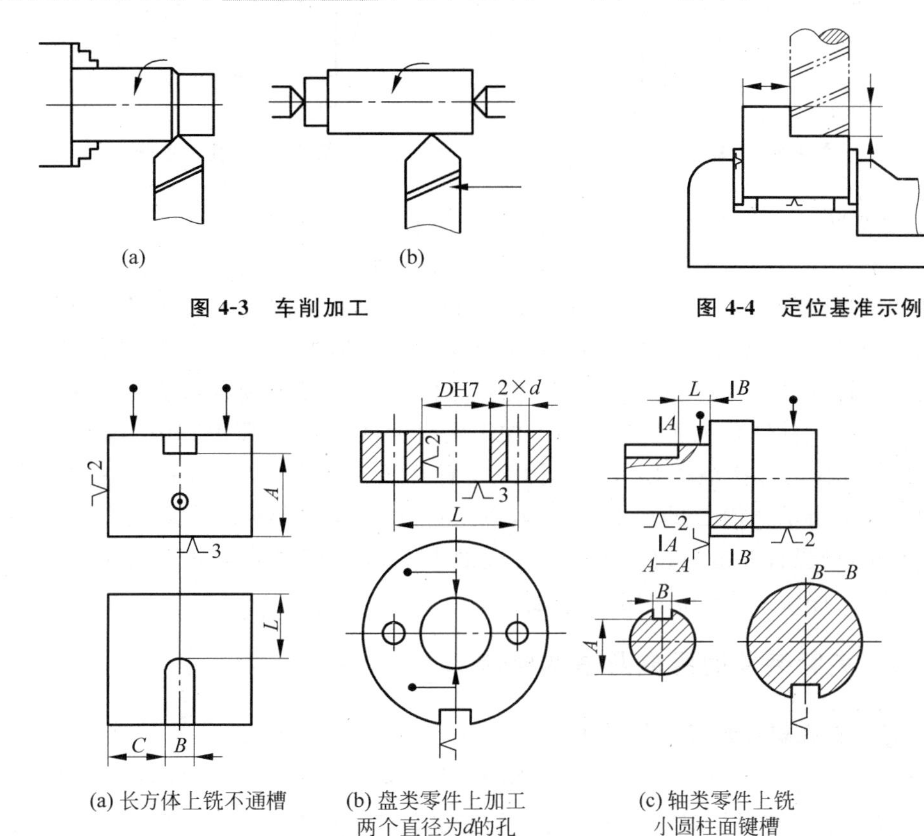

图 4-3 车削加工

图 4-4 定位基准示例

(a) 长方体上铣不通槽

(b) 盘类零件上加工两个直径为d的孔

(c) 轴类零件上铣小圆柱面键槽

图 4-5 典型零件定位、夹紧符号的标注

又如图 4-8 所示，工件轴套的内孔和左端面即为工件的定位基准和定位基面。从钻床夹具的工作过程可看出，工件的定位靠定位心轴 3、端面 A 来实现。

② 测量基准

测量基准是指零件检验时，用于测量被加工表面的尺寸和位置的基准。

例如图 4-1 所示轴套，当将孔 ϕ30H7 套在测量心轴上测量外圆 ϕ50g6 的同轴度和端面 E 的端面跳动时，内孔 ϕ30H7 即是零件的测量基准。

③ 装配基准

装配基准是装配时确定零件或部件在产品中的相对位置所采用的基准。如图 4-6 所示的齿轮，以内孔和左端面确定其安装在轴上的位置，内孔和左端面就是齿轮的装配基准。

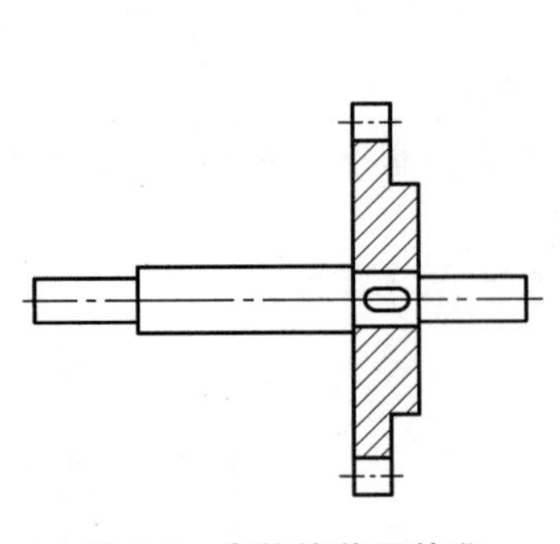

图 4-6　齿轮的装配基准

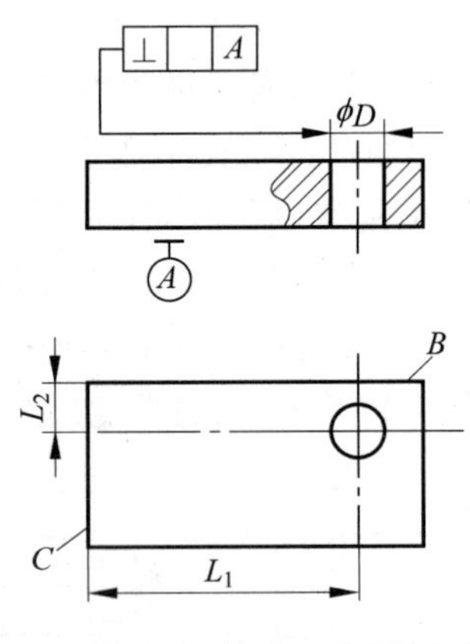

图 4-7　钻孔工序图

④ 工序基准

工序基准是在工序图上用来确定该工序加工表面加工后的尺寸、形状、位置的基准，它是某工序所要达到的加工尺寸(即工序尺寸)的起点。就其实质来说，工序基准与设计基准有类似之处，只不过它是在切削加工时，用于该工序加工时的基准，即工序图的基准。工序基准一般与设计基准重合，有时为了加工、测量方便，也可与定位基准或测量基准重合。

图 4-7 为一工件钻孔工序的工序图。加工表面为 ϕD 孔时，要求其中心轴线与 A 面垂直，并与 C 面和 B 面保持距离 L_1 和 L_2，因此表面 A、B、C 均为本工序的工序基准。

又如图 4-2 所示键槽 C 的加工，此时若以工件外圆的下母线 D 为定位基准，则定位基准与工序基准(或设计基准)重合，此时工序基准 D 即是工序尺寸 45mm 的标注起点，加工时可直接保证工序尺寸 45mm 的加工精度。

4.1.3　夹紧装置的组成及基本要求

1. 机床夹具在机械加工中的作用

机床夹具(简称夹具)是在机床上用以装夹工件(和引导刀具)的一种装置。其作用是将工件定位，以使工件获得相对于机床或刀具的正确位置，并把工件可靠地夹紧，以完成切削加工、检验、装配、焊接等工艺过程。如车床上使用的三爪自动定心卡盘、铣床上使用的平口虎钳、分度头等，都是机床夹具。

图 4-8(a)所示为套类零件，在加工 ϕ6H7 的孔时，如果是单件生产，用划线的方式就可保证(30±0.1)mm 的尺寸要求；若是要求批量生产，这种靠人工划线的方式效率很低，并且每次划线的精度也差别很大，如借助夹具，这种情况就可以很好地解决。

如图 4-8(b)所示，把工件放在定位心轴 3 上，钻套 1 的中心轴线到平面 A 的距离为 30±0.1，工件靠螺母、垫片压紧。钻孔时，只要钻头对准钻套 1 就可很方便地保证设计尺寸 30±0.1 的要求。可见在批量生产中，夹具的作用是非常重要，也是非常明显的，其作用具体表现在以下几方面。

(1) 保证零件加工精度，稳定产品质量

从夹具的工作过程可看出，工件的定位靠定位心轴 3 和端面 A 来实现，刀具相对于工件的正确位置则靠钻套 1 与定位心轴 3 及端面 A 之间的相对位置来保证，无需划线找正便

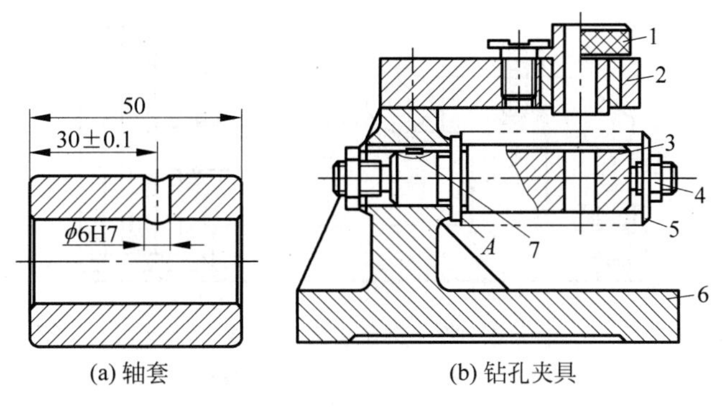

(a) 轴套　　(b) 钻孔夹具

图 4-8　钻床夹具

1—钻套；2—钻模板；3—定位心轴；4—螺母；5—开口垫圈；6—夹具体；7—定位键

可保证工件上孔 ϕ6H7 的位置精度。基本不受工人技术水平的影响，因而能较容易、较稳定地保证工件的加工精度，这样就降低了人为因素的影响，保证了产品质量的稳定。

(2) 提高劳动生产率，降低加工成本

采用夹具装夹工件，缩短了辅助时间，无需划线找正，装夹快捷、方便、准确。

(3) 改善工人的劳动条件、降低对工人技术水平的要求、保障生产安全

夹具一般采用杠杆、螺旋、凸轮、气动等夹紧机构，可减轻工人的劳动强度，提高工作效率，保障生产安全。

(4) 扩大机床工艺范围

使用专用夹具可以改变机床的用途和扩大机床的使用范围。原来在钻床上只能进行粗加工，通过夹具的使用，可以进行半精加工或精加工；若在车床床鞍上或摇臂钻床上安装镗模夹具后，就可对箱体孔系进行镗孔加工。使机床达到了"一机多能"效果。

2. 夹紧装置的组成

工件在夹具中的夹紧是由夹具的夹紧装置完成的。夹紧装置通常由动力装置和夹紧机构两大部分组成。

(1) 动力装置

机床在切削加工过程中，要保证工件在受到切削力、重力、离心力及振动等外力作用时，不离开已确定的正确位置，就必须有足够的夹紧力。夹紧力的来源一是人力，二是某种动力装置。由液压装置、气动装置、电动装置等产生的夹紧力统称做动力装置，它是产生夹紧力的动力来源。

(2) 夹紧机构

要使动力装置所产生的力或人力正确地作用到工件上，需要有适当的传递机构。在工件夹紧过程中起力的传递作用的机构，称为夹紧机构。如图 4-8(b)所示的定位心轴(螺栓)3、螺母 4、开口垫圈 5 组成螺旋夹紧装置，就是夹紧机构，由它来传递夹紧力。

图 4-9 所示是用于液压夹紧的夹具，气缸 1 是产生夹紧的动力，叫做动力装置。压板 4 是直接用于夹紧工件 5 的，叫做夹紧元件。介于两者之间的滚子 3 和斜楔 2，将气缸产生的原动力以一定的大小和方向传递给夹紧元件，叫做中间传力机构，统称为夹紧机构。

如图 4-9 所示，气缸 1 推动斜楔 2 左右运动，通过滚子 3 驱使压板 4 绕着铰链转动，从而压紧和松开工件 5。

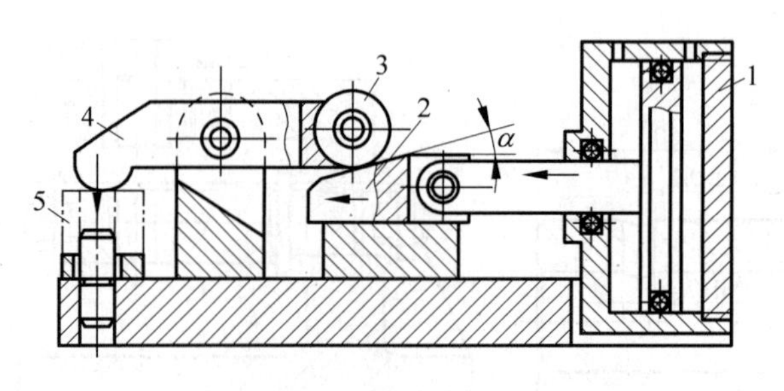

图 4-9　夹紧装置的组成

1—气缸；2—斜楔；3—滚子；4—压板；5—工件

3. 夹紧装置的基本要求

(1) 夹紧过程中，不能破坏工件在夹具中占有的正确位置。

(2) 夹紧力大小要适当，既要保证工件在加工过程中的位置稳定，不移动、不转动、不振动，又不因夹紧力过大而使工件表面损伤、变形。

(3) 夹紧机构的操作应安全、方便、迅速、省力。

(4) 结构应尽量简单，制造、维修要方便。

4.2　夹紧力的确定

确定夹紧力作用方向、作用点和大小时，要分析工件的结构特点、加工要求、切削力和其他外力作用于工件的情况，同时也必须考虑定位装置的结构形式和布置方式。

4.2.1　夹紧力作用方向的选择

(1) 夹紧力的方向应使定位基面与定位元件接触良好，应有助于定位稳定，保证工件定位准确可靠。当工件由几个表面组合定位时，在各相应方向都应施加夹紧力，且主要夹紧力的方向应朝向主要定位基面。

如图 4-10(a)所示，工件以 A、B 面定位镗孔 K，要求保证孔的轴线与 A 面垂直。因此，工件以孔的左端面与定位元件的 A 面接触，限制工件的 3 个自由度；以底面与 B 面接触，限制工件的 2 个自由度；夹紧力朝向主要定位基面 A，这样有利于保证 K 孔与左端面的垂直度要求。

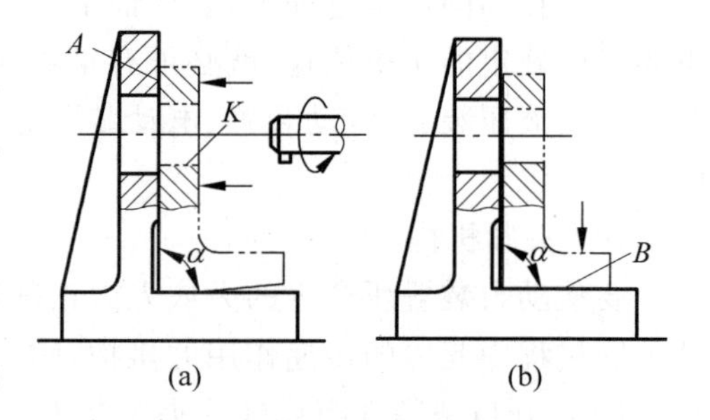

图 4-10　夹紧力方向的选择

如图 4-10(b)所示，如果使夹紧力指向 B 面，则由于 A、B 两面间存在垂直度误差，$\alpha \neq 90°$，夹紧时将破坏工件的定位，影响孔与左端面的垂直度要求。

又如图 4-11 所示，夹紧力朝向主要限位面 V 形块的 V 形面上，使工件的装夹稳定可靠。如果夹紧力朝向端面 B，则由于工件圆柱面的轴心线与端面的垂直度误差，夹紧时工件的圆柱面可能与V形块的V形面不接触。这不仅破坏了定位，影响加工要求，而且加工时工件容易产生振动。

(2) 夹紧力的方向应与工件刚度最大的方向一致，以减小工件夹紧变形。图4-12给出加工薄壁套筒的两种夹紧方式。薄壁套筒的轴向刚性比径向好，图4-12(a)用卡爪径向夹紧，工件变形大，图4-12(b)若沿轴向施加夹紧力，变形就会小得多。因此采用图4-12(b)的夹紧方式较之图4-12(a)的方式，工件的加工精度更容易保证。

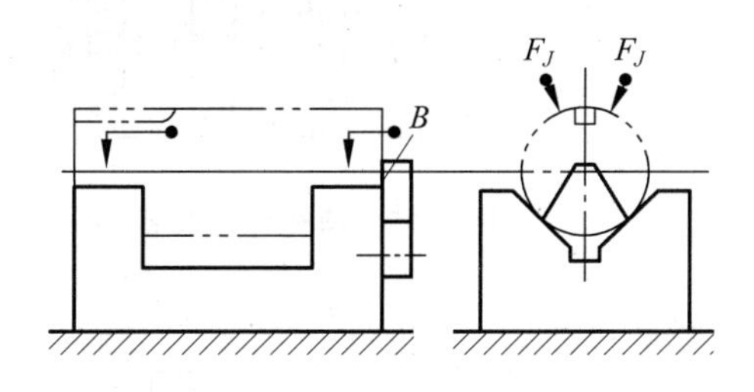

图4-11　夹紧力方向朝向主要限位面

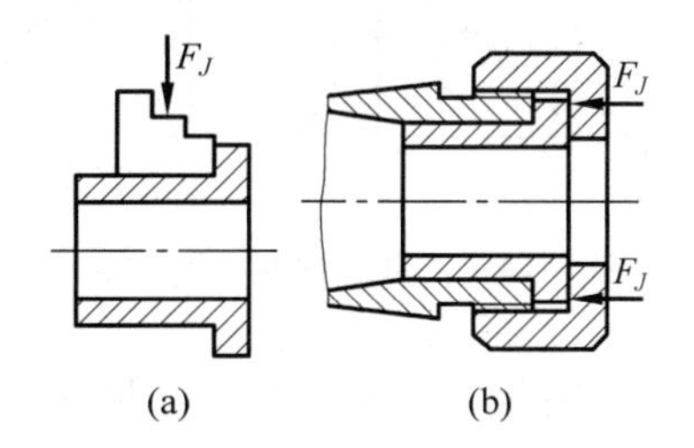

图4-12　夹紧力方向与工件刚度的关系

(3) 夹紧力的方向应尽量与工件的切削力、重力等的方向一致，以利于减小所需的夹紧力。当夹紧力、切削力、工件自身重力的方向均相同时，加工过程中所需的夹紧力最小，从而能简化夹紧装置结构和便于操作，且有利于减少工件变形。

4.2.2　夹紧力作用点的选择

夹紧力的作用点是指夹紧元件与工件接触的位置。夹紧力作用点的选择应包括正确确定作用点的位置和数目两个方面。

(1) 夹紧力的作用点应正对支承元件或位于支承元件所形成的支承范围内。

如图4-13所示，由于夹紧力作用点位于支承元件之外，夹紧时将破坏工件的定位，导致夹紧时所产生的转动力矩会使工件发生翻转。图中，虚线箭头所示位置为夹紧力作用点的正确位置，此时夹紧力的作用点正对支承元件，则工件夹紧时位置是稳定的，所以工件的定位位置不会因夹紧而遭到破坏。

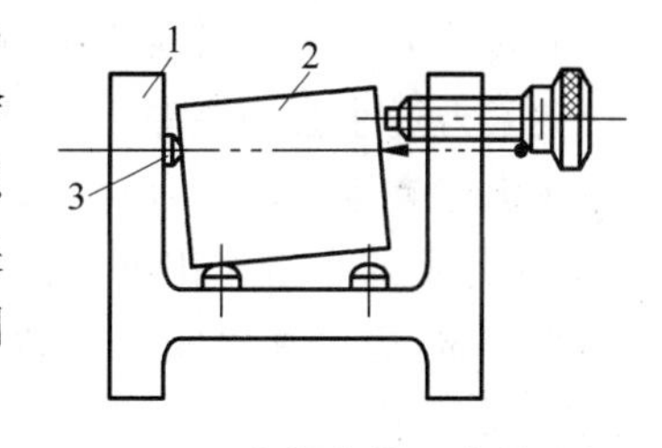

图4-13　夹紧力作用点的选择

1—夹具体；2—工件；3—定位支承

(2) 夹紧力作用点应位于工件刚性较好的部位。

对于薄壁件，如果必须在工件刚性较差的部位夹紧时，应使夹紧力分布均匀，以减小工件的变形。夹紧如图4-14(a)所示薄壁箱体时，夹紧力不应作用在箱体中部的顶面上(无支承)，而应作用在刚性好的凸缘边上。箱体没有凸缘边时，可如图(b)所示，将单点夹紧改为三点夹紧，使着力点落在刚性较好的箱壁上(有支承)，比夹紧力作用在箱体中部顶面上的变形要小得多，多点并可降低着力点的压强，减小工件的夹紧变形。又如图4-15所示的薄壁工件，必须在刚性差的部位夹紧，这时如果在压板下面增加一厚度较大的锥面垫圈，使夹紧力通过锥面垫圈均匀地作用在薄壁工件上，就可避免工件被局部压陷。

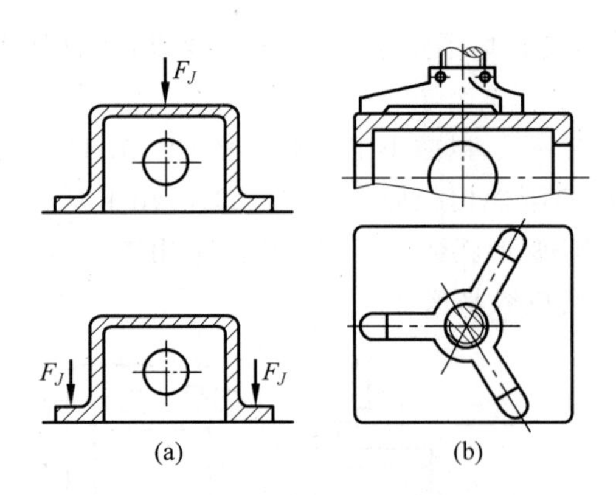

图 4-14 夹紧力作用点对工件变形的影响

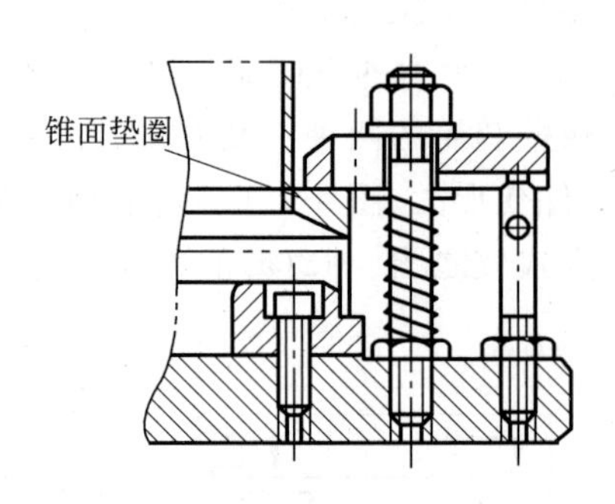

图 4-15 薄壁件的夹紧

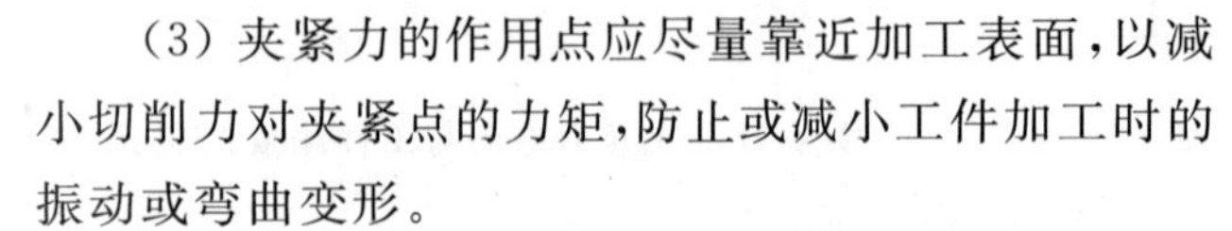

(3) 夹紧力的作用点应尽量靠近加工表面，以减小切削力对夹紧点的力矩，防止或减小工件加工时的振动或弯曲变形。

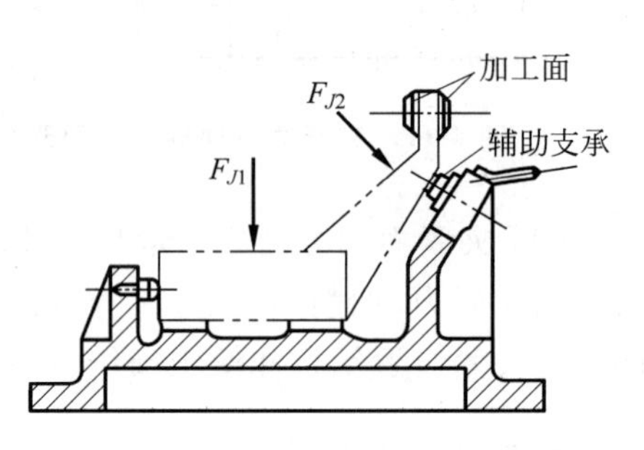

图 4-16 夹紧力作用点靠近加工表面

如图 4-16 所示，在加工叉架类零件时，由于主要夹紧力 F_{J1} 垂直作用于主要定位基准面，其作用点距加工表面较远，作用方向又不相同，且该表面处刚性又较差，则在加工过程中易产生振动。故在靠近加工表面处设置了辅助支承，增加了辅助夹紧力 F_{J2}。这样不仅提高了工件的装夹刚性，还可减少加工时工件的振动。

4.2.3 夹紧力的计算

夹紧力的大小直接关系到工件安装的可靠性、工件和夹具的变形、夹紧动力源的选择等。夹紧力过小会使夹紧不可靠；过大会使夹紧变形增大。因此，必须确定恰当的夹紧力。

在确定夹紧力时，可将夹具和工件看成一个刚性系统，并视工件在切削力、夹紧力、重力、惯性力及离心力作用下，处于静力平衡，然后列出平衡方程式，即可求出理论夹紧力。为使夹紧可靠，应再乘以安全系数 K，作为实际所需的夹紧力。K 值在粗加工时取 2.5～3，精加工时取 1.5～2。

由于在加工过程中，切削力的作用点、方向和大小可能都在变化，因此应按最不利的情况考虑。例如在图 4-17 中，设切削力 $P_y=800\text{N}$，$P_z=200\text{N}$，工件自重 $G=100\text{N}$。静力平衡条件为

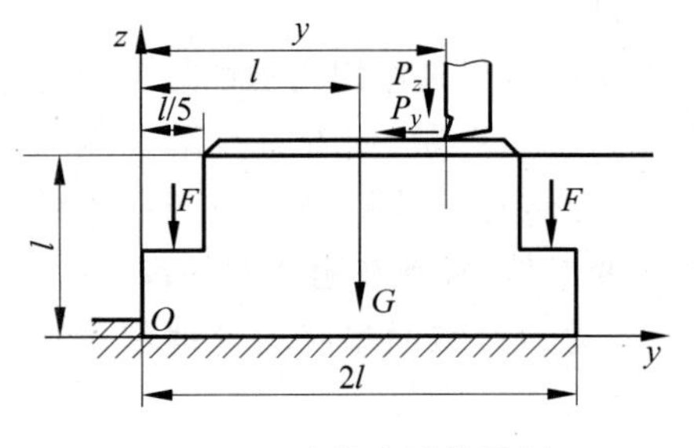

图 4-17 夹紧力计算图例

$$P_y l-\left[F\frac{l}{10}+Gl+F\left(2l-\frac{l}{10}\right)+P_z y\right]=0$$

考虑最不利情况，取 $y=l/5$。将已知条件代入上式，得到理论夹紧力为 $F=380\text{N}$。取安全系数 $K=3$，得实际夹紧力 $F_r=1140\text{N}$。

在实际的夹具设计中，夹紧力大小并非在所有情况下都需要计算。在要求不很严的情况下，可用

类比法或经验法确定所需的夹紧力。对一些关键工序，当需准确计算夹紧力时，常常通过工艺实验来实测切削力的大小，然后计算夹紧力。

切削力大小也可利用公式计算，生产中较为方便的是利用单位切削力来计算切削力，计算公式为

$$F_c = k_c \cdot A_D = k_c \cdot a_p \cdot f \quad (\mathrm{N})$$

式中，k_c 为单位切削力(见表 2-2 及有关单位切削力的公式和表格)。

4.3　机床夹具的分类

机床夹具的种类繁多，可根据其应用范围和特点，对机床夹具进行分类。常用的分类方法有以下几种。

4.3.1　按夹具的使用特点分类

1. 通用夹具

已经标准化的、可加工一定范围内不同工件的夹具，称为通用夹具。通用夹具已作为机床附件由专门工厂制造供应，如三爪自定心卡盘(见图 4-18(a))、四爪卡盘(见图 4-18(b))、万向平口虎钳(见图 4-18(c))、万能分度头、回转工作台等。其最大特点是通用性强，使用时无需调整或稍加调整，就可适应多种工件的装夹，但装夹较慢，适用于单件小批量生产。

(a) 三爪自定心卡盘

(b) 四爪卡盘

(c) 万向平口虎钳

图 4-18　通用夹具

2. 专用夹具

专为某一工件的某道工序加工而设计制造的夹具，称为专用夹具(如图 4-8 所示的钻床夹具)。专用夹具使用方便，效率高，但设计制造周期较长，成本较高，产品变更时即报废，所以用于批量较大的生产中。专用夹具由生产厂商自行设计制造。

3. 通用可调夹具和成组夹具

它们的共同点是，由通用基础件和可调整元件组成，在加工完一种工件后，只需对夹具进行适当调整或更换个别元件，即可用于加工形状、尺寸相近或加工工艺相似的多种工件。

通用可调夹具加工对象并不明确，适用范围较广；而成组夹具是专为某一零件组的成组加工而设计，可用于组内的不同工件的装夹，其加工对象明确，针对性强，结构更加紧凑。

最典型的通用可调夹具为滑柱钻模，如图 4-19 所示，它可用于加工多种回转体类零件端面上的孔。

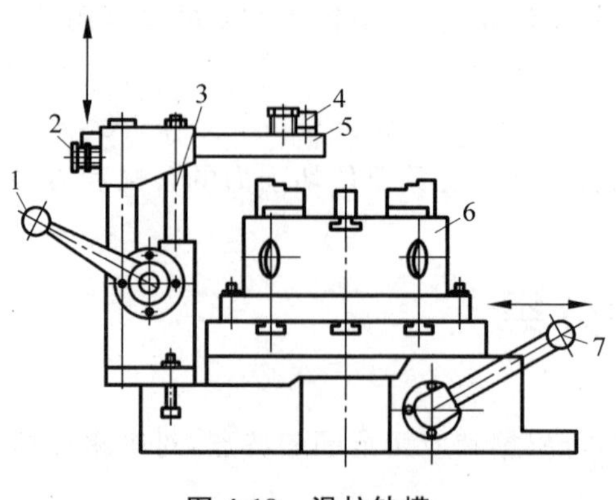

图 4-19　滑柱钻模

1,7—手柄；2—定位旋钮；3—滑柱；4—钻套；5—钻模板；6—三爪卡盘

4. 组合夹具

组合夹具是按照某工件的某道工序加工要求，由一套预先制造好的通用的标准元件或部件组装而成的夹具。这些元件及部件的用途、形状和尺寸规格各不相同，具有较好的互换性、耐磨性和较高的精度，能根据工件的加工要求，组装成各种专用夹具。

组合夹具是机床夹具中标准化、系列化、通用化程度最高的一种夹具。其基本特点是：结构灵活多变，元件能长期重复使用，设计和组装周期短。其缺点是：与专用夹具相比，一般显得体积质量较大、刚性较差、需要大量的元件储备和较大的基本投资。

图 4-20 所示为组合夹具的示意图。

5. 随行夹具

随行夹具是在大批量生产中，随自动线将工件输送到各加工工位上的一种移动式夹具。一般用于那些适合在自动线上加工，但又无良好输送基面的工件；也可用于虽有良好输送基面，但材质较软，容易划伤已加工定位基面的有色金属工件。图 4-21 所示为某活塞加工自动线所采用的随行夹具。

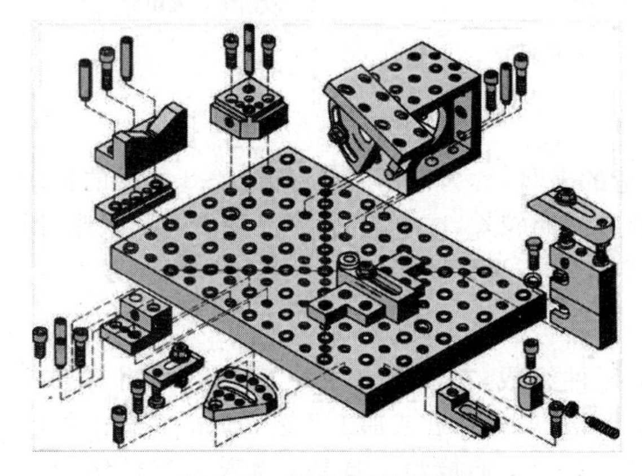

图 4-20　组合夹具示意图

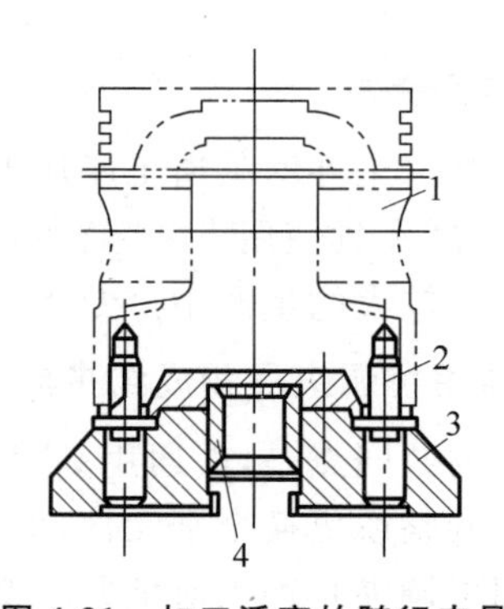

图 4-21　加工活塞的随行夹具

1—工件；2—定位销；3—夹具底板；4—定位套

4.3.2　按使用机床分类

根据所使用的机床，可将夹具分为车床夹具、铣床夹具、钻床夹具、镗床夹具、磨床夹具、齿轮机床夹具、数控机床夹具、自动机床夹具，以及其他机床夹具等。

4.3.3　按夹紧的动力源分类

根据产生夹紧力的动力源，可将夹具分为手动夹具、气动夹具、液压夹具、电动夹具、电磁夹具和真空夹具等。

4.4　工件定位的基本原理

4.4.1　工件在夹具中的定位

1. 六点定位原理

任何一个未受约束的物体，在空间都具有 6 个自由度，即，沿 3 个互相垂直坐标轴的移动(用$\vec{X}$，$\vec{Y}$，$\vec{Z}$表示)和绕 3 个互相垂直坐标轴的转动(用$\widehat{X}$，$\widehat{Y}$，$\widehat{Z}$表示)，如图 4-22(a)所示。

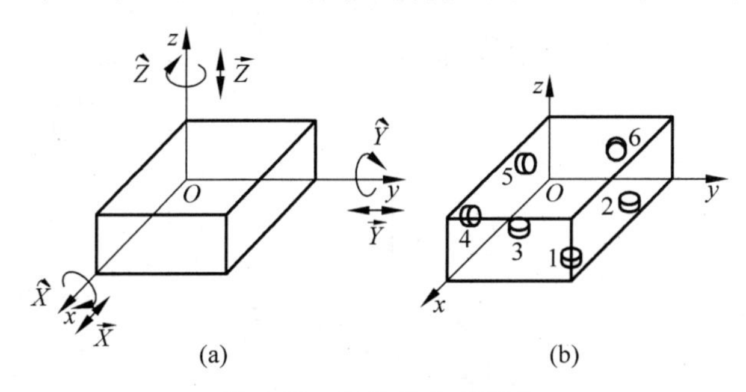

图 4-22　工件的六点定位

习惯上把某个方向活动的可能性称为 1 个自由度，故空间的 1 个自由刚体共有 6 个自由度，也就是说任意 1 个刚体，在空间直角坐标系中有 6 个方向活动的可能性。要使物体在某个方向有确定的位置，就必须限制该方向的自由度。因此，要使物体在空间具有确定的位置(即定位)，就必须对这 6 个自由度加以约束。

理论上讲，工件的 6 个自由度可用 6 个支承点加以限制，尽管工件的结构和形状千差万别，但它们的 6 个自由度都可以用 6 个支承点来限制，前提是这 6 个支承点在空间按一定规律分布，并保持与工件的定位基面相接触。

如图 4-22(b)所示，在 xOy 水平面上，布置 3 个支承点 1、2、3(这三点应成三角形，三角形的面积越大，定位越稳)，当六方体工件的底面与这 3 个支承点接触时，工件在 x 轴、y 轴上的旋转和在 z 轴上的移动，即$\widehat{X}$、$\widehat{Y}$、$\vec{Z}$ 3 个自由度受到限制；然后在 xOz 侧平面上布置 2 个支承点 4、5(两点呈水平放置，其跨度应尽可能大些)，当工件侧面与之接触时，工件在 y 轴上的移动和在 z 轴上的旋转，即$\vec{Y}$、$\widehat{Z}$ 2 个自由度受到限制；再在 yOz 后平面上布置一个支承点 6，使工件背面靠在这个支承点上，工件在 x 轴上移动的自由度，即$\vec{X}$的自由度就被限制。工件定位的实质就是用定位元件来阻止工件的移动或转动，从而限制工件的自由度。

因此，用适当分布的 6 个支撑点去分别限制工件的 6 个自由度，从而使工件在空间得到确定位置的方法，称为六点定位原理。

2. 支承点与定位元件

六点定位原理中使用支承点来限制工件的自由度，1 个支承点限制工件的 1 个自由度。在具体的夹具结构中，工件的定位实际上是以工件上的某些基准面（即定位基面）与定位元件（如支承点）相接触来实现的。常用的定位元件有支承钉、支承板、心轴、V 形块、半圆孔、顶尖、圆锥销等。除支承钉可以直观地理解为一个支承点外，其他定位元件相当于几个支承点，应由它的具体结构及所处的位置和所限制的工件的自由度数来判断。

表 4-1 列出了常用定位基面和定位元件所能限制的自由度。

表 4-1　常用定位基面和定位元件所限制的自由度

工作定位基面	定位元件	定位方式及所限制的自由度	特点及适用范围
平面	支承钉	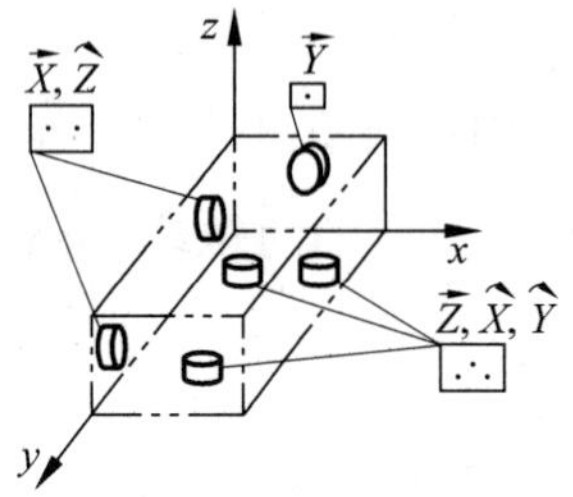	圆头支承钉易磨损，多用于粗基准的定位；平头支承钉支承面积较大，常用于精基准的定位；齿纹头支承钉用于要求有较大摩擦力的侧面定位 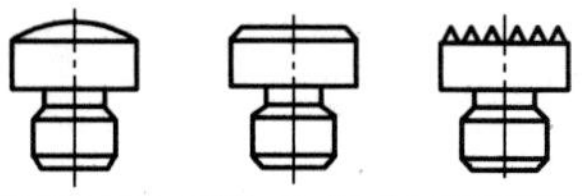
	支承板	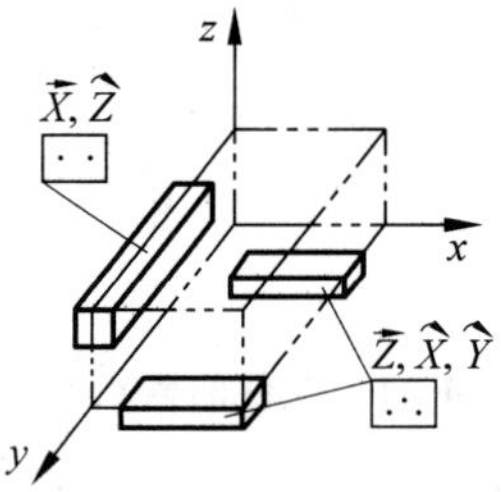	主要用于定位平面为精基准的定位。 2 个相距一定距离的定位板相当于 1 个平面，限制 3 个自由度。 1 个支承板相当于 2 个定位点，限制 2 个自由度
	固定支承与自位支承	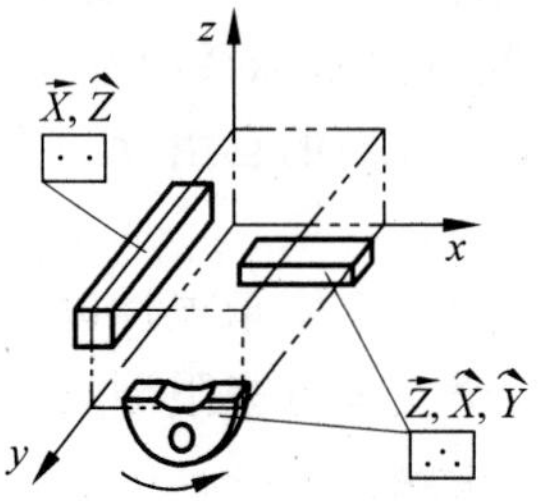	自位支承相当于限制 1 个自由度，增加了与工件的接触点，可使工件支承稳固，避免过定位；常用于粗基准定位及工件刚性不足的场合；自位支承是活动的或浮动的，可根据工件表面的高低不平自动调整支承的高度
	固定支承与辅助支承	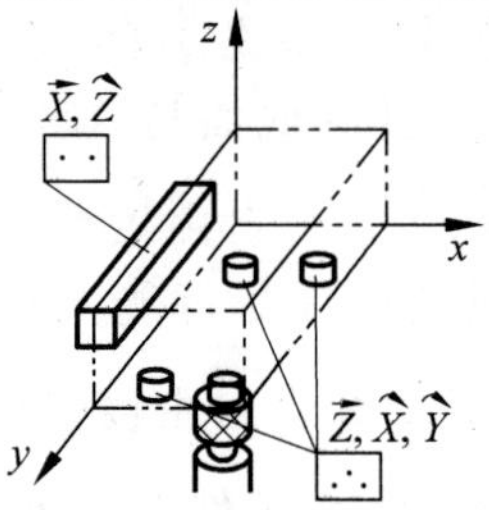	辅助支承不起定位作用，但可提高工件的支承刚度及稳定性，辅助支承必须于工件在主要支承上定位夹紧后才参与工作

续表

工作定位基面	定位元件	定位方式及所限制的自由度	特点及适用范围
圆孔	短定位销（短心轴）	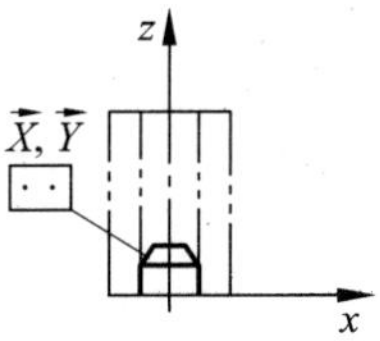	以内孔定位是最常见的定位元件之一，其结构简单，装卸工件方便；定位精度取决于孔与销的配合精度（定位后 x，y 方向会产生旋转）
	长定位销（长心轴）	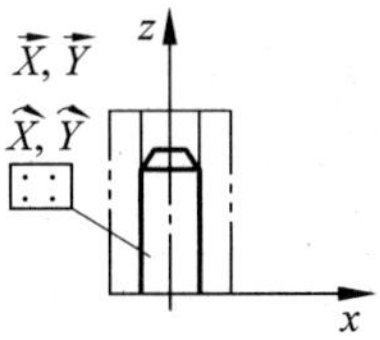	间隙配合心轴装卸方便，但定位精度不高；过盈配合心轴的定位精度高，但装卸不便（定位后 x，y 方向不产生旋转）
	锥销	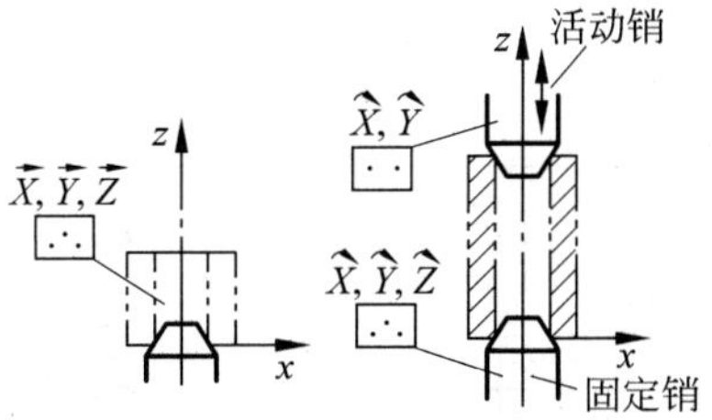	当工件孔径不太大时，可采用锥销，工件套入压紧，靠摩擦力固紧。其对中性好，安装方便，但不能承受过大的力矩；基准孔的尺寸误差将使轴向定位尺寸产生误差；定位时工件容易倾斜，故应和其他元件组合起来应用
锥孔	顶尖	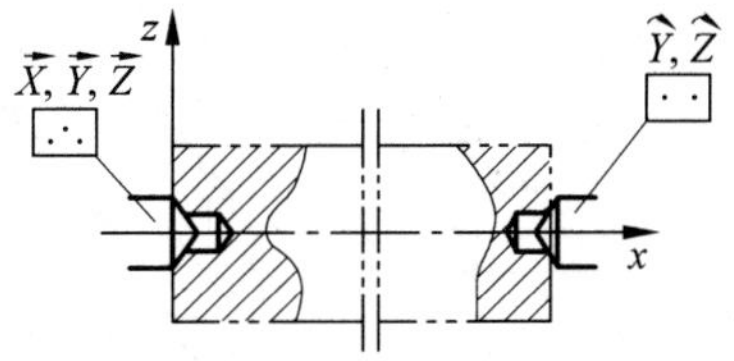	结构简单，对中性好，易于保证工件各加工外圆表面的同轴度及与端面的垂直度。常用于车削、磨削的轴类零件
	锥心轴	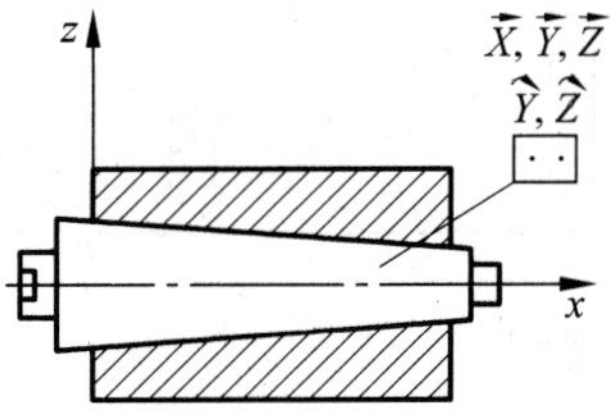	定心精度高；工件孔尺寸误差会引起其轴向位置的较大变化

续表

工作定位基面	定位元件	定位方式及所限制的自由度	特点及适用范围
外圆柱面	支承钉或支承板	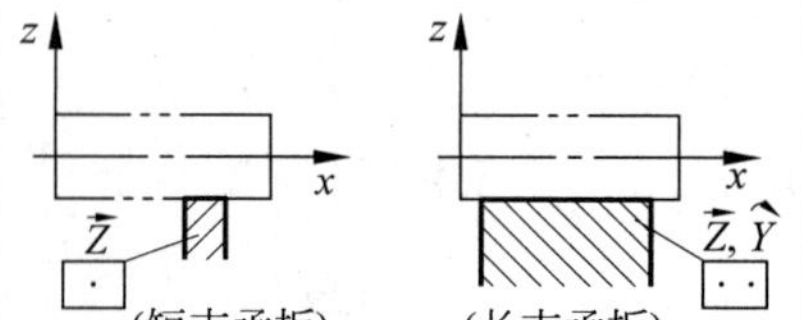 $\vec{Z}$（短支承板）；$\vec{Z}, \hat{Y}$（长支承板）	结构简单，定位方便
	V形块	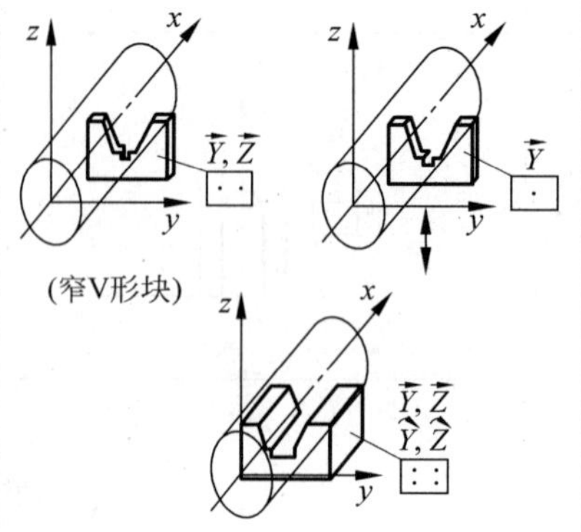 $\vec{Y}, \vec{Z}$（窄V形块）；$\vec{Y}$；$\vec{Y}, \vec{Z}$，$\hat{Y}, \hat{Z}$（宽V形块或2个窄V形块）	对中心性好，不受工件基准直径误差的影响，工件的轴线始终和V形块的中心重合；常用于加工表面与外圆轴线有对称度要求的工件定位。 活动V形块限制工件的1个自由度，并具有夹紧作用
	定位套	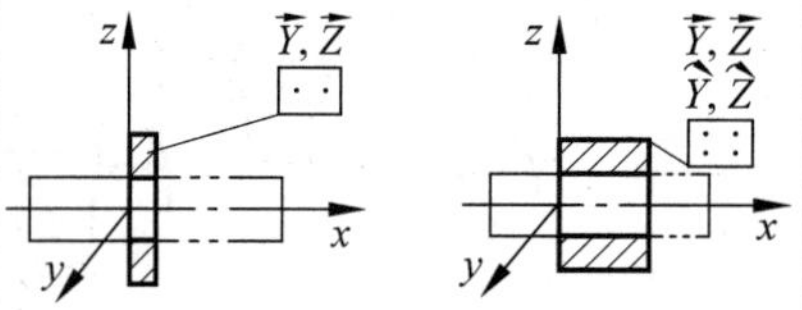 $\vec{Y}, \vec{Z}$；$\vec{Y}, \vec{Z}$，$\hat{Y}, \hat{Z}$	结构简单，定位方便；定位有间隙，定心精度不高
	半圆孔	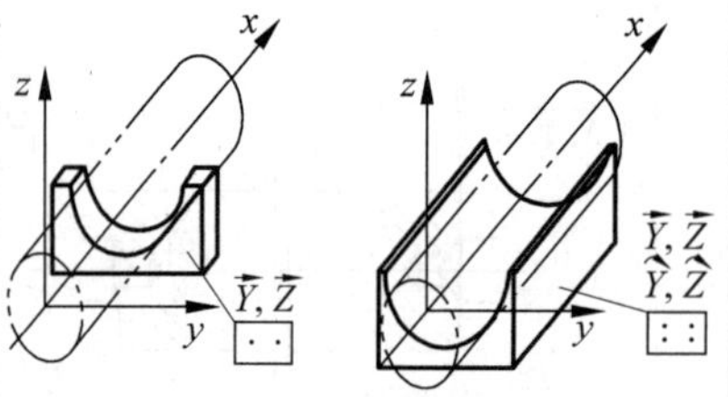 $\vec{Y}, \vec{Z}$；$\vec{Y}, \vec{Z}$，$\hat{Y}, \hat{Z}$	对中性好，夹紧力在基准表面上分布均匀；工件基准面的精度不应低于IT8～IT9级
	锥套	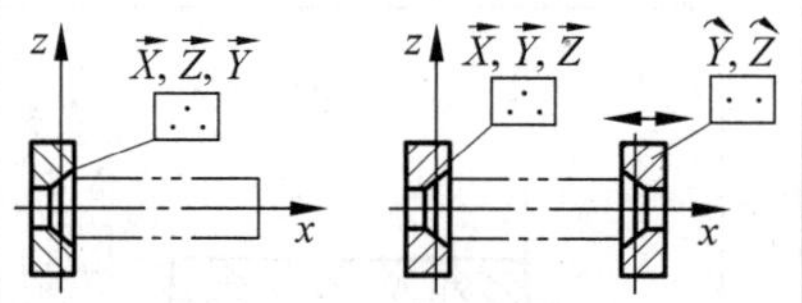 $\vec{X}, \vec{Z}, \vec{Y}$；$\vec{X}, \vec{Y}, \vec{Z}$，$\hat{Y}, \hat{Z}$	对中性好，装卸方便；定位时容易倾斜，故应与其他元件组合起来应用

3. 对工件定位的两种错误理解

分析工件在夹具中的定位时，容易产生两种错误的理解。

(1) 一种错误的理解认为，工件在夹具中被夹紧了，也就没有自由度而言，因此工件也就定位了。这种把定位和夹紧混为一谈，是概念上的错误。

工件的定位是指被加工工件在夹紧前，要在夹具中按加工要求占有正确的位置，而夹紧是在任何位置均可夹紧，但不处于正确位置的夹紧，则保证不了加工的要求。

(2) 另一种错误的理解认为，工件定位后，仍具有沿定位元件相反方向移动或转动的自由度，则这个移动或转动的自由度就没有被限制，这种理解显然也是错误的。因为工件的定位是以工件的定位基准面与定位元件相接触为前提条件的，如果工件离开了定位元件就谈不上定位了，也谈不上限制其自由度了。

至于工件在外力的作用下有可能离开定位元件，那是由夹紧来解决的问题，不能将定位与夹紧混为一谈。

4.4.2　完全定位与不完全定位

1. 完全定位

工件在夹具中定位，若工件的 6 个自由度完全被限制的定位称为完全定位。

如图 4-23(a)所示的零件，在加工 ϕD 孔时要求孔的中心轴线垂直于底面 C，并保证定位尺寸 A 和 B。由此可见，在钻孔工序中，工件的 6 个自由度必须被完全限制，才能保证加工要求。其定位方案如图 4-23(b)所示，其底面的 2 个支承板，限制了工件的$\overset{\curvearrowright}{X}$,$\overset{\curvearrowright}{Y}$,$\vec{Z}$ 3 个自由度；左侧面的 2 个支承钉限制了工件的$\vec{X}$,$\overset{\curvearrowright}{Z}$ 2 个自由度；后侧面的 1 个支承钉限制了工件的$\vec{Y}$ 1 个自由度。这样，工件的 6 个自由度被完全限制，实现了工件的完全定位，从而能达到图纸的设计(或加工)要求。

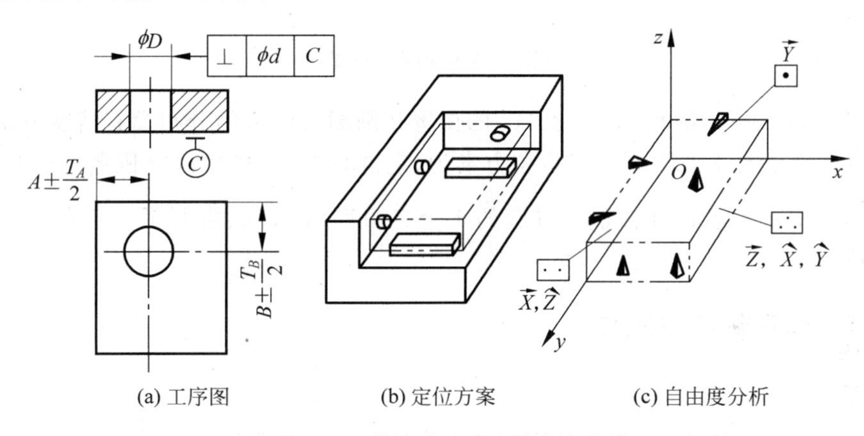

(a) 工序图　　(b) 定位方案　　(c) 自由度分析

图 4-23　工件钻孔工序定位方案分析

又如图 4-24 所示为加工连杆大头孔时的定位情况。连杆以其底面安装在支承板 2 上，支承板此时限制了工件$\overset{\curvearrowright}{X}$,$\overset{\curvearrowright}{Y}$,$\vec{Z}$ 3 个自由度，即相当于 3 个支承点；小头孔中的短圆柱销 1 限制了工件的$\vec{X}$,$\vec{Y}$ 2 个自由度，相当于 2 个支承点；与连杆大头孔侧面接触的圆柱销 3，限制了工件的$\overset{\curvearrowright}{Z}$ 1 个自由度，相当于 1 个支承点。该方案 6 个自由度全部被限制，为完全定位。

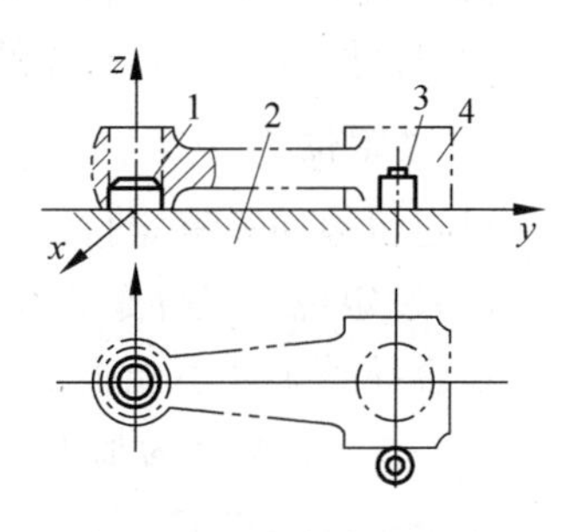

图 4-24　连杆定位方案

1—短定位销；2—支承板；3—圆柱销；4—工件

这里应注意的是，尽管定位元件 1 和 3 都是圆柱销，但它们相当的支承点数是不同的，这与它们所处的位置和结构不同有关，则所限制的自由度数也是不同的。

2. 不完全定位

在定位过程中，根据加工要求，没有必要限制工件的全部自由度，允许有 1 个或几个自由度不被限制的定位，称为不完全定位。虽然工件被限制的自由度少于 6 个，但能保证加工要求。在实际生产中，工件被限制的自由度数一般不少于 3 个。如图 4-25 所示，图 4-25(a)为加工内孔，限制了工件$\vec{X}$、$\vec{Z}$、$\overset{\curvearrowright}{X}$、$\overset{\curvearrowright}{Z}$ 4 个自由度，图 4-25(b)为加工上表面，只需限制工件的$\overset{\curvearrowright}{X}$、$\overset{\curvearrowright}{Y}$、$\vec{Z}$ 3 个自由度。

因此，工件的定位，并非要求每种工件的加工都必须限制 6 个自由度，确定工件需要限制哪几个自由度的主要依据，是工件的加工精度要求。即要限制的是那些影响工件加工精度的自由度。

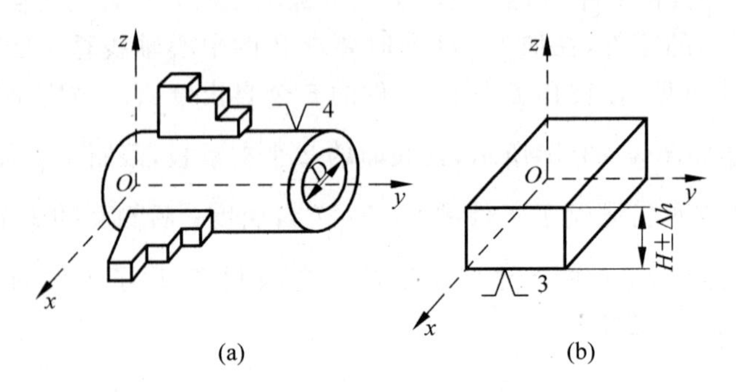

图 4-25 工件的不完全定位

又如图 4-8(a)所示的轴套，孔 ϕ6H7 的位置在圆周方向上的分布没有精度要求，绕y 轴旋转的自由度就没有必要限制。其定位方案为，定位心轴(长圆柱销)3 限制了轴套的4 个自由度($\vec{X}$，$\vec{Z}$，$\overset{\curvearrowright}{X}$，$\overset{\curvearrowright}{Z}$)，小端面 A 限制了轴套的 1 个自由度($\vec{Y}$)。共限制了 5 个自由度，所以为不完全定位。

4.4.3 欠定位与过定位

1. 欠定位

根据工件的加工要求，工件应该限制的自由度而没有被限制的定位，称为欠定位。欠定位无法保证工件的加工精度，是绝对不允许存在的。例如，在图 4-8(b)中若没有端面 A 的定位，则尺寸(30±0.1)mm 的精度就无法保证，显然这种欠定位是不允许的。

2. 过定位

过定位也叫重复定位。工件的同一自由度被 2 个或 2 个以上的支承点重复限制的定位，称为过定位。工件是否允许过定位存在应根据具体情况而定。过定位要使用得当，有时过定位会导致工件不能正常安装或不能保证加工要求。

图 4-26(a)所示为加工连杆小头孔时的定位方案。由于使用了长圆柱销且配合较紧，故限制了工件的$\vec{X}$，$\vec{Y}$，$\overset{\curvearrowright}{X}$，$\overset{\curvearrowright}{Y}$ 4 个自由度，而底面支承板限制了工件的$\overset{\curvearrowright}{X}$，$\overset{\curvearrowright}{Y}$，$\vec{Z}$ 3 个自由度，因此$\overset{\curvearrowright}{X}$、$\overset{\curvearrowright}{Y}$方向受重复限制而出现了过定位。若连杆小头孔中心轴线与端面不垂直，则夹紧时会使连杆或长圆柱销产生变形而引起较大的误差，若在此状态下进行加工，则小头孔与端面

的垂直度就无法保证。若将长圆柱销改为短圆柱销2，则只限制$\vec{X}$，$\vec{Y}$ 2个自由度，连杆外侧面的圆柱销3只限制$\vec{Z}$，如图4-26(b)所示，则可消除过定位，很容易保证小头孔中心轴线与端面的垂直度，满足加工要求。

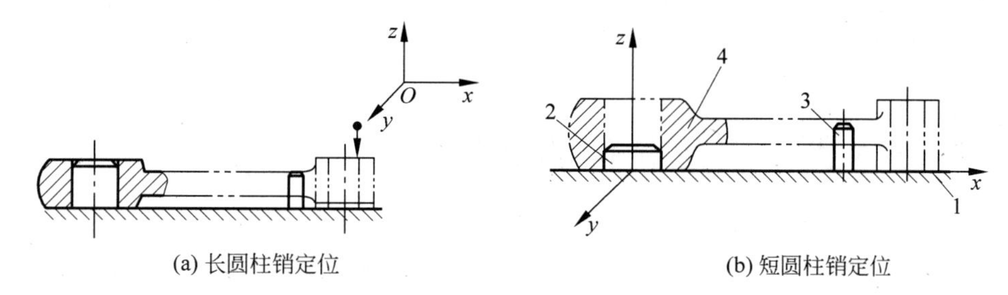

(a) 长圆柱销定位　　(b) 短圆柱销定位

图4-26　加工连杆小头孔的定位方案

1—支承板；2—短定位销；3—圆柱销；4—工件

图4-27(b)为用4个支承钉支承1个平面的定位。4个支承点只消除了$\vec{X}$，$\vec{Y}$，$\vec{Z}$ 3个自由度，所以这是重复定位。如果定位表面粗糙，这时实际上就可能只是三点接触，而对一批工件来说，其所接触三点均不同，这样，工件占有的位置就不是唯一的了。为避免这种情况，可撤去1个支承点，然后再将3个支承点重新布置，也可将4个支承钉之一改为辅助支承，使该支承钉只起支承而不起定位作用。

图4-27(c)为利用工件底面及两销孔(定位销用短销)的定位情况，即一面两销定位。2个短销同时限制了$\vec{Y}$自由度，因而产生过定位。此时由于同批工件两孔中心距及夹具两销中心距的加工误差，可能造成部分工件无法同时装入两定位销内的现象发生。为消除过定位，可将其中的1个销在y方向进行削边，如图4-27(a)所示，从而使削边销(又称菱形销)不限制$\vec{Y}$自由度，从而避免过定位干涉的发生。

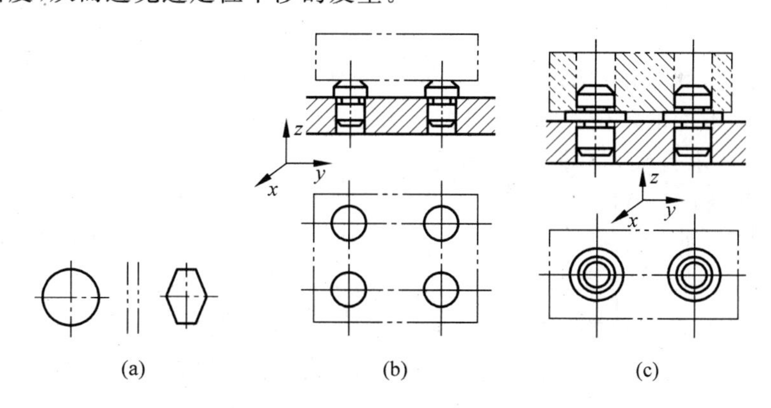

(a)　　(b)　　(c)

图4-27　常见的几种过定位实例

过定位是否允许，要视具体情况而定。

(1) 如果工件的定位面经过机械加工，且形状、尺寸、位置精度均较高，则过定位是允许的，有时还是必要的。因为合理的过定位不仅不会影响加工精度，还会起到加强工艺系统刚度和增加定位稳定性的作用。

图4-27(b)所示的定位方案中，假如工件定位平面较大且加工得又很平，而4个支承钉

工作表面又准确地位于同一平面内(装在夹具上一次磨出),这时就不会因过定位造成不良后果,反而能增加定位的稳定性,提高支承刚度。

(2) 反之,如果工件的定位面是毛坯面,或虽经过机械加工但加工精度不高,这时过定位一般是不允许的。因为它可能造成定位不准确,或定位不稳定,或发生定位干涉等情况。

4.5 定位方式与定位元件的选择

工件在夹具中的定位,是通过工件上的定位基准表面与夹具中的定位元件的工作表面相接触或配合来实现的。工件上被选作定位基准的表面常有平面、圆柱面、圆锥面、成形表面等及它们的组合。所采用的定位方法和定位元件的具体结构应与工件基面的形式相适应。

有时同一工件有多种不同的定位方式和定位元件可供选择,具体选用哪一种,应根据在保证工件加工精度的前提下,以尽量简化夹具的结构、方便工件的装夹为原则,作出分析判断,必要时还要计算工件的定位误差。

4.5.1 工件以平面定位时的定位元件

1. 主要支承

主要支承用来限制工件的自由度,起定位作用。常用的元件有固定支承、自位支承和可调支承三种。

(1) 固定支承

固定支承有支承钉和支承板两种形式,其结构和尺寸均已标准化。

① 支承钉

支承钉有平头、球头、齿纹头 3 种,如图 4-28 所示。其中图(a)平头支承钉的支承面积较大,常用于精基准面的定位;图(b)圆头支承钉易磨损,多用于粗基准面的定位;图(c)齿纹头支承钉用于要求有较大摩擦力的侧面定位。

1 个支承钉限制 1 个自由度。

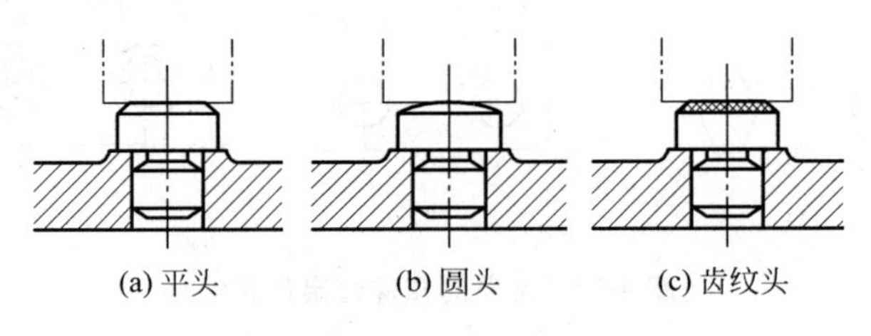

(a) 平头　　(b) 圆头　　(c) 齿纹头

图 4-28　支承钉

② 支承板

支承板用于面积较大、经过加工的平面定位,有不带斜槽(见图 4-29(a))和带斜槽(见图 4-29(b))两种。其中不带斜槽的支承板结构简单,制造方便,但由于沉头螺钉处积屑不易清除,故多用于侧面定位;带斜槽的支承板便于清除切屑,广泛用于底面定位。

1 个支承板限制 2 个自由度，2 个相距一定距离的支承板限制 3 个自由度。

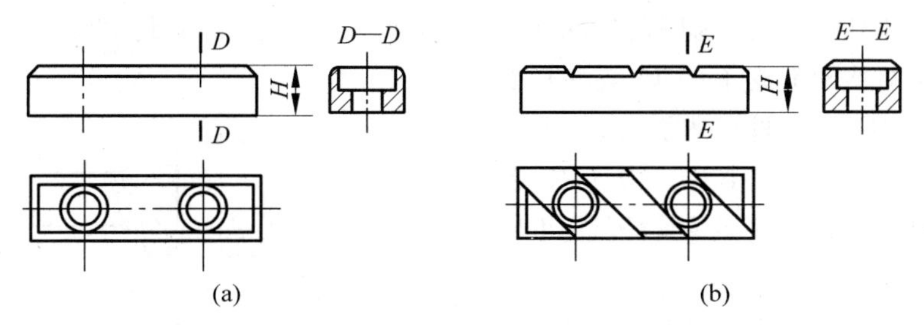

图 4-29　支承板

(2) 自位支承

自位支承又称浮动支承，其位置可随定位基准面位置的变化而自动调整支承的高度。虽然自位支承与工件的定位基准面可能不止一点接触，但实质上只能起到 1 个定位支承点的作用，即限制工件的 1 个自由度。由于增加了接触点数，可提高工件的支承刚度和稳定性，但夹具结构稍复杂，主要用于工件以粗基准、阶梯平面的定位或刚性不足的场合。图 4-30 所示为一种常见的自位支承结构。

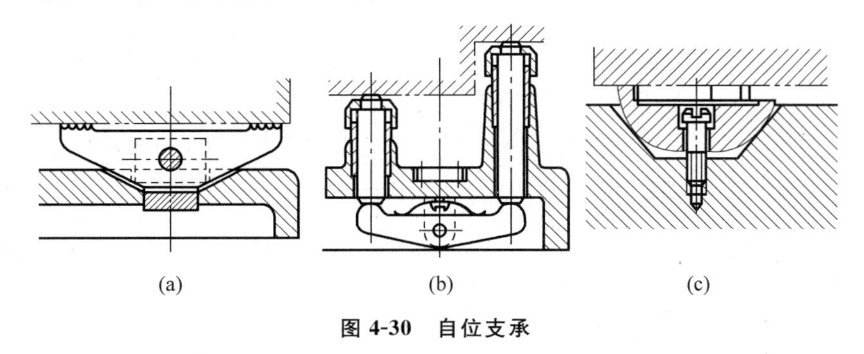

图 4-30　自位支承

(3) 可调支承

可调支承是在夹具中定位支承点的位置可调节的定位元件。可调支承的顶面位置可以在一定范围内调整，一旦调定后，用防松螺母锁紧。调整后它的作用相当于 1 个固定支承。采用可调支承可以适应定位面的尺寸在一定范围内的变化。其典型结构如图 4-31 所示。

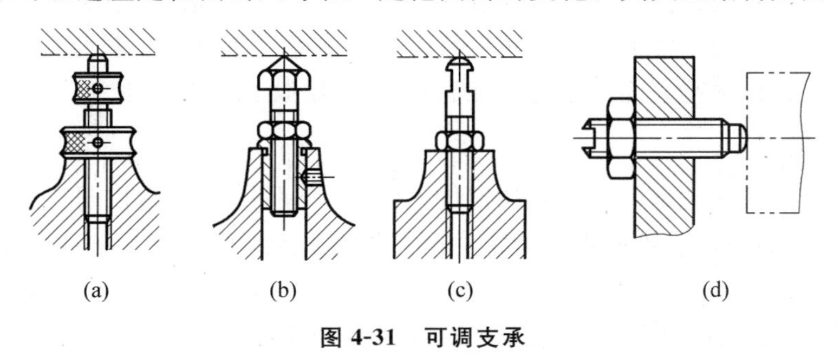

图 4-31　可调支承

2. 辅助支承

辅助支承是在夹具中不起限制自由度作用的支承。它主要是用于提高工件的支承刚度和稳定性，防止工件因受力而产生变形。

辅助支承不起定位作用。通常在安装工件前，先将辅助支承的位置调低，再用定位元件将工件定位、夹紧后，最后将辅助支承的位置调高到与工件接触，并将其锁紧。这样，每安装工件一次就要调整辅助支承一次，效率较低。

如图 4-32 所示，工件以内孔及端面定位，限制工件的 5 个自由度，钻右端小孔。由于右端为一悬臂，钻孔时工件刚性差。若在 A 处设置固定支承，属过定位，有可能破坏左端的定位。这时可在 A 处设置一辅助支承，承受钻削力，既不破坏定位，又增加了工件的刚性及稳定性。

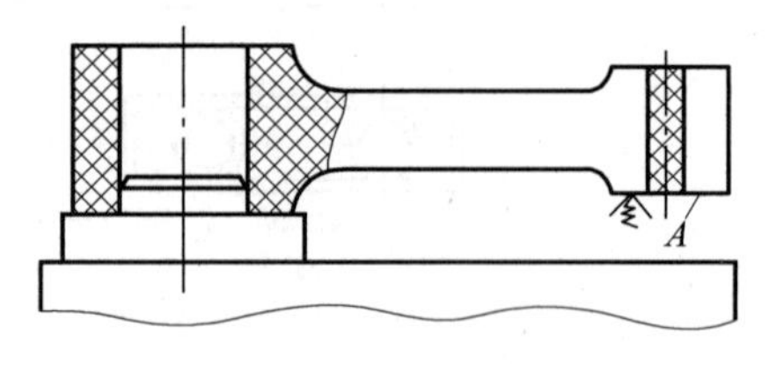

图 4-32 辅助支承的应用

图 4-33 所示为夹具中常见的 3 种辅助支承。图(a)为螺旋式辅助支承，待定位元件将工件定位、夹紧后，再将辅助支承的位置调高到与工件接触，并将其锁紧；图(b)为自位式辅助支承，滑柱 1 在弹簧 2 的作用下与工件接触，转动手柄使顶柱 3 将滑柱 1 锁紧；图(c)为斜楔式辅助支承，工件夹紧后转动手轮 4 使斜楔 6 左移使滑销 5 与工件接触，再继续转动手轮 4 可使斜楔 6 的开槽部分胀开而锁紧。

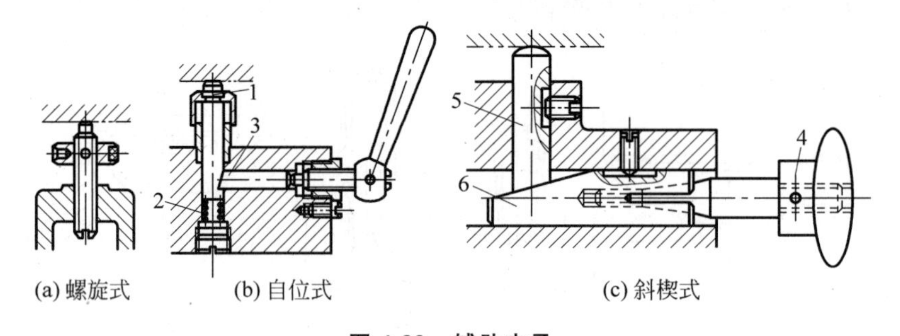

图 4-33 辅助支承

1—滑柱；2—弹簧；3—顶柱；4—手轮；5—滑销；6—斜楔

4.5.2 工件以内孔定位时的定位元件

在生产中常常遇到套筒、盘盖类零件，加工时是以内孔为定位基准的。工件以内孔定位是一种中心定位。定位面为圆柱孔(内表面)，定位基准为中心轴线，通常要求内孔基准面有较高的精度。工件中心定位的方法是用定位销或心轴等与孔的配合来实现。粗基准很少采用内孔定位。工件以内孔表面为定位基准面时，常采用以下定位元件。

1. 圆柱定位销

圆柱定位销是以内孔定位最常用的定位元件之一，图 4-34 为常用圆柱销的结构。圆柱销的结构和尺寸已标准化，不同直径的定位销有其相应的结构形式，可根据工件定位内孔的直径选用。

图 4-34(a)、(b)、(c)所示为固定式定位销，可直接采用过盈配合或过渡配合装配在夹具体上，当定位销的工作表面的直径 D 为 3～10mm 时，通常采用图 4-34(a)所示的形式。为增加定位销刚度，避免销子因受撞击而折断或热处理时淬裂，通常把根部倒成圆角。这时夹具体上应有沉孔，使定位销的圆角部分沉入孔内而不妨碍定位。

大批量生产时，由于工件装卸次数频繁，定位销较易磨损而降低定位精度。为方便、快速地更换定位销，可采用图 4-34(d)所示的带衬套可换式圆柱销结构。为便于工件顺利装入，定位销的头部应有 15°倒角。

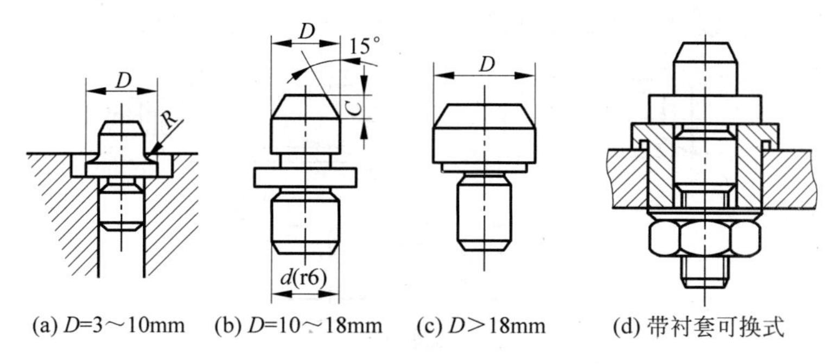

图 4-34　圆柱定位销

定位销工作表面直径 D 的基本尺寸与相应的工件定位孔的基本尺寸相同，其精度可根据工件加工精度、定位基准面的精度以及根据加工要求和考虑工件装卸方便，可按间隙配合 g5、g6、f6 或 f7 制造，定位销与夹具体的配合可用过盈配合 H7/r6 或过渡配合 H7/n6。衬套的外径与夹具体底孔可选用过渡配合 H7/n6，其衬套内径与定位销可采用 H7/h6 或 H7/h5 的间隙配合。

圆柱销有长、短两种。短定位销一般限制 $\vec{X}$，$\vec{Y}$ 2 个移动自由度；长定位销在配合较紧时，限制 $\vec{X}$，$\vec{Y}$，$\hat{X}$，$\hat{Y}$ 4 个自由度。

2. 圆锥定位销

圆孔在圆锥销上定位时，圆孔的端部同圆锥销的斜面相接触。固定圆锥销限制 $\vec{X}$，$\vec{Y}$，$\vec{Z}$ 3 个自由度。图 4-35(a)用于粗基准的定位，图 4-35(b)用于精基准的定位。

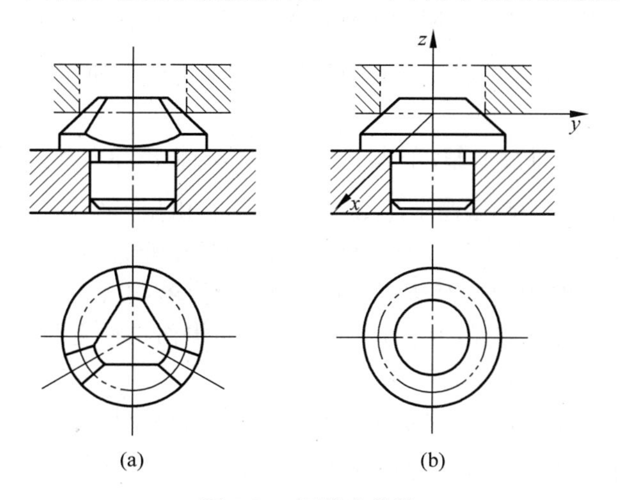

图 4-35　圆锥定位销

工件在单个圆锥销上定位容易倾斜，为此，圆锥销一般与其他定位元件组合定位，如图 4-36 所示。图 4-36(a)为工件在双圆锥销上定位，其中左边的一个圆锥销为固定的，右边的一个圆锥销为活动的，活动的圆锥销限制工件的 2 个旋转的自由度；图 4-36(b)为圆锥-圆柱组合心轴定位，锥度部分使工件准确定心，圆柱部分可减少工件倾斜（配合不是很紧）；图 4-36(c)以工件底面作为主要定位基面，其中圆锥销是活动的，即使工件的孔径变化较大，也能准确定位。以上 3 种定位方式均限制工件的 5 个自由度。

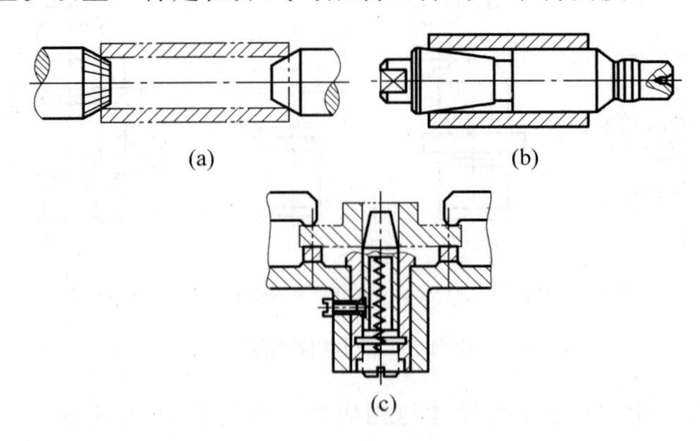

图 4-36 圆锥销组合定位

3. 定位心轴

定位心轴主要用于车、铣、磨、齿轮加工等机床上，加工内孔、外圆有同轴度要求的套筒类和盘类零件的定位，它包括圆柱心轴和小锥度心轴。图 4-37 所示为常用心轴的结构形式。

图 4-37(a)所示为间隙配合心轴，心轴定位部分直径按 h6、g6 或 f7 制造，装卸工件方便，但定心精度不高。为了减少因配合间隙而造成的工件倾斜，工件常以孔和端面联合定位，因此，要求工件定位内孔与定位端面之间、心轴定位圆柱面与定位平面之间都有较高的垂直度要求，并最好能在一次装夹中加工出来。

当心轴与工件间隙较小时，它限制工件的$\vec{X}$,$\vec{Z}$,$\vec{\hat{X}}$,$\vec{\hat{Z}}$ 4 个自由度；当间隙较大时，只限制$\vec{X}$,$\vec{Z}$ 2 个移动自由度，此时工件定位还应和较大的端面配合使用，用来限制$\vec{X}$,$\vec{Y}$,$\vec{Z}$,$\vec{\hat{X}}$,$\vec{\hat{Z}}$ 5 个自由度。

图 4-37(b)所示为小锥度心轴，采取了过盈配合，心轴由导向部分 1、工作部分 2 及传动部分 3 组成。小锥度过盈心轴限制了$\vec{X}$,$\vec{Z}$,$\vec{\hat{X}}$,$\vec{\hat{Z}}$ 4 个自由度。导向部分的作用是使工件迅速而准确地套入心轴，心轴工作部分的直径按最松的过盈配合 r6 制造，心轴两边的凹槽是供车削和磨削工件端面时用的退刀槽。这种心轴制造简单，定心准确，并靠楔紧产生的摩擦力带动工件，不用另设夹紧装置，但装卸工件不便，易损伤工件定位孔，工件的轴向无法定位。因此多用于定心精度要求高的精加工。

当工件既要求定心精度高，又要求装卸方便时，常用小锥度心轴来完成圆柱孔的定位。小锥度心轴一般可限制除绕 y 轴线转动以外的其他 5 个自由度（工件楔紧后，在轴线上即$\vec{Y}$移动方向上的自由度也受到限制）。定位时，工件楔紧在心轴上，楔紧后孔会产生弹性变形，从而使工件不致倾斜。使用小锥度，通常锥度为 1∶5000～1∶1000。切削力矩由工件安装过程中产生的过盈来传递。由于工件孔径的微小变化将导致工件轴向的位置变化很大，所以定位孔的精度必须比较高。

图 4-37(c)为花键心轴，用于以花键孔定位的工件。

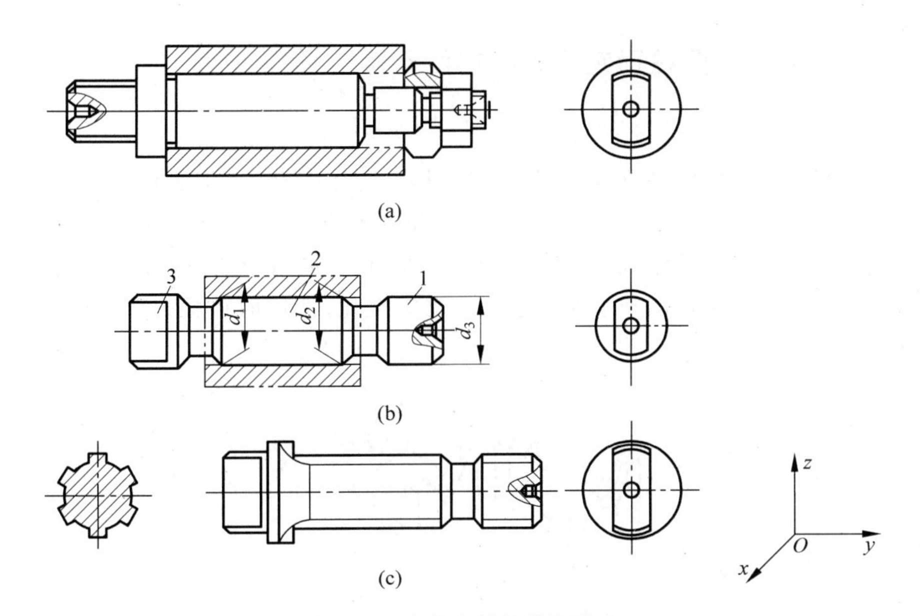

图 4-37　定位心轴的结构形式

1—导向部分；2—工作部分；3—传动部分

心轴在机床上的安装方式如图 4-38 所示。

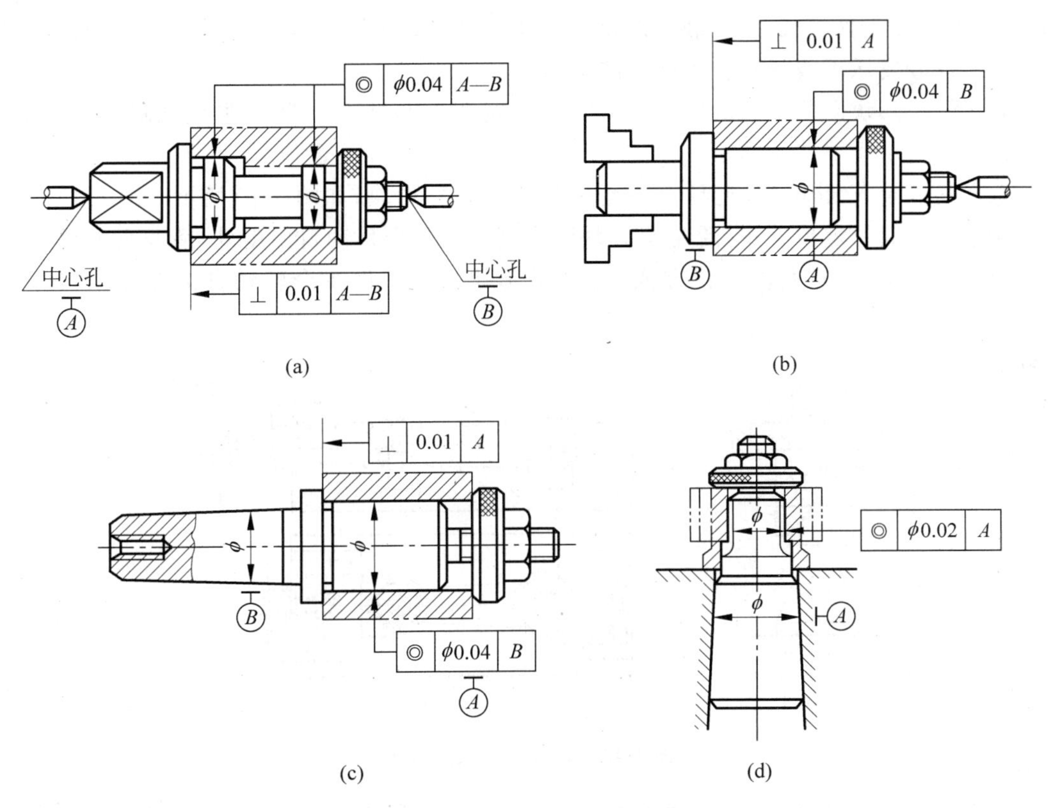

图 4-38　心轴在机床上的应用

4.5.3 工件以外圆柱面定位时的定位元件

1. V形块

工件以外圆柱面为定位基准时，可以在V形块、圆定位套、半圆定位套、锥面定位套和支承板上定位。其中，用V形块定位最常见。这里主要介绍V形块定位。

V形块工作面间的夹角常取60°、90°、120° 3种，其中夹角为90°的V形块应用得最多，如图4-39所示。90° V形块的典型结构和尺寸已标准化，使用时可根据定位圆柱面的长度和直径进行选择。

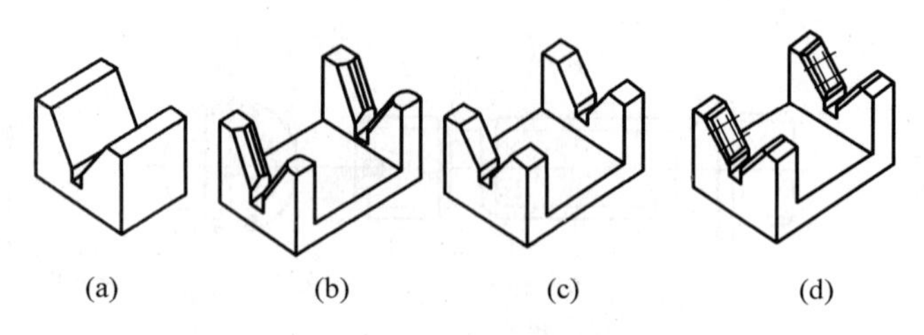

图4-39 V形块的结构形式

V形块结构有多种形式，图4-39(a)用于较短的、经过加工的外圆柱面定位；图4-39(b)用于较长的、未经加工的外圆柱面定位；图4-39(c)用于较长的、加工过的圆柱面定位；图4-39(d)用于工件较长、直径较大的重型工件的圆柱面定位，这种V形块一般做成在铸铁底座上镶淬硬支承板或硬质合金板的结构形式。

1个窄V形块限制工件的2个自由度，1个宽V形块或2个窄V形块限制工件的4个自由度。

除上述固定V形块外，夹具上还经常采用活动V形块，如图4-40所示。图4-40(a)为加工轴承座孔时的定位方式，活动V形块除限制工件1个移动自由度外，还兼有夹紧作用。图4-40(b)为加工连杆孔的定位方式，活动V形块限制工件1个转动自由度，还兼有夹紧作用。

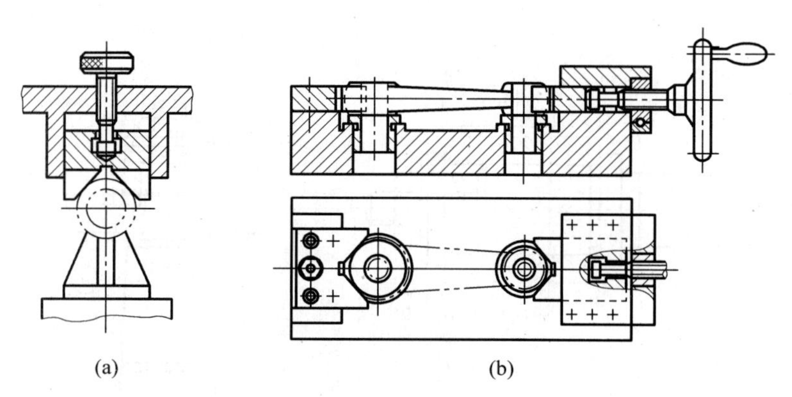

图4-40 活动V形块的应用

V形块定位的最大优点是对中性好，它可使一批工件的定位基准轴心线对中在V形块两斜面的对称平面上，而不受定位基准直径误差的影响。因此，常用于加工表面与外圆轴线有对称度要求的工件定位。

V 形块定位的另一个特点是无论定位基准是否经过加工，是完整的圆柱面还是局部圆弧面，都可采用 V 形块定位。因为它不受外圆直径误差的影响，工件的轴线始终和 V 形块的中心重合。所以对于回转体零件，V 形块是用得最多的定位元件。

2. 定位套

当工件外圆直径较小时，用定位套做定位元件。定位套装在夹具体上，内孔用以支承工件的外圆表面，起定位作用，一般适用于精基准定位。定位元件结构简单，容易制造，但定心精度不高，当工件外圆与定位孔配合较松时，还易使工件偏斜，因而常采用套筒内孔与端面一起定位，以减少偏斜。若工件端面较大，为避免过定位，定位孔应做短些(即短圆柱销)。常见定位套如图 4-41 所示。

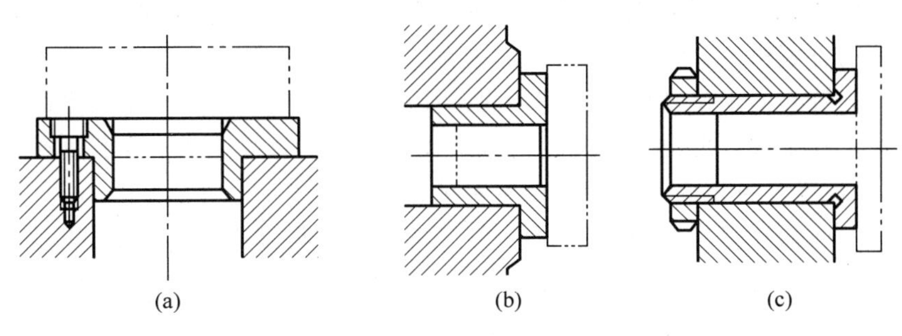

图 4-41　常见的定位套

3. 半圆套

将同一圆周面的孔分成上、下两个半圆，下面的半圆部分装在夹具体上，起定位作用，上面的半圆部分装在可卸式或铰链式盖上，起夹紧作用，如图 4-42 所示。半圆套适用于轴类及轴向装卸不便的工件，或不宜以整孔定位的情况。图 4-43 所示为某企业生产的液压缸体，工艺要求在卧式镗床上加工内孔。最初以 V 形块定位夹紧，结果发现夹紧力使得内孔变形，后改用半圆孔定位夹紧，其变形现象就可以避免。

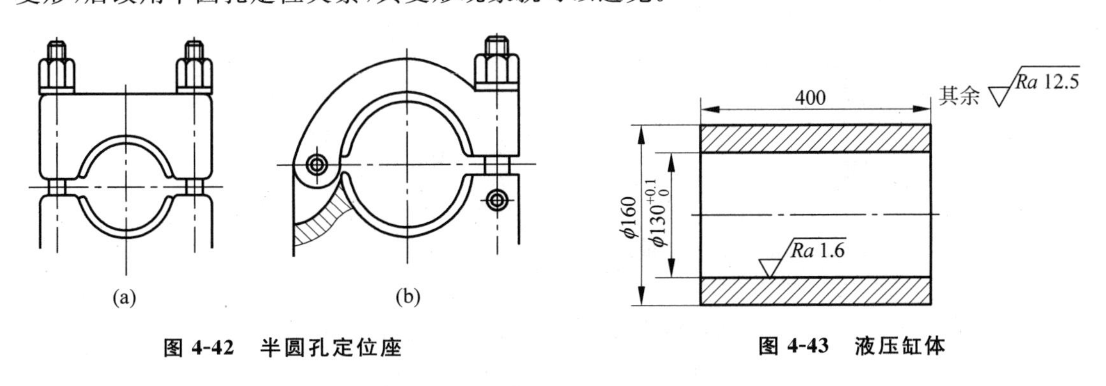

图 4-42　半圆孔定位座　　图 4-43　液压缸体

4. 圆锥套

图 4-44 所示为通用的反顶尖。工件以圆锥面的端部在圆锥套 3 的锥孔中定位，锥孔中有齿纹，以便带动工件旋转。

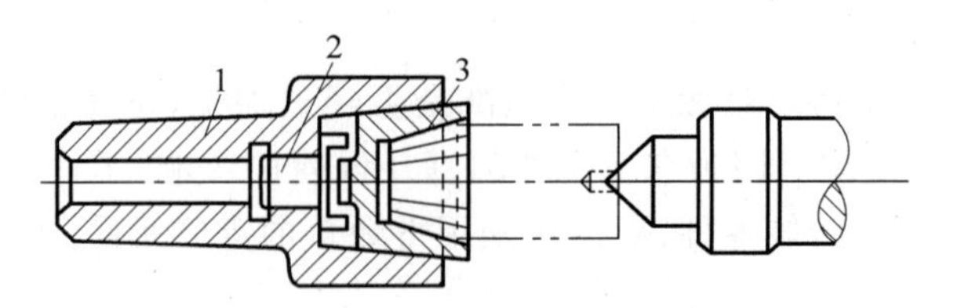

图 4-44 工件在圆锥套中定位

1—顶尖体；2—螺钉；3—圆锥套

4.5.4 工件以组合表面定位

在实际生产中，往往用前述的单一基准表面定位并不能满足工艺上的要求，所以通常以2个或2个以上的基准表面来同时完成工件的定位，即采取组合定位方式。

组合定位的方式很多，生产中最常用的就是一面两孔定位。如箱体类零件的加工中常以一面两孔作为统一的定位基准。所谓一面两孔是指定位基准采用1个大平面和该平面上与之垂直的2个孔来进行定位。这种定位方式简单、可靠，夹紧方便，易于做到工艺过程中的基准统一，保证工件各表面间的相互位置精度。

工件采用一面两孔定位时，定位平面一般是加工过的精基准面，两孔可以是工件结构上原有的，也可以是为定位需要专门设置的工艺孔，相应的定位元件是支承板和两定位销，故也称“一面两销”。

图4-45中的箱体镗孔时，就是采用一面两孔的定位方案。在箱体上表面专门制作出2个销孔，分别与2个销配合。支承板1限制工件的$\overset{\curvearrowright}{X}$，$\overset{\curvearrowright}{Y}$，$\vec{Z}$ 3个自由度；短圆柱销2限制工件的$\vec{X}$，$\vec{Y}$ 2个自由度；销4削去X方向上的边做成菱形销(也称削边销)，限制工件$\overset{\curvearrowright}{Z}$ 1个自由度。该组合定位共限制了工件的6个自由度，属于完全定位。如果销4也做成圆柱形销，它将限制工件的$\vec{X}$，$\overset{\curvearrowright}{Z}$ 2个自由度，这样3个定位元件共限制工件的7个自由度，将产生过定位现象，此时由于同批工件两孔中心距及夹具两销中心距的误差，可能造成部分工件无法同时装入两定位销内的情况发生。

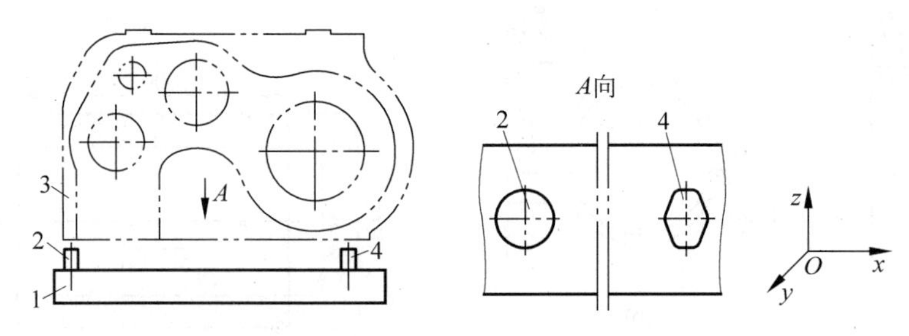

图 4-45 箱体的一面两孔定位方案

1—支承板；2—短圆柱销；3—箱体；4—菱形销

为解决这一过定位问题，可将两定位销之一在定位干涉方向(X方向)上削边，做成如图4-46所示的菱形销，以避免干涉。

菱形销的尺寸已经标准化，可具体查阅夹具设计的有关标准。

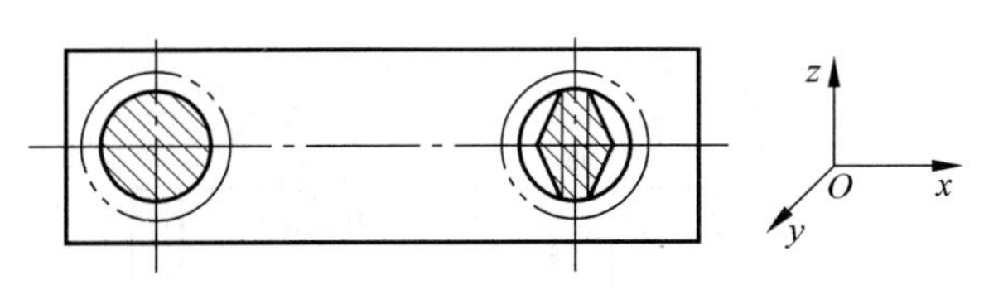

图 4-46　一面两销定位

4.6 定位误差分析

机械加工中，工件的误差通常由以下 3 部分组成：①工件在夹具中因位置不一致而引起的误差，称为定位误差，以 Δ_{dw} 表示；②安装误差和调整误差，所谓安装误差是指夹具在机床上安装时由于夹具相对于机床的位置不准确而引起的误差，而调整误差是指刀具位置调整的不准确或引导刀具的误差而引起的工件误差，通常把这两项误差统称为夹具安装调整误差，以 Δ_{za} 表示；③来自加工过程方面的误差，它包括工艺系统(除夹具外)的几何误差，受力、受热变形，磨损以及各种随机因素所造成的加工误差，简称为加工过程误差，以 Δ_{gc} 表示。上述各项因素所造成的误差总和应不超过工件允许的工序公差 δ_K，才能使工件加工合格。可以用下列加工误差不等式表示它们之间的关系：

$$\Delta_{dw}+\Delta_{za}+\Delta_{gc}<\delta_K$$

加工误差不等式把误差因素归纳为定位误差 Δ_{dw}、夹具安装调整误差 Δ_{za}、加工过程误差 Δ_{gc} 3 项，前两项与夹具有关，第三项与夹具无关。在设计夹具时，应尽量减小与夹具有关的误差，以满足加工精度的要求。在作初步估算时，可粗略地先按 3 项误差平均分配，各不超过相应工序公差 δ_K 的 1/3。下面仅对其中的定位误差 Δ_{dw} 进行分析和计算。

4.6.1 定位误差及其产生原因

同批工件在夹具中定位时，工序基准位置在工序尺寸方向上或沿加工要求方向上的最大变动范围有多大，该加工尺寸就会产生多大的误差。这种由于定位所引起的加工尺寸的最大变动范围就是定位误差。引起定位误差的原因如下。

1. 由基准不重合误差 Δ_{bc} 引起的定位误差

在定位方案中，若工件的工序基准与定位基准不重合，则同批工件的工序基准位置相对定位基准的最大变动量，称为基准不重合误差，以 Δ_{bc} 表示。图 4-47(a)所示为在工件上加工通槽的工序简图，要求保证工序尺寸 A、B、C，其定位方案如图 4-47(b)所示。现仅分析对工序尺寸 B 的定位误差。

如图 4-47(b)所示，在工序尺寸 B 方向上的定位基准为 F 面，而工序基准为 D 面，工序基准与定位基准不重合，使工序基准 D 的位置在尺寸 L 的公差范围内变动，因而引起工序尺寸 B 的误差，这是由基准不重合所引起的对工序尺寸 B 的定位误差。

当工序基准仅与一个定位基准有关时，基准不重合误差的大小一般等于定位基准到工序基准间的尺寸(简称定位尺寸)公差。本例中定位尺寸为 L，所以基准不重合误差为

$$\Delta_{bc}=2\Delta L=T_L$$

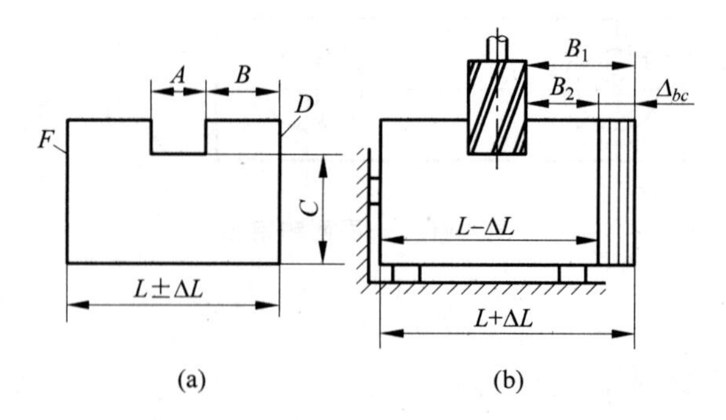

图 4-47　基准不重合引起的定位误差

式中，ΔL 为尺寸 L 的偏差；T_L 为尺寸 L 的公差。

由基准不重合误差 Δ_{bc} 引起的定位误差 Δ_{dw}，应注意取其在工序尺寸方向上的分量（投影），即定位误差

$$\Delta_{dw} = \Delta_{bc}\cos\beta \tag{4-1}$$

式中，β 为定位尺寸方向（或基准不重合误差方向）与工序尺寸方向间的夹角。

定位尺寸有可能是某一尺寸链中的封闭环，此时应按尺寸链原理计算出该尺寸的公差。

当工序基准与多个定位基准有关时，则定位尺寸不止一个，此时基准不重合误差 Δ_{bc} 如何影响定位误差，可参考夹具设计文献对这个问题的分析。

2．由基准位置误差 Δ_{jw} 引起的定位误差

如图 4-48 所示的外圆柱面在 V 形块中定位，若在工件轴端钻孔，其工序基准为外圆几何中心，此时工序基准与定位基准重合，基准不重合误差 $\Delta_{bc}=0$。当工件基准外圆直径为最大值 d 时，外圆中心在 O_1；当直径为最小值 $d-T_d$ 时，工件显然要下移才能与 V 形块接触，即外圆中心下移到 O_2。可以证明，由此产生的基准位置误差为

$$\Delta_{jw} = O_1O_2 = \frac{T_d}{2\sin(\alpha/2)} \tag{4-2}$$

$$\Delta_{dw} = \Delta_{jw}\cos\gamma \tag{4-3}$$

式中，γ 为基准位置误差方向与工序尺寸方向间的夹角。

基准位置误差 Δ_{jw} 的大小，可根据定位元件与工件定位基面的配合情况分析确定。

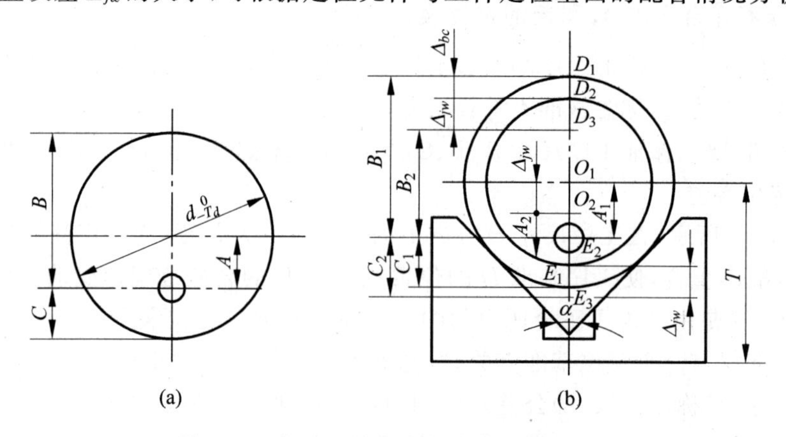

图 4-48　在 V 形块上定位的定位误差分析

4.6.2　定位误差的计算

如前所述，定位误差 Δ_{dw} 是由基准不重合误差 Δ_{bc} 和基准位置误差 Δ_{jw} 所引起，因此，先求出 Δ_{bc} 和 Δ_{jw} 的大小，然后取它们在工序尺寸方向上的分量的代数和，即为所求定位误差。其一般计算式就是式(4-1)和式(4-3)的综合，即定位误差

$$\Delta_{dw} = \Delta_{bc}\cos\beta \pm \Delta_{jw}\cos\gamma \tag{4-4}$$

当 Δ_{bc} 与 Δ_{jw} 的方向相同时取"＋"号，相反时取"－"号。

例 4-1　一圆盘形工件在 V 形块上定位钻孔，孔的位置尺寸的标注方法假定有 3 种，其相应工序尺寸为 A、B、C，如图 4-48(a)所示，显然此时工序基准分别为外圆中心、上母线和下母线，定位基准都是外圆中心。当外圆直径最大为 d 时，如图 4-48(b)所示，其上、下母线和外圆中心分别在 D_1、E_1、O_1 处；当外圆直径最小为 $d-T_d$ 时，假定此时外圆中心仍保持在 O_1 处，则上母线由 D_1 变到 D_2，下母线由 E_1 变到 E_2，工序基准的位置变动量为 $\Delta_{bc}=D_1D_2=E_1E_2=T_d/2$，其位移方向，前者向下，后者朝上。由于变小的外圆要下移到与 V 形块接触，此时外圆中心由 O_1 下移到 O_2，相应地，D_2 变到 D_3，E_2 变到 E_3。因圆盘上各点下移的距离相同，即基准位置误差

$$\Delta_{jw} = O_1O_2 = D_2D_3 = E_2E_3 = \frac{T_d}{2\sin(\alpha/2)}$$

且方向都是向下。因此，对于这 3 种不同的尺寸标注方法，其定位误差分别如下。

(1) 对于工序尺寸 A，因工序基准与定位基准重合，基准不重合误差 $\Delta_{bc}=0$。又因基准位置误差 Δ_{jw} 方向与工序尺寸方向一致，即两者间的夹角 $\gamma=0$，所以

$$\Delta_{dw(A)} = A_1 - A_2 = O_1O_2 = \frac{T_d}{2\sin(\alpha/2)} \tag{4-5}$$

(2) 对于工序尺寸 B，因工序基准是上母线，与定位基准不重合，基准不重合误差 Δ_{bc} 和基准位置误差 Δ_{jw} 同时存在，且两者方向相同，并与工序尺寸方向一致，因此

$$\Delta_{dw(B)} = B_1 - B_2 = D_1D_2 + D_2D_3 = \Delta_{bc} + \Delta_{jw} = \frac{T_d}{2}\left[\frac{1}{\sin(\alpha/2)} + 1\right] \tag{4-6}$$

(3) 对于工序尺寸 C，工序基准为下母线，基准不重合误差 Δ_{bc} 和基准位置误差 Δ_{jw} 同时存在，但两者方向正好相反，所以

$$\Delta_{dw(C)} = C_2 - C_1 = E_2E_3 - E_1E_2 = \Delta_{jw} - \Delta_{bc} = \frac{T_d}{2}\left[\frac{1}{\sin(\alpha/2)} - 1\right] \tag{4-7}$$

综合上述 3 种情况，在 α 与 T_d 相同的条件下，有

$$\Delta_{dw(C)} < \Delta_{dw(A)} < \Delta_{dw(B)}$$

4.7　典型夹紧机构

夹紧机构的种类虽然很多，但其结构大都以斜楔夹紧机构、螺旋夹紧机构和偏心夹紧机构为基础。

4.7.1　斜楔夹紧机构

斜楔是夹紧机构中最基本的一种形式，图 4-49 给出了利用斜楔夹紧机构夹紧工件的实

例，它是利用楔块斜面的移动产生的压力来夹紧工件。图 4-49(a)所示的斜楔夹紧机构，将工件 3 装入后，向左移动斜楔 2 右端大头，将工件 3 夹紧；加工完毕后，向右移动左端小头，松开工件。图 4-49(b)所示的斜楔夹紧机构，将斜楔手柄 2 向里移动则工件 3 夹紧；反方向向外移动则松开工件 3。图 4-49(c)所示的斜楔夹紧机构，当拧动右端螺杆时，与螺杆联接的斜块向左移动，并通过杠杆机构夹紧工件；反方向拧动右端螺杆，则松开工件。

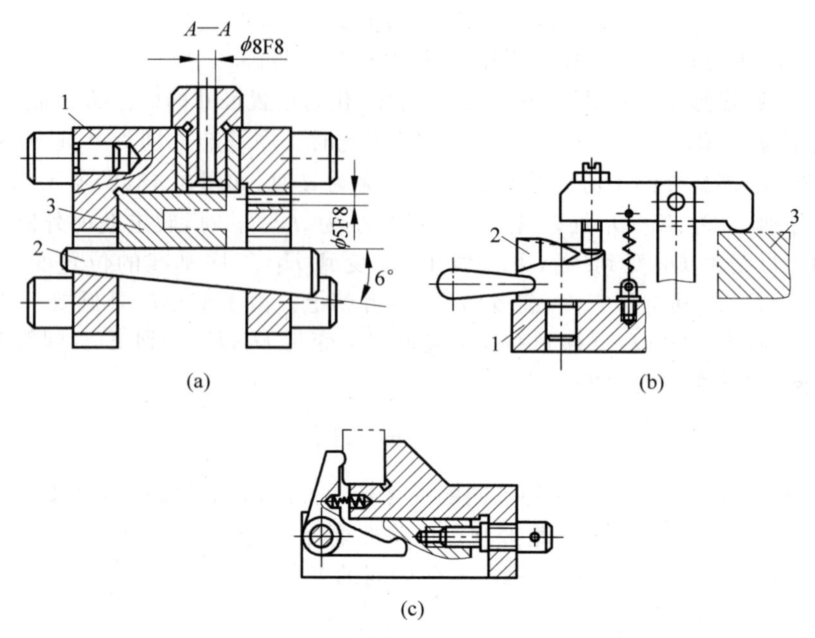

图 4-49　斜楔夹紧的应用实例

1—夹具体；2—斜楔；3—工件

斜楔夹紧机构具有一定的增力性，并能改变原动力的作用方向，如图 4-50 所示，其增力比(或扩力比)为

$$i=\frac{F}{P}=\frac{1}{\tan\varphi_1+\tan(\alpha+\varphi_2)}$$

式中，F——斜楔作用于工件上的夹紧力，N；

P——作用于斜楔上的原动力，N；

α——斜楔两工作面间的夹角，(°)；

φ_1——斜楔与工件间的摩擦角，(°)；

φ_2——斜楔与夹具体间的摩擦角，(°)。

一般取 $\alpha=\varphi_1+\varphi_2\approx 6°$，代入上式得 $i\approx 3$，即斜楔夹紧机构能将原动力放大约 3 倍后作用于工件上。当 $\alpha\leqslant\varphi_1+\varphi_2$，即斜楔的升角小于斜楔与工件、斜楔与夹具体之间的摩擦角之和时，斜楔夹紧机构能在纯摩擦力的作用下保持对工件的夹紧，并具有自锁性。

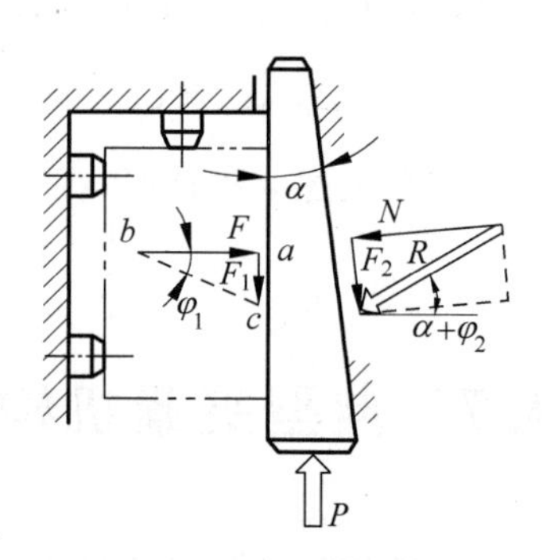

图 4-50　斜楔夹紧受力分析

由于用斜楔直接夹紧工件的夹紧力较小，手动操作不方便，夹紧行程短，若要增大夹紧行程，就得增大斜角 α，而斜角太大，便不能自锁。所以，实际生产中应用不多，多数情况下

是将斜楔与其他机构联合起来使用。

斜楔增力比一般不超过3，楔角越小其增力比则越大。若用气压或液压装置驱动的斜楔不需要自锁时，可取 $\alpha=15°\sim30°$。

4.7.2　螺旋夹紧机构

由螺钉、螺杆、螺母、垫圈、压板等元件组成的夹紧机构，称为螺旋夹紧机构。如图4-51所示为简单的螺旋夹紧机构，采用螺杆和螺母直接夹紧工件的实例。

为克服简单螺旋夹紧机构夹紧动作慢、工件装卸费时的缺点，可采用如图4-51(a)所示的快速螺旋夹紧装置。图4-51(b)所示的螺旋夹紧机构使用了开口垫圈7，且所用螺母的外径小于工件的内孔，当需松、紧时，螺母8只需拧松几丝扣，抽出开口垫圈7，工件6即可快速装卸。图4-51(c)所示的螺旋夹紧机构采用了快卸螺母，卸掉工件时，将螺母旋松并向右摆动即可直接卸掉螺母，实现快速松卸和装夹目的。图4-51(d)所示的螺旋夹紧机构，移动轴10上的直槽连着螺旋槽，先推动手柄11使摆动压块12迅速靠近工件，继而转动手柄11，即可夹紧工件并自锁。

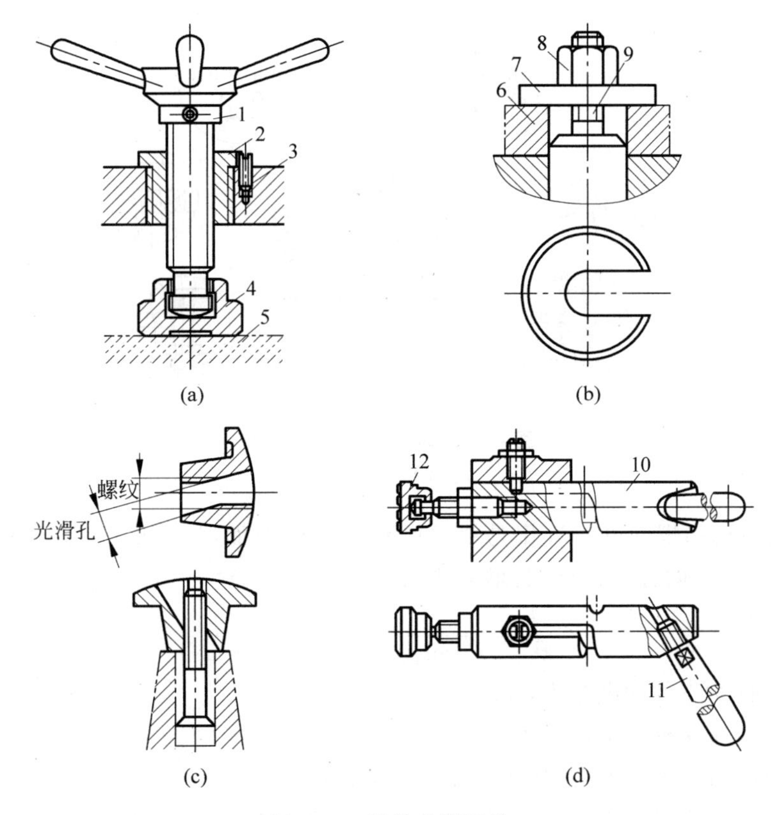

图4-51　螺旋夹紧机构

1—螺杆；2,8—螺母；3—螺钉；4—压块；5,6—工件；7—开口垫圈；9—螺杆；10—移动轴；11—手柄；12—摆动压块

在实际生产中使用的夹紧装置中，螺旋压板夹紧机构操作更为简便，其结构形式变化最多，应用最为广泛，故在手动操作时得到普遍应用。图4-52所示为典型螺旋压板夹紧机构，图4-52(a)、(b)、(c)所示为普通螺栓压板机构，其结构特点见图4-52(d)：压板2前端与工

件接触处做成圆弧面，以免压伤工件；压板上开长圆孔，可左右移动，便于装卸工件；压板上采用球面垫圈压紧，以适应夹紧尺寸变化，否则易产生变形。

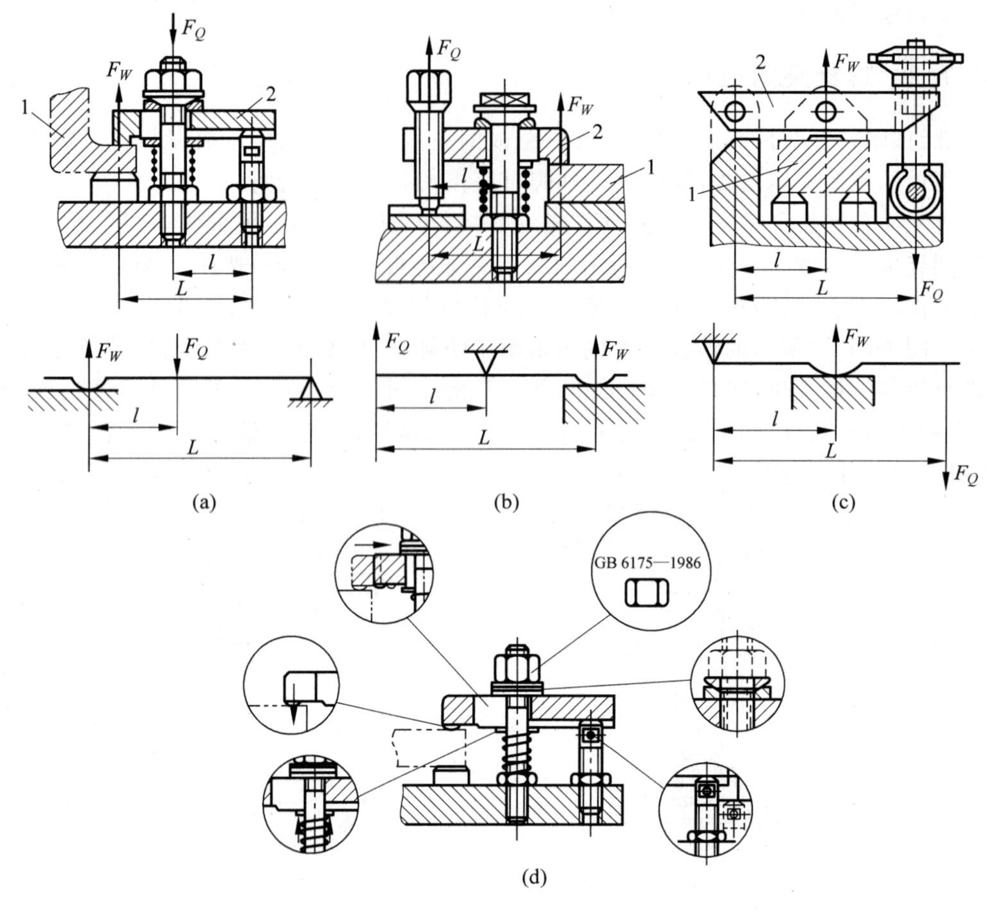

图 4-52　螺旋压板夹紧机构

1—工件；2—压板

螺旋夹紧机构的螺旋可以看作是绕在圆柱体上的斜面，将它展开就相当于一个斜楔。对于图 4-53(a)所示的方牙螺杆，其增力比为(见图 4-53(b))

$$i=\frac{F}{P}=\frac{L}{r'\tan\varphi_1+r_{平均}\tan(\alpha+\varphi_2)}$$

式中，F——螺杆对工件的夹紧力，N；

P——作用于手柄上的原动力，N；

L——原动力 P 至螺杆轴线的作用力臂，mm；

$r_{平均}$——螺纹中径之半，mm；

r'——螺杆末端(或压板)与工件接触处的当量摩擦半径，mm；

α——螺纹升角，(°)；

φ_1——螺杆末端(或压板)与工件接触处的摩擦角，(°)；

φ_2——螺杆与螺母之间的摩擦角，(°)。

通常标准夹紧螺钉的螺纹升角 α 很小，如 M8～M52 的螺钉，其 $\alpha=1°50'\sim3°10'$，远小

于摩擦角 φ_1 及 φ_2，故螺旋夹紧机构总能保证自锁。若取 $r'=0$，$\alpha=3°$，$\varphi_2=7°$，$L=28r_{平均}$，可求得增力比 $i=158$，这远大于斜楔夹紧机构的增力比。

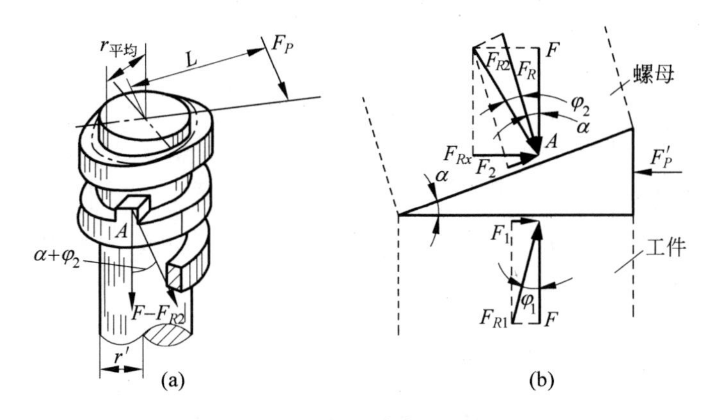

图 4-53 螺旋夹紧力分析

因此，螺旋夹紧机构具有结构简单、紧凑，容易制造，而且由于缠绕在螺钉表面的螺旋线很长，升角又小，所以螺旋夹紧机构具有自锁性好，增力比大，夹紧行程长等优点，故在手动夹紧装置中应用广泛。其缺点是夹紧、松开动作缓慢，工件装卸效率低，因此在高效夹具中应用较少。

4.7.3 圆偏心夹紧机构

用偏心件直接或间接夹紧工件的机构，称为偏心夹紧机构。常用的偏心件有偏心轮和偏心轴。图 4-54 所示为几种常见偏心夹紧机构的应用实例，图 4-54(a)、(b)用的是偏心轮，图 4-54(c)用的是偏心轴，图 4-54(d)用的是偏心叉。

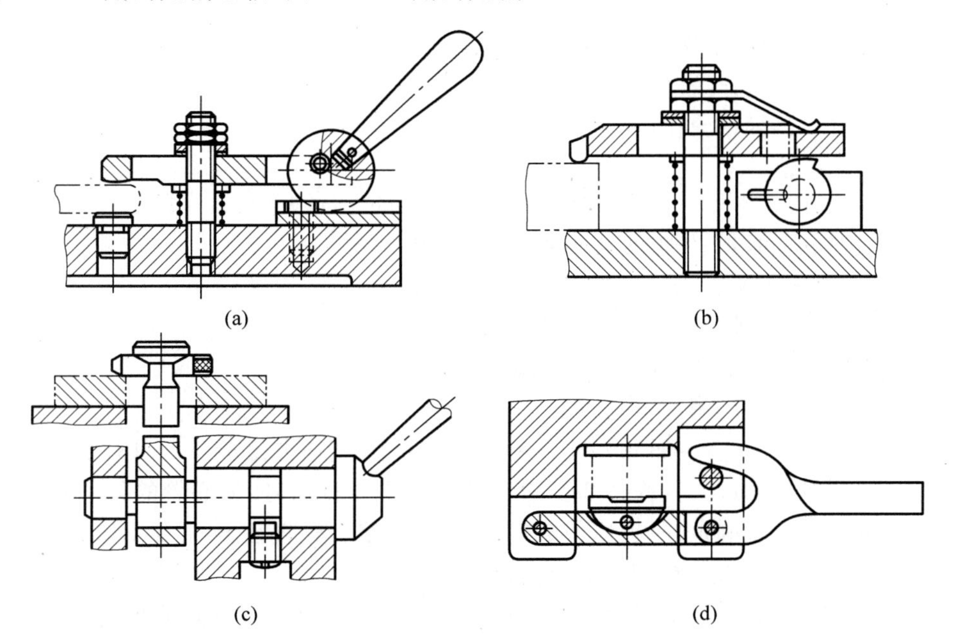

图 4-54 圆偏心夹紧机构

圆偏心夹紧机构的偏心轮可以看作一缠绕在基圆圆盘上的弧形楔，如图 4-55 所示，将其展开后可以看出，曲线上任意点 x 的斜楔升角 α_x 是变化的，并可用下式计算：

$$\alpha_x = \arcsin\left(\frac{2e}{D}\sin\psi\right)$$

式中，e——偏心距，mm；

D——圆盘直径，mm；

ψ——圆盘转角，ψ 的变化范围为 0°～180°，(°)。

当 $\psi=0°$时，m 点的升角 $\alpha_m=0°$；当 $\psi=90°$时，p 点的升角 $\alpha_p=\arcsin\frac{2e}{D}=\alpha_{\max}$；当 $\psi=180°$时，n 点的升角 $\alpha_n=0°$。

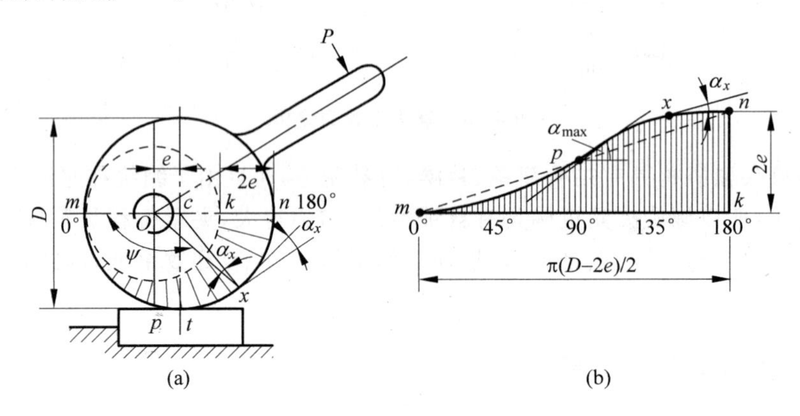

图 4-55 圆偏心轮的分析

与斜楔夹紧机构一样，圆偏心夹紧机构的自锁条件为

$$\alpha_{\max} \leqslant \varphi_1 + \varphi_2$$

式中，φ_1——圆偏心轮与工件间的摩擦角，(°)；

φ_2——圆偏心轮与转轴的摩擦角，(°)。

圆偏心夹紧机构的增力比(在图示 t 点的夹紧)为

$$i = \frac{F_j}{P} = \frac{L}{\rho[\tan\varphi_1 + \tan(\alpha_t + \varphi_2)]}$$

式中，F_j——圆偏心轮对工件的垂直夹紧力，N；

P——作用于手柄上的原动力，N；

L——原动力 P 到旋转中心 o 的力臂，mm；

ρ——旋转中心 o 至夹紧点 t 之间的距离，mm；

α_t——夹紧点 t 处的斜楔升角，(°)。

若取 $\rho=D/2$，$\varphi_1=\varphi_2=\arctan0.15$，$L=(4\sim5)D/2$，则增力比 $i=12\sim13$。

圆偏心夹紧机构的最大行程为 $2e$。设计圆偏心夹紧机构时，偏心轮的偏心距 e 主要根据要求的夹紧行程 h 来确定，一般应使 $e\geqslant0.17h$。圆偏心轮直径 D 主要由自锁条件决定，当 $D/e\geqslant14\sim20$ 时，圆偏心夹紧机构能保证自锁。

圆偏心夹紧机构具有结构简单，操作方便，夹紧迅速等优点；缺点是增力比不大，夹紧行程小，结构不耐振，自锁可靠性差。故一般适用于夹紧行程及切削负荷较小且平稳的场合。

圆偏心轮的参数已经标准化，具体设计时，有关参数可查阅《夹具设计手册》。

4.7.4　定心夹紧机构

定心夹紧机构的特点是定位与夹紧由同一(或同组)元件完成，即利用该元件等速趋近(或退离)某一对称轴线或对称平面，或利用该元件的均匀弹性变形，完成对工件的定位夹紧或松开。

由于采用定心夹紧装置时，对称轴线、对称平面或对称中心线是工件的定位基准，因而可使定位基准不产生位移，基准位移误差为零。同时对称轴线、对称平面或对称中心线又是工件的工序基准，则定位基准与工序基准重合，基准不重合误差为零，总的定位误差为零。正是由于这些特点，能使工件的定位基准不变，定位基准不产生位移，从而实现定心夹紧的作用。因此，定心夹紧机构主要适用于几何形状对称并以对称轴线、对称平面或对称中心线为工序基准的工件的定位夹紧。

图 4-56 所示为螺旋式定心夹紧机构，螺杆 3 两端分别有螺距相等的左、右旋螺纹，转动螺杆时，通过左、右旋螺纹带动 2 个 V 形块 1、2 同时向中心移动，从而实现定心夹紧。中间的叉形件 7 用于限制螺杆的轴向位移。叉形件的位置通过螺钉 5 和 9 来调节，然后用螺钉 4、6 和 8、10 固定。

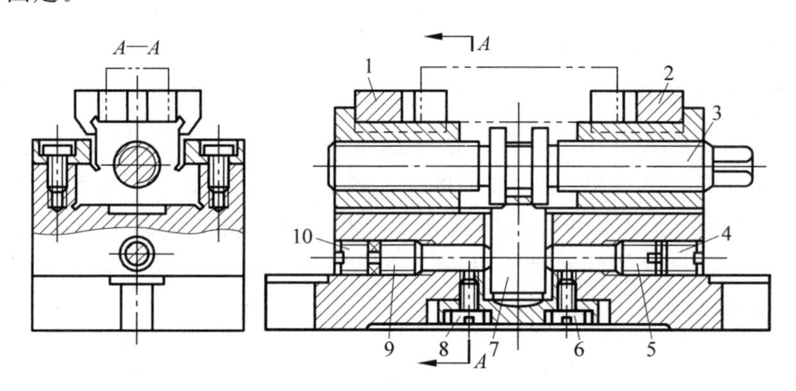

图 4-56　螺旋式定心夹紧机构

1,2—V 形块；3—螺杆；7—叉形件；4～6,8～10—螺钉

图 4-57 所示的三爪自定心卡盘也是定心夹紧机构的典型实例。这类定心夹紧装置的特点是具有较大的夹紧力和夹紧行程，但受其配合间隙的影响，定心精度不高，故只适用于工件上定心精度要求不高的半精加工或粗加工。

图 4-58 所示为液性塑料夹具，它是在薄壁套筒 2 中注有一种常温下呈冻胶状的液性塑料 3。由于液性塑料具有液体的不可压缩性，当旋入螺钉 1 时，液性塑料在封闭的套筒内将压力同时传递到薄壁套筒的各个部分，使之产生均匀变形，而将工件定心夹紧。液性塑料夹具的特点是结构简单、定心精度高(可达 0.01～0.02mm)，但由于弹性元件变形量小，因此夹紧行程和夹紧力都较小。故液性塑料夹具仅适用于工件加工精度及工件定心尺寸精度要求较高的场合。

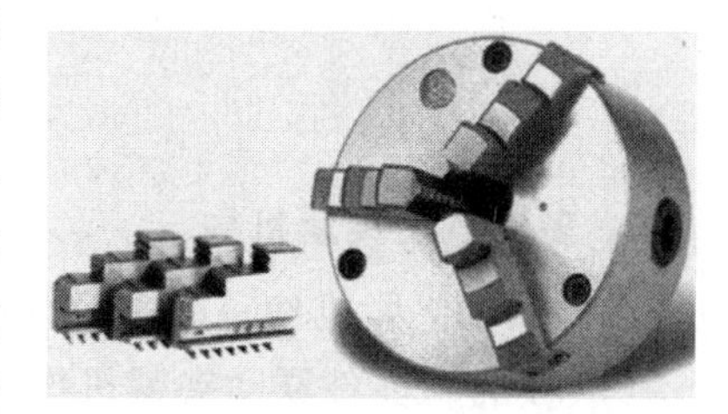

图 4-57　三爪自定心卡盘

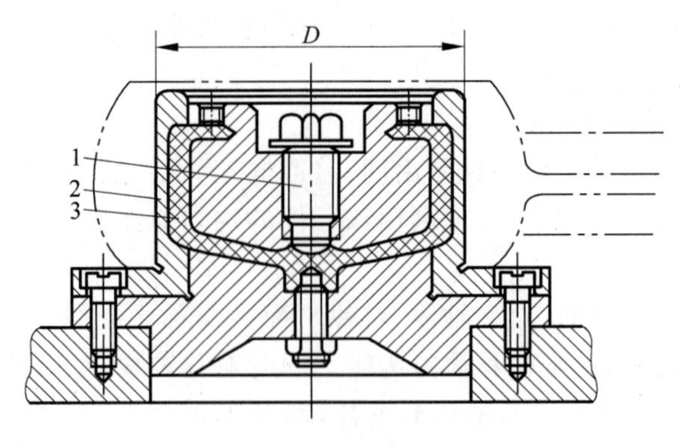

图 4-58 液性塑料夹具

1—螺钉；2—薄壁套筒；3—液性塑料

4.7.5 联动夹紧机构

联动夹紧机构是一种操作简便的高效夹紧机构。它可通过一个操作手柄或利用一个动力装置，实现对一个工件的同一方向或不同方向的多点夹紧，或同时夹紧若干个工件。

联动夹紧机构可分为单件联动夹紧机构和多件联动夹紧机构，前者对一个工件实现多点夹紧，后者可同时夹紧几个工件。

1. 单件联动夹紧机构

这类夹紧机构其夹紧力作用点有 2 点、3 点或多至 4 点，夹紧力的方向可以相同、相反、相互垂直或交叉。图 4-59(a)所示为双向联动夹紧机构，拧紧螺母 4 压下铰链压板，从而使摇臂 2 转动，带动两个摆动压块 1、3，实现在 2 个相互垂直方向上的 4 点联动夹紧工件，即在顶面、侧面同时夹紧工件，并在每个方向上有 2 个夹紧点。在图 4-59(b)中，通过摆动压块 1 实现斜交力两点联动，夹紧工件。

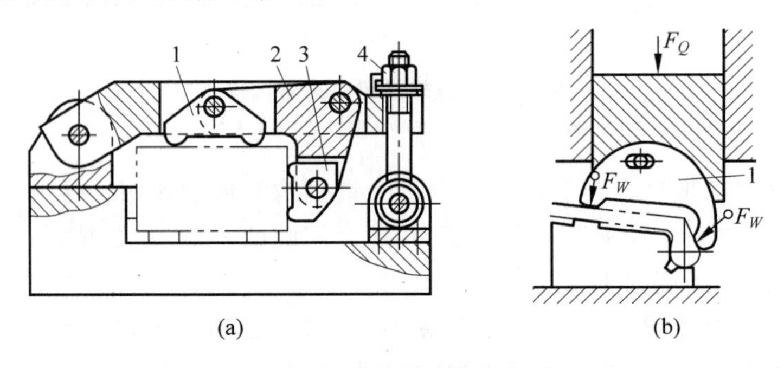

图 4-59 单件联动夹紧装置

1,3—摆动压块；2—摇臂；4—螺母

2. 多件联动夹紧机构

多件联动夹紧机构一般有平行式多件联动夹紧机构和连续式多件联动夹紧机构。

(1) 平行式多件联动夹紧机构

在 4 个 V 形块上装夹 4 个工件，各夹紧力方向互相平行。若采用如图 4-60(a)所示的刚性压板，则因一批工件加工误差的原因，其定位直径实际尺寸不一致，使各工件所受的夹紧力不等，甚至夹不紧工件。如果采用图 4-60(b)所示的带有 2 个浮动压块的结构，即使工件的基准直径尺寸有误差，也可同时夹紧工件。

在图 4-60(b)中，由于球面垫圈 4 和摆动压块 3 的作用，拧紧螺母 5 可实现同时平行夹紧 4 个工件。其特点是夹紧元件必须做成浮动的。

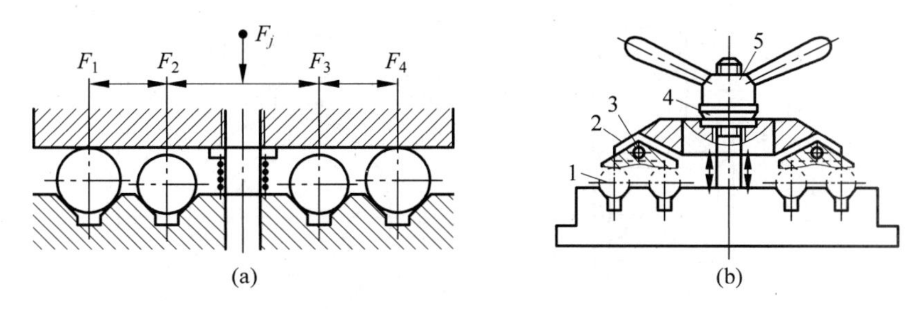

图 4-60　平行多件夹紧机构

1—工件；2—压板；3—摆动压块；4—球面垫圈；5—螺母

(2) 连续式多件联动夹紧机构

如图 4-61 所示，拧紧螺钉 3，使移动 V 形块 2 依次夹紧工件 1。此时 V 形块 2 既起定位作用，又起夹紧作用，定位夹紧元件合二为一。

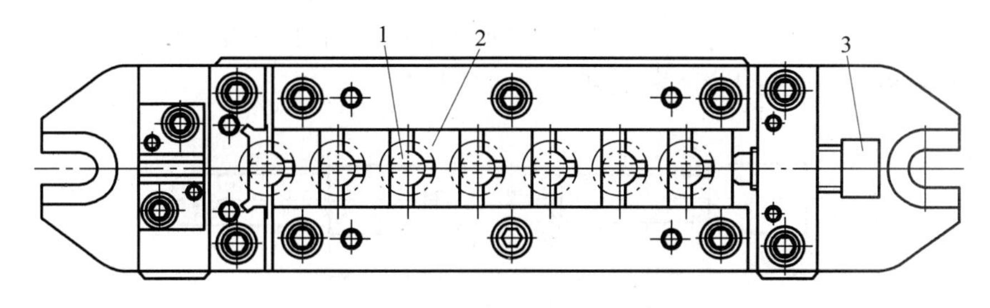

图 4-61　连续式多件联动夹紧机构

1—工件；2—定位活动 V 形块；3—夹紧螺钉

这种连续的夹紧方式，由于工件直径尺寸的变化将引起工件的移动，使得工件的误差和定位夹紧元件的误差依次传递，逐个积累，造成工件在夹紧方向上的位置误差非常大，故只适用于加工在夹紧方向上没有加工要求的工件。

综上所述，在夹紧装置中，联动夹紧机构便于实现多件加工，故能减少机动时间，又因集中操作，简化了操作程序，可减少动力装置数量、辅助时间和工人劳动强度等，能有效地提高生产率，在大批量生产中应用广泛。

习题与思考题

4-1　什么是定位？什么是夹紧？说明两者的先后顺序。

4-2　基准是如何定义的？基准可分为哪几类？

4-3　什么叫设计基准？什么叫工艺基准？工艺基准按功用不同又可怎样细分？并说明各自的含义。

4-4 试分析下列情况中图示零件的基准。

(1) 指出题 4-4 图(a)所示齿轮的设计基准、装配基准及滚切齿形时的定位基准、测量基准。

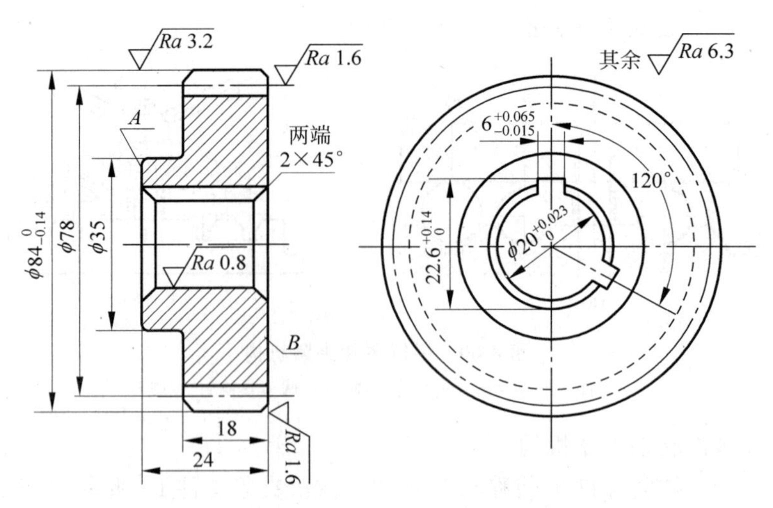

题 4-4 图(a)

(2) 题 4-4 图(b)所示为小轴零件图及在车床顶尖间加工小端外圆及台肩面 2 的工序图,试分析台肩面 2 的设计基准、定位基准及测量基准。

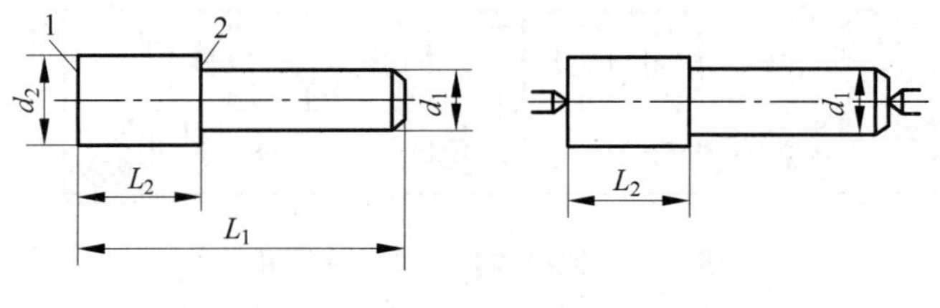

题 4-4 图(b)

4-5 机床夹具在机械加工中有哪些作用?夹紧装置由哪几大部分组成?

4-6 机床夹具按夹具的使用特点可分为哪几类?按所使用机床又可分为哪几类?

4-7 何为六点定位原理?它是怎样表示的?

4-8 分析图示所列定位方案:

(1) 指出各定位元件所限制的自由度;

(2) 判断有无欠定位或过定位;

(3) 对不合理的定位方案提出改进意见。

4-9 分析图示所列加工零件中必须限制的自由度,选择定位基准和定位元件,并在图中示意画出确定夹紧力作用点的位置和作用方向,并用规定的符号在图中标出。

4-10 指出图示各定位、夹紧方案及结构设计中不正确的地方,并提出改进意见。

4-11 常用的典型夹紧机构有哪些?并了解其特点。

4-12 简述螺旋夹紧机构有哪些优缺点?

4-13 何为"一面两销"定位?是怎样的两销?如何使两销之间不发生过定位?为什么?

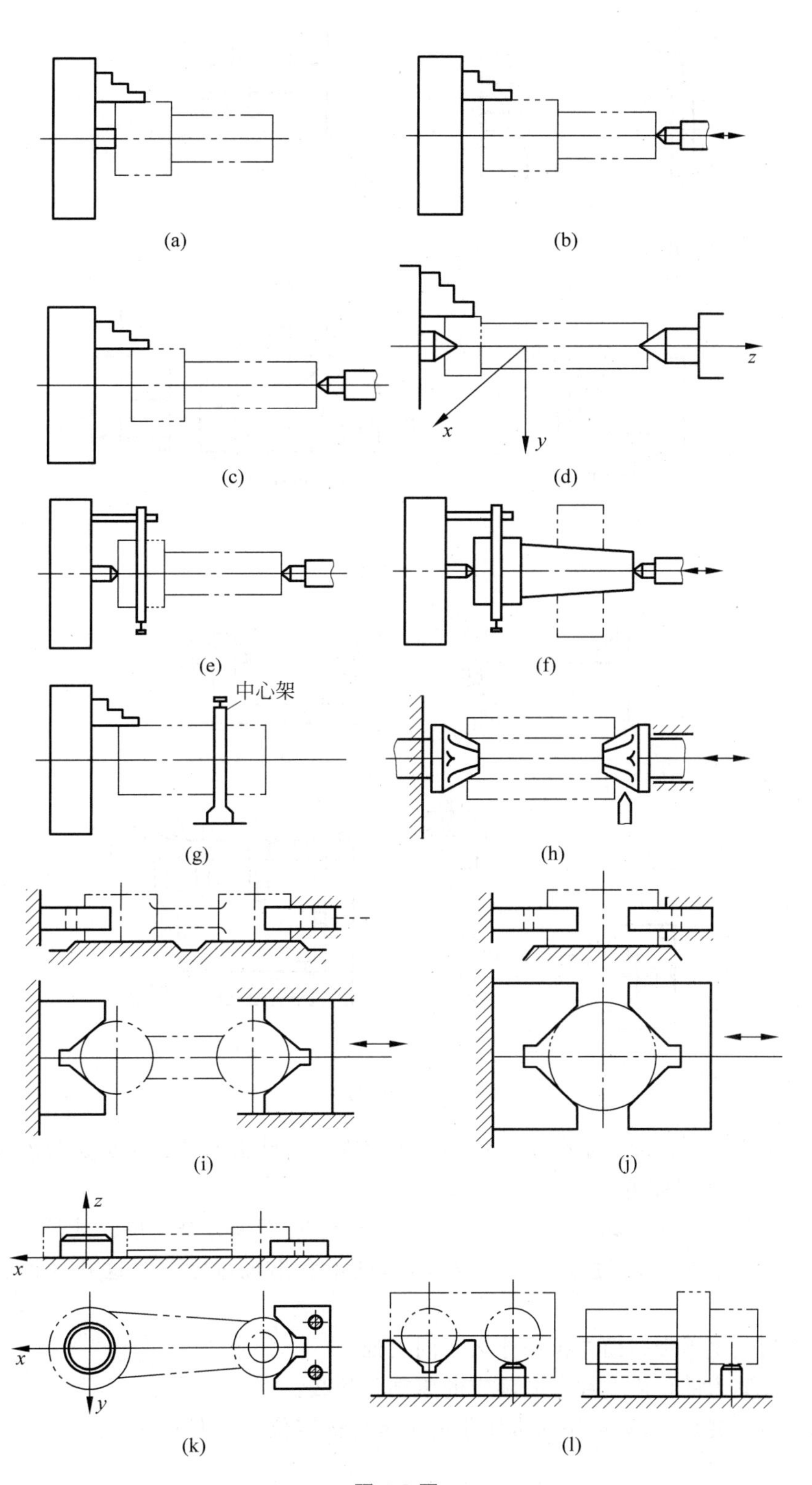

题 4-8 图

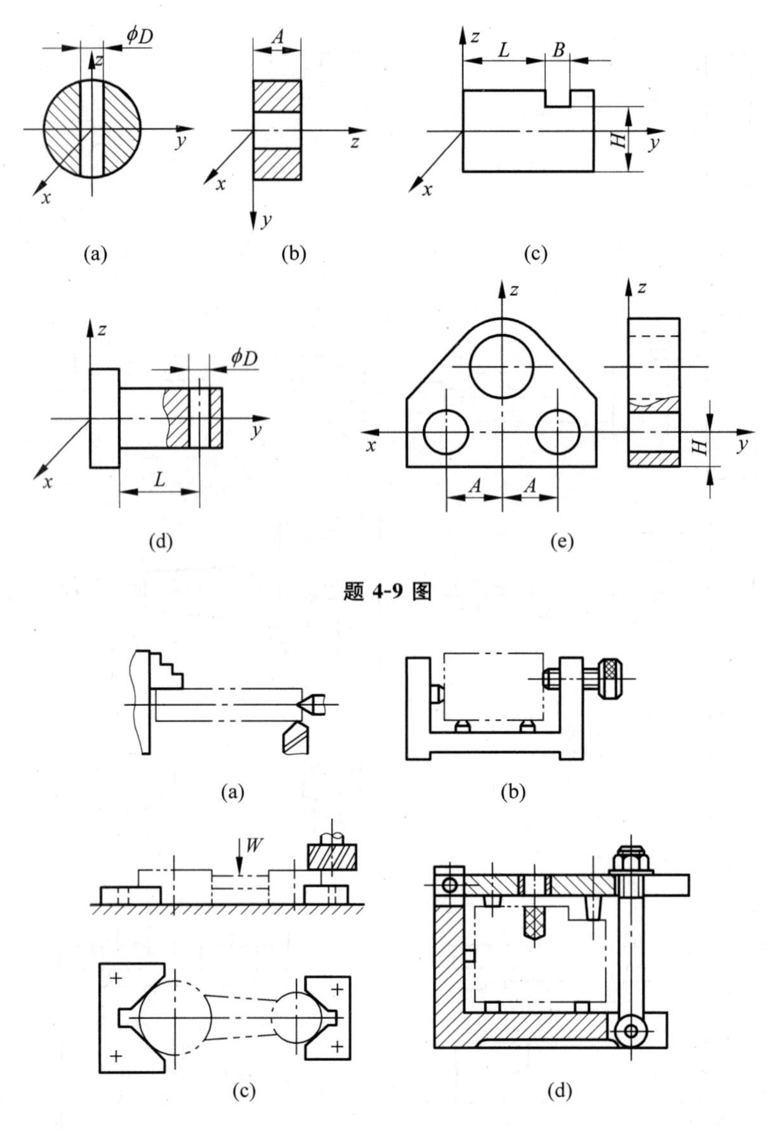

题 4-9 图

题 4-10 图

4-14 不完全定位和过定位是否均不允许存在？为什么？什么是欠定位？为什么不能采用欠定位？试举例说明。

4-15 工件装夹在夹具中，凡是有 6 个定位支承点，即为完全定位？凡是超过 6 个定位支承点就是过定位？不超过 6 个定位支承点，就不会出现过定位？这几种说法对吗？为什么？

4-16 可调支撑和辅助支撑有什么不同之处？

4-17 夹紧力的作用点和方向确定的原则是什么？

4-18 机床夹具中，V 形块通常用于哪类零件的定位？有哪些特点？

第5章

机械加工质量分析与控制

【内容提要】 本章介绍了机械加工精度和加工过程中的原始误差方面的相关概念，阐述了机床设备本身存在的原理误差与工艺系统几何误差对加工精度的影响，重点讲解了工艺系统受力、受热变形对机械加工精度的影响，分析了机械加工中影响表面粗糙度的一系列因素，以及伴随发生的加工表面冷作硬化、残余应力等物理现象，归纳了提高加工精度和表面质量的一些加工方法和措施。

【本章要点】

1. 原理误差的概念、应用场合以及存在的合理性
2. 工艺系统几何误差对加工精度的影响
3. 工艺系统受力、受热变形对加工精度的影响
4. 影响表面粗糙度以及加工表面冷作硬化、残余应力等物理现象的因素
5. 提高加工精度和表面质量的加工方法和措施

【本章难点】

1. 工艺系统几何误差对加工精度的影响
2. 工艺系统受力、受热变形对加工精度的影响
3. 影响表面粗糙度以及加工表面冷作硬化、残余应力等物理现象的因素

机械产品的质量和使用性能与机械零件的加工和装配质量有直接关系，保证机械零件加工质量是保证机械产品质量的基础。

机械加工质量包括机械加工精度和表面质量两方面的内容，加工精度指机械零件加工后宏观的尺寸、形状和位置精度，表面质量主要指零件加工后表面的微观几何形状精度和物理机械性质质量。加工精度和表面质量的形成机理有很大不同。

5.1 机械加工精度概述

5.1.1 机械加工精度的基本概念

机械加工精度是指零件加工后的实际几何参数(尺寸、形状和表面间的相互位置)与理想几何参数的符合程度，符合程度越高，加工精度就越高。加工误差是指加工后零件的实际几何参数对理想几何参数的偏离程度，一个零件的加工误差越小，加工精度就越高。在机械

加工过程中，由于各种因素的影响，使得加工出的零件不可能与理想的要求完全符合。

零件的加工精度包含三方面的内容：尺寸精度、形状精度和位置精度。这三者之间是有联系的，通常形状公差应限制在位置公差之内，而位置公差也应限制在尺寸公差之内。当尺寸精度要求高时，相应的位置精度、形状精度也要求高。但形状精度要求高时，则相应的位置精度和尺寸精度有时不一定要求高，这要根据零件的功能要求来决定。

一般情况下，零件的加工精度越高，则加工成本越高，生产效率也越低。因此设计人员应根据零件的使用要求，合理地规定零件的加工精度。工艺人员则应根据设计要求、生产条件等采取适当的工艺方法，以保证加工误差不超过允许范围，并在此前提下尽量提高生产率和降低成本。

5.1.2 获得机械加工精度的方法

1. 获得尺寸精度的方法

(1) 试切法

试切法是通过试切—测量—调整—再试切，反复进行，直到被加工尺寸的精度达到要求为止的加工方法。图 5-1(a)、(c)所示为通过反复试车和测量来保证长度尺寸 l 和外圆直径。试切法的加工效率低，劳动强度大，且要求操作者有较高的技术水平，主要适用于单件小批量生产。

(2) 调整法

调整法是预先调整好刀具和工件在机床上的相对位置，并在一批零件的加工过程中保持此位置不变，以保持被加工零件尺寸的加工方法。调整法广泛采用行程挡块、行程开关、靠模、凸轮或夹具等来保证加工精度。图 5-1(b)中挡铁用来保证长度尺寸 l。调整法加工效率高，加工精度稳定可靠，无须操作工人有很高的技术水平，但对调整工的要求较高，且劳动强度较小，广泛应用于成批、大量和自动化生产中。

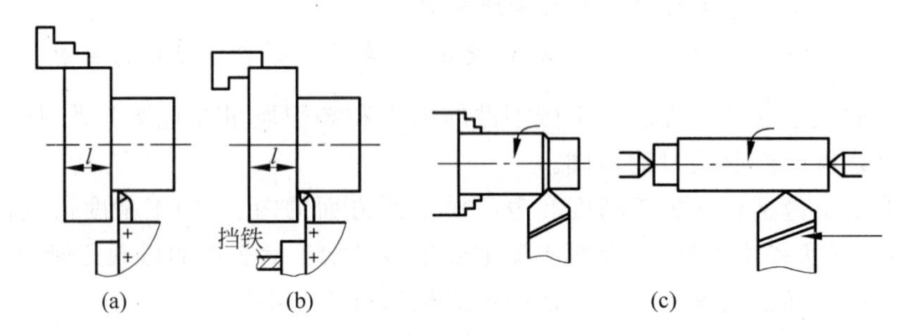

图 5-1 试切法与调整法

(3) 定尺寸刀具法

定尺寸刀具法是用刀具的相应尺寸来保证工件被加工部位尺寸的加工方法，如采用钻头、扩孔钻、铰刀、拉刀、丝锥、板牙、槽铣刀等，如图 5-2 所示。这种方法的加工精度主要取决于刀具的制造精度、刃磨质量和切削用量。其优点是生产率较高，但刀具制造较复杂，常用于孔、槽、螺纹和成形表面的加工。

(4) 自动控制法

自动控制法是将测量装置、进给装置和控制系统组成一个加工系统，加工过程中自动测

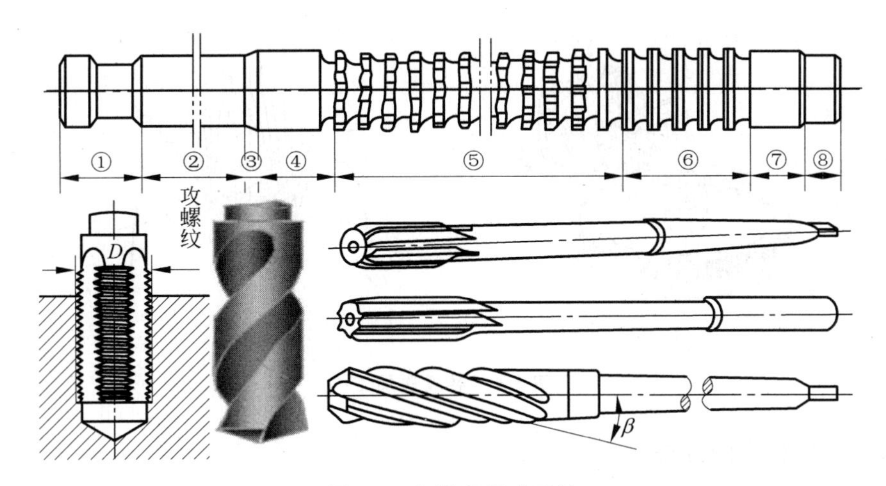

图 5-2　各类定尺寸刀具

量装置测量工件的加工尺寸，并与要求的尺寸对比后发出信号，信号通过转换、放大后控制机床或刀具作相应调整，直到达到规定的加工尺寸要求后自动停止加工，从而自动获得所要求尺寸精度的一种加工方法。如数控机床就是通过数控装置、测量装置及伺服驱动机构来控制刀具或工作台按设定的规律运动，从而保证零件加工的尺寸精度。这种方法生产率高，加工尺寸稳定性好，但对自动加工系统的要求较高，适用于大批量生产。

2. 获得形状精度的方法

（1）轨迹法

轨迹法是依靠刀具与工件的相对运动轨迹获得加工表面形状的加工方法。如普通的车削、铣削、刨削和磨削均属于轨迹法。当车削加工时，工件作旋转运动，刀具沿工件的轴线方向作直线进给运动，则刀尖在工件加工表面上形成的螺旋线轨迹就是外圆或内孔，如图 5-1(c)所示。用轨迹法加工所获得的形状精度主要取决于成形运动的精度。

（2）成形法

成形法是利用刀具的几何形状对工件进行加工来获得加工表面形状的方法。如用曲面成形车刀加工回转曲面、用模数铣刀铣削齿轮、用花键拉刀拉花键槽等，如图 5-3 所示。用成形法加工所获得的形状精度主要取决于刀刃的形状精度和成形运动精度。

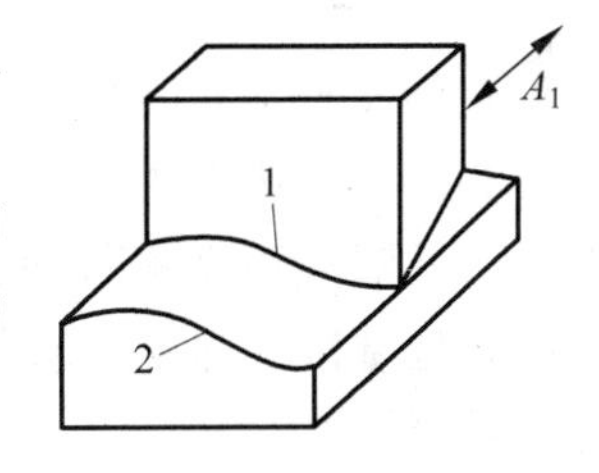

图 5-3　成形法加工

1—切削刃；2—曲线形母线

（3）展成法

展成法是利用刀具和工件作展成切削运动来获得加工表面形状的加工方法。如利用齿轮的啮合原理来加工齿轮，加工时刀具本身相当于一个齿轮，它与被切齿轮作无侧隙啮合，工件齿形由刀具切削刃在展成过程中逐渐切削包络而成，如图 5-4 所示。因此，刀具的齿形不同于被加工齿轮的齿槽形状，如在滚齿机或插齿机上加工齿轮。

用展成法获得成形表面时，刀刃必须是被加工表面发生线的共轭曲线，而作为成形运动的展成运动必须保持刀具与工件确定的速比关系。

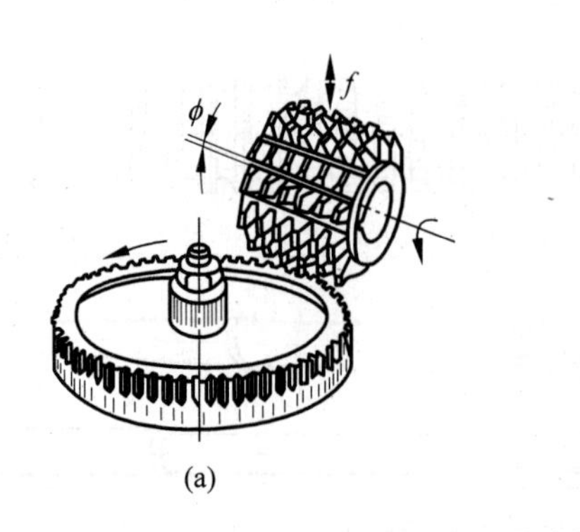

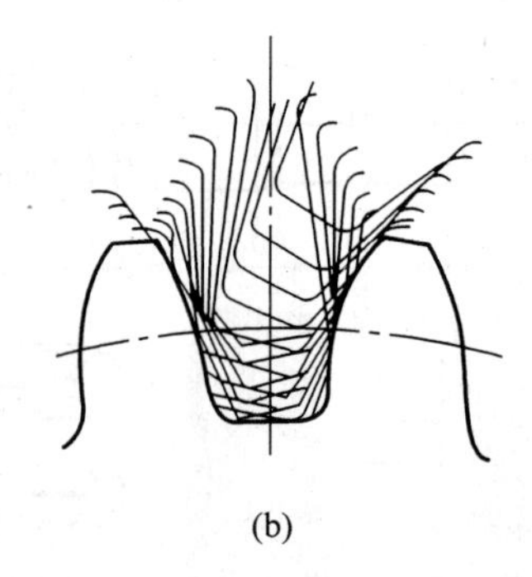

(a) (b)

图 5-4 展成法加工

3. 获得位置精度的方法

(1) 一次装夹获得法

一次装夹获得法是指零件在同一次装夹中，加工有相互位置要求的各个表面，从而保证其零件有关表面间的相互位置精度的加工方法。

如轴、套类零件车削加工时，内、外圆与端面的垂直度，内、外圆的同轴度，箱体孔系加工中各孔之间的同轴度、平行度和垂直度等，均可采用一次装夹获得法来保证。此时影响工件加工表面间位置精度的主要因素是所使用机床(及夹具)的几何精度，而与工件的定位精度无关。

(2) 多次装夹获得法

多次装夹获得法是指零件有关表面间的位置精度由加工表面与定位基准面之间的位置精度来保证的加工方法。如轴类零件上键槽对外圆表面的对称度，箱体平面与平面之间的平行度、垂直度，箱体孔与平面之间的平行度和垂直度等，均可采用多次装夹获得法来加以保证。

多次装夹获得法又可根据工件定位特点的不同，划分为直接装夹法、找正装夹法和夹具装夹法 3 种方式。

① 直接装夹法

直接装夹法是在机床上直接装夹工件来保证加工表面与定位基准面之间位置精度的加工方法。在车床上加工一个要求保证与外圆同轴的内孔表面时，可采用三爪卡盘直接夹持工件的外圆表面来进行加工，如图 5-5 所示。在这种装夹方式中，被夹持的外圆表面就是工件的定位基准。显然，此时影响加工表面与定位基准面之间位置精度的主要因素是机床的几何精度。

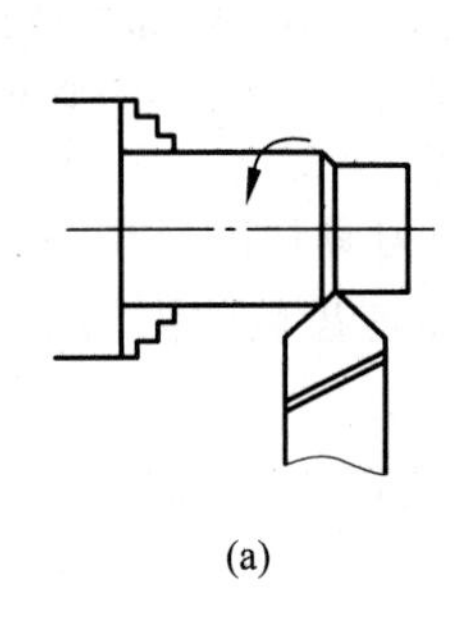

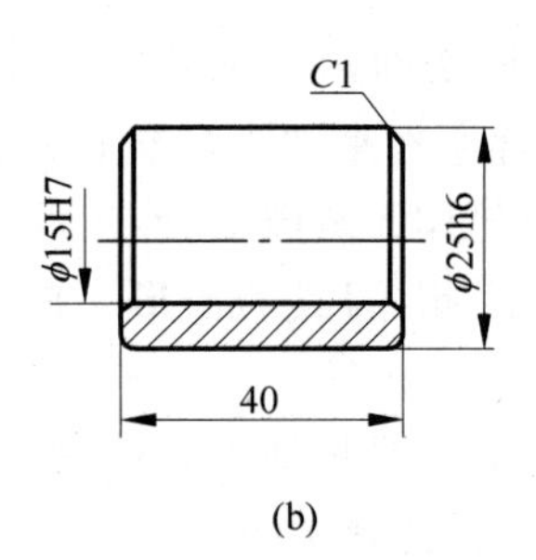

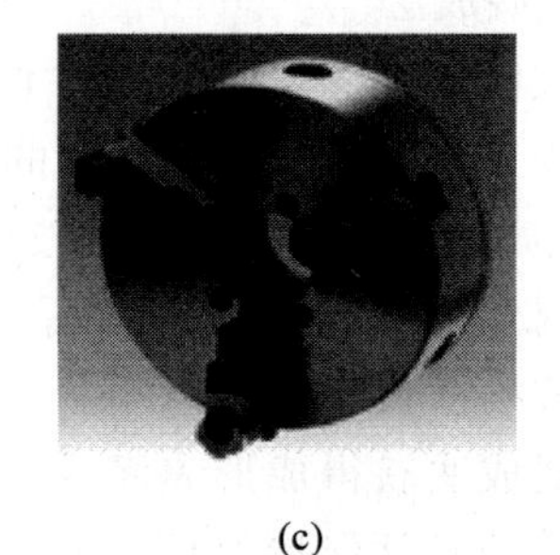

(a) (b) (c)

图 5-5 直接装夹法

② 找正装夹法

找正装夹法是通过找正工件相对刀具切削刃口成形运动之间的准确位置，来保证加工表面与定位基准面之间位置精度的加工方法。在这种装夹方式中，被找正的表面就是工件的定位基准。为了保证在磨内孔时的加工余量均匀，先将套筒预夹在如图5-6(b)所示的四爪单动卡盘中，用划针或百分表找正内孔表面，如图5-6(a)所示，使其内孔表面的轴心线与机床主轴回转轴心线同轴，然后夹紧工件再进行加工。这时定位基准就是内孔而不是支承的外圆表面。此时，零件各有关表面之间的位置精度已不再与机床的几何精度有关，而主要取决于工件装夹时的找正精度。

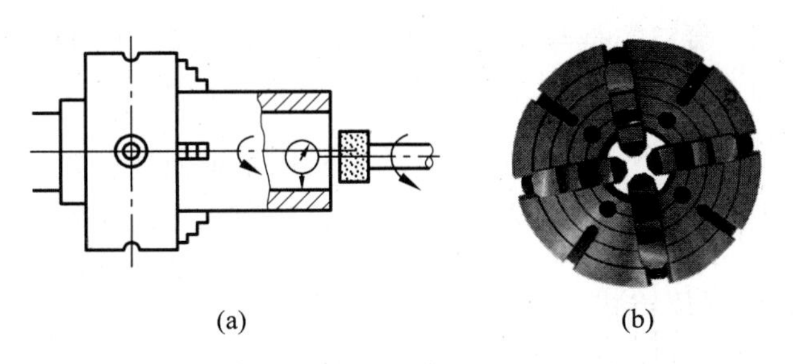

(a)　　(b)

图5-6　找正装夹法

这种装夹方式的定位精度与所用量具的精度和操作者的技术水平有关，找正所需的时间长，结果也不稳定，只适用于单件小批量生产。但是当工件加工要求特别高，而又没有专门的高精度设备或装备时，可以采用这种方式。此时必须由技术熟练的工人使用高精度的量具仔细地操作。

③ 夹具装夹法

夹具装夹法是通过夹具来确定工件与刀具切削刃口成形运动之间的准确位置，从而保证加工表面与定位基准面之间位置精度的加工方法。图5-7 (a)所示零件的斜孔加工，就是用图5-7(b)所示的专用钻斜孔的夹具来完成。由于装夹工件时使用了夹具，故此时影响零件加工表面与定位基准面之间位置精度的主要因素，除了机床的几何精度以外，还有夹具的制造和安装精度。

使用夹具装夹法时，工件在夹具中迅速而正确地定位与夹紧，无需找正就能保证工件与机床、刀具间的正确位置。这种方式生产率高，定位精度好，广泛应用于大量生产或成批生产的工序中。

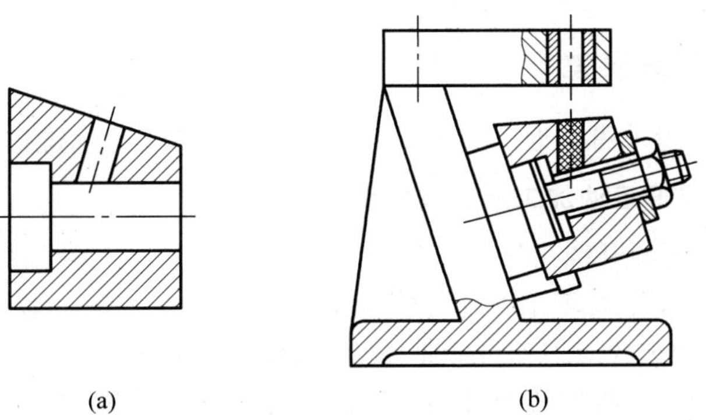

(a)　　(b)

图5-7　夹具装夹法

5.1.3 机械加工过程中的原始误差

机械加工是在机床、夹具、刀具和工件所构成的一个工艺系统中进行的，零件的尺寸、几何形状和表面间相对位置的精度取决于这个工艺系统的精度。机械加工中零件的尺寸、几何形状和表面间相互位置误差，主要是由于工件与刀具在切削运动中相互位置发生了变动而造成的。工艺系统中的各种误差都以不同的程度和方式反映为加工误差。工艺系统的误差是“因”，是根源，加工误差是“果”，是表现。因此，把工艺系统的误差称为原始误差。

工艺系统的原始误差可以分为两大类：第一类是与工艺系统初始状态有关的原始误差，可简称为“静误差”；第二类是与工艺过程有关的原始误差，可简称为“动误差”。

为清晰起见，将加工过程中可能出现的种种原始误差归纳如下：

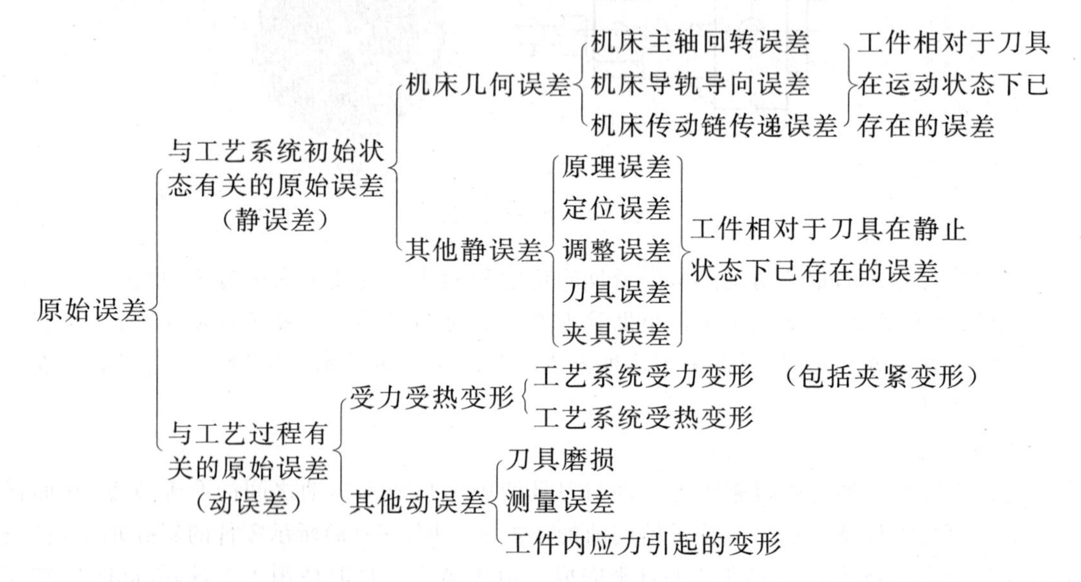

对于具体的加工过程，原始误差的因素需要具体分析，上述原始误差不一定全都会出现。例如，车削外圆时就不必考虑原理误差和机床传动链的传动误差。

5.2 原理误差与工艺系统几何误差对加工精度的影响

5.2.1 加工原理误差

加工原理误差是指采用了近似的成形运动或近似的刀刃轮廓进行加工而产生的误差。

1. 采用近似的成形运动加工所造成的误差

(1) 用展成法加工渐开线齿轮

在利用展成法原理加工渐开线齿轮时，理论上要求加工出来的齿形是一个光滑的渐开线表面，但由于用于切削的滚刀不可能是连续的曲面，必须要有刀刃和容屑槽，实际上加工出来的齿形是一条由微小折线段组成的曲线，与理论上的光滑渐开线有差异。这样，由一系列的折线代替理论上的渐开线，必将造成误差。

（2）用近似传动比加工模数螺纹

在车削模数螺纹（螺距 $P=\pi m$）时，理论上要求主轴与丝杠之间的传动比应满足关系式 $i=P/t=\pi m/t$（式中 t 为丝杠螺距，m 为模数）。由于 π 是无理数，采用任何挂轮组合都只能得到其近似值，因此，不可能用调整挂轮的齿数来准确无误地实现，只能用近似的传动比值即近似的成形运动来加工，所以加工后必将存在螺距误差和螺距累积误差。

（3）数控加工的以折线代替曲线的方式

数控加工从其加工原理上来说是一种以折线代替曲线的加工方式，它通过空间直线插补功能，控制数控机床的各个坐标轴在相应的方向上产生位移来合成为加工的曲线或曲面，其加工过程实际上就是由刀具连续加工出的小直线段来逼近的，逼近的精度可由每根线段的长度来控制。这说明，在曲线或曲面的数控加工中，刀具相对于工件的成形运动是近似的，工件的实际加工轮廓与理想轮廓之间就存在着误差，即为加工原理误差。

2. 采用近似的刀刃轮廓加工所造成的误差

（1）用模数铣刀（成形铣刀）加工渐开线齿轮

渐开线齿轮的齿形取决于基圆半径 $\left(r_b=\frac{mz}{2}\cos\alpha\right)$ 的大小，当模数 m 和压力角 α 一定时，其齿形随着齿数 z 的不同而改变。所以，在采用盘形齿轮铣刀或指状齿轮铣刀（即成形铣刀）加工齿轮时，理论上要求对同一模数中每一齿数的齿轮配备一把铣刀。但实际上为减少刀具数量，使刀具标准化，通常一个模数只配一组刀具（每一组配 8 把，按最小齿数配备），每把铣刀要加工同一模数的一定范围齿数的多种齿轮。因为每一组成形铣刀的切削刃轮廓是按该组最小齿数齿轮的齿形来设计的，那么，用它来加工该组其他齿数的齿轮时必定产生齿形误差。所以不可避免地会出现加工原理误差。

（2）用齿轮滚刀加工渐开线齿轮

理论上要求加工渐开线齿轮的齿轮滚刀应该采用渐开线蜗杆滚刀，但由于制造困难，实际上是采用阿基米德蜗杆滚刀或法向直廓蜗杆滚刀来代替渐开线蜗杆滚刀，这样就会产生刀刃齿廓近似造型误差。

3. 原理误差对加工精度的影响

由以上分析可知，加工原理误差是在加工以前就已经存在，并且不可避免地会影响到工件的加工精度。

采用近似的成形运动或近似的刀刃轮廓虽然会带来加工原理误差，但往往可以简化机床结构或刀具形状，工艺上容易实现，使工艺过程更为经济，有利于从总体上提高加工精度，降低生产成本，提高生产效率。因此，原理误差的存在有时是合理的、是可以接受的。

在实际加工中，只要确保由其引起的加工误差不超过规定的精度要求所允许的范围（一般原理误差引起的加工误差应小于工件公差值的 10%～20%），即可满足加工精度的要求。故原理误差在设备生产中仍能得到广泛的应用。

5.2.2　工艺系统几何误差

工艺系统的几何误差主要是指机床、刀具和夹具本身在制造时所产生的误差，以及使用中产生的磨损和安装、调整误差。这类原始误差在加工过程开始之前已客观存在，并在加工过程中反映到加工工件上去。因此，工件的加工精度在很大程度上取决于机床的精度。

机床的几何误差是通过各种成形运动反映到加工表面上的，机床的成形运动主要包括两大类，即主轴的回转运动和移动件的直线运动。机床误差的项目很多，这里着重分析机床的几何误差中对工件加工精度影响较大的主轴回转运动误差、导轨导向误差和传动链的传动误差，并简略介绍刀具误差和夹具误差的影响。

1. 机床主轴回转误差

(1) 主轴回转误差的基本概念及影响

机床主轴是装夹工件或刀具的基准，并将运动和动力传给工件或刀具。因此，主轴回转误差将直接影响被加工工件的精度。

在理想情况下，主轴回转时，其回转轴心线的空间位置应该是固定不变的，即回转轴心线没有任何运动。但实际上，由于主轴部件中轴承、轴颈、轴承座孔等的制造误差和配合质量、润滑条件，以及回转时的动力因素等的影响，往往瞬时回转轴心线的空间位置都在周期性地变化。

所谓主轴回转误差是指主轴实际回转轴心线对其理想回转轴心线的漂移(或变动量)。理想回转轴心线虽然客观存在，但无法确定其位置，因此通常是以平均回转轴心线(即主轴各瞬时回转轴心线的平均位置)来代替。

主轴回转轴心线的运动误差可以分解为纯径向圆跳动、纯轴向窜动和纯倾角摆动 3 种基本形式。

① 纯径向圆跳动

纯径向圆跳动又称径向漂移，是指主轴瞬时回转轴心线相对平均回转轴心线所作的公转运动，且两轴心线始终作平行运动，即径向漂移运动，如图 5-8(a)所示。径向圆跳动误差 Δ_γ 将会影响加工工件的圆度和圆柱度形状精度。

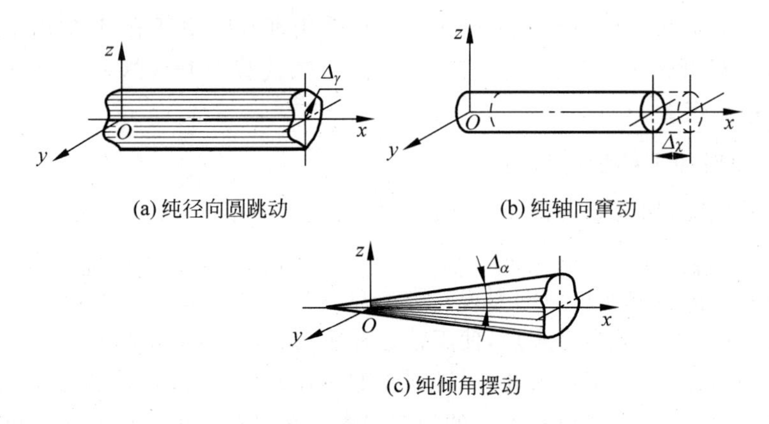

图 5-8 主轴回转精度的表现形式

② 纯轴向窜动

纯轴向窜动又称轴向漂移，是指主轴瞬时回转轴心线沿平均回转轴心线在轴线方向上的漂移运动，如图 5-8(b)所示。轴向窜动 Δ_χ 不影响加工圆柱面的形状精度，但加工端面时，会影响工件端面的形状精度，端面与内、外圆的垂直度和轴向尺寸精度，加工螺纹时，会使螺纹导程产生周期误差。

③ 纯倾角摆动

纯倾角摆动又称角度漂移，是指主轴瞬时回转轴心线与平均回转轴心线相交成一倾斜角，其交点位置固定不变的漂移运动，如图 5-8(c)所示。倾角摆动误差 Δ_α 主要影响工件的形状精度，如车削外圆时的锥度误差和端面的加工精度。

纯倾角摆动对镗孔精度的影响如图 5-9 所示。

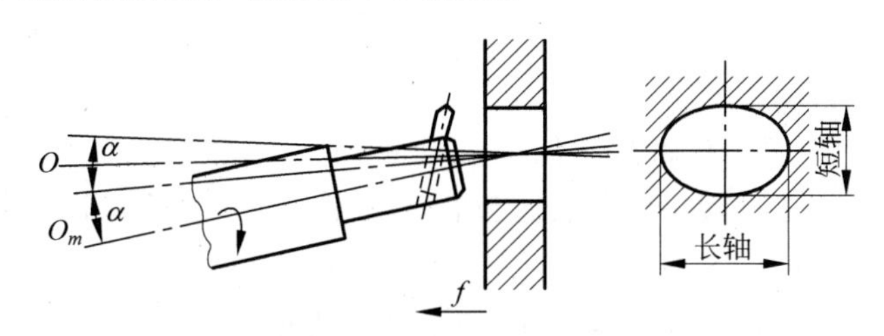

图 5-9　纯倾角摆动对镗孔的影响

O—工件孔轴心线；O_m—主轴回转轴心线

在实际工作中，主轴回转轴心线的运动误差是上述 3 种基本形式的合成，如图 5-10 所示。所以它既影响工件圆柱面的形状精度，也影响端面的形状精度，同时还影响端面与内、外圆的位置精度。

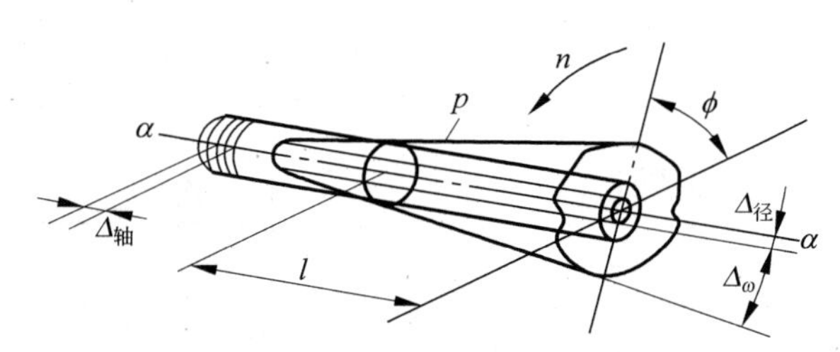

图 5-10　主轴回转误差的基本形式

α—平均回转轴线；n—主轴转速；p—实际回转轴线；ϕ—回转位置；l—轴承距离；

$\Delta_{轴}$—纯轴向窜动；$\Delta_{径}$—纯径向跳动；Δ_ω—纯倾角摆动

(2) 影响主轴回转精度的因素

主轴是在前、后轴承的支承下进行回转的，因此，回转精度主要受主轴支承轴颈、轴承及支承轴承的表面精度影响。

对于使用滑动轴承的主轴，影响主轴回转精度的直接因素是主轴轴颈的圆度误差、轴瓦内孔圆度误差及配合间隙。

对于使用滚动轴承的主轴，轴承内、外圈滚道的圆度误差对主轴回转精度影响较大。对工件回转类机床(如车床)，轴承内圈外滚道的圆度误差对主轴回转精度影响大；而对于刀具回转类机床(如镗床)，则是轴承的外环内滚道影响大。轴承滚动体的不一致、滚动轴承的间隙也影响主轴的回转精度。

主轴的回转精度不仅取决于轴承本身精度，而且与相配合零件的精度和装配质量等也有密切关系。

(3) 提高主轴回转精度的措施

① 采用高精度的主轴部件

获得高精度的主轴部件的关键是提高轴承精度。对主轴轴承，特别是前轴承，多选用高精度的滚动轴承，或采用高精度的多油楔动压轴承和静压轴承。当采用滑动轴承时，则采用静压滑动轴承，以提高轴系刚度，减少径向圆跳动。其次是提高主轴箱体支承孔、主轴轴颈和与轴承相配合零件的有关表面的加工精度。

② 对滚动轴承进行预紧

对滚动轴承适当预紧以消除间隙，甚至产生微量过盈。由于轴承内、外圈和滚动体弹性变形的相互制约，既增加了轴承刚度，又对轴承内、外圈滚道和滚动体的误差起均化作用，因而可提高主轴的回转精度。

③ 使主轴回转的误差不反映到工件上

直接保证工件在加工过程中的回转精度而不依赖于主轴，是保证工件形状精度的最简单而又有效的加工方法。

如图 5-11 所示，在外圆磨床上磨削外圆柱面时，为避免工件头架主轴回转误差的影响，工件采用 2 个固定顶尖支承磨削外圆，只要保证两定位中心孔的形状、位置精度，即可加工出高精度的外圆柱面。这时主轴仅仅提供旋转运动和转矩，与主轴的回转精度无关。而提高顶尖和中心孔的精度要比提高主轴部件的精度容易且经济得多。

又如图 5-12 所示，在镗床上加工箱体类零件上的孔时，可采用带前、后导向套的镗模。刀杆与主轴浮动连接，所以刀杆的回转精度与机床主轴的回转精度也无关，仅由刀杆和导向套的配合质量决定。

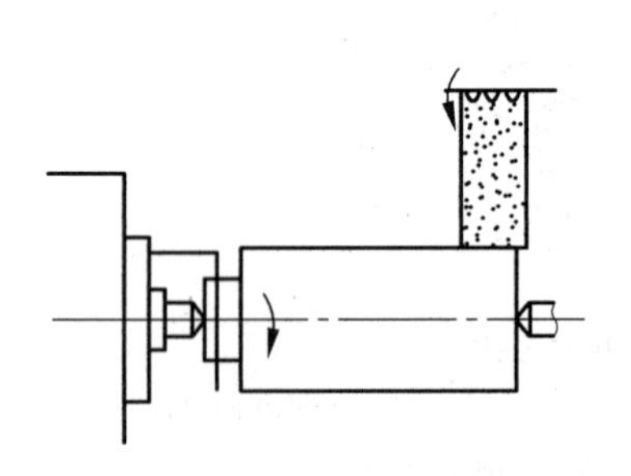

图 5-11 用固定顶尖支撑磨外圆

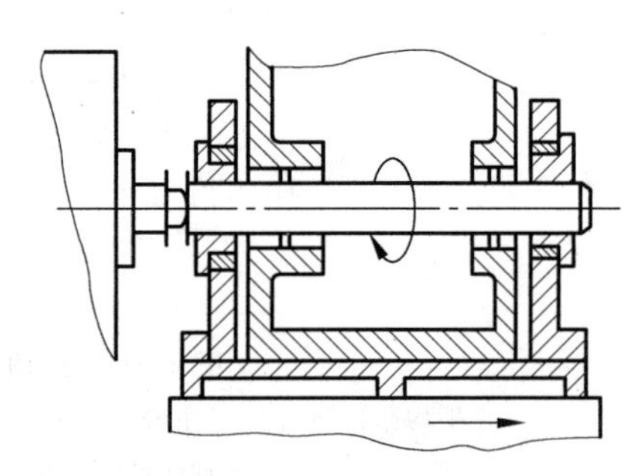

图 5-12 用镗模镗孔

(4) 主轴回转精度的测量方法

在实际生产中，主轴回转精度的测量方法有千分表测量法和传感器测量法。对于一般精度的主轴通常采用千分表测量法，其方法是将精密检验心棒插入主轴锥孔，通过在心棒外圆表面和端面放置千分表，即用千分表测量两处外圆表面和端面的跳动量，如图 5-13 所示。

这种方法简单易行，但会引入锥孔的偏心误差，因此存在以下两个缺点：

① 不能把性质不同的误差区分开。例如，当所测量的主轴出现径向圆跳动时，可能既存在主轴回转误差所引起的跳动，又存在主轴几何偏心所引起的跳动，而采用千分表测量法是无法区分开的。

② 不能反映主轴在工作转速下的动态回转误差，更不能应用于高速、高精度下的主轴回转精度的测量。

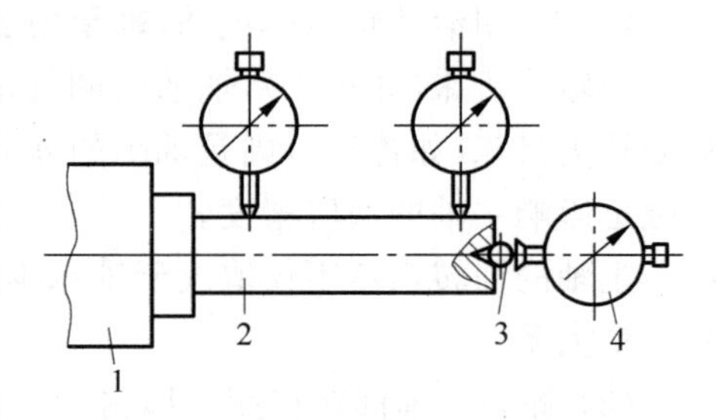

图 5-13 主轴回转精度的千分表测量法

1—主轴；2—心棒；3—钢球；4—千分表

因此，对于比较高精度的主轴，则多用传感器测量法来进行测量。

2. 机床导轨导向误差

机床导轨副是实现直线运动的主要部件，其制造误差、装配误差以及磨损是影响直线运动的主要因素。

(1) 导轨的导向精度

导轨导向精度是指机床导轨副的运动件实际运动方向与理想运动方向的符合程度，这两者之间的偏差值称为导向误差。

导轨是机床上确定各机床部件相对位置关系的基准，也是机床运动的基准。切削成形运动中直线运动的精度主要取决于导轨精度，它的各项误差直接影响被加工工件的精度。

在机床的精度标准中，直线导轨的导向精度一般包括下列主要内容：

① 导轨在水平面内的直线度 Δ_y（弯曲）（见图 5-14）；

② 导轨在垂直面内的直线度 Δ_z（弯曲）（见图 5-14）；

③ 前后导轨的平行度 δ（扭曲）（见图 5-15）；

④ 导轨对主轴回转轴线的平行度（或垂直度）（见图 5-15）。

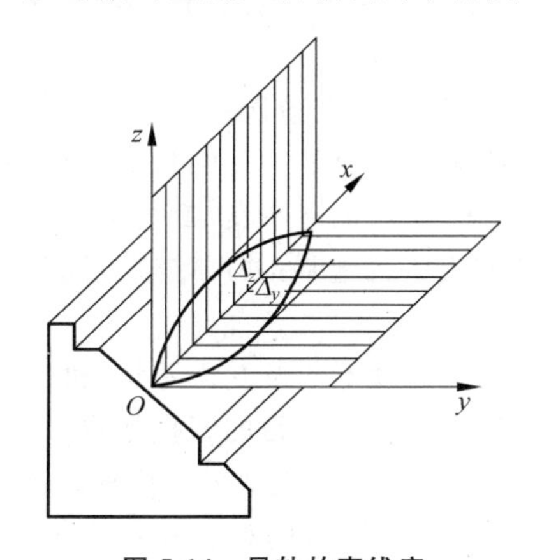

图 5-14　导轨的直线度

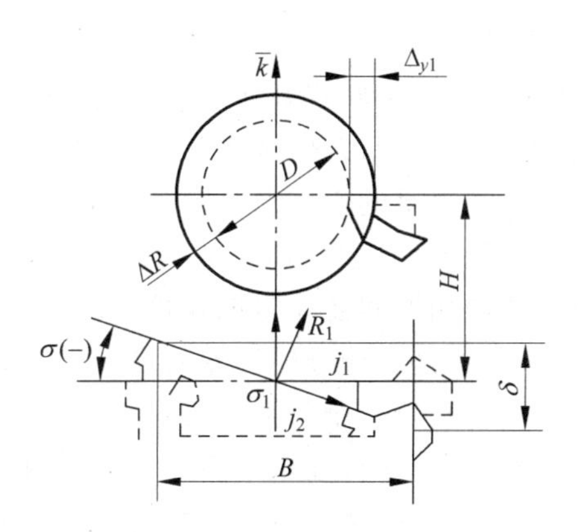

图 5-15　导轨扭曲引起的加工误差

(2) 误差敏感方向

切削加工过程中，各种原始误差的大小和方向是不同的，加工误差是在工序尺寸方向上度量的。因此，不同的原始误差对加工精度有不同的影响。当原始误差的方向与工序尺寸方向一致时，其对加工精度的影响就最大。

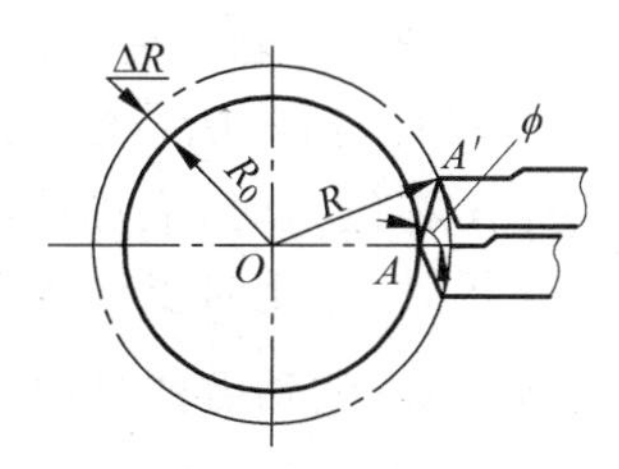

图 5-16　误差的敏感方向

图 5-16 所示为车削外圆，车削时工件的回转轴心是点 O，刀尖正确位置在点 A，设某一瞬时由于各种原始误差的影响，使刀尖位移到点 A'。AA' 即为原始误差 δ，它与 OA 间夹角为 ϕ，加工后工件的半径由 $R_0=OA$ 变为 $R=OA'$，故半径上（即工序尺寸方向上）的加工误差 ΔR 为

$$\Delta R = OA' - OA = \sqrt{R_0^2 + \delta^2 + 2R_0\delta\cos\phi} - R_0 \approx \delta\cos\phi + \frac{\delta^2}{2R_0}$$

当 $\phi=0°$ 时，ΔR 得到极大值，即 $\Delta R_{max}=\delta$；此时原始误差方向为加工表面的法线方向，原始误差 1∶1 地表现为加工误差。

当 $\phi=90°$时，ΔR 得到极小值，故近似表达式为 $\Delta R_{\min}\approx\frac{\delta^2}{2R_0}$，此时原始误差方向为加工表面的切线方向。且 $\Delta R_{\min}$很小，往往可以忽略不计。

因此，把对加工精度影响最大的那个方向（即通过刀刃的加工表面的法线方向）称为误差的敏感方向；另一与之垂直的方向（即工件加工表面的切线方向）称为误差的非敏感方向。

分析原始误差对加工精度的影响时，对一般方向的原始误差，即 $\phi=0°\sim90°$，可将该原始误差引起的加工误差向误差敏感方向投影，并只考虑该投影对加工误差的影响。

(3) 影响导轨导向精度的主要因素

影响导轨导向精度的因素主要有：导轨副的制造精度、安装精度和使用过程中的磨损。

直线导轨导向误差对加工精度的影响要根据具体加工方式的误差敏感方向来判断。

对于普通车床，加工外圆时导轨在水平面内的直线度误差将直接转换为工件表面的圆柱度误差，而在垂直面内的直线度误差对加工误差的影响可以忽略不计。对车刀装在垂直方向的立式转塔车床，则是导轨在垂直面内的直线度误差直接转换为工件表面的圆柱度误差。

对于一般平面磨床，对工件加工平面的形状精度起主要影响作用的是砂轮架和工作台导轨在垂直平面内的直线度误差及两导轨之间在垂直方向的平行度误差。这些导轨误差几乎是 1∶1 地反映到被加工平面的平面度误差上。

机床安装不正确或者地基不良引起的导轨误差，往往远大于制造误差。特别是对于长度较长的龙门刨床、龙门铣床和导轨磨床更是如此，这些床身导轨是一种细长的结构，刚性较差，在本身自重的作用下就容易变形。如果安装不正确，或者地基不良，都会造成导轨弯曲变形（严重的可达 2～3mm）。因此，机床在安装时应有良好的地基，并严格进行测量和校正，而且在使用期间还应定期复校和调整。

导轨磨损是造成导轨误差的另一重要原因。由于使用程度不同及受力不均，机床使用一段时间后，导轨沿全长上各段的磨损量不等，同一横截面上各导轨面的磨损量也不相等。导轨磨损会引起床鞍在水平面和垂直面内发生位移，且有倾斜，从而造成刀刃位置误差。

机床导轨副的磨损与工作的连续性、负荷特性、工作条件、导轨的材质和结构等有关。一般卧式车床，两班制使用一年后，前导轨（三角形导轨）磨损量可达 0.04～0.05mm；粗加工条件下，磨损量可达 0.1～0.2mm。车削铸铁件，导轨磨损更大。

(4) 减小导轨误差的措施

在设计时，应从结构、材料、润滑、防护装置等方面采取措施，以提高导轨的导向精度和耐磨性；在制造时，应尽量提高导轨副的制造精度；机床安装时，应校正好水平和保证地基质量；另外，使用时要注意调整导轨副的配合间隙，同时保证良好的润滑和维护。

3. 机床传动链的传动误差

传动链的传动误差是指内联系的传动链中，首、末两端传动元件之间相对运动的误差。

(1) 传动链精度的分析

对于某些加工方式，如车螺纹、滚齿、插齿等，为保证工件的加工精度，要求工件和刀具间必须有准确的速比关系。如在车床上加工螺纹，要求工件每转 1 转，刀具必须移动 1 个导程；又如在滚齿机上用单头滚刀加工直齿轮时，要求滚刀与工件之间具有严格的运动关系，滚刀转 1 转，工件转过 1 个齿，这种运动关系是由刀具与工件间的传动链来保证的，如图 5-17 所示。其运动关系式为

$$\Phi_n(\Phi_{工}) = \Phi_{刀} \times \frac{64}{16} \times \frac{23}{23} \times \frac{23}{23} \times \frac{46}{46} \times i_{差} \times i_{分} \times \frac{1}{96}$$

式中，$\Phi_n(\Phi_{工})$——工件转角，(°)；

$\Phi_{刀}$——滚刀转角，(°)；

$i_{差}$——差动轮系的传动比，在滚切直齿时，$i_{差}=1$；

$i_{分}$——分度挂轮传动比。

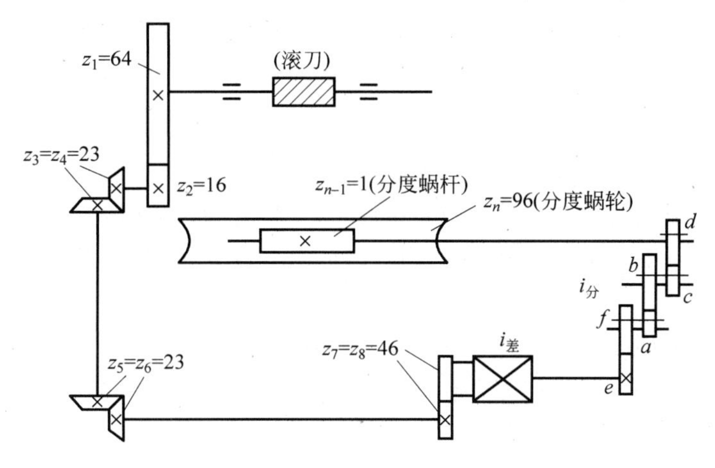

图 5-17　滚齿机传动链图

当传动链中各传动元件如齿轮、蜗轮、蜗杆、丝杠、螺母等有制造误差(如转角误差)、装配误差(主要是装配偏心)和磨损时，就会破坏正确的运动关系，使工件产生误差。

传动链传动误差可用传动链末端元件的转角误差来衡量。由于各传动件在传动链中所处的位置不同，它们对工件加工精度(即末端元件的转角误差)的影响程度也不同。实践证明：越靠近末端的传动件，其精度对传动链精度的影响越大。因此，一般最接近末端的传动件的精度比中间传动件的精度高 1～2 级。而降速传动时，传动件的误差被缩小，升速传动时，传动件的误差被放大。通过分析可以看出，传动链传动误差(即末端元件总转角误差)也是周期性变化的。

(2) 减少传动链传动误差的措施

① 缩短传动链，即减少传动环节。传动件个数越少，传动链越短，传动精度就越高。

② 降低传动比，即减小传动比。特别是传动链末端传动副的传动比越小，则传动链中各传动元件的误差对传动精度的影响就越小。因此，采用降速传动($i<1$)，是保证传动精度的重要原则。

③ 减小传动链中各传动件的加工、装配误差，可以直接提高传动精度。特别是最后的传动件(末端元件)的误差影响最大，故末端元件(如滚齿机的分度蜗轮、螺纹加工机床的最后一个齿轮及传动丝杠)应做得更精确些。

④ 采用校正装置。考虑到传动链误差是既有大小、又有方向的向量，可以采用误差校正装置，在原传动链中人为地加入一个补偿误差，其大小与传动链本身的误差相等而方向相反，从而使之相互抵消。

4. 刀具的误差

刀具误差对工件加工精度的影响，主要表现为刀具的制造误差和尺寸的磨损，其影响程度随刀具种类不同而异。

(1) 定尺寸刀具,如钻头、铰刀、拉刀、丝锥、键槽铣刀、圆拉刀等,加工时刀具的尺寸和形状精度直接影响工件的尺寸和形状精度。

(2) 成形刀具,如成形车刀、成形铣刀、成形砂轮等的形状精度将直接影响工件的形状精度。

(3) 展成加工用的刀具,如齿轮滚刀、插齿刀等,它的精度也影响齿轮的加工精度。

(4) 普通单刃刀具,如普通车刀、镗刀等,它的精度对工件的加工精度没有直接影响,但刀具的磨损会影响工件的尺寸精度、形状精度和表面质量。

5. 夹具的误差

夹具误差包括定位误差、夹紧误差、夹具的安装误差以及夹具在使用过程中的磨损等。这些误差将直接影响到被加工工件的位置精度、形状精度和尺寸精度。

夹具精度则与基准不重合误差以及定位元件、对刀装置、导向装置等的制造精度和装配精度有关。

夹具误差引起的加工误差在设计夹具时可以进行分析计算。对已制成的夹具可以进行检测后再计算出其可能造成的加工误差的大小。一般来说,夹具误差对零件加工表面的位置误差影响最大。

5.3 工艺系统受力变形对加工精度的影响

5.3.1 基本概念

由机床、夹具、刀具、工件所组成的工艺系统是一个弹性系统,在切削过程中由于切削力、传动力、惯性力、夹紧力以及重力等的作用,会产生弹性变形。这种变形将破坏工艺系统间已调整好的正确位置关系,从而产生加工误差。

例如车削细长轴时,工件在切削力的作用下会发生变形,使加工出来的轴出现中间粗两头细的腰鼓形情况,如图 5-18(a)所示。又如在内圆磨床上用横向切入法磨内孔时,由于内圆磨头主轴弯曲变形,使磨出的孔会带有锥度的圆柱度误差,如图 5-18(b)所示。

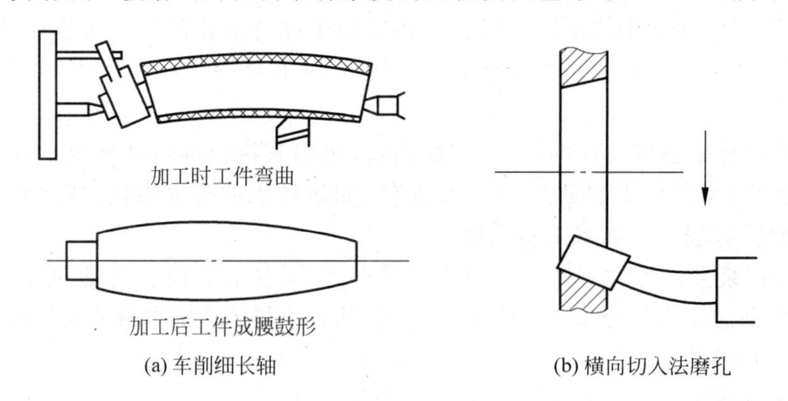

图 5-18 工艺系统受力变形引起的加工误差

从材料力学知道，任何一个受力的物体总要产生一定的变形，任何变形也必然会带来一定的原始误差，而工艺系统的受力变形就是加工中一项很重要的原始误差。事实上，它不仅严重地影响工件的加工精度，而且还影响加工表面的质量，限制了加工生产率的提高。

工艺系统受力变形通常是弹性变形。一般来说，工艺系统抵抗弹性变形的能力越强，则加工精度就越高。工艺系统受力变形主要是在对加工精度影响最大的敏感方向，即通过刀尖的加工表面的法线方向的位移。因此，把工艺系统抵抗变形的能力用刚度 k 来表示。

所谓工艺系统刚度 k，是指作用于工件加工表面法线方向上的切削分力 F_y(N)与刀具在切削力作用下相对于工件在该方向上的位移 y(mm)的比值，即

$$k = \frac{F_y}{y} \quad (\mathrm{N/mm}) \tag{5-1}$$

5.3.2　工艺系统刚度的计算

工艺系统内各组成环节在切削加工过程中都会产生不同程度的变形，使刀具和工件的相对位置发生改变，从而产生相应的加工误差。工艺系统在某一处的法向总变形 y 是其各个组成环节在同一处的法向变形的叠加，即

$$y = y_{jc} + y_{jj} + y_d + y_g \tag{5-2}$$

式中，y_{jc}——机床的受力变形，mm；

y_{jj}——夹具的受力变形，mm；

y_d——刀具的受力变形，mm；

y_g——工件的受力变形，mm。

由工艺系统刚度的定义式(5-1)可知，机床刚度 k_{jc}、夹具刚度 k_{jj}、刀具刚度 k_d 及工件刚度 k_g 可分别写为

$$k_{jc} = \frac{F_y}{y_{jc}},\quad k_{jj} = \frac{F_y}{y_{jj}},\quad k_d = \frac{F_y}{y_d},\quad k_g = \frac{F_y}{y_g}$$

并代入式(5-2)，整理得

$$\frac{1}{k} = \frac{1}{k_{jc}} + \frac{1}{k_{jj}} + \frac{1}{k_d} + \frac{1}{k_g} \tag{5-3}$$

或

$$k = \frac{1}{\frac{1}{k_{jc}} + \frac{1}{k_{jj}} + \frac{1}{k_d} + \frac{1}{k_g}} \tag{5-4}$$

此式表明，已知工艺系统各组成环节的刚度，即可求得工艺系统的刚度。

5.3.3　工艺系统刚度对加工精度的影响

在实际加工中，切削力的大小及其作用点的位置总是变化的，有时力的方向也会变化。下面着重讨论切削力的大小和作用点位置变化所带来的影响。

1. 切削力作用点位置变化引起的加工误差

在切削加工过程中，工艺系统的刚度会随切削力作用点位置的变化而变化，因此工艺系

统受力变形也随之变化，从而引起工件形状误差。下面以车床顶尖间加工光轴为例，进行分析。

(1) 机床的变形

在车床两顶尖间加工一短而粗的工件，同时车刀悬伸长度很短，即工件和刀具的刚度好，其受力变形均可忽略不计，只考虑机床的变形。又假定工件的加工余量很均匀，即车刀进给过程中切削力保持不变。再设当车刀以径向力 F_y 进给到图 5-19 所示的 x 位置时，车床床头箱头架处受作用力为 F_A，相应的变形为 $y_{tj}=AA'$；尾座处受力为 F_B，相应的变形为 $y_{wz}=BB'$；刀架刀尖处受力为 F_y，相应的变形为 $y_{dj}=CC'$。这时工件轴心线从原 AB 位置位移到 $A'B'$ 位置，则刀尖切削点处工件轴线的位移为

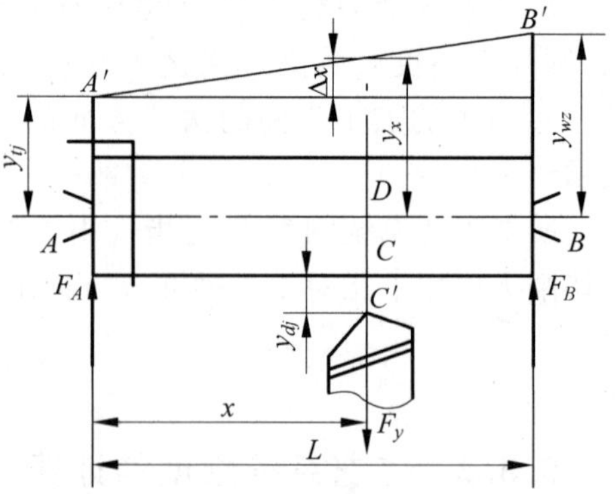

$$y_x=y_{tj}+\Delta x=y_{tj}+(y_{wz}-y_{tj})\frac{x}{L}$$

图 5-19 工艺系统变形随切削力位置变化而变化

式中，L——工件总长度，mm；

x——车刀刀尖至床头箱头架处的距离，mm。

考虑到刀架的变形 y_{dj} 与 y_x 的方向相反，所以机床总的变形为

$$y_{jc}=y_x+y_{dj} \tag{5-5}$$

运用静力学知识，由 L、x 和 F_y 求出 F_A、F_B，并依据刚度定义得

$$y_{tj}=\frac{F_A}{k_{tj}}=\frac{F_y}{k_{tj}}\frac{L-x}{L},\quad y_{wz}=\frac{F_B}{k_{wz}}=\frac{F_y}{k_{wz}}\frac{x}{L},\quad y_{dj}=\frac{F_y}{k_{dj}}$$

式中，k_{tj}，k_{wz}，k_{dj} 分别为床头箱、尾座、刀架的刚度。

将它们代入式(5-5)，最后可得机床的总变形为

$$y_{jc}=F_y\left[\frac{1}{k_{tj}}\left(\frac{L-x}{L}\right)^2+\frac{1}{k_{wz}}\left(\frac{x}{L}\right)^2+\frac{1}{k_{dj}}\right]=y_{jc}(x)$$

这说明随着切削力作用点位置的变化，工艺系统的变形也是变化的。显然，这是由于工艺系统的刚度随切削力作用点位置的变化而变化所致。

① 当 $x=0$ 时，$y_{jc}=F_y\left(\frac{1}{k_{tj}}+\frac{1}{k_{dj}}\right)$；

② 当 $x=\frac{L}{2}$ 时，$y_{jc}=F_y\left(\frac{1}{4k_{tj}}+\frac{1}{4k_{wz}}+\frac{1}{k_{dj}}\right)$；

③ 当 $x=L$ 时，$y_{jc}=F_y\left(\frac{1}{k_{wz}}+\frac{1}{k_{dj}}\right)$。

另外，还可以求出当 $x=\left(\frac{k_{wz}}{k_{tj}+k_{wz}}\right)L$ 时，机床变形 y_{jc} 最小，即

$$y_{jc\min}=F_y\left(\frac{1}{k_{tj}+k_{wz}}+\frac{1}{k_{dj}}\right)$$

通过以上分析比较可知，当刀尖处于工件两端时，由于机床的刚度差(车床头和尾座处)，系统变形大，在切削力的作用下，系统出现退让(或让刀)现象，从而从工件上切去的金属层变薄；当刀尖处于工件中间时，由于工件的刚度好，系统变形最小，在切削力的作用下，

系统未出现退让(或让刀)现象,从而从工件上切去的金属层厚。因此,由于机床受力变形而使加工出来的工件呈两端粗、中间细的马鞍形的形状误差,如图 5-20 所示。

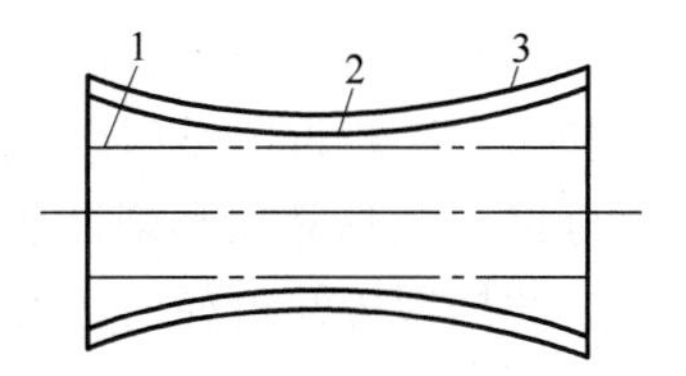

图 5-20　高刚度工件两顶尖支承车削后的形状

1—机床不变形的理想情况;
2—考虑床头箱、尾座变形的情况;
3—包括考虑刀架变形在内的情况

(2) 工件的变形

若在车床两顶尖间车削刚性很差的细长轴,则必须考虑工艺系统中的工件变形,此时机床和刀具的变形忽略不计,如图 5-21 所示。当车刀加工到图示位置时,在径向切削分力 F_y 作用下,工件的轴心线产生弯曲变形。

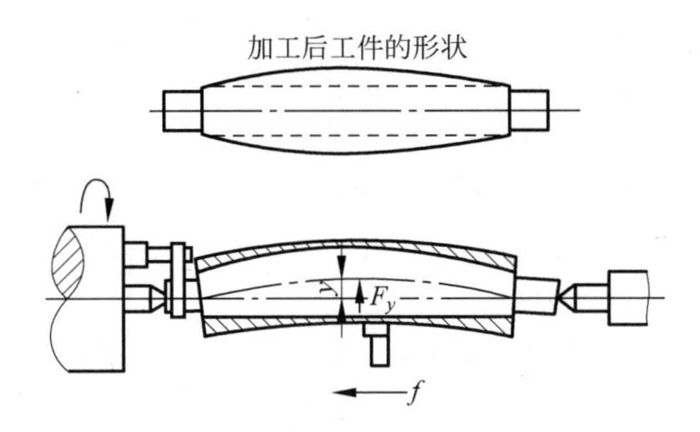

图 5-21　车削细长轴时的受力变形

由材料力学公式可知,细长轴在切削点处的变形量为

$$y_g = \frac{F_y}{3EI}\frac{(L-x)^2x^2}{L} \quad (\text{mm})$$

式中,L——工件长度,mm;

E——材料的弹性模量(对于钢,$E=2\times10^5\text{N/mm}^2$),$\text{N/mm}^2$;

I——工件的截面惯性矩,mm^4。

① 当 $x=0$ 时,$y_g=0$;

② 当 $x=L$ 时,$y_g=0$;

③ 当 $x=L/2$ 时,$y_g=\dfrac{F_yL^3}{48EI}=y_{g\max}$,此时,工件刚度最小、变形最大。

因此,加工后的细长轴呈现中间粗两头细腰鼓形的形状误差,见图 5-21。

(3) 工艺系统的总变形

若同时考虑机床和工件的变形时,则工艺系统的总变形为两者的叠加,此时车刀的变形忽略不计,即为

$$y = y_{jc} + y_g = F_y\left[\frac{1}{k_{tj}}\left(\frac{L-x}{L}\right)^2 + \frac{1}{k_{wz}}\left(\frac{x}{L}\right)^2 + \frac{1}{k_{dj}} + \frac{(L-x)^2x^2}{3EIL}\right]$$

工艺系统的刚度为

$$k = \frac{F_y}{y_{jc}+y_g} = \frac{1}{\dfrac{1}{k_{tj}}\left(\dfrac{L-x}{L}\right)^2 + \dfrac{1}{k_{wz}}\left(\dfrac{x}{L}\right)^2 + \dfrac{1}{k_{dj}} + \dfrac{(L-x)^2x^2}{3EIL}}$$

由此可知,工艺系统的刚度沿工件轴向长度的各个位置是不同的,所以加工后工件各个

截面的直径尺寸也不相同,因而造成加工后工件的形状误差。

同时,如果测得了车床床头箱、尾座、刀架3个部件的刚度,以及确定了工件的材料和尺寸,就可按 x 值估算出车削圆轴时工艺系统的刚度。当已知刀具的切削角度、切削条件和切削用量时,即可知道径向切削力分力 F_y,利用上面的公式就可估算出不同 x 处工件半径的变化。

2. 切削力大小变化对加工精度的影响

机械加工时,工艺系统在切削力作用下会产生变形,使得实际切削余量发生变化,从而影响工件加工后的尺寸精度。这时,如果工件毛坯的形状误差较大或材料硬度很不均匀,也都会引起切削力的大小发生变化,那么,工艺系统的变形也就随着切削力大小的变化而变化,从而引起工件的加工误差。

例如,车削一椭圆形横截面的毛坯,车削前将车刀调整到图中虚线的位置,如图5-22所示。由于毛坯的形状误差,使得工件在每一转中,背吃刀量 a_p 发生着变化,最大背吃刀量为 a_{p1},最小背吃刀量为 a_{p2},假设毛坯材料的硬度是均匀的,那么 a_{p1} 处的切削力 F_{y1} 最大,相应的变形 y_1 也最大;a_{p2} 处的切削力 F_{y2} 最小,相应的变形 y_2 也最小。车削加工后得到的工件仍然具有车削前类似的圆度误差。

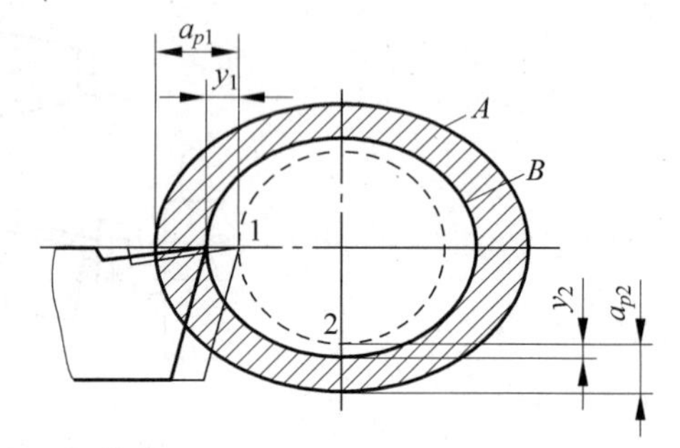

图5-22 车削时的误差复映

A—毛坯外圆;B—加工后的外圆

由此可见,当车削具有圆度误差 $\Delta_m = a_{p1} - a_{p2}$ 的毛坯时,由于工艺系统受力变形的变化而使工件产生相应的圆度误差 $\Delta_g = y_1 - y_2$。这种工件加工前的误差以类似的规律反映为加工后的误差的现象叫做误差复映。

如果工艺系统的刚度为 k,则工件的圆度误差为

$$\Delta_g = y_1 - y_2 = \frac{F_{y1} - F_{y2}}{k} \tag{5-6}$$

由金属切削原理可知

$$F_y = C_{F_y} a_p^{x_{F_y}} f^{y_{F_y}} (\mathrm{HB})^{n_{F_y}}$$

式中,C_{F_y}——与刀具几何参数及切削条件(刀具材料、工件材料、切削种类、冷却液等)有关的系数;

a_p——背吃刀量,mm;

f——进给量,mm;

HB——工件材料硬度;

$x_{F_y}, y_{F_y}, n_{F_y}$——指数。

在工件材料硬度均匀,刀具、切削条件和走刀量一定的情况下,$C_{F_y} f^{y_{F_y}} (\mathrm{HB})^{n_{F_y}} = c$ 为常数。在车削加工中,$x_{F_y} = 1$,于是切削分力 F_y 可写成:$F_y = ca_p$。因此

$$F_{y1} = ca_{p1}, \quad F_{y2} = ca_{p2}$$

代入式(5-6),得

$$\Delta_g = \frac{c}{k}(a_{p1} - a_{p2}) = \frac{c}{k}\Delta_m = \varepsilon\Delta_m \tag{5-7}$$

式中

$$\varepsilon = c/k \tag{5-8}$$

ε 称为误差复映系数。计算表明，ε 是一个小于 1 的正数，它定量地反映了毛坯误差经加工后所减少的程度。减小 c 或增大 k 都能使 ε 减小。例如，减小走刀量 f 即可减小 c，使 ε 减小，从而可提高加工精度，但切削时间将增加。如果设法增大工艺系统刚度 k，不但能减小加工误差 Δ_g，而且还可以在保证加工精度的前提下相应增大走刀量，提高生产率。

当工件的加工精度要求较高时，可增加走刀次数来减小工件的复映误差。设 $\varepsilon_1,\varepsilon_2,\cdots,\varepsilon_n$ 分别为第 1，2，…，n 次走刀时的误差复映系数，则

$$\Delta_{g1} = \varepsilon_1\Delta_m$$

$$\Delta_{g2} = \varepsilon_2\Delta_{g1} = \varepsilon_1\varepsilon_2\Delta_m$$

$$\vdots$$

$$\Delta_{g_n} = \varepsilon_1\varepsilon_2\cdots\varepsilon_n\Delta_m$$

总的误差复映系数为

$$\varepsilon_{\Sigma} = \varepsilon_1\varepsilon_2\cdots\varepsilon_n \tag{5-9}$$

由于 ε_1 是一个小于 1 的正数，多次走刀后，毛坯的误差就可以减小到满足精度要求的理想值。这就是精度要求高的零件安排加工次数多的原因之一。

由以上分析可知，当工件毛坯有形状误差（如圆度、圆柱度、直线度等）或相互位置误差（如偏心、径向圆跳动等）时，加工后都会以一定的复映系数复映成工件的加工误差。

在成批和大量生产采用调整法加工一批工件时，如毛坯尺寸不一或毛坯硬度不均匀，都会使切削力发生变化，同样会造成加工误差。因此，在采用调整法成批生产情况下，控制毛坯尺寸的一致性或材料硬度的均匀性是很重要的。

3. 夹紧力、重力和惯性力引起的加工误差

工艺系统除受切削力作用之外，还会受到夹紧力、重力和惯性力等的作用，也会使工件产生加工误差。

(1) 夹紧力的影响

切削加工时，如果工件的刚性较差，工件在装夹时若夹紧力施力不当，常常会引起工件的变形而造成工件的几何形状误差。即使是刚度较大的工件，也不应忽视这一影响。

用三爪卡盘装夹薄壁套筒加工内孔，假定套筒坯件是正圆形Ⅰ，夹紧后坯件内孔变形为三棱形Ⅱ（见图 5-23(a)），这时，虽在夹紧状态下镗出的内孔为正圆形Ⅲ（见图 5-23(b)），但松开后套筒弹性恢复，内孔又变形为三棱形Ⅳ（见图 5-23(c)）。

为减小夹紧变形，减少加工误差，应使夹紧力均匀分布，以减小压强，增加接触面积，可采用如图 5-23(d)所示的专用卡爪或开口过渡环夹紧。

(2) 重力的影响

大型机床中的某些部件作进给运动时，本身自重对支承作用点的位置不断变动，使得部件本身或支承件的受力变形随之改变而产生加工误差。

大型立式车床刀架的自重引起横梁的弯曲变形，分别造成了工件端面的平面度误差和外圆柱面上圆柱度的误差，如图 5-24 所示。工件的直径越大，加工误差也越大。

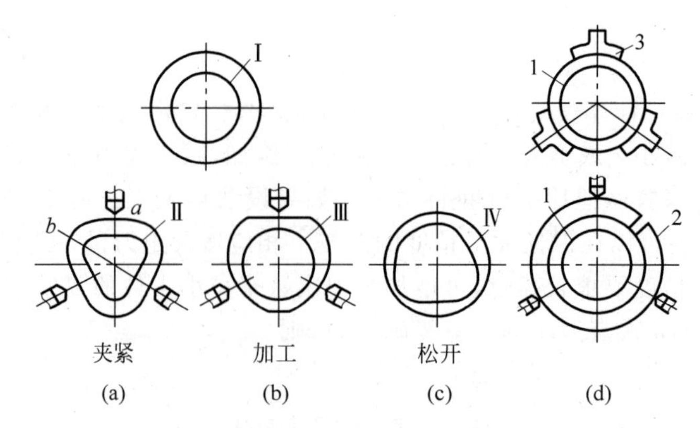

图 5-23　夹紧力引起的加工误差

1—工件；2—开口过渡环；3—专用卡爪

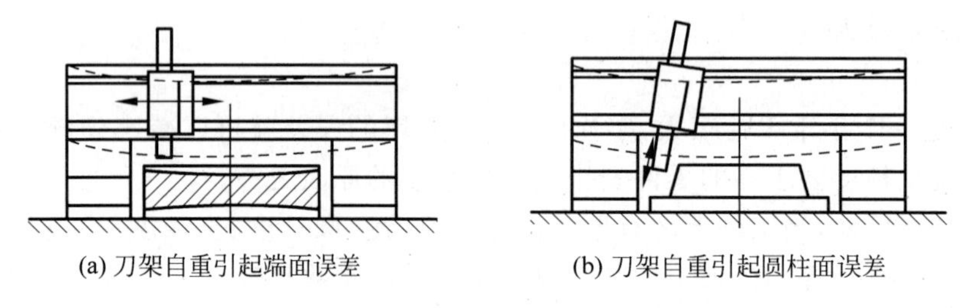

图 5-24　工件自重所造成的误差

对于大型工件的加工(如磨削床身导轨面)，工件自重引起的变形有时会成为产生加工形状误差的主要原因。在实际生产中，装夹大型工件时，恰当地布置支承点可以减小自重引起的变形。图 5-25 表示了两种不同支承方式下，均匀截面的挠性零件的自重变形规律。其中，在图 5-25(b)的支承方式下，工件自重引起的变形仅为图 5-25(a)支承方式的 1/50。

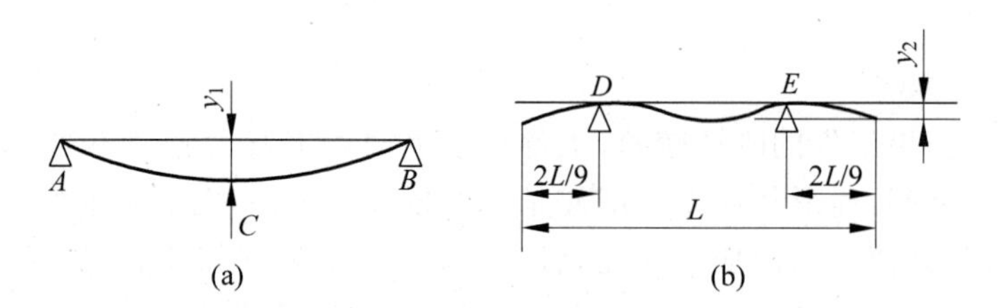

图 5-25　着力点不当引起的加工误差

(3) 惯性力的影响

切削加工中高速旋转零部件(含夹具、刀具和工件等)的不平衡将产生惯性力。如果工艺系统中有不平衡的高速旋转的构件存在，就会产生离心力。离心力随工件的转动不断变更方向，引起工件几何轴线的回转误差和工艺系统的振动，会改变工件与刀具成形运动的位置，从而造成加工误差。

为了减少惯性力的影响，可采用“对重平衡”等方法来消除惯性力对加工误差的影响。如在不平衡质量的反向“减重”或“配重”的方法来消除这种不平衡的现象，使两者的离心力相互抵消。必要时可适当降低转速，以减小离心力的峰值，从而减小其影响。

图 5-26 所示为在汽车发动机飞轮上校动平衡的现场照片。因为飞轮与曲轴已装配好，

不可能减重了，只有在不平衡质量的反方向加特制的垫片或换质量不等的螺栓来消除其不平衡现象，使两者的离心力相互抵消，以达到新的平衡。

图 5-26　汽车发动机的飞轮校动平衡

5.3.4　减小工艺系统受力变形的措施

减小工艺系统受力变形是保证加工精度的有效途径之一。在生产实际中，常从两个主要方面采取措施来予以解决：一是提高系统刚度；二是减小载荷及其变化。从加工质量、生产效率、经济性等方面考虑，提高工艺系统中薄弱环节的刚度是最重要的措施。

1. 提高工艺系统的刚度

(1) 选用合理的零部件结构和截面形状

在设计工艺装备时，尽量减少其组成零件数，以减小总的接触变形量；注意刚度的匹配，防止有局部低刚度环节的出现。在设计基础件、支承件时，应合理选择零部件结构和截面形状，在适当部位增添加强筋也有良好的效果。

一般来说，截面积相等时，空心截形比实心截形的刚度高，封闭的截形又比开口的截形好。若实心轴和空心轴的外径相等时，当空心轴的孔径 $d_0=0.625D$ 时，其强度比实心轴削弱 18%，而质量却可减少 39%。

为了减少质量或结构需要，有一些机器的轴(如水轮机轴、航空发动机主轴、汽车传动轴等)常采用空心截面。这是因为传递转矩主要靠轴的近外表面材料，所以空心轴比实心轴在材料的利用上更为经济。但空心轴制造比较困难、费工，成本较高，必须对经济和技术指标进行全面分析，才能决定是否有利。

下面举例说明汽车传动轴分别采用实心轴和空心轴时，两者的刚度、质量的比较。

例 5-1　汽车发动机将动力通过主传动轴 EF 传给后桥，驱动车轮行驶，如图 5-27 所示。这时传动轴所承受的最大外力偶矩为 1.5kN·m，轴由 45 无缝钢管制成，外径 $D=90\text{mm}$，内径 $d=85\text{mm}$，许用剪应力为 $[\tau]=60\text{MPa}$，试校核其强度。若改为实心轴，在具有相同 $\tau_{\max}$ 数值的条件下，试确定实心圆轴的直径 D，并确定空心轴与实心轴的质量比。

解　① 校核实心轴强度

抗扭截面系数为

$$W_{\rho空}=\pi D^3(1-\alpha^4)/16$$

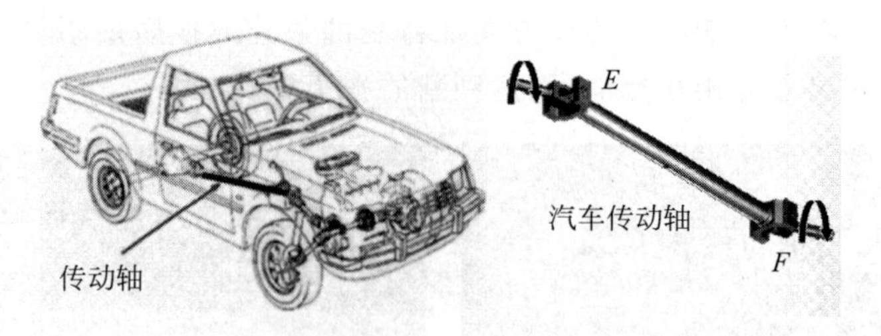

图 5-27　汽车发动机传动轴

式中

$$\alpha = d/D = 85/90 = 0.944$$

该轴为光轴,各横截面的危险程度相同,最大剪应力为

$$\tau_{\max 空心} = \frac{T}{W_{\rho 空}} = \frac{1.5 \times 10^6}{\pi \times 90^3 (1 - 0.944^4)/16} \approx 50.9\text{N/mm}^2 < [\tau] = 60\text{N/mm}^2$$

所以空心轴是安全的。

② 若改为实心轴

$$\tau_{\max 实心} = \frac{T}{W_{\rho 实心}} = \frac{1.5 \times 10^6}{\pi \times D^3/16} = \tau_{\max} = 50.9\text{N/mm}^2$$

则实心圆轴的直径

$$D = \sqrt[3]{\frac{16T}{\pi \tau_{\max}}} = \sqrt[3]{\frac{16 \times 1.5 \times 10^6}{\pi \times 50.9}} \approx 53.1\text{mm}$$

由于空心轴与实心轴的材料相同,长度相等,质量比即为横截面的面积比,则空心轴与实心轴的质量比为

$$\frac{A_{空心}}{A_{实心}} = \frac{\pi \times (90^2 - 85^2)}{\pi \times 53.1^2} = 0.31$$

即

$$A_{空心} = 0.31 A_{实心}$$

通过计算,汽车发动机上的主传动轴是采用空心轴还是实心轴,应该很清楚了。

(2) 提高零件连接表面的接触刚度

接触刚度是指互相接触的表面受力后抵抗其变形的能力。由于各部件之间的接触刚度远远低于实体本身的整体刚度,所以提高各部件的接触刚度是提高工艺系统刚度的关键。

① 提高机床部件中零件间接合表面的质量

影响连接表面接触刚度的因素主要是表面的粗糙度和形状精度。生产中机床导轨常采用刮研、研磨、超精加工等光整加工方法来提高表面质量,降低接合面的粗糙度,增加实际接触面积,提高接触刚度。

比如,提高机床导轨的刮研质量,提高顶尖锥体和尾座套筒锥孔的接触质量等,如图 5-28 所示,都能使实际接触面积增加,从而有效地提高表面的接触刚度。

② 给机床部件预加载荷

对机床部件上有关组成零件在装配时预加载荷,消除接合面的间隙,如各类轴承、滚珠丝杠螺母副的调整,从而增加实际接触面积,减小受力后的变形量。

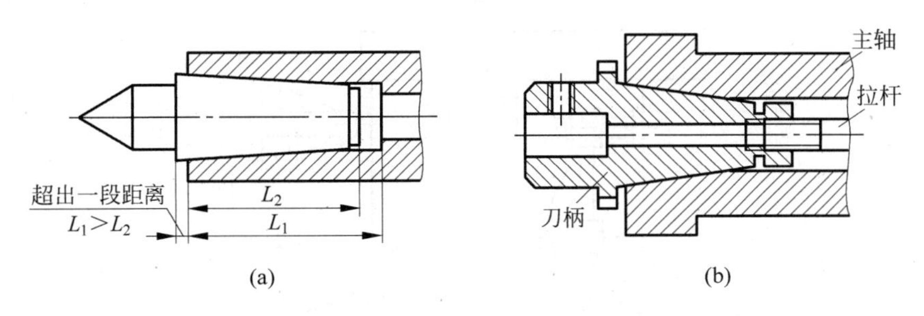

图 5-28　锥体和套筒锥孔的接触质量

③ 提高工件定位基准面的精度和减小它的表面粗糙度值

工件的定位基准面一般总是承受夹紧力和切削力的。如果定位基准面的尺寸误差、形状误差较大，表面粗糙度值较大，就会产生较大的接触变形。如在外圆磨床上磨削轴类、套类零件，若其中心孔的加工质量不高，则不仅会影响定位精度，而且还会引起较大的接触变形。

(3) 提高工件刚度，减小受力变形

切削力引起的加工误差往往是由于工件本身刚度不足或工件各个部位结构不均匀而产生的。特别是加工叉架类、细长轴等结构的零件，非常容易变形。在这种情况下，提高工件的刚度就是提高加工精度的关键。其主要措施是缩小切削力作用点到工件支承面之间的距离，以增大工件加工时的刚度。车削细长轴时采用图 5-29(a)所示的中心架或图 5-29(b)所示的跟刀架以增加工件刚度的方法，就是很典型的加工实例。

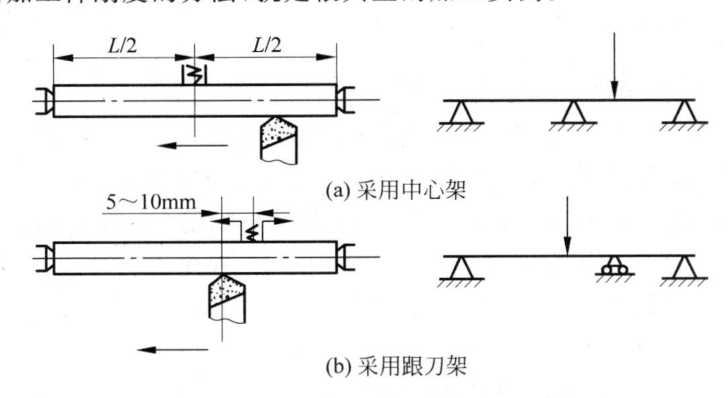

图 5-29　增加支承提高工件刚度

图 5-30 所示为卧式铣床上铣削角铁形零件的两种装夹、加工方式。图 5-30(a)所示的装夹刚度较低，如改用图 5-30(b)所示的装夹方式，则刚度大大提高。

又如在加工细长轴时，如改为反向走刀(从床头向尾座方向进给)，使工件从原来的轴向受压变为轴向受拉，也可提高工件的刚度。

2. 减小载荷及其变化

采取适当的工艺措施，如降低切削用量(a_p、f、v_c)可减小切削力对零件加工精度的影响，但同时也会影响生产率的提高。此外，改善工件材料的可加工性，改善刀具材料及刀具几何参数(γ_o、κ_γ、λ_s)等，都可减小受力变形。同时，采用精坯件以减小切削力的变化，可减少工件毛坯误差的复映。

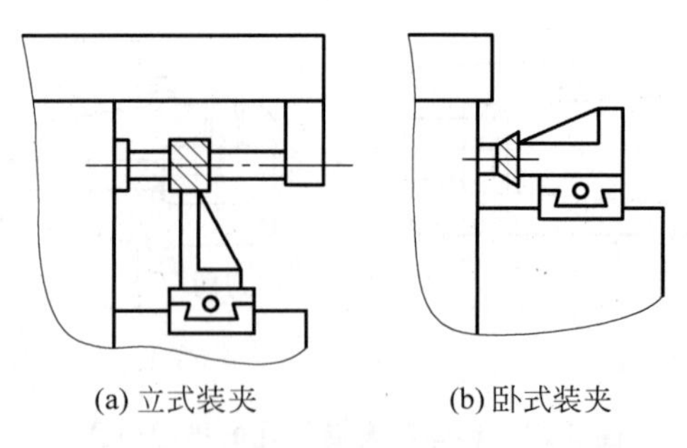

图 5-30 铣角铁形零件的两种装夹方式

5.3.5 工件残余应力重新分布引起的变形

1. 残余应力的概念及其特性

零件在没有外加载荷作用的情况下或去除外加载荷之后仍然残存在工件内部的应力，称为残余应力或内应力。

残余应力是由于金属内部组织发生了不均匀的体积变化而产生的，其外界因素来自工件的热加工和冷加工。具有残余应力的零件处于一种不稳定的状态之中，工件一旦产生残余应力后，其内部的组织就会使金属处于一种高能位的不稳定状态，本能地要向低能位的稳定状态转化，同时不断地伴随有变形发生。在这一过程中，零件会翘曲变形，从而使工件逐渐丧失原有的加工精度。如果把存在残余应力的工件装配到机器中，则会因其在使用中的变形而破坏整台机器的精度。

2. 毛坯制造和热处理过程中产生的残余应力

铸、锻、焊、热处理等加工过程中，由于壁厚厚薄相差较大，导致各部分冷热收缩不均匀以及金相组织转变的体积变化，使毛坯内部产生了相当大的残余应力。毛坯的结构越复杂，各部分的厚度越不均匀，散热的条件相差越大，则在毛坯内部产生的残余应力也越大。具有残余应力的毛坯由于残余应力暂时处于相对平衡的状态，在短时间内还看不出有什么变化，但当加工时某些表面被切去一层金属后就打破了这种平衡，残余应力将重新分布，零件就明显地出现了变形。

图 5-31 所示为车床床身壁厚较厚处的铸件在铸造过程中产生残余应力的情形。铸件浇铸后，由于床身上、下表层散热容易，冷却速度较快，床身上、下表层从塑性状态冷却到了弹性状态时，中间部分尚处于塑性状态。此时，上、下表层继续收缩，中间部分不起阻止变形的作用，故不会产生残余应力。

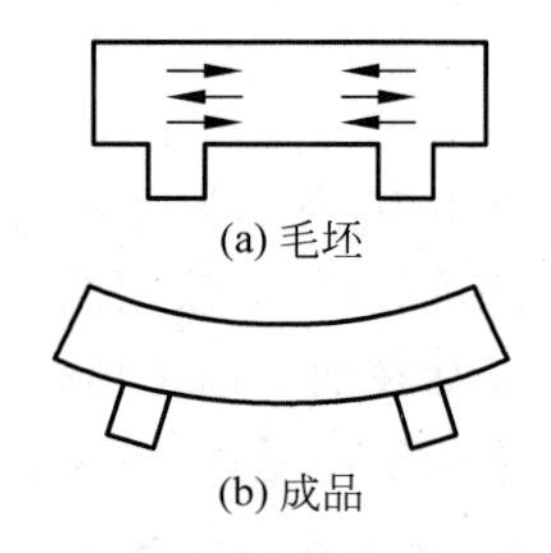

图 5-31 铸件残余应力的形成及变形

当床身中间部分也冷却到了弹性状态时，床身上下表层的温度已降低很多，其收缩进度变得很慢，但这时中间部分收缩较快，因而受到上、下表层的阻碍。这样，中间部分就产生了拉应力，而上下表层就产生了压应力，形成相互平衡的状态。

当将导轨表面铣或刨去一层金属后，导轨表层上的压应力消失，铸件在上、下表层的残余应力作用下，中间部分收缩，床身下表层伸长，铸件就产生了弯曲变形，直至残余应力重新分布达到新的平衡状态为止。

3. 冷校直产生的残余应力

细长的轴类零件,如光杠、丝杠、曲轴、凸轮轴等在加工和运输中很容易产生弯曲变形,因此,大多数在加工中安排冷校直工序。这种方法简单方便,但会带来内应力,引起工件变形而影响加工精度。图 5-32 所示为冷校直时引起内应力的情况。

在弯曲的轴类零件(见图 5-32(a))中部施加外力 F,使其产生反向弯曲(见图 5-32(b)),并使工件产生一定的塑性变形。这时如图 5-32(b′)所示,轴的上层 AO 受压力,下层 OD 受拉力,而且使外层 AB 和 CD 产生塑性变形,称为塑性变形区,内层 BO 和 CO 产生弹性变形,称为弹性变形区。在去除外力后,塑性变形将保留下来,而弹性变形区的变形将全部恢复,应力重新分布(见图 5-32(c′)),工件就变形成如图 5-32(c)所示。但是,零件冷校直后,虽然弯曲减小了,但内部组织处于不稳定状态,只是一种暂时的相对平衡状态,只要外界条件变化,就会使内应力重新分布而使工件产生新的变形。

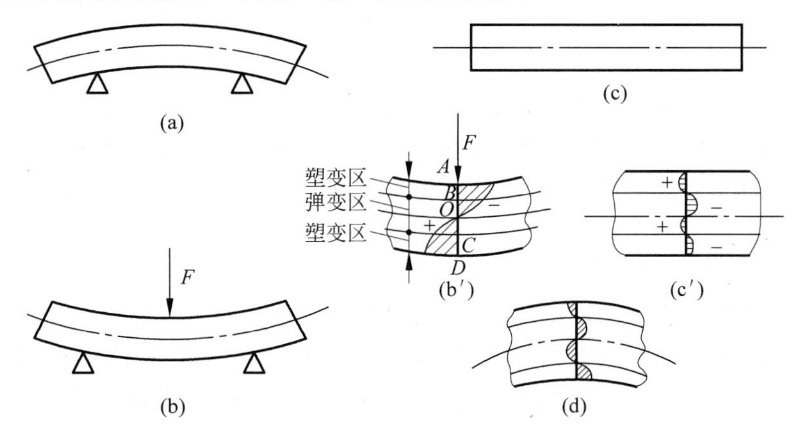

图 5-32 冷校直轴类零件引起的残余应力

例如,将已冷校直的轴类零件进行外圆磨削加工时,由于外层 AB、CD 变薄,破坏了原来的应力平衡状态,使工件产生如图 5-32(d)所示的弯曲变形,其方向与工件的原始弯曲方向一致,但弯曲程度有所改善。

因此,对于精密零件(如精密丝杠)的加工是不允许进行冷校直工序的。当零件产生弯曲变形时,如果变形较小,可加大加工余量,利用切削加工方法去除其弯曲度,这时要注意切削力的大小,因为这些零件刚度很差,极易受力变形;如果变形较大,则可用热校直的方法,这样可减小内应力,但操作比较麻烦。

4. 切削加工中产生的残余应力

工件切削加工时,在各种力和热的作用下,工件各部分将产生不同程度的塑性变形及金相组织变化,从而产生残余应力,引起工件变形。

实践证明,在加工过程中切去表面一层金属后,所引起残余应力的重新分布,变形最为强烈。因此,粗加工后,应将被夹紧的工件松开,使之有时间使残余应力重新分布。否则,在继续加工时,工件处于弹性应力状态下,而在加工完成后,必然要逐渐产生变形,致使破坏最终工序所得到精度。因而机械加工中常采用粗加工、精加工分开以消除残余应力对加工精度的影响。

在大多数情况下，热的作用大于力的作用，特别是高速切削、强力切削、磨削等，热的作用占主要地位。

5. 减少或消除残余应力的措施

(1) 合理设计零件结构

在零件结构设计中，应尽量缩小零件各部分厚度尺寸的差异，如使壁厚均匀等，以减小铸、锻、焊接毛坯在制造中产生的内应力。

(2) 采取时效处理

① 自然时效处理

自然时效处理是在毛坯制造之后，或粗、精加工之间，让工件停留一段时间，利用温度的自然变化，经过多次热胀冷缩，使工件的内应力逐渐消除。这种方法效果好，但需要时间长(一般要半年至5年)。

这种过程对大型精密件(如床身、箱体等)需要很长时间，往往影响产品的制造周期，所以除特别精密件外，一般较少采用。

② 人工时效处理

人工时效处理是将工件放在炉内加热到一定温度，使工件金属原子获得大量热能来加速其运动，并保温一段时间达到原子组织重新排列，再随炉冷却以达到消除残余应力的目的。这是目前使用最广的一种方法，但对于大型零件，这种方法需要一套很大的设备，投资和能源消耗较大。

③ 振动时效处理

振动处理技术又称为振动消除应力，在我国称为振动时效。它是将一个具有偏心重块的电机系统(称做激振器)安放在构件上，并将构件用橡皮垫等弹性物体支承，通过控制器启动电动机并调节其转速，使构件处于共振状态。20～30min的振动处理即可达到调整残余应力的目的。

振动时效是以激振的形式将振动的机械能加到含大量内应力的工件内，引起工件内部晶格变化以消除内应力，一般在几十分钟便可消除，适用于大小不同的铸、锻、焊接件毛坯及有色金属毛坯。这种方法不需要庞大的设备，所以比较经济、简便，且效率高。

由于设备简单，易于搬动，因此可以在任何场地上进行现场处理。它不受构件大小和材料的限制，从几十公斤到几百吨的构件都可使用振动时效技术。特别是对一些大型构件无法使用热时效处理时，振动时效就具有更加突出的优越性。经过振动处理的构件，其残余应力可以被消除20%～80%。

振动时效只需30min即可进行下道工序。而热时效至少需1～2天，且需大量的煤、油、电等能源。因此，相对于热时效来说，振动时效可节省能源90%以上，可节省费用90%以上，特别是可以节省建造大型焖火窑的巨大投资。

5.4 工艺系统的热变形对加工精度的影响

在机械加工过程中，工艺系统在各种热源的影响下常产生复杂的变形，破坏了工艺系统间的相对位置精度，造成了加工误差。据统计，在某些精密加工中，由于热变形引起的加工误差占总加工误差的 40%～70%。热变形不仅降低了系统的加工精度，而且还影响加工效率的提高。

5.4.1　工艺系统的热源

工艺系统的热源可分为内部热源和外部热源两大类。内部热源来自切削过程，包括切削热和摩擦热等。它们产生于工艺系统内部，其热量主要是以传导的形式传递的。外部热源来自工艺系统外部，主要包括以对流传热为主要形式的环境温度和各种热辐射。即

工艺系统热源
- 内部热源
  - 切削热
  - 摩擦热
- 外部热源
  - 环境温度
  - 热辐射

1. 内部热源

(1) 切削热

切削热是切削加工过程中最主要的热源，它对工件加工精度的影响最为直接。切削过程中，消耗于切削层金属的弹性、塑性变形以及刀具与工件、切屑间的摩擦能量，绝大部分转化为切削热。切削热的大小与切削力的大小以及切削速度的高低有关，一般按下式计算：

$$Q = F_c v_c \quad (\mathrm{J/s})$$

式中，Q——每秒内产生的切削热。

切削热将传到工件、刀具、切屑和周围介质中去。随着加工方法不同，传到各部分的比例也不一致。

(2) 摩擦热

机床中各运动副在相对运动时产生的摩擦力转化为摩擦热而形成热源，如齿轮与齿轮之间、导轨之间、丝杠与螺母、轴与轴承以及蜗轮与蜗杆之间因摩擦而发热。另外动力源的能量消耗也部分地转化为热，如电动机、液压系统等工作时所产生的热。尽管摩擦热比切削热少，但摩擦热在工艺系统中是局部发热，会引起局部温升和变形，破坏系统原有的几何精度，对加工精度也会带来严重影响。

2. 外部热源

外部热源的热辐射及周围环境温度对机床热变形的影响有时也不容忽视。特别在大型、精密加工时，尤其不能忽视。

以上热源都会使工艺系统不同程度地产生变形，使工件产生加工误差。

3. 工艺系统的热平衡

工艺系统受各种热源的影响，其温度会逐渐升高，与此同时，它们也通过各种传热方式向周围介质散发热量。当工件、刀具和机床的温度达到某一数值时，单位时间内传入和散发的热量趋于相等，这时工艺系统就达到了热平衡状态。在热平衡状态下，工艺系统各部分的温度就保持在一个相对固定的数值上，因而各部分的热变形也就相应地趋于稳定。

图 5-33 所示为一般机床工作时的温度和时间曲线，由图可知，机床开动后温度缓慢升高，经过一段时间温度升至 $T_{\text{衡}}$ 便趋于稳定。由开始升温至 $T_{\text{衡}}$ 的这一段时间，称为预热阶段。当机床温度达到稳定值后，则被认为处于热平衡阶段，此时温度场处于稳定，其热变形

也就趋于稳定。物体达到热平衡后，各点温度将不再随时间而变化，而只是其坐标位置的函数，这种温度场称为稳态温度场。

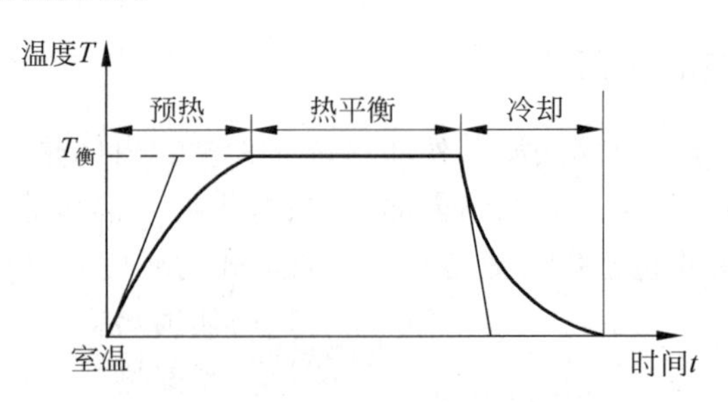

图 5-33 温度和时间曲线

由于在热平衡之前机床的几何精度变化不定，对加工精度的影响毫无规律。而处于稳态温度场时引起的加工误差是有规律的。因此，精密及大型工件应在工艺系统达到热平衡后进行加工。

为达到热平衡状态，一般机床（如车床、磨床等）空运转的热平衡时间为 4～6h，中小型精密机床为 1～2h，大型精密机床往往要超过 12h，甚至达几十个小时。

5.4.2 机床热变形对加工精度的影响

机床受内、外热源的影响，各部分温度将发生变化。由于热源分布的不均匀和机床结构的复杂性，机床各部件将发生不同程度的热变形，破坏了机床原有的几何精度，从而引起加工误差。加之机床的结构、类型的不同，热变形引起的加工误差也不同。

如图 5-34(a)～(c)所示，对于车床、铣床和磨床类机床，其重要热源是主轴箱。加工时，主轴箱内传动元件的摩擦发热引起箱体和箱内油池温度升高，由于主轴前、后（或上、下）轴承发热量不同，使得前、后箱壁的温度不同。因而热伸长变形量也不同。由于前箱壁温度高，沿垂直方向的热变形大；后箱壁温度低，热变形小，从而导致主轴轴线上翘、抬高，且同时发生水平偏移。因此，加工后的工件会出现被加工表面与定位表面间的形位误差，如圆柱度误差、平行度误差、垂直度误差等。

对于龙门刨、龙门铣、导轨磨床等机床的主要热源是导轨副的摩擦热。这类机床导轨长、地温与室温的温差大，也会导致床身发生较大的变形。加工时，由于导轨面的运动，机床上表面比床身的底面温度高而形成温差，因此床身将产生弯曲变形，床身表面呈中凸起状，如图 5-34(d)的双端面磨床所示。

从以上机床的热变形趋势可以看出，机床的热变形中对加工精度影响较大的主要是主轴系统和机床导轨两部分的变形。主轴系统的变形表现为主轴的位移与倾斜，影响工件的尺寸精度和几何形状精度，有时也影响位置精度；导轨的变形一般为中凹或中凸，影响工件的形状精度。

5.4.3 工件热变形对加工精度的影响

使工件产生热变形的主要热源是切削热，对于大型工件或精密工件，外部热源的热辐射及周围环境温度对机床热变形的影响也不容忽视。不同的加工方法，不同的工件材料、结构和尺寸，工件的受热变形也不同。工件的热变形可以归纳为如下两种情况来分析。

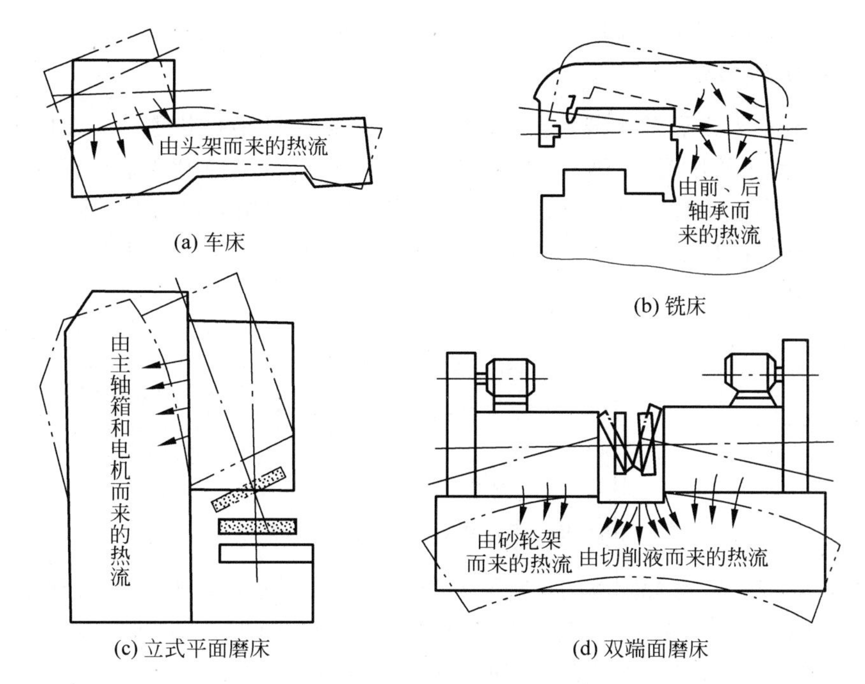

图 5-34 机床的热变形趋势

1. 工件比较均匀地受热

一些形状较简单的轴类、套类、盘类零件的内、外圆加工时，切削热比较均匀地传入工件。如不考虑工件温升后的散热，其温度沿工件全长和圆周的分布都是比较均匀的，可近似地看成均匀受热，因此其热变形可以按物理学计算热膨胀的公式求出。

长度上的热变形量为

$$\Delta L = \alpha L \Delta t \quad (\text{mm})$$

直径上的热变形量为

$$\Delta d = \alpha d \Delta t \quad (\text{mm})$$

式中，L，d——分别为工件原有长度、直径，mm；

α——工件材料的线膨胀系数，如 $\alpha_{钢} \approx 1.17 \times 10^{-5}$℃$^{-1}$，$\alpha_{铸铁} \approx 1.05 \times 10^{-5}$℃$^{-1}$；

Δt——温升，℃。

一般来说，工件热变形在精加工中影响比较严重，特别是对长度很长而精度要求很高的零件。

例如磨削丝杠，若丝杠长度为 2m，每磨一次丝杠温度升高约 3℃，则丝杠的伸长量为

$$\Delta L = \alpha L \Delta t = 1.17 \times 10^{-5} \times 2000 \times 3 = 0.07\text{mm}$$

而 6 级丝杠的螺距累积误差在全长上不允许超过 0.02mm。由此可见热变形的严重性。

工件在两顶尖间加工时，工件因热伸长受到顶尖的阻碍会出现压杆失稳现象，不但会使工件弯曲产生较大的误差，严重时还会有甩出的危险。这时宜采用弹性顶尖或经常松开顶尖，以调整对工件的压力。

工件热变形对粗加工的影响不大，但在高生产率的工序集中的场合下，会给后续的精加工带来影响。因此，在安排工艺过程时，应尽可能把粗、精加工分开在两个工序中进行，以使

工件粗加工后有足够的冷却时间。

2. 工件不均匀受热

图 5-35(a)所示为在平面磨床上磨削长度为 L,厚度为 H 的板状零件。在磨削加工时,工件单面受到切削热的作用,由于上、下表面间形成温度差,上表面比下表面温度高,膨胀比下表面大,使工件向上凸起。凸起的地方在加工时被磨去(见图 5-35(b)),冷却后工件恢复原状,被磨去的地方出现下凹,产生平面度误差 ΔH(见图 5-35(c))。且工件越长,厚度越小,变形及误差就越大。

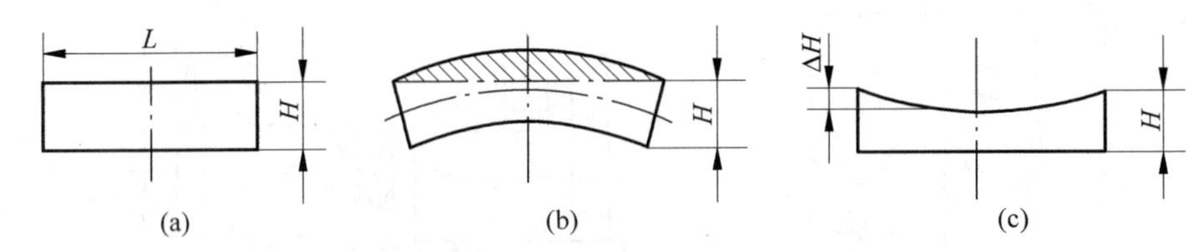

图 5-35 工件单面受热的加工误差

为了减小这一误差,通常采取的措施是在切削时使用充分的冷却液,以降低切削表面的温度,尽可能地缩小上、下两表面间的温差;或采用误差补偿法,在装夹工件时使工件上表面产生微凹的夹紧变形,以此来补偿切削时工件单面受热而拱起的误差。

5.4.4 刀具热变形对加工精度的影响

刀具的热变形主要由切削热引起。虽然切削热的大部分热量被切屑带走,传给刀具的热量并不太多,但由于热量集中在切削刃部分,以及刀具体积小,热容量小,所以刀具的切削表面通常可达到很高的温度。例如车削时,高速钢车刀的工作表面温度可达到 600~700℃,而硬质合金刀刃可达到 1000℃以上。

刀具的热伸长一般在被加工工件的误差敏感方向上,其变形对加工精度的影响有时是不可忽视的。

如图 5-36 所示为车刀热伸长与切削时间的关系。

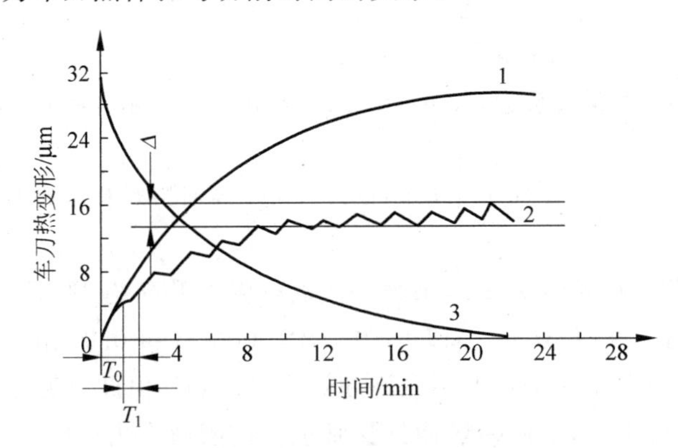

图 5-36 车刀热伸长与切削时间的关系

1—连续切削;2—间断切削;3—冷却;T_0—切削时间;T_1—间断时间

(1) 刀具在连续切削时(曲线 1),其热变形在切削初始阶段增加很快,随后变得较缓慢,经过不长的时间后(10~20min)便趋于热平衡状态;此后,热变形变化量就非常小。刀具总的热变形量可达 0.03～0.05mm。

(2) 间断切削时(曲线 2),由于刀具有短暂的冷却时间,故其热变形曲线具有热胀冷缩双重特性,且总的变形量比连续切削时要小一些,最后稳定在 Δ 范围内变动。

(3) 当切削停止后(曲线 3),刀具温度立即下降。开始时冷却较快,以后逐渐减慢。

为了减小刀具的热变形,应合理选择切削用量和刀具几何参数,并给以充分冷却和润滑,以减少切削热,降低切削温度。

在切削加工时,刀具达到热平衡状态后,热变形便趋于稳定。而且刀具的热伸长还可由刀具的磨损来补偿。所以,热平衡后的刀具热变形对工件加工精度的影响不明显。

5.4.5　减少工艺系统热变形对加工精度影响的措施

1. 减少热源的发热和隔离热源

(1) 减少切削热

合理选择切削用量和刀具几何角度,可以减少切削热。此外,如果粗加工、精加工在一个工序内完成,粗加工的热变形将影响精加工的精度。一般可以在粗加工后停机一段时间使工艺系统冷却,同时还应将工件松开,待精加工时再夹紧。当零件精度要求较高时,则将粗加工、精加工分开为宜。

(2) 减少摩擦热

可从结构和润滑两个方面采取措施改善摩擦特性,如采用静压轴承、静压导轨、高性能润滑油等,来减少摩擦热。

(3) 分离热源

切削中内部热源是机床产生热变形的主要根源。为了减少机床的热变形,在新的机床产品中凡是能从主机上分离出去的热源一般都有分离出去的趋势。如电动机、变速箱、液压系统、冷却系统等均应移出,使之成为独立单元。

(4) 隔离热源

为了减少机床内部热源的影响,用隔热材料将发热部件和机床大件(如床身、立柱等)隔离开,如图 5-37 所示。

(5) 采用散热措施

对发热量大的热源,如既不能从机床内部移出,又不便隔热时,可采用强制式的风冷、水冷和油冷等散热措施,从而控制机床的温升和热变形,这是近年来使用较多的一种方法。例如,螺纹磨床磨削丝杠时,采用空心结构通入恒温油冷却;大型数控机床和加工中心普遍采用冷冻机对润滑油和冷却液强制冷却,以提高冷却效果。

图 5-38 所示为一台坐标镗床的主轴箱用恒温喷油循环强制冷却的试验结果。当不采用强制冷却时(曲线 1),机床运转 6h 后,主轴与工作台之间在垂直方向发生了 190μm 的热变形,且机床尚未达到热平衡;当采用强制冷却后(曲线 2),上述热变形减小到 15μm,仅为未强制冷却时的 8%,且机床运转不到 2h 时就已达到了热平衡。

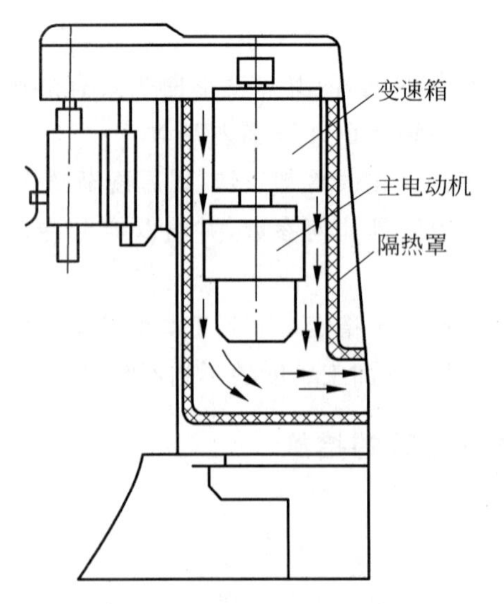

图 5-37 采用隔热罩减少热变形

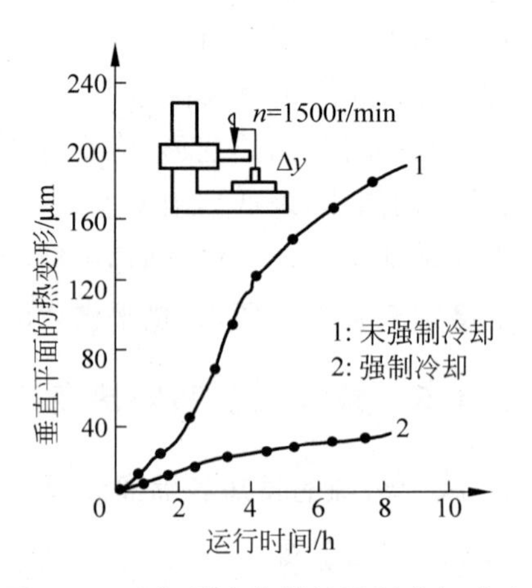

图 5-38 坐标镗床主轴箱强制冷却试验

2. 均衡温度场

将热量有意识地从高温区导向低温区以补偿温度场的不对称性。图 5-39 所示为立式平面磨床将磨头电动机风扇排出的热空气引向温升较慢的立柱后壁，以均衡立柱前、后壁的温升，减小立柱向后倾斜的弯曲变形。热空气从电动机风扇排出，通过特设的软管引向立柱的后壁空间。采取这种措施后，磨削平面的平面度误差可降到采取措施前的 1/3～1/4。

单纯地减少温升有时不能收到满意的效果，可采用热补偿法，使机床的温度场比较均匀从而使机床产生均匀的热变形，以减小对加工精度的影响。图 5-40 所示的 M7150A 型磨床的床身较长，加工时工作台纵向运动速度较快，所以床身上部温升高于下部。为了均衡温度场，将油池搬出主机做成一单独油箱，并在床身下部配置热补偿油沟，使一部分带有余热的回油经热补偿油沟后送回油池。采取这些措施后，床身上、下部温差降至 1～2℃，导轨的中凸量由原来的 0.0265mm 降为 0.0052mm，为原来的 19.6%。

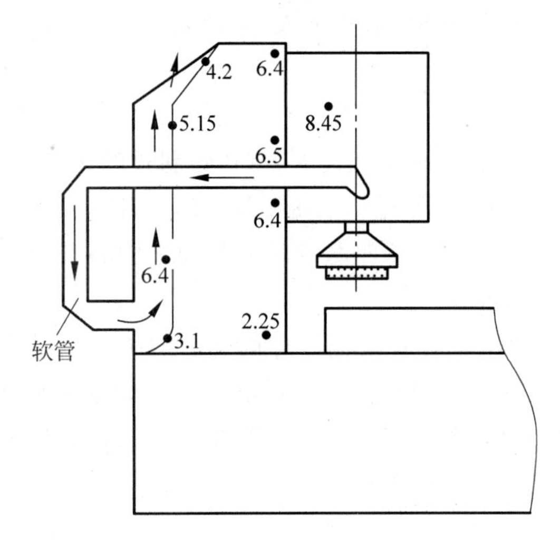

图 5-39 均衡前、后立柱的温度场

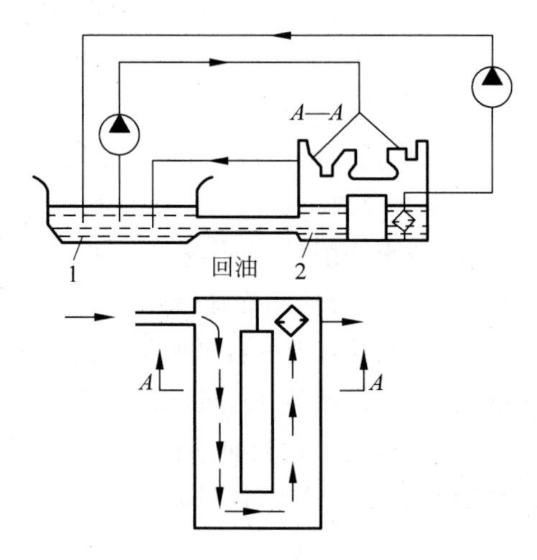

图 5-40 M7150A 型磨床的热补偿油沟

1—油池；2—热补偿油沟

3. 采用合理的机床部件结构

(1) 采用热对称结构

在变速箱中，将轴、轴承、传动齿轮等对称布置，可使箱壁温升均匀，箱体变形减小。

机床大件的结构和布局对机床的热态特性有很大影响。以加工中心机床为例，在热源影响下，单立柱结构会产生相当大的扭曲变形，而双立柱结构由于左右对称，仅产生垂直方向的位移，而垂直方向的位移很容易通过调整的方法予以补偿。因此，双立柱结构的机床主轴相对于工作台的热变形比单立柱结构的小得多。

(2) 合理安排支承位置以减小热变形部分的长度

图 5-41 所示的两种支承方式，图(b)优于图(a)，因为 $L_1<L$，热变形造成的螺距累积误差小，砂轮定位精度提高。

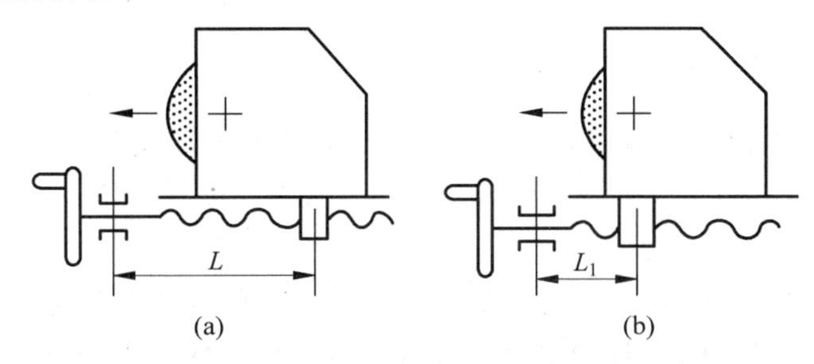

图 5-41　支承位置对砂轮架热变形的影响

(3) 合理选择机床零部件的装配基准

图 5-42 所示为车床主轴箱在床身上的两种不同定位方式。由于主轴部件是车床主轴箱的主要热源，故在图 5-42(a)中，主轴轴心线相对于装配基准 A 而言，由于 L_1 较短，其热变形 ΔL_1 也较少，对加工精度影响较小；而在图 5-42(b)中，由于 $L_2>L_1$，当主轴与箱体受热产生热变形时，在误差敏感方向的热变形 $\Delta L_2>\Delta L_1$，即在 L 方向的受热变形直接影响刀具与工件的法向相对位置，故图 5-42(b)比图 5-42(a)造成的加工误差要大。因此，选择图 5-42(a)的定位方案比较合理。

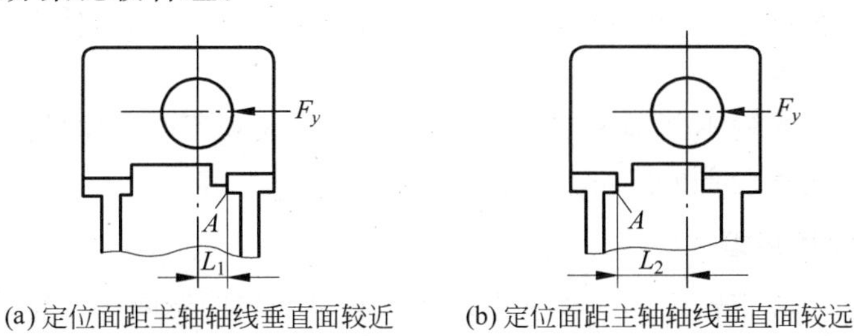

图 5-42　车床主轴箱定位面位置对热变形的影响

4. 加速达到热平衡状态

机床达到热平衡后，变形趋于稳定，对加工精度影响小。加速热平衡的方法有：①在加工前使机床作高速空运转，使机床在较短的时间内达到热平衡；②在机床的适当部位设控制热源，人为地给机床加热，使其尽快达到热平衡状态，然后进行加工。

5. 控制环境温度

精密机床应安装在恒温车间中使用。恒温指标有两项：一是恒温基数约为 20℃；二是恒温精度，普通精度级为±1℃，精密级为±0.5℃，超精密级为±0.01℃。应根据不同地区、不同季节采用“按季调温”的方式，比如冬天恒温基数为17℃，夏天恒温基数为23℃，春天和秋天恒温基数为20℃。

5.5 提高和保证加工精度的途径

为了提高和保证机械加工精度，必须找出造成加工误差的主要因素（原始误差），然后采取相应的工艺技术措施来控制或减少这些因素的影响。

在生产实际中，尽管有许多减小误差的方法和措施，但从误差减小的技术上看，可将它们分成两大类。

(1) 误差预防

减小原始误差或减小原始误差的影响，即减小误差源或改变误差源至加工误差之间的数量转换关系。

(2) 误差补偿

通过分析、测量现有误差，人为地在系统中引入一个附加的误差源，并使两者大小相等，方向相反，使之与系统中现有的误差相抵消，从而达到减小或消除零件的加工误差，提高加工精度。

在现有工艺条件下，误差补偿技术是一种有效而经济的方法，特别是借助计算机辅助技术，可达到很好的效果。

误差预防技术

1. 合理采用先进工艺与设备

这是保证加工精度的最基本方法。因此，在制定零件加工工艺规程时，应对零件每道加工工序的能力进行精度评价，并尽可能合理地采用先进的工艺设备，使每道工序都具备足够的工序能力来满足技术要求。

随着产品质量要求的不断提高，产品生产数量的增大和不合格率的降低，成本核算证明了采用先进加工工艺和设备的经济效益是十分显著的。

2. 直接减小原始误差

这也是在生产中应用较广的一种基本方法。它是在查明影响加工精度的主要原始误差因素后，设法对其直接进行消除或减少。例如加工细长轴时，因工件刚度极差，容易产生弯曲变形和振动，严重影响加工精度。为了减少因径向力 F_y(吃刀抗力)使工件弯曲变形所产生的加工误差，可采取下列措施。

(1) 如图5-43(a)所示，加工细长轴类零件时，通常采用较大主偏角 κ_γ($\kappa_\gamma=90°\sim93°$)的车刀，以减小径向力 F_y，并可利用中心架或跟刀架等辅助支承，以增加细长轴的刚度，减小细长轴的弯曲变形和振动，使切削平稳。

(2) 如图5-43(b)所示，同样利用较大主偏角 κ_γ 的车刀，采用反向进给的切削方式，进给方向由床头卡盘一端指向床尾尾座，使轴向力 F_x 对工件起拉伸作用，同时将尾座改为可伸缩的活顶尖，并可利用中心架或跟刀架提高工件的刚度，这样就不会因轴向力 F_x 的轴向压力和热应力而压弯工件。工件在轴向力的拉伸作用下具有抑制振动的作用，可防止工件的弯曲变形，使切削平稳。

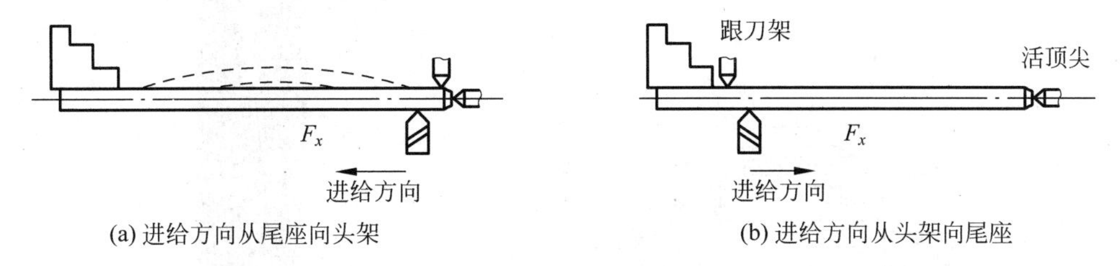

(a) 进给方向从尾座向头架　　(b) 进给方向从头架向尾座

图 5-43　不同进给方向加工细长轴的比较

3. 转移原始误差

误差转移法是把影响加工精度的原始误差转移到不影响(或少影响)加工精度的方向或其他零部件上去，其实质也就是转移工艺系统的几何误差、受力变形和热变形等。

误差转移法的实例很多，如当机床精度达不到零件加工要求时，常常不是单一地提高机床精度，而是从工艺上或夹具上想办法，创造条件，使机床的几何误差转移到不影响加工精度的方面去。如磨削主轴锥孔保证其和轴颈的同轴度不是靠机床主轴的回转精度来保证，而是靠夹具保证。当机床主轴与工件之间用浮动连接以后，机床主轴的原始误差就被转移掉了。

图 5-12 所示的成批生产中用镗模加工箱体孔系的方法，其目的就是把机床的主轴回转误差、导轨导向误差等原始误差转移掉，工件的加工精度完全靠镗模和镗杆的精度来保证。而镗模的结构远比主轴部件结构要简单，精度更容易保证，故实际生产中得到广泛应用。

4. 均分原始误差

生产中可能会遇到本工序的加工精度是稳定的，但由于毛坯或上道工序加工的半成品精度波动较大，或者由于工件材料性能的改变，或者上道工序的工艺改变，引起定位误差或复映误差太大，因而造成本工序加工超差。解决这类问题，最好是采用分组调整、均分误差的办法。这种办法的实质就是把原始误差按其大小均分为 n 个组，每组毛坯的误差范围就缩小为原来的 $1/n$。然后按各组分别调整刀具与工件的相对位置或选用合适的定位元件，就可大大缩小整批工件的尺寸分散范围。

5. 均化原始误差

对配合精度要求很高的轴和孔，常采用研磨工艺，如图 5-44、图 5-45 所示。研磨时研具本身的精度并不很高，分布在研具上的磨料粒度大小也可能不一样，但由于研磨时工件和研具间有复杂的相对运动轨迹，使工件上各点均有机会与研具的各点相互接触并受到均匀的微量切削，同时工件和研具相互修整，精度也逐步共同提高，进一步使误差均化，因此就可获得精度高于研具原始精度的加工表面，最终使工件达到很高的精度。这种表面间的摩擦和磨损的过程，就是误差不断减小的过程，这就是误差均化法。它的实质就是利用有密切联系的表面相互比较，相互检查从对比中找出差异，然后进行相互修正或互为基准加工，使工件被加工表面的误差不断缩小和均化。在生产中，许多精密基准件都是利用误差均化法加工出来的。

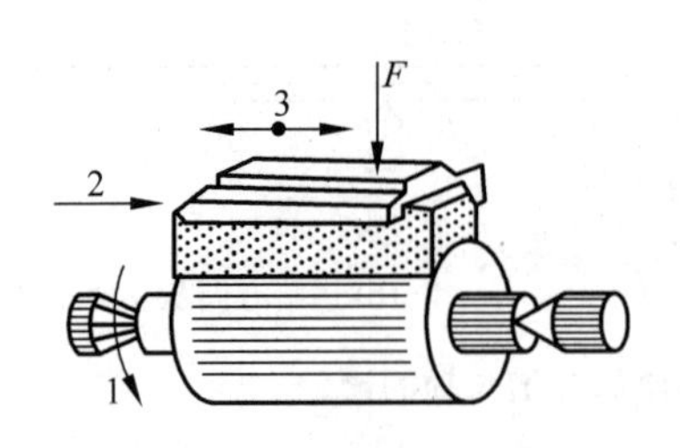

图 5-44 超精加工外圆

1—工件旋转运动；2—磨具的进给运动；
3—磨料的低频往复运动

图 5-45 珩磨头

6. 就地加工

就地加工法的要点是：要保证部件间有什么样的位置关系，就要在这样的位置关系上利用一个部件装上刀具去加工另一个部件。

在机械加工和装配中有些精度问题牵涉到零件或部件间的相互关系，相当复杂。如果单纯依靠提高零部件本身的精度来满足设计要求，有时不仅困难，甚至不可能。而采用就地加工法，就可能很方便地解决看起来非常困难的精度问题。

例如，牛头刨床（见图 5-46）、龙门刨床为了使其工作台面分别对滑枕和横梁保持平行的位置关系，就都在装配后在自身的机床上进行“自刨自”的精加工，以此来保证两者之间相互平行的位置关系。

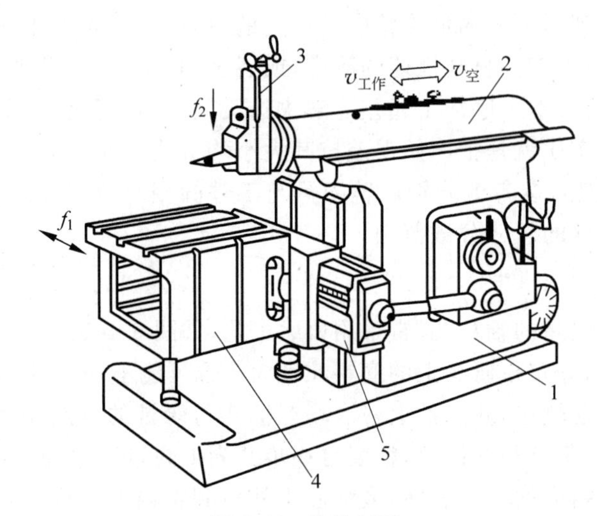

图 5-46 牛头刨床

1—床身；2—滑枕；3—刀架；4—工作台；5—滑板

又如平面磨床（见图 5-47）的工作台面也是在装配后在自身机床上进行“自磨自”的最终加工，以此来保证工作台面与砂轮主轴之间相互平行的位置关系。

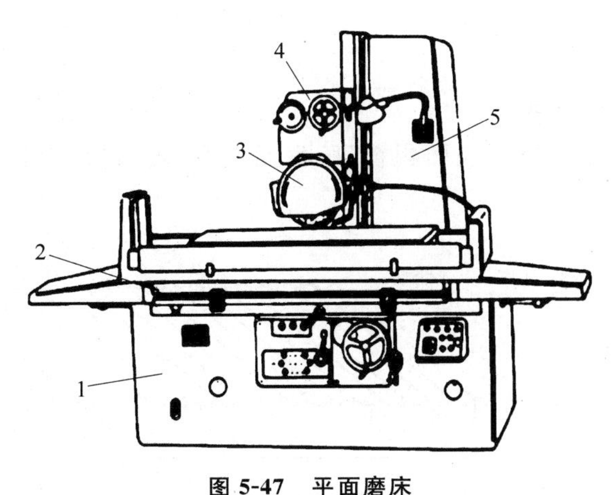

图 5-47　平面磨床

1—床身；2—工作台；3—砂轮架；4—滑座；5—立柱

因此，就地加工法在机械零件加工和装配中常用来作为保证零件加工和装配精度的有效措施。

5.6　机械加工表面质量

5.6.1　机械加工表面质量的概述

为了保证机器的使用性能和延长使用寿命，就要提高机器零件的耐磨性、疲劳强度、抗蚀性、密封性、接触刚度等性能，而机器的性能主要取决于零件的表面质量。

机械加工表面质量与机械加工精度一样，是机械加工质量的一个重要指标。机械加工表面质量是以机械零件的加工表面和表面层作为分析和研究的对象。

零件的表面质量是机械加工质量的重要组成部分。表面质量是指经机械加工后零件表面层的微观几何结构及表层金属材料性质发生变化的情况。经机械加工后的零件表面并非理想的光滑表面，它存在着不同程度的粗糙波纹、冷作硬化、残余应力、裂纹等表面缺陷。虽然只产生在极薄的表面层(只有 0.05～0.15mm 的深度)，但对机器及零部件的使用性能有着极大的影响。

零件的磨损、腐蚀和疲劳破坏都是从零件的表面层开始，特别是现代化工业生产使机器设备正朝着精密化、高速化、多功能方向发展，工作在高温、高压、高速、高应力条件下的机械零件，表面层的任何缺陷都会加速零件的失效。

产品的工作性能，尤其是其可靠性、耐久性等，在很大程度上取决于其主要零件的表面质量。因此深入探讨和研究机械加工表面质量的意义，就是要掌握机械加工中各种工艺因素对表面质量的影响规律，以便运用这些规律来控制加工过程，最终达到提高加工表面质量、提高产品使用性能的目的。

5.6.2　机械加工表面的含义

机械加工后的表面总存在一定的微观几何形状的偏差，同时表面层物理力学性能也发生着变化。因此，机械加工表面质量包括加工表面的几何特征和表面层物理力学性能两个方面的内容。

1. 加工表面的几何特征

加工表面的几何特征，包括表面粗糙度、表面波度、表面加工纹理和伤痕 4 个部分，如图 5-48 所示。

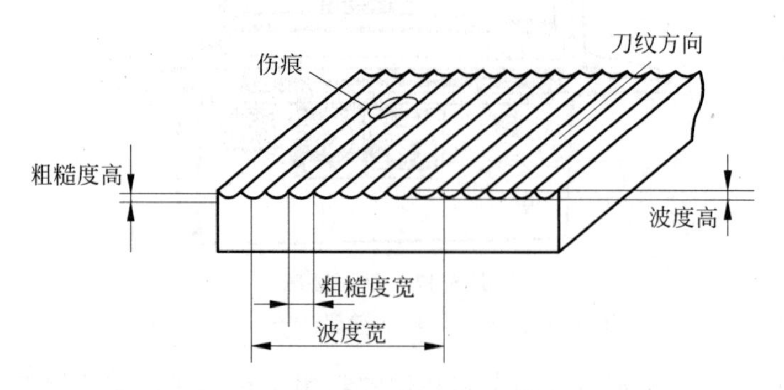

图 5-48 加工表面的几何形状误差

(1) 表面粗糙度

表面粗糙度是指加工表面的微观几何形状误差，主要是由机械加工中切削刀具的运动轨迹，以及一些物理因素引起的，如图 5-49 所示。其波长与波高(L_3/H_3)的比值一般小于 49。

我国表面粗糙度的现行标准为：GB/T 131—1993(推荐性国家标准)。标准规定，表面粗糙度等级用轮廓算术平均偏差 Ra、微观不平度十点高度 Rz 或轮廓最大高度 Ry 的数值大小表示，并推荐优先采用 Ra。

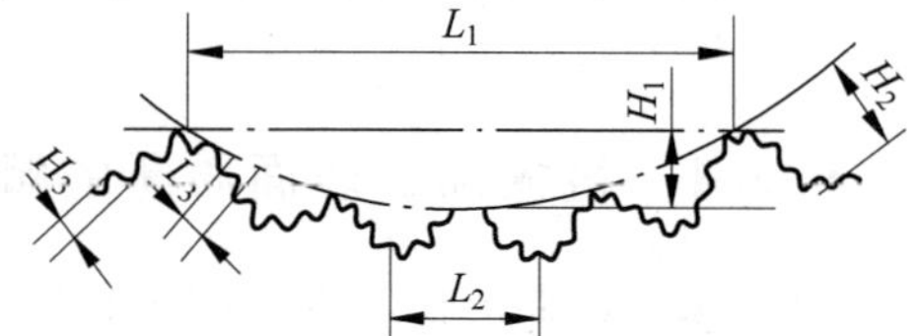

图 5-49 表面粗糙度、表面波度的关系

(2) 表面波度

表面波度是介于形状误差与表面粗糙度之间的周期性形状误差。它主要是由机械加工过程中工艺系统低频振动造成的，如图 5-49 所示，波长与波高(L_2/H_2)的比值一般为 50～1000。

表面波度有磨削表面波度标准(JB/T 9924—1999)，尚无国家标准。

(3) 纹理方向

纹理方向指表面刀纹的方向，它取决于表面形成过程中所采用的机械加工方法。一般对运动副或密封件要求纹理方向。

(4) 伤痕

伤痕指在加工表面上一些个别位置出现的缺陷，例如砂眼、气孔、裂痕等。

2. 表面层物理力学性能

机械零件在切削加工过程中由于受切削力和切削热的综合作用，工件表面层金属的物理力学性能和化学性能发生一定的变化，主要表现在表面层加工硬化、表面层金相组织的变化和表面层残余应力等方面。

(1) 表面层因塑性变形引起的加工硬化(或冷作硬化)

金属材料经冷塑性变形后，随着变形程度的增加，硬度、强度显著提高，而塑性、韧性下降的现象,称为冷作硬化或加工硬化。

表面层金属硬度的变化用硬化程度和深度两个指标来衡量。在机械加工过程中,工件表面层金属都会有一定程度的冷作硬化,使表面层金属的显微硬度有所提高。一般情况下,硬化层的深度可达0.05～0.30mm;若采用滚压加工,硬化层的深度可达几个毫米。

(2) 表面层因切削热的作用引起的金相组织变化

机械加工过程中,在工件的加工区域,温度会急剧升高,当温度升高到超过工件材料金相组织变化的临界点时,就会发生金相组织变化。例如磨削淬火钢件时,常会出现回火烧伤、退火烧伤等金相组织变化,将严重影响零件的使用性能。

(3) 表面层因力或热的作用产生的残余应力

机械加工过程中,由于切削变形和切削热等因素的作用,在工件表面层材料中产生的内应力称为表面层残余应力。目前对残余应力的判断大多是定性的,它对零件使用性能的影响大小取决于其方向、大小和分布状况。

在铸、锻、焊、热处理等加工过程产生的内应力是在整个工件上平衡的应力,它的重新分布会引起整个工件的变形;而在工件表面层材料中产生的内应力则是在加工表面层材料中平衡的应力,它的重新分布不会引起工件变形,但它对机器零件表面质量有重要影响。

5.6.3　表面质量对零件使用性能的影响

1. 表面质量对零件耐磨性的影响

(1) 表面粗糙度对零件耐磨性的影响

零件磨损一般可分为3个阶段:初期磨损阶段、正常磨损阶段和快速磨损阶段,如图5-50所示。

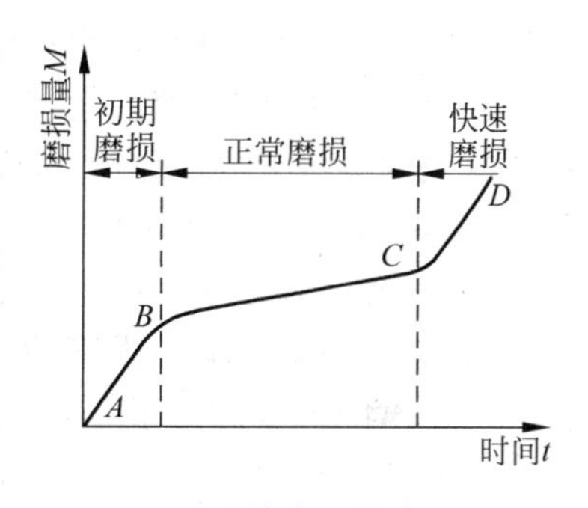

图5-50　零件表面的磨损曲线

第一阶段是初期磨损阶段,由于零件表面存在微观不平度,当2个零件表面相互接触时,实际上有效接触面积只是名义接触面积的一小部分。表面越粗糙,有效接触面积就越小。

在两个零件作相对运动时,开始阶段由于接触面小,压强大,在接触点的凸峰处会产生弹性变形、塑性变形及剪切等现象,这样凸峰很快就会被磨掉。被磨掉的金属微粒落在相配合的摩擦表面之间,会加速磨损过程。即使在有润滑油存在的情况下,也会因为接触点处压强过大,破坏油膜,形成干摩擦。因此,零件表面在初期磨损阶段的磨损速度很快,起始磨损量较大。

随着磨损的发展,有效接触面积不断增大,压强也逐渐减小,磨损将以较慢的速度进行,进入到磨损的第二阶段,即正常磨损阶段。

在这之后,由于有效接触面积越来越大,零件间的金属分子亲和力增加,表面的机械咬合作用增大,使零件表面又产生急剧磨损,从而进入磨损的第三阶段,即快速磨损阶段,此时零件因过度磨损将不能使用。

表面粗糙度对零件表面磨损的影响很大。一般来说,表面粗糙度值越小,其耐磨性越好;但是表面粗糙度值太小,由于两接触面容易发生分子粘接,润滑油则不易保存,磨损反而增加。因此,就磨损而言,一对摩擦副在一定的工作条件下有一最佳粗糙度值。表面粗糙度的最佳数值与机器零件的工况有关，图 5-51 给出了不同工况下表面粗糙度数值与起始磨损量的关系曲线。在不同的工作条件下，零件的最佳表面粗糙度值是不同的。重载荷情况下零件的最佳表面粗糙度值要比轻载荷时要大，即 $O_2>O_1$。

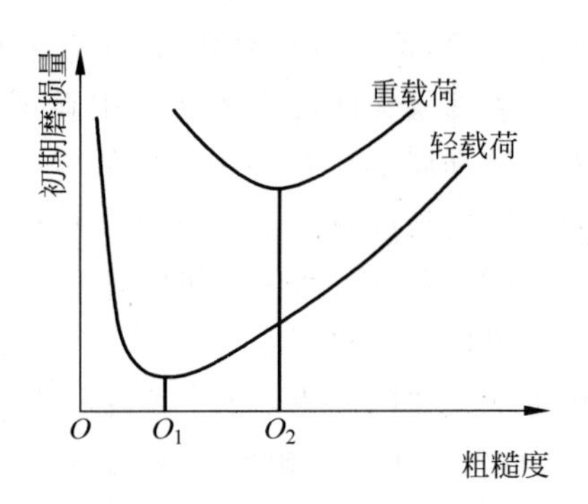

图 5-51 初期磨损量与表面粗糙度的关系

就零件的耐磨性而言，最佳表面粗糙度 Ra 的值在 0.2～0.8μm 之间为宜。

(2) 刀纹方向对零件耐磨性的影响

表面粗糙度的轮廓形状及表面加工纹理方向会影响实际接触面积和存油情况，对耐磨性有显著影响。一般情况下刀纹方向与运动方向相同时，耐磨性较好，但在重载时规律有所不同。

轻载时，两相对运动零件表面的刀纹方向均与运动方向相同时，耐磨性好；两者的刀纹方向均与运动方向垂直时，耐磨性差，这是因为两个摩擦面在相互运动中切去了妨碍运动的加工痕迹。

重载时，由于压强、分子亲和力和储存润滑油等因素的变化，摩擦副的两相对运动零件表面的刀纹方向相互垂直、且运动方向平行于下表面的刀纹方向时，磨损量最小；两相对运动零件表面的刀纹方向均与相对运动方向一致时容易发生咬合，故磨损量反而最大。

(3) 冷作硬化对零件耐磨性的影响

加工表面的冷作硬化使摩擦副表面层金属的显微硬度提高，从而表面层处的弹性和塑性变形减小，磨损减少，故可使零件的耐磨性提高。但也不是冷作硬化程度越高，耐磨性就越高，这是因为过分的冷作硬化将使零件表面层金属变脆，磨损会加剧，甚至出现裂纹和表层金属的剥落，使耐磨性下降。所以零件的表面硬化层必须控制在一定范围内。

(4) 残余应力对零件耐磨性的影响

残余应力对零件疲劳强度的影响很大。表面层残余拉应力会产生应力腐蚀开裂，使疲劳裂纹扩大，降低零件的耐磨性，加速疲劳破坏；而表面层残余压应力则能防止应力腐蚀开裂，阻止疲劳裂纹的扩展，延缓疲劳破坏的产生。

表面层冷作硬化一般伴有残余应力的产生，可以防止裂纹产生并阻止已有裂纹的扩展，对提高疲劳强度有利。

2. 表面质量对零件耐疲劳性的影响

(1) 表面粗糙度对零件耐疲劳性的影响

表面粗糙度对承受交变载荷零件的疲劳强度影响很大。零件在交变载荷的作用下，其表面微观不平的凹谷处和表面层的缺陷处容易引起应力集中而产生疲劳裂纹，造成零件的疲劳破坏。表面粗糙度值越小，表面缺陷越少，工件耐疲劳性越好；反之，加工表面越粗糙，表面的纹痕越深，其抵抗疲劳破坏的能力越差。

试验表明，减小表面粗糙度值可以使零件的疲劳强度有所提高。因此，对于一些重要零件表面，如连杆、曲轴等，应进行光整加工，以减小零件的表面粗糙度值，提高其疲劳强度。

(2) 冷作硬化对耐疲劳性的影响

表面加工硬化对零件的疲劳强度影响也很大。表面层金属的冷作硬化能够阻止疲劳裂纹的生长，可提高零件的耐疲劳强度。但零件表面层冷硬程度过大，反而易于产生裂纹，故零件的冷硬程度与硬化深度应控制在一定范围之内。

（3）残余应力对耐疲劳性的影响

表面层的残余应力对零件疲劳强度也有很大影响。在实际加工中，加工表面在发生冷作硬化的同时，必然也伴随有残余应力的产生。残余应力有拉应力和压应力之分，当表面层为残余压应力时，能延缓疲劳裂纹的扩展，提高零件的疲劳强度；当表面层为残余拉应力时，容易使零件表面产生裂纹而降低其疲劳强度。

3. 表面质量对零件耐蚀性的影响

（1）表面粗糙度对耐蚀性的影响

零件的耐蚀性在很大程度上取决于零件的表面粗糙度。大气里所含气体和液体与金属表面接触时，会凝聚在金属表面上而使金属腐蚀。表面粗糙度值越大，加工表面与气体、液体接触的面积越大，腐蚀物质越容易沉积于凹坑中，耐蚀性能就越差。因此，减小零件表面粗糙度值，可以提高零件的耐腐蚀性能。

（2）残余应力对耐蚀性的影响

表面残余应力对零件的耐腐蚀性能也有较大影响。零件表面残余压应力使零件表面紧密，并能阻止表面裂纹的进一步扩大，使腐蚀性物质不易进入，有利于提高零件表面抵抗腐蚀的能力。而表面残余拉应力则降低零件的耐腐蚀性。

4. 表面质量对零件配合质量的影响

表面质量对零件配合质量的影响很大。相配零件间的配合关系是用间隙值或过盈量来表示的。在间隙配合中，如果零件的配合表面粗糙，则会使配合件很快磨损而增大配合间隙，改变配合性质，降低配合精度。在过盈配合中，如果零件的配合表面粗糙，则装配后配合表面的凸峰被挤平，配合件间的有效过盈量减小，降低配合件间连接强度，影响了配合的可靠性。因此，对有配合要求的表面，必须规定较小的表面粗糙度值。

零件的表面质量对零件的使用性能还有其他方面的影响。例如，对于液压缸和滑阀，较大的表面粗糙度值会影响其密封性；对于滑动零件，恰当的表面粗糙度值能提高运动灵活性，减少发热和功率损失；零件表面层的残余拉应力、压应力都会使加工好的零件因应力重新分布而在使用过程中逐渐变形，从而影响其尺寸和形状精度。

5.6.4　表面完整性

表面完整性是指零件加工后的表面层冶金质量和表面纹理，又称为表面层质量。

表面层冶金质量主要包括显微结构变化、再结晶、晶间腐蚀、显微裂纹、塑性变形、残余应力等。受加工影响而在零件表面下一定深度处产生的受扰材料层称为表面层（见图5-52）。表面层的深度通常为百分之几毫米，在特殊的加工条件下可达0.3mm。

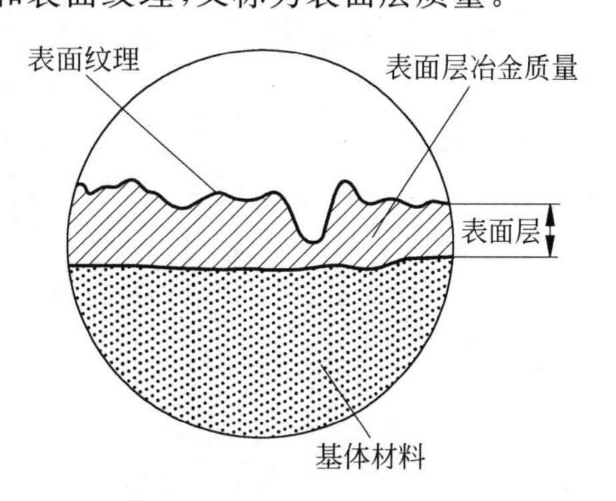

图5-52　表面完整性

表面纹理主要包括粗糙度、波纹度、刀纹方向、宏观裂纹、皱褶和撕裂等。

近年来，随着科学技术的飞速发展，对产品的使用性能要求越来越高，一些重要零件需在高温、高速、高压等条件下工作，表面层的任何缺陷不仅直接影响零件的工作性能，而且还会引起应力集中、应力腐蚀等现象，加速零件的失效。因此，为适应科学技术发展的客观需要，在进一步深入研究表面质量的领域里提出了表面完整性的概念。其内容主要有：

（1）表面形貌，主要是用来描述加工后零件表面的几何特征，包括表面粗糙度、表面波度和纹理等。

（2）表面缺陷，指加工表面上出现的宏观裂纹、伤痕和腐蚀现象等，对零件的使用有很大影响。

（3）微观组织与表面层的冶金化学特性，主要包括：①微观裂纹；②微观组织变化，包括晶粒大小和形状、析出物和再结晶等的变化；③晶间腐蚀和化学成分的优先溶解；④对于氢氧等元素的化学吸收作用所引起的脆性等。

（4）表面层物理力学性能，主要包括表面层硬化深度和程度，表面层残余应力的大小、方向及分布情况等。

（5）表层其他工程技术特性，主要包括摩擦特性、光的反射率、导电性和导磁性等。

由此可见，表面质量从表面完整性的角度来分析，更强调了表面层内的特性，对现代科学技术的发展有重大意义。

总之，提高加工表面质量，对保证零件的使用性能、提高零件的寿命是很重要的。

5.7 表面粗糙度及其影响因素

5.7.1 切削加工中影响表面粗糙度的因素

切削加工中影响表面粗糙度的因素主要有：几何因素、物理因素和工艺因素。

1. 几何因素

切削加工表面粗糙度值主要取决于切削残留面积的高度。影响切削残留面积高度的因素主要包括刀具的形状和几何角度，特别是刀尖圆弧半径 r_ε、主偏角 κ_γ、副偏角 κ_γ' 等，还包括进给量 f，以及刀刃本身的粗糙度等。

图 5-53 给出了车削时残留面积高度的计算示意图。图 5-53(a)所示为用圆弧刀刃切削的情况。实际上，刀尖总会具有一定的圆弧半径，即 $r_\varepsilon \neq 0$。此时可求得切削残留面积的高度为

$$R_{\max} \approx \frac{f^2}{8r_\varepsilon}$$

图 5-53(b)所示为用尖刀刃切削的情况，设 $r_\varepsilon = 0$，可求得切削残留面积的高度为

$$R_{\max} = \frac{f}{\cot\kappa_\gamma + \cot\kappa_\gamma'}$$

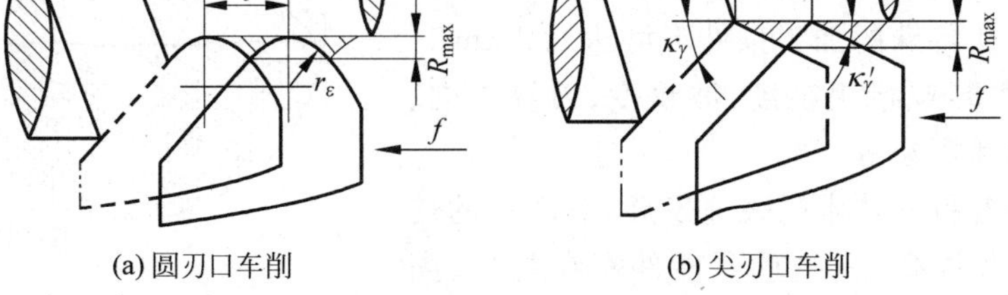

图 5-53 车削时的残留面积高度

从以上两式可知，进给量 f 和刀尖圆弧半径 r_ε 对切削加工表面粗糙度的影响比较明显。切削加工时，选择较小的进给量 f 和较大的刀尖圆弧半径 r_ε，将会使表面粗糙度得到改善。

2. 物理因素

影响切削加工表面粗糙度的物理因素多数情况下是在已加工表面的残留面积上叠加着一些不规则的金属生成物、粘附物或刻痕，形成它们的原因有积屑瘤、鳞刺、振动、摩擦、切削刃不平整、切屑划伤等。

(1) 积屑瘤的影响

对于塑性材料，在一定的切削速度下会在刀面上形成硬度很高的积屑瘤，代替刀刃进行切削，从而改变刀具的几何角度、切削厚度。随着积屑瘤由小变大，就在加工表面上切出沟槽。当切屑与积屑瘤之间的摩擦力大于积屑瘤与前刀面的冷焊强度，或受到冲击、振动时，积屑瘤就会脱落，以后又逐渐会生成新的积屑瘤。因此，这种积屑瘤的生成、长大和脱落将严重影响工件表面粗糙度。

(2) 鳞刺的影响

在切削过程中，切屑在前刀面上的摩擦和冷焊作用可能使切屑周期性停留，代替刀具推、挤切削层，表面层金属剧烈的塑性变形将造成加工硬化，导致切削层和工件间出现撕裂现象，则在已加工表面上生成鳞片状毛刺，形成鳞刺。鳞刺在较低或中等切削速度下对塑性金属进行车、刨、钻、拉、车螺纹及齿形加工时都可能出现，对表面粗糙度有重要的影响。因此，鳞刺的出现使已加工表面更为粗糙不平。

3. 工艺因素

(1) 刀具的几何形状、材料、刃磨质量

这些参数对表面粗糙度的影响可以通过对理论残留面积，对摩擦、挤压和塑性变形的影响，产生振动的可能性等方面来分析。例如，前角 γ_o 增加，刀刃变锋利，有利于减小切削力，使塑性变形减小，从而可减小表面粗糙度值；但当 γ_o 过大时，刀刃部分较单薄，强度变差，较容易产生振动，故粗糙度值反而增加。又如，刀尖圆弧半径 r_ε 增大，从几何因素看可减小表面粗糙度值，但因刀刃参与切削部分的长度增加，切削力也增加，将会使工件或刀具产生振动，导致表面粗糙度值降低。因此只是在一定范围内，r_ε 的增加才有利于降低表面粗糙度值。

对刀具材料主要应考虑其热硬性、摩擦系数及与被加工材料的亲和力。热硬性高，则耐磨性好；摩擦系数小，则有利于排屑；与被加工材料的亲和力小，则不易产生积屑瘤和鳞刺。

刀具刃磨质量集中反映在刃口上。刃口锋利，则切削性能好；刃口粗糙度值小，则有利于减小刀具粗糙度在工件加工表面上的复映。

(2) 切削用量

切削用量是用来表示切削运动的主要参数。

进给量 f 直接影响理论残留高度，还会影响切削力和材料塑性变形的变化。

当进给量 $f>0.15\text{mm/r}$ 时，减小 f 可以明显地减小表面粗糙度值；当 $f<0.15\text{mm/r}$ 时，塑性变形的影响上升到主导地位，继续减小 f 对粗糙度值的影响不显著。

一般背吃刀量 a_p 对粗糙度值影响不明显。只是当 a_p 和 f 过小时，会由于刀具不够锋利，系统刚度不足而不能切削，因此形成的挤压会造成粗糙度值反而增加。比如在用硬质合金车刀精加工轴类零件时，在背吃刀量 a_p 取比较小值，如 $a_p=0.05\sim0.10\text{mm}$，$f=0.15\text{mm/r}$，$v_c=1000\text{r/min}$ 时，零件表面其粗糙度值反而会很差。

切削速度 v_c 高，常能防止积屑瘤、鳞刺的产生。对于塑性材料，高速切削时切削速度 v_c 超过塑性变形速度，材料来不及充分变形；对脆性材料，高速切削时温度较高，材料会不那么脆，故高速切削有利于减小零件表面的粗糙度值。

(3) 工件材料和润滑冷却

材料的塑性程度对表面粗糙度影响很大。一般地说，塑性程度越高，积屑瘤和鳞刺越容易生成和长大，故表面粗糙度值越大。而脆性材料加工易得到较小的表面粗糙度值，其脆性材料的加工粗糙度值则比较接近理论粗糙度值。对同样的材料，其晶粒组织越大，加工后的粗糙度值就越大。因此，在加工前对工件进行调质等热处理，可以提高材料的硬度，降低塑性，细化晶粒，减小粗糙度值。

切削液的冷却和润滑作用能极大地改善切削条件，因此合理选用冷却润滑液可以减小变形和摩擦，抑制积屑瘤和鳞刺的产生，降低切削温度，因而有利于减小加工表面粗糙度值。

5.7.2 磨削加工中影响表面粗糙度的因素

1. 砂轮的特性

磨削加工中影响表面粗糙度的砂轮的特性因素主要包括砂轮的粒度、硬度、组织、材料、修整及旋转质量的平衡等。

(1) 粒度

砂轮粒度越细，则砂轮单位面积上磨粒数越多，工件表面上刻痕越细密均匀，则表面粗糙度值越小。但粒度过细时，磨粒与磨粒间的间隙越细小，砂轮易堵塞，致使切削性能下降，表面粗糙度值反而会增大，同时还会引起加工表面磨削烧伤。

(2) 砂轮的硬度

砂轮的硬度是指磨粒受磨削力后从砂轮上脱落的难易程度，其选择与工件的材料、加工要求有关。硬度应大小合适，砂轮太硬，磨粒钝化后仍不易脱落，使工件表面受到强烈摩擦和挤压作用，塑性变形程度增加，表面粗糙度值增大或使磨削表面产生烧伤；砂轮太软，磨粒易脱落，常会产生磨损不均匀现象，从而使磨削表面粗糙度值增大。

(3) 组织

组织指磨粒、结合剂和气孔的比例关系。紧密组织能获得高精度和较小的表面粗糙度值。疏松组织不易堵塞，适合加工较软的材料。

(4) 材料

砂轮的材料是指磨料。选择磨料时，要综合考虑加工材料、质量和成本。如金刚石砂轮可得到极小的表面粗糙度值，但加工成本比较高。

(5) 砂轮的修整

修整砂轮是改善磨削表面粗糙度的重要因素，通过修整可以使砂轮具有正确的几何形状和锋利的微刃。砂轮的修整质量与所用修整工具、修整砂轮的纵向进给量等有密切关系。砂轮的修整是用金刚石除去砂轮外层已钝化的磨粒，使磨粒切削刃锋利，降低磨削表面的表面粗糙度值。另外，修整砂轮的纵向进给量越小，修出的砂轮上的切削微刃越多，等高性越好，从而获得较小的表面粗糙度值。砂轮修整得越好，磨出工件的表面粗糙度值越小。

(6) 旋转质量的平衡

砂轮旋转质量的平衡对磨削表面粗糙度也有影响。

2. 磨削用量

磨削加工中影响表面粗糙度的磨削用量因素主要有砂轮速度 $v_{砂}$、工件速度 $v_{工}$、进给量 f、磨削深度(背吃刀量)a_p 及空走刀数，如图 5-54 所示。

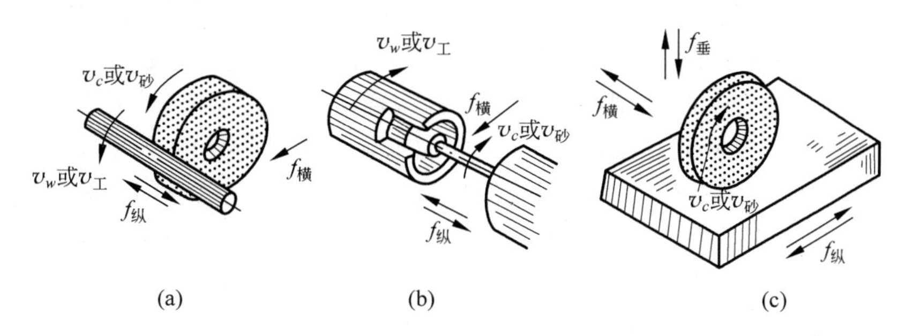

图 5-54　砂轮磨削用量和工艺范围

(1) 砂轮速度 $v_{砂}$

$v_{砂}$ 高，则每个磨粒在单位时间内去除的切屑少，切削力减小，热影响区较浅，单位面积的划痕多，塑性变形速度可能跟不上磨削速度，因而表面粗糙度值小。$v_{砂}$ 高时生产率也高，故目前高速磨削发展很快。

(2) 工件速度 $v_{工}$ 及进给量 f

在其他条件不变的情况下，$v_{工}$ 提高，磨粒单位时间内在工件表面上的刻痕数减小，因而将增大磨削表面粗糙度值。

轴向进给量 f 小，则单位时间内加工的长度短，故表面粗糙度值小。

(3) 磨削深度(背吃刀量)a_p 及空走刀数

磨削深度(背吃刀量)a_p 对表面粗糙度影响相当大。减小 a_p 将减小工件材料的塑性变形，从而减小表面粗糙度值，但同时也会降低生产率。为此，在磨削过程中可以先采用较大的磨削深度 a_p，后采用较小的磨削深度 a_p，最后进行几次只有轴向进给、没有横向进给的空走刀，以减小残留面积高度。

此外，工件材料的性质、冷却润滑液的选择和使用等对磨削表面粗糙度也有明显影响。

5.8　表面层物理机械性能的影响因素

5.8.1　加工表面的冷作硬化

机械加工过程中，工件表面层金属受切削力的作用，产生塑性变形，使晶格扭曲，晶粒间产生滑移剪切、晶粒拉长、破碎和纤维化，引起表面层金属的强度、硬度增加，而塑性、韧性下降的现象，称为加工硬化，又称冷作硬化或强化。

加工硬化现象在工程技术中具有重要的实用意义。首先可利用加工硬化来强化金属，提高表面层金属的强度、硬度和耐磨性。特别是对那些不能用热处理强化的材料来说，用加工硬化方法提高其强度就显得更加重要。如塑性很好而强度较低的铝、铜及其合金和某些不锈钢等，在生产上往往制成冷拔棒材或冷轧板材供应用户。

比如$W(C)$为0.3%的碳钢，变形程度为20%时，抗拉强度由原来的500MPa升高到700MPa，当变形程度为60%时，则抗拉强度提高到900MPa。

加工硬化也有其不利的一面。由于它会使金属塑性降低，给进一步冷塑性变形带来困难，并使压力加工时能量消耗增大。为了使金属材料能继续变形，必须进行中间热处理来消除加工硬化现象。这就增加了生产成本，降低了生产率。

另外，机械加工时产生的切削热提高了工件表面层金属的温度，当温度高到一定程度时，已强化的金属会产生回复现象，使金属失去加工硬化中所得到的物理力学性能，这种现象称为软化。回复作用的速度大小取决于温度的高低、温度持续的时间及硬化程度的大小。机械加工时表面层金属最后的加工硬化，实际上是硬化作用与软化作用综合而成的。

在车、铣、刨等切削过程中，由切削力引起的塑性变形起主导作用，加工硬化较明显。

可以从塑性变形的程度、速度以及切削温度来分析减轻切削加工硬化的工艺措施。

塑性变形的程度越大，则硬化程度就越大。因此，凡是减小变形和摩擦的因素都有助于减轻硬化现象。对刀具参数，增大刀具前角、减小刀刃钝圆半径，对切削用量，减小进给量、背吃刀量等都有利于减小切削力，减轻加工硬化。

塑性变形的速度越快，塑性变形可能就越不充分，硬化深度和程度都将减小。切削温度越高，软化作用越大，使冷硬作用减小。因此，提高切削速度，既可提高变形速度，又可提高切削温度，还可提高生产效率，是减轻加工硬化的有效措施。

此外，良好的冷却润滑可以使加工硬化减轻，工件材料的塑性也直接影响加工硬化。

5.8.2 加工表面层残余应力

在机械加工过程中，加工表面层相对基体材料发生形状、体积或金相组织变化时，表面层中即会产生残余应力。外层应力与内层应力的符号相反、相互平衡。产生表面层残余应力的主要原因有以下3方面。

1. 冷塑性变形

冷塑性变形主要是由于切削力作用而产生的。在切削力的作用下，已加工表面受到强烈的塑性变形，表面层金属体积发生变化，此时里层金属受到切削力的影响，处于弹性变形的状态。切削力去除后，里层金属趋向复原，但受到已产生塑性变形的表面层的限制，回复不到原状，因而在表面层产生残余应力。

一般来说，表面层在切削时受刀具后刀面的挤压和摩擦影响较大，其作用使表面层产生伸长塑性变形，表面积趋向增大，但受到里层的限制，表面层产生了残余压应力，里层则产生残余拉应力与其相平衡。

2. 热塑性变形

热塑性变形主要是由切削热作用引起的。工件在切削热作用下产生热膨胀，外层温度比内层的高，故外层的热膨胀较为严重，但内层温度较低，会阻碍外层的膨胀，从而产生热应力。外层为压应力,次外层为拉应力。当外层温度足够高、热应力超过材料的屈服极限时,就会产生热塑性变形,外层材料在压应力作用下相对缩短。当切削过程结束,工件温度下降到室温时,外层将因已发生热塑性变形、材料相对变短而不能充分收缩,又受到基体的限制,从而外层产生拉应力,次外层则产生压应力。

3. 金相组织变化

切削时的温度高到超过材料的相变温度时,会引起表面层的相变。不同的金相组织有不同的密度,故相变会引起体积的变化。由于基体材料的限制,表面层在体积膨胀时会产生压应力,缩小时会产生拉应力。

各种常见金相组织的密度值为:马氏体 $\gamma_{马}=7 \cdot 75\mathrm{g/cm^3}$,珠光体 $\gamma_{珠}=7 \cdot 78\mathrm{g/cm^3}$,铁素体 $\gamma_{铁}=7 \cdot 88\mathrm{g/cm^3}$,奥氏体 $\gamma_{奥}=7 \cdot 96\mathrm{g/cm^3}$。

实际机械加工后的表面层残余应力是上述 3 方面原因产生的残余应力综合作用的结果。

影响残余应力的工艺因素比较复杂,总的来讲,凡是减小塑性变形和降低加工温度的因素都有助于减小加工表面残余应力值。对切削加工,减小加工硬化程度的工艺措施一般都有利于减小残余应力。对磨削加工,凡能减小表面热损伤的措施,均有利于避免或减小残余拉应力。

当表面层残余应力超过材料的强度极限后,材料表面就会产生裂纹。

5.8.3　表面层金相组织变化——磨削烧伤

在机械加工中,由于切削热的作用,在工件的加工区及其邻近区域产生了一定的温升。当温度超过金相组织变化的临界点时,金相组织就会发生变化。

对于一般的切削加工来说,温度一般不会上升到如此高的程度。而磨削加工时去除单位体积材料所消耗的能量常是切削加工时的数十倍,这样大的能量消耗绝大部分转化为热,又由于磨粒的切削、刻划和滑擦作用,以及大多数磨粒的负前角切削和很高的磨削速度会使得加工表面层有很高的温度。当温升达到相变临界点时,表层金属就会发生金相组织变化,从而使表面层强度和硬度降低,产生残余应力,甚至出现微观裂纹,这种现象被称为磨削烧伤。

1. 磨削烧伤的主要类型

(1) 退火烧伤

在磨削时,如果工件表面层温度超过相变临界温度 A_{C3}(对于一般中碳钢约为 720℃),则马氏体转变为奥氏体,如果此时无冷却液,表层金属空冷冷却比较缓慢而形成退火组织,硬度和强度均急剧下降,这种现象称为退火烧伤。工件干磨时易发生这种烧伤。

(2) 回火烧伤

磨削时,工件表面温度未达到相变温度 A_{C3},但超过马氏体的转变温度(一般中碳钢为 300℃),这时马氏体组织将转变为硬度较低的回火托氏体或索氏体,此现象称为回火烧伤。

(3) 淬火烧伤

磨削时,如果工件表面层温度超过相变临界温度 A_{C3} 时,则马氏体转变为奥氏体,若此时有充分的冷却液,工件最外层金属会出现二次淬火马氏体组织,其硬度比原来的回火马氏体高，但硬度层很薄，只有几个微米厚，其下为硬度较低的回火索氏体和托氏体，此时表面层总的硬度是下降的，这种现象被称为淬火烧伤。

2. 影响磨削烧伤的工艺因素

磨削烧伤与温度有十分密切的关系。因此一切影响磨削温度的因素都在一定程度上对烧伤有影响。所以研究磨削烧伤问题可以从磨削时的温度入手。

(1) 磨削用量

背吃刀量 a_p 对磨削温度升高的影响最大。当磨削深度 a_p 增大时，工件表面及表面下不同深度的温度都将提高，容易造成烧伤，故磨削深度 a_p 不能选得太大。在切削用量中，以磨削深度 a_p 影响最大。

进给量 f 增加，磨削功率和磨削区单位时间内的发热量会增加，但热源面积也会增加且增加的指数更大，从而使磨削区单位面积发热率下降。故提高 f 对提高生产率和减轻烧伤都是有利的。

当工件速度 $v_{工}$ 增大时，磨削区表面温度会升高，但此时热源作用时间减少，因而可减轻烧伤，又能提高生产率。但提高工件速度 $v_{工}$ 会导致其表面粗糙度值变大，为弥补此不足，可同时提高砂轮速度 $v_{砂}$。实践证明，同时提高工件速度 $v_{工}$ 和砂轮速度 $v_{砂}$ 可减轻工件表面烧伤。

(2) 砂轮特性

首先是合理选择砂轮。一般不用硬度太高的砂轮，即采用较软的砂轮，以保证砂轮在磨削过程中具有良好的自锐能力。

采用粗粒度砂轮，增大磨削刃间距，可以使砂轮和工件间断接触，这样工件受热时间缩短，改善了散热条件，同时砂轮不易被切屑堵塞，因此都可避免磨削烧伤发生。

磨削时，如采用金刚石或人造金刚石以及立方氮化硼砂轮，磨削性能会大大提高。

(3) 冷却方法

用切削液带走磨削区的热量可以避免烧伤。关键是怎样将冷却液送入磨削区。使用普通的喷嘴浇注法冷却时，由于砂轮高速回转，表面上产生强大气流，冷却液很难进入磨削区，常常只是大量地喷注在已经离开磨削区的加工表面上，冷却效果较差。一般可以采用以下改进措施。

① 喷雾法

用压缩空气以 0.3～0.6MPa 的压力通过喷雾装置使切削液雾化，高速喷至切削区。高速气流带着雾化成微小液滴的切削液渗透到切削区，在高温下迅速汽化，吸收大量切削热，因此可取得良好的冷却效果，如图 5-55 所示。

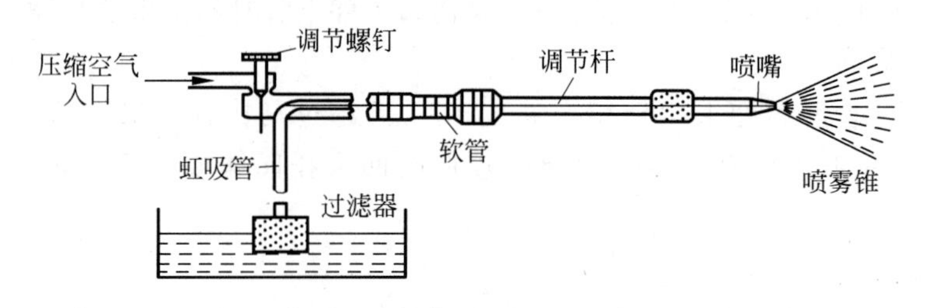

图 5-55　喷雾冷却装置原理图

② 高压大流量冷却

可将冷却液用较高的压力和较大流量喷至切削区，以增强冷却作用，并对砂轮表面进行冲洗。但机床必须配制防护罩，以防冷却液飞溅。

③ 加装空气挡板

喷嘴上方的挡板紧贴在砂轮表面上，可减轻高速旋转的砂轮表面的高压附着气流，使冷却液以适当角度喷注到磨削区，如图 5-56 所示。这种方法对高速磨削很有作用。

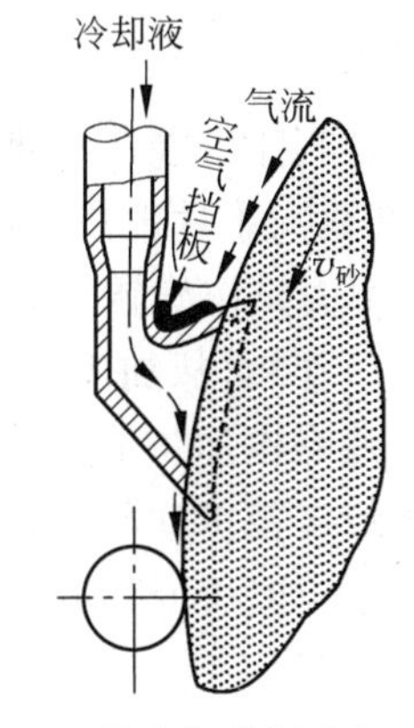

图 5-56　带空气挡板冷却液喷嘴

5.9　提高表面质量的加工方法

提高表面质量的加工方法可分为两类：一是着重减小加工表面的表面粗糙度值；二是着重改善表面层的物理、力学性能。

5.9.1　采用光整加工方法降低表面粗糙度值

在一般情况下，用切削、磨削加工难以经济地获得很低的表面粗糙度值，而研磨则是一种既简单又可靠的精密加工方法。因此，在精密加工中常用粒度很细的油石、磨料等作为工具对工件表面进行微量切削、挤压和抛光，以有效地减小加工表面的粗糙度值。这类加工方法统称为光整加工。

光整加工不要求机床有很精确的成形运动，故对所用设备和工具的要求较低。在加工过程中，磨具与工件间的相对运动相当复杂。工件加工表面上的高点比低点受到磨料更多、更强烈的作用，从而使各点的高度误差逐步均化，并获得很低的表面粗糙度值。

1. 超精加工

超精加工也称超精研，是采用细粒度的磨条为磨具，并在一定的压力和磨削速率下作往复运动，对工件表面进行光整加工。超精加工时，表面粗糙度值可达 $Ra0.04\mu m$ 以下。这种加工方法可以加工轴类零件，也能加工平面、锥面、孔和球面。

当加工外圆表面时，工件作回转运动，磨料在加工表面上沿工件轴向作低频往复运动，若工件比磨具长，则磨具还需沿轴向作进给运动。超精加工后可使表面粗糙度值不大于 $Ra0.08\mu m$。表面加工纹路为相互交叉的波纹曲线，如图 5-57 所示，这样的表面纹路有利于形成油膜，提高润滑效果。且轻微的冷塑性变形使加工表面呈现残余压应力，提高了抗磨损能力。

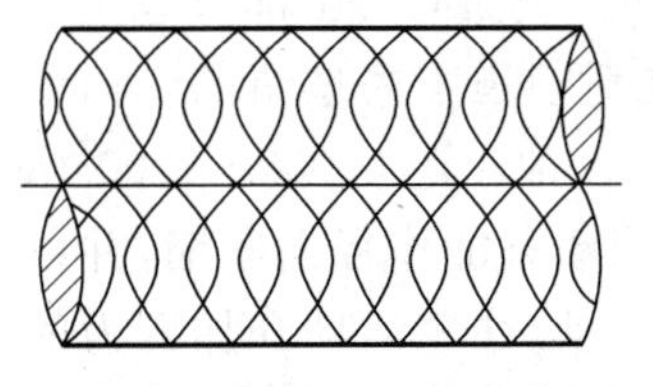

图 5-57　超精加工外圆表面

超精加工实际上是摩擦抛光过程，它具有设备简单、操作方便、效果显著、经济性好等优点。超精加工的切削过程与磨削、研磨不同，只能切去工件表面的凸峰，当工件表面磨平后，切削作用能自动停止。

2. 珩磨

珩磨是利用安装于珩磨头圆周上的一条或多条磨条(油石),由胀开机构将油石沿径向胀开,使其压向工件孔壁,以便产生一定的面接触。同时使珩磨头旋转和往复运动,零件不动;或珩磨头只作旋转运动,工件往复运动,从而实现珩磨。此时珩磨头上的磨粒起切削、刮擦和挤压作用,从加工表面上切下极薄的金属层,如图5-58所示。

珩磨是磨削加工的一种特殊形式,属于光整加工。珩磨需要在磨削或精镗的基础上进行。珩磨加工范围比较广,特别是大批大量生产中,采用专用珩磨机珩磨更为经济合理。对于某些零件,如发动机的气缸套、连杆孔和液压缸筒等,珩磨已成为典型的光整加工方法。

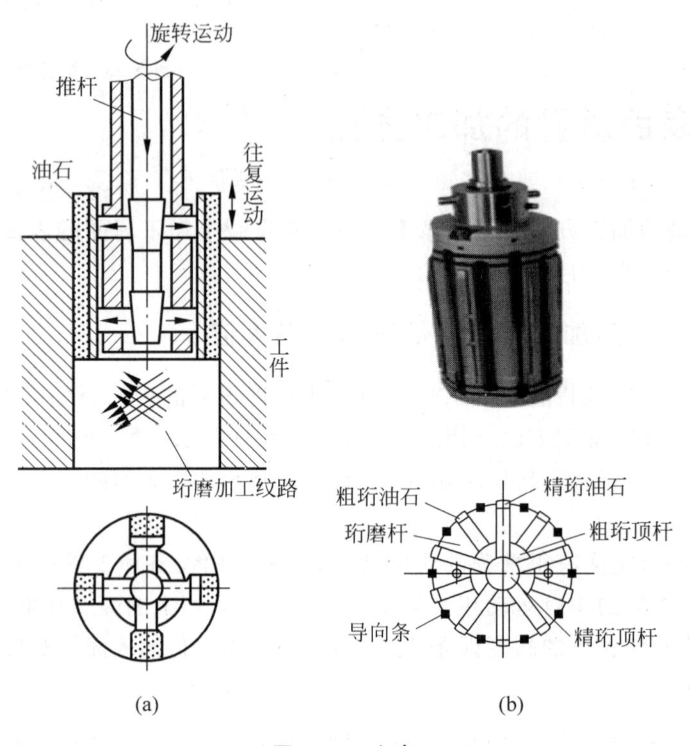

图5-58 珩磨

珩磨时砂条与工件孔壁的接触面积很大,磨粒的垂直负荷仅为磨削的1/100~1/50。此外,珩磨的切削速度较低,一般在100m/min以下,仅为普通磨削的1/100~1/30。在珩磨时,注入的大量切削液可将脱落的磨粒及时冲走,还可使加工表面得到充分冷却,所以工件发热少,不易烧伤,而且变形层很薄,从而可获得较高的表面质量。

珩磨可达较高的尺寸精度、形状精度和较低的粗糙度值。珩磨能获得孔的尺寸精度为IT4~IT6级,表面粗糙度值为$Ra0.4\sim0.02\mu m$。由于在珩磨时,表面的突出部分总是先与油石接触而先被磨去直至油石与工件表面完全接触,因而珩磨能对前道工序遗留的几何形状误差进行一定程度的修正。珩磨可达到的孔的圆度和圆柱度误差一般小于0.003~0.005mm。

珩磨所用的工具是由若干磨条(油石)组成的珩磨头,四周磨条能作径向胀缩,并以一定的压力与孔表面接触。珩磨头上的磨条有3种运动,即旋转运动、往复运动和加压力的径向运动。珩磨头与工件之间的旋转和往复运动,使磨条上的磨粒在孔表面上的切削轨迹形成交叉而又不相重复的网纹。珩磨时磨条便从工件上切去极薄的一层材料,并在孔表面形成交叉而不重复的网纹切痕。这种交叉而不重复的网纹切痕有利于储存润滑油，使零件表面之间易形成一层油膜，从而减少零件间的表面磨损。

为了减小机床主轴与工件孔的中心不同轴度和主轴旋转精度对工件加工精度的影响，珩磨头与机床主轴采用浮动连接。珩磨头工作时，由工件孔壁作导向，沿预加工孔的中心线作往复运动，故珩磨加工不能修正、提高孔的相对位置误差。因此，珩磨前在孔精加工工序中必须安排预加工以保证其位置精度。

珩磨孔的生产率高，机动时间短，珩磨 1 个孔仅需要 2～3min；加工质量高，加工范围大，可加工铸铁件、淬火和不淬火的钢件以及青铜件等，但不宜加工韧性大的有色金属；可加工孔径为 ϕ10～ϕ500mm，孔的深径比可达 10 以上。

3. 研磨

研磨是用研磨工具和研磨剂从工件上研去一层极薄表面层的精加工方法，如图 5-59 所示。研磨剂一般由极细粒度的磨料、研磨液和辅助材料组成。在研磨过程中，研具和工件在一定压力下作复杂的相对运动。磨粒以复杂的轨迹滚动或滑动，对工件表面起切削、刮擦和挤压作用，也可能兼有物理、化学作用，使磨粒能从工件表面上切去极薄的一层金属材料（0.02～0.4μm），从而得到极高的尺寸精度和较低的表面粗糙度值。

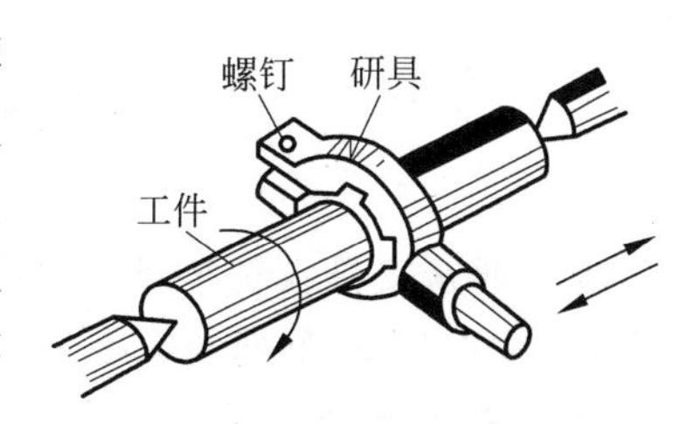

图 5-59　手工研磨和机械研磨

研磨是一种古老、简便可靠的表面光整加工方法。研磨能获得其他机械加工较难达到的稳定的高精度表面，研磨过的表面其表面粗糙度值低，耐磨性、耐蚀性能良好；研磨的操作技术、使用设备、工具简单；可用研磨加工的材料范围广，无论钢、铸铁，还是有色金属均可用研磨方法精加工，尤其是脆性材料更显特色；研磨适用于多品种、小批量的产品零件加工，因为只要改变研具形状就能方便地加工出各种形状的表面。但必须注意的是，研磨质量很大程度取决于前道工序的加工质量，效率较低。

4. 抛光

抛光是在毡轮、布轮、皮带轮等软研具上涂上抛光膏，利用抛光膏的机械作用和化学作用去掉工件表面粗糙度峰顶，使工件表面达到光泽镜面的加工方法。

抛光过程去除的余量很微小，一般来说去不掉余量，不能提高工件的尺寸精度。因此，只能减小粗糙度值，不能改善零件的精度。抛光轮弹性较大，故可抛光形状较复杂的表面。

5.9.2　表面强化工艺改善物理力学性能

表面强化工艺是指通过冷压加工方法使表面层金属发生冷态塑性变形，以降低表面粗糙度值，提高表面硬度，并在表面层产生残余压应力。这种方法的工艺简单、成本低廉，在生产中应用十分广泛。最常用的是滚压加工和喷丸强化，也有采用液体磨料强化等加工方法。

1. 滚压加工

滚压是冷压加工方法之一，是一种无切屑加工。它是通过一定形式的滚压工具向工件表面施加一定压力，在常温下利用金属的塑性变形使工件表面的微观不平度碾平，从而达到改变表层结构、机械特性、形状和尺寸，减小加工表面粗糙度值，提高工件的耐磨性、耐蚀性和疲劳强度。因此这种方法可同时达到光整加工及强化两种目的。

滚压加工是利用经过淬硬和精细研磨过的滚轮或滚珠在常温状态下对金属表面进行挤压，将表层的凸起部分向下压，凹下部分往上挤，如图 5-60 所示，使粗糙度的波峰在一定程度上填充波谷，逐渐将前工序留下的波峰压平，从而修正工件表面的微观几何形状。此外，它还能使工件表面金属组织细化，形成压缩残余应力。

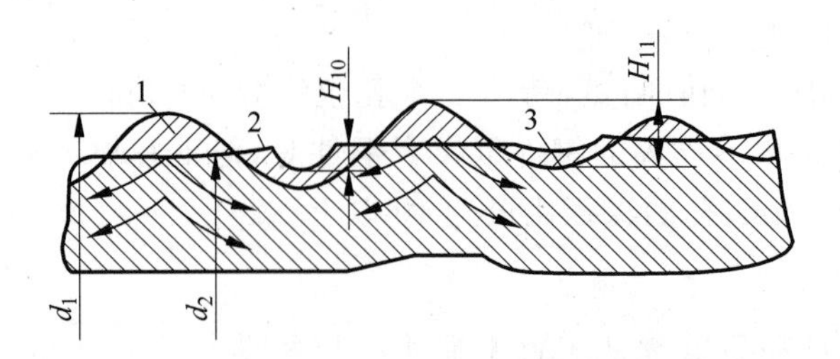

图 5-60 滚压时表面粗糙度变化情况

1—峰；2—谷；3—填充层

滚压通常安排在精车或精磨后进行，适用于加工外圆、平面、直径大于 $\phi30$ 的孔及成形表面，通常在卧式车床、转塔车床或自动车床上进行。滚压加工可使表面粗糙度值从 $Ra6.3\mu m$ 提高到 $Ra0.2\sim2.4\mu m$，表面硬化层深度可达 0.2～1.5mm，表面硬度一般可提高 20%～40%，表层金属的抗疲劳强度一般可提高 30%～50%。

滚压加工有如下特点：

(1) 前道工序的表面粗糙度值 Ra 不大于 $5\mu m$，压前表面要洁净，直径方向的余量为 0.02～0.03mm。

(2) 滚压不能提高工件的形状精度和位置精度。滚压后工件的形状精度及相互位置精度主要取决于前道工序的形状精度和位置精度，如果前道工序的表面圆柱度、圆度较差，则还会出现表面粗糙度不均匀的现象。

(3) 滚压的对象一般只适宜塑性材料，并要求材料组织均匀。铸铁件一般不适合滚压加工。经滚压后的工件表面耐磨性、耐蚀性提高较为明显。

(4) 滚压加工生产率高，工艺范围广，不仅可以用来加工外圆表面，对于内孔、端面的加工均可采用。

2. 喷丸强化

利用压缩空气或离心力将大量直径为 $\phi0.4\sim\phi2$mm 的钢丸或玻璃丸以 35～50m/s 的高速向零件表面喷射，使表面层产生很大的塑性变形，改变表层金属结晶颗粒的形状和方向，从而引起表层冷作硬化，产生残余压应力，可显著提高零件的疲劳强度和使用寿命。

喷丸强化主要用于强化形状复杂或不宜用其他方法强化的工件，例如板弹簧、螺旋弹簧、连杆、齿轮、焊缝等。其硬化深度可达 0.7mm，表面粗糙度可从 $Ra2.5\sim5\mu m$ 减小到 $Ra0.32\sim0.63\mu m$。

3. 液体磨料强化

液体磨料强化是利用液体和磨料的混合物强化工件表面的方法，如图 5-61 所示。液体和磨料在 400～800kPa 下经过喷嘴高速喷出，射向工件表面，借磨粒的冲击作用磨平工件表面的表面粗糙度波峰并碾压金属表面。加工后的表面是由大量微小凹坑组成的无光泽表面，表面粗糙度值可达 $Ra0.01 \sim 0.02\mu m$。由于磨粒的冲击和微量切削作用，使工件表面产生几十微米的塑性变形层，并具有残余压应力，提高了工件的耐磨性、抗蚀性和疲劳强度。

液体磨料强化工艺最宜于加工复杂型面，如锻模、汽轮机叶片、螺旋桨、仪表零件和切削刀具。

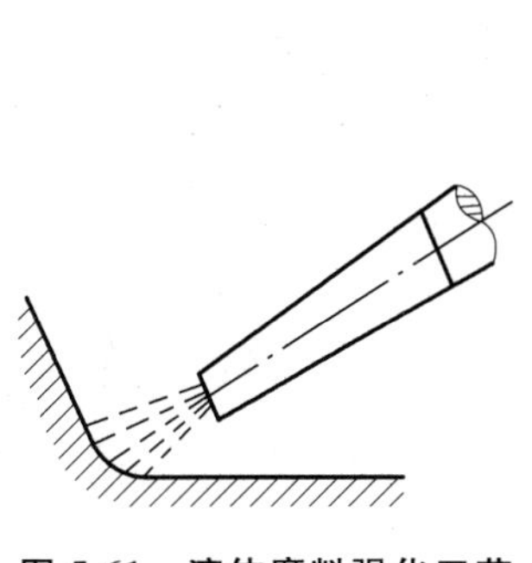

图 5-61 液体磨料强化工艺

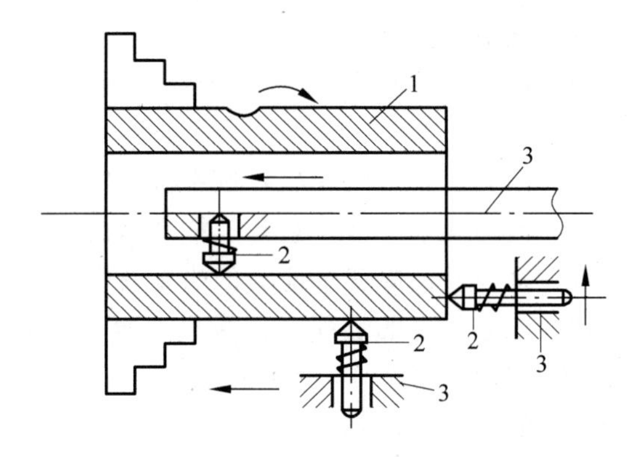

图 5-62 金刚石压光

1—工件；2—压光头；3—心轴

4. 金刚石压光

用金刚石工具挤压加工表面。其运动关系与滚压不同的是，工具与加工面之间不是滚动。

图 5-62 所示为金刚石压光内孔的示意图，金刚石压光头修整成半径为 1～3mm，表面粗糙度值小于 $Ra0.02\mu m$ 的球面或圆柱面，由压光器内的弹簧压力压在工件表面上，可利用弹簧调节压力。金刚石压光头消耗的功率和能量小，生产率高，压光后表面粗糙度值可达 $Ra0.02 \sim 0.32\mu m$。一般压光前、后尺寸差别极小，约在 $1\mu m$ 以内，表面波度可能略有增加，物理机械性能则显著提高。

习题与思考题

5-1 机械加工质量包括哪几方面的内容？

5-2 何为机械加工精度？何为加工误差？

5-3 零件的加工精度包含哪几方面的内容？它们之间有怎样的联系？

5-4 获得尺寸精度的方法有哪些？获得位置精度的方法有哪些？

5-5 工艺系统的原始误差可以分为哪两大类？

5-6 何为加工原理误差？并举例说明，为什么它又是合理的？

5-7 分析机床的几何误差时，对工件加工精度影响较大的误差有哪几项？

5-8 机床主轴的作用是什么？

5-9 机床主轴回转轴心线的运动误差是哪几种基本形式的合成？对工件的加工精度有哪些影响？

5-10 影响导轨导向精度的因素主要有哪几项？

5-11 车床床身导轨在垂直平面内及水平面内的直线度对车削圆轴类零件的加工误差有什么影响？影响程度各有何不同？

5-12 切削过程中，工艺系统在切削力作用下会发生什么变形？会导致什么现象？

5-13 在切削过程中，工艺系统在切削力作用下，由于机床受力变形加工出来的工件呈什么形状？为什么？

5-14 在切削过程中，工艺系统在切削力作用下，由于工件受力变形加工出来的工件呈什么形状？为什么？

5-15 何为误差复映现象？试举例说明。

5-16 何为残余应力？它是怎样产生的？对加工工件有什么影响？

5-17 减少或消除残余应力的措施有哪些？

5-18 工艺系统的热源来自哪几方面？在机械加工过程中，工艺系统在这些热源的影响下会产生什么现象？

5-19 何为热平衡状态？何为稳态温度场？

5-20 减少工艺系统热变形对加工精度影响的措施有哪些？

5-21 零件磨损一般可分为哪几个阶段？并简要说明其过程。

5-22 当车削加工时，a_p 和 f 取小值，其表面质量较好，为什么当 a_p 和 f 过小时，其表面粗糙度值反而较差？

5-23 在精加工时，通常切削速度 v_c 都取较高值，试说明为什么。

5-24 为什么说表面质量对零件的配合质量影响很大？

5-25 何为加工表面的冷作硬化？它有哪些重要的实用意义？又有哪些不利因素？

5-26 为什么切削速度增大，硬化程度减小？而进给量增大，硬化程度却加大？

5-27 磨削用量包含哪些要素？其中对表面粗糙度影响最大的要素是什么？

5-28 何为磨削烧伤现象？

5-29 为什么磨削加工容易产生烧伤？如果工件材料和磨削用量无法改变，减轻烧伤现象的所谓最佳途径是什么？

5-30 什么是退火烧伤、回火烧伤和淬火烧伤？

5-31 何为光整加工方法？在什么条件下采用光整加工？

5-32 光整加工可获得较低的表面粗糙度值，同时也能提高尺寸精度，形状精度和位置精度，对吗？为什么？

5-33 何为珩磨加工？在加工时，珩磨头上的磨条有哪几种运动？为什么在珩磨前要安排保证其位置精度的精加工？

5-34 何为表面强化工艺？最常用的方法有哪些？各有何特点？

5-35 机床主轴回转误差可分解为哪几种基本形式？对工件的加工精度有哪些影响？

第6章

机械加工工艺规程的设计

【内容提要】 本章介绍了机械加工工艺过程的相关概念，讲解了机械加工工艺过程的组成以及生产纲领、生产类型方面的基本知识，重点阐述了加工工艺路线的拟定和设计机械加工工艺规程的原则，详细地分析并举例说明了设计零件的结构工艺性时应注意的事项，系统地讲解了基准的选用原则、毛坯的选择、各类表面的加工方法、加工阶段的划分、工序集中与工序分散的原则、工序顺序的排列以及工艺尺寸链的计算等重要知识点，同时也介绍了时间定额以及机械产品装配工作的基本内容、保证装配精度各类方法的有关知识点。

【本章要点】

1. 机械加工工艺过程的组成、机械加工工艺规程的设计
2. 生产纲领和生产类型以及零件的工艺性分析
3. 加工工艺路线的拟定和粗基准及精基准的选用原则
4. 各表面加工方法的选择、加工阶段的划分
5. 工序集中与工序分散的原则、工序顺序的排列
6. 时间定额以及零件工艺尺寸链的计算

【本章难点】

1. 机械加工工艺规程的设计
2. 零件的工艺性分析
3. 加工工艺路线的拟定和粗、精基准的选用原则
4. 零件工艺尺寸链的计算

6.1 基本概念

6.1.1 生产过程和机械加工工艺过程

生产过程是指将原材料转变为成品的全过程，它是包括产品决策、产品设计、原材料的运输和准备、工艺技术、生产准备、毛坯制造、零件的机械加工及热处理、部件或产品的装配、产品调试、检验、油漆、包装以及产品的销售和售后服务等一系列相互关联的劳动过程的总和。

机械加工工艺过程是指采用机械加工方法，直接改变毛坯的形状、尺寸、相互位置和性

质,使其成为零件的工艺过程,在生产过程中占重要地位。工艺过程主要分为毛坯制造工艺过程、机械加工工艺过程和机器装配工艺过程。

机械加工工艺过程直接决定零件和机械产品的精度,对产品的成本、生产周期都有较大的影响,是整个工艺过程的重要组成部分。

机械制造工艺是对各种机械制造方法与过程的总称。机械制造工艺过程一般包括零件的机械加工工艺过程和机器的装配工艺过程。

6.1.2 机械加工工艺过程的组成

机械加工工艺过程是由一个或若干个依次排列的工序组成,毛坯按照顺序通过这些工序的加工,就变成为成品或半成品。

工序是指一个或一组工人,在一个工作地对同一个或同时对几个工件所连续完成的那一部分工艺过程。连续作业是指在该工序内的全部工作要不间断地接连完成。

工序中常把工作地、工人、零件和连续作业作为构成工序的四要素,其中任一要素的变更即构成新的工序。比如,当工作地点变动时,即构成另一工序,同时,在同一工序内所完成的工作必须是连续的,若不连续也即构成另一工序。

如图 6-1 所示的阶梯轴,若端面、中心孔和外圆表面的粗车与精车是在一个工作地连续进行的,即粗车后接着就进行精车,则整个粗加工、精加工为一个工序。如果阶梯轴的生产批量很大,则宜将粗车与精车分开,先完成这批零件的粗车部分,然后再对这批零件进行精车。此时虽然其他条件未变,但由于粗车、精车中间有了间断,不是连续完成的,因此就成为了两个工序,见表 6-1 和表 6-2。

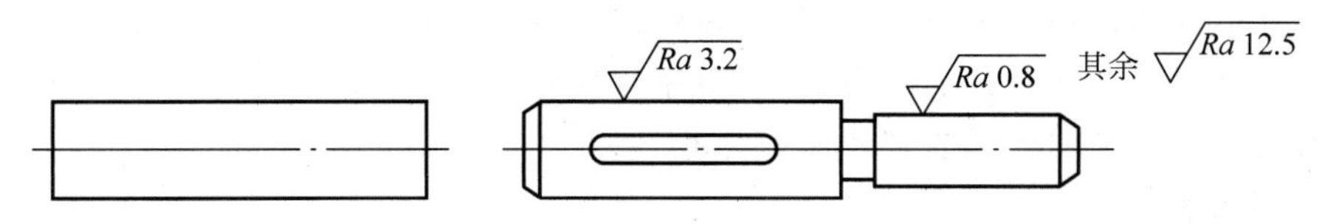

图 6-1 阶梯轴简图及毛坯

表 6-1 阶梯轴的工艺过程(单件小批生产)

工序号	工序名称	工 序 内 容	设备
1	车	车两端面、钻两中心孔,粗、精车外圆,切退刀槽,倒角	车床
2	铣	铣键槽	铣床
3	磨	磨外圆	磨床

表 6-2 阶梯轴的工艺过程(大批大量生产)

工序号	工序名称	工 序 内 容	设 备
1	铣	铣两端面、钻两中心孔	铣端面钻中心孔专用机床
2	车	粗车外圆	车床
3	车	精车外圆、切退刀槽、倒角	车床
4	铣	铣键槽	铣床
5	磨	磨外圆	磨床

由表 6-1 和表 6-2 可以看出，尽管加工内容完全相同，但由于产量不同，加工阶梯轴时所采用的工艺方案与设备均不相同，因而工序的划分和每一工序所包含的加工内容也不尽相同。

工序是组成机械加工工艺过程的基本单元，也是制定时间定额、制订生产计划和进行成本核算的基本单元。

工序可以进一步划分为安装、工位、工步和走刀。

(1) 安装

每一个工序内都包含了一定的加工内容，有些加工内容需要工件处于不同的位置下才能完成，这就需要改变工件的位置才能进行加工。在同一工序中，工件在加工位置上可能只需装夹一次，也可能要装夹几次，每次装夹下所完成的那一部分工序内容称为一次安装，或者说工件在机床或夹具中定位并夹紧的过程称为安装。

如图 6-2 所示的阶梯轴零件，在车外圆工序中一般至少需进行 2 次以上装夹才能把工件上所有的外圆柱表面加工出来。从减小装夹误差和提高生产率考虑，应尽量减少安装次数。

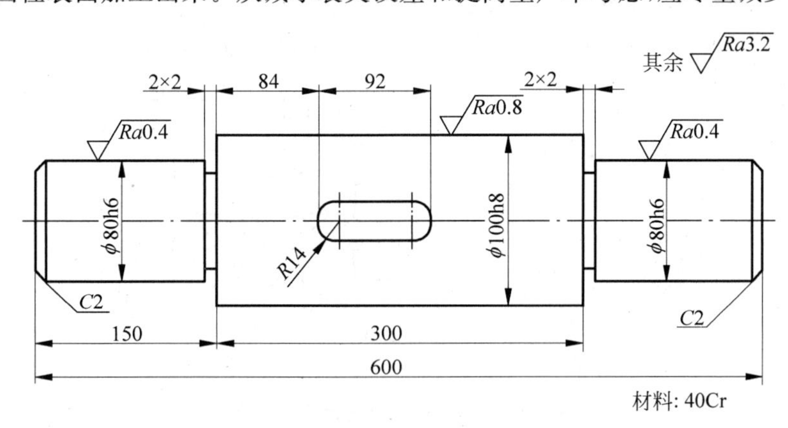

图 6-2　阶梯轴

(2) 工位

在工件的每一次安装中，工件相对于机床或刀具占据的每一个加工位置所完成的那部分工艺过程，称为工位。

为减少工件装夹的次数，常采用各种回转工作台、回转夹具或移动夹具，使工件在一次装夹中，先后处于几个不同的位置进行加工。图 6-3 所示为在具有回转工作台的多工位机床上加工 IT7 级精度孔的工序。工件仅装夹一次，在不同的 6 个工位上依次完成装卸、钻孔、扩孔和铰孔加工。

(3) 工步

工步是指在加工表面和加工工具不变的情况下，所连续完成的那一部分工序。因此，工步是加工表面、切削刀具和切削用量(仅指主轴转速和进给量)等要素都不变的情况下所完成的那一部分工艺过程。变化其中的任一要素就成为另一工步。

在一次安装或一个工位中，可能有几个工步。如图 6-4 所示，车削阶梯轴 $\phi 85$ 外圆表面为第一工步(一次走刀)，车削 $\phi 65$ 外圆表面为第二工步(两次走刀)，这是因为加工的表面发生了变化。

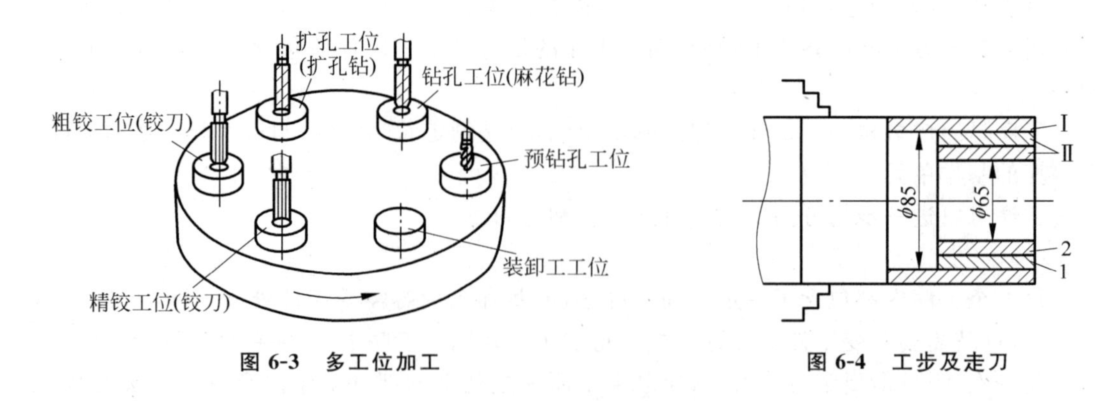

图 6-3 多工位加工

图 6-4 工步及走刀

为简化工艺文件,对于那些连续进行的若干个相同的工步,通常都看成一个工步。如图 6-5(a)所示,在法兰盘上依次钻 8 个 ϕ16 的孔,可算作一个工步,称为连续工步。又如图 6-5(b)所示,如果同时用几把刀具(或用一把复合刀具)在一次进给中加工不同的几个表面,这也算作是一个工步,称为复合工步。采用复合工步可以提高生产效率。

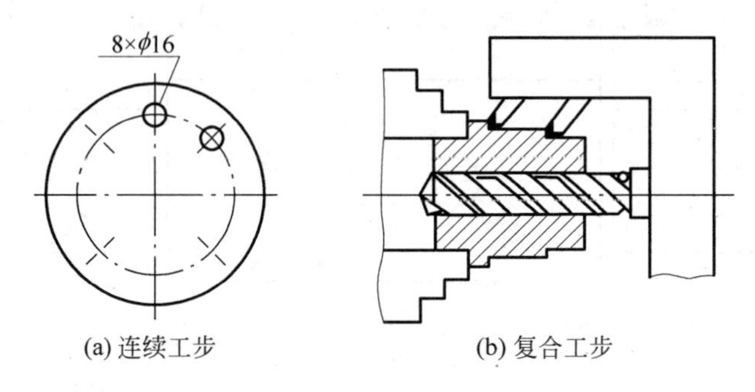

(a) 连续工步 (b) 复合工步

图 6-5 连续工步和复合工步示例

(4) 走刀

在一个工步内,刀具在加工表面上切削一次所完成的工步内容,称为一次走刀。如零件被加工表面的加工余量较大,则在一个工步中要分几次走刀。图 6-4 所示为用棒料加工阶梯轴的情形,其中车削 ϕ85 的外圆表面时,进行了 1 次走刀,车削 ϕ65 的外圆表面时,则进行了 2 次走刀。

6.1.3 生产纲领和生产类型

机械产品的制造过程是一个复杂过程,需要经过一系列的机械加工工艺过程和机械装配工艺过程才能完成。尽管各种机械产品的结构、精度要求等相差很大,但它们的制造工艺存在着许多共同的特征,这些共同的特征取决于产品的生产纲领和生产类型。

1. 生产纲领

生产纲领是企业根据市场要求和自身的生产能力决定的,是在计划期内应当生产产品的产量和进度计划。计划期为一年的生产纲领称为年生产纲领,也常称为年产量。

零件的生产纲领 N 是根据产品的生产纲领、零件在该产品中的数量,并考虑备品和废品的数量而确定的，可按下式计算：

$$N = Qn(1 + \alpha + \beta)$$

式中：N——零件的年产量，件/年；

Q——产品的年产量，台/年；

n——每台产品中，该零件的数量，件/台；

α——备品率，%；

β——废品率，%。

年生产纲领是设计制定工艺规程的重要依据。当零件生产纲领确定后，就可以根据工厂、车间的具体情况按一定期限分批投产，一次投入或产出的同一零件的数量称为生产批量。

2. 生产类型

生产类型是指企业生产专业化程度的分类，一般分为单件生产、成批生产和大量生产 3 种类型。

（1）单件生产

单业生产是指制造的产品数量不多，生产中各个工作地的加工对象经常发生改变，而且很少重复或不定期重复的生产。如新产品的试制、专用设备的制造、重型机械的制造等。在单件生产时，其生产组织的特点是要能适应产品品种的灵活多变。

（2）成批生产

成批生产是指产品以一定的生产批量成批地投入生产，并按一定的时间间隔周期性地重复生产。成批生产的标志是在每一工作地点分批地完成若干零件的加工。例如普通机床、食品机械和纺织机械等的制造，都是比较典型的成批生产类型。

按照批量的大小，成批生产又可分为小批生产、中批生产及大批生产 3 种类型。

在成批生产中采用通用设备和专业设备相结合，以保证其生产组织满足一定的灵活性和生产率的要求。

（3）大量生产

大量生产是指产品的产量很大，其结构和规格比较固定，大多数工作地点长期进行某一零件的某一道工序的重复加工。例如汽车、拖拉机、轴承、缝纫机、自行车、标准件等的制造，通常都是以大量生产的方式进行的。

在大批大量生产时，广泛采用自动化专用设备，按工艺顺序进行自动线或流水线方式组织生产，生产组织形式的灵活性较差。

根据上述划分生产类型的方法可以发现，同一企业或车间可能同时存在几种生产类型的生产。判断企业或车间的生产类型应根据企业或车间中占主导地位的工艺过程的性质确定。

不同生产类型的零件其加工工艺有很大的不同。产量大、产品固定时，有条件采用各种高生产率的专用机床和专用工装，因而劳动生产率高、成本低。但在产量小、产品品种多时，就不宜采用专用设备与工装，因为调整时间长，机床利用率低、折旧率高，成本反而会增加。表 6-3 列出了各种生产类型与生产纲领及产品类型的大致关系，同时也列出了各种生产类型的主要工艺特点。

表 6-3　各种生产类型的生产纲领及工艺特点　　单位：件

纲领及特点		单件生产	成批生产			大量生产
			小批	中批	大批	
产品类型	重型机械	<5	5～100	100～300	300～1000	>1000
	中型机械	<20	20～200	200～500	500～5000	>5000
	轻型机械	<100	100～500	500～5000	5000～50000	>50000
工艺特点	毛坯的制造方法及加工余量	自由锻造，木模手工造型；毛坯精度低、余量大		部分采用模锻、金属模造型；毛坯精度及余量中等	广泛采用模锻、机器造型等高效方法；毛坯精度高、余量小	
	机床设备及机床布置	通用机床按机群式排列；部分采用数控机床及柔性制造单元		通用机床和部分专用机床及高效自动机床；机床按零件类别分工段排列	广泛采用自动机床、专用机床；采用自动线或专用机床流水线排列	
	夹具及尺寸保证	通用夹具、标准附件或组合夹具；划线试切保证尺寸		通用夹具、专用或成组夹具；定程法保证尺寸	高效专用夹具；用定程及自动测量控制尺寸	
	刀具、量具	通用刀具，标准量具		专用或标准刀具、量具	采用专用刀具、量具，自动测量	
	零件的互换性	配对制造，互换性低，多采用钳工修配		多数互换，部分试配或修配	全部互换，高精度偶件采用分组装配、配磨	
	工艺文件的要求	编制简单的工艺过程卡		编制详细的工艺规程及关键工序的工序卡	编制详细的工艺规程、工序卡、调整卡	
	生产率	用传统加工方法，生产率低，用数控机床可提高生产率		中等	高	
	成本	较高		中等	低	
	对工人的技术要求	需要技术熟练的工人		需要一定熟练程度的技术工人	对操作工人的技术要求较低，对调整工人的技术要求较高	
	发展趋势	采用成组工艺、数控机床、加工中心及柔性制造单元		采用成组工艺，用柔性制造系统或柔性自动线	用计算机控制的自动化制造系统、车间或无人工厂，实现自适应控制	

注：重型机械、中型机械和轻型机械可分别以轧钢机、柴油机和缝纫机为代表。

由上述可知，生产类型对零件工艺规程的制定影响很大。因此，在制定工艺规程时，首先应根据零件的生产纲领确定其相应的生产类型；生产类型确定以后，零件制造工艺过程的总体轮廓也就勾画出来了。

6.1.4　机械加工工艺规程

机械加工工艺规程是指规定产品或零部件制造工艺过程和操作方法等的工艺文件，即按工艺过程有关内容写成的文件和表格。工艺规程是企业生产中的指导性技术文件，也是企业生产产品的科学程序和科学方法的具体反映。

1. 零件机械加工工艺规程的内容

(1) 毛坯的选择

根据零件的情况选择铸件、锻件、焊件、棒料、型材等。

（2）工艺路线的拟定

工艺路线指零件在生产过程中，由毛坯准备到加工成成品，所经过各部门或各工序的先后顺序。

（3）工序设计

工序设计包括各工序的加工简图的绘制，加工余量、工序尺寸和极限偏差的计算，技术要求的确定，机床设备、切削用量、时间定额、工步内容和工艺装备的选择确定等。

2. 机械加工工艺规程的种类

将工艺规程的内容填入一定格式的卡片，即成为生产准备和机械加工所依据的工艺文件。在生产上用来说明机械加工工艺规程的工艺文件主要有机械加工工艺过程卡和机械加工工序卡，另外还有机床调整卡，对于检验工序，还要有检验工序卡。

（1）机械加工工艺过程卡

机械加工工艺过程卡是以工序为单位简要说明零件整个加工工艺过程的一种工艺文件。卡片上一般应注明工序号、工序名称、工序内容、操作要求、工艺过程、所采用的机床设备和工艺装备，以及零件名称、零件图号、材料牌号、毛坯种类、工时定额等，如表 6-4 所示。机械加工工艺过程卡列出了零件加工所经过的工艺路线，它是零件机械加工的全貌，主要用来了解零件的加工流向，是生产技术准备、编制作业计划和组织生产的依据。它适用于单件小批生产时指导工人的加工操作。

表 6-4　机械加工工艺过程卡

						文件编号	
(厂名全称)	机械加工工艺过程卡片	产品型号		零(部)件图号		共　页	
		产品名称		零(部)件名称		第　页	

材料牌号		毛坯种类		毛坯外形尺寸		每坯件数		每台件数		备注	

	工序号	工序名称	工序内容	车间	工段	设备	工艺装备	工序时间 准终	工序时间 单件
描图									
描校									
底图号									
装订号									

*											编制（日期）	审核（日期）	会签（日期）	*	*
	a	①													
	标记	处数	更改文件号	签字	日期	标记	处数	更改文件号	签字	日期					

* 空格可根据需要写。

(2) 机械加工工序卡

机械加工工序卡是按每道工序所编制的一种工艺文件，是在工艺过程卡的基础上，以工序为单位详细说明每个工步的工步号、工步内容、工艺装备，并绘有工序简图，注明了该工序的定位基准和工件的装夹形式、加工表面及其工序尺寸、公差等技术要求，以及所使用的设备、刀具、夹具、冷却液和切削用量、走刀次数、工时定额等内容，如表 6-5 所示。这种卡片适宜在大批大量的生产中使用。

表 6-5　机械加工工序卡

<table>
<tr><td colspan="6"></td><td>文件编号</td><td></td></tr>
<tr><td rowspan="2">(厂名全称)</td><td rowspan="2">机械加工工序卡片</td><td>产品型号</td><td></td><td>零(部)件图号</td><td></td><td colspan="2">共　页</td></tr>
<tr><td>产品名称</td><td></td><td>零(部)件名称</td><td></td><td colspan="2">第　页</td></tr>
</table>

<table>
<tr><td rowspan="12">(工序简图)</td><td>车间</td><td>工序号</td><td>工序名称</td><td colspan="2">材料牌号</td></tr>
<tr><td></td><td></td><td></td><td colspan="2"></td></tr>
<tr><td>毛坯种类</td><td>毛坯外形尺寸</td><td>每坯件数</td><td colspan="2">每台件数</td></tr>
<tr><td></td><td></td><td></td><td colspan="2"></td></tr>
<tr><td>设备名称</td><td>设备型号</td><td>设备编号</td><td colspan="2">同时加工件数</td></tr>
<tr><td></td><td></td><td></td><td colspan="2"></td></tr>
<tr><td>夹具编号</td><td colspan="2">夹具名称</td><td colspan="2">冷却液</td></tr>
<tr><td></td><td colspan="2"></td><td colspan="2"></td></tr>
<tr><td rowspan="3"></td><td colspan="2" rowspan="3"></td><td colspan="2">工序时间</td></tr>
<tr><td>准终</td><td>单件</td></tr>
<tr><td></td><td></td></tr>
<tr><td></td><td colspan="2"></td><td colspan="2"></td></tr>
</table>

<table>
<tr><td></td><td rowspan="2">工步号</td><td rowspan="2">工步内容</td><td rowspan="2">工艺装备</td><td rowspan="2">主轴转速/(r/min)</td><td rowspan="2">切削速度/(m/min)</td><td rowspan="2">进给量/(mm/r)</td><td rowspan="2">背吃刀量/mm</td><td rowspan="2">走刀次数</td><td colspan="2">工时定额</td></tr>
<tr><td></td><td></td><td></td></tr>
<tr><td>描图
描校
底图号
装订号</td><td></td><td></td><td></td><td></td><td></td><td></td><td></td><td></td><td></td><td></td></tr>
</table>

*	a 标记	① 处数	更改文件号	签字	日期	标记	处数	更改文件号	签字	日期	编制(日期)	审核(日期)	会签(日期)	*	*

* 空格可根据需要写。

3. 机械加工工艺规程的作用

(1) 机械加工工艺规程是指导生产的主要技术文件,是指挥现场生产的依据。按照工艺规程组织生产可以使各工序配合紧密、合理、有效、保质保量地生产出产品来。

(2) 机械加工工艺规程是生产准备和生产管理的主要依据。在产品生产前,可以依据机械加工工艺规程进行技术准备工作和生产准备工作,如机床的调整、专用工艺装备(如专用夹具、刀具和量具)的设计与制造,以及原材料和毛坯的供应,劳动力的组织等。此外,它也是生产调度部门安排生产计划,进行生产成本核算的依据。

(3) 机械加工工艺规程是新建、扩建工厂或车间的基本资料,是提出生产面积、厂房布局、人员编制、购置设备等各项工作的依据。

6.1.5　机械加工工艺规程设计的原始资料

在设计零件机械加工工艺规程时,必须具备下列原始资料。

(1) 产品的全套技术文件

包括产品的装配图和零件图、产品验收的质量标准以及产品的生产纲领。

(2) 毛坯图

成批、大量生产时,铸、锻、冲压等毛坯制造都要有毛坯图。通常毛坯图由毛坯制造的技术人员绘制,并经机械加工工艺技术人员审查确定。在制定零件的机械加工工艺规程时,机械加工技术人员应了解毛坯的生产情况,研究毛坯图,应清楚毛坯的加工余量,知道铸件的分型面、浇口和冒口位置,以及模锻件的飞边位置、拔模斜度等。只有这样才能正确选择零件加工时的装夹部位和加工方法。

单件小批生产时一般不绘毛坯图,但需实地了解毛坯的形状、尺寸及机械性能等。

(3) 生产条件和相关资料

应了解本工厂已有设备的规格、性能,所能达到的精度等级及负荷情况,掌握现有工艺装备和辅助工具的规格和使用情况,知晓工人的技术水平,专用设备、工艺装备的制造能力,以及各种工艺资料和技术标准等。

(4) 国内、外先进工艺的发展动态

了解国内、外先进工艺及生产技术的发展情况,结合本厂的生产实际加以推广应用,使制定的工艺规程具有先进性和最好的经济效益。

6.1.6　设计机械加工工艺规程的原则和步骤

1. 机械加工工艺规程设计的原则

机械加工工艺规程设计的原则是:在一定的生产条件下,按计划规定的进度,在保证产品质量的前提下,应尽量提高生产率和降低成本,使其获得良好的经济效益和社会效益。

在机械加工工艺规程设计时应注意以下4个方面的问题。

(1) 技术上的先进性

所谓技术上的先进性,是指高质量、高效益的获得不是建立在提高工人劳动强度和操作手艺的基础上,而是依靠采用相应的技术措施来保证的。因此,在工艺规程设计时,要了解国内、外本行业工艺技术的发展,通过必要的工艺试验,尽可能采用先进的工艺和工艺装备。

(2) 经济上的合理性

在一定的生产条件下,可能会有几个都能满足产品质量要求的工艺方案,此时应通过成本核算或评比,选择经济上最合理的方案,使产品的成本最低。

(3) 有良好的劳动条件,避免环境污染

在工艺规程设计时,要注意保证工人具有良好而安全的劳动条件,尽可能地采用先进的技术措施,将工人从繁重的体力劳动中解放出来。同时,要符合国家《环境保护法》的有关规定,避免环境污染。

(4) 格式上的规范性

工艺规程应做到正确、完整、统一和清晰,所用术语、符号、计量单位、编号等都要符合相应标准。

2. 机械加工工艺规程设计的主要步骤

(1) 分析产品的装配图和零件图,了解零件的各项技术要求,检查零件的结构工艺性,并提出必要的改进建议和方案。

(2) 根据产品的生产纲领确定零件的生产类型。零件的生产类型不同,其生产管理、机床布置、毛坯制造、采用的工艺装备、加工方法以及对工人的技术水平要求的高低是不一样的。

(3) 选择毛坯种类和制造方法,全面考虑机械加工成本和毛坯制造成本,以达到降低零件生产总成本的目的。

(4) 先考虑选择怎样的精基准把所加工零件的各个主要表面加工出来,以达到图纸规定的技术要求,然后再考虑选择怎样的粗基准把作为精基准的表面先加工出来,从而确定零件的定位基准。

(5) 根据零件的结构及技术要求,制定零件的加工顺序,确定零件的加工流向,拟订出工艺路线。

(6) 根据所加工内容、加工表面、加工精度选择不同的机床、夹具、刀具和检测量具,确定各工序的机床设备、夹具、刀具和量具等。

(7) 确定各工序的加工余量、计算工序尺寸及极限偏差。

(8) 确定各工序的切削用量和时间定额。

(9) 确定各工序的技术要求和检验方法。

(10) 进行方案对比和经济技术分析,确定最佳工艺方案。

(11) 按要求规范填写工艺文件。

3. 制定机械加工工艺规程的应用举例

现根据图 6-2 所示阶梯轴的零件图,制定机械加工工艺规程。

阶梯轴生产类型为单件小批量生产,材料为 40Cr 热轧圆钢,零件需调质热处理,其技术要求、工艺性分析如下。

该零件中间段外圆尺寸为 ϕ100h8、两端外圆尺寸为 ϕ80h6,尺寸精度要求很高;表面粗糙度值分别为 $Ra0.8\mu m$ 和 $Ra0.4\mu m$,同样表面质量也要求很高,因此要分粗加工、半精加工和精加工阶段。粗加工和半精加工在普通外圆车床上进行,精加工选择在磨床上进行。

零件图上的设计基准为轴心线,同时该轴心线也是 ϕ100h8 和 ϕ80h6 几个外圆表面的轴心线，为了保证各表面的相互位置精度，现选定两中心孔为统一的定位基准，这样设计基准与定位基准、工序基准重合。从粗加工到精加工之间的加工工序都以中心孔为基准，即遵循基准同一原则。再选毛坯的外圆为粗基准，以便加工出两端面和两中心孔。

由于是单件小批量生产，为减少零件的多次转运，将调质处理安排在半精加工之后。

拟定的机械加工工艺路线为：

下料—粗车、半精车—调质处理—钳(修研中心孔、划键槽线)—铣键槽—磨外圆—检验—入库。

阶梯轴的机械加工工艺过程的设计见表 6-6。

表 6-6　机械加工工艺过程卡

<table>
<tr><th>材料牌号</th><th>40Cr</th><th>毛坯种类</th><th>热轧圆钢</th><th>毛坯外形尺寸</th><th>φ105mm×604mm</th><th>每坯件数</th><th>1</th></tr>
<tr><th>工序号</th><th>工序名称</th><th colspan="4">工 序 内 容</th><th>设备</th><th>工艺装备
(定位基准)</th></tr>
<tr><td>1</td><td>下料</td><td colspan="4">热轧圆钢 φ105mm×604mm</td><td>锯床</td><td></td></tr>
<tr><td rowspan="4">2</td><td rowspan="4">粗车、半精车</td><td colspan="4">① 车一端端面见平、钻中心孔</td><td rowspan="4">车床</td><td>三爪卡盘</td></tr>
<tr><td colspan="4">② 粗车、半精车一端大外圆、小外圆；退刀槽、倒角加工到位；外圆、台阶长度各留 0.5mm 余量</td><td>前夹后顶</td></tr>
<tr><td colspan="4">③ 调头车另一端面，总长加工到图纸尺寸，钻中心孔</td><td>三爪卡盘</td></tr>
<tr><td colspan="4">④ 粗车、半精车另一端小外圆；退刀槽、倒角加工到位；外圆、台阶长度各留 0.5mm 余量</td><td>前夹后顶</td></tr>
<tr><td>3</td><td>热</td><td colspan="4">调质处理 25～28HRC</td><td></td><td></td></tr>
<tr><td>4</td><td>钳</td><td colspan="4">修研两端中心孔，划键槽线</td><td></td><td></td></tr>
<tr><td>5</td><td>铣</td><td colspan="4">铣键槽(若基准不统一则需计算工艺尺寸链)</td><td>铣床</td><td>工装夹具</td></tr>
<tr><td rowspan="2">6</td><td rowspan="2">磨</td><td colspan="4">① 磨一端大外圆 φ100h8、小外圆 φ80h6 到图纸尺寸，并靠磨轴肩到图纸尺寸</td><td rowspan="2">磨床</td><td rowspan="2">双顶尖</td></tr>
<tr><td colspan="4">② 调头，磨另一端小外圆 φ80h6 到图纸尺寸，并靠磨轴肩到图纸尺寸</td></tr>
<tr><td>7</td><td>检</td><td colspan="4">检验</td><td></td><td></td></tr>
<tr><td>8</td><td></td><td colspan="4">入库</td><td></td><td></td></tr>
</table>

6.2　零件的工艺性分析

6.2.1　分析和检查产品的装配图和零件图

1. 认真分析产品的装配图和零件图

通过分析研究产品的装配图和零件图，熟悉产品的性能、用途、工作条件，明确被加工零件在产品中的位置与作用，了解各项技术要求制定的依据，掌握零件上影响产品性能的关键加工部位和关键技术要求，以便在工艺规程设计时采用相应的措施予以重点保证。

2. 审查图样的正确性、合理性

查看图纸表达是否正确、完整，尺寸和公差是否标注齐全，加工质量要求是否合理，零件材料选择是否恰当，热处理要求及其他技术要求是否完整、合理。

3. 检查结构工艺性

在熟悉产品装配图和零件图的同时，要对零件结构的工艺性进行初步分析，因为零件的结构工艺性对其工艺过程影响很大，使用性能相同而结构不同的零件，其制造难易程度和成本可能会有很大的差别。因此，只有经过分析才能综合判别零件的结构、尺寸公差、技术要求是否合理。若有错误和遗漏，应提出修改意见。

一个好的设备和零件结构不仅要满足使用性能的要求，而且要便于制造和维修，即满足结构工艺性的要求。在产品工程图设计时，工艺人员应对产品和零件结构工艺性进行全面检查并提出意见和建议。结构工艺性的问题比较复杂，涉及面广，毛坯制造、机械加工、热处理和装配等对零件都有结构工艺性要求。

6.2.2 分析零件的结构工艺性

对零件进行工艺分析的一个主要内容就是研究、审查机器和零件的结构工艺性。

产品结构工艺性是指所设计的产品在能满足使用要求的前提下，制造、维修的可行性和经济性。零件结构工艺性是指所设计的零件在能满足使用要求的前提下，制造的可行性和经济性。

零件、部件或整台机器的结构要根据其用途和使用要求来进行设计。但是在结构上是否完善合理，还要看它是否符合工艺方面的要求，即在保证产品使用性能的前提下，是否能用生产率高、劳动量少、材料和能源消耗少、生产成本低的方法制造出来。因此，对产品及零件的设计就提出了结构工艺性的问题。

结构工艺性是一个相对概念。不同生产规模或具有不同生产条件的工厂对产品结构工艺性的要求是不同的。如单件小批生产的工厂，若分别以普通机床或数控机床为主，由于两者在制造能力上差异很大，因而对零件结构工艺性的要求就有很大的不同。

数控机床加工对传统的零件结构工艺性的衡量标准产生了巨大影响。例如，精度要求很高的复杂曲线、曲面的加工，对传统加工来说是工艺难点，但对数控加工来说却是非常简便的事情。

另外，特种加工对零件结构工艺性的要求与普通切削、磨削加工的要求差别更大。例如，在普通的切削、磨削加工中，方孔、小孔、弯孔、窄缝等被认为是工艺性很“差”的典型，有的甚至是“禁区”，特种加工的采用改变了这种局面。例如，对于电火花穿孔、线切割工艺来说，加工方孔和加工圆孔的难易程度是一样的；而喷油嘴小孔、喷丝头小异形孔、涡轮叶片上大量的小冷却深孔、窄缝、静压轴承和静压导轨的内油囊型腔等，采用电火花加工后，也变难为易了。

在产品的设计过程中，结构工艺性问题不是一次就能得到解决的。而且，在产品设计的开始阶段，就应充分注意结构设计的工艺性，而不是在产品设计完了以后再来考虑它的工艺性。

在评定结构工艺性的好坏时，还要同生产类型和批量相联系。不同生产批量评价结构工艺性的标准也是不同的。

目前，对结构工艺性好坏的评判主要是采用定性的方式进行。如何将结构工艺性的分析建立在定量化的基础上还尚未解决。

对整个机械产品来说，衡量其结构工艺性主要应从以下几个方面来考虑。

(1) 零件的总数

虽然零件之间的复杂程度可能差别很大，但是一般来说，组成产品的零件总数越少，特别是不同名称的零件数目越少，则结构工艺性越好。另外，在一定的零件总数中，生产上已掌握的零件和组合件的数目越多(即在其他设备上已使用过的结构)，或是标准的、通用的零件数目越多，则结构工艺性就越好。

(2) 机械零件的平均精度

产品中所有零件要加工的尺寸其平均精度越低，则工艺性越好。

(3) 材料的需要量

制造整个产品所需各种材料的数量，特别是贵重材料、稀有材料和难加工材料的数量也是影响结构工艺性的一个重要因素，因为它影响产品的成本。

(4) 机械零件各种制造方法的比例

相对于切削加工来说，一些非切削工艺方法(如冷冲压、冷挤压、精密铸造、精密锻造等)可以提高生产率，降低成本。显然机械产品中所采用这类零件的比例越大，则结构工艺性就越好。对于切削加工来说，采用加工费用低的方法制造的零件数越多，则产品的结构工艺性也越好。

(5) 产品装配的复杂程度

产品装配时，无需作任何附加加工和调整的零件数越多，则装配效率越高，装配工时越少，装配成本越低，故其结构工艺性就越好。

为了改善零件机械加工的工艺性，在结构设计时应注意以下几个方面。

(1) 要保证加工的可能性和方便性，尽量采用普通设备和标准刀具进行加工，有利于刀具进入、退出和顺利通过，避免内表面的加工，防止碰撞已加工表面。

(2) 在保证零件使用性能的条件下，零件的尺寸精度、形位精度和表面粗糙度的要求应经济合理。

(3) 加工面与非加工面应明显分开，应减少加工表面面积，使加工时刀具有较好的切削条件，以提高刀具的寿命和保证加工质量。

(4) 有相互位置精度要求的各个表面应尽可能在一次安装中加工出来，这就要求有合适的定位基面。另外，当箱体零件上有多个不同直径但同轴线的孔时，其孔径应当同向或双向递减，以便在单面或双面镗床上一次装夹中把它们加工出来。

(5) 加工表面形状应尽量简单，并尽可能布置在同一表面或同一轴线上，以减少刀具调整与走刀次数，提高加工效率。

(6) 零件的结构要素应尽可能统一，尺寸要规格化、标准化，尽量使用标准刀具和通用量具，减少刀具和量具的种类，减少换刀次数。

(7) 零件尺寸的标注应考虑最短尺寸链原则、设计基准的正确选择以及基准的重合原则，以使加工、测量、装配方便。

(8) 零件的结构应便于工件装夹，减少装夹次数。同时，零件应有足够的刚度，以防止在加工过程中变形，影响加工精度。

表 6-7 列举说明了零件机械加工工艺性对比的一些典型实例，可供分析零件结构切削、磨削工艺性时参考。

表 6-7　零件机械加工结构工艺性示例

序号	(A)结构工艺性不好	(B)结构工艺性好	说　　明
1	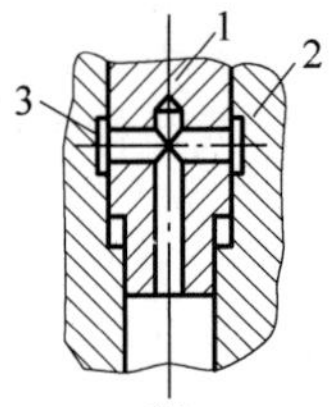 (1)	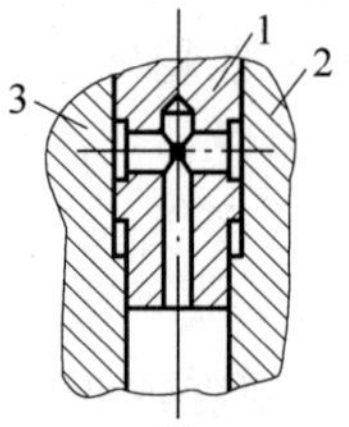 (2)	在图(1)结构中,件 2 上的凹槽不便于加工和测量,宜将凹槽改在件 1 上,如图(2)所示
2	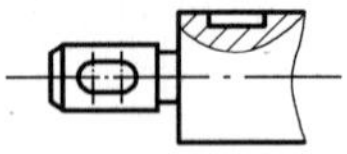 (3)	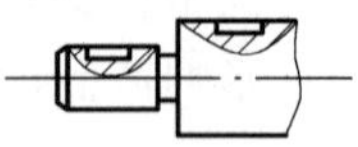 (4)	键槽的尺寸、方位相同,则可在一次装夹中加工出全部键槽,以提高生产率,如图(4)所示
3	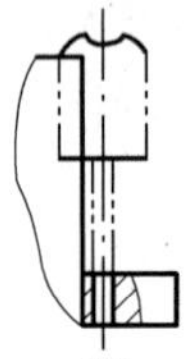 (5)	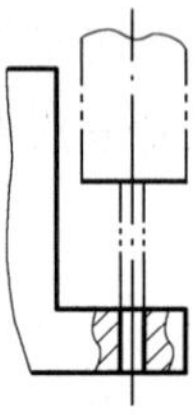 (6)	图(5)的结构,刀具不便加工,应改为图(b)的结构,方便刀具进出,容易加工
4	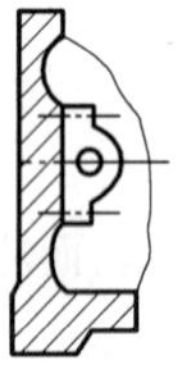 (7)	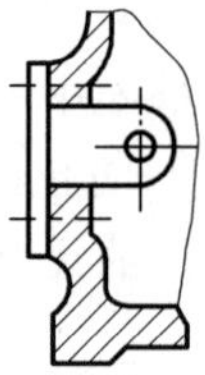 (8)	箱体类零件的外表面比内表面容易加工,应以外部连接表面代替内部连接表面,如图(8)所示
5	 (9)	 (10)	结构(10)的 3 个凸台表面可在 1 次走刀中加工完毕
6	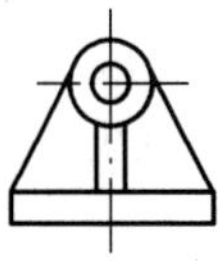 (11)	 (12)	结构(12)底面的加工工作量较小,有利于保证配合精度,安装平稳、可靠
7	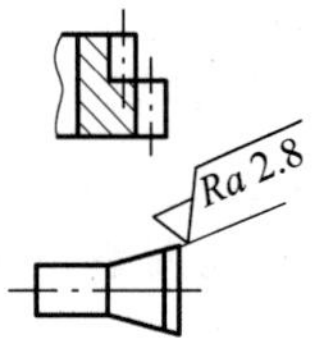 Ra 2.8 (13)	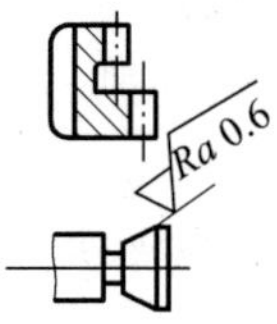 Ra 0.6 (14)	结构(14)有退刀槽,保证了加工的可能性,并可减少刀具(砂轮)的磨损,即方便刀具的进出,又保证了加工的完整性

续表

序号	(A)结构工艺性不好	(B)结构工艺性好	说　　明
8	 (15)	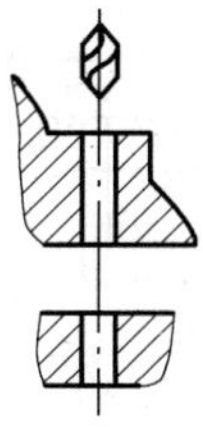 (16)	加工图(15)结构上的孔时钻头容易引偏,结构(16)钻头的中心线与孔的端面垂直,方便钻削
9	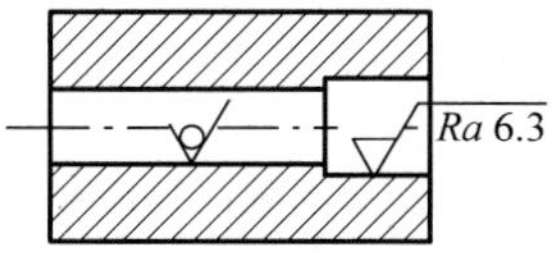 Ra 6.3 (17)	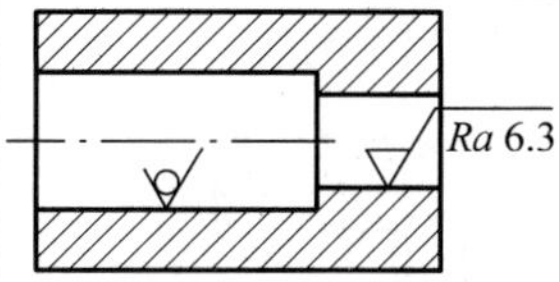 Ra 6.3 (18)	加工表面与非加工表面之间要留有台阶,便于退刀
10	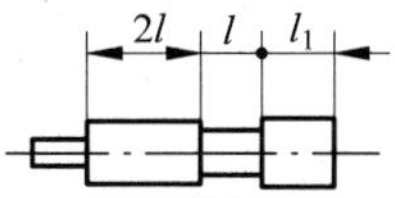 2l　l　l_1 (19)	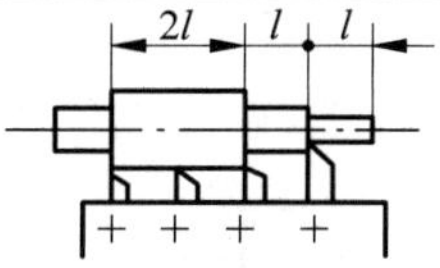 2l　l　l (20)	加工表面长度相等或成倍数,直径尺寸沿一个方向递减,便于布置刀具,可在多刀半自动车床上加工,如结构(20)所示
11	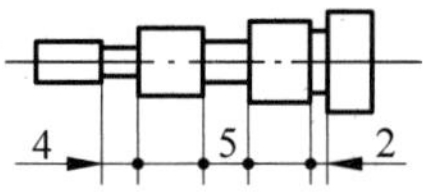 4　5　2 (21)	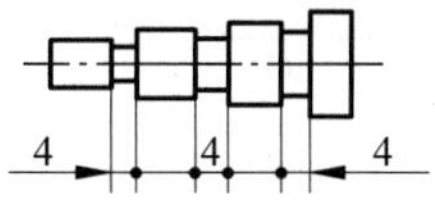 4　4　4 (22)	凹槽尺寸相同,可减少刀具种类,减少换刀时间,如结构(22)所示
12	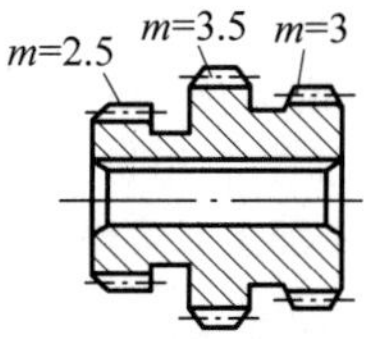 m=2.5　m=3.5　m=3 (23)	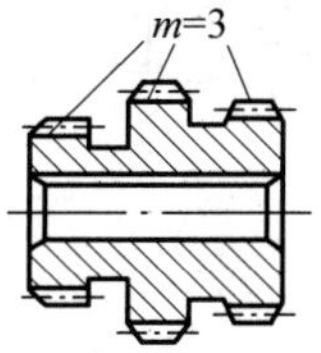 m=3 (24)	图(23)需要3种模数的齿轮刀具,而图(24)只需要1种,加工方便,不需换刀
13	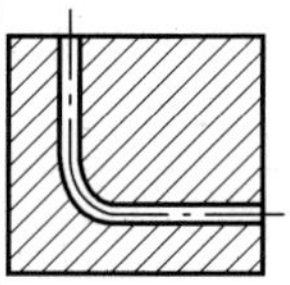 (25) 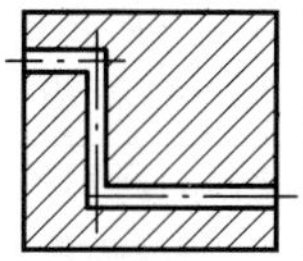　(26)	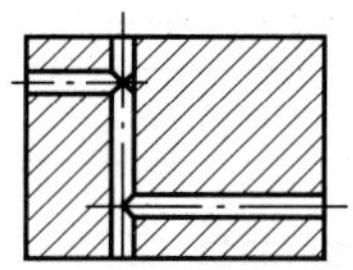 (27)	图(25)、图(26)所示的弯曲孔不便于切削加工,应改为图(27)所示的结构
14	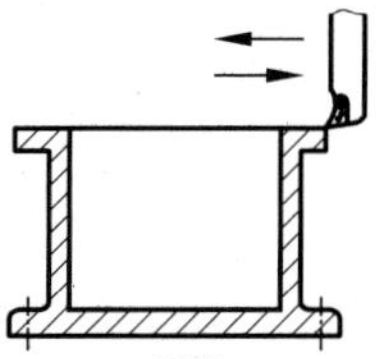 (28)	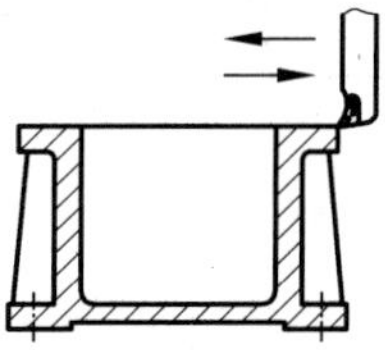 (29)	图(28)的零件结构刚性差,刨刀切入的冲击力大,工件易变形,改为图(29)的结构,设置的筋板增强了工件的刚性
	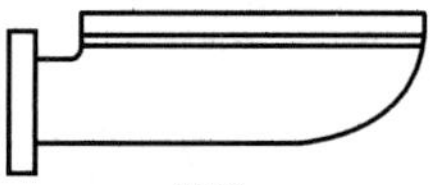 (30)	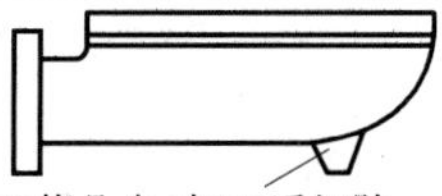 工艺凸台,加工后切除 (31)	图(30)所示为数控铣床床身,刨削上平面时定位困难,改为图(31)所示的有工艺凸台的结构,很容易定位

续表

序号	(A)结构工艺性不好	(B)结构工艺性好	说明
15	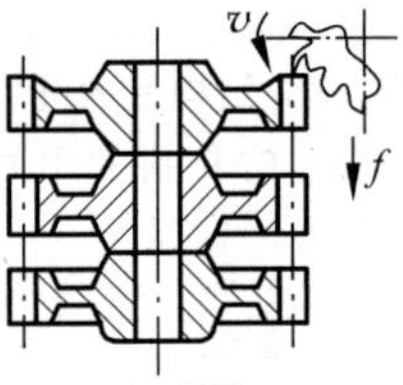 (32)	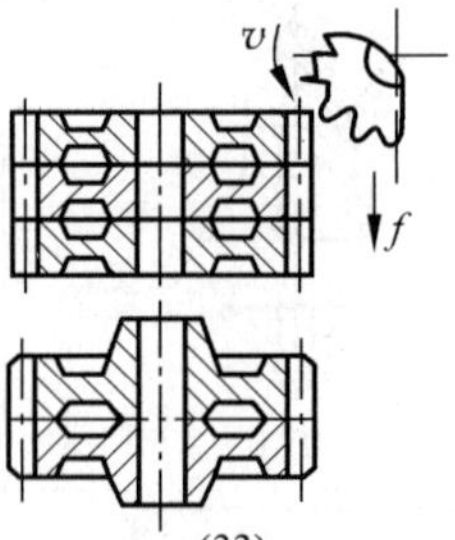 (33)	图(32)所示的齿轮结构,多件滚齿时刚性差,轴向进给行程长,应改为图(33)的结构,刚性好且行程短,可提高生产率
16	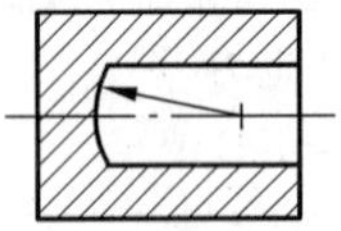 (34)	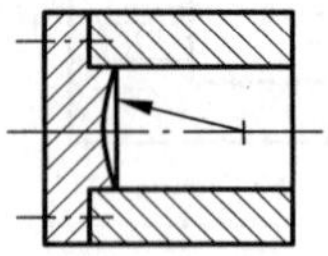 (35)	图(34)所示的零件其内部为球面凹槽,很难加工,改为两个零件,凹槽变为外部加工,比较方便,见图(35)
	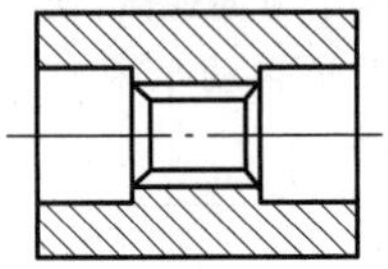 (36)	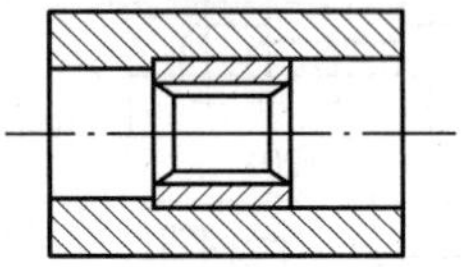 (37)	图(36)所示的滑动轴套中部花键孔,加工比较困难。改为花键套,分别加工后再组合比较方便,见图(37)
	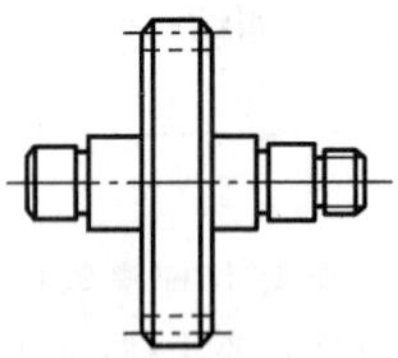 (38)	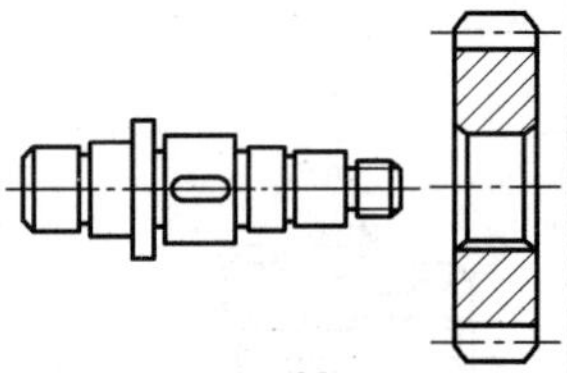 (39)	图(38)所示的连轴齿轮,轴颈和齿轮齿顶圆直径相差甚大,若用整料加工,费工费料。若采用锻件,也不便于锻造。应改为图(39)所示的轴和齿轮,分别加工后用键连接,既节约材料,又便于加工和维修
17	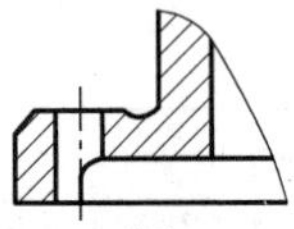 (40)	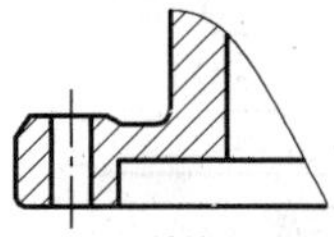 (41)	图(40)所示结构,安装孔不是完整的,钻头单边受力,会折断钻头,应改为图(41)所示的整圆,不会出现单边受力,加工平稳
18	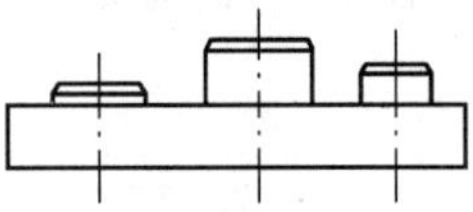 (42)	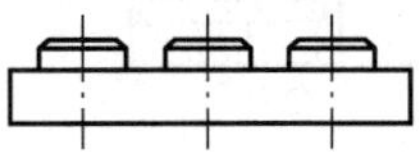 (43)	图(42)所示的凸台不等高。不方便加工,如改为图(43)的等高凸台,可以在一次走刀中加工出所有的凸台面,可提高生产效率

6.3 毛坯的确定

6.3.1 毛坯的类型

毛坯制造是零件生产过程的一部分。根据零件的技术要求、结构特点、材料、生产纲领等方面的情况,合理地确定毛坯的种类、毛坯的制造方法,同时还要从工艺角度出发,对毛坯的结构、形状提出要求。因此，毛坯选择的正确与否，不仅影响产品质量，而且对制造成本也有很大的影响。

毛坯的种类很多，同一毛坯又有很多制造方法。机械制造中常用的毛坯有以下几种。

1. 铸件

形状复杂的毛坯通常采用铸造方法制造。按铸造材料的不同可分为铸铁、铸钢和有色金属铸造。根据铸造方法的不同，铸件又可分为以下几种类型。

(1) 砂型铸造铸件

砂型铸造是目前最常用、最基本的铸造方法，是应用最为广泛的一种铸件，是一种全部用手工或手动工具完成的造型，如图 6-6 所示。木模砂型造型方法简便，工艺装备简单，适应性强，但采用"一型一件"，生产效率低，劳动强度大，工艺过程复杂，铸件表面粗糙，加工表面留有较大的余量，铸件质量不稳定，废品率较高，适用于单件或小批量生产，特别是在大型铸件和复杂型铸件的生产中，手工木模造型应用较为广泛，常用于机床床身、轧钢机机架、减速器箱体及带轮等一般铸件。

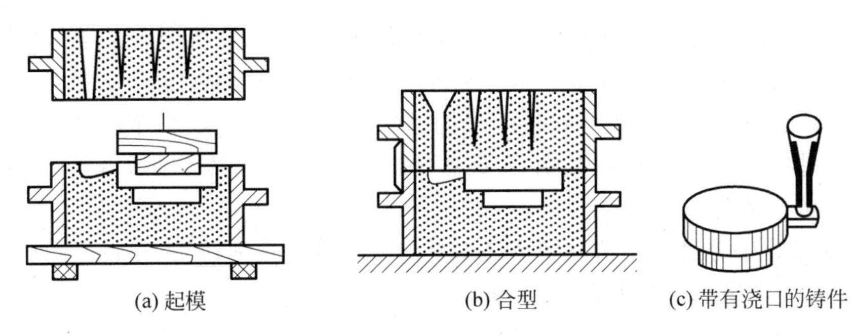
(a) 起模　(b) 合型　(c) 带有浇口的铸件

图 6-6　砂型铸造

(2) 金属型铸造铸件

金属型铸造的铸件是指将熔融的金属浇注到金属模具中，依靠金属液体的自重充满金属模具型腔而获得的铸件。

金属型铸造实现了"一型多铸"(几百次至几万次)，节省了造型材料和工时，提高了生产率，改善了劳动条件。由于金属型本身的精度比较高，再加上冷却快，从而使金属型铸件的精度高，表面质量和力学性能好，但需要专用的金属型腔模具，设备费用较高，不适于小批量生产，同时，熔融金属在金属型腔中的流动性较差，易产生浇不到、冷隔等缺陷。因此，金属型铸造主要适用于大批大量生产中的形状简单的有色金属铸件和灰铸铁件，如内燃机铝活塞、水暖器材、水轮机叶片、气缸体、铜合金轴瓦、衬套等。

(3) 压力铸造铸件

压力铸造是将熔融的金属在一定的压力下以较高的速度注入金属型腔内而获得的铸件，常用压射比压为 5～150MPa，充型速度为 0.5～50m/s，如图 6-7 所示。

压力铸造以金属型铸造为基础，又增加了高压下高速充型的功能，从根本上解决了金属的流动性问题。压力铸造可以直接铸出零件上的各种孔眼、螺纹、齿形、文字及花纹图案等。由于是在压力下结晶，因此，压力铸造铸件的组织更细腻，其力学性能比砂型铸造提高 20%～40%。压力铸造铸件的精度和表面质量较高，精度可达 IT10～IT12，表面粗糙度 *Ra* 值小，

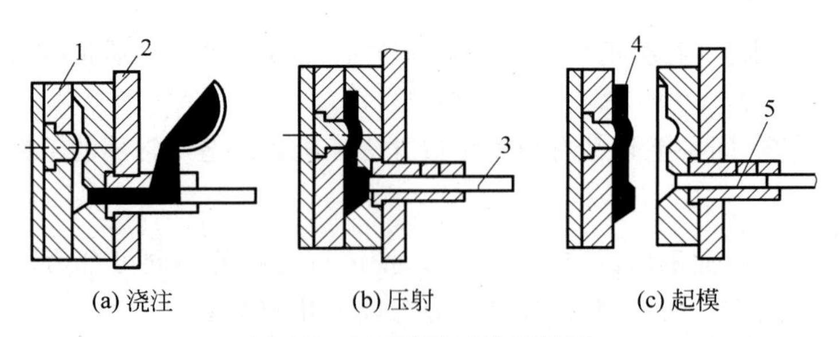

(a) 浇注　　(b) 压射　　(c) 起模

图 6-7　压力铸造工作原理图

1—动型；2—定型；3—压射头；4—铸件；5—压室

可达 3.2～0.8μm，可铸出形状复杂的薄壁件和镶嵌件。压力铸造生产率高，易实现自动化，压铸机每小时可压铸几百个零件。

但是，由于液态金属的充型速度快，排气困难，常常在铸件的表皮下形成许多小孔。这些皮下小孔充满高压气体，受热时因气体膨胀而导致铸件表皮产生突起的缺陷，甚至使整个铸件变形。因此，压力铸造不能进行热处理。

压力铸造适宜于铝、镁、锌等低熔点合金，不适合钢、铸铁等高熔点合金的生产。此外，压力铸造需要一套昂贵的设备和金属压铸模具，设备投资较大，主要适于大批量生产。目前，压力铸造主要用于有色金属薄壁小铸件的大批量生产，一般为 10kg 以下小件，也可用于中等铸件。压力铸造铸件在汽车化油器、喇叭、仪器、仪表、照相机、兵器等领域得到了广泛应用。

(4) 低压铸造铸件

低压铸造是介于金属型铸造和压力铸造之间的一种铸造方法，是在较低的压力下，将金属液注入型腔，并在压力下凝固，以获得铸件。

低压铸造充型时的压力和速度容易控制，充型平稳，对铸型的冲击力小，故可适用各种不同的铸型；金属在压力下结晶，且浇口有一定补缩作用，故铸件组织致密，力学性能高。另外，低压铸造设备投资较少，便于操作，易于实现机械化和自动化。因此，低压铸造广泛用于大批量生产铝合金和镁合金铸件，如发动机的缸体和缸盖、内燃机活塞、带轮等，也可用于球墨铸铁、铝合金等较大铸件的生产。

(5) 离心铸造铸件

离心铸造是将熔融金属注入高速旋转的金属型腔内，在离心力的作用下，金属液充满型腔而形成的铸件。离心铸造必须在离心铸造机上进行，按铸型旋转轴线的空间位置不同，离心铸造分为立式和卧式两种，如图 6-8 所示。

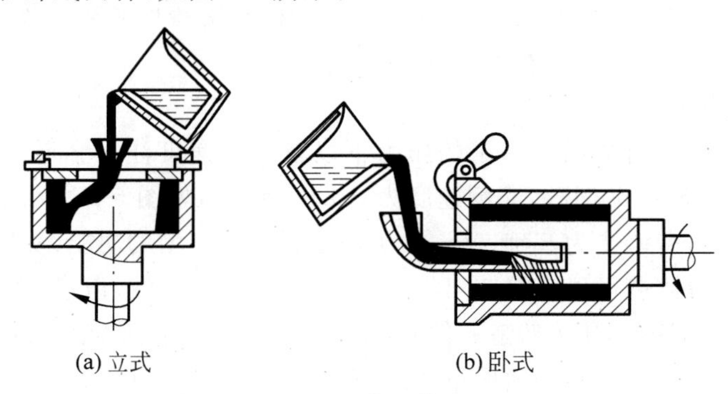
(a) 立式　　(b) 卧式

图 6-8　离心铸造

离心铸造无需浇注系统，无浇口、冒口等熔融金属的消耗，铸造中空铸件时还可省去型芯，因此设备投资少，成本低，效率高。在离心力作用下，金属液中的气体和夹杂物因密度小而集中在铸件内表面。金属液自外表面向内表面顺序凝固，因此，铸件晶粒细，组织致密，无缩孔、气孔、夹渣等缺陷，铸件的力学性能好，外圆精度及表面质量高，而且提高了金属液的充型能力。但是，利用自由表面所形成的内孔尺寸误差大，内表面质量差。目前离心铸造主要用于生产批量较大的中小型空心旋转体铸件，以铸铁、铜合金为主，如铸铁管、套筒、叶轮、气缸套、活塞环及滑动轴承等。

（6）精密铸造铸件

精密铸造又称熔模铸，是将石蜡通过型腔模压制成与工件一样的蜡制件，再在蜡制件周围粘上特殊型砂，凝固后将其烘干焙烧，蜡被蒸发而放出，留下工件形状的模壳用来浇铸，如图 6-9 所示。

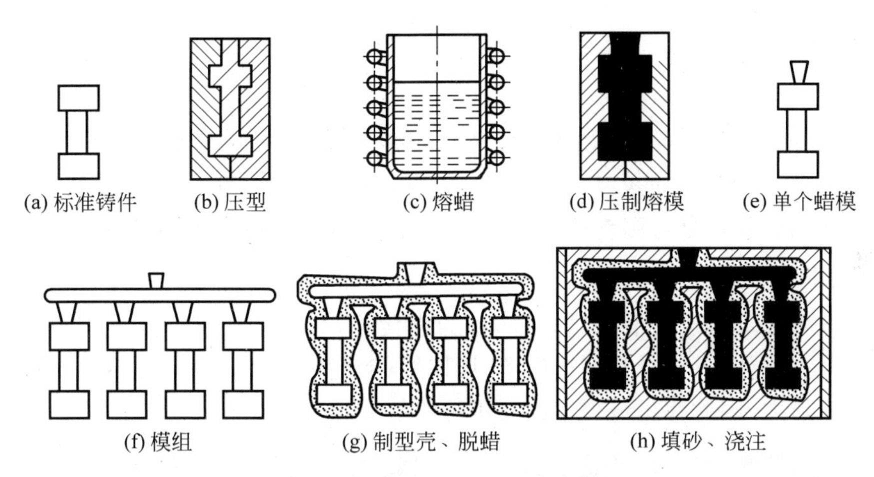

图 6-9　精密铸造的工艺过程

这种精密铸造的铸件精度高，表面质量好，无分型面，可铸出形状复杂的薄壁铸件，从而大大减少了机械加工工时，显著提高金属材料的利用率。精密铸造的型壳耐火性强，适用于各种合金材料，尤其适用于那些高熔点合金及难切削加工合金的铸造。并且生产批量不受限制，单件、小批、大量生产均可。但熔模铸造工序繁杂，生产周期长，铸件的尺寸和质量受到铸型（沙壳体）承载能力的限制（一般不超过 25kg）。目前，精密铸造主要用于成批生产形状复杂、精度要求高或难以进行切削加工的小型零件，如汽轮机叶片、叶轮、自行车零件、机床零件、刀杆和刀具等。

2. 锻件

锻件是指金属材料（钢件）经加热锻打后，金属内部具有连续和均匀的纤维组织，并沿其表面分布，晶粒细化，因而具有较高的抗拉、抗弯和抗扭转强度，适用于机械强度要求高、受力复杂的钢质零件。锻件一般用于主轴、齿轮等重要的零件。

机械强度较高的钢制件一般要采用锻件毛坯。锻件有自由锻造锻件和模锻件 2 种。

自由锻造锻件是在锻锤或压力机上用手工操作而成形的锻件。它的精度低，加工余量大，生产率也低，适用于单件小批生产及大型锻件。

模锻件是在锻锤或压力机上通过专用锻模锻制而成的锻件，如图 6-10 所示。它的精度和表面质量均比自由锻造好，加工余量小，锻件的机械强度高，生产率也高。但需要专用的模具，且锻锤的吨位比自由锻造大，主要适用于批量较大的中、小型零件。

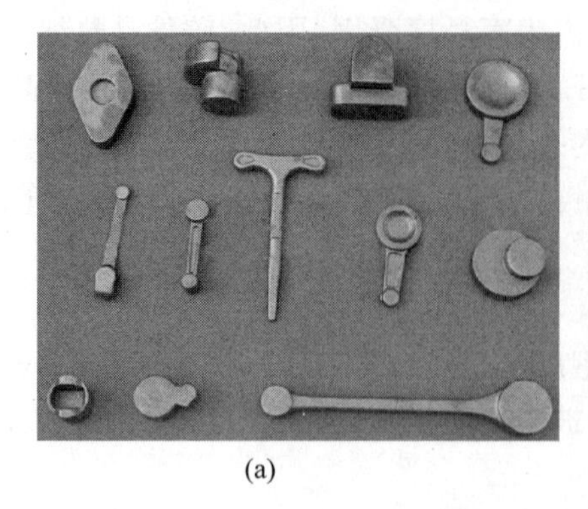
(a)

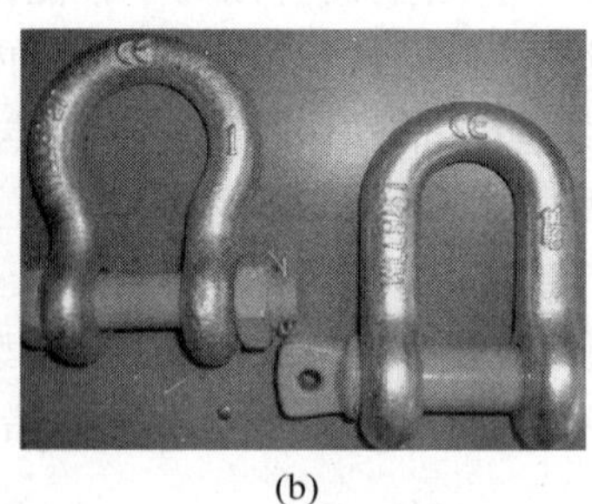
(b)

图 6-10　模锻件

3. 型材

型材有热轧和冷拉 2 种。热轧的精度低、价格便宜，用于一般零件的毛坯。冷拉的尺寸较小，精度高，易于实现自动送料，但价格贵，多用于批量较大、在自动机床上进行加工的毛坯。型材按截面形状可分为圆钢、方钢、六角钢、扁钢、角钢、槽钢及其他截面形状的型材。

4. 焊接件

将型材或钢板焊接成所需的结合件，称为焊接件，如图 6-11 所示。它适用于单件小批生产中制造大型零件，其优点是制造简单，周期短、毛坯质量轻；缺点是抗振性差，由内应力重新引起的变形大，因此在机械加工前需进行时效处理。

(a)

(b)

图 6-11　焊接件

5. 冲压件

冲压件是在冲床上用冲模将板料冲制而成，如图 6-12 所示。冲压件的尺寸精度高，可以不再进行加工或只进行精加工，生产率高。适用于批量较大而厚度较小的中、小型零件。

6. 冷挤压件

冷挤压件是在压力机上通过挤压模挤压而成，如图 6-13 所示。它的生产率高，毛坯精度高，表面粗糙度值小，可以不再进行机械加工，但要求材料塑性好，主要为有色金属和塑性好的钢材。适用于大批大量生产中制造简单的小型零件，

冷挤压就是把金属毛坯放在冷挤压模腔中，在室温下，通过压力机上固定的凸模向毛坯施加压力，使金属毛坯产生塑性变形而制成零件的加工方法。目前，我国已能对铅、锡、铝、

图 6-12　冲压件

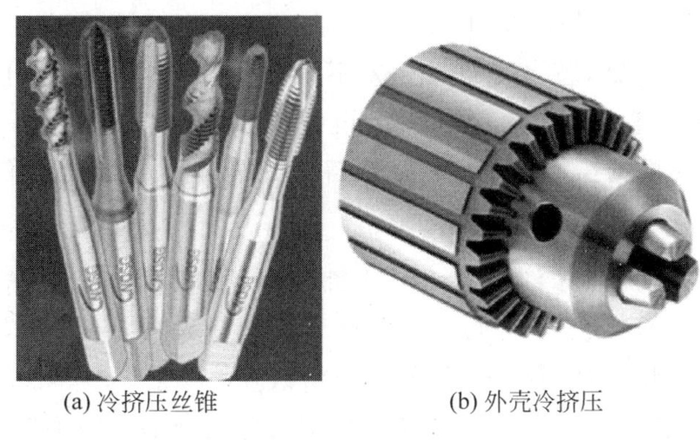

(a) 冷挤压丝锥　　(b) 外壳冷挤压

图 6-13　冷挤压件

铜、锌及其合金、低碳钢、中碳钢、工具钢、低合金钢与不锈钢等金属进行冷挤压，甚至对轴承钢、高碳高铝合金工具钢、高速钢等也可以进行一定变形量的冷挤压。

7. 粉末冶金件

粉末冶金件是以金属粉末为原料，在压力机上通过模具压制成坯料后经高温烧结而成。它的生产效率高，表面粗糙度值小，一般可不再进行精加工，但粉末冶金成本较高。适用于大批大量生产中压制形状简单的小型零件，如图 6-14 所示。

8. 注塑件

注塑件用于塑料制品，是用一定的压力将熔融的塑料注射到做好的模具内，可做成各种形状复杂的零件，如图 6-15 所示。

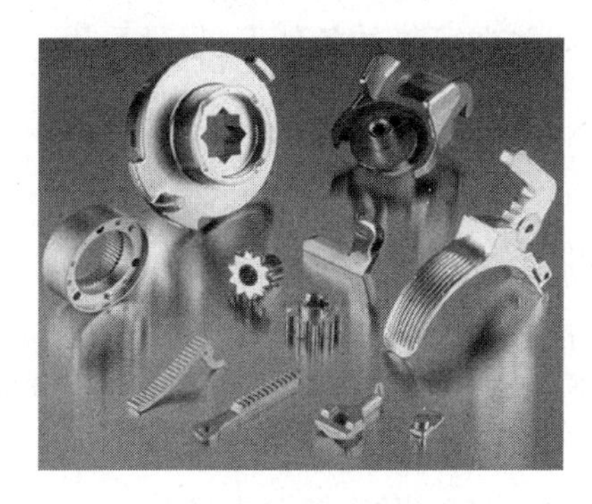

图 6-14　粉末冶金件

图 6-15　注塑件

6.3.2 毛坯的选择

毛坯的种类和制造方法对零件的加工质量、生产率、材料消耗及加工成本都有影响。提高毛坯精度，可减少机械加工的劳动量，提高材料利用率，降低机械加工成本，但毛坯制造成本会增加，两者是相互矛盾的。因此选择毛坯时应综合考虑下列因素。

1. 零件的材料及对零件力学性能的要求

当零件的材料确定后，毛坯的类型也就大致确定了。比如零件的材料是铸铁或青铜，只能选择铸造毛坯，不能用锻造。若材料是钢材，当零件的力学性能要求较高时，不管形状简单与复杂，都应选择锻件；当零件的力学性能无过高要求时，可选择型材或铸钢件。

2. 零件的结构形状与外形尺寸

一般用途的钢质阶梯轴，若台阶直径相差不大，可用棒料；若台阶直径相差大，则宜用锻件，以节约材料和减少机械加工工作量。受设备条件限制，大型零件一般只能用自由锻或砂型铸造；中小型零件根据需要可选用模锻或各种先进的铸造方法。

3. 生产类型

大批大量生产时，应选毛坯精度和生产率都较高的先进的毛坯制造方法，使毛坯的形状、尺寸尽量接近零件的形状、尺寸，以节约材料，减少机械加工工作量，由此而节约的费用会远远超出毛坯制造所增加的费用，获得好的经济效益。

单件小批生产时，通常选用毛坯精度和生产率均比较低的一般毛坯制造方法，如自由锻和木模造型等方法，则投入产出比比较划算。若选用先进的毛坯制造方法而采用专用设备或专用工艺装备，其费用的投入就得不偿失了。

4. 生产条件

选择毛坯时，应考虑企业现有生产条件，如现有毛坯的制造水平、设备情况、加工能力等，确定是本企业生产还是组织外协生产等。若无此类设备或无此加工能力时，应尽可能联系专业的厂商组织外协生产，实现毛坯制造的社会专业化生产，以获得较好的经济效益。

5. 充分考虑利用新工艺、新技术和新材料

随着毛坯制造专业化生产的发展，目前毛坯制造方面的新工艺、新技术和新材料的应用越来越多，如精密铸造、精密锻造、粉末冶金、冷轧、冷挤压和工程塑料的应用日益广泛，这些少或无切屑加工对提高加工质量和生产率，节约材料，降低生产成本有十分显著的经济效益。在选择毛坯时，应充分考虑这些新工艺、新技术，并在可能的条件下，尽量采用。

6.4 定位基准的选择

定位基准是零件在加工过程中安装、定位的基准，通过定位基准，使工件在机床或夹具上获得正确的位置。对机械加工的每一道工序来说，都要求考虑其安装、定位的方式和定位基准的选择问题。

定位基准有粗基准和精基准之分。在零件开始加工时，用毛坯上未经机械加工过的表面作为定位基准，称为粗基准；在随后的加工工序中，用经过机械加工过的表面作为定位基准叫，称为精基准。

有时工件上没有能作为定位基准用的恰当表面，这时就必须在工件上专门设置或加工出供定位的基准，这种基准称为辅助基准。辅助基准在零件的使用中并无用处，完全是为了加工需要而设置的，如图 6-16(a)所示的轴类零件加工用的中心孔、图 6-16(b)所示的活塞加工用的止口，就是典型的例子。

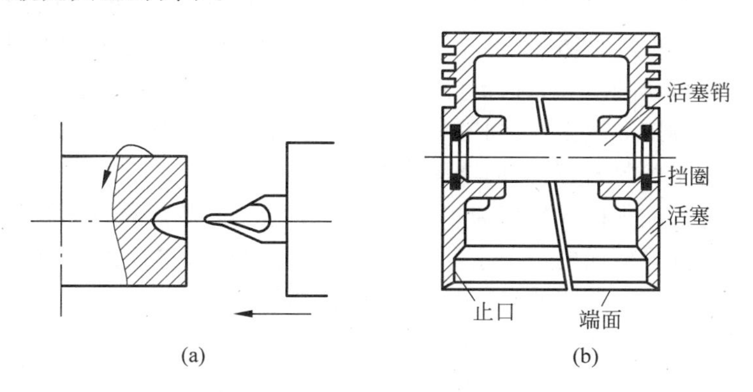

图 6-16 中心孔加工与活塞加工

在切削加工时，首先使用的是粗基准。但在选择定位基准时，是先考虑选择怎样的精基准把各个主要表面加工出来，为了保证零件的加工精度，然后再考虑选择怎样的粗基准把作为精基准的表面先加工出来。

6.4.1 粗基准的选择

在对铸件进行车削加工时，由于选择了不同的粗基准，则造成了各加工表面加工余量不同的分配问题，如图 6-17 所示。

零件毛坯在铸造时，由于是木模砂型铸造，内孔与外圆之间难免会存在偏心。这时如果用三爪卡盘夹持无需加工的外圆 1 作为粗基准，来加工内孔 2，如图 6-17(a)所示。此时外圆 1 的中心轴线与机床主轴的回转中心轴线重合，所以加工后的内孔 2 与外圆 1 是同轴线的，即加工后孔的壁厚是均匀的。但内孔的加工余量则是不均匀的，而这是无需考虑的，此时要保证的是加工零件的壁厚均匀。

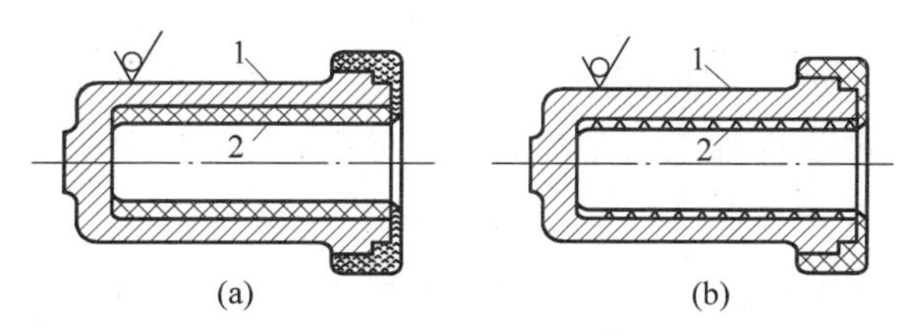

图 6-17 两种粗基准选择对比

1—外圆；2—内孔

又如图 6-17(b)所示，这时，如果选择内孔 2 为粗基准，即用四爪夹持外圆 1，然后按内孔 2 校正，使内孔 2 的中心轴线与机床主轴的回转中心轴线重合，所以加工后的内孔 2 的加工余量是均匀的，但加工后的内孔 2 与外圆 1 不同轴，即加工后的壁厚是不均匀的。这是在机械加工过程中不希望发生的，是要避免的。

由此可见，粗基准的选择，主要影响不加工表面与加工表面间的相互位置精度，影响加工表面的余量分配和夹具结构。因此，选择粗基准时，一般应遵循以下原则。

1. 保证加工表面余量的合理分配原则

（1）选择零件上的重要表面作为粗基准

若工件必须首先保证某重要表面的加工余量均匀，则应选择该表面作为粗基准。图 6-18 所示为床身导轨面的加工，由于导轨面是床身的重要表面，精度要求高，且要求耐磨。所以在铸造床身毛坯时，导轨面需向下放置，以使其表面层的金属组织细致均匀，没有气孔、夹砂等缺陷。加工导轨面时，同时要求床身表面加工余量均匀及切去的金属层尽可能的薄，从而使得留下组织紧密、耐磨的金属表层。

因此在粗加工时，应先以导轨面为粗基准加工床脚平面，然后再以床脚平面作为精基准加工导轨面，则可保证导轨面的加工余量比较均匀。此时床脚平面上的加工余量可能不均匀，但它不影响床身表面的加工质量。否则，会造成导轨面的加工余量不均匀。

（2）选择零件上那些平整、足够大的表面作为粗基准

上述以导轨面为粗基准加工床脚平面，就符合该项原则。

又如在箱体类零件加工时，如图 6-19 所示，通常先以箱体的上表面为粗基准，加工箱体底面，然后再以箱体底面为精基准加工箱体上表面，则可保证箱体上表面的加工余量比较均匀，其金属切除量较少。之后则以加工出来的上表面作为精基准，再来加工箱体上的孔系。

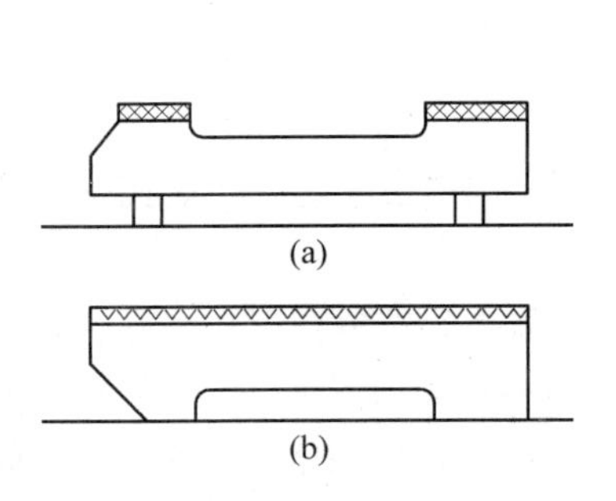

图 6-18　车床床身导轨面的加工

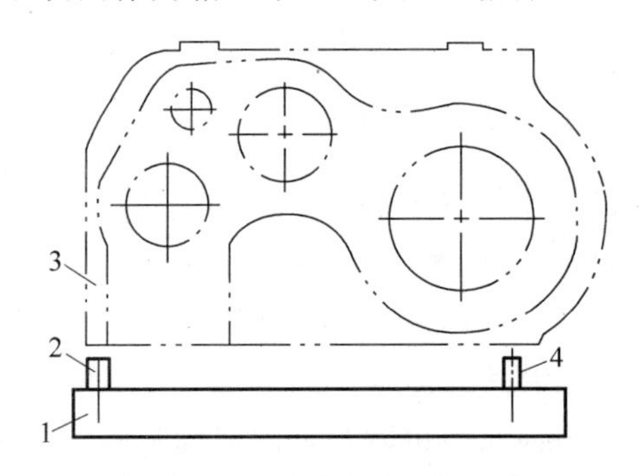

图 6-19　箱体类零件加工示例

1—支承板；2—短圆柱销；3—菱形销；4—箱体

（3）以余量最小的表面作为粗基准

在没有要求保证重要表面加工余量均匀的情况下，若零件上每个表面都要加工，则应该以加工余量最小的表面作为粗基准。

图 6-20 所示为阶梯轴的加工，表面 B 的余量最小，应选择表面 B 作为粗基准。这样表面 B 的外圆中心轴线和机床主轴回转中心轴线重合，所以加工后壁厚较薄的内孔与外圆 B 是同轴的，即加工后孔的壁厚是均匀的，保证了该零件的正常加工。如果以表面 A 或表面 C 为粗基准来加工其他表面，则可能因这些表面间存在较大位置误差，造成表面 B 加

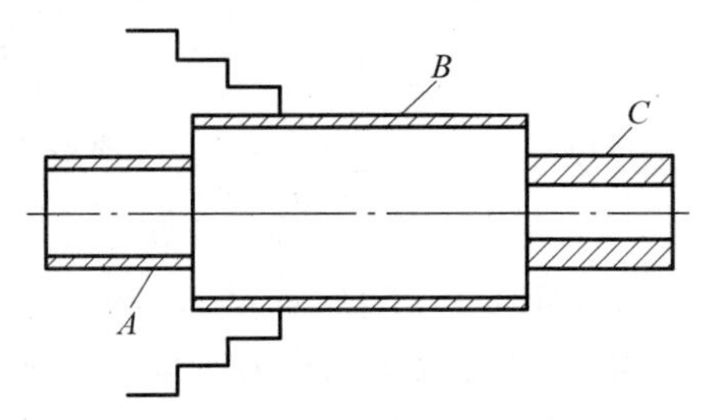

图 6-20　阶梯轴的加工

工余量不足，而导致该件为不良品。

2. 保证相互位置要求的原则

选取与加工表面位置精度要求较高的不加工表面作为粗基准；在没有要求保证重要表面加工余量均匀的情况下，若零件上有的表面无需加工，则应以不加工表面中与加工表面的位置精度要求较高的表面为粗基准。这样可以保证加工表面与不加工表面的位置、尺寸精度，以达到壁厚均匀，外形对称等要求。

如图6-17所示零件，一般为了保证镗内孔2后零件壁厚均匀，应选不加工的外圆表面1作为粗基准，因此图6-17(a)所示的方案是正确的。

如图6-21所示零件，有3个无需加工的外圆表面1、2、3，若内孔表面4和外圆表面2的壁厚均匀度要求较高，则在加工内孔表面4时，则应选择外圆表面2作为粗基准。

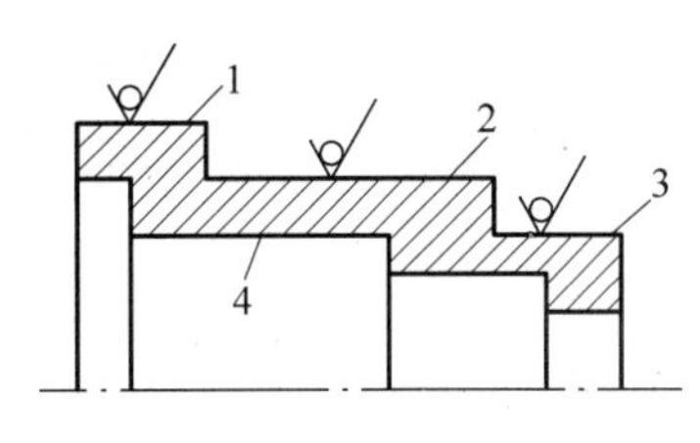

图6-21　粗基准选择

1,2,3—外圆；4—内孔

3. 便于工件装夹的原则

选用粗基准的表面应尽量平整光洁，不应有飞边、浇口、冒口及其他缺陷，这样可减小定位误差，并能保证零件定位准确、夹紧可靠。

4. 粗基准尽量避免重复使用原则

粗基准一般只在第一道工序中使用，以后不应重复使用。因为粗基准本身是毛面，通常其尺寸精度低，表面粗糙度差，形状误差大，如果重复使用就会产生较大的定位误差。但是当毛坯是精密铸件或精密锻件时，其质量很高，如果工件的精度要求不高，这时可以重复使用某一粗基准。

6.4.2　精基准的选择

选择精基准时，重点考虑的是减小工件的定位误差，保证零件的加工精度，特别是加工表面之间的相互位置精度，同时也要兼顾到零件的装夹方便，准确可靠，夹具结构简单。因此，选择精基准时一般应遵循下列原则。

1. 基准重合原则

直接选用设计基准作为精基准(或定位基准)，即遵循基准重合原则。采用基准重合原则可以避免定位基准和设计基准不重合引起的定位误差，零件的尺寸精度和位置精度能更加容易和可靠地得到保证。

在机械加工过程中，如果加工工序是最终工序，所选择的定位基准应与设计基准重合。若是中间工序，应尽可能采用工序基准作为定位基准，以消除基准不重合误差。

图6-22(a)所示为轴类零件轴上键槽的加工。如以两中心孔定位，并按尺寸L调整铣刀位置，如图6-22(b)所示，工序尺寸为$t=R+L$。由于定位基准(中心孔)与工序基准(圆柱下母线)不重合，因此R与L两尺寸的误差都将影响键槽t的尺寸精度。

若采用图6-22(c)所示的定位方式，工件以外圆下母线B作为定位基准，而下母线B

又是键槽尺寸 t 的工序基准，则定位基准与工序基准重合，较容易保证键槽尺寸 t 的加工精度。

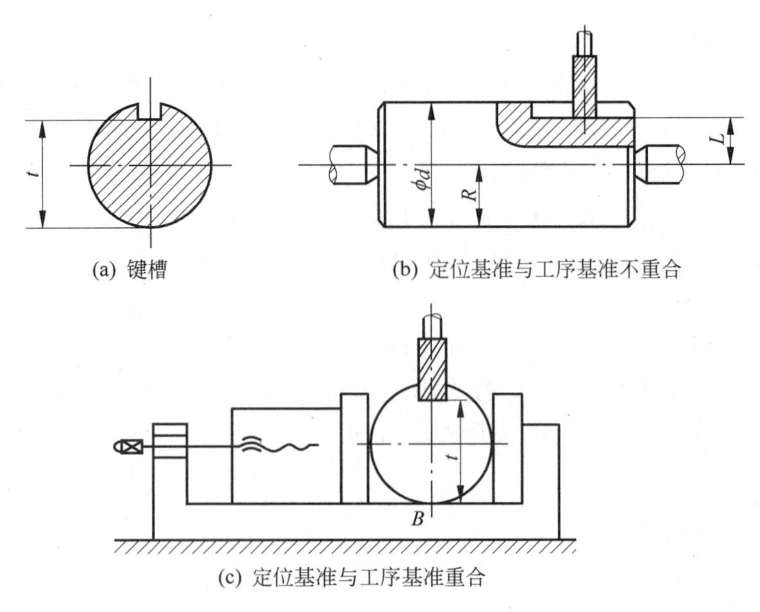

(a) 键槽　(b) 定位基准与工序基准不重合

(c) 定位基准与工序基准重合

图 6-22　键槽加工的基准选择

2. 基准统一原则

加工工件的多个表面时，应尽可能选择各加工面都能使用的定位基准作为精基准(或定位基准)，即遵循基准统一的原则。这样便于保证各加工面间的相互位置精度，避免基准变换所产生的误差，并可简化夹具的设计和制造，降低成本，缩短生产准备时间。

轴类零件加工时，常采用两顶尖孔作为统一基准，加工各个外圆表面及轴肩端面，如图 6-23(a)所示。这样可以保证各个外圆表面之间的同轴度及各轴肩端面与轴心线的垂直度。活塞的加工，如图 6-23(b)所示，常采用底面和止口作为统一精基准，在一次装夹中可以加工活塞销孔、外圆表面和端面，以保证其加工表面的相互位置关系。

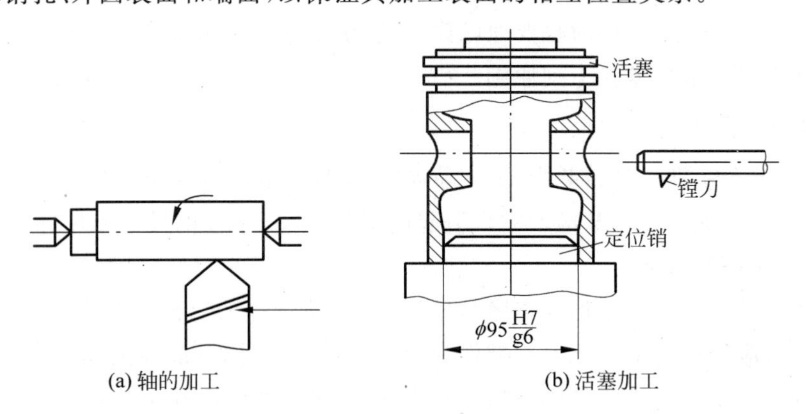

(a) 轴的加工　(b) 活塞加工

图 6-23　轴及活塞加工的基准选择

圆盘和齿轮零件常用某端面和短孔为精基准，一般箱体形零件常采用较大平面和 2 个距离较远的孔为精基准。

图 6-24 所示为汽车发动机的机体。在加工机体上的主轴(曲轴)座孔、凸轮轴座孔、汽缸孔及汽缸孔端面时,就是采用统一的基准——底面 A 及底面 A 上相距较远的 2 个工艺孔作为精基准(定位基准),即在一次装夹中可加工完成。这样就能较好地保证这些加工表面的相互位置关系。

3. 互为基准原则

为使各加工表面间有较高的位置精度,或为使加工表面具有均匀的加工余量,有时可采用 2 个加工表面互为基准反复加工的方法,称为互为基准原则。

如图 6-25 所示,加工精密齿轮时,通常是在齿面淬硬以后再磨齿面及内孔。因齿面淬硬层较薄,磨削余量应力求小而均匀,因此需先以齿面为基准磨内孔,然后再以内孔为基准磨齿面。这样加工,不但可以做到磨齿余量小而均匀,而且还能保证轮齿基圆对内孔有较高的同轴度。又如车床主轴的主轴颈和前端锥孔的同轴度要求很高,因此,也常采用互为基准,反复加工的方法。

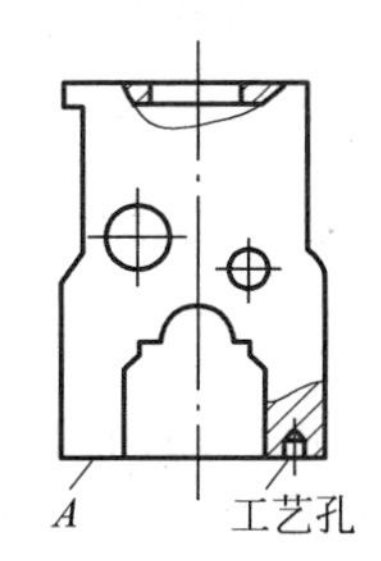

图 6-24 发动机机体的精基准

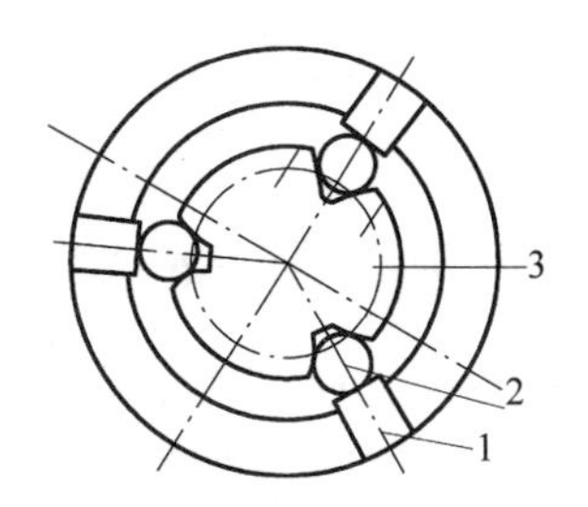

图 6-25 以齿形表面定位加工

1—卡盘;2—滚柱;3—齿轮

4. 自为基准原则

有些精加工或光整加工工序要求余量小而均匀,在加工时就应尽量选择加工表面本身作为精基准,即遵循自为基准的原则,而该表面与其他表面之间的位置精度则由先行的工序保证。

在磨削床身导轨面时,为使加工余量小而均匀,以提高导轨面的加工精度和生产率,常在磨头上安装百分表,在床身下安装可调支承,以导轨面本身为精基准来调整校正,如图 6-26 所示。另外,如用浮动铰刀铰孔、用圆拉刀拉孔、用珩磨头珩孔以及用无心磨床磨外圆等,都是以加工表面本身作为精基准的例子。

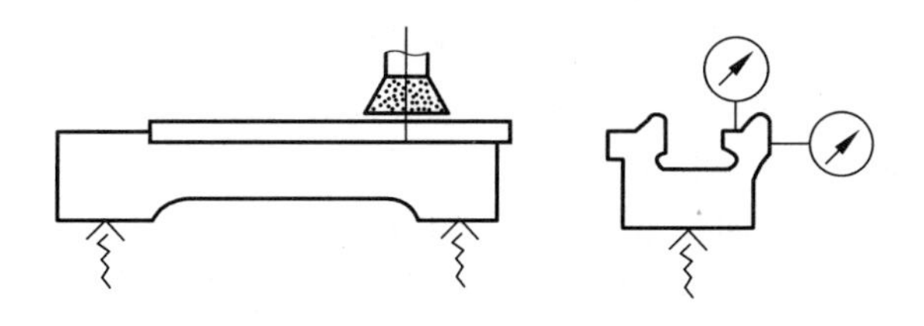

图 6-26 床身导轨面自为基准

应该强调的是,精基准选择时,一定要保证工件定位准确,夹紧可靠,夹具结构简单,工件装夹方便。因此,零件上用作定位的表面既应该具有较高的尺寸精度、形状精度及较低的表面粗糙度值，以保证定位准确，又应具有较大的面积并应尽量靠近加工表面，以保证在切削力和夹紧力作用下不至于引起零件位置偏移或产生太大变形。由于零件的装配基准往往面积较大，而且精度较高，因此，用零件的装配基准作为精基准，对于提高定位精度，减小受力变形，往往都十分有利。

还应指出的是，上述基准选择的各项原则在实际应用时往往会出现相互矛盾的情况。例如，保证了基准的统一原则，就不一定符合基准重合的原则。因此，在使用这些原则时，必须结合具体的生产条件和生产类型，综合考虑，灵活掌握。

6.5 机械加工工艺路线的拟定

零件机械加工的工艺路线是指零件生产过程中，由毛坯到成品所经过的工序先后顺序及零件的加工流向。在制定工艺路线时，除首先考虑定位基准的选择外，还应当考虑各表面加工方法的选择、加工阶段的划分、确定工序集中与分散的程度和安排工序先后顺序等问题。

6.5.1 表面加工方法的选择

具有一定技术要求的加工表面，通常都不是只需一次加工就能达到图纸要求的，而达到同样精度要求所能采用的加工方法往往也是多种多样的。拟定零件的机械加工工艺路线时，首先要确定工件上各加工表面的加工方法和加工次数。在进行这一工作时，要综合考虑以下几方面的因素。

1. 加工方法的经济精度及表面粗糙度

加工经济精度是指在正常加工条件下所能保证的加工精度。所谓正常加工条件是指采用符合质量标准的设备、工艺装备和标准技术等级的工人，不延长加工时间的条件。

大量统计资料表明，同一种加工方法，其加工误差和加工成本是呈反比例关系的。加工精度越高，加工成本也越高，但精度与成本都是有一定极限的。其加工误差与加工成本之间的关系如图 6-27 所示，图中横坐标是加工误差，纵坐标是加工成本。

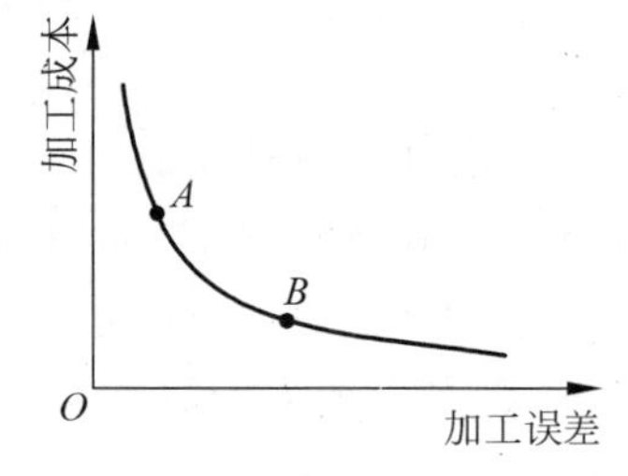

图 6-27 加工成本与加工误差的关系

图 6-27 说明，若要加工精度提高，即误差减小，则加工成本提高，若加工精度继续提高，当超过点 A 后，这时，即使再增加成本，其加工精度也很难再提高，这说明提高加工精度是有一定极限的；如果若要加工精度降低，即误差加大，则加工成本降低，当超过点 B 后，这时，即使继续降低加工精度，加大加工误差，其加工成本也降低极少，这说明降低成本也是有一定极限的，即曲线中加工精度与加工成本互相适应的为 AB 段，属于经济精度的范围。

每一种加工方法都有一个经济的加工精度和表面粗糙度值范围。例如在普通车床上加工外圆的经济精度，其尺寸精度为 IT8～IT9 级，表面粗糙度值为 $Ra2.5\sim1.25\mu m$；在普通外圆磨床上磨削外圆的经济精度，其尺寸精度为 IT5～IT6 级，表面粗糙度值为 Ra0.32～0.16μm。

因此，在选择表面加工方法时，应当使工件的加工要求与加工的经济精度和表面粗糙度值范围相适应。表 6-8～表 6-10 给出了各种加工方法的加工经济精度和表面粗糙度值的范围，供选择表面加工方法时参考。

表 6-8　外圆加工中各种加工方法的加工经济精度和表面粗糙度

加工方法	加 工 情 况	加工经济精度 IT	表面粗糙度 Ra/μm
车	粗车	12～13	10～80
	半精车	10～11	2.5～10
	精车	7～8	1.25～2.5
	金刚石车(镜面车)	5～6	0.02～1.25
铣	粗铣	12～13	10～80
	半精铣	11～12	2.5～10
	精铣	8～9	1.25～2.5
车槽	一次行程	11～12	10～20
	二次行程	10～11	2.5～10
外磨	粗磨	8～9	1.25～10
	半精磨	7～8	0.63～2.5
	精磨	6～7	0.16～1.25
	精密磨(精修整砂轮)	5～6	0.08～0.32
	镜面磨	5	0.008～0.08
抛光			0.008～1.25
研磨	粗研	5～6	0.16～0.63
	精研	5	0.04～0.32
	精密研	5	0.008～0.08
超精加工	精	5	0.08～0.32
	精密	5	0.01～0.16
砂带磨	精磨	5～6	0.02～0.16
	精密磨	5	0.01～0.04
滚压		6～7	0.16～1.25

注：加工有色金属时，表面粗糙度 Ra 取小值。

表 6-9　孔加工中各种加工方法的加工经济精度及表面粗糙度

加工方法	加 工 情 况	加工经济精度 IT	表面粗糙度 Ra/μm
钻	ϕ15mm 以下	11～13	5～80
	ϕ15mm 以上	10～12	20～80
扩	粗扩	12～13	5～20
	一次扩孔(铸孔或冲孔)	11～13	10～40
	精扩	9～11	1.25～10
铰	半精铰	8～9	1.25～10
	精铰	6～7	0.32～2.5
	手铰	5	0.08～1.25

续表

加工方法	加 工 情 况	加工经济精度 IT	表面粗糙度 *Ra*/μm
拉	粗拉	9～10	1.25～5
	一次拉孔(铸孔或冲孔)	10～11	0.32～2.5
	精拉	7～9	0.16～0.63
推	半精推	6～8	0.32～1.25
	精推	6	0.08～0.32
镗	精镗	12～13	5～20
	半精镗	10～11	2.5～10
	精镗(浮动镗)	7～9	0.63～5
	金刚镗	5～7	0.16～1.25
内磨	粗磨	9～11	1.25～10
	半精磨	9～10	0.32～1.25
	精磨	7～8	0.08～0.63
	精密磨(精修整砂轮)	6～7	0.04～0.16
珩	粗珩	5～6	0.16～1.25
	精珩	5	0.04～0.32
研磨	粗研	5～6	0.16～0.63
	精研	5	0.04～0.32
	精密研	5	0.008～0.08
挤	滚珠、滚柱扩孔器,挤压头	6～8	0.01～1.25

注：加工有色金属时,表面粗糙度 *Ra* 取小值。

表 6-10　平面加工中各种加工方法的加工经济精度及表面粗糙度

加工方法	加工情况	加工经济精度 IT	表面粗糙度 *Ra*/μm
周铣	粗铣	11～13	5～20
	半精铣	8～11	2.5～10
	精铣	6～8	0.63～5
端铣	粗铣	11～13	5～20
	半精铣	8～11	2.5～10
	精铣	6～8	0.63～5
车	半精车	8～11	2.5～10
	精车	6～8	1.25～5
	细车(金刚石车)	6	0.02～1.25
刨	粗刨	11～13	5～20
	半精刨	8～11	2.5～10
	精刨	6～8	0.63～5
	宽刃精刨	6	0.16～1.25
插			2.5～20
拉	粗拉(铸造或冲压表面)	10～11	5～20
	精拉	6～9	0.32～2.5
平磨	粗磨	8～10	1.25～10
	半精磨	8～9	0.63～2.5
	精磨	6～8	0.16～1.25
	精密磨	6	0.04～0.32

续表

加工方法	加工情况	加工经济精度 IT	表面粗糙度 $Ra/\mu m$
刮	25×25mm² 内点数	8～10	0.63～1.25
		10～13	0.32～0.63
		13～16	0.16～0.32
		16～20	0.08～0.16
		20～25	0.04～0.08
研磨	粗研	6	0.16～0.53
	精研	5	0.04～0.32
	精密研	5	0.008～0.08
砂带磨	精磨	5～6	0.04～0.32
	精密	5	0.01～0.04
滚压		7～10	0.16～2.5

注：加工有色金属时，表面粗糙度 Ra 取小值。

必须指出，各种加工方法的经济精度不是不变的。随着生产技术的发展和工艺水平的提高，同一种加工方法所能达到的经济精度会提高，粗糙度值会减小。

加工表面的技术要求是决定表面加工方法的首要因素。必须强调的是，这些技术要求除了零件设计图纸上所规定的以外，还包括由于基准不重合而提高对某些表面的加工要求，以及由于被作为精基准而可能对其提出的更高加工要求。

2. 选择表面加工方法应考虑的因素

选择表面加工方法时，首先应根据零件的加工要求，查表或根据经验来确定哪些加工方法能达到所要求的加工精度。从表6-8～表6-10中可以看出，满足同样精度要求的加工方法有若干种，所以选择加工方法时还必须考虑下列因素，才能最后确定下来。

(1) 工件材料的性质

硬度很低而韧性较大的有色金属材料不宜用磨削的方法加工，因为磨屑会堵塞砂轮的工作表面，而应采用切削的方法加工，如高速精细车削、金刚镗及铰、拉等。对于淬火钢、耐热钢，因硬度高很难切削，最好采用磨削方法加工，而不能采用车削。

(2) 工件的形状和尺寸

由于受结构的限制，如形状比较复杂、尺寸较大的零件(如箱体)，其上的孔一般不宜用拉削和磨削加工时，可采用其他加工方法，如大孔可用镗削，小孔可用铰削。但直径大于 ϕ50mm 的孔不宜采用钻、扩、铰等，有轴向沟槽的内孔不能采用直齿铰刀加工，形状不规则的工件外圆表面则不能采用无心磨削。

(3) 选择的加工方法要与生产类型相适应

一般来说，大批大量生产应尽量采用先进的加工方法和高效率的机床设备，如用拉削方法加工内孔和平面，用半自动液压仿形车床加工轴类零件，用组合铣或组合磨方法同时加工几个表面等。此时生产率高，设备和专用工装能得到充分利用，因而加工成本也低。而单件小批生产，应尽量选择通用机床和常规加工方法，如对于孔加工来说，镗削由于刀具简单，在单件小批生产中的应用极其广泛。同时，为了提高企业的竞争能力，也应该注意采用数控机床、数显装置、柔性制造系统(flexible manufacturing system，FMS)以及成组技术等先进设备和先进的加工方法。

（4）现有生产条件

工艺技术人员必须熟悉工厂现有的加工设备和其工艺能力、工人的技术水平，以充分利用现有设备和工艺手段，同时也要注意不断引进新技术，对老设备进行技术改造，挖掘企业的潜力，不断提高工艺水平。

3. 对环境的影响

为了保持人类的可持续发展，应尽量采用绿色制造工艺、净洁加工（少用或不用切削液）和生态工艺方法。实践表明，产品的加工方法不同，物料和能源的消耗将不一样，对环境的影响也不相同。

绿色制造工艺就是指物料和能源消耗少、废物的产生量和毒性小、对环境污染小的制造工艺。生态工艺是指排放的废物对自然界无害或者容易被微生物、动物和植物所分解，因此是对环境没有污染的加工工艺。

4. 选择表面加工方法应注意的问题

（1）加工方法选择的步骤，总是首先确定被加工零件主要表面的最终加工方法，然后再依次向前选定各预备工序的加工方法，即根据零件加工图纸的技术要求，先选定零件上主要表面的加工方法，保证其技术要求，再选定各次要表面的加工方法，完成零件的加工。

例如，加工一个精度为IT6级，表面粗糙度为$Ra0.2\mu m$的外圆表面，其最终工序的加工方法选用精磨，可达到技术要求，则前面的各预备工序可选为：粗车—半精车—精车—粗磨—半精磨。

（2）在被加工零件各表面加工方法分别初步选定以后，还应综合考虑为保证各加工表面位置精度要求而采取的工艺措施，从而形成零件的加工顺序，并制定出加工工艺路线，才能付诸实施。

例如几个同轴度要求较高的外圆或孔，应安排在同一工序的一次装夹中加工，这时就可能要对已选定的加工方法作适当的调整。

（3）一个零件通常是由许多表面所组成，但各个表面的几何性质不外乎是外圆、孔、平面及各种成形表面。因此，熟悉和掌握这些典型表面的各种加工方案对制定零件加工工艺过程是十分必要的。工件上各种典型表面所采用的典型工艺路线如图6-28～图6-30所示，可供选择表面加工方法时参考。

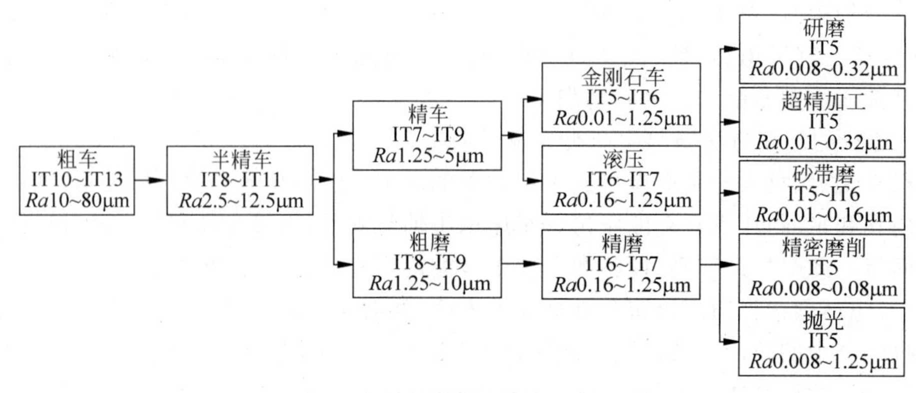

图6-28　外圆表面加工方案

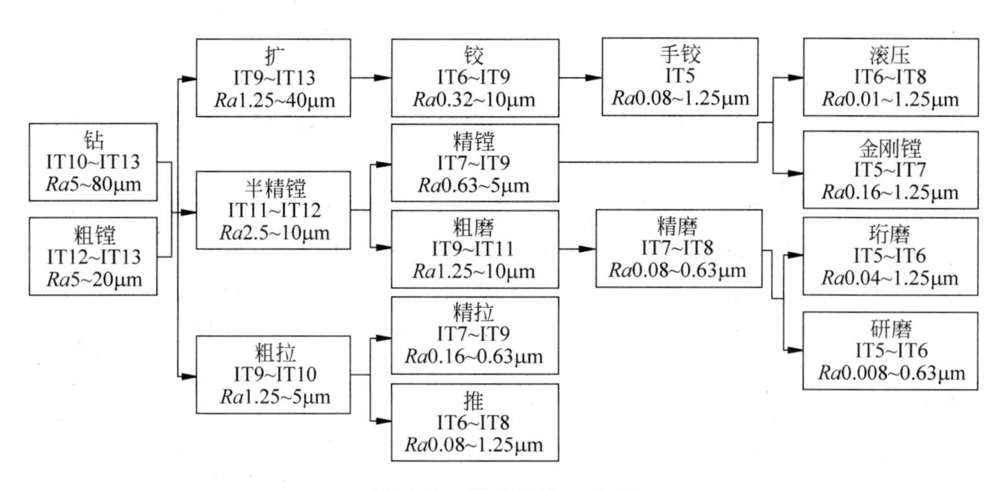

图 6-29　孔表面加工方案

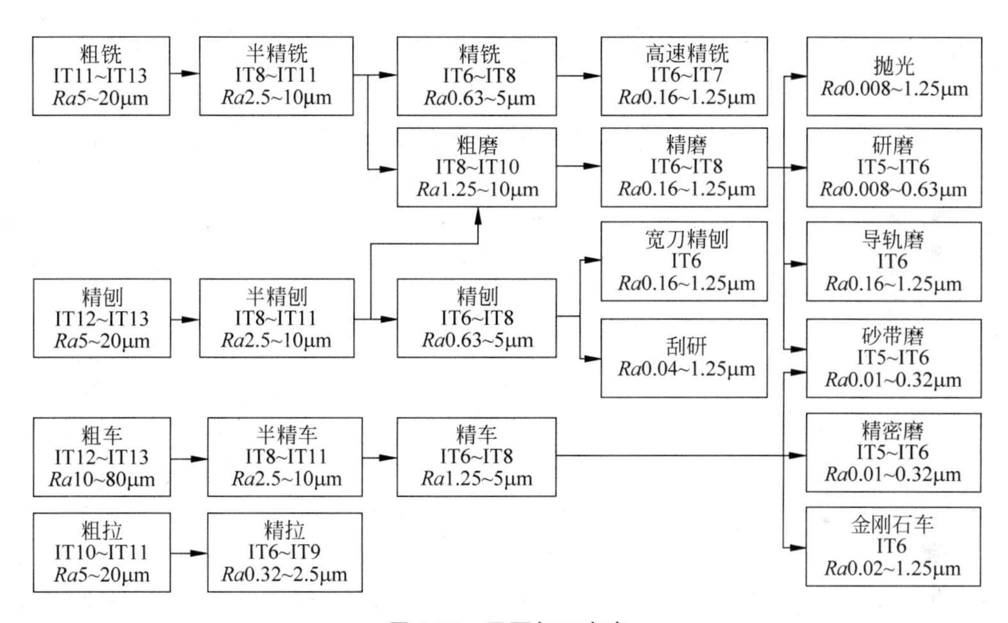

图 6-30　平面加工方案

5. 各种表面的典型加工工艺路线

下面介绍几种生产中较为成熟的表面加工工艺路线，供选用时参考。

(1) 外圆表面的加工路线

图 6-28 所示是常用的外圆加工路线，有以下 4 条。

① 粗车—半精车—精车

对于未淬硬的钢件或有色金属材料的零件常采用这种加工路线。如果加工精度要求不高，也可以只采取粗车或粗车—半精车。

② 粗车—半精车—粗磨—精磨

有色金属材料的零件不适宜此方法。对于黑色金属材料，加工精度≤IT6，表面粗糙度值大于等于 $Ra0.4\mu m$ 的外圆表面，特别是经淬硬的表面，通常采用这种加工路线。有时也可采取粗车—半精车—磨的方案。

③ 粗车—半精车—精车—金刚石车

这种加工路线主要适用于有色金属材料及其他不宜采用磨削加工的外圆表面，以及未淬硬钢件的加工。

④ 粗车—半精车—粗磨—精磨—光整加工

当外圆表面的精度要求特别高或表面粗糙度值要求特别小时，在方案②的基础上，再增加光整加工工序。常用的光整加工方法有超精加工、研磨、抛光、珩磨等。光整加工方法以减小表面粗糙度值为主要目的，但不能保证其位置精度。

(2) 内孔表面的加工路线

图 6-29 所示是常用的内孔表面加工路线，有以下 4 条。

① 钻—扩—粗铰—精铰

此方案广泛用于加工直径小于 ϕ40mm，而又未淬硬的孔的加工。而铰刀为定尺寸刀具，加工效率高，容易保证孔的尺寸精度和形状精度，能获得较低的表面粗糙度值，适宜位置精度要求不高的孔的加工。

② 粗镗(或钻)—半精镗—精镗

这条加工路线适用于下列情况：未经淬硬的直径较大的孔、位置精度要求较高的孔系、单件小批生产中的非标准中小尺寸孔、有色金属材料制成的孔。

在上述情况下，如果毛坯上已有铸出或锻出的孔，则第一道工序先安排粗镗；若毛坯上没有孔，第一道工序便安排钻孔。当孔的加工精度要求更高时，可在精镗后再安排研磨或珩磨等其他光整加工方法。

③ 钻—拉

该方案多用于大批大量生产中加工未淬硬的盘套类零件的圆孔、单键孔及花键孔。拉刀为定尺寸刀具，其加工精度高，生产效率高，质量稳定，适宜于位置精度要求不高的孔的加工。

④ 粗镗—半精镗—粗磨—精磨

该方案主要适宜于位置精度要求较高的孔系的加工，以及淬硬零件孔的加工。当孔的精度要求更高时，可再增加研磨或珩磨等光整加工工序。但不适宜有色金属材料孔的加工。

(3) 平面加工路线

平面加工一般采用铣削或刨削，要求较高的表面铣或刨以后还需安排精加工。由于铣削比刨削加工效率高，精度高，因此铣削加工应用得更普及。常用的平面精加工方法有以下几种，如图 6-30 所示。

① 磨削

磨削可以得到较高的加工精度(IT6 级)和较小的表面粗糙度值($Ra0.32\mu m$)，且可以磨淬硬表面，因此广泛应用于中、小型零件的平面精加工。要求更高的精度可以在粗磨—精磨后再安排研磨等光整加工工序。

② 刮研

刮研是获得精密平面的传统加工方法。由于这种方法劳动量大，生产率低，技术要求高，在大批大量生产下已逐步被磨削所取代，但在单件小批生产和修配工作中仍有广泛的应用。

③ 高速精铣或宽刃精刨

高速精铣不仅能获得高的精度和较小的表面粗糙度值，而且生产率高，应用于不淬硬的中、小型零件平面的精加工。宽刃精刨多用于大型零件，特别是狭长平面的精加工。

6.5.2　加工阶段的划分

为了保证零件的加工质量，获得高的生产率和较好的经济性，按照工序性质的不同，一个零件的加工工艺过程通常可划分为几个阶段来加工，即先安排所有表面的粗加工，再安排半精加工和精加工，必要时安排光整加工。

1. 粗加工阶段

粗加工阶段的主要任务是尽快切去工件各加工表面上大部分的加工余量，主要目的是加工出精基准，以获得较高的生产率。粗加工所能达到的精度较低（IT12 级以下），表面粗糙度值较大（Ra12.5～50μm）。

2. 半精加工阶段

在粗加工的基础上，半精加工阶段的主要任务是消除主要表面粗加工后留下的误差，使其达到一定的精度，为精加工做好准备，并完成一些次要表面即非配合面的终加工（如钻孔、攻螺纹、铣键槽等）。表面经半精加工后，精度可达 IT10～IT12 级，表面粗糙度值则为 Ra3.2～6.3μm。

3. 精加工阶段

精加工阶段的主要任务是使各主要加工表面达到图纸所规定的技术要求，保证加工质量。精加工切除的余量很少，其加工表面可以达到较高的尺寸精度（IT7～IT10 级）和较小的表面粗糙度值（Ra0.4～1.6μm）。

4. 光整加工阶段

对于精度要求很高（IT5 级以上），表面粗糙度值要求很低（Ra0.2μm 以下）的零件，应增加光整加工阶段，以进一步提高尺寸精度和减小表面粗糙度值。

光整加工的典型方法有珩磨、研磨、抛光、超精加工及无屑加工等。这些加工方法不但能提高表面层物理机械性能，降低表面粗糙度值，而且能提高尺寸精度和形状精度，但一般都不能提高其位置精度。

5. 划分加工阶段的作用

(1) 有利于保证零件的加工质量

粗加工时，由于切除的金属层较厚，切削力和所需的夹紧力也较大，因而工件会产生较大的受力、受热变形，以及内应力重新分布带来的变形，加工误差很大。粗、精加工分阶段进行后，精加工被切去的金属层较薄，产生的内应力引起的变形较小。另外，每一阶段加工完成后，零件将自然获得一段停放时间，有利于使工件消除内应力和充分地变形。并且在前一阶段的变形和误差可在后一阶段的加工中得到纠正或消除，从而使工件达到应有的尺寸精度和表面粗糙度。

(2) 合理安排机床设备和操作工人

机床设备的精度和生产率一般成反比。在粗加工时，可以选择功率大、精度低、生产效率高的机床设备，对设备的精度和工人的技术水平要求不高。精加工时，主要应达到零件的精度要求，这时可选用精度较高的机床设备和较高技术水平的工人。这样有利于长期保持机床的精度，延长使用寿命，达到合理利用资源的目的。

(3) 便于合理安排热处理

很多零件在加工过程中需要进行热处理。划分加工阶段后，可根据不同的热处理要求，在不同加工阶段中安排必要的热处理工序，以获得所需零件的物理力学性能。如精密主轴加工中，在粗加工后进行去除应力的时效处理，半精加工后进行调质处理（淬火后高温回火），精加工后进行冷处理或淬火（淬火后低温回火），最后进行光整加工。

(4) 有利于及早发现毛坯的缺陷

粗加工各表面后，由于切除了各加工表面大部分余量，可及早发现毛坯缺陷（如裂纹、气孔、砂眼和余量不够等），以便及时报废或修补，避免由于继续加工所造成的工时和费用的浪费。

(5) 有利于保护已加工表面

精加工安排在最后，可避免或减少在夹紧和运输过程中损伤已精加工过的表面。

综上所述，工艺过程一般应当划分成阶段进行，特别是当零件的精度要求高或零件的形状复杂时，更应划分成阶段进行。而对于某些钻小孔、攻螺纹、铣沟槽之类的粗加工工序，也可安排在精加工阶段中穿插进行。同时，加工阶段的划分也不是绝对的，对于刚性较好、加工精度要求不高或余量不大的零件就不必划分加工阶段。对于刚性好的重型零件，由于运输、装卸不便，一般在一次装夹中连续完成粗、精加工，这时为了弥补不分阶段带来的弊端，常常在粗加工工步后稍许松开工件，然后以较小的夹紧力重新夹紧，再继续进行精加工工步。在组合机床、数控机床上加工零件，也常常不划分加工阶段。

6.5.3 工序的集中与分散

拟定工艺路线时，在选定了各表面的加工方法、划分了加工阶段以后，零件加工的各个工步也就确定了，接着就要考虑如何合理地将这些工步组合成不同的工序。组合工序有两种不同的原则，即工序集中原则和工序分散原则。

1. 工序集中与工序分散的概念

所谓工序集中，就是在一个工序中包含尽可能多的工步内容，即将一个零件的加工集中在少数几道工序里完成。这时工艺路线短，工序少，故称为工序集中。在批量较大时，常采用多轴、多工位机床和复合刀具来实现工序集中，从而有效地提高生产率。多品种中小批生产中，越来越多地使用数控机床、加工中心机床，便是一个工序集中的典型例子。

工序分散与工序集中时的情况相反，即在每道工序中所安排的加工内容少，一个零件的加工分散在很多工序里完成。这时工艺路线长，工序多，而每道工序所完成的工步内容较少，最少时一个工序仅一个工步。

2. 工序集中与工序分散的特点

(1) 工序集中的特点

① 减少了工件的装夹次数。当工件各加工表面的位置精度较高时，在一次装夹下可以把各个表面加工出来，既有利于保证各表面之间的相互位置精度，又可以减少装夹工件的次

数和辅助时间。

② 减少了机床数量和机床占地面积，简化了生产组织和计划调度工作，同时便于采用高生产率的机床加工，可大大提高生产率。

(2) 工序分散的特点

① 机床设备及工装夹具比较简单，调整比较容易，对操作工人的技术水平要求较低。

② 工序内容简单，生产、技术准备工作量小且容易，投产期短，易于变换产品。

3. 工序集中与工序分散程度的确定

在制定机械加工工艺规程时，恰当地选择工序集中与分散的程度是十分重要的，应根据生产类型、零件技术要求、现场的生产条件和产品的发展情况等因素来决定。当前机械加工的发展方向趋向于工序集中。由于数控机床、柔性制造单元和柔性制造系统等的发展，应该提高工序的集中程度。

一般来说，单件小批生产中，常常将同工种的加工集中在一台普通机床上进行，以遵循工序集中原则。大批大量生产中，既可采取工序集中，又可采取工序分散。广泛采用各种高生产率设备可使工序高度集中，而数控机床尤其是加工中心机床的使用，使多品种中小批量生产几乎全部采用了工序集中的方案。

但对于某些零件，如活塞、轴承等，采用工序分散仍然可以体现较大的优越性。如分散加工的各个工序，可以采用效率高而结构简单的专用机床和专用夹具，投资少又易于保证加工质量，同时也方便按节拍组织流水生产，故常常采用工序分散的原则制定工艺规程。

6.5.4　工序的排列

加工顺序就是指工序的排列次序，它对保证加工质量有着重要的作用。一般考虑以下几个原则。

1. 切削加工工序的排列

(1) 基准先行原则

基准先行原则，即先加工基准表面，后加工其他表面。

零件开始加工时的头几道工序都是为了加工出精基准的表面，然后再以该基准面定位，加工其他表面。如轴类零件的加工，一般先以外圆为粗基准加工端面和中心孔，然后再以中心孔为精基准来加工外圆、端面和其他表面。对于箱体或轴承座、支架类零件，则一般先以主要孔为粗基准来加工平面，再以平面为精基准来加工孔系和其他表面，或在该平面上加工2个孔(或工艺孔)，再以一面两孔为精基准来加工孔系和其他表面。

(2) 先主后次原则

先主后次原则，即先加工主要表面，后加工次要表面。

零件的主要表面通常是指位置精度要求较高的基准面和工作表面，其表面质量和精度要求比较高，加工工序比较多，而且加工得好坏对整个零件的质量影响较大，因此，应首先安排加工。而次要表面则是指那些要求较低，对零件整个工艺过程影响较小的辅助表面，如自由表面、键槽、紧固用的螺孔和光孔等，其加工可适当安排在后面的工序中进行。

次要表面与主要表面间也有一定的位置精度要求时，一般是先加工主要表面，再以主要表面定位加工次要表面。对于整个工艺过程而言，次要表面的加工一般安排在主要表面最终精加工之前。

例如箱体零件中，主轴孔、孔系和底平面一般是主要表面，应首先考虑它们的加工顺序。固定用的通孔和螺纹孔、端面和侧面为次要表面。通孔和螺纹孔的加工可以穿插在上述主要表面的半精加工之后进行，端面和侧面的加工则可安排在加工底面、顶面时一起进行。在加工完通孔、螺纹孔后，最后再精加工主轴孔。

（3）先粗后精原则

先粗后精原则，即先安排粗加工工序，后安排精加工工序。

加工质量要求较高的零件，各个表面的加工顺序应按照粗加工—半精加工—精加工—光整加工的过程依次排列，这样就能使零件逐渐达到较高的加工质量。这一点对于刚性较差、形状复杂的零件，尤其不能忽视。

（4）先面后孔原则

先面后孔原则，即先加工平面，后加工孔。

当零件上有较大的平面可以用来作为定位基准时，总是先加工平面，再以平面定位加工孔，保证孔和平面之间的位置精度。这样定位比较稳定、可靠，装夹也方便。同时若在毛坯表面上钻孔，钻头容易引偏，所以从保证孔的加工精度出发，也应当先加工平面再加工该平面上的孔。所以"先面后孔"可使孔的加工具有良好的精基准，余量也比较均匀。

2. 热处理工序的安排

钢的热处理是工业生产中最常用、最方便而且是非常经济、有效的改性方法。它是采用适当的方式对钢材或工件进行加热、保温和冷却，以获得预期组织结构与性能的工艺方法。其共同特点是只改变钢材或工件的内部组织结构，不改变表面形状与尺寸。制定热处理工艺主要是确定加热温度、保温时间和冷却速度3个基本参数。

热处理的目的除了消除毛坯缺陷，改变工件材料的性能，以利于进行冷、热加工外，更重要的是充分发挥材料潜力，显著提高材料的力学性能，进而提高产品质量，延长使用寿命。

据统计，机床行业中有60％～70％的零件需要进行热处理；在汽车、拖拉机行业中，有70％～80％的零件需要进行热处理；各类工具、量具、模具中，几乎100％的零件需要进行热处理。因此，热处理在机械制造业中占有十分重要的地位。

根据热处理的目的、要求不同，工艺方法也不同。热处理工艺一般分为以下几种。

（1）退火与正火

退火与正火是应用非常广泛的热处理方法。在切削加工过程中，经常作为预备热处理，安排在铸、锻、焊之后、粗加工之前，用以消除前一道工序所带来的某些缺陷，并为随后的工序做好准备。对于某些不太重要的零件，退火与正火也可作为最终热处理工序。

退火或正火的目的是为了消除组织的不均匀，细化晶粒，改善金属的切削加工性能。对含碳量大于0.7％的高碳钢和合金钢，为降低硬度，便于切削加工，常采用退火；对含碳量小于0.3％的低碳钢和合金钢，则采用正火以提高其硬度，防止切削时的粘刀现象，便于切削加工。

（2）调质

淬火后高温回火的复合工艺，称为调质处理。经调质处理后的工件具有强度、硬度、塑性和韧性都较好的综合力学性能。根据加工要求和工序安排的不同，调质处理有时作为预备热处理，一般安排在粗加工以后进行（可消除粗加工所产生的应力），有时又作为最终热处理，则安排在精加工之前进行。汽车、拖拉机、机床等产品中的重要传动零件，如机床主轴、齿轮、发动机曲轴、连杆、高强度螺栓等，都是采用调质处理。

(3) 淬火

淬火是将钢或工件加热到 A_{c_3} 或 A_{c_1} 以上某一温度，保持一定时间，然后以适当方式冷却，获得马氏体或下贝氏体组织的热处理。最常见的有水冷淬火、油冷淬火、空冷淬火等。快速冷却是淬火的主要特点，一般情况下，淬火的冷却速度均大于正火和退火。零件经淬火后可获得不同的(较高)表面硬度和较好的耐磨性。淬火又可分为整体淬火和表面淬火两种，常安排在精加工之前进行。这是由于工件淬硬后，表面会产生氧化层并发生一定的变形，需要由精加工工序来修整。在淬硬工序以前，应将铣槽、钻孔、攻螺纹和去毛刺等次要表面的加工进行完毕。工件淬硬后，其表面就很难再进行切削加工了。

(4) 渗碳淬火

渗碳是将工件在渗碳介质中加热并保温，使碳原子渗入表层的化学热处理工艺。渗碳的目的是增加工件表层的含碳量和形成一定的碳浓度梯度，提高工件表面的硬度和耐磨性。

对于低碳钢或低碳合金钢零件，当要求表面硬度高而内部韧性好时，可采用表面渗碳淬火。渗碳层深度一般为 0.3～1.6mm。由于渗碳温度高，容易产生变形，因此，渗碳淬火一般安排在精加工之前进行。材料为低碳钢、低碳合金钢的齿轮、轴、凸轮轴的工作表面都可以进行渗碳淬火。当零件需要作渗碳淬火处理时，常将渗碳工序放在次要表面加工之后进行，待次要表面加工完之后再进行淬硬。这样可以减少次要表面与淬硬表面之间的位置误差。

(5) 氮化处理

渗氮是在一定温度下(一般在 A_{c_1} 温度以下)，一定介质中使活性氮原子渗入工件表层的化学热处理工艺。渗氮的目的是提高表面硬度、耐磨性以及疲劳强度和耐腐蚀性。

采用氮化工艺可以获得比渗碳淬火更高的表面硬度和耐磨性、更高的疲劳强度及抗蚀性。由于氮化层较薄，所以氮化处理后磨削余量不能太大，故一般应安排在粗磨之后、精磨之前进行。为了消除内应力，减少氮化变形，改善加工性能，氮化前应对零件进行调质处理和去内应力处理。

(6) 时效处理

时效处理有人工时效和自然时效两种，目的都是为了消除毛坯制造和机械加工中产生的内应力。因为毛坯制造和切削加工都会在工件内部留下残余应力，这些残余应力将会引起工件的变形，影响加工质量甚至造成废品。为了消除残余应力，在工艺过程中常需安排时效处理。对于一般的铸件，只需进行一次时效处理，安排在粗加工后较好，可同时消除铸造和粗加工所产生的应力。有时为减少运输工作量，也可放在粗加工之前进行。精度要求较高的铸件，则应在半精加工之后安排第二次时效处理，使精度稳定。精度要求很高的精密丝杠、主轴等零件，则应安排多次时效处理。

(7) 表面处理

某些零件为了进一步提高表面的抗蚀能力，增加耐磨性以及使表面美观光泽，常采用表面处理工序，使零件表面覆盖一层金属镀层、非金属涂层和氧化膜等。金属镀层有镀铬、镀锌、镀镍、镀铜及镀金、镀银等；非金属涂层有涂油漆、磷化等；氧化膜层有钢的发蓝、发黑、钝化，铝合金的阳极氧化处理等。

零件的表面处理工序一般都安排在工艺过程的最后进行。表面处理对工件表面本身尺寸的改变一般可以不考虑，但精度要求很高的表面应考虑尺寸的增大量。当零件的某些配合表面不要求进行表面处理时，则应进行局部保护或采用机械加工的方法予以切除。

3. 检验工序和辅助工序的安排

(1) 检验工序

为了确保零件的加工质量，在工艺过程中必须合理地安排检验工序。一般在关键工序前后、各加工阶段之间及工艺过程的最后都应当安排检验工序，以保证加工质量。

除了一般性的尺寸检查外，对于重要的零件有时还需要安排X射线检查、磁粉探伤、密封性试验等对工件内部质量进行检查。根据检查的目的，可将其安排在机械加工之前(检查毛坯)或工艺过程的最后阶段进行。

(2) 清洗和去毛刺

切削加工后在零件表层或内部有时会留下毛刺，它们将影响装配的质量甚至机器的性能，应当安排去毛刺处理。

工件在进入装配之前一般应安排清洗。特别是研磨、珩磨等光整加工工序之后，砂粒易附着在工件表面上，必须认真清洗，以免加剧零件在使用中的磨损。

(3) 其他工序

可根据需要安排平衡、去磁等其他工序。必须指出，正确地安排辅助工序是十分重要的。

如果安排不当或遗漏，将会给后续工序和装配带来困难，甚至影响产品的质量，所以必须给予重视。

6.6 机床设备及切削用量的选择

零件的加工精度和生产率在很大程度上取决于所用的机床设备及工艺装备。选择机床时一方面要考虑生产的经济性，另一方面还应考虑机床性能与加工工序的适应性。因此，选择机床设备及工艺装备时应考虑以下原则。

1. 机床设备的选择

(1) 机床的加工尺寸范围应与零件的外部形状、尺寸相适应。

(2) 机床的加工精度应与工序要求的加工精度相适应。

(3) 机床的生产率应与工件的生产类型相适应。一般单件小批生产宜选用通用机床，大批大量生产宜选用高生产率的专用机床、组合机床或自动机床。

(4) 在中小批生产中，对于一些精度要求较高、工步内容较多的复杂工序，应尽量考虑采用数控机床加工。

(5) 机床的选择应与现有设备条件相适应。选择机床应尽量考虑现有的生产条件，除了新厂投产以外，原则上应尽量发挥现有设备的作用，并尽量使设备负荷平衡。

如果工件尺寸太大，精度要求过高，没有相应设备可供选择时，应根据具体要求提出机床设计任务书来改装旧机床或设计专用机床。机床设计任务书中应附有与该工序加工有关的一切必要的数据、资料，例如机床的生产率要求、工序尺寸公差及技术条件、工件的定位夹紧方式以及机床的总体布置形式等。

2. 工艺装备的选择

工艺装备的选择将直接影响机床的加工精度、生产率、经济性和工艺范围，其工艺装备主要包括夹具、刀具和量具，其选择原则如下。

(1) 夹具的选择

在中小批量生产条件下，应首先考虑采用机床所配备的各种通用夹具和附件，如三爪卡盘、四爪卡盘、虎钳、分度头及回转工作台等。在大批大量生产时，应根据工序要求设计制造专用高效的夹具。

(2) 刀具的选用

合理地选用刀具是保证产品质量和提高切削效率的重要条件。在选择刀具类型、规格和材料时，主要取决于工序所用的加工方法、被加工表面的形状、所要求的加工精度、表面粗糙度及工件的材料，同时应考虑以下因素。

① 生产类型和生产率

单件小批生产时，尽量选用标准刀具。大批大量生产中广泛采用专用刀具、复合刀具等，以获得高的生产率。

② 工艺方案和机床类型

不同的工艺方案必然要选用不同类型的刀具。例如孔的加工，可以采用钻—扩—铰，也可以采用钻—粗镗—精镗等。显然，不同的加工方法所选用的刀具类型是不同的。

机床的类型、结构和性能，对刀具的选择也有重要的影响。如立式铣床加工平面一般选用立铣刀或端面铣刀，而不会用圆柱铣刀等。

③ 工件的材料、形状、尺寸和加工要求

刀具的类型确定以后，根据工件的材料和加工性质可以确定刀具的材料。工件的形状和尺寸有时会影响刀具结构及尺寸。例如一些特殊表面(如 T 形槽)的加工，必须选用特殊的刀具(如 T 形槽铣刀)。此外，所选的刀具类型、结构及精度等级必须与工件的加工要求相适应。如粗铣时应选用粗齿铣刀，而精铣时则选用细齿铣刀等。

(3) 量具的选择

量具主要是根据生产类型和所要求检验的尺寸及精度来选择。选择量具时应使量具的精度与工件加工精度相适应，量具的量程与工件的被测尺寸大小相适应，量具的类型与被测要素的性质(孔或外圆的尺寸值或形状位置误差值)和生产类型相适应。一般来说，单件小批生产广泛采用游标卡尺、千分尺等通用量具，大批大量生产则采用极限量规和高生产率的检查量仪。

3. 切削用量的选择

在用通用机床上进行单件小批量生产时，切削用量可不必在工艺文件中规定，而由操作工人根据经验自行确定。其选择切削用量的总体基本原则是：粗加工时选择较大的背吃刀量 a_p 和进给量 f，而选择较低的切削速度 v_c；精加工时，选择较小的背吃刀量 a_p 和进给量 f，而选择较高的切削速度 v_c。

在大批大量生产时，应在工艺文件中规定每一工步的切削用量。选择切削用量可以采用查表法或计算法，其步骤为：

(1) 由工序余量确定背吃刀量，每个工步的余量最好在一次进给中切除；

(2) 根据加工表面粗糙度要求确定进给量；

(3) 选择刀具磨钝标准及确定刀具耐用度；

(4) 确定切削速度，并按机床主轴转速表选取接近的转速；

(5) 校验机床功率。

6.7 工艺过程的生产率与技术经济分析

工艺规程的制定，既应保证产品的质量，又要采取措施提高劳动生产率和降低产品成本，即，做到优质、高产、低消耗。

在制定机械加工工艺规程时，在保证质量的前提下，往往会出现几种工艺方案，而这些方案的生产率和成本则会不同。为了选择最佳方案，需要进行技术经济分析。

6.7.1 时间定额及其组成

1. 时间定额

时间定额是指在一定生产条件下，规定生产一件产品或完成一道工序所需消耗的时间。它是一个说明生产率高低的重要指标，是安排生产作业计划、进行成本核算、确定设备数量和人员编制、规划生产面积的依据。

时间定额主要利用经过实践而累积的统计资料及进行部分计算来确定。合理的时间定额能调动工人的积极性，促进工人技术水平的提高，从而不断提高劳动生产率。随着企业生产技术条件的不断改善，时间定额应定期修订，以保持定额的平均先进水平。

2. 时间定额的组成

完成零件一道工序的时间定额称为单件时间 T_d，它由下列各部分组成。

(1) 基本时间 T_j

T_j 是指直接改变生产对象的形状、尺寸、相对位置、表面状态或材料性质等工艺过程所耗费的时间。对于机械加工来说，就是切除金属层所耗费的机动时间(包括刀具的切入和切出时间)。

(2) 辅助时间 T_f

T_f 是指为实现工艺过程所必须进行的各种辅助动作所消耗的时间，其中包括装卸零件、开停机床、改变切削用量、试切和测量零件尺寸等辅助动作所耗费的时间。

基本时间与辅助时间的总和称为作业时间，是直接用于制造产品或零部件所消耗的时间。辅助时间可根据统计资料来确定，也可以用基本时间的百分比来估算。

(3) 布置工作地时间 T_b

T_b 是指为使加工正常进行，工人照管工作地(如更换刀具、润滑机床、修整砂轮、清理切屑、收拾工具等)所消耗的时间。T_b 不是直接消耗在每个工件上的时间，而是将消耗在一个工作班内的时间折算到每个工件上的时间，一般按作业时间的 2%～7%估算。

(4) 休息与生理需要的时间 T_x

T_x 是指工人在工作班内为恢复体力和满足生理上的需要所消耗的时间。T_x 也是以一个工作班为计算单位,再折算到每个工件上的,一般按作业时间的2%估算。

以上4部分时间的总和称为单件时间 T_d,可以用下式表示:

$$T_d = T_j + T_f + T_b + T_x$$

(5) 准备与终结时间 T_z

T_z 是指工人为了生产一批产品或零部件进行准备和结束工作所消耗的时间。这些工作包括:加工开始时熟悉图纸和工艺文件,领取毛坯或原材料,领取和装夹刀具和夹具,调整机床和其他工艺装备等;加工终结时卸下和归还工艺装备,发送成品等。所以在成批生产中,如果一批零件的数量为 N,则每个零件所需的准备与终结时间为 T_z/N。将这部分时间加到单件时间 T_d 上去,就得到单件核算时间 T_h,即

$$T_h = T_d + T_z/N$$

在大量生产中,每个工作地点始终只完成一个固定的加工工序,即零件数量 $N\to\infty$,所以大量生产时的单件核算时间中可以不计入准备终结时间 T_z。

6.7.2 提高劳动生产率的工艺措施

提高劳动生产率不单纯是一个工艺技术问题,而是一个综合性问题,涉及产品设计、制造工艺和生产组织管理等方面的问题。现就通过缩短单件时间来提高机械加工生产率的工艺途径作一简要说明。

1. 缩短基本时间 T_j 的工艺措施

以外圆车削为例,切削加工基本时间 T_j 的计算公式为

$$T_j = \frac{\pi DLZ}{1000 v_c f a_p}$$

式中:D——切削直径,mm;

L——切削行程长度,包括加工表面长度、刀具切入和切出长度,mm;

Z——工序余量,mm。

从 T_j 计算公式可知,提高切削速度、增加进给量、增加背吃刀量、减小加工余量、缩短刀具的工作行程等,都可以减少基本时间。因此,高速和强力切削是提高机械加工劳动生产率的重要途径。

(1) 提高切削用量

增大切削速度、进给量和背吃刀量都可缩短基本时间。但切削用量的提高,受到刀具耐用度和机床刚度的制约。随着新型材料刀具的出现,切削速度得到了迅速的提高。目前硬质合金刀具的切削速度可达200m/min,而陶瓷刀具的切削速度可达500m/min。近年来出现的聚晶人造金刚石和聚晶立方氮化硼新型刀具材料在切削普通钢材时,其切削速度可达900m/min。

磨削加工的发展趋势是高速磨削和强力磨削。高速磨削速度已达80m/s以上;强力磨削的金属切除率可为普通磨削的3~5倍,其磨削深度 a_p 一次可达6~30mm。国外已用磨削来直接取代铣削或刨削进行粗加工。

(2) 缩短工作行程长度

采用多刀加工可成倍地缩短工作行程长度，从而大大缩短基本时间。图 6-31 所示为多刀加工实例，在同一基本时间内，完成了两个表面和一个孔的加工工序。图 6-32 所示为龙门铣床上采用多轴组合铣削床身零件的各个表面，即用组合刀具对同一工件上不同表面同时进行加工的方法使切削行程重合，同一基本时间内完成几个表面的加工。

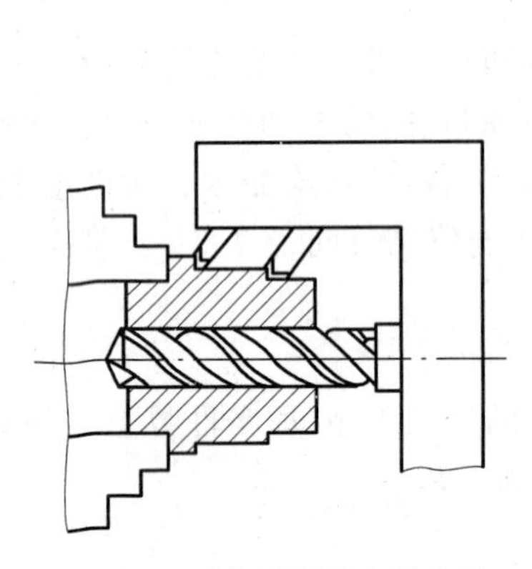

图 6-31　减少切削长度的方法

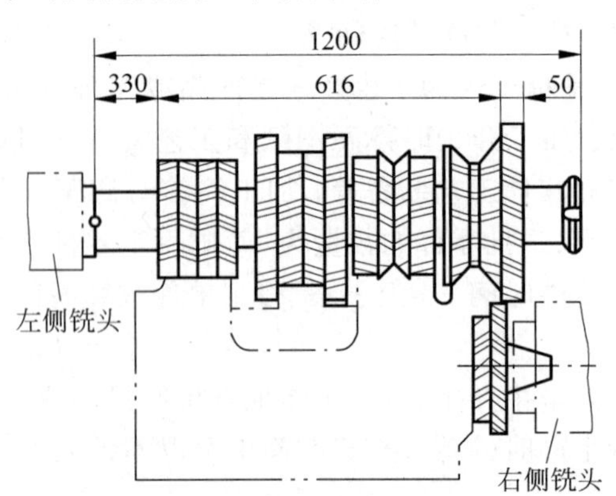

图 6-32　用组合铣刀铣削床身表面

(3) 多件加工

多件加工方法是通过减少刀具的切入、切出时间或使基本时间重合，从而缩短每个零件加工的基本时间，来提高生产率的，如图 6-33 所示。其中图 6-33(a) 为多件顺序加工，图 6-33(b) 为多件平行加工，图 6-33(c) 为平行顺序加工。

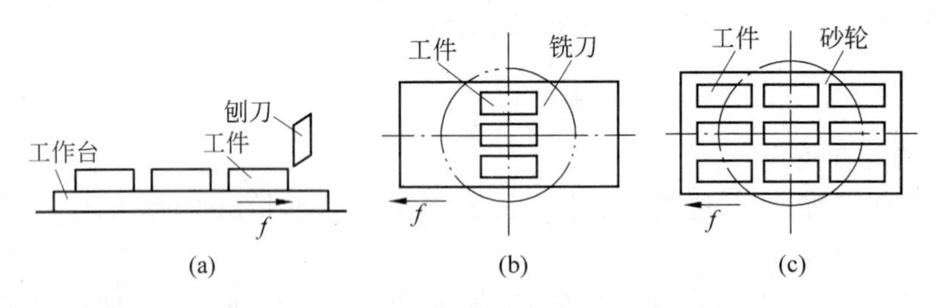

图 6-33　多件加工

2. 缩减辅助时间 T_f 的工艺措施

辅助时间在单件时间中占有较大的比重，尤其是在大幅度提高切削用量后，基本时间显著减少，辅助时间所占比重就更大。此时，采取措施减少辅助时间就成为提高生产率的重要方向。减少辅助时间有两种不同途径：一是直接减少辅助时间，实现辅助动作的机械化或自动化；二是使辅助时间与基本时间部分地或全部地重叠起来。

(1) 直接减少辅助时间

采用专用夹具装夹工件，工件在装夹中无需找正，可缩短装卸工件的时间。大批大量生产中，广泛采用高效的气动、液动夹具来缩短装卸工件的时间。单件小批生产中，由于受专用夹具制造成本的限制，为缩短装卸工件的时间，可采用组合夹具和可调夹具。

为减少加工中停机测量的辅助时间，可采用主动检测装置或数字显示装置在加工过程中进行实时测量。主动测量的自动测量装置能在加工过程中测量工件的实际尺寸，并能由测量结果操作或自动控制机床的进给运动。在各类机床上配置的数字显示装置,是以光栅、感应同步器为检测元件,可以连续显示出刀具或工件在加工过程中的位移量,操作者能直接看出加工过程中工件尺寸的变化情况,大大地节省了停机测量的时间。

(2) 将辅助时间与基本时间重合

为了使辅助时间与基本时间重合,可采用多位夹具和连续加工的方法。图 6-34 所示为在立式铣床上采用双工位夹具工作的实例。加工工件 1 时,工人在工作台的另一端装上工件 2,工件 1 加工完后,工作台快速退回原处,工人将夹具回转 180°便可加工工件 2。

图 6-35 所示为连续磨削加工的实例。机床有两个主轴,顺次进行粗磨与精磨,且装卸工件时机床不停机,使辅助时间与基本时间完全重合。

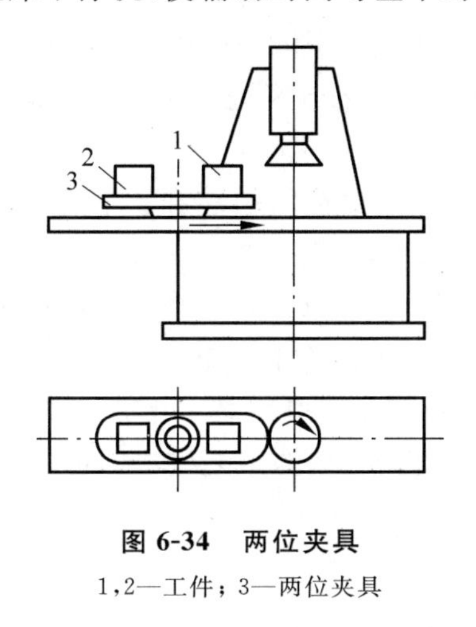

图 6-34　两位夹具

1,2—工件;3—两位夹具

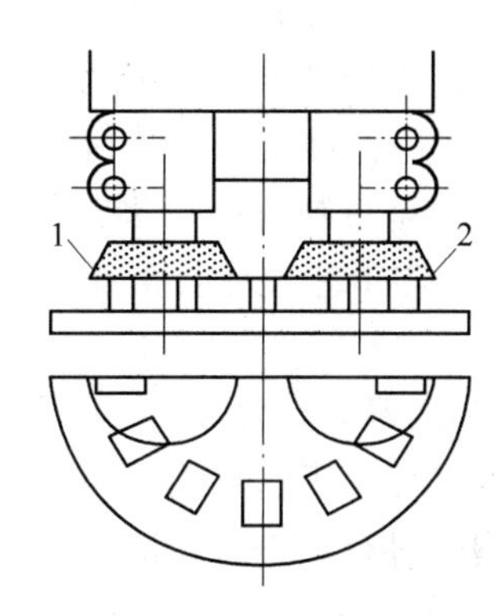

图 6-35　连续磨削加工

1—粗磨砂轮;2—精磨砂轮

3. 缩短布置工作地时间 T_b 的工艺措施

布置工作地时间大部分消耗在更换刀具和调整刀具的工作上,因此必须减少换刀次数,并缩减每次换刀所需时间。提高刀具或砂轮的耐用度可减少换刀次数。而换刀时间的减少,则主要通过改进刀具的安装方法和采用装刀夹具来实现。如采用各种快换刀夹、刀具微调机构、专用对刀样板或对刀样件以及自动换刀装置等,以减少刀具的装卸和对刀所需时间。又如在车床和铣床上采用可转位硬质合金刀具,既减少了换刀次数,又可减少刀具装卸、对刀的时间。

4. 缩短准备终结时间 T_z 的工艺措施

(1) 扩大零件的生产批量

中小批生产中,产品经常更换,准备终结时间在单件时间中占有较大比重。因此,应尽量设法使零件标准化、通用化,或采用成组技术,以增加零件的加工批量,使分摊到每个零件上的准备终结时间大大减少。

(2) 减少调整机床、刀具和夹具的时间

主要措施有:采用易于调整的机床,如液压仿形机床、数控机床等先进设备;充分利用夹具与机床连接用的定位元件,减少夹具在机床上的找正装夹时间;采用机外对刀的可换刀架或刀夹,以减少调整刀具时间。

提高机械加工生产率的工艺途径还有很多,如在大批大量生产中广泛采用组合机床和组合机床自动生产线，在单件小批生产中广泛采用各种数控和柔性制造系统及推广成组技术等，都可以缩短单件时间，有效地提高劳动生产率。

6.7.3 工艺过程方案的技术经济分析

设计某一零件的机械加工工艺规程时，一般可以拟订出几种方案，它们都能达到零件图上规定的各项技术要求，但其生产成本却不相同。其中有些方案具有很高的生产率，但设备和工装方面的投资大；另一些方案则可能节省投资，但生产率低。不同的工艺方案有不同的经济效果。为选取在给定的生产条件下最经济合理的方案，必须对不同的工艺方案进行技术经济分析和比较。

所谓技术经济分析，就是通过比较不同工艺方案的生产成本，选出最经济的工艺方案。工艺方案的技术经济分析可分为两种情况：一是对不同工艺方案进行工艺成本的分析和比较；二是按某些相对技术经济指标进行比较。

生产成本是指制造一个零件或一台产品时必需的一切费用的总和。它包括两大类费用：第一类是与工艺过程直接有关的费用，称为工艺成本，工艺成本约占工件(或产品)生产成本的70%～75%；第二类是与工艺过程无关的费用，如行政人员工资，厂房折旧及维护，照明、取暖和通风等。对零件工艺方案进行经济分析时，只需分析比较与工艺过程直接有关的工艺成本即可。因为在同一生产条件下与工艺过程无关的费用基本上是相等的，因此对零件工艺方案进行经济分析时，只要分析与工艺过程直接有关的工艺成本即可。

1. 工艺成本的组成

工艺成本由可变费用和不变费用两部分组成。

(1) 可变费用

可变费用是与年产量成比例的费用。这类费用以 V 表示，它包括材料费 C_c、机床工人的工资 C_{jg}、机床电费 C_d、普通机床折旧费 C_{wz}、普通机床修理费 C_{wx}、刀具费 C_{da} 和万能夹具费 C_{wj} 等。

(2) 不变费用

不变费用是与年产量的变化无直接关系的费用。当年产量在一定范围内变化时，全年的费用基本上保持不变。这类费用以 S 表示，它包括调整工人的工资 C_{tg}、专用机床折旧费 C_{zz}、专用机床修理费 C_{zx} 和专用夹具费 C_{zja} 等。

因此，一种零件(或一个工序)全年的工艺成本可用下式表示

$$E = V \cdot N + S \quad (元)$$

式中：V——可变费用，元/件；

N——年产量，件；

S——不变费用，元。

且

$$V = C_c + C_{jg} + C_d + C_{wz} + C_{wx} + C_{da} + C_{wj}$$

$$S = C_{tg} + C_{zz} + C_{zx} + C_{zja}$$

单件工艺成本 E_d(或单件的一个工序的工艺成本)为

$$E_d = V + S/N \quad (元/件)$$

图6-36所示为全年工艺成本及单件工艺成本与年产量之间的关系。由图6-36(a)可

知，全年工艺成本 E 与年产量 N 呈直线关系，即 $E=V\cdot N+S$ 的图解为一直线，它说明全年工艺成本的变化量 ΔE 与年产量的变化量 ΔN 成正比。而单件工艺成本 E_d 与年产量 N 是呈双曲线关系，如图 6-36(b)所示。曲线的 A 区相当于单件小批生产时设备负荷很低的情况，此时若 N 略有变化，E_d 就会有很大变化。曲线的 B 区，即使在 N 变化很大时，其工艺成本 E_d 的变化也不大，这相当于大批大量生产的情况，此时不变费用对单件成本影响很小。A、B 之间相当于成批生产情况。总体来说，当 N 增大时，E_d 减小，且逐渐接近于 V。

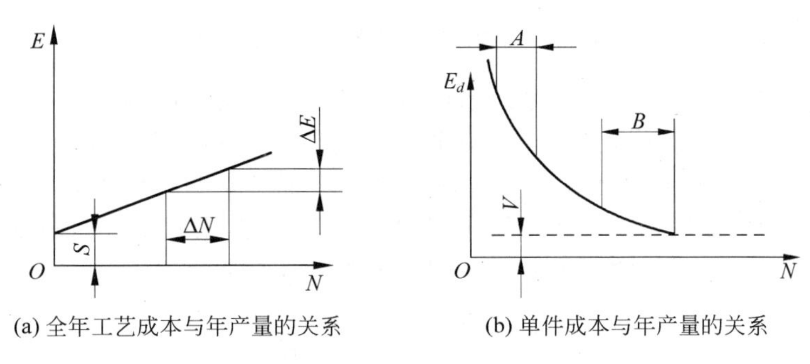

(a) 全年工艺成本与年产量的关系　　(b) 单件成本与年产量的关系

图 6-36　工艺成本的图解曲线

2. 工艺方案的经济性评定

制定工艺规程时，对生产规模较大的主要零件的工艺方案应该通过计算工艺成本来评定其经济性；对于一般零件，可以利用各种技术经济指标，结合生产经验，进行不同方案的经济论证，从而决定不同方案的取舍。

下面以两种不同的情况为例，说明分析比较其经济性的方法。

(1) 两种工艺方案的基本投资相近，或均以现有设备为条件

在这种情况下，工艺成本即可作为衡量各个方案经济性的依据。

当两方案中多数工序不同、少数工序相同时，则以该零件全年工艺成本进行比较。设两种不同工艺方案的全年工艺成本分别为

$$E_1 = NV_1 + S_1,\quad E_2 = NV_2 + S_2$$

当年产量 N 一定时，先分别计算两种方案的全年工艺成本 E_1 和 E_2，若 $E_1>E_2$，则选其小者，即选第二方案经济性较好。

当年产量 N 变化时，可根据上述公式用图解法进行比较，如图 6-37(a)所示。由图可知，各方案的优劣与加工零件的年产量有密切关系，当 $N>N_k$ 时，宜采用第一方案；当 $N<N_k$ 时，宜采用第二方案。图中点 N_k 为临界产量，即 2 条直线交点的横坐标便是 N_k 值。当 $N=N_k$ 时，则 $E_1=E_2$，于是有

$$V_1N_k + S_1 = V_2N_k + S_2$$

则

$$N_k = \frac{S_2 - S_1}{V_1 - V_2}$$

若两条直线不相交，如图 6-37(b)所示，则不论年产量如何，第一方案总是比较经济的。

(2) 两种工艺方案的基本投资差额较大的情况

此时在考虑工艺成本的同时还要考虑基本投资差额的回收期限。

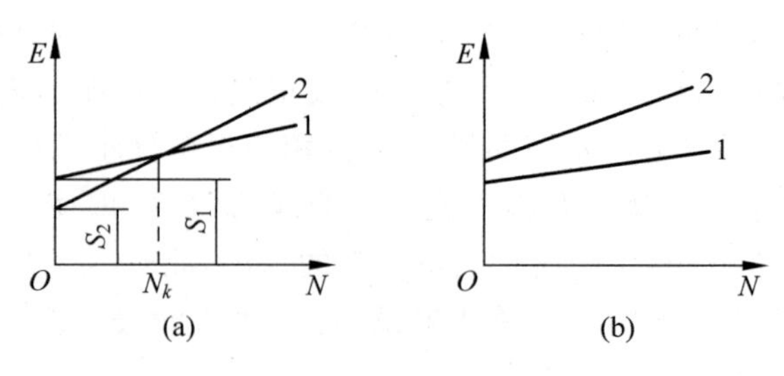

图 6-37 两种工艺方案的技术经济对比

设方案 1 采用了高生产率且价格较贵的机床及工艺装备，基本投资 K_1 大，但工艺成本 E_1 较低；方案 2 采用了生产率较低但价格较便宜的一般机床及工艺装备，基本投资 K_2 小，但工艺成本 E_2 较高。这时只比较其工艺成本难以全面评定其经济性，而应同时考虑两个方案基本投资差额的回收期限。所谓回收期，是指第 1 方案比第 2 方案多花的投资需要多长的时间才能由工艺成本的降低而收回。回收期限的计算公式为

$$\tau = \frac{K_2 - K_1}{E_1 - E_2} = \frac{\Delta K}{\Delta E}$$

式中：τ ——回收期限，年；

ΔK——基本投资差额，元；

ΔE ——全年生产费用节约额，元/年。

回收期越短，则经济效益越好。

回收期限一般应满足以下要求：

① 回收期限应小于所购买设备的使用年限；

② 回收期应小于市场对该产品的需要年限；

③ 回收期应小于国家规定的标准回收期，例如新夹具的标准回收期为 2～3 年，新机床为 4～6 年。

6.8 零件加工工艺尺寸链

在机械加工过程中，工件由毛坯到最后达到图纸设计的机械加工质量，往往要经过多道工序的加工。工序尺寸之间及工序尺寸与设计尺寸之间有一定的内在联系。

有时由于工艺上的原因，图纸上要保证的尺寸加工中不能直接得到，而需要由有关尺寸来间接保证。这就需要分析研究加工中尺寸变化的内在联系规律，应用尺寸链理论来分析计算。

尺寸链作为一种理论，有它自身的完整性。不仅在工序尺寸的计算中要用到它，而且在产品的设计、装配中都要用到它。掌握其变化规律是合理确定工序尺寸及其公差和计算各种工艺尺寸的基础。

6.8.1 尺寸链的定义和组成

1. 尺寸链的基本定义

尺寸链是指在零件的加工过程和机器的装配过程中，由相互联系且按照一定顺序成为

封闭的尺寸组合。在零件图纸上，用来确定表面之间相互位置的尺寸链，称为设计尺寸链。在零件加工过程中，由同一零件有关工序尺寸所组成的尺寸链，称为工艺尺寸链。在机器设计和装配过程中，由有关零件设计尺寸和装配技术要求所组成的尺寸链，称为装配尺寸链。

如图 6-38(a)所示，在零件图上以 B 面作为标注尺寸的起点，标注了设计尺寸 A_1、A_0，这时 A、B 面又已加工，现采用调整法加工 C 面。若以设计基准 B 面作为定位基准，则定位、夹紧和加工都不方便；若以 A 面作为定位基准，直接保证的是参考尺寸 A_2，图样上要求的设计尺寸 A_0 将由本工序尺寸 A_2 和上工序尺寸 A_1 来间接保证。只有当 A_1 和 A_2 确定之后，设计尺寸 A_0 才被动地随之确定。像这样一组相互关联的尺寸组成封闭的形式，如同链条一样环环相扣，形象地称为尺寸链，如图 6-38(b)所示。

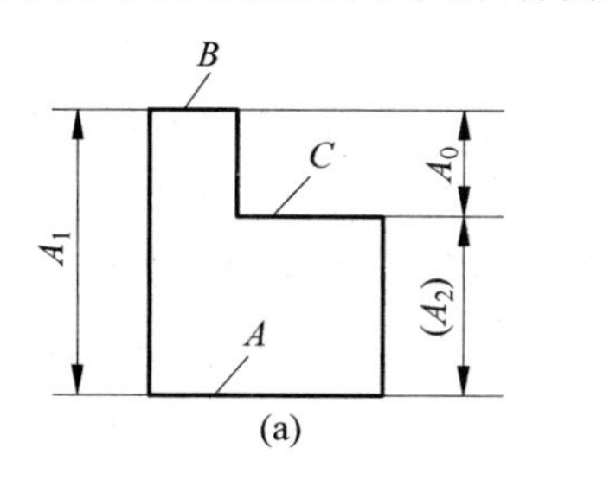

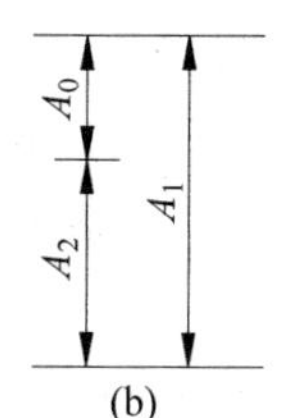

图 6-38 工艺尺寸链示例

同样，在测量、产品装配和设计过程中都会形成类似的尺寸链。图 6-39(a)所示为测量用的工艺尺寸链，零件图上标注的尺寸 A_1、A_0，但 A_0 不便测量，要通过测量 A_1、A_2 来间接保证，由 A_1、A_2、A_0 组成了测量尺寸链。图 6-39(b)所示为由孔的尺寸 A_1、轴的尺寸 A_2 及孔和轴装配后形成的间隙 A_0(必须保证的装配精度)组成的装配尺寸链。图 6-39(c)所示为由零件图样上的设计尺寸 B_1、B_2、B_3 及未标注尺寸 B_0 组成零件尺寸链。

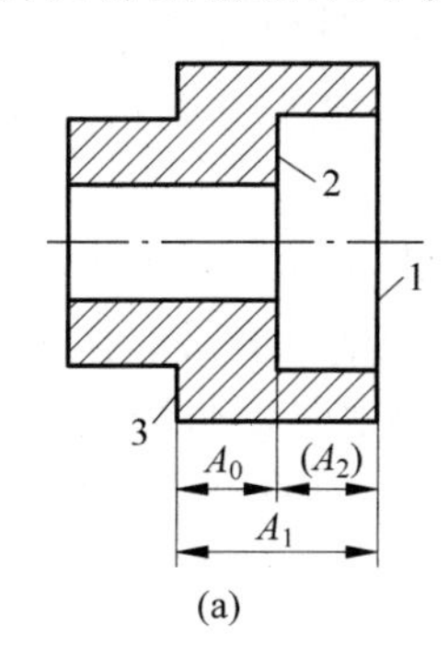

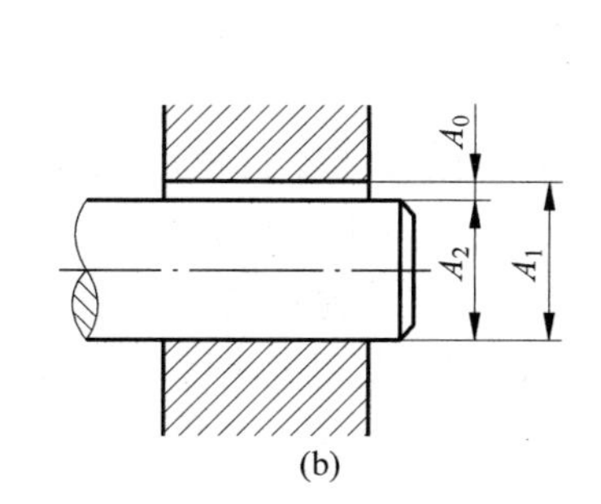

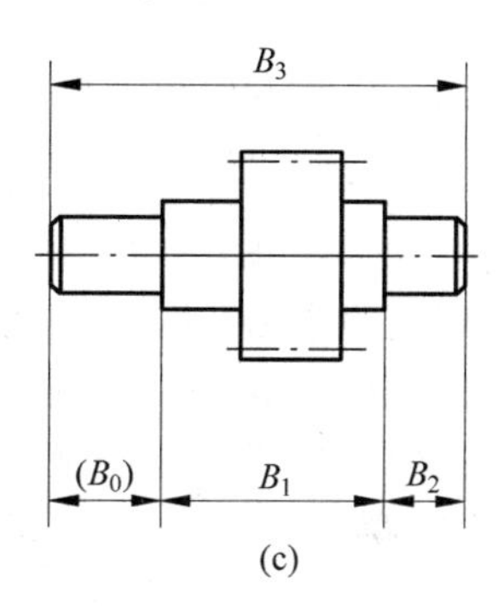

图 6-39 3 种不同功能的尺寸链

2. 尺寸链的组成

由尺寸链的定义可知，尺寸链图形必须封闭，且各尺寸是按照一定顺序首尾相接的，尺寸链中必有一个尺寸是最后间接得到(自然形成)的。

在分析计算尺寸链时，为了方便起见，常不绘出零件或机器的具体结构，而只按照大致的比例依次绘出各个尺寸，从而得到一个封闭形式的尺寸图形，称为尺寸链图，如图 6-38(b)所示。

构成尺寸链的每一个尺寸都称为环。根据尺寸链中各环形成的顺序和特点，尺寸链的环又可分为封闭环和组成环。

(1) 封闭环

在尺寸链中凡是最后被间接获得的尺寸，称为封闭环。封闭环一般以下脚标“0”表示。在工艺尺寸链和装配尺寸链中 A_0 就是加工和装配过程中最后形成的环；在零件尺寸链中，

A_0 就是工序图中未标注的尺寸。如图 6-38 和图 6-39 中的 A_0、B_0 就是封闭环。

应该特别指出：在计算尺寸链时，区分封闭环至关重要，封闭环搞错了，一切计算结果都是错误的。在工艺尺寸链中，封闭环必须在加工顺序确定后才能判断，当加工顺序改变时，封闭环也随之改变。在装配尺寸链中，封闭环就是装配技术要求，比较容易确定。区分封闭环的关键在于要紧紧抓住"间接获得"或"最后形成"的尺寸这一概念。

(2) 组成环

尺寸链中除了封闭环以外的各环称为组成环，如图 6-38 和图 6-39 中尺寸 A_1、A_2 以及 B_1、B_2、B_3 均为组成环。一般来说，组成环是在加工中直接得到(直接保证)的尺寸。任一组成环的变动必然引起封闭环的变动，根据它对封闭环影响的不同，组成环可分为增环和减环。

① 增环

在尺寸链中，当其余组成环不变，若该环尺寸增大时封闭环随之增大或该环尺寸减小时封闭环尺寸随之减小，即同向变动时，则该环为增环，以 $\vec{A}_i$ 表示。

② 减环

在尺寸链中，当其余组成环不变，若该环尺寸增大时封闭环随之减小或该环尺寸减小时封闭环尺寸随之增大，即反向变动时，则该环为减环，以 $\overleftarrow{A}_j$ 表示。

当尺寸链中的组成环较多时，根据定义来区别增、减环比较麻烦，可用简易的方法来判断：在尺寸链简图中，先在封闭环上任定一方向画一箭头，然后沿着此方向绕尺寸链回路依次在每一组成环上画出一箭头，凡是组成环上所画箭头方向与封闭环箭头方向相同的为减环，相反的为增环。

在一个尺寸链中只有一个封闭环。组成环和封闭环的概念是针对一定尺寸链而言的，是一个相对的概念。同一尺寸在一个尺寸链中是组成环，在另一尺寸链中有可能是封闭环。

在建立尺寸链时，应首先确定哪一个尺寸是间接获得的尺寸，并把它定为封闭环，然后从封闭环的一端开始，依次画出有关的直接获得的尺寸作为组成环，直到尺寸的终端回到封闭环的另一端形成一个封闭的尺寸链图，同时还必须注意使组成环的环数达到最少。

6.8.2 尺寸链的特征及分类

1. 尺寸链的特征

(1) 封闭性

尺寸链是由一个封闭环和若干个组成环所构成的封闭图形，不封闭就不构成尺寸链。

(2) 关联性

由于尺寸链的封闭性，因而封闭环随着组成环的变动而变动。组成环是自变量，封闭环是因变量。可用方程式表达为

$$A_0 = f(A_1, A_2, \cdots, A_n) \tag{6-1}$$

各组成环对封闭环的影响可通过传递系数来反映。设第 i 组成环的传递系数为 ξ_i，则 $\xi_i = \dfrac{\partial f}{\partial A_i}$。根据增环与减环的特征，增环 ξ_i 为正值，减环 ξ_i 为负值；若组成环平行于封闭环，则 $|\xi_i| = 1$；若组成环与封闭环成一定角度，则 $0 < |\xi_i| < 1$；若组成环与封闭环垂直，则 $\xi_i = 0$。

2. 尺寸链的分类

(1) 按应用场合分

① 工艺尺寸链，即全部组成环为同一零件工艺尺寸所组成的尺寸链，如图 6-38 和图 6-39(a)所示。

② 装配尺寸链，即全部组成环为不同零件设计尺寸所组成的尺寸链，如图 6-39(b)所示。

③ 零件尺寸链，即全部组成环为同一零件设计尺寸所组成的尺寸链，如图 6-39(c)所示。

(2) 按环的空间位置分

① 直线尺寸链，即全部组成环平行于封闭环的尺寸链。这是工艺尺寸链中最常见的尺寸链。

② 平面尺寸链，即全部组成环位于一个或几个平行的平面内，其中有些组成环不平行封闭环的尺寸链。

③ 空间尺寸链，即组成环位于几个不平行平面内的尺寸链。

(3) 按环的几何特征分

① 长度尺寸链，即全部环为长度尺寸的尺寸链。

② 角度尺寸链，即全部环为角度尺寸的尺寸链。

6.8.3 工艺尺寸链的基本计算方法

工艺尺寸链的计算方法有两种：极值法和概率法。

1. 极值法

极值法是从最坏情况出发来考虑问题的，即当各增环均为最大极限尺寸而各减环均为最小极限尺寸时的情况，以及各增环均为最小极限尺寸而各减环均为最大极限尺寸时的情况，来计算封闭环极限尺寸和公差。

此法的优点是简便、可靠，其缺点是当封闭环公差较小，组成环数目较多时，将使组成环的公差过于严格。通常在中、小批量生产和可靠性要求较高的场合使用。

2. 概率法

概率法是应用概率理论，考虑各组成环在公差范围内的各种实际尺寸出现的几率和它们相遇的几率来计算封闭环的极限尺寸和公差。因而在保证封闭环同样公差的情况下，各组成环的公差可以大很多，比较经济合理。但计算比较麻烦，在工艺尺寸链中应用有限，主要用于装配尺寸链中。此法能克服极值法的缺点，主要用于环数较多，以及大批大量的自动化生产中。

尺寸链的各种计算公式，就是按照这两种不同的计算方法，分别推导出来的。

6.8.4 尺寸链的基本计算公式

1. 极值法求解尺寸链的基本公式

(1) 封闭环的基本尺寸 A_0

根据尺寸链的封闭性，封闭环的基本尺寸等于所有增环基本尺寸之和减去所有减环基

本尺寸之和，即

$$A_0 = \sum_{i=1}^{m} \overrightarrow{A}_i - \sum_{j=1}^{n} \overleftarrow{A}_j \tag{6-2}$$

式中：A_0——封闭环的基本尺寸；

A_i——增环的基本尺寸；

A_j——减环的基本尺寸；

m——增环的数目；

n——减环的数目。

(2) 封闭环的最大极限尺寸 $A_{0\max}$

封闭环的最大尺寸等于所有增环最大尺寸之和减去所有减环最小尺寸之和，即

$$A_{0\max} = \sum_{i=1}^{m} \overrightarrow{A}_{i\max} - \sum_{j=1}^{n} \overleftarrow{A}_{j\min} \tag{6-3}$$

(3) 封闭环的最小极限尺寸 $A_{0\min}$

封闭环的最小尺寸等于所有增环最小尺寸之和减去所有减环最大尺寸之和，即

$$A_{0\min} = \sum_{i=1}^{m} \overrightarrow{A}_{i\min} - \sum_{j=1}^{n} \overleftarrow{A}_{j\max} \tag{6-4}$$

(4) 封闭环的上偏差 $\mathrm{ES}(A_0)$

封闭环的上偏差等于所有增环上偏差之和减去所有减环下偏差之和，即

$$\mathrm{ES}(A_0) = A_{0\max} - A_0 = \sum_{i=1}^{m} \mathrm{ES}(\overrightarrow{A}_i) - \sum_{j=1}^{n} \mathrm{EI}(\overleftarrow{A}_j) \tag{6-5}$$

式中：$\mathrm{ES}(A_0)$——封闭环的上偏差；

$\mathrm{EI}(A_0)$——封闭环的下偏差。

(5) 封闭环的下偏差 $\mathrm{EI}(A_0)$

封闭环的下偏差等于所有增环下偏差之和减去所有减环上偏差之和，即

$$\mathrm{EI}(A_0) = A_{0\min} - A_0 = \sum_{i=1}^{m} \mathrm{EI}(\overrightarrow{A}_i) - \sum_{j=1}^{n} \mathrm{ES}(\overleftarrow{A}_j) \tag{6-6}$$

(6) 封闭环的公差 T_0

封闭环的公差等于封闭环的上偏差减去封闭环的下偏差，或封闭环的公差等于所有组成环公差之和，即

$$T_0 = \mathrm{ES}(A_0) - \mathrm{EI}(A_0) = \sum_{i=1}^{m} T_i + \sum_{j=1}^{n} T_j \tag{6-7}$$

(7) 各组成环的平均公差 T_{av}

组成环的平均公差等于封闭环公差除以组成环数，即

$$T_{av} = \frac{T_0}{m+n} \tag{6-8}$$

(8) 封闭环的平均尺寸 A_{0av}

封闭环的平均尺寸等于所有增环平均尺寸之和减去所有减环平均尺寸之和，即

$$A_{0av} = \frac{A_{0\max} + A_{0\min}}{2} = A_0 + \frac{\mathrm{ES}(A_0) + \mathrm{EI}(A_0)}{2} = \sum_{i=1}^{m} A_{iav} - \sum_{j=1}^{n} A_{jav} \tag{6-9}$$

式中，A_{iav} 和 A_{jav} 分别为增环和减环的平均尺寸。

显然,在极值法计算中,封闭环的公差大于任一组成环的公差。当封闭环公差一定时,若组成环的数目较多,各组成环的公差就会过小,造成工序加工困难。因此,在分析尺寸链时,为了减小封闭环的公差,就应尽量减少尺寸链中组成环的环数,使尺寸链的组成环数最少,这一原则叫"最短尺寸链原则"。对于工艺尺寸链,可通过改变加工工艺方案以改变工艺尺寸链的组成来减少尺寸链的环数。对于装配尺寸链,则通过改变零部件的结构设计,减少零件数目来减少组成环的环数。

2. 概率法求解尺寸链的基本公式

若封闭环公差小,组成环数多,为了扩大组成环的公差,以便加工容易,可采用概率法计算。概率法就是利用概率论原理进行尺寸链计算的一种方法。若各组成环的尺寸分布均接近正态分布,且误差分布中心与公差带中心重合,由此可引出概率法的 2 个基本计算公式。

(1) 封闭环公差 T_0

$$T_0=\sqrt{\sum_{i=1}^{m}T_i^2+\sum_{j=1}^{n}T_j^2} \tag{6-10}$$

(2) 各组成环的平均公差 T_{av}

$$T_{av}=\frac{T_0}{\sqrt{m+n}} \tag{6-11}$$

可见概率法计算的各组成环平均公差比极值法放大了 $\sqrt{m+n}$ 倍。这样加工变得容易,加工成本也随之降低。

3. 工艺尺寸链的应用

在机械加工过程中,每一道工序的加工结果都以一定的尺寸值表示出来。尺寸链反映了相互关联的一组尺寸之间的关系,也就反映了这些尺寸所对应的加工工序之间的相互关系。

从一定意义上讲,尺寸链的构成反映了加工工艺的构成。特别是加工表面之间位置尺寸的标注方式,在一定程度上决定了表面加工的顺序。

通常在工艺尺寸链中,组成环是各工序的工序尺寸,即各工序直接得到并保证的尺寸,封闭环是间接得到的设计尺寸或工序加工余量,有时封闭环也可能是中间工序尺寸。

尺寸链的计算可以分为下列 3 种情况。

(1) 已知全部组成环的极限尺寸,求封闭环的极限尺寸

根据各组成环基本尺寸及公差(或偏差)来计算封闭环的基本尺寸及公差(或偏差),称为尺寸链的正计算。正计算主要用于审核图纸、验证设计的正确性,以及校核零件加工后能否满足零件的技术要求。正计算的结果是唯一的。

(2) 已知封闭环的极限尺寸,求各组成环的极限尺寸

根据设计要求的封闭环基本尺寸、公差(或偏差)以及各组成环的基本尺寸,反过来计算各组成环的公差(或偏差),称为尺寸链的反计算。反计算一般常用于产品设计、加工和装配工艺计算等方面。反计算的解不是唯一的。如何将封闭环的公差正确地分配给各组成环,这里有一个优化问题。

优化公差分配的 3 种方法为:

① 等公差值分配法

将封闭环公差均匀地分配给各个组成环。当各组成环的基本尺寸相差较大或要求不同

时，这种方法就不宜使用。

② 等公差等级分配法

各组成环按相同的公差等级，根据具体尺寸的大小进行分配，并保证

$$T_0 \geqslant \sum_{i=1}^{m} T_i + \sum_{j=1}^{n} T_j \tag{6-12}$$

在实际加工中，不同的加工方法的经济加工精度是不同的，并且各工序尺寸的作用也不同，其合理的精度等级也不相同，因而这种方法也有不完善的地方。

③ 组成环主次分类法

在封闭环公差较小而组成环又较多时，可首先把组成环按作用的重要性进行主次分类，再根据相应的加工方法的经济加工精度，确定合理的各组成环公差等级，并使各组成环的公差符合下式的要求：

$$T_0 = \sqrt{\sum_{i=1}^{m} T_i^2 + \sum_{i=1}^{n} T_j^2} \tag{6-13}$$

在实际生产中，组成环主次分类法应用较多。

对于复杂零件的加工，其加工工艺往往包含多个尺寸链，且这些尺寸链之间是相互耦合的。因此，在分配公差时还必须对尺寸链之间的相互影响进行综合考虑。

(3) 已知封闭环和部分组成环的尺寸，求其他组成环的尺寸

根据封闭环和其他组成环的基本尺寸及公差(或偏差)来计算尺寸链中其余的一个或几个组成环的基本尺寸及公差(或偏差)，称为尺寸链的中间计算。中间计算在工艺设计上应用较多，如基准的换算、工序尺寸的确定等。其解可能是唯一的，也可能不是唯一的。

6.8.5 加工工艺尺寸链计算示例

1. 基准不重合时工艺尺寸链的计算

(1) 定位基准与设计基准不重合

零件加工中，当定位基准与设计基准不重合时，要保证设计尺寸的要求，必须求出工序尺寸来间接保证设计尺寸，要进行工序尺寸的换算。

例 6-1 如图 6-40 所示的零件，孔 D 的设计尺寸是(100 ± 0.15)mm，设计基准是 C 孔的轴心线。在加工 D 孔前，A 面、B 孔、C 孔已加工。为了使工件装夹方便，加工 D 孔时以 A 面定位，按工序尺寸 A_3 加工。试求 A_3 的基本尺寸及极限偏差。

解 计算步骤如下：

① 画出尺寸链简图

其尺寸链简图如图 6-40(b)所示。

② 确定封闭环

这时孔的定位基准与设计基准不重合，设计尺寸 A_0 是间接得到的，因而 A_0 是封闭环。

③ 确定增环、减环

可用简易的判断方法：在尺寸链简图中，先在封闭环上任定一方向画一箭头，如图 6-40(c)所示，然后沿着此方向绕尺寸链回路依次在每一组成环上画出一箭头，凡是组成环上所画箭头方向与封闭环箭头方向相同的为减环，相反的为增环。故 A_2、A_3 是增环，A_1 是减环。

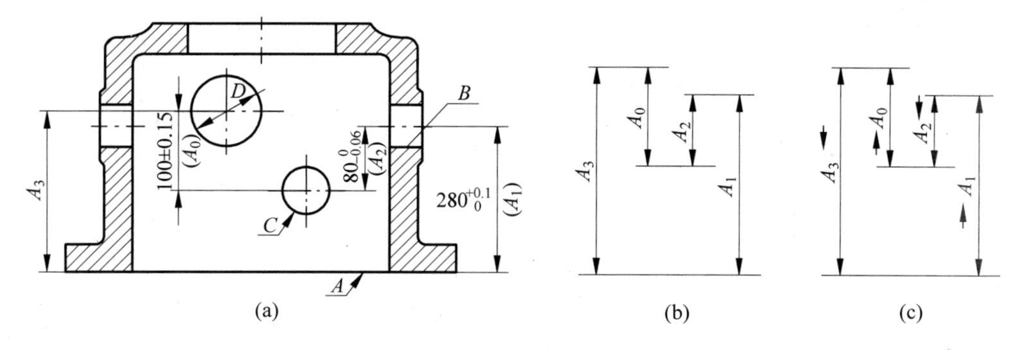

图 6-40 定位基准与设计基准不重合

④ 利用基本计算公式进行计算

封闭环的基本尺寸 A_0 等于所有增环基本尺寸之和减去所有减环基本尺寸之和，即

$$A_0 = \sum_{i=1}^{m} \vec{A}_i - \sum_{j=1}^{n} \overleftarrow{A}_j = A_2 + A_3 - A_1 \Rightarrow 100 = 80 + A_3 - 280 \Rightarrow A_3 = 300\text{mm}$$

封闭环的上偏差等于所有增环上偏差之和减去所有减环下偏差之和，即

$$\text{ES}(A_0) = \sum_{i=1}^{m} \text{ES}(\vec{A}_i) - \sum_{j=1}^{n} \text{EI}(\overleftarrow{A}_j) \Rightarrow 0.15 = 0 + \text{ES}(A_3) - 0 \Rightarrow \text{ES}(A_3) = 0.15\text{mm}$$

封闭环的下偏差等于所有增环下偏差之和减去所有减环上偏差之和，即

$$\begin{aligned}\text{EI}(A_0) &= \sum_{i=1}^{m} \text{EI}(\vec{A}_i) - \sum_{j=1}^{n} \text{ES}(\overleftarrow{A}_j) \Rightarrow -0.15 \\ &= -0.06 + \text{EI}(A_3) - 0.1 \Rightarrow \text{EI}(A_3) = 0.01\text{mm}\end{aligned}$$

所以工序尺寸 A_3 为

$$A_3 = 300^{+0.15}_{+0.01}\text{mm}$$

(2) 设计基准与测量基准不重合

测量时，由于测量基准和设计基准不重合，需测量的尺寸不能直接测量，只能由其他测量尺寸来间接保证，也需要进行尺寸换算。

例 6-2 如图 6-41(a)所示，加工时尺寸 $10_{-0.36}^{0}$ mm 不便测量，改用深度游标尺测量孔深 A_2，通过孔深 A_2、总长 $50_{-0.17}^{0}$ mm(A_1)来间接保证设计尺寸 $10_{-0.36}^{0}$ mm(A_0)。求孔深 A_2。

解 计算步骤如下：

① 画出尺寸链简图

其尺寸链简图如图 6-41(b)所示。

② 确定封闭环

这时孔深的测量基准与设计基准不重合，设计尺寸 A_0 是通过 A_2 间接得到的，因而 A_0 是封闭环。

③ 确定增环、减环

可用简易的判断方法：在尺寸链简图中，先在封闭环上任定一方向画一箭头，如图 6-41(b)、(c)所示，然后沿此方向绕尺寸链回路依次在每一组成环上画出一箭头。凡是组成环上所画箭头方向与封闭环箭头方向相同的为减环，相反的为增环。故 A_1 是增环，A_2 是减环。

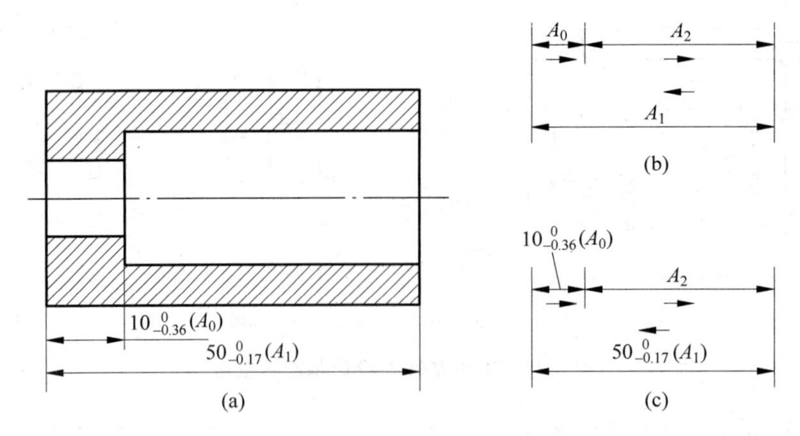

图 6-41　设计基准与测量基准不重合

④ 利用基本计算公式进行计算

封闭环的基本尺寸 A_0 等于所有增环基本尺寸之和减去所有减环基本尺寸之和，即

$$A_0 = \sum_{i=1}^{m} \overrightarrow{A}_i - \sum_{j=1}^{n} \overleftarrow{A}_j = A_1 - A_2 \Rightarrow 10 = 50 - A_2 \Rightarrow A_2 = 50 - 10 = 40\text{mm}$$

封闭环的上偏差等于所有增环上偏差之和减去所有减环下偏差之和，即

$$\text{ES}(A_0) = \text{ES}(A_1) - \text{EI}(A_2) \Rightarrow 0 = 0 - \text{EI}(A_2) \Rightarrow \text{EI}(A_2) = 0$$

封闭环的下偏差等于所有增环下偏差之和减去所有减环上偏差之和，即

$$\text{EI}(A_0) = \text{EI}(A_1) - \text{ES}(A_2) \Rightarrow -0.36 = -0.17 - \text{ES}(A_2) \Rightarrow \text{ES}(A_2) = 0.19\text{mm}$$

所以孔深为

$$A_2 = 40_{\ 0}^{+0.19}\text{mm}$$

2. 工序尺寸的基准有加工余量时工艺尺寸链的计算

零件图上有时存在几个尺寸从同一基准面进行标注，当该基准面的精度和表面粗糙度要求较高时，往往是在工艺过程的精加工阶段进行最后加工。这样，在进行该面的最终一次加工时，要同时保证几个设计尺寸，其中只有一个设计尺寸可以直接保证，而其他设计尺寸只能间接获得，此时需要进行工艺尺寸的计算。下面以实例来说明。

例 6-3　如图 6-42(a)所示为齿轮内孔局部简图。内孔和键槽的加工顺序为：

① 半精镗孔至 $\phi 84.8_{\ 0}^{+0.07}$mm；

② 插键槽至尺寸 A；

③ 淬火；

④ 磨内孔至尺寸 $\phi 85_{\ 0}^{+0.035}$mm，同时保证键槽深度 $90.4_{\ 0}^{+0.20}$mm。

求插键槽深度 A。

解　计算步骤如下：

① 画出尺寸链简图

直径的基准是轴心线，其尺寸链简图如图 6-42(b)所示。

② 确定封闭环

$90.4_{\ 0}^{+0.20}$mm 是间接得到的，因而$90.4_{\ 0}^{+0.20}$mm 是封闭环。

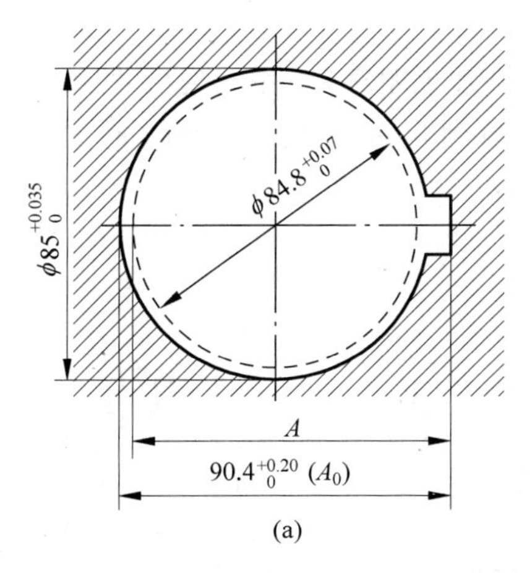

(a)

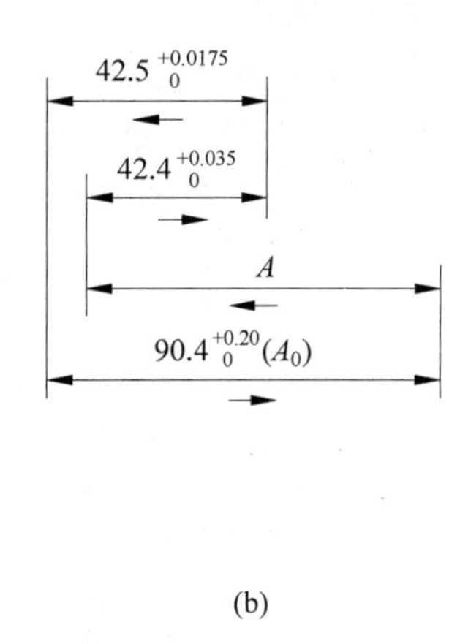

(b)

图 6-42　内孔和键槽的加工尺寸链

③ 确定增环、减环

可用简易的判断方法：在尺寸链简图中，先在封闭环上任定一方向画一箭头，如图 6-42(b)所示，然后沿着此方向绕尺寸链回路依次在每一组成环上画出一箭头。凡是组成环上所画箭头方向与封闭环箭头方向相同的为减环，相反的为增环。故 A、$42.5^{+0.0175}_{0}$ 是增环，$42.4^{+0.035}_{0}$ 是减环。

④ 利用基本计算公式进行计算

封闭环的基本尺寸 A_0 等于所有增环基本尺寸之和减去所有减环基本尺寸之和，即

$$A_0 = \sum_{i=1}^{m} \overrightarrow{A}_i - \sum_{j=1}^{n} \overleftarrow{A}_j \Rightarrow 90.4 = A + 42.5 - 42.4 \Rightarrow A = 90.3\text{mm}$$

封闭环的上偏差等于所有增环上偏差之和减去所有减环下偏差之和，即

$$\text{ES}(A_0) = \sum_{i=1}^{m} \text{ES}(\overrightarrow{A}_i) - \sum_{j=1}^{n} \text{EI}(\overleftarrow{A}_j) \Rightarrow$$

$$0.20 = \text{ES}(A) + 0.0175 - 0 \Rightarrow \text{ES}(A) = 0.1825\text{mm}$$

封闭环的下偏差等于所有增环下偏差之和减去所有减环上偏差之和，即

$$\text{EI}(A_0) = \sum_{i=1}^{m} \text{EI}(\overrightarrow{A}_i) - \sum_{j=1}^{n} \text{ES}(\overleftarrow{A}_j) \Rightarrow$$

$$0 = \text{EI}(A) + 0 - 0.035 \Rightarrow \text{EI}(A) = 0.035\text{mm}$$

所以 A 的尺寸为

$$A = 90.3^{+0.183}_{+0.035}\text{mm}$$

3. 表面处理工序尺寸链的计算

表面热处理一般分为两类：一类是渗入类，如渗碳、渗氮等；另一类是镀层类，如镀金、镀铬、镀锌、镀铜等。渗入类的工艺尺寸计算解决的问题是，渗入是在表面终加工之前进行，需求渗入深度，而终加工后，要自动获得图纸设计要求的渗入深度。显然设计要求的渗入深度为封闭环。镀层类的情况恰好相反，电镀后一般不加工，电镀时直接保证镀层深度，而电镀后工件的尺寸是间接保证的。因此，需求电镀前工件的工序尺寸。显然，电镀后要保证的

工件的设计尺寸是封闭环。

例 6-4 图 6-43(a)所示为轴类零件，外圆加工顺序为：精车到尺寸 $\phi 40.4_{-0.1}^{0}$ mm，然后渗碳处理，渗入深度为 A_2；最后精磨外圆到尺寸 $\phi 40_{-0.016}^{0}$ mm，同时保证渗入深度(0.5～0.8)mm。试求渗碳时的渗入深度 A_2。

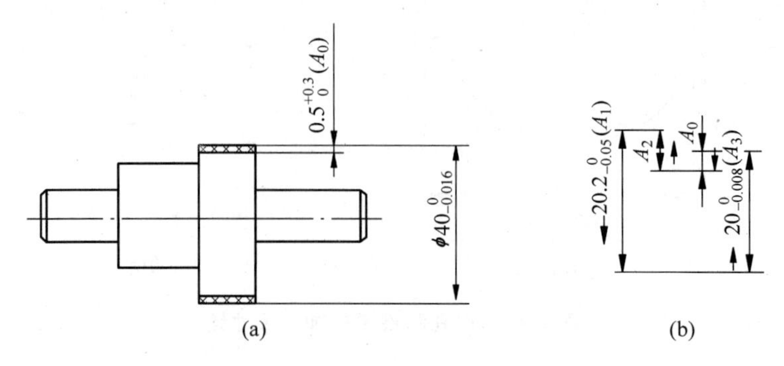

图 6-43 保证渗入深度的工艺尺寸链

解 计算步骤如下：

(1) 画出尺寸链简图

直径的基准是轴心线，其尺寸链简图如图 6-43(b)所示。

(2) 确定封闭环

A_0(0.5～0.8mm)是间接得到的，因而 A_0 是封闭环。

(3) 确定增环、减环

如图 6-43(b)所示，A_2、A_3 是增环，A_1 是减环。

(4) 利用基本计算公式进行计算

封闭环的基本尺寸 A_0 等于所有增环基本尺寸之和减去所有减环基本尺寸之和，即

$$A_0 = \sum_{i=1}^{m} \vec{A}_i - \sum_{j=1}^{n} \overleftarrow{A}_j \Rightarrow A_0 = A_2 + A_3 - A_1 \Rightarrow$$

$$0.5 = A_2 + 20 - 20.2 \Rightarrow A_2 = 0.7\text{mm}$$

封闭环的上偏差等于所有增环上偏差之和减去所有减环下偏差之和，即

$$\mathrm{ES}(A_0) = \sum_{i=1}^{m} \mathrm{ES}(\vec{A}_i) - \sum_{j=1}^{n} \mathrm{EI}(\overleftarrow{A}_j) \Rightarrow \mathrm{ES}(A_0) = \mathrm{ES}(A_2) + \mathrm{ES}(A_3) - \mathrm{EI}(A_1) \Rightarrow$$

$$0.3 = \mathrm{ES}(A_2) + 0 - (-0.05) \Rightarrow \mathrm{ES}(A_2) = 0.25\text{mm}$$

封闭环的下偏差等于所有增环下偏差之和减去所有减环上偏差之和，即

$$\mathrm{EI}(A_0) = \sum_{i=1}^{m} \mathrm{EI}(\vec{A}_i) - \sum_{j=1}^{n} \mathrm{ES}(\overleftarrow{A}_j) \Rightarrow \mathrm{EI}(A_0) = \mathrm{EI}(A_2) + \mathrm{EI}(A_3) - \mathrm{ES}(A_1) \Rightarrow$$

$$0 = \mathrm{EI}(A_2) + (-0.008) - 0 \Rightarrow \mathrm{ES}(A_2) = 0.008\text{mm}$$

所以渗入深度为

$$A_2 = 0.7_{+0.008}^{+0.250}\text{mm}$$

4. 加工余量校核尺寸链的计算

工序余量的变化量取决于本工序以及前面有关工序加工误差的大小。在已知工序尺寸及其公差的情况下，可以利用工艺尺寸链计算余量的变化，校核余量大小是否适宜。由于粗

加工的余量一般取值较大，因此，对粗加工余量一般不进行校核，而仅需校核精加工余量。

例 6-5　图 6-44(a)所示小轴的轴向尺寸需作如下加工：

① 车端面 1；

② 车端面 2，保证端面 1 和端面 2 之间距离尺寸 $A_2=49.5^{+0.30}_{0}$ mm；

③ 车端面 3，保证总长 $A_3=80^{0}_{-0.2}$ mm；

④ 磨端面 2，保证端面 2 和端面 3 之间距离尺寸 $A_1=30^{0}_{-0.14}$ mm。

试校核磨端面 2 的余量。

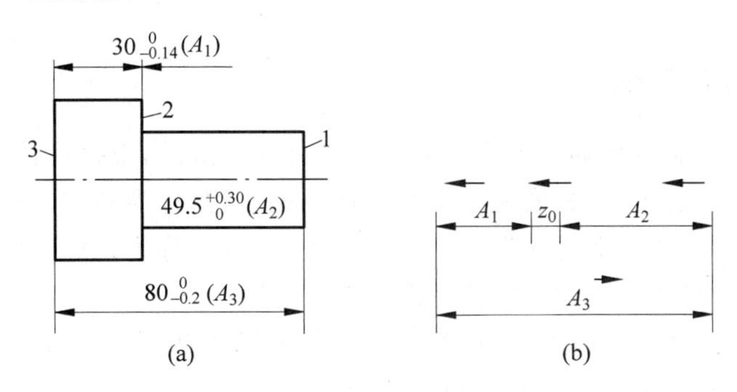

图 6-44　用工艺尺寸链校核余量

解　计算步骤如下：

(1) 画出尺寸链简图

尺寸链简图如图 6-44(b)所示。

(2) 确定封闭环

由于余量 z_0 是在加工过程中间接获得的，因而是尺寸链的封闭环。

(3) 确定增环、减环

如图 6-44(b)所示，A_3 是增环，A_1、A_2 是减环。

(4) 利用基本计算公式进行计算

封闭环的基本尺寸 z_0 等于所有增环基本尺寸之和减去所有减环基本尺寸之和，即

$$A_0=\sum_{i=1}^{m}\vec{A}_i-\sum_{j=1}^{n}\overleftarrow{A}_j\Rightarrow z_0=A_3-(A_1+A_2)=80-(30+49.5)=0.5\text{mm}$$

封闭环的最大尺寸等于所有增环最大尺寸之和减去所有减环最小尺寸之和，即

$$z_{0\max}=A_{3\max}-(A_{1\min}+A_{2\min})=80-(30-0.14)-(49.5-0)=0.64\text{mm}$$

封闭环的最小尺寸等于所有增环最小尺寸之和减去所有减环最大尺寸之和，即

$$z_{0\min}=A_{3\min}-(A_{1\max}+A_{2\max})=(80-0.2)-(30-0)-(49.5+0.30)=0$$

从计算结果来看：$z_{0\max}$合适，但 $z_{0\min}=0$ 不合适。因为在磨端面 2 时，有的零件或有的地方磨削不到，故必须使 $z_{0\min}$加大。A_1、A_3 是设计尺寸不能改变，否则尺寸链中的基本尺寸就不封闭了，只能改变 A_2。

令 $z_{0\min}=0.1$mm，代入计算公式，经计算求得

$$A_{2\max}=49.7\text{mm}$$

所以工序尺寸

$$A_2=49.5^{+0.20}_{0}\text{mm}$$

从上述示例可以看出，工艺尺寸链对合理制定加工工艺，提高生产效率，保证结果精度

具有重要的意义。在实际应用中，工艺尺寸链的计算多数是为了保证间接获得的设计尺寸而求解工序尺寸，这属于尺寸链的第3种应用，而余量的校核计算则属于第1种应用。不论哪一种计算方法，根据工艺过程正确分析尺寸链，正确确定各环的性质是工艺尺寸链计算的前提。

6.9 机械产品的装配质量

6.9.1 装配的概念

任何一台机械产品往往都是由许多零件和部件所组成的，根据设计时的技术要求，将零件或部件进行配合和连接，使之成为半成品或成品的过程，称为装配。简单的产品可由零件直接装配而成，复杂的产品则需先将若干零件装配成部件，称为部件装配；然后将若干部件和另外一些零件装配成完整的产品，称为总装配。

装配处于产品所必需的最后阶段，产品的质量最终通过装配得到保证和检验。因此，装配是决定产品质量的关键环节。研究制定合理的装配工艺，采取有效的保证装配精度的装配方法，对进一步提高产品质量有着十分重要的意义。

为了制造合格的产品，必须保证三个主要环节：第一，产品结构设计的正确性，它是保证产品质量的先决条件；第二，组成产品的各零件的加工质量，它是产品质量的基础；第三，装配质量和装配精度，它是产品质量的保证。

装配过程并不是将合格的零件简单连接起来的过程，而是根据各级部件装配和总装配的技术要求，通过校正、调整、平衡、配作以及反复检验来保证产品质量的复杂过程。若装配不当，即使零件质量都合格，也不一定能装配出合格的产品；反之，即使零件质量不太好，只要在装配中采取了合适的工艺措施，也能使产品达到或基本达到规定的质量要求。因此，机械装配是机械制造中最后决定机械产品质量的重要工艺过程。

6.9.2 装配工作的基本内容

常用的装配工艺有：清洗，连接，校正、调整和配作，平衡，验收试验等。此外，还可应用其他装配工艺，如焊接、铆接、滚边、压圈和浇铸连接等，以满足各种不同产品结构的需要。

1. 清洗

应用清洗液和清洗设备对装配前的零件进行清洗，去除表面残存油污及机械杂质，使零件达到规定的清洁度。常用的清洗方法有浸洗、喷洗、气相清洗和超声波清洗等。

浸洗是将零件浸渍于清洗液中晃动或静置，清洗时间较长。喷洗是靠压力将清洗液喷淋在零件表面上。气相清洗则是利用清洗液加热生成的蒸汽在零件表面冷凝而将油污洗净。超声波清洗是利用超声波清洗装置使清洗液产生空化效应，以清除零件表面的油污。

清洗的工艺要点为清洗液（煤油、汽油、碱液及各种化学清洗液）及其工艺参数（温度、时间、压力等）。

2. 连接

连接就是将两个或两个以上的零件结合在一起。在装配过程中，有大量的连接工作。

连接可分为可拆连接和不可拆连接。可拆连接是指在装配后可方便拆卸而不会导致任何零件损坏，拆卸后还可方便地重装的连接，如螺纹连接、键连接等。不可拆连接是指装配后一般不再拆卸，若拆卸往往会损坏其中的某些零件的连接，如焊接、铆接等。

3. 校正、调整和配作

在产品的装配过程中，特别是在单件小批生产的条件下，为了保证装配精度，往往需要进行一些校正、调整和配作工作。这是因为完全靠零件的互换装配法去保证装配精度往往是不经济的，有时甚至是不可能的。

校正是指产品中各相关部件间找正相互位置，并通过适当的调整方法，达到装配精度的要求。

调整是相关零件相互位置的调节工作。它除了配合校正工作去调节零件的相互位置精度外，运动副的间隙调节是调整的主要内容。

配作是指两个零件装配后固定其相互位置的加工，如配钻、配铰等，也可为改善两零件表面结合精度的加工，如配刮、配研及配磨等。配作一般需与校正、调整工作结合进行，适合单件小批生产，但在大批大量生产中，不宜过多利用配作，否则会影响生产效率的提高。

4. 平衡

对于转速较高、运动平稳性要求较高的机器，为了防止出现振动，对其有关旋转零部件(有时包括整机)需进行平衡试验。部件和整机的平衡要以旋转零件的平衡为基础。

旋转体的不平衡是由旋转体内部质量分布不均匀引起的。对旋转零部件消除不平衡的工作叫做平衡。平衡的方法有静平衡和动平衡两种。

对旋转零部件应用平衡试验机或平衡试验装置进行静平衡或动平衡测试，测量出不平衡量的大小和相位，用去重、加重或调整零件位置的方法，使之达到规定的平衡精度。大型汽轮发电机组和高速柴油机等机组往往要进行整机平衡，以保证机组运转时的平稳性。

5. 验收试验

机械产品完成装配后，应根据有关技术标准的规定，对产品进行较全面的验收和试验，合格后才能出厂。

此外，装配工作除上述内容外，还包括涂装、包装等。

6.9.3　机械装配精度

机械产品的质量除了受结构设计的正确性、零件结构质量的影响外，主要是由设计时确定的产品零部件之间的位置精度和装配精度等来保证的。

装配精度，即装配后实际达到的精度，是装配工艺的质量指标。装配精度应根据产品的工作性能和要求来确定。正确规定产品的装配精度是产品设计的重要环节之一，它不仅关系到产品的质量，也影响到产品的经济性。同时，它是装配工艺过程设计的主要依据，也是合理确定零件的尺寸公差和技术条件的主要依据。

1. 装配精度的内容

为了使机器具有正常的工作性能，必须保证其装配精度。机器的装配精度通常包含3个方面的内容。

(1) 相对位置精度，即产品中相关零部件之间的距离精度和相互位置精度。如卧式铣床主轴与工作台面的平行度、立式钻床主轴与工作台面的垂直度、车床主轴与前后轴承的同轴度和各种跳动等。

(2) 相对运动精度，即产品中有相对运动的零部件之间在运动方向、运动轨迹和相对运动速度上的精度。运动方向精度表现为运动零部件之间相对运动的平行度和垂直度，如车床大拖板(或纵溜板)、中拖板(或横溜板)的移动相对于主轴轴线的平行度和垂直度。运动轨迹精度表现为回转精度和移动精度等。运动速度精度即传动精度，如车床进给箱的传动精度。

(3) 相互配合精度，即配合表面之间的配合质量和接触质量。配合质量是指零部件配合表面之间配合性质和精度与规定的配合性质和精度间的符合程度。接触质量是指两配合或连接表面之间达到规定的接触面积和接触点的分布情况。

2. 装配精度的确定原则

(1) 对于一些标准化、通用化和系列化的产品，如通用机床和减速器等，它们的装配精度可根据国家标准、部颁标准或行业标准来制定。

(2) 对于没有标准可循的产品，可根据用户的使用要求，参照经过试验的类似产品或部件的已有数据，采用类比法确定。

(3) 对于一些重要产品，要经过分析计算和试验研究后才能确定。

6.9.4 装配精度与零件精度的关系

机械产品是由许多零件组成的，零件的精度特别是关键零件的精度对整机的装配精度将有直接的影响。要保证整机的装配精度，就必须控制相关零件的加工精度。一般来说，装配精度要求越高，与此项装配精度有关的零件的加工精度要求也越高。

在有些情况下，产品的某一项装配精度只与一个零件的加工精度有关，如车床大拖板的直线度只与导轨的精度有关，如图 6-45 所示，卧式车床的尾座移动对纵溜板移动的平行度就主要取决于床身导轨 A 与 B 的平行度。

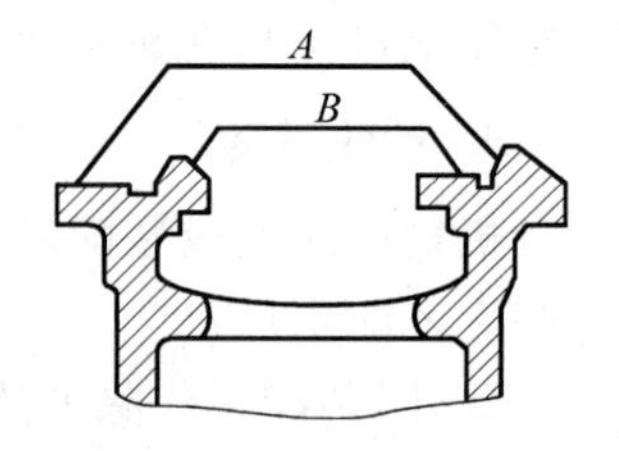

图 6-45 床身导轨简图

A—床鞍移动导轨；B—尾座移动导轨

大多数情况下，装配精度与多个零件的相关精度有关，相关零件的加工误差的累积将影装配精度。图 6-46 所示为卧式车床主轴轴心线与尾座顶尖等高度示意图。等高度要求 A_0 与主轴箱(A_1)、尾座(A_3)、底板(A_2)的加工精度有关，并且 A_0 是这些零件加工误差的累积。等高度精度要求是很高的，一般小于 0.03mm。为了保证装配精度的要求，必须合理地确定有关零件的加工精度，使它们的累积误差小于装配精度所规定的范围，从而简化装配过程。但是，在实际生产中，往往由于工艺技术水平和经济性的限制，按装配精度要求所确定的零件精度难以加工达到，也就是说，加工时靠控制尺寸 A_1、A_2 及 A_3 的精度来达到 A_0 的精度是很不经济的。而实际生产中常按经济加工精度来制造相关零部件尺寸 A_1、A_2 及 A_3，装配时则采用修配底板 3 的工艺措施来保证等高度 A_0 的精度。

从以上的分析可知，产品的装配精度与零件的加工精度密切相关。零件的加工精度是保证装配精度的基础，但装配精度并不完全取决于零件的加工精度。装配精度的合理保证应从产品结构、机械加工和装配工艺等方面综合考虑。

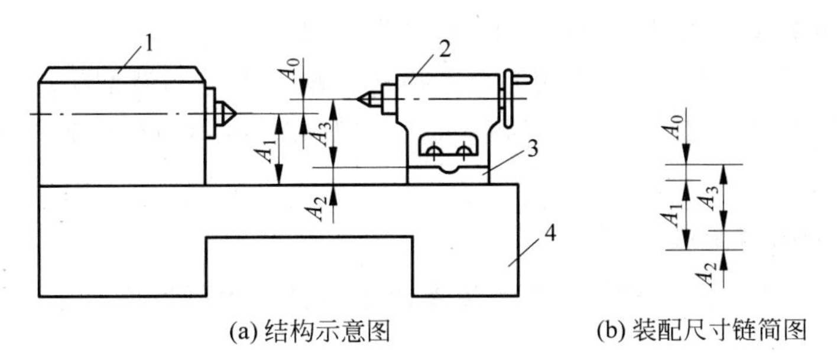

图 6-46 卧式车床主轴轴心线与尾座顶尖等高度示意图

1—主轴箱；2—尾座；3—底板；4—床身

6.9.5 保证装配精度的方法及选择

机械产品的精度要求最终是靠装配实现的。产品的装配精度、结构和生产批量不同，采用的装配方法也不同。生产中常用的保证装配精度的方法有：互换法、选配法（或分组装配法）、修配法和调整法。

1. 互换法

互换法是装配过程中，同种零部件互换后仍能达到装配精度要求的一种方法。产品采用互换装配法时，装配精度主要取决于零部件的加工精度。互换法的实质就是用控制零部件的加工误差来保证产品的装配精度。

根据互换程度的不同，可分为完全互换法和不完全互换法两种。

（1）完全互换法

采用互换法保证产品装配精度时，确定零部件公差有两种方法：极值法和概率法。采用极值法时，如果各有关零部件（组成环）的公差之和小于或等于装配公差（封闭环公差），故装配中同种零部件可以完全互换，即装配时零部件不经任何选择、修配和调整，均能达到装配精度的要求，因此称为“完全互换法”，即满足

$$T_0 \geqslant \sum_{i=1}^{m} T_i + \sum_{j=1}^{n} T_j \tag{6-14}$$

（2）不完全互换法

若装配精度要求较高，零件加工困难或不经济，在大批量生产时，可考虑不完全互换法。

不完全互换法是指把零件的制造公差适当放大，使加工容易而且经济，装配时不需要进行挑选、修配和调整，就能使绝大多数产品达到装配精度要求的一种方法。

采用概率法时，如果各有关零部件（组成环）公差值合适，当生产条件比较稳定，从而使各组成环的尺寸分布也比较稳定时，也能达到完全互换的效果。否则，将有极少部分产品达不到装配精度的要求，必须采取必要的工艺措施才能达到配合要求，因此称为“不完全互换法”。

用不完全互换法比用完全互换法对各组成环加工要求放松了，可降低各组成环的加工成本。但装配后可能会有少量的产品达不到装配精度要求，这一问题一般可通过更换组成环中的1～2个零件加以解决。

采用完全互换法进行装配可以使装配过程简单，生产率高，易于组织流水作业及自动化

装配，也便于采用协作方式组织专业化生产。因此，只要能满足零件加工的经济精度要求，无论何种生产类型都应首先考虑采用完全互换法装配。但是当装配精度要求较高，尤其是组成环数较多时，零件就难以按经济精度制造。这时在较大批量生产条件下，就可考虑采用不完全互换法装配。

2. 选配法(分组装配法)

在大量或成批生产条件下，当装配精度要求很高且组成环数较少时，可考虑采用选配法装配。

选配法是将尺寸链中组成环的公差放大到经济可行的程度来加工，装配时选择适当的零件配套进行装配，以保证装配精度要求的一种装配方法。

选配法有3种不同的形式：直接选配法、分组装配法和复合选配法

(1) 直接选配法

装配时，由工人从许多待装配的零件中直接凭经验选取合适的零件进行装配，来保证装配精度的要求。这种方法的特点是：装配过程简单，但装配质量和时间很大程度上取决于工人的技术水平。由于装配时间不易准确控制，所以不宜用于节拍要求较严的大批大量生产中。

(2) 分组装配法

分组装配法又称为分组互换法，当装配精度要求极高、零件制造公差限制很严，致使零件几乎无法加工时，可将零件的公差放大数倍，使其能按经济精度进行加工。装配前先测量尺寸，并按实测尺寸将零件分组，然后按对应组分别进行装配，以达到装配精度的要求。而且组内零件装配是可以完全互换的。

现以汽车发动机中活塞销与活塞销孔的装配为例，说明分组装配法的原理及装配过程。

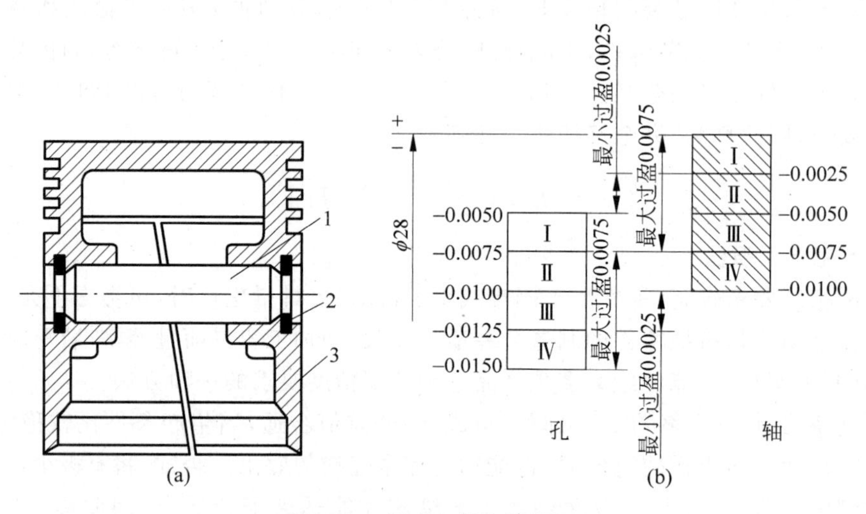

图 6-47 活塞与活塞销装配

1—活塞销；2—挡圈；3—活塞

图6-47所示为活塞销与活塞销孔的装配关系。按装配技术要求，活塞销直径 d 和销孔直径 D 在冷态装配时应有0.0025～0.0075mm的过盈量，即

$$Y_{\min} = d_{\min} - D_{\max} = 0.0025\text{mm}, \quad Y_{\max} = d_{\max} - D_{\min} = 0.0075\text{mm}$$

因此，封闭环的公差为

$$T_0 = Y_{max} - Y_{min} = 0.0075 - 0.0025 = 0.0050\text{mm}$$

若采用完全互换法装配，则销和销孔的平均极值公差 T_{av} 仅为 0.0025mm。因为活塞销不仅与活塞孔相配（有微量的过盈或间隙），同时又要与连杆铜套孔相配（采用间隙配合）。当同一尺寸的轴段要与多个有不同配合要求的孔相结合而形成不同的配合性质时，则宜采用基轴制，所以活塞销采用基轴制。国家标准规定基准轴的上偏差为零，因此活塞销公差带的分布位置为单向负偏差，则其尺寸为

$$d = \phi 28_{-0.0025}^{\ 0}\ \text{mm}$$

相应地，可求得活塞销孔尺寸应为

$$D = \phi 28_{-0.0075}^{-0.0025}\ \text{mm}$$

显然，制造这样精确的销和销孔是很困难的，也是很不经济的。在实际生产中，采用的办法是将销和销孔的上述公差值按同方向放大 4 倍，即

$$d = \phi 28_{-0.0025}^{\ 0}\ \text{mm} \rightarrow d = \phi 28_{-0.01}^{\ 0}\ \text{mm}$$

$$D = \phi 28_{-0.0075}^{-0.0050}\ \text{mm} \rightarrow D = \phi 28_{-0.015}^{-0.005}\ \text{mm}$$

这样，活塞销可用无心磨、销孔可用金刚镗加工来分别达到精度要求。然后用精密量具测量，并按尺寸大小分成 4 组，涂上不同颜色加以区别，以便进行分组装配法装配。具体分组情况见表 6-11。

表 6-11 活塞销与活塞销孔的分组尺寸

组别	标志颜色	活塞销直径 $d=\phi 28_{-0.01}^{\ 0}$ mm	活塞销孔直径 $D=\phi 28_{-0.015}^{-0.005}$ mm	配合情况	
				最小过盈/mm	最大过盈/mm
Ⅰ	红	$\phi 28_{-0.0025}^{\ 0}$	$\phi 28_{-0.0075}^{-0.0050}$	−0.0025	−0.0075
Ⅱ	白	$\phi 28_{-0.0050}^{-0.0025}$	$\phi 28_{-0.0100}^{-0.0075}$		
Ⅲ	黄	$\phi 28_{-0.0075}^{-0.0050}$	$\phi 28_{-0.0125}^{-0.0100}$		
Ⅳ	绿	$\phi 28_{-0.0100}^{-0.0075}$	$\phi 28_{-0.0150}^{-0.0125}$		

从表 6-11 可以看出，各组的公差和配合性质与原来的要求相同。

采用分组装配法，关键是保证分组后各对应组的配合性质和配合精度满足装配精度的要求，同时，对应组内相配件的数量要配套。为此，应注意以下几点：

① 配合件的公差应相等，公差要向同方向增大，增大的倍数应等于分组数，见图 6-47(b)。

② 配合件的表面粗糙度、形位公差必须保持原设计要求，不能随着公差的放大而降低粗糙度要求和放大形位公差。

③ 为保证零件分组后在装配时各组数量相匹配，应使配合件的尺寸分布为相同的对称分布（如正态分布）。如果分布曲线不相同或为不对称分布曲线，将造成各组相配零件数量不等，使一些零件积压浪费。在实际生产中，常常专门加工一批与剩余件相配的零件，以解决零件配套问题。

④ 分组数不宜过多。零件尺寸公差只要放大到经济加工精度即可，否则会因零件的测量、分类、保管工作量的增加而使生产组织工作复杂，甚至造成生产过程的混乱。

分组装配法适用于装配精度要求很高和相关零件较少的大批量生产中。

(3) 复合选配法

复合选配法是直接选配法与分组装配法两种方法的复合,即零件公差可适当放大,加工后先测量分组,装配时再在各对应组内由工人进行直接选配。这种方法的特点是配合件的公差可以不等,且装配质量高,装配速度较快,能满足一定生产节拍要求。如发动机气缸套孔与活塞的装配多采用这种方法。

3. 修配法

在单件小批或成批生产中,当装配精度要求较高、装配尺寸链的组成环数较多时,常采用修配法来保证装配精度要求。

所谓修配法,就是将装配尺寸链中的组成环按加工经济精度制造,装配时按各组成环累积误差的实测结果,通过修配某一预先选定的组成环尺寸,或就地配制这个环,以减少各组成环由于按经济精度加工而产生的累积误差,使封闭环达到规定精度的一种装配工艺方法。这种方法的关键问题是确定修配环在加工中的实际尺寸,使修配环有足够的、而且是最小的修配量。

常见的修配方法有以下 3 种。

(1) 单件修配法

在多环尺寸链中,选定某一固定的零件作修配件进行修配,装配时用去除金属层的方法改变其尺寸,以保证装配精度的方法称为单件修配法。此法在生产中应用最广。

(2) 合并加工修配法

这种方法是将两个或多个零件合并在一起当作一个零件进行加工修配,合并后的零件作为一个组成环。从而减少了组成环的数目,有利于减少修配量。

合并加工修配法虽有上述优点,但是由于零件合并时要对号入座,给加工、装配和生产组织工作带来不便,因此多用于单件小批生产中。

(3) 自身加工修配法

在机床制造中,利用机床本身的切削加工能力,用自己加工自己的方法可以方便地保证某些装配精度要求,这就是自身加工修配法(见图 5-46 和图 5-47)。这种方法在机床制造中应用极广。

修配法最大的优点就是各组成环均可按经济精度制造,且可获得较高的装配精度。但由于产品需逐个修配,所以没有互换性,且装配劳动量大,生产率低,对装配工人技术水平要求较高。因而修配法主要用于单件小批生产和中批生产中装配精度要求较高的情况。

4. 调整法

调整法是将尺寸链中各组成环按经济精度加工,装配时通过更换尺寸链中某一预先选定的组成环零件或调整其位置来保证装配精度的方法。装配时进行更换或调整的组成环零件称为调整件,该组成环称为调整环。

调整法和修配法在原理上是相似的,但具体方法不同。修配法是采用机械加工的方法去除补偿环零件上的金属层,改变其尺寸,以补偿因各组成环公差扩大后产生的累积误差。

根据调整方法的不同，调整法可分为：可动调整法、固定调整法和误差抵消调整法3种。

(1) 可动调整法

在装配时，通过调整、改变调整件的位置来保证装配精度的方法，称为可动调整法。

常用的调整件有螺栓、斜面件、挡环等。在调整过程中无需拆卸零件，应用方便，能获得比较高的装配精度。同时，在产品使用过程中，由于某些零件的磨损而使装配精度下降时，应用此法有时还能使产品恢复原来的精度。因此，可动调整法在实际生产中应用较广。下面举例说明。

图6-48(a)所示为卧式车床横刀架。在采用楔块5调整丝杠3和螺母1、4之间间隙的装置就是应用可动调整法。该装置中前螺母1的右端做成斜面，在前螺母1和后螺母4之间装入一个左端也做成斜面(与前螺母1右端的斜面配合)的楔块5。调整间隙时，先将前螺母1上的固定螺钉放松，然后拧紧楔块5上的调节螺钉2，将楔块5向上拉。由于斜面的作用，使前螺母1向左移动，从而消除丝杠3和螺母副之间的轴向间隙。调整完毕后，再拧紧前螺母1的固定螺钉。从而达到调整楔块5的上、下位置以调整丝杠螺母副的轴向间隙。

图6-48(b)所示为调整套筒6的轴向位置以保证齿轮轴向间隙Δ的要求。图6-48(c)所示为调整卧式车床横溜板上镶条7的位置以保证导轨副的配合间隙。

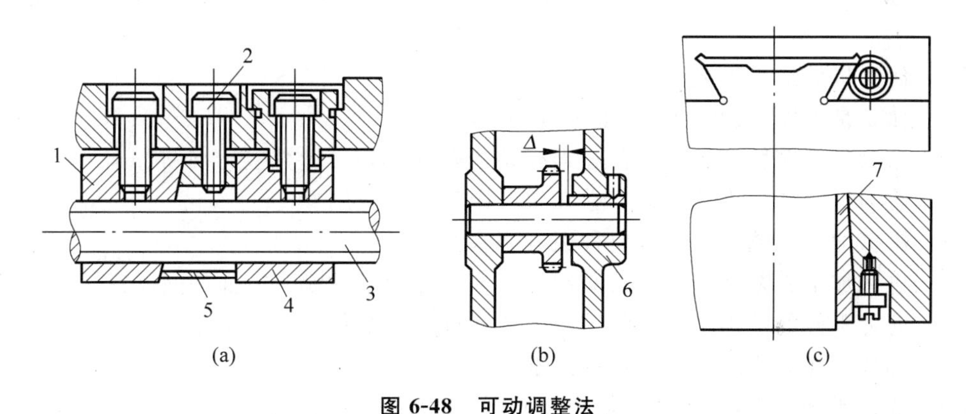

图6-48 可动调整法

1,4—螺母；2—螺钉；3—丝杠；5—楔块；6—套筒；7—镶条

可动调整法的缺点是会削弱机构的刚性。因而对刚性要求较高的机构，不宜用可动调整法。

(2) 固定调整法

在装配时，通过更换尺寸链中某一预先选定的组成环零件来保证装配精度的方法，称为固定调整法。预先选定的组成环零件即为调整件，其调整件需要按一定尺寸间隔制成一组专用零件，以备装配时根据各组成环所形成累积误差的大小进行选择。故选定的调整件应形状简单，制造容易，便于装拆。常用的调整件有垫片、轴套等。

固定调整法常用于大批大量生产和中批生产中装配精度要求较高的多环尺寸链。

(3) 误差抵消调整法

在产品或部件装配时，通过调整有关零件的相互位置使其加工误差相互抵消一部分以提高装配的精度，这种方法叫做误差抵消调整法。其实质与可动调整法类似。该方法在机床装配时应用较多，如在车床主轴装配时，通过调整主轴前、后轴承的径向跳动方向来控制主轴的径向跳动。

5. 装配方法的选择

在机械产品装配时，应根据产品的结构、装配精度要求、装配尺寸链环数的多少、生产类型及具体生产条件等因素合理选择装配方法。

选择装配方法的原则是：一般来说，当组成环的加工经济可行时，优先选用完全互换装配法；成批生产、组成环又较多时，可考虑不完全互换法；当封闭环精度较高、组成环较少、加工比较困难或不经济时，可考虑采用分组装配法；而当大批大量生产时，组成环较多的尺寸链可采用调整装配法；单件小批生产时，则应采用修配法；成批生产也可酌情采用修配法。

值得注意的是：一种产品究竟采用何种装配方法来保证装配精度，通常在设计阶段时就要确定。因为只有在装配方法确定之后，才能进行尺寸链的计算。同一产品的同一装配精度要求在不同的生产类型和生产条件下，可能采用不同的装配法。同时，同一产品的不同部件也可采用不同的装配方法。

习题与思考题

6-1 何为机械加工工艺过程？

6-2 什么是工序、安装、工位、工步、走刀？

6-3 何为生产纲领？它对工艺过程有哪些影响？如何计算生产纲领？

6-4 何为机械加工工艺规程？它在生产中起什么作用？

6-5 机械加工工艺规程的主要种类有哪些？

6-6 机械加工工艺规程设计的原则是什么？并应注意哪几方面的问题？

6-7 何为零件的结构工艺性？结构工艺性分析主要包括哪些工作？

6-8 选择毛坯时应综合考虑哪些因素？

6-9 选择粗基准时，一般应遵循哪些原则？并举例说明。

6-10 选择精基准时，一般应遵循哪些原则？并作简要阐述，同时举例说明。

6-11 何为加工经济精度？试举例说明在普通车床上和在普通外圆磨床上加工外圆的经济精度各是多少。

6-12 零件的机械加工工艺过程通常可划分为哪几个阶段？各加工阶段的主要任务是什么？

6-13 为什么要划分加工阶段？划分加工阶段的作用是什么？

6-14 何为工序集中与工序分散？各有何特点？

6-15 试说明安排切削加工工序顺序时，一般应遵循哪些原则？

6-16 简要阐述热处理的目的。

6-17 根据热处理工艺方法不同，热处理工艺一般分为哪几种？其目的作用各是什么？

6-18 在切削加工时，选择切削用量的总体基本原则是什么？

6-19 何为时间定额？确定时间定额的依据是什么？

6-20　何为尺寸链？何为工艺尺寸链及装配尺寸链？如何判断尺寸链的封闭环？

6-21　何为尺寸链图？何为增环、减环？怎样判断增环和减环？

6-22　退火、正火、时效、调质、淬火、渗碳淬火、渗氮等热处理工序各应安排在工艺过程的哪个位置比较恰当？

6-23　什么情况下可以不划分或不严格划分加工阶段？

6-24　提高劳动生产率的工艺措施有哪些？

6-25　图示的零件加工时，粗、精基准如何选择？简要说明理由。

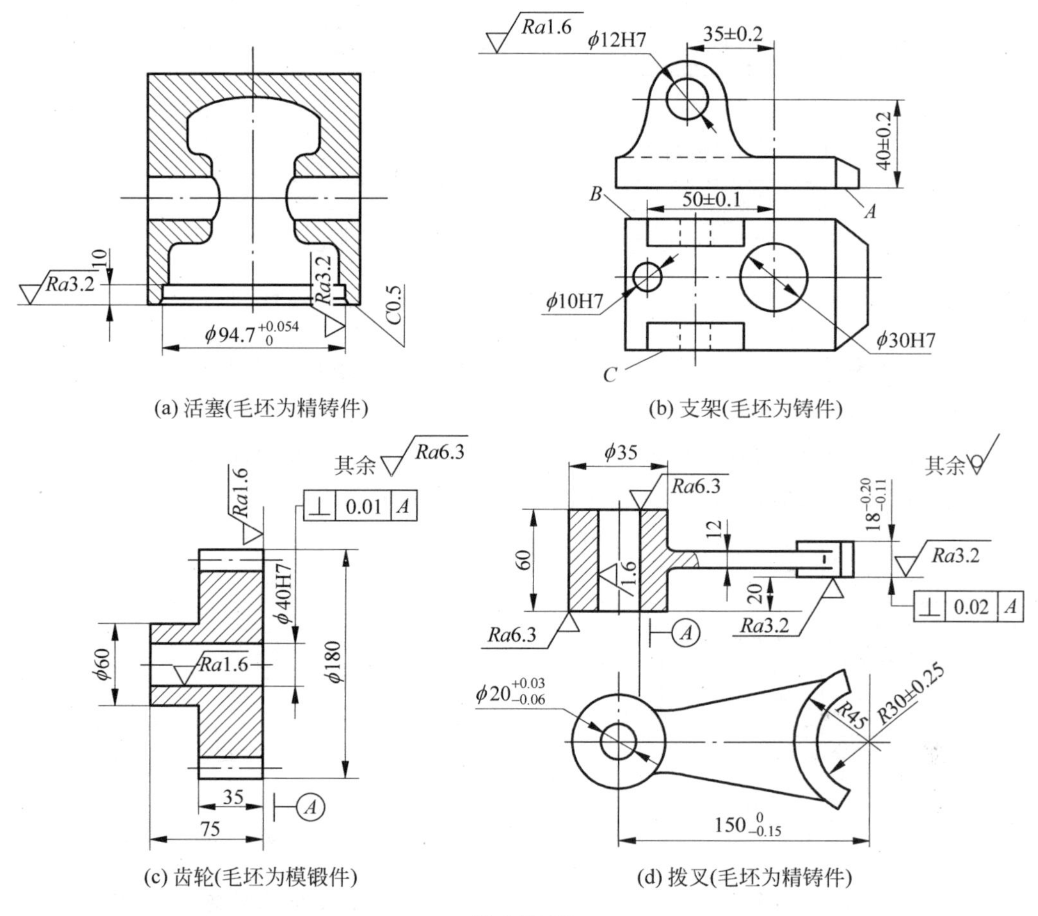

题 6-25 图

6-26　装配处于产品所必需的最后阶段，为了制造合格的产品，必须保证哪3个主要环节？

6-27　装配工作的基本内容有哪些？

6-28　简要阐述装配精度与零件精度的关系。

6-29　保证产品装配精度的方法有哪些？如何选择装配方法？

6-30　试拟定如图所示零件成批生产的机械加工工艺路线(包括工序名称、加工方法、定位基准，并绘制工序图)。该工件的毛坯为铸件(孔未铸出)。

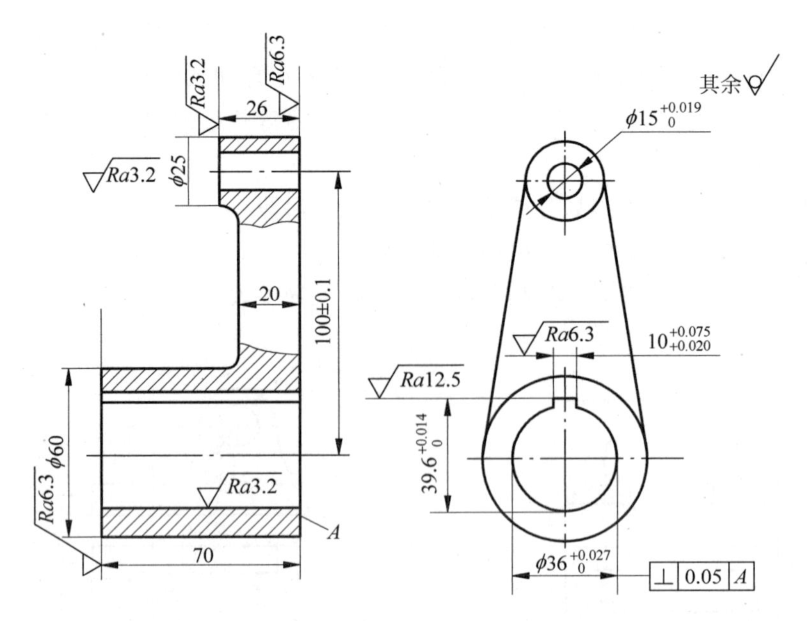

题 6-30 图

6-31 图示零件加工时，要求保证尺寸(6±0.1)mm，但该尺寸不便测量，只好通过测量尺寸 L 来间接保证。试求工序尺寸及其上下偏差。

6-32 如图所示为台阶零件，若以 A 面定位，用调整法铣平面 B、C，及槽 D。已知 $L_1=(60\pm0.2)$mm，$L_2=(20\pm0.4)$mm，$L_3=(40\pm0.8)$mm，试求工序尺寸及极限偏差。

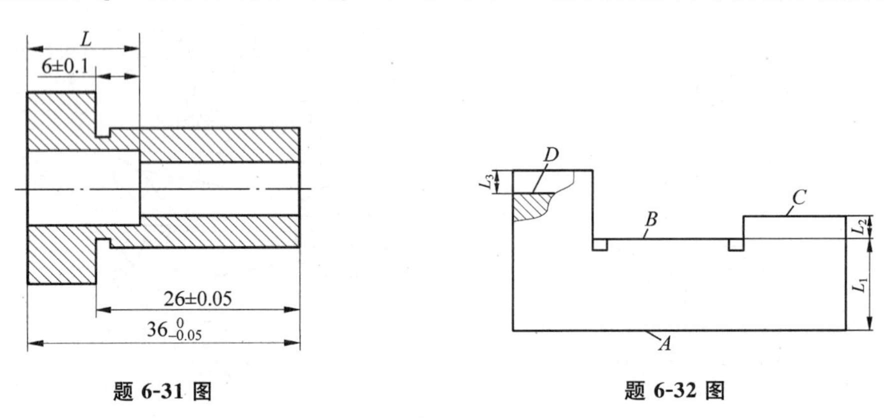

题 6-31 图　　　　题 6-32 图

6-33 图示为车床溜板部位局部装配简图。装配间隙 A_0 要求为 0.005～0.025mm，已知有关零件的基本尺寸及其偏差为：$A_1=25^{+0.084}_{0}$ mm，$A_2=20\pm0.065$mm，$A_3=5\pm0.006$mm，试校核装配间隙 A_0 能否得到保证。

6-34 如图所示为汽车发动机曲轴的第一轴颈局部装配图。设计要求轴向装配间隙 $A_0=0^{+0.25}_{+0.05}$mm。在曲轴主轴颈前后两端套有止推垫片，正时齿轮被压紧在主轴颈台肩上。试确定曲轴主轴颈长度 $A_1=43.5$mm，前后止推垫片厚度 $A_2=A_4=2.5$mm，轴承座宽度 $A_3=38.5$mm 等尺寸的上、下偏差。

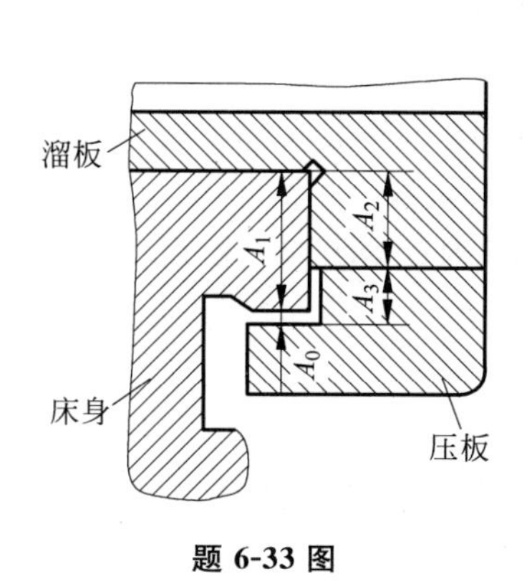

题 6-33 图

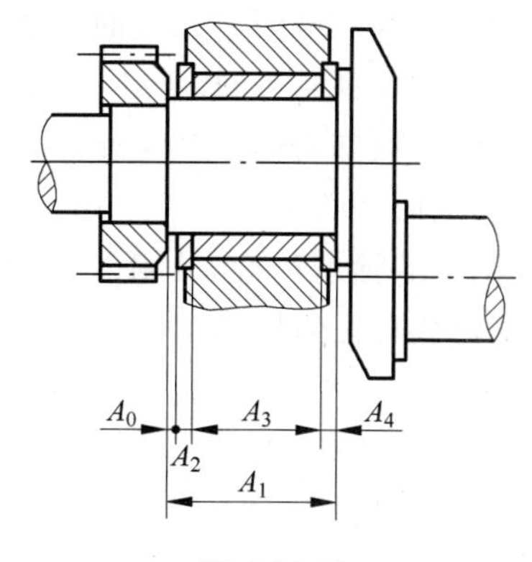

题 6-34 图

6-35 如图所示的零件，表面 A 和表面 C 已加工，现加工表面 B，要求保证尺寸 $A_0=25^{+0.25}_{0}$mm 及平行度为 0.1mm。很明显，表面 B 的设计基准是表面 C。因表面 C 不宜作定位基准，故选表面 A 为定位基准。在采用调整法加工时，为了调整刀具位置并便于反映加工中的问题，通常将表面 B 的工序尺寸及工序平行度要求从定位表面 A 注出，即以 A 面为工序基准标注工序尺寸 A_2 及平行度公差 T_{a2}，因此试确定工序尺寸 A_2 及平行度公差 T_{a2}。

6-36 图示为一带键槽的齿轮孔，孔需淬火后磨削，故键槽深度的最终尺寸 $43.6^{+0.34}_{0}$mm 不能直接获得。因其设计基准内孔要继续加工，所以插键槽时的深度只能作为加工中间的工序尺寸。拟定工艺规程时应计算插键槽的工序尺寸及其公差。有关内孔及键槽的加工顺序是：

① 镗内孔至 $\phi39.6^{+0.10}_{0}$mm；

② 插键槽至尺寸 A；

③ 热处理；

④ 磨内孔至 $\phi40^{+0.05}_{0}$mm，同时间接获得键槽深度尺寸 $43.6^{+0.34}_{0}$mm。

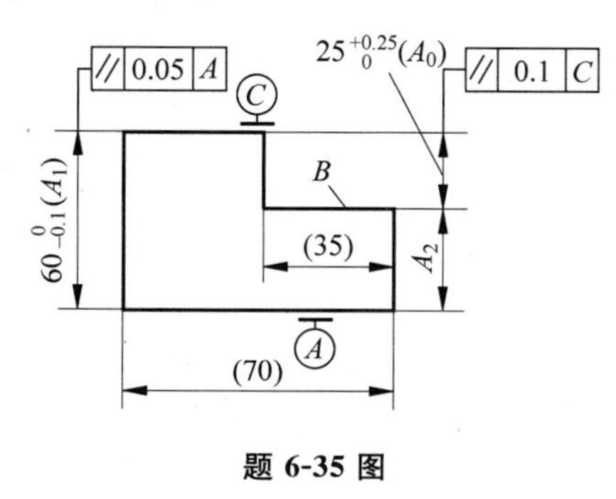

题 6-35 图

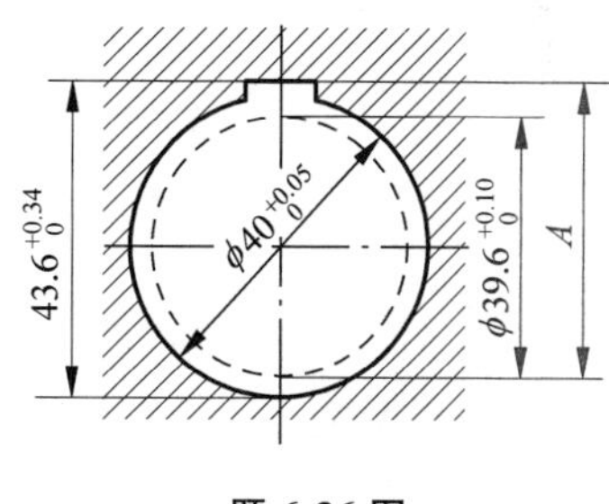

题 6-36 图

6-37 图示的圆环零件，外圆表面要求镀铬。镀前进行磨削加工，保证尺寸 ϕA。镀铬时控制镀层厚度为 0.025～0.04mm（双边为 0.05～0.08mm，或写成 $0.08^{0}_{-0.03}$mm），并间接保证设计尺寸 $\phi28^{0}_{-0.045}$mm。试确定磨削时的工序尺寸 ϕA 及其上、下偏差。

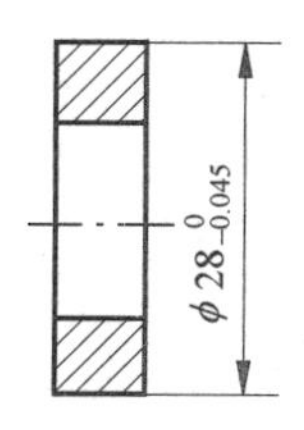

题 6-37 图

6-38 图示的小轴的轴向尺寸，需作如下加工：

① 车端面 1；

② 车端面 2，保证端面 1 和端面 2 之间距离尺寸 $A_2=49.5^{+0.3}_{0}$ mm；

③ 车端面 3，保证总长 $A_3=80^{0}_{-0.2}$ mm；

④ 磨端面 2，保证端面 2 和端面 3 之间距离尺寸 $A_1=30^{0}_{-0.14}$ mm。

试校核磨端面 2 的余量。

6-39 图示的轴承衬套，内孔要求渗氮处理。渗氮层深度 t_0 规定为 $0.3^{+0.2}_{0}$ mm（单边）。零件上与此有关的加工工序如下：

① 磨内孔，保证尺寸 $\phi144.76^{+0.04}_{0}$ mm；

② 渗氮处理，控制渗氮层深度为 t_1；

③ 精磨内孔，保证尺寸 $\phi145^{+0.04}_{0}$ mm，同时保证渗氮层深度达到规定的要求。

试确定 t_1 的数值。

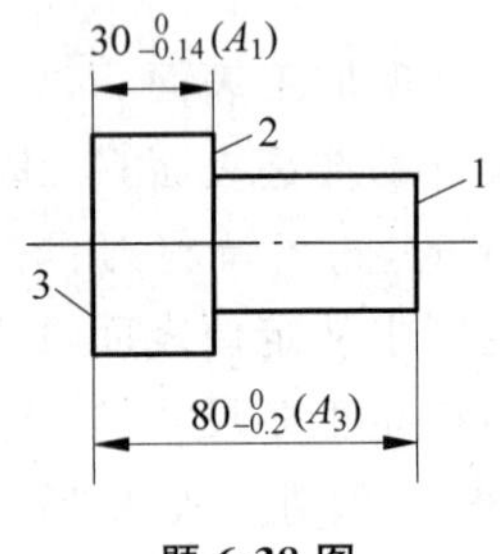

题 6-38 图

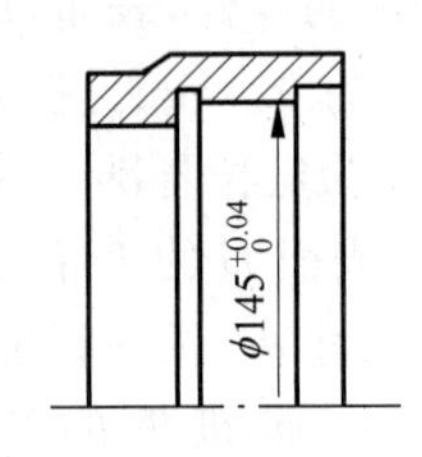

题 6-39 图

第7章

典型零件加工工艺的设计

【内容提要】 本章重点介绍轴类、套类及箱体类零件的功用、结构特点等方面的基本知识，并对这三类典型零件的毛坯类型、材料选择、定位装夹、热处理方式、工艺要求、加工方法以及相关的技术要求进行了系统的分析，并对每类典型零件的机械加工工艺过程的制定作了较全面的讲解，因此，制定机械加工工艺过程是本章的重点。

【本章要点】

1. 了解轴类、套类和箱体类零件的功用、结构特点及技术要求
2. 熟悉这三类典型零件的材料选用、定位装夹和热处理方式
3. 掌握典型零件各类表面的加工方法和工艺要求
4. 编制出合理的机械加工工艺规程

【本章难点】

1. 掌握典型零件各类表面的加工方法和工艺要求
2. 编制出合理的机械加工工艺规程

本章通过对几种常见典型零件的加工工艺过程进行分析，把握加工典型零件的制造规律，熟悉和掌握机械零件的加工工艺，达到灵活运用制造技术，能对一般的轴类零件、套类零件、箱体类零件编制出合理的机械加工工艺规程。

7.1 轴类零件加工

7.1.1 概述

1. 轴类零件的功用与结构特点

轴类零件是机械加工中最常见的典型零件之一，其主要功能是支承传动零件（如齿轮、带轮、蜗轮等），使其具有确定的工作位置，并承受载荷、传递转矩以及保证装在轴上零件的回转精度。

轴类零件是旋转体零件，其长度 L 大于直径 d。若 $L/d \leqslant 12$，通常称为刚性轴；而 $L/d>12$ 则称为挠性轴。同时，又把轴的长径比 $L/d<5$ 的称为短轴，$L/d>20$ 的称为细长轴。根据结构形状不同，轴类零件可分为光轴、空心轴、阶梯轴和异型轴（曲轴、凸轮轴）4 类，如

图 7-1 所示。

轴类零件通常由同轴度要求较高的内外圆柱面、内外圆锥面、螺纹、花键、沟槽及相应的轴肩、端面所组成，如图 7-2 所示。

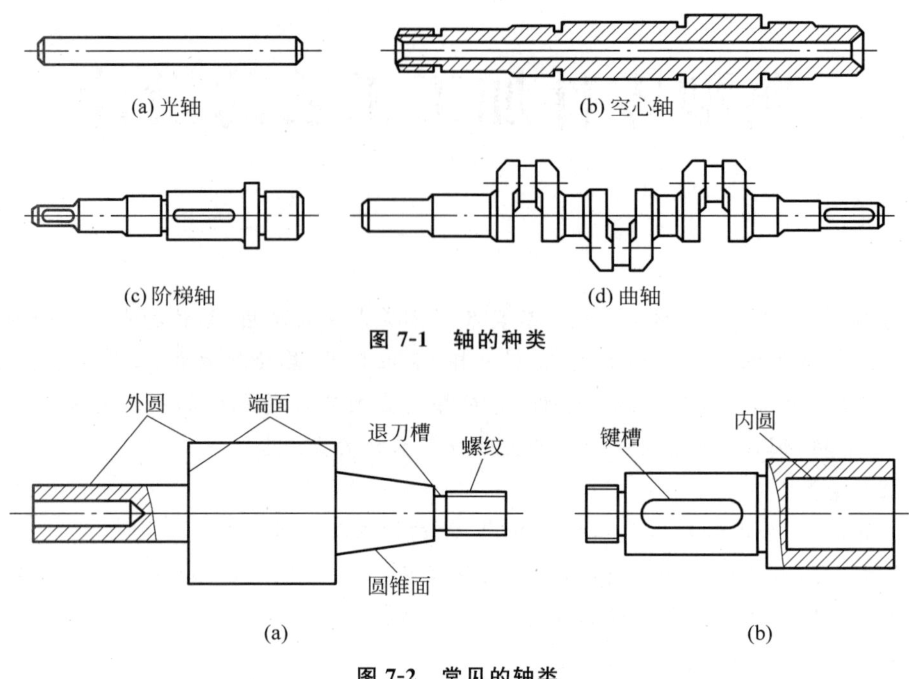

(a) 光轴　(b) 空心轴　(c) 阶梯轴　(d) 曲轴

图 7-1　轴的种类

(a)　(b)

图 7-2　常见的轴类

2. 轴类零件的技术要求

轴通常是由其轴颈支承在机器的机架或箱体上，实现运动和动力的传递，如图 7-3 所示。与轴承孔配合的两段轴颈和安装传动零件的轴头处表面，一般是轴类零件的重要表面，其尺寸精度、形状精度、位置精度及表面粗糙度的要求均较高，是制定轴类零件机械加工工艺规程时应着重考虑的因素。因此，根据其功用及工作条件，轴类零件的技术要求通常包括以下几方面。

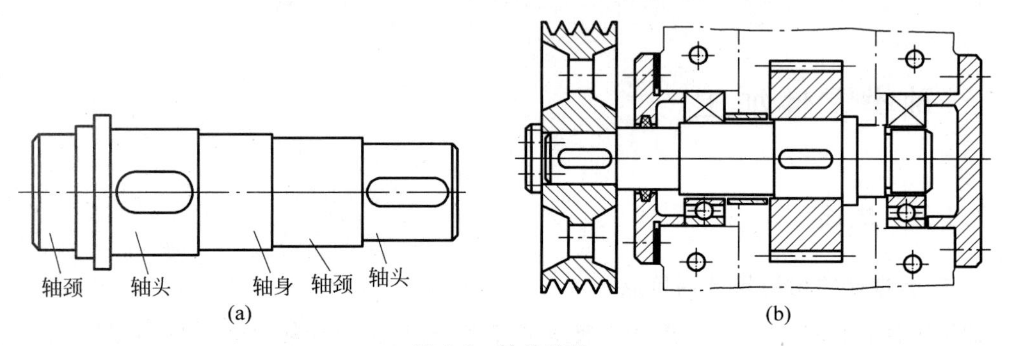

(a)　(b)

图 7-3　轴的结构

(1) 尺寸精度和形状精度

轴类零件的尺寸精度主要指轴的直径尺寸精度和轴长尺寸精度，而直径尺寸精度比轴长尺寸精度要严格得多。轴上支承轴颈（与轴承配合的外圆表面）和轴头处的配合表面（与齿轮、带轮、联轴器等传动零件配合的外圆表面）的尺寸精度和形状精度（圆度和圆柱度）是轴的主要技术要求之一，它将影响轴的回转精度和配合精度。

在轴类零件的各段直径中，支承轴颈是轴类零件的主要表面，它影响轴的旋转精度与工作状态，通常对其尺寸精度和形状精度要求较高。普通轴类零件支承轴颈的直径尺寸精度一般为IT6～IT8级，形状精度则限制在直径公差范围以内或要求圆度误差小于0.01mm。精密轴的支承轴颈，其直径精度可达IT5级以上，圆度误差则控制在0.001～0.005mm以内。轴头处的配合轴颈，其尺寸精度要求可低一些，一般为IT6～IT9。

按使用要求，轴长尺寸通常规定为公称尺寸，对于阶梯轴的各台阶长度按使用要求可相应给定公差，一般要求不是太高。

(2) 位置精度

为保证轴上传动件的传动精度，必须规定支承轴颈与配合轴颈的位置精度。保证配合轴颈相对于支承轴颈的径向圆跳动或同轴度，是轴类零件位置精度的普遍要求。普通轴的配合轴颈对支撑轴颈的径向圆跳动一般为0.01～0.03mm，高精度轴为0.001～0.005mm。

(3) 表面粗糙度

轴上的表面以支承轴颈的表面质量要求最高，其次是配合轴颈或工作表面。这是保证轴与轴承以及轴与轴上传动件正确可靠配合的重要因素。一般情况下，支撑轴颈的表面粗糙度值为$Ra0.16\sim0.63\mu m$，配合轴颈的表面粗糙度值为$Ra0.63\sim2.5\mu m$。

7.1.2 轴类零件的毛坯、材料及热处理

1. 轴类零件的毛坯

轴类零件最常用的毛坯是棒料和锻件，当某些大型的轴或外形结构复杂的轴在质量允许时，也可采用铸件。

对于外圆直径相差不大的阶梯轴，一般常用热轧圆棒料毛坯。当成品零件尺寸精度与冷拉圆棒料相符合时，其外圆可不进行车削加工，这时可采用冷拉圆棒料毛坯。

热轧的精度低，价格便宜，用于一般零件的毛坯。冷拉的尺寸较小，精度高，易于实现自动送料，但价格贵，多用于批量较大、在自动机床上进行加工的毛坯。

对于外圆直径相差比较大的阶梯轴或重要的轴，常选用锻件，这样既节约材料又减少机械加工的工作量，并且毛坯经过锻造后，能使金属内部纤维组织沿表面均匀分布，可获得较高的抗拉、抗弯及抗扭强度。所以除光轴、直径相差不大的阶梯轴可使用棒料外，一般比较重要的轴大都采用锻件毛坯。

根据生产规模的不同，毛坯的锻造方式有自由锻和模锻两种。自由锻设备简单、容易投产，但毛坯精度较差、加工余量较大且毛坯的形状较为简单，多用于单件小批生产。模锻的毛坯精度高，加工余量小，生产率也高，可以锻造形状复杂的毛坯，但模锻需要昂贵的设备和专用锻模，所以只适用于大批大量生产。

另外，对于一些大型的轴类零件，如低速船用柴油机曲轴，还可采用组合毛坯，即将轴预先分成几段毛坯，经各自锻造加工后，再采用热套等过盈连接方法拼装成整体毛坯。

2. 轴类零件的材料

轴类零件应根据不同的工作条件和使用要求选用不同的材料，并采用不同的热处理方法，以获得一定的强度、韧性和耐磨性。

一般轴类零件常采用45钢。它价格便宜，经过调质处理后可得到较好的切削性能，且能获得较高的强度和韧性等综合机械性能，淬火后表面硬度可达45～52HRC。

对于中等精度而转速较高的轴类零件可选用40Cr等合金结构钢。这类钢经调质和高频淬火后具有较高的综合机械性能。

精度较高的轴，有时还可用轴承钢GCr15和弹簧钢65Mn。这类钢经调质和表面高频感应加热淬火后，表面硬度可达50～58HRC，并具有较高的耐疲劳性能和较好的耐磨性能。

对于高转速和重载荷的轴或精密机床的主轴（如磨床砂轮轴、坐标镗床主轴），可选用20CrMnTi、20Cr等渗碳钢或38CrMoAl渗氮钢，经过淬火或氮化处理后可得更高的表面硬度、耐磨性和心部韧性，具有较好的抗冲击能力和耐疲劳强度。

球墨铸铁、冷硬铸铁由于铸造性能好且具有减振性能，常用于制造外形结构复杂的轴，如曲轴、凸轮轴。

3. 轴类零件的热处理

轴的性能除与所选钢材种类有关外，还与热处理方法有关。

轴的锻造毛坯在机械加工之前均需进行正火或退火预备热处理，使钢材的晶粒细化，以消除锻造后的残余应力，降低毛坯硬度，改善切削加工性能。

凡要求局部表面淬火以提高表面耐磨性的轴，必须在淬火前安排调质处理（有的采用正火）。当毛坯加工余量较大时，调质放在粗车之后、半精车之前，使粗加工产生的残余应力能在调质时消除；当毛坯余量较小时，调质可安排在粗车之前进行。表面淬火一般放在精加工之前，可保证淬火引起的局部变形在精加工中得以纠正。

对于精度要求较高的轴，在局部淬火和粗磨之后，还需安排低温时效处理，以消除淬火及磨削中产生的残余奥氏体和残余应力，使尺寸稳定。对于整体淬火的精密轴，在淬火粗磨后要经过较长时间的低温时效处理。对于精度更高的轴，在淬火之后还要进行定性处理。定性处理一般采用液氮深冷处理方法，以进一步消除加工应力，保持轴的精度。

4. 轴类零件的装夹

（1）用外圆表面装夹

当工件的长径比L/d不大时，可用工件外圆表面装夹，并传递扭矩，以进行切削加工。通常使用的夹具是三爪自定心卡盘，如图7-4(a)所示。三爪自定心卡盘能自动定心，装卸工件快，但由于夹具的制造和装夹误差，其定心精度为0.05～0.10mm。四爪卡盘如图7-4(b)所示。不能自动定心，装夹工件时4个卡爪需要按工件定位表面的形状分别校正调整，很费时间，适用于单件小批生产，但它能装夹不规则的工件，夹紧力大。若精心找正，能获得很高的装夹精度。

(a) 三爪自定心卡盘

(b) 四爪卡盘

(c) 弹簧夹头

图7-4 用外圆表面装夹示例

在自动车床和转塔车床上加工不长的小型轴类零件时，常用冷拉圆钢或热轧圆钢做毛坯。由于毛坯直径不大而且直径误差较小，故通常采用弹簧夹头，按毛坯外圆定心夹紧。弹簧夹头如图 7-4(c)所示，弹簧夹头能自动定心，装卸工件快，但也有少量的装夹偏心，且夹紧力不大。

(2) 用两中心孔装夹

当工件的长径比 L/d 较大时，常用两中心孔装夹。其优点是定位基准统一，有利于保证轴上各加工表面之间的相互位置精度，因而是轴类零件最常用的装夹方法。但两顶尖装夹的刚性差，不能承受太大的切削力，故主要用于半精加工和精加工。

对于较大型的长轴零件的粗加工常采用一夹一顶的装夹法，即工件的一端用车床主轴上的卡盘夹紧，另一端用尾座顶尖支承，这样就克服了刚性差，不能承受大切削力的缺点。

(3) 用内孔表面装夹

对于空心的轴类零件，在加工出内孔后，作为定位基准的中心孔已不存在。为了使以后各道工序有统一的定位基准，常采用带有中心孔的各种堵头和拉杆心轴装夹工件。

当空心轴孔端有小锥度锥孔(如莫氏锥孔)时，常使用锥堵，如图 7-5 所示。若为圆柱孔时，也可采用小锥度的锥堵定位。当锥孔的锥度较大(如 7∶22 和 1∶10 等)时，可用带锥堵的拉杆心轴装夹，如图 7-6 所示。

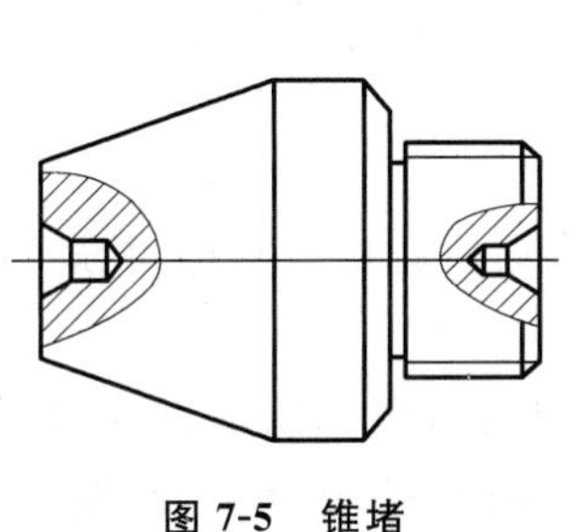

图 7-5　锥堵

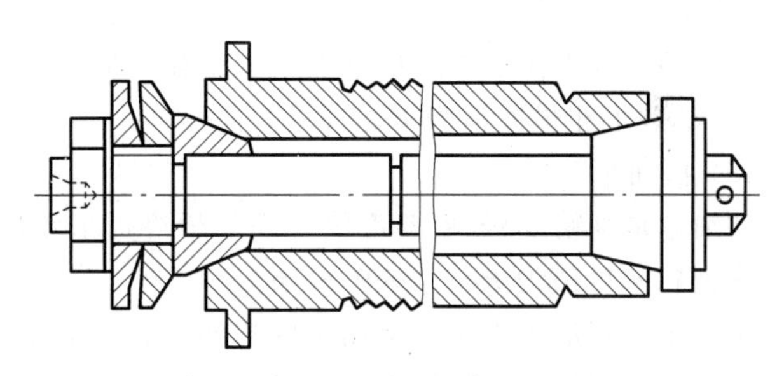

图 7-6　带锥堵的拉杆心轴

当空心轴孔端无锥孔，也不允许作出锥孔时，可用自动定心的弹簧堵头，如图 7-7 所示。它利用顶尖压力使弹簧套扩张，夹紧工件。

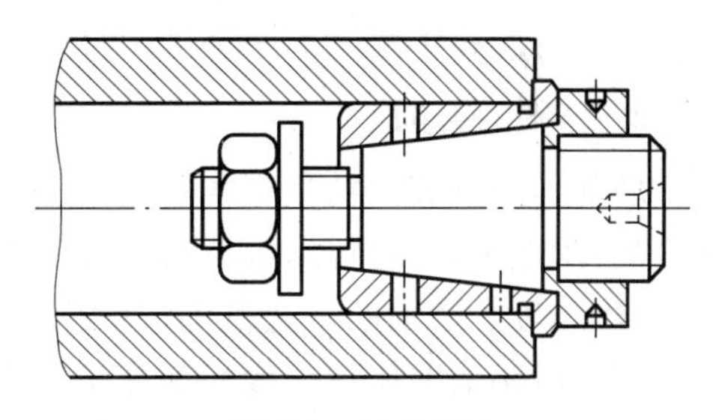

图 7-7　弹簧堵头

当空心轴内孔直径不是很大时，也可将孔端做成长 2～3mm 的 60°圆锥孔，然后直接用顶尖装夹。

采用各种堵头和拉杆心轴时应注意：堵头要有足够的精度(特别是用以定位的表面必须与中心孔同轴)；装堵头的内孔或锥孔最好经过精车或磨削；工件在加工过程中最好不要中途更换或重装堵头，以保证定位误差最小。

7.1.3　轴类零件外圆表面的加工方法

外圆是轴类零件的主要表面，因此要合理地制定轴类零件的加工工艺规程，应首先了解外圆表面的各种加工方法和加工方案。

1. 外圆的车削

轴类零件的主要加工方法是车削加工。车削时要求保证各加工表面的尺寸精度、表面粗糙度和主要表面之间的相互位置精度。主要的加工形式如下。

(1) 荒车

自由锻件和大型铸件的毛坯有很大的加工余量。为了减少毛坯外圆形状误差和位置偏差,使后续工序加工余量均匀,以去除外表面的氧化皮为主的外圆加工,称为荒车。荒车的一般背吃刀量 a_p 为 2～6mm,尺寸公差可达 IT15～IT17。

(2) 粗车

中小型锻件、铸件毛坯一般直接进行粗车,粗车主要切去毛坯硬皮和大部分余量(一般车出阶梯轮廓)。在工艺系统刚度允许的情况下,应选用较大的切削用量以提高生产效率。粗车加工后工件的尺寸精度为 IT11～IT13,表面粗糙度值为 Ra12.5～50μm。

(3) 半精车

半精车一般作为中等精度表面的最终加工工序,也可作为磨削和其他精加工工序的预加工。对于精度较高的毛坯,可不经粗车,直接半精车。半精车的尺寸精度可达 IT8～IT10,表面粗糙度值为 Ra3.2～6.3μm。

(4) 精车

精车是外圆表面加工的最终加工工序和光整加工前的预加工。精车后的尺寸精度可达 IT7～IT8,表面粗糙度值为 Ra0.8～1.6μm。

(5) 精细车

精细车是高精度、低粗糙度值表面的最终加工工序。精细车削后尺寸精度可达 IT6～IT7,表面粗糙度值为 Ra0.2～0.8μm。

精细车尤其适用于有色金属零件的外圆表面加工。这是因为有色金属不宜磨削,所以可采用精细车削代替磨削加工。但是,精细车要求机床精度高,刚性好,传动平稳,能微量进给,无爬行现象。车削中采用金刚石或硬质合金刀具,刀具主偏角 κ_γ 可选大些(75°～90°),刀具的刀尖圆弧半径 r_ε 应取小些(如 0.1～1mm),以减少工艺系统中弹性变形和振动。

2. 外圆的磨削

磨削是外圆表面精加工的主要方法之一。磨削加工采用的磨具(或磨料)具有颗粒小,硬度高,耐热性好等特点,因此可以加工较硬的金属材料和非金属材料,如淬硬钢、硬质合金刀具、陶瓷等。磨削的工艺范围也很广,可以划分为粗磨、精磨、精细磨及镜面磨等。

磨削所用的磨床比一般切削加工机床(车床)精度高,其刚性好,稳定性较好,并且具有控制小切削深度的微量进给机构,可以进行微量切削。此外,砂轮磨粒上较锋利的切削刃能够切下一层极薄、极细的金属,切削厚度可以小到数微米。因而磨削加工精度高,表面粗糙度值小,从而保证了精密加工的实现。

磨削加工时,切削速度很高,如普通外圆的磨削速度为 $v_c=30\sim35$m/s,高速磨削速度为 $v_c>50$m/s。当磨粒以很高的切削速度从工件表面切过时,同时有很多切削刃进行切削,同时参与切削运动的颗粒多,每个磨刃仅从工件上切下极少量的金属,残留面很薄,有利于形成光洁的表面。

因此,磨削可以达到高的精度和小的粗糙度值。一般磨削精度可达 IT6～IT7。表面粗

糙度值为 $Ra0.2\sim0.8\mu m$。当采用小粗糙度值磨削时，表面粗糙度值可达 $Ra0.008\sim0.1\mu m$。

3. 细长轴的车削加工特点

细长轴的结构特点是轴的长径比 $L/d>20$，其加工特点如下：

(1) 细长轴刚性很差。若车削时装夹不当，很容易因切削力及重力的作用而发生弯曲变形，产生振动，从而影响加工精度和表面粗糙度。

(2) 细长轴的热扩散性能差，在切削热作用下，会产生相当大的线膨胀。如果轴的两端为固定支承，则工件会因伸长而顶弯。

(3) 由于轴较长，因此一次走刀时间长，刀具磨损大，从而影响零件的几何形状精度。

(4) 车细长轴时由于使用跟刀架、中心架，若支承工件的支承爪(块)对零件压力不适当，会影响加工精度。若压力过小或不接触，就不起作用，不能提高零件的刚度；若压力过大，则零件被压向车刀，切削深度增加，车出的直径就小。

4. 保证车削质量的措施

由于细长轴刚性很差，在加工中极易变形，对加工精度和加工质量影响很大。为此，生产中常采用下列措施予以解决。

(1) 改进工件的装夹方法

粗加工时，由于切削余量大，工件受的切削力也大，一般采用前夹后顶的方法，尾座顶尖采用弹性顶尖，可以使工件在轴向自由伸长。但是，由于顶尖弹性的限制，轴向伸长量也受到限制，因而顶紧力不是很大。在强力、大切削用量加工时，有使工件脱离顶尖的危险。

精车时，采用双顶尖(此时尾座应采用弹性顶尖)装夹，有利于提高加工精度，其关键是提高中心孔精度。

(2) 采用中心架、跟刀架

中心架、跟刀架是车削细长轴时起辅助支承作用的附件，如图7-8、图7-9所示。采用中心架、跟刀架能抵消加工时径向切削分力的影响，从而减少切削时的振动和工件变形，能提高细长轴的刚度，防止弯曲变形。但必须注意仔细调整，使中心架、跟刀架的中心与机床顶尖中心保持一致。

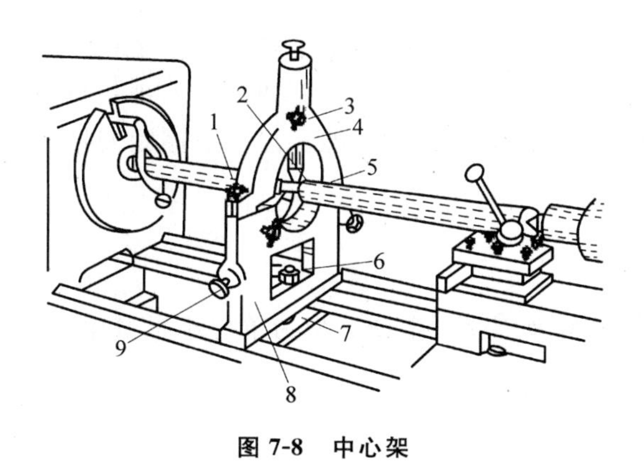

图7-8　中心架

1—锁紧螺钉；2—顶爪；3—锁紧爪螺钉；4—上盖；5—细长轴；6—底座锁紧螺母；7—底座压板；8—底座；9—调节爪旋钮

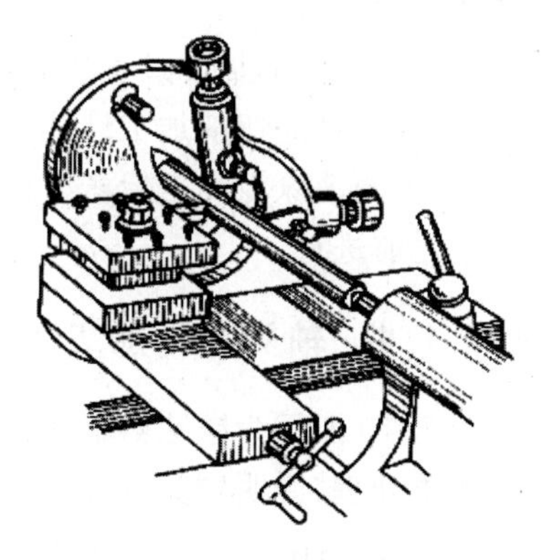

图7-9　跟刀架

(3) 采用反向走刀

由压杆稳定性可知，细长杆在压力作用下会变弯曲甚至折断。这时，如改为反向走刀，使原来的轴向受压变为轴向受拉，使工件产生轴向伸长的趋势，就不会因轴向力而压弯工件。因此，采用反向走刀可大大减少由于工件伸长造成的弯曲变形，同时应注意将尾座顶尖改为可伸缩的活动顶尖。

(4) 采用主偏角 $\kappa_\gamma=90^\circ$ 车刀

车削细长轴时一般采用主偏角 $\kappa_\gamma=90^\circ\sim93^\circ$ 车刀，并取较大的前角，以使刀刃锋利，切削轻快，目的为减小径向力，防止振动和弯曲变形。粗加工车刀刀面上应开有断屑槽，使切削更容易断裂。精车时常采用正的刃倾角($\lambda_s>0^\circ$)车刀(刀尖为主切削刃的最高点)，使切削下的切屑流向待加工表面，避免划伤已加工表面。

5. 典型轴类零件的加工工艺路线

轴类零件的主要加工表面是外圆表面，同时还有一些特殊形表面，因此加工时应针对各种精度等级和表面粗糙度值的要求，按加工经济精度选择加工方法。

对普通精度的轴类零件加工，其典型的工艺路线如下：正火—车端面、钻中心孔—粗车各表面—半精车各表面—铣花键、键槽—热处理—修研中心孔—粗磨外圆—精磨外圆—检验。

轴类零件一般采用中心孔作为定位基准，以实现基准统一的原则。在单件小批量生产中，钻中心孔工序常在普通车床上进行；在大批量生产中，常在铣端面钻中心孔专用机床上进行。中心孔是轴类零件加工全过程中使用的定位基准，其加工质量对于整个零件的加工精度有着重大影响，所以必须安排修研中心孔工序。修研中心孔一般在车床上用金刚石或硬质合金顶尖加压进行。对于空心轴(如机床主轴)，为了能使用顶尖孔定位，一般采用带顶尖孔的锥套心轴或锥堵。若外圆和锥孔需反复多次、互为基准进行加工，则在重装锥堵或心轴时，必须按外圆找正或修磨中心孔。

轴上的花键、键槽等次要表面的加工，一般安排在外圆精车之后、磨削之前进行。因为如果在精车之前就铣出键槽，在精车时由于断续切削而易产生振动，影响加工质量，又容易损坏刀具，也难以控制键槽的尺寸。但也不安排在外圆精磨之后进行，以免破坏外圆的加工精度和表面质量。

在轴类零件的加工过程中，应当安排必要的热处理工序，以保证其机械性能和加工精度，并改善工件的切削加工性能。一般毛坯锻造后安排正火工序。而调质则安排在粗加工后进行，以便消除粗加工后产生的应力及获得良好的综合机械性能。淬火工序则安排在磨削工序之前进行。

7.1.4 轴类零件加工工艺设计实例

图 7-10 所示为减速器输出轴的零件图，材料为 45 钢，生产类型为单件小批量生产，零件需调质处理，说明轴类零件工艺过程的拟定。

1. 零件的作用和主要技术要求

该零件是减速器中的输出轴，A、B 两段是支承轴颈，与滚动轴承内圈为过渡配合。动力由与轴 ϕ46js7 配合的齿轮传入(两者为过渡配合并加平键连接)，经装在输出轴左端上与轴 ϕ30js7 配合的齿轮传出。由此可见，两支承轴颈 ϕ35js6 和轴头 ϕ46js7、ϕ30js7(与两齿轮

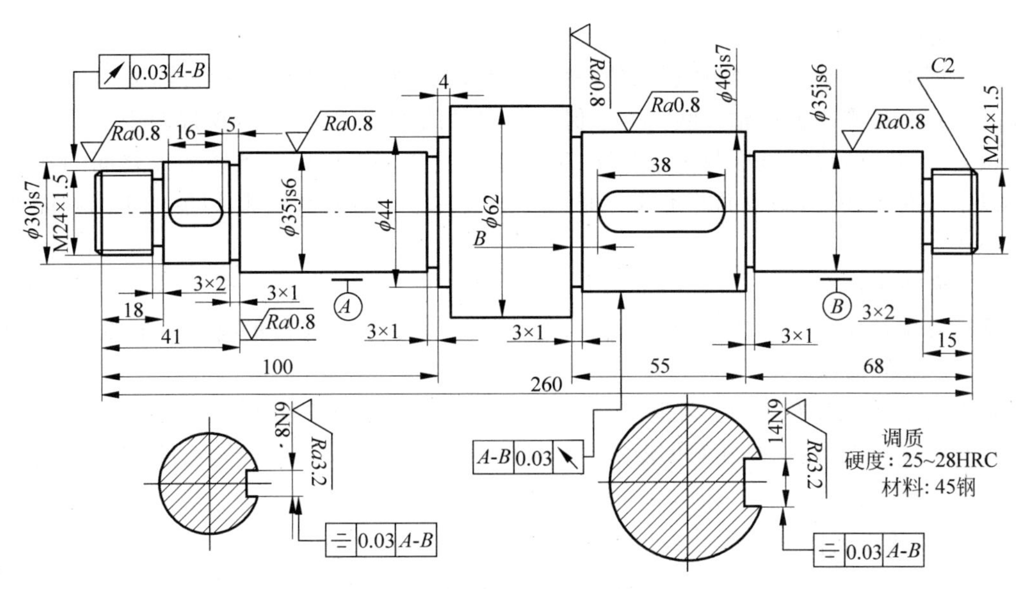

图 7-10　变速箱主轴

配合处)是零件的主要表面。它们的尺寸精度、相互位置精度和表面粗糙度都有较高的要求,其技术要求分析如下:

(1) 两支承轴颈均为 ϕ35js6(±0.008),表面粗糙度值均为 Ra0.8μm。通过分析可知,要求两支承轴颈 ϕ35js6 的轴心线共轴线,即 A、B 共轴线。

(2) 两配合轴头分别为 ϕ46js7(±0.012)、ϕ30js7(±0.010),表面粗糙度值均为 Ra0.8μm。要求两配合轴头的轴心线分别与两支承轴颈 ϕ35js6 的轴心线,即 A、B 的径向跳动不大于 0.03mm,以保证两者同轴,使零件装配后能灵活转动,保证传动要求。

(3) 两配合轴颈键槽的宽度分别为 14N9 和 8N9,两侧面粗糙度值均为 Ra3.2μm。

(4) 为了保证轴上零件的回转精度,要求输入端、输出端两键槽与两支承轴颈 ϕ35js6 的轴心线,即 A、B 的对称度均为 0.03mm。

(5) 零件材料为 45 钢,为减速器输出轴,要求有较好的综合机械性能,因此作调质处理。

2. 轴的工艺性分析

轴的工艺性分析主要是对图纸进行分析,其目的是确定主要的加工表面及对应的加工方法。

(1) 尺寸精度

两支承轴颈 ϕ35js6(±0.008),两配合轴头 ϕ30js7(±0.010)、ϕ46js7(±0.012)的外圆表面有较高的尺寸精度要求,因此要分粗加工、半精加工和精加工阶段。粗加工和半精加工在普通外圆车床上进行,精加工选择在磨床上进行。

(2) 表面粗糙度

ϕ35js6(±0.008)、ϕ30js7(±0.010)、ϕ46js7(±0.012)的外圆表面及相应的轴肩表面粗糙度值为 Ra0.8μm。这些表面的表面粗糙度值很小,其经济加工方法是磨削加工,在外圆磨床上进行。

(3) 形位精度

两配合轴颈处圆的径向跳动公差均为 0.03mm,两键槽的对称度公差为 0.03mm。

(4) 定位基准的选择

零件图上的设计基准 A、B 表示的是两支承轴颈 ϕ35js6 轴径的轴心线，同时该轴心线也是其他几个外圆表面的轴心线。为了保证各表面的相互位置精度，现选两中心孔为统一的定位基准，这样，设计基准与定位基准、工序基准重合。从粗加工到精加工之间的加工工序都以中心孔为基准，即遵循基准同一原则。再选毛坯外圆为粗基准，以便加工出两端面和两中心孔。

(5) 热处理要求

图纸要求调质处理，安排在粗车之后、半精车之前，以获得良好的物理力学性能。

(6) 毛坯的选择

轴类的毛坯一般有两种：圆钢(棒料)和锻件。因为零件各段外圆直径相差不大，且对强度没有特殊要求，故选热轧圆钢做毛坯。圆钢的直径应该大于最大的轴径 ϕ62，确定选取 ϕ65～ϕ70 的圆钢。

3. 工艺路线的拟定

零件上技术要求最高的表面是两段 ϕ35js6 的支承轴颈，以及两段 ϕ30js7、ϕ46js7 的配合轴颈，它们的尺寸精度分别为 IT6 和 IT7 级，表面粗糙度值均为 Ra0.8μm，要求进行调质处理，这就决定了零件最终工序的加工经济精度所采用的方法是外圆磨削。

磨支承轴颈和配合轴颈各段外圆前的预备工序是半精车和切槽、倒角。在半精车之后、磨削之前，还要完成螺纹和键槽等次要表面的加工。

调质是为了使零件获得良好的综合机械性能。考虑到要消除粗车后的内应力，现将调质处理安排在粗车之后、半精车之前进行。

于是可拟出该零件的加工工艺路线为：

下料—车端面、钻中心孔—粗车—调质处理—钳(修研两中心孔)—半精车—车螺纹—钳(划两键槽线)—铣键槽—磨外圆—检验—入库

4. 工艺文件的编制

减速器输出轴的机械加工工艺过程卡如表 7-1 所示。

表 7-1 机械加工工艺过程卡 产品名称：减速器输出轴

<table>
<tr><th>材料牌号</th><th>45 钢</th><th>毛坯种类</th><th>热轧圆钢</th><th>毛坯外形尺寸</th><th>φ70×264</th><th>每坯件数</th><th>1</th></tr>
<tr><th>工序号</th><th>工序名称</th><th colspan="4">工 序 内 容</th><th>设备</th><th>工艺装备
(定位基准)</th></tr>
<tr><td>1</td><td>下料</td><td colspan="4">热轧圆钢 φ70×264</td><td>锯床</td><td></td></tr>
<tr><td rowspan="4">2</td><td rowspan="4">车</td><td colspan="4">① 车右端面见平、钻中心孔</td><td rowspan="4">车床</td><td>三爪卡盘</td></tr>
<tr><td colspan="4">② 粗车右端 φ62、φ46、φ35、φ24 各外圆，其直径、台阶长度均留 2mm 余量</td><td>前夹后顶</td></tr>
<tr><td colspan="4">③ 调头车左端面，控制总长到 260，钻中心孔</td><td>三爪卡盘</td></tr>
<tr><td colspan="4">④ 粗车左端 φ44、φ35、φ30、φ24 各外圆，其直径、台阶长度均留 2mm 余量</td><td>前夹后顶</td></tr>
<tr><td>3</td><td>热</td><td colspan="4">调质处理 25～28HRC</td><td></td><td></td></tr>
<tr><td>4</td><td>钳</td><td colspan="4">修研两端中心孔</td><td></td><td></td></tr>
</table>

续表

<table>
<tr><td>材料牌号</td><td>45 钢</td><td>毛坯种类</td><td>热轧圆钢</td><td>毛坯外形尺寸</td><td>$\phi70\times264$</td><td>每坯件数</td><td>1</td></tr>
<tr><td>工序号</td><td>工序名称</td><td colspan="4">工 序 内 容</td><td>设备</td><td>工艺装备（定位基准）</td></tr>
<tr><td></td><td></td><td colspan="4"></td><td></td><td></td></tr>
<tr><td rowspan="3">5</td><td rowspan="3">半精车</td><td colspan="4">① 半精车右端 $\phi46$、$\phi35$ 两外圆，其直径、台阶长度均留 0.5mm 余量；其余 $\phi62$、螺纹大径 $\phi24^{-0.1}_{-0.2}$、台阶长度及退刀槽、倒角，车到图纸尺寸</td><td rowspan="3">车床</td><td rowspan="3">双顶尖</td></tr>
<tr><td colspan="4">② 调头，半精车左端 $\phi35$、$\phi30$ 两外圆，其直径、长度均留 0.5mm 余量；其余 $\phi44$、螺纹大径 $\phi24^{-0.1}_{-0.2}$、台阶长度及退刀槽、倒角，车到图纸尺寸</td></tr>
<tr><td colspan="4">③ 车左端 M24 螺纹到尺寸；调头，车右端 M24 螺纹到尺寸</td></tr>
<tr><td>6</td><td>钳</td><td colspan="4">画 2 个键槽线</td><td></td><td></td></tr>
<tr><td>7</td><td>铣</td><td colspan="4">铣 2 个键槽，键槽深度通过计算工艺尺寸链的方式确定，或采用专用夹具，则可不计算工艺尺寸链</td><td>铣床</td><td>双顶尖（或专用夹具）</td></tr>
<tr><td rowspan="2">8</td><td rowspan="2">磨</td><td colspan="4">① 磨右边 $\phi46$js7、$\phi35$js6 外圆，靠磨 $\phi62$ 右端轴肩和 $\phi46$js7 右端轴肩，并到图纸尺寸</td><td rowspan="2">磨床</td><td rowspan="2">双顶尖</td></tr>
<tr><td colspan="4">② 调头，磨左边 $\phi35$js6、$\phi30$js7 外圆，靠磨 $\phi35$js6 左端轴肩和 $\phi30$js7 左端轴肩，并到图纸尺寸</td></tr>
<tr><td>9</td><td>检</td><td colspan="4">检验</td><td></td><td></td></tr>
</table>

5. 关键加工工艺过程的分析

(1) 下料

选择在锯床上切断，保证长度 264±1mm。在轴的两端留加工余量的原因是锯床切割后，为防止两端面不平整，通常情况下每端留大约 2mm 的余量。

(2) 车端面钻中心孔

在单件小批量生产中，钻中心孔工序常在普通车床上进行。在大批量生产中，常在铣端面钻中心孔专用机床上进行。

(3) 粗车

粗车右端 4 个外圆，其直径、长度均留 2mm 的加工余量，调头车削左端 4 个外圆，其直径、长度也均留 2mm 的加工余量，并采用“前夹后顶”的装夹方式。

轴类零件的粗加工，常采用“前夹后顶”的装夹方法，即工件的前端用车床主轴上的三爪自定心卡盘夹紧，后端用尾座顶尖支承。这样就克服了刚性差，不能承受大切削力的缺点。

(4) 热处理

调质安排在粗加工后进行，以便消除粗加工后产生的应力及获得良好的综合机械性能。

(5) 钳

修研两端中心孔。调质处理和工件转运过程中有可能使得中心孔热变形或者磕碰变形，在热处理之后最好修研一下中心孔。对于低速或者不重要的轴，也可以省去这个工序。

(6) 半精车

采用双顶尖装夹车削各外圆及台阶,可以使后面的磨外圆工序的切削余量沿直径方向均匀分布,有利于保证加工精度。

(7) 铣键槽

键槽的深度尺寸,可以通过计算工艺尺寸链的方式确定。图 7-11 所示为该工序的键槽深度工艺尺寸链图。封闭环尺寸 $A_0=41.5_{-0.20}^{\ 0}$,键槽的深度尺寸为 A_1。由工艺尺寸链可以计算得到 $A_1=41.75_{-0.206}^{-0.0185}$。

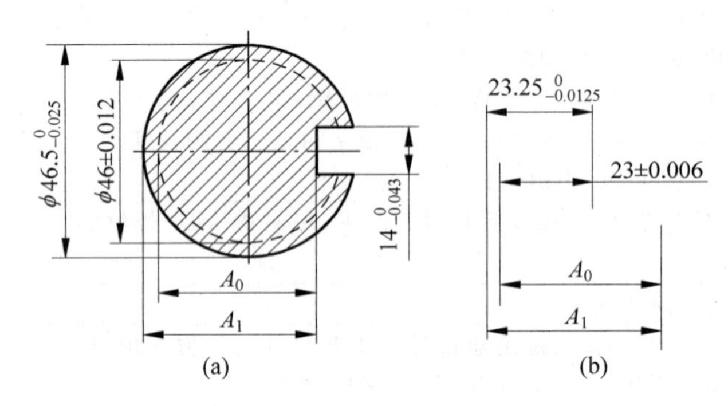

图 7-11 键槽加工工艺尺寸链图

(8) 磨外圆

该工序主要涉及砂轮型号和磨削用量的选择,可查阅有关表格。

(9) 检验

检验每一个尺寸,尤其要重点检验有尺寸精度和形位公差要求的项目,均满足图纸要求时,合格。

7.2 套筒类零件的加工

7.2.1 概述

1. 套筒类零件的功用与结构特点

套筒类零件也是机械中最常见的一种零件,通常起支承或导向作用,在各类机器中应用很广。常见的有支承回转轴的各种形式的轴承圈、轴套,夹具上的钻套和模具上的导向套,内燃机上的气缸套和液压系统中的液压缸等,图 7-12 所示为常见的几种套类零件。

由于功用不同,套筒类零件的形状结构和尺寸有着很大的差异,但结构上仍有其共同特点:零件的主要表面为同轴度要求较高的内、外旋转表面;零件的内孔与外圆直径之差较小,故零件壁的厚度较薄且易变形,零件长度 L 一般大于直径 d,通常 $L/d<5$。

2. 套筒类零件技术要求

套筒类零件的外圆表面多以过盈或过渡配合形式与机架或箱体孔相配合,起支承作用;内孔主要起导向作用或支承作用,常与运动轴、主轴、活塞、滑阀相配合;有些套筒的端面或

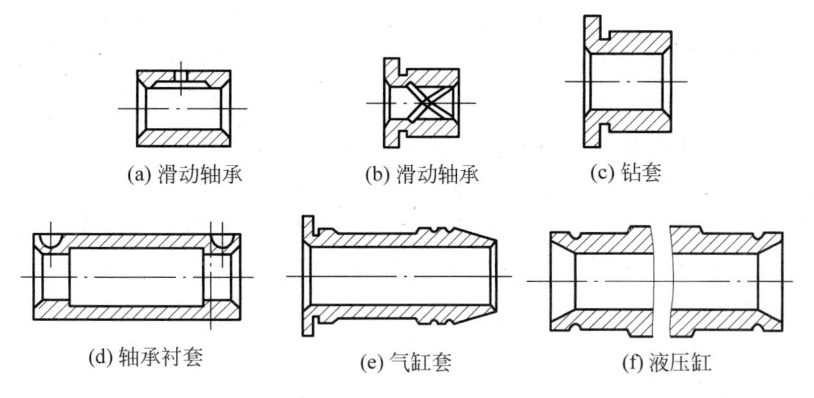

图 7-12　套筒类零件的结构形式

凸缘端面有定位或承受载荷的作用。套筒类零件虽然形状结构不一，但仍有共同特点和技术要求。根据使用情况，可对套筒类零件的外圆与内孔提出如下要求。

(1) 内孔与外圆的精度要求

外圆直径精度通常为IT5～IT7，表面粗糙度值为Ra0.63～2.5μm，要求较高的可达0.04μm。内孔作为套筒类零件支承或导向的主要表面，要求其尺寸精度一般为IT6～IT7，为保证其耐磨性要求，对表面粗糙度要求较高，一般为Ra0.16～2.5μm。有的精密套筒及阀套的内孔尺寸精度要求为IT4～IT5，也有的套筒(如油缸、气缸缸筒)由于与其相配的活塞上有密封圈，故对尺寸精度要求较低，一般为IT8～IT9，但对表面粗糙度要求较高，一般为Ra1.6～2.5μm。

(2) 几何形状精度要求

通常将外圆与内孔的几何形状精度控制在直径公差以内即可。对精密轴套，有时控制在孔径公差的1/3～1/2，甚至更严格。对较长套筒，除圆度有要求外，还应有孔的圆柱度要求。为提高耐磨性，有的内孔表面粗糙度要求为Ra0.1～1.6μm，有的甚至高达0.025μm。套筒类零件外圆形状精度一般应在外径公差内，表面粗糙度为Ra0.4～3.2μm。

(3) 位置精度要求

位置精度要求主要应根据套筒类零件在机器中的功用和要求而定。如果内孔的最终加工是在套筒装配之后进行，则可降低对套筒内、外圆表面的同轴度要求；如果内孔的最终加工是在套筒装配之前进行，则同轴度要求较高，通常同轴度为0.01～0.06mm。

定位或承受载荷或不承受载荷，但加工时作为定位基准面时，对端面与外圆和内孔轴心线的垂直度要求较高，一般为0.02～0.05μm。

7.2.2　套筒类零件的材料、毛坯及热处理

1. 套筒类零件的材料、毛坯及热处理

套筒类零件毛坯材料的选择主要取决于零件的功能要求、结构特点及使用时的工作条件。

套筒类零件所用的材料一般是碳质量分数W_C为0.2%～0.45%的碳素结构钢(低碳钢和中碳钢)，少数采用合金钢、铸铁、青铜或铝合金等材料。对有些轴套和轴瓦，根据用途不同，可采用双层金属结构，即用离心铸造法在钢或铸铁轴套的内壁上浇注一层巴氏合金等

轴承合金材料，这样既节省了贵重的有色金属，又提高了轴套和轴瓦类零件的使用寿命。

套筒类零件的毛坯制造方式的选择，与毛坯的结构尺寸、材料和生产批量的大小等因素有关。当孔径大于 ϕ20mm 时，常采用型材（如无缝钢管）、带孔的锻件或铸件；孔径小于 ϕ20mm 时，一般多选择热轧或冷拉棒料，也可采用实心铸件；大批量生产时，可采用冷挤压、粉末冶金等先进的毛坯制造工艺，既可节约原材料，又可提高毛坯制造精度及生产率。

大多数套筒类零件在加工过程中都需要进行热处理，目的在于消除内应力及改善力学性能和切削性能。对于强度要求较高的零件，则需要在粗加工之后、半精加工之前进行调质处理，以改善金属组织，提高零件的力学性能。根据套筒类零件的功能要求和结构特点，还可进行表面淬火、表面渗碳等处理。

2. 套筒类零件的装夹

加工套筒类零件的主要任务是完成同轴度较高的内、外圆表面加工，其装夹方法如下。

(1) 用外圆（或外圆与端面）定位装夹

通常使用三爪卡盘、四爪卡盘和弹簧夹头等夹具。当工件为毛坯件时，以外圆为粗基准定位装夹；当工件外圆和端面已加工时，常以外圆或外圆与端面定位装夹，如图 7-13 所示。

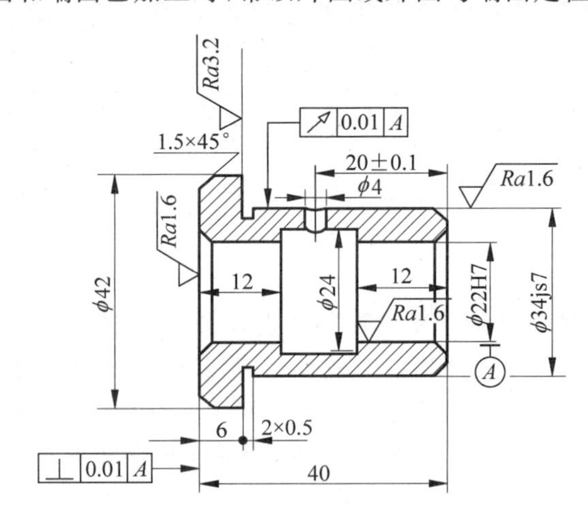

图 7-13　用外圆与端面定位装夹

(2) 用已加工内孔定位装夹

为了保证零件内、外圆同轴度，常在半精加工后以内孔定位（或以内孔与端面定位）装夹来精加工外圆。

当内、外圆同轴度要求不高时，可采用圆柱形心轴或可胀式弹性心轴定位装夹加工，如图 7-14、图 7-15 所示。

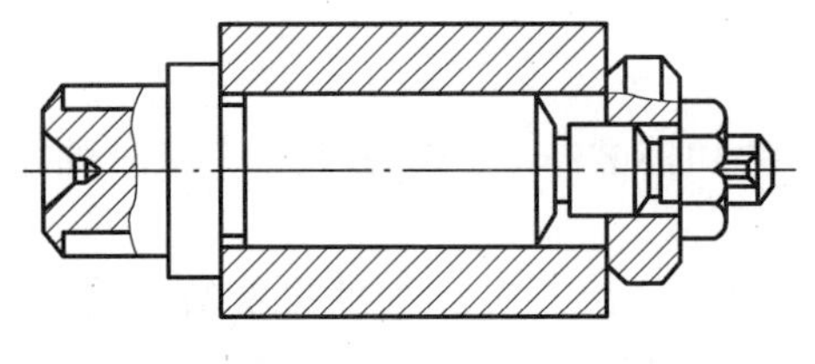

图 7-14　圆柱形心轴

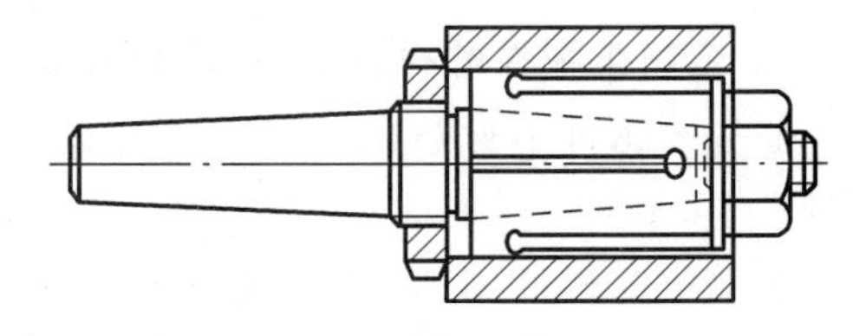

图 7-15　可胀式弹性心轴

当内、外圆同轴度要求较高时，可用锥度心轴（见图 7-16）和液性塑料心轴。锥度心轴的锥度一般为 1∶5000～1∶1000，其定心精度可达 0.005～0.01mm，适用于淬硬套筒类零件的磨削加工。若要得到更高的定心精度，心轴锥度可取 1∶10000 或更小，其定心精度为 2～3μm。液性塑料心轴的定心精度可达 0.003～0.01mm，且工件不限于淬硬钢，在车床和磨床上均可使用。

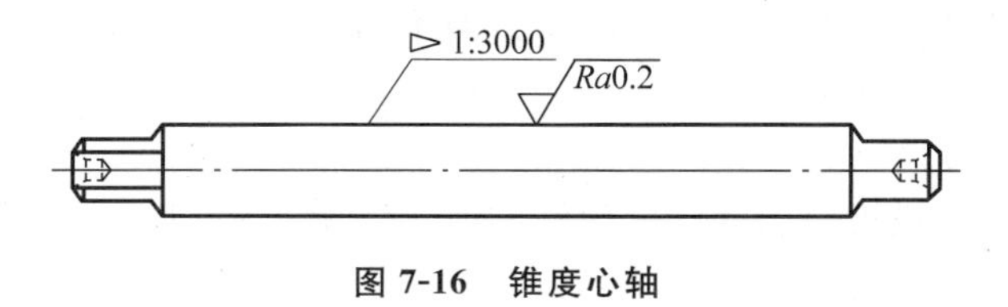

图 7-16　锥度心轴

7.2.3　套筒类零件内孔表面的普通加工方法

套筒类零件的加工表面主要有端面、外圆表面、内孔表面。端面和外圆表面的加工，根据精度要求可选择车削、镗削和磨削，相对比较容易。与外圆加工相比，内孔加工的难度较大，所使用刀具的直径、长度和安装等都受到被加工孔尺寸的限制。因此，加工同样尺寸精度的内孔和外圆时，孔加工比较困难，往往需要较多的工序。

套筒类零件的内孔是主要加工表面，常用的孔加工方法有：钻孔、扩孔、铰孔、镗孔、拉孔、磨孔以及各种孔的光整加工和特种加工。

1. 钻孔

钻孔是用钻头在实体材料上加工孔的方法，通常采用麻花钻在钻床或车床上进行钻孔，但由于钻头强度和刚性比较差，排屑较困难，切削液不易注入，因此，加工出的孔的精度和表面质量比较低，一般精度为 IT11～IT13 级，表面粗糙度值为 Ra12.5～50μm。由于麻花钻长度较长，又有横刃的影响，故钻孔有以下工艺特点。

(1) 钻头容易偏斜

由于横刃的影响，定心不准，切入时钻头容易引偏，且钻头的刚性和导向作用较差，切削时钻头容易弯曲。在钻床上钻孔时（见图 7-17(a)），容易引起孔的轴线偏移和不直，但孔径无显著变化；在车床上钻孔时（见图 7-17(b)），容易引起孔径的变化，但孔的轴线仍然是直的。因此，在钻孔前应先加工端面，并用钻头或中心钻预钻一个锥坑，如图 7-18 所示，以便钻头定心。钻小孔和深孔时，为了避免孔的轴线偏移和不直，应尽可能采用以工件的回转方式进行钻孔。

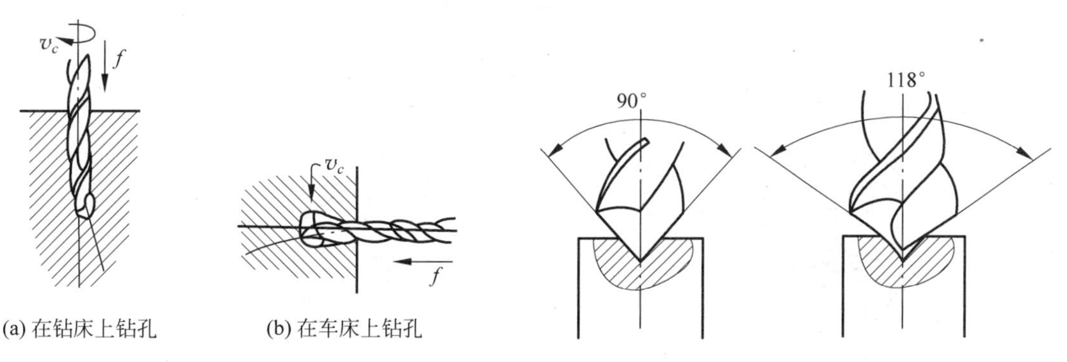

图 7-17　两种钻削方式引起的孔形误差

图 7-18　钻孔前预钻锥孔

(2) 孔径容易扩大

钻削时,工件端面与机床主轴轴线不垂直或钻头切削刃的刃磨角度不对称,使两切削刃径向力不等而产生偏移,将引起孔径扩大。卧式车床钻孔时的切入引偏也是孔径扩大的重要原因,此外,钻头的径向跳动等也是造成孔径扩大的原因。

(3) 孔的表面质量较差

钻削时麻花钻的切削刃过长,切屑较宽,排屑不畅,在孔内被迫卷为螺旋状,流出时与孔壁发生摩擦而刮伤已加工表面。

(4) 钻削时轴向力大

这主要是由钻头的横刃引起的。因为钻削时由于横刃的切削条件很差,会产生严重的挤压,导致轴向力较大。试验表明,钻孔时 50%的轴向力和 15%的扭矩是由横刃产生的。因此,钻孔时钻头直径一般不超过 ϕ75mm。当钻孔直径 $d>30$mm 时,一般分两次进行钻削,第一次钻出(0.5～0.7)d,第二次钻到所需的孔径。由于横刃第二次不参加切削,故可采用较大的进给量,使孔的表面质量和生产率均得到提高。

2. 扩孔

扩孔是用扩孔钻对已钻的孔作进一步加工,以扩大孔径并提高加工精度,降低表面粗糙度值,并能提高生产率。扩孔后的精度可达 IT10～IT13 级,表面粗糙度值为 $Ra3.2\sim6.3\mu$m。

与麻花钻相比,扩孔钻没有横刃,工作平稳,容屑槽浅,刀体的强度和刚性较好,导向性好,故对于孔的位置误差有一定的校正能力。扩孔通常作为铰孔前的预加工,也可作为精度不高的孔的最终加工。

扩孔方法如图 7-19(a)所示,扩孔余量 $D-d$ 可由表查阅。扩孔钻的形式随直径不同而不同,直径为 $\phi10\sim\phi32$mm 的为锥柄扩孔钻(见图 7-19(b)),直径为 $\phi25\sim\phi80$mm 的为套式扩孔钻(见图 7-19(c)),图 7-19(d)所示为麻花钻横刃部分。

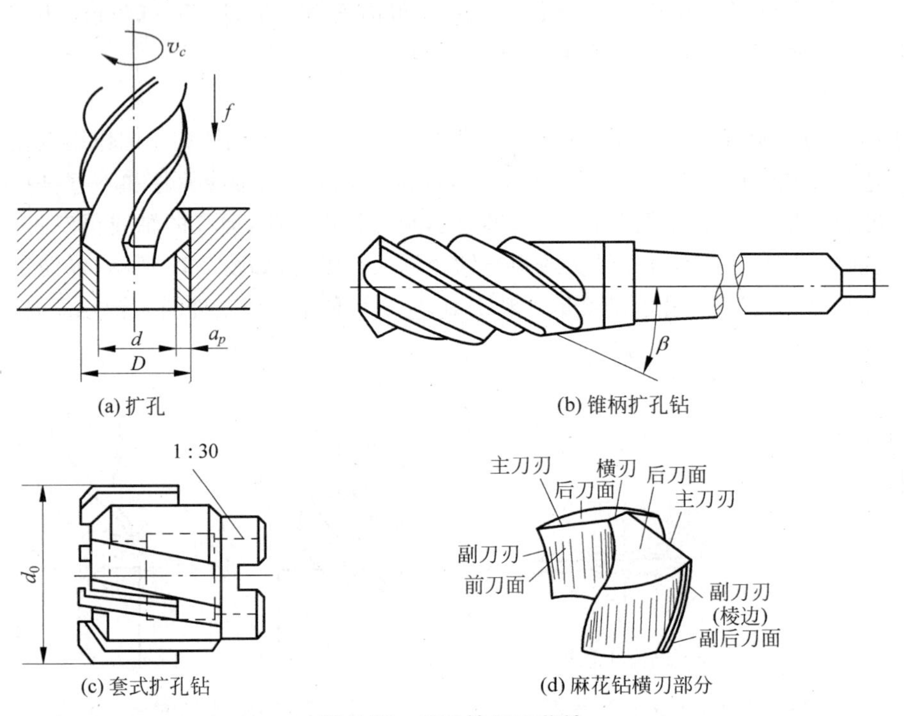

图 7-19 扩孔钻与麻花钻

当孔径大于 ϕ100mm 时，由于切削力矩很大，故很少应用扩孔，而应采用镗孔。

3. 铰孔

铰孔是在半精加工（扩孔或半精镗）的基础上对未淬火孔进行的一种精加工方法。

铰孔时，铰刀齿数多（6～12 个），导向性好，心部直径大，刚性好，铰削余量小，切削速度低，加上切削过程中的挤压作用，故铰孔后的质量比较高。铰孔的尺寸精度一般为 IT6～IT9 级，表面粗糙度值可达 Ra0.2～3.2μm。

铰孔的方式有机铰和手铰两种。在机床上进行铰削加工的称为机铰，如图 7-20 所示；用手工进行铰削加工的称为手铰，如图 7-21 所示。

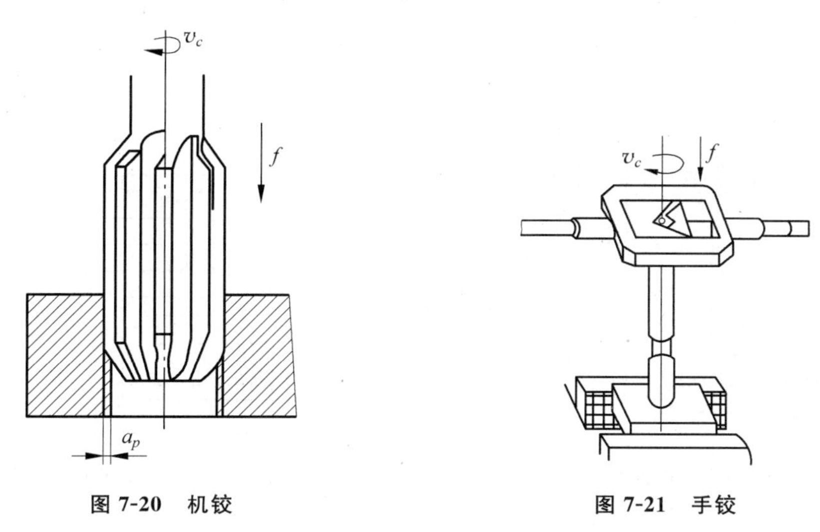

图 7-20　机铰　　**图 7-21　手铰**

（1）铰孔的精度和表面粗糙度主要取决于铰刀的精度、铰刀的安装方式、加工余量、切削用量和切削液等条件。例如在相同的条件下，在钻床上铰孔和在车床上铰孔所获得的精度和表面粗糙度基本一致。

（2）铰刀为定直径的精加工刀具。铰孔比精镗孔容易保证尺寸精度和形状精度，生产率也较高，对于小孔和细长孔更是如此。铰孔时是以本身孔作为导向，故不能纠正位置误差，不能校正原孔的轴线偏斜。因此，孔的有关位置精度应由铰孔前的预加工工序保证。

（3）铰孔的适应性较差。一定直径的铰刀只能加工一种直径和尺寸公差等级的孔，如需提高孔径的公差等级，则需对铰刀进行研磨。铰削的孔径一般小于 ϕ80mm，常用在 ϕ40mm 以下。对于阶梯孔和盲孔铰削的工艺性较差。

4. 拉孔

拉孔大多是在拉床上用拉刀通过已有的孔来完成孔的半精加工或精加工，拉刀是一种多齿的切削刀具。拉刀的结构及拉削过程如图 1-41、图 1-42 所示，拉刀的直线移动为主运动，进给运动是靠拉刀的每齿升高量来完成的。在拉削时，由于切削刀齿的齿高逐渐增大，因此每个刀齿只切下一层较薄的切屑，最后由几个刀齿用来对孔进行校准。拉刀切削时，参加切削的刀刃长度长，同时参加切削的刀齿多，孔径能在一次拉削中完成。因此，拉孔是一种高效率、高精度的孔的加工方法。一般拉削孔径为 ϕ10～ϕ100mm，拉孔深度一般不宜超过孔径的3～4倍。拉刀能拉削各种形状的孔，如圆孔、花键孔等。

由于拉削速度较低，一般为2～5m/s，因此不易产生积屑瘤，拉削过程平稳。切削层的厚度很薄，故精度一般能达到IT7～IT8级，表面粗糙度值能达到$Ra0.8～1.6\mu m$。

拉削过程和铰孔相似，都是以被加工孔本身作为定位基准，因此不能纠正孔的位置误差。

5. 镗孔

镗孔是最常用的孔的加工方法，可以作为粗加工，也可以作为精加工，并且加工范围很广，可以加工各种零件上不同尺寸的孔。镗孔使用镗刀对已经钻出、铸出或锻出的孔做进一步的加工，如图7-22、图7-23所示。

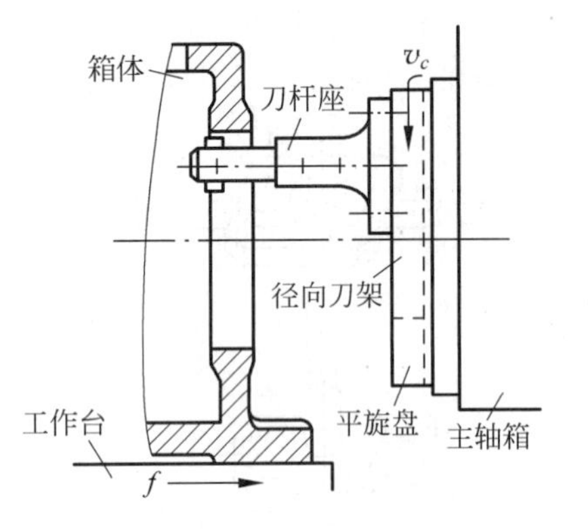

图7-22 镗大孔

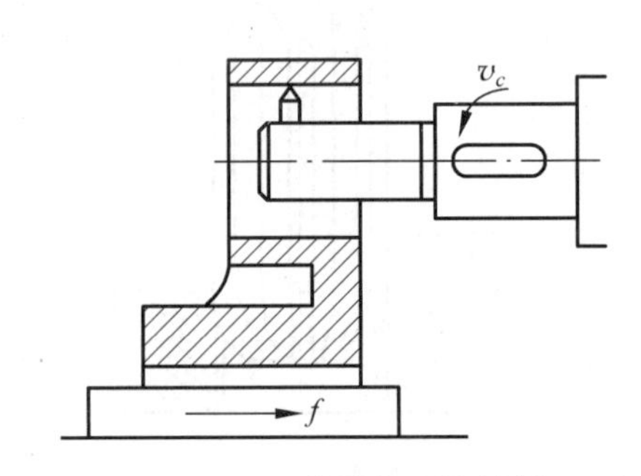

图7-23 工件纵向进给镗削

镗孔一般在镗床上进行，但也可以在车床、铣床、数控机床和加工中心上进行。镗孔的加工精度为IT8～IT10，表面粗糙度值为$Ra0.8～6.3\mu m$。用于镗孔的刀具(镗杆和镗刀)，其尺寸受到被加工孔径的限制，一般刚性较差，会影响孔的加工精度，并容易引起弯曲、扭转和振动。特别是小直径距支承较远的孔，振动情况更为突出。

镗孔与扩孔和铰孔相比，镗孔生产率比较低，但在单件小批生产中采用镗孔是较经济的。因刀具成本较低，而且镗孔能保证孔中心线的准确位置，并能修正毛坯或上道工序加工后所造成的孔的轴心线歪曲和偏斜，能提高其位置精度。

由于镗孔工艺范围广，故为孔加工的主要方法之一。对于直径很大的孔和大型零件的孔，镗孔是唯一的加工方法。

6. 磨孔

磨孔是孔的精加工方法之一，可达到的尺寸公差等级为IT6～IT8级，表面粗糙度值为$Ra0.4～0.8\mu m$。对于淬硬零件中的孔加工，磨孔是主要的加工方法。

内孔为断续圆周表面(如有键槽或花键的孔)、阶梯孔及盲孔时，常采用磨孔作为精加工。磨孔时砂轮的尺寸受被加工孔径尺寸的限制，一般砂轮直径为工件孔径的0.5～0.9倍，磨头轴的直径和长度也取决于被加工孔的直径和深度，故磨削速度低，磨头的刚度差，磨削质量和生产率均受到影响。

磨孔的方式有中心内圆磨削和无心内圆磨削两种。中心内圆磨削是在普通内圆磨床或万能磨床上进行的，如图7-24所示。无心内圆磨削是在无心内圆磨床上进行的，被加工工

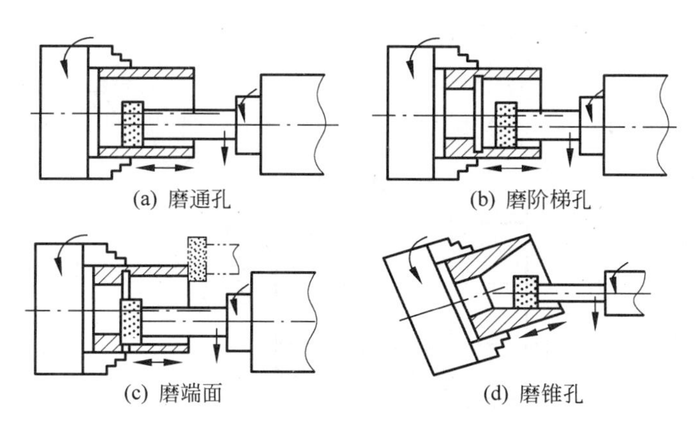

(a) 磨通孔　(b) 磨阶梯孔

(c) 磨端面　(d) 磨锥孔

图 7-24　中心内圆磨削

件多为薄壁件，不宜用夹盘夹紧，工件的内、外圆同轴度要求较高。这种磨削方法多用于磨削轴承环类型的零件。其工艺特点是精度高，要求机床具有高的精度、高的自动化程度和高的生产率，以适应大批量生产。由于内圆磨削工作条件比外圆磨削差，故内圆磨削有如下特点：

(1) 磨孔用的砂轮直径受到工件孔径的限制，为孔径的 0.5～0.9 倍。砂轮直径小，则磨耗快，因此经常需要修整和更换，增加了辅助时间。

(2) 由于选择直径较小的砂轮，磨削时要达到砂轮圆周速度 25～30m/s 是很困难的，因此磨削速度比外圆磨削速度(30～50m/s)低得多，故孔的表面质量较低，生产效率也不高。近些年已制成 100000r/min 的风动磨头，以便磨削 ϕ1～ϕ2mm 直径的孔。

(3) 砂轮轴的直径受到孔径和长度的限制，又是悬臂安装，故刚性差，容易弯曲变形，使内圆磨削砂轮轴偏移，从而影响加工精度和表面质量。

(4) 砂轮与孔的接触面积大，单位面积压力小，砂粒不易脱落，砂轮显得硬，工件易发生烧伤，故应选用较软的砂轮。

(5) 切削液不易进入磨削区，排屑较困难，磨屑易积集在磨粒间的空隙中，容易堵塞砂轮，影响砂轮的切削性能。

(6) 磨削时，砂轮与孔的接触长度经常改变。当砂轮有一部分超出孔外时，其接触长度较短，切削力较小，砂轮主轴所产生的位移量比磨削孔的中部时小，此时被磨去的金属层较多，从而形成“喇叭口”。为了减小或消除其误差，加工时应控制砂轮超出孔外的长度不大于 1/3～1/2 砂轮宽度。

7.2.4　轴承套的加工工艺设计实例

加工如图 7-25 所示的轴承套，材料为 20Mn，数量为 400 件。试安排加工工艺，说明套筒类零件工艺过程的拟定。

1. 轴承套的技术条件和工艺性分析

外径 ϕ34js7(±0.012)与轴承套外圆配合的内孔采用的是过渡配合，内孔 ϕ22H7($^{+0.021}_{0}$)为基孔制的孔，与轴的配合采用的是最紧的间隙配合。

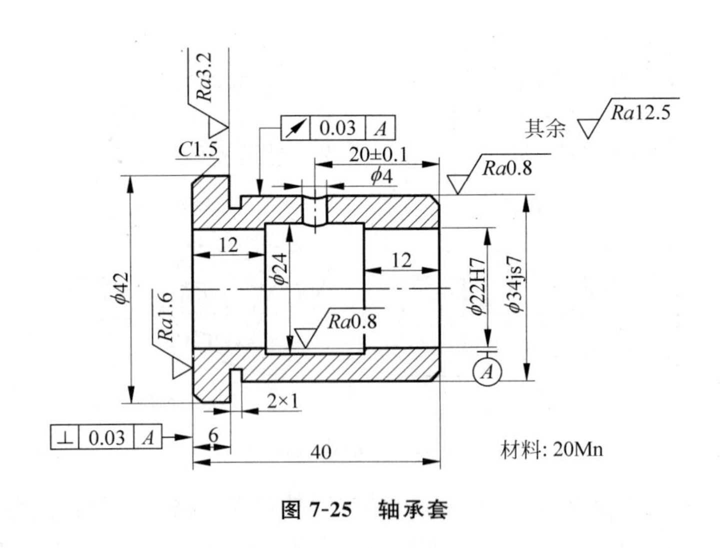

图 7-25 轴承套

(1) 尺寸精度

轴承套外圆 ϕ34js7 和内孔 ϕ22H7,精度等级较高,均为 IT7 级,因此要分粗加工、半精加工和精加工阶段。粗加工和半精加工在普通外圆车床上加工,精加工应选择磨床。

(2) 表面粗糙度

外圆 ϕ34js7 和内孔 ϕ22H7 的表面粗糙度值 Ra 均为 0.8μm,这些表面的表面粗糙度值很小,加工经济精度是磨削加工,在万能磨床上进行。

(3) 形位精度

位置精度要求为 ϕ34js7 的外圆对 ϕ22H7 内孔的径向圆跳动公差为 0.03mm; 左端面对 ϕ22H7 内孔轴线的垂直度公差为 0.03mm。

为保证以上位置精度要求,在磨削外圆时应以内孔为定位基准,使轴承套套在心轴上定位,用两顶尖装夹。这样可使工序基准和测量基准一致,容易达到图纸要求。

加工内孔时,应与端面在一次装夹中加工出来,以保证端面与内孔轴线的垂直度在 0.03mm 以内。

(4) 定位基准的选择

零件图上的设计基准 A 表示的是 ϕ22H7 的轴心线,同时也是外圆 ϕ34js7 的轴心线。为了保证各表面的相互位置精度,现以轴心线为基准,在两端钻两中心孔作为统一的定位基准或工序基准。这样设计基准与定位基准、工序基准重合,即遵循基准同一原则。

选毛坯外圆为粗基准,以便加工出两端面和两中心孔。为了保证终加工(磨削)余量均匀,中间工序还应以孔和外圆互为基准进行加工。

(5) 毛坯的选择

根据轴承套的结构、形状和用途,可选择热轧圆钢棒料,棒料的直径应大于最大轴径 ϕ42,因此确定选取 ϕ50 热轧圆钢。

2. 工艺过程的拟定

(1) 制定工艺路线

零件上技术要求最高的表面是外圆 ϕ34js7 和内孔 ϕ22H7,它们的尺寸精度均为 IT7 级,表面粗糙度值均为 Ra0.8μm,这就决定了零件最终工序的加工经济精度是磨削加工。

于是可拟出该零件的加工工艺路线为：

下料—车端面、钻中心孔—粗车—钻孔—半精车—磨内孔—磨外圆—钻油孔—检验—入库

(2) 工艺文件的编制

轴承套机械加工工艺过程卡如表 7-2 所示。

表 7-2　机械加工工艺过程卡　　　　产品名称：轴承套

<table>
<tr><td>材料牌号</td><td>20Mn</td><td>毛坯种类</td><td>热轧圆钢</td><td>毛坯外形尺寸</td><td>ϕ50×44</td><td>每坯件数</td><td>1</td></tr>
<tr><td>工序号</td><td>工序名称</td><td colspan="4">工 序 内 容</td><td>设备</td><td>工艺装备
（定位基准）</td></tr>
<tr><td>1</td><td>下料</td><td colspan="4">热轧圆钢 ϕ50×44</td><td>锯床</td><td></td></tr>
<tr><td rowspan="2">2</td><td rowspan="2">粗车</td><td colspan="4">① 车端面见平、钻中心孔
② 调头，车另一端面、取总长 40.5mm，钻中心孔</td><td rowspan="2">车床</td><td>三爪卡盘</td></tr>
<tr><td colspan="4">③ 车外圆 ϕ42 长度为 6.5mm，车外圆 ϕ34js7 为 35mm，车退刀槽 2×1.5，两端倒角 2×45°</td><td>三爪卡盘</td></tr>
<tr><td>3</td><td>钻</td><td colspan="4">钻 ϕ22H7 的孔至 ϕ20mm</td><td>车床</td><td>三爪卡盘</td></tr>
<tr><td>4</td><td>半精车</td><td colspan="4">① 车端面，控制台阶长度及总长，并留 0.2mm 磨位
② 车内孔 ϕ22H7 为 ϕ21.5mm
③ 车内槽 ϕ24×16mm，孔两端倒角</td><td>车床</td><td>三爪卡盘（夹持 ϕ42 的外圆）</td></tr>
<tr><td>5</td><td>磨</td><td colspan="4">夹持 ϕ34js7 的外圆，磨 ϕ22H7 的孔至图纸尺寸，并靠磨 ϕ42 外圆左端面，使总长及台阶达到图纸尺寸</td><td>磨床</td><td>三爪卡盘</td></tr>
<tr><td>6</td><td>磨</td><td colspan="4">以内孔为基准，与心轴及端面配合组合定位，磨 ϕ34js7 外圆至图纸尺寸（见图 7-26）</td><td>磨床</td><td>双顶尖
（磨削心轴）</td></tr>
<tr><td>7</td><td>钻</td><td colspan="4">钻径向 ϕ4mm 的油孔（见图 7-27）</td><td>钻床</td><td>专用钻模</td></tr>
<tr><td>8</td><td>检</td><td colspan="4">检验</td><td></td><td></td></tr>
<tr><td>9</td><td>库</td><td colspan="4">入库</td><td></td><td></td></tr>
</table>

3. 关键加工工序的分析

(1) 因为外圆 ϕ34js7 是以内孔 ϕ22H7 的轴线 A 为基准的，磨削外圆时直接夹持较困难，精度也不好保证，而且效率又低。因此，为方便加工，保证加工质量，可设计一个磨削心轴，如图 7-26 所示。

图中心轴与工件内孔配合的外圆直径应选较松的过渡配合或较紧的间隙配合，长度尺寸为 39mm，目的是将工件夹持牢固，右端用螺母、垫片拧紧。另外心轴靠近工件左端面的轴径应比工件小一些，以方便工件装卸，并在心轴两端钻中心孔，以便磨削外圆 ϕ34js7 的尺寸。

(2) 磨削完后，钻径向 ϕ4mm 的油孔。如果是单件可以靠划线、打样冲的方式来保证 20±0.1mm 的尺寸要求。若是要求批量生产，这种方式效率很低，并且每次划线、打样冲的精度差别也很大。如设计一个钻模，这样效率、精度都会大幅度提高，如图 7-27 所示。图中钻模和工件外圆配合的内孔直径应选为较松的间隙配合 D9，原因是孔的形位公差没有特殊要求，拆装也方便。

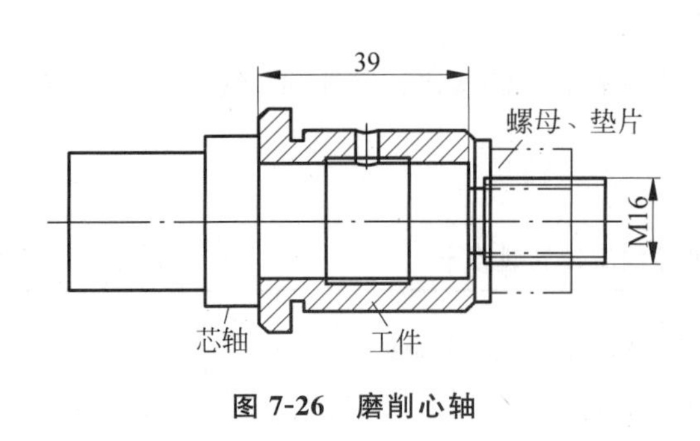

图 7-26 磨削心轴

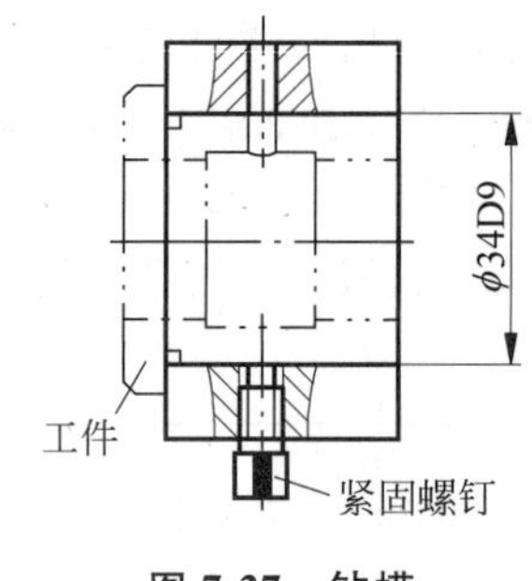

图 7-27 钻模

7.3 箱体类零件的加工

7.3.1 概述

1. 箱体类零件的功用与结构特点

箱体类零件是机器或部件的基础零件，它将机器或部件中的轴、轴承、轴套和齿轮等零件按一定的相互位置关系连在一起，并按照一定的传动关系协调运动或传递动力。因此，箱体类零件的加工质量不但直接影响箱体的装配精度和运动精度，而且还会影响机器的工作精度、使用性能和寿命。

常见的箱体类零件有机床主轴箱、机床进给箱、变速箱体、减速箱体、发动机缸体和机座等。根据箱体类零件的结构形式不同，可分为整体式箱体(见图 7-28(a)、(b)、(d))和分离式箱体(见图 7-28(c))两大类。整体式箱体为整体铸造，整体加工，加工较困难，但装配精度高；分离式箱体为分别制造，便于加工和装配，但增加了装配工作量。

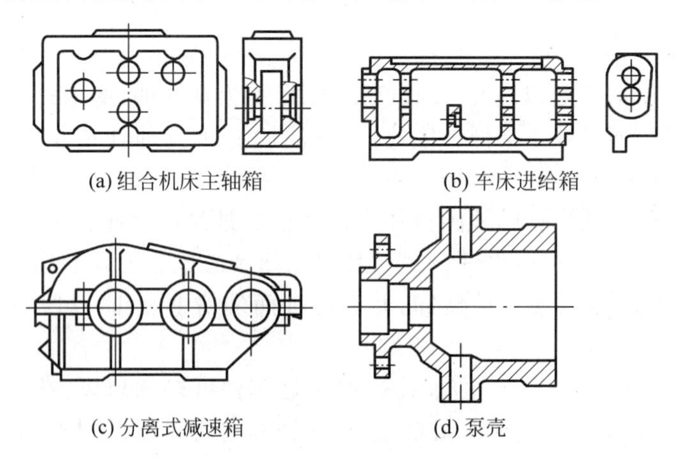

图 7-28 几种常见箱体的结构

箱体的结构形式虽然形状各异，尺寸不一，但其结构均有以下的主要特点：

(1) 形状复杂

箱体通常作为装配的基础件，在它上面安装的零件或部件越多，箱体的形状越复杂。因为安装时不但要有定位面、定位孔，还要有固定用的螺钉孔等；为了支承零部件，需要有足够的刚度，需采用较复杂的截面形状和加强筋等；为了储存润滑油，需要具有一定形状的空腔，需设有观察孔、放油孔等；考虑到吊装搬运，还必须做出吊钩、凸耳等。

(2) 体积较大

箱体内要安装和容纳有关的零部件，因此必然要求箱体有足够大的体积。例如，大型减速器箱体长达 4～6m，宽 3～4m。

(3) 壁薄容易变形

箱体体积较大，形状复杂，又要求减少质量，所以大都设计成腔形薄壁结构。但是在铸造、焊接和切削加工过程中往往会产生较大内应力，引起箱体变形。在加工过程中若夹紧力不当，或搬运过程中若方法不当，都会容易引起箱体变形。

(4) 有精度要求较高的孔和平面

箱体上的孔大都是轴承的支承孔，平面大都是装配的基准面，它们在尺寸精度、表面粗糙度、形状和位置精度等方面都有较高要求，其加工精度将直接影响箱体的装配精度及使用性能。

因此，一般来说，加工箱体类零件时，不但加工部位较多，而且加工难度也较大。据统计资料表明，一般中型机床厂用在箱体类零件的机械加工工时占整个产品加工工时的15%～20%。

2. 箱体类零件的技术要求

图 7-29 所示为某车床主轴箱零件图，由图纸分析可知，有以下 5 项精度要求。

(1) 孔径的尺寸精度和形状精度

孔径的尺寸误差和几何形状误差将会造成轴承与孔的配合不良。孔径过大，则配合过松，使主轴回转轴线不稳定，并降低支承刚度，易产生振动和噪声；孔径过小，会使配合过紧，轴承将因外圈变形而不能正常运转，缩短寿命。装轴承的孔若不圆，也会使轴承外圈变形而引起主轴径向跳动。因此，应对孔的尺寸精度与形状精度要求较高。要求主轴孔的尺寸公差等级为 IT6 级，其余孔为 IT6～IT7 级。对孔的几何形状精度未作规定，一般应控制在尺寸公差范围以内。

(2) 孔与孔的位置精度

同一轴线上各孔的同轴度误差和孔端面对轴线垂直度误差将会使轴和轴承装配到箱体内出现歪斜，从而造成主轴径向跳动和轴向窜动，也会加剧轴承的磨损。孔系之间的平行度误差会影响齿轮的啮合质量。一般同轴上各孔的同轴度约为最小孔尺寸公差之半。

(3) 孔和平面的位置精度

一般都要规定主要孔和主轴箱安装基面的平行度要求，它们决定了主轴和床身导轨的相互位置关系。这项精度是在总装中通过刮研来达到的。为了减少刮研工作量，一般都要规定主轴轴心线对安装基面的平行度公差。在垂直和水平两个方向上，只允许主轴前端向上和向前偏。

(4) 主要平面的精度

底面作为装配基面，其平面度影响主轴箱与床身连接时的接触刚度，并且常以底面作为孔加工时的定位基准面，从而会对孔的加工精度直接产生影响。因此规定底面和导向面必须平直，通常用涂色法检查接触面积或单位面积上的接触点数来衡量平面度的大小。而顶

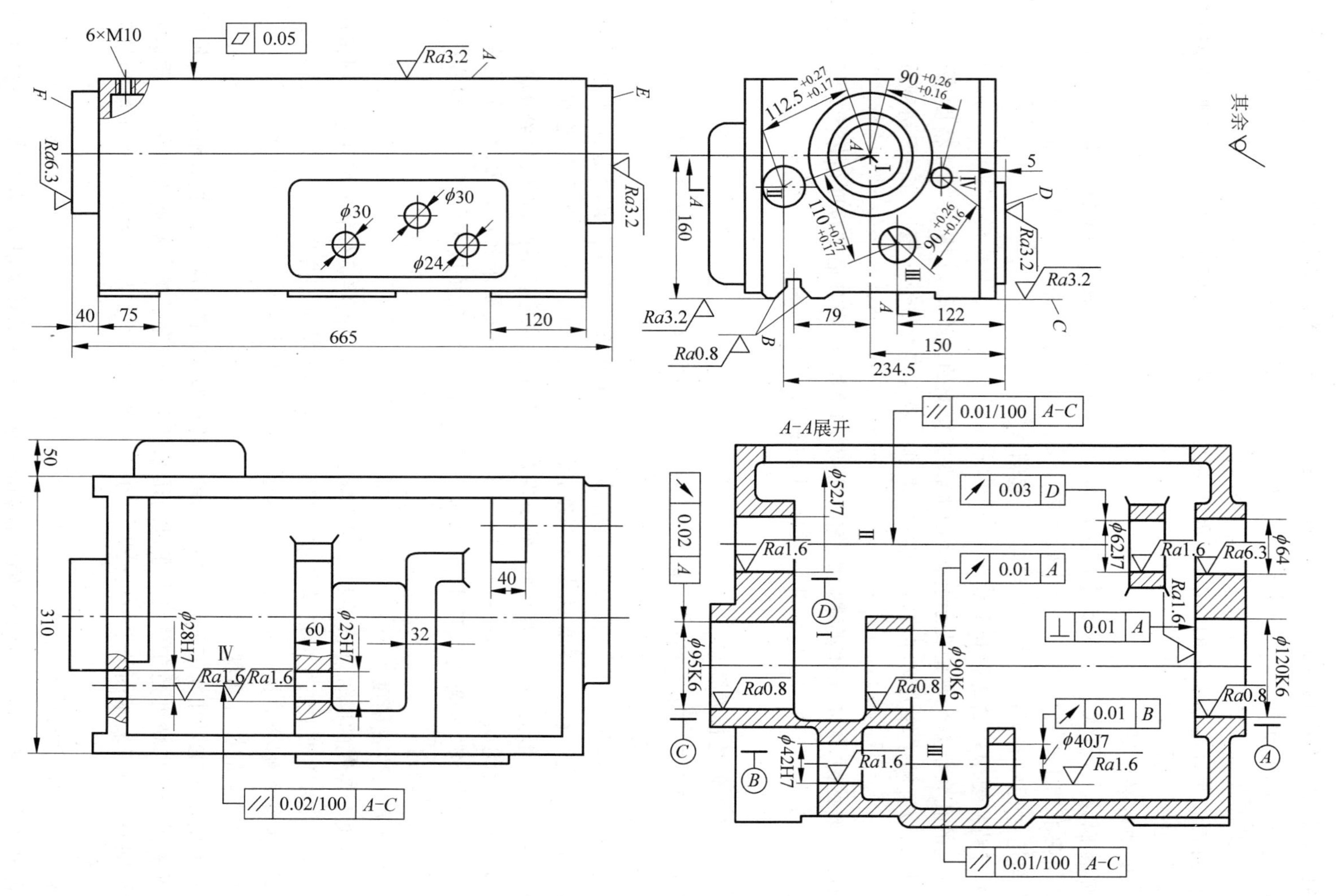

图 7-29 某车床主轴箱零件图

面的平面度要求是为了保证箱盖的密封性，防止工作时润滑油泄出。若生产中还需将其顶面用做加工孔的定位基面时(大批量生产时)，对其平面度要求还要提高。

(5) 表面粗糙度

重要孔和主要平面的表面粗糙度会影响连接面的配合性质或接触刚度，其具体要求一般用表面粗糙度值来评价。一般要求主轴孔表面粗糙度值为 $Ra0.4\mu m$，其他各纵向孔的表面粗糙度值为 $Ra1.6\mu m$，孔的内端面表面粗糙度值为 $Ra3.2\mu m$，装配基准面和定位基准面的表面粗糙度值为 $Ra0.63\sim2.5\mu m$，其他平面的表面粗糙度值为 $Ra2.5\sim10\mu m$。

3. 箱体类零件的材料、毛坯及热处理

箱体类零件的材料大都选用 HT200～HT400 的各种牌号的灰铸铁，最常用的材料是 HT200。灰铸铁不仅价格低廉，容易成形，切削性能好，并且具有良好的耐磨性和减振性，适用于形状较复杂零件的制造。

对于单件生产或某些简易机床的箱体，为了缩短生产周期和降低成本，可采用钢板焊接结构，而对精度要求较高的坐标镗床主轴箱则可选用耐磨铸铁，对负荷大的主轴箱也可采用铸钢件。若在特定条件下，为了减轻质量，可采用铝镁合金或其他铝合金制作箱体毛坯，如航空发动机箱体等。

毛坯的加工余量与生产批量、毛坯尺寸、结构、精度和铸造方法等因素有关。比如对于单件小批量生产，一般采用木模手工造型。这种毛坯的精度低，加工余量大，其平面余量一般为 7～12mm，孔在半径上的余量为 8～14mm 等，其具体的有关数据可查阅相关资料及根据具体情况决定。

铸造时为了减少加工余量，对于单件小批量生产时直径大于 $\phi50$mm 的孔和成批生产时直径大于 $\phi30$mm 孔，一般都要在毛坯上铸出预孔。另外，在毛坯铸造时，应防止砂眼和气孔的产生，且应使箱体零件的壁厚尽量均匀，以减少毛坯制造时产生的残余应力。

由于箱体零件的结构复杂，壁厚也不均匀，因此，在铸造时会产生较大的残余应力。为了消除残余应力，减少加工后的变形和保证精度的稳定，在铸造后必须安排时效处理或人工时效处理。

普通精度的箱体零件一般在铸造之后安排一次人工时效处理。对一些高精度或形状特别复杂的箱体零件，在粗加工后还要再安排一次人工时效处理，以消除粗加工所造成的残余应力。有些精度要求不高的箱体零件毛坯有时不安排时效处理，而是利用粗、精加工工序间的停放和运输时间，使其得到自然时效。

箱体类零件的人工时效方法除了常用的热时效外，也可采用振动时效。振动时效消除内应力的原理是将激振器牢固地装卡在箱体零件上，使其产生共振。零件在共振频率下便受到了循环载荷的作用，经持续一段时间后，金属便产生了局部的微观塑性变形，从而降低了金属内部的应力。

7.3.2 箱体类零件加工工艺分析

在箱体类零件各加工表面中，通常平面的加工精度比较容易保证，而精度要求较高的支承孔的加工精度以及孔与孔之间、孔与平面之间的相互位置精度较难保证。所以在制定箱体类零件加工工艺过程时，应将如何保证孔的精度作为重点来考虑。

1. 精基准的选择

精基准的选择对保证箱体类零件的技术要求十分重要。在选择精基准时，首先要遵循“基准统一”原则，即，使具有相互位置精度要求的加工表面的大部分工序尽可能用同一组基准定位。这样就可避免因基准转换带来的累积误差，有利于保证箱体类零件各主要表面之间的相互位置精度。

究竟应该选哪个面来做统一的定位基准，在实际生产中应根据生产批量和生产条件的不同而定，对于图7-29所示的车床主轴箱体，精基准的选择具体有两种可行方案。

(1) 单件小批生产时以箱体底面作为精基准。车床主轴箱体加工时可选择底面导轨B、C面作为精基准。导轨B、C面既是床头箱的装配基准，也是主轴孔的设计基准，且与箱体的两端面E、F和侧面D及各主要纵向轴承孔在位置上都有直接联系。故选择导轨B、C面作精基准，符合基准重合原则，消除了基准不重合误差。在加工各支承孔时，由于箱体口朝上，观察加工情况、测量孔径尺寸、安装和调整刀具等都比较方便。

但这种定位方式也有其不足之处。在镗削箱体中间壁上的孔时，为了增加镗杆刚度，需要在箱体内部相应部位设置刀杆的中间导向支承。而以工件底面作为定位基准面的镗模，由于箱体底部是封闭的，中间导向支承只能采用如图7-30所示吊架的悬挂方式。吊架与镗模之间虽有定位销定位，但这种悬挂于夹具座体上的导向支承装置刚性较差，安装误差大，且装卸也不方便，并增加了加工的辅助时间。因此，这种定位方式只适用于单件小批量生产。

(2) 大批大量生产时，采用主轴箱体顶面A及两定位销孔作为精基准，即一面两孔的定位方式，如图7-31所示。由于加工时箱体口朝下，中间导向支承架可以紧固在夹具座体上，所以这种夹具的优点是没有悬挂所带来的问题，简化了夹具结构，提高了夹具刚性，有利于保证各支承孔加工时的位置精度，而且工件装卸方便，减少了辅助时间，提高了生产效率。但由于主轴箱顶面不是设计基准(装配基准)，故定位基准与设计基准(装配基准)不重合，出现了基准不重合误差，给箱体位置精度的保证带来了困难。为了保证图纸规定的精度要求，需进行工艺尺寸链的换算，同时还需提高箱体顶面和两定位销孔的加工精度。另外，由于箱体顶面开口朝下，不便于观察加工情况和及时发现毛坯缺陷，加工中也不便于测量孔径和调整刀具。针对这些问题，可采用自动循环的组合机床或定尺寸的镗刀来获得孔的尺寸与精度。

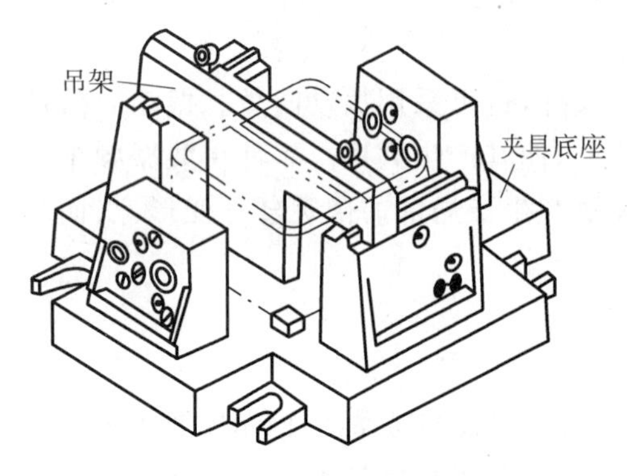

图7-30 悬挂的中间导向支承架

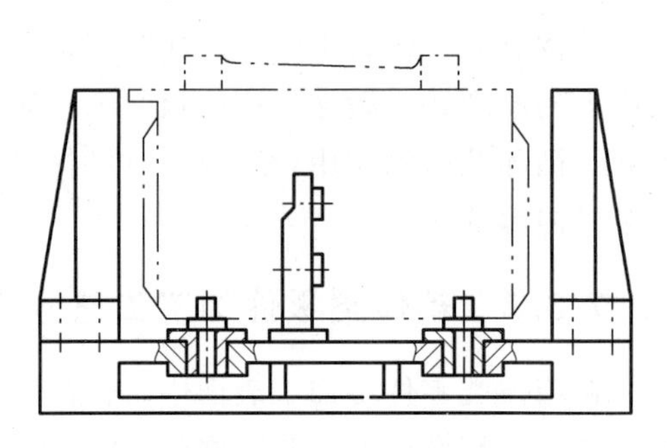

图7-31 以顶面和两销孔定位

通过对以上两种定位方式的分析可知，箱体类零件精基准的选择与生产类型有很大关系。通常从“基准统一”的原则出发，最好能使定位基准与设计基准重合，但在大批大量生产时，首先考虑的是如何稳定加工质量和提高劳动生产率，而不是机械地强调基准重合问题。一般多采用典型的一面两孔的定位方式，由此产生的基准不重合误差，可通过采取适当的工艺措施来解决。

实际生产中，一面两孔的定位方式在各种箱体加工中应用十分广泛。因为这种定位方式很简便地限制了工件的6个自由度，定位稳定可靠；在一次装夹下，可以加工除定位面以外的所有5个面上的孔或平面；也可以作为从粗加工到精加工的大部分工序的定位基准，实现“基准统一”的原则；此外，这种定位方式夹紧方便，工件的夹紧变形小，易于实现自动定位和自动夹紧。因此，在组合机床与自动线上加工箱体时，多采用这种定位方式。

2. 粗基准的选择

通常选择箱体的主轴孔和与主轴孔相距较远的一个轴孔作为粗基准，这样可以使主轴承孔的余量较均匀，加工质量较好。又由于铸造时箱体内腔型心与各孔型心是连成一体的，彼此间有一定位置精度，以主轴孔和与主轴孔相距较远的一个轴孔作为粗基准，可使主要孔与箱体内壁的位置较准确，保证今后装上回转零件(如齿轮)时不至于碰到内壁。

粗基准定位方式与生产类型有关。生产批量较大时采用夹具，生产率高，所用夹具如图7-32所示。首先将工件放在11、9、7各支承上，并使箱体侧面紧靠支架8，另一端面紧贴挡销6，进行预定位。然后由压力油推动两短轴5伸入主轴孔中，每个短轴上的3个活动支承销4伸出并撑住主轴孔壁的毛面，将工件抬起，离开11、9、7各支承。此时主轴孔即为定位基准。为了限制工件绕两短轴5转动的自由度，在工件抬起后，调节2个可调支承2，通过样板校正另一轴孔的位置，使箱体顶面基本成水平。再调节辅助支承10，使其与箱体底面接触，以增加加工顶面时箱体的刚度。最后由手柄3操纵2个压板1，插入箱体两端孔内压紧工件，加工即可开始。

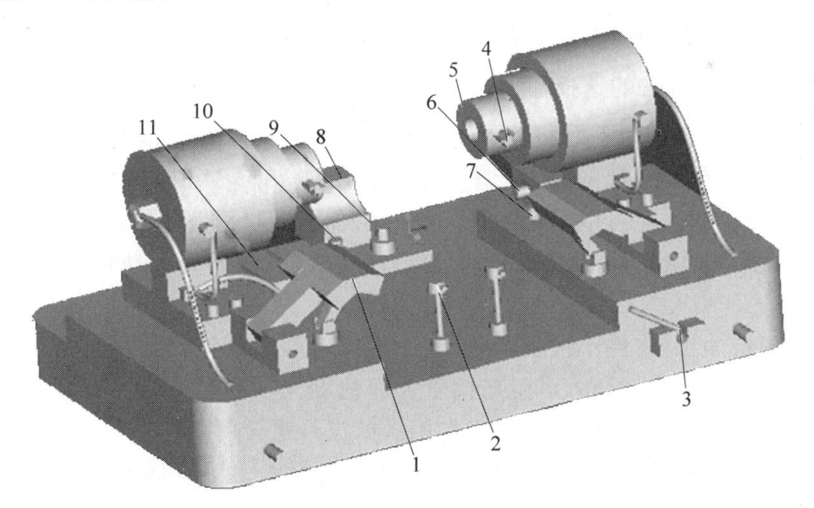

图7-32　以主轴孔为粗基准的铣顶面夹具

1—压板；2—可调支承；3—操纵手柄；4—活动支承销；
5—短轴；6—挡销；7,9,11—支承；8—支架；10—辅助支承

批量小时可采用划线工序。特别是毛坯精度不高时，若仅以主轴孔为基准，就会使箱体外形偏斜过大，影响外观及平面加工余量的均匀性。因此，必须用划线找正，即在兼顾孔的余量的同时，还要照顾其他孔与面的余量均匀性，然后划出各表面的加工线与找正线。

3. 拟定箱体加工工艺的原则

拟定箱体类零件工艺过程时，一般应遵循以下原则。

(1) 先面后孔的原则

先加工平面，后加工孔，是箱体类零件加工的一般规律。这是因为平面面积大，先加工平面后不仅为以后孔的加工提供了稳定可靠的精基准，而且还可以使孔的加工余量较为均匀。另外，箱体上的支承孔一般都分布在箱体的外壁和中间壁的平面上，先加工平面，切除了铸件表面的凹凸不平以及夹砂等缺陷，使平面上的支承孔的加工更方便，钻孔时可减少钻头的偏斜，扩孔和铰孔时刀具不易崩刃，对刀和调整也方便。

(2) 粗精分开，先粗后精的原则

由于箱体零件结构复杂，壁厚不均匀，刚性不好，铸造缺陷也多，而加工精度要求又高，因此，在成批大量生产中，应将箱体的主要表面明确地划分为粗、精两个加工阶段。这样有利于精加工时避免粗加工造成的夹压变形、热变形和内应力重新分布造成的变形对加工精度的影响，从而保证箱体加工精度；也有利于在粗加工中发现毛坯的内部缺陷，以便及时处理，避免浪费后续加工工时；还有利于保护精加工设备的精度和充分发挥粗加工设备作用的潜能。

对于单件小批量生产的箱体或大型箱体的加工，如果从工序安排上将粗、精加工分开，则机床、夹具数量要增加，工件装夹、转运也费时费力。所以实际生产中是将粗、精加工在一道工序内完成，即采用工序集中的原则，组织生产，但是从工步上讲，粗、精加工还是分开的。具体的方法是粗加工后将工件松开一点，然后再用较小的力夹紧工件，使工件因夹紧力而产生的弹性变形在精加工之前得以恢复。导轨磨床在磨削主轴箱导轨面时，粗磨后不马上精磨，而是等工件充分冷却、残余应力释放后再进行精磨。

4. 主要表面加工方法的选择

箱体的主要加工表面为平面和轴承支承孔。箱体平面的粗加工和半精加工主要采用刨削和铣削，也可采用车削。铣削的生产率一般比刨削高，在成批和大量生产中，多采用铣削。

当生产批量较大时，还可以采用各种专用的组合铣床对箱体各平面进行多刀、多面同时铣削；尺寸较大的箱体也可在龙门铣床上进行组合铣削，使其有效地提高箱体平面加工的生产效率。

箱体平面的精加工，单件小批生产时，除一些高精度的箱体仍需采用手工刮研外，一般多以精刨代替传统的手工刮研；当生产批量大而精度又较高时，多采用磨削。为了提高生产效率和平面间的相互位置精度，可采用专用磨床进行组合磨削。

箱体上精度在 IT7 级的轴承支承孔，一般采用“钻—扩—粗铰—精铰”或“镗—半精镗—精镗”的工艺方案进行加工。铰孔常用于加工直径较小的孔(铰削的孔径一般小于 ϕ80mm，常用于 ϕ40mm 以下)，镗孔常用于加工直径较大的孔。当孔的精度超过 IT7 级，表面粗糙度值小于 $Ra0.63\mu m$ 时，还应增加一道最后的精加工或精密加工工序，如精细镗、珩磨、滚压等。

7.3.3 箱体零件加工工艺设计实例

各种箱体类零件的工艺过程虽然随着箱体的结构、精度要求和生产批量的不同而有较大差异,但也有共同特点。下面结合实例来分析一般箱体零件加工中的共性问题。

主轴箱是整体式箱体中结构较为复杂、要求又高的一种箱体,其加工的难度较大,现以图 7-29 所示的车床主轴箱体为例来分析箱体的加工工艺过程。

表 7-3 为某车床主轴箱(见图 7-29)单件小批量生产的加工工艺过程,表 7-4 所示为某车床主轴箱(见图 7-29)大批量生产的加工工艺过程。从这两个表所列的箱体加工工艺过程中可以看出不同批量箱体加工的工艺过程既有共性,又有各自的特性。

表 7-3 机械加工工艺过程卡(小批量) 产品名称:主轴箱

序号	工序内容	定位基准
1	铸造	
2	时效处理	
3	油底漆	
4	划底面 *C*、顶面 *A* 及侧面 *E*、前面 *D* 各加工线。划线时考虑主轴孔有足够的加工余量,并尽量均匀	
5	粗、精加工顶面 *A*	按所划线找正
6	粗、精加工 *B*、*C* 面及前面 *D*	顶面 *A* 并校正主轴线
7	粗、精加工两侧面 *E*、*F*	底面 *B*、*C*
8	粗、半精加工各纵向孔	底面 *B*、*C*
9	精加工各纵向孔	底面 *B*、*C*
10	粗、精加工横向孔	底面 *B*、*C*
11	加工螺孔及各次要孔	
12	清洗、去毛刺、倒角	
13	检验	

表 7-4 机械加工工艺过程卡(大批量) 产品名称:主轴箱

序号	工序内容	定位基准
1	铸造	
2	时效处理	
3	油底漆	
4	铣顶面 *A*	Ⅰ孔与Ⅱ孔
5	钻、扩、铰 2×ϕ8H7 工艺孔(将 6×M10 的螺孔先钻至 ϕ7.8mm,其中铰 2×ϕ8H7 孔)(将其中两螺孔暂时改为 2×ϕ8H7 的工艺孔)	在顶面 *A* 上加工 2 个工艺孔(2 工艺孔钻在 M10 螺孔的位置上)
6	铣两侧面 *E*、*F* 及前面 *D*	顶面 *A* 及两工艺孔
7	铣底面(导轨面)*B*、*C*	顶面 *A* 及两工艺孔
8	磨顶面 *A*	底面(导轨面)*B*、*C*
9	粗镗各纵向孔	顶面 *A* 及两工艺孔
10	精镗各纵向孔	顶面 *A* 及两工艺孔
11	精镗主轴孔Ⅰ	顶面 *A* 及两工艺孔
12	加工横向孔及各面上的次要孔	

续表

序号	工序内容	定位基准
13	磨 B、C 导轨面及前面 D	顶面 A 及两工艺孔
14	将 2×ϕ8H7 及 4×ϕ7.8mm 的孔均扩钻至 ϕ8.5mm，攻 6×M10 的螺孔（将两工艺孔改回为螺孔）	
15	清洗、去毛刺、倒角	
16	检验	

习题与思考题

7-1 试述轴类零件的主要功用。其结构特点和技术要求有哪些？

7-2 轴类零件常用的毛坯类型有哪些？各有何特点？

7-3 轴类零件加工时，常以中心孔作为定位基准，试分析其特点，为什么？若工件是空心的，如何实现加工过程中的定位？

7-4 轴类零件常用的装夹方法有哪些？其各自特点和适用范围是什么？

7-5 车削细长轴时，由于其刚性很差，生产中常采用哪些措施予以解决？

7-6 编写图示蜗杆轴的机械加工工艺过程卡。生产类型属小批量生产，材料为 40Cr 钢，该轴 ϕ20j6、ϕ17k5 两外圆表面为支撑轴颈；锥体部分是装配离合器的表面；M18×1 处装配圆螺母来固定轴承的轴向位置。

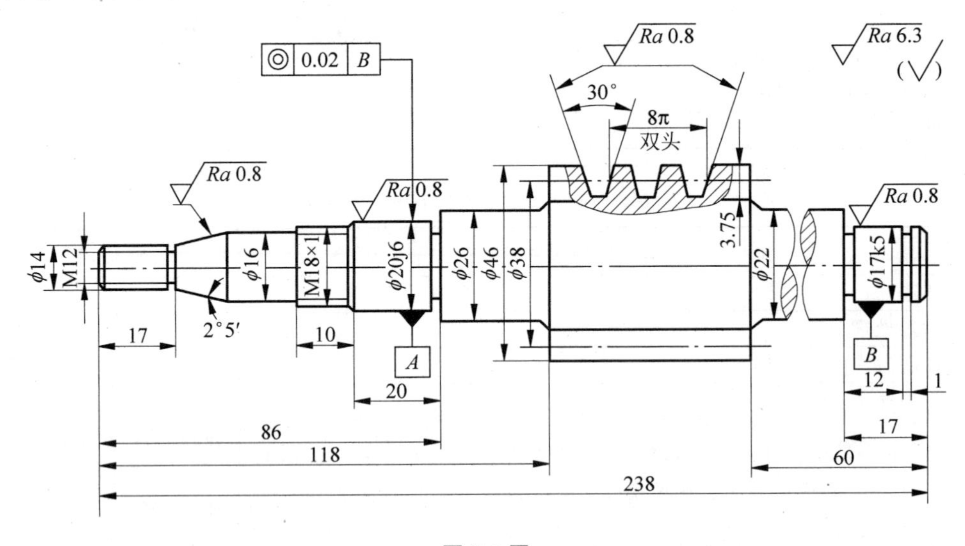

题 7-6 图

7-7 试述套类零件的主要功用。其结构特点和技术要求有哪些？

7-8 套筒类零件的毛坯常选用哪些材料？毛坯选择有什么特点？

7-9 常用的孔加工方法有哪些？简要阐述各类加工方法和所能达到的加工精度。

7-10 套筒类零件的装夹方法有哪些？其适用范围是什么？

7-11 编写如图所示套筒的机械加工工艺过程卡。生产类型为中等批量，毛坯材料为40Cr钢，需调质处理。

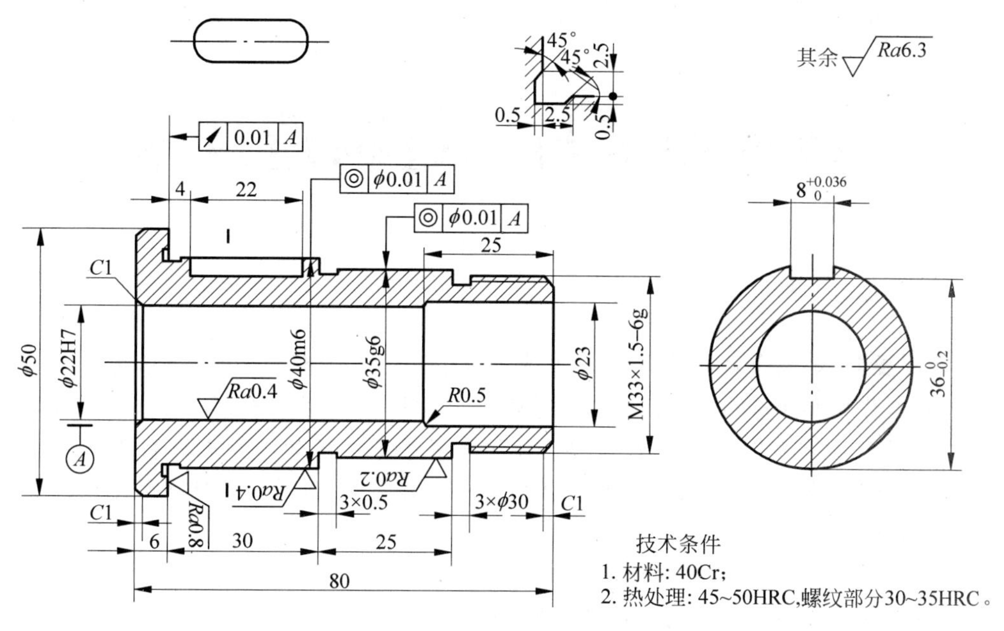

题 7-11 图

7-12 试述箱体类零件的主要功用。其结构特点和技术要求有哪些？

7-13 拟定箱体类零件机械加工工艺过程时一般应遵循哪些原则？为什么？

7-14 箱体类零件加工时，精基准的选择一般遵循什么原则？粗基准的选择通常采用什么方法？

7-15 根据箱体类零件的加工特点，试编制剖分式箱体（减速器箱体）零件的加工工艺过程卡。生产类型为中批生产，材料为HT200。

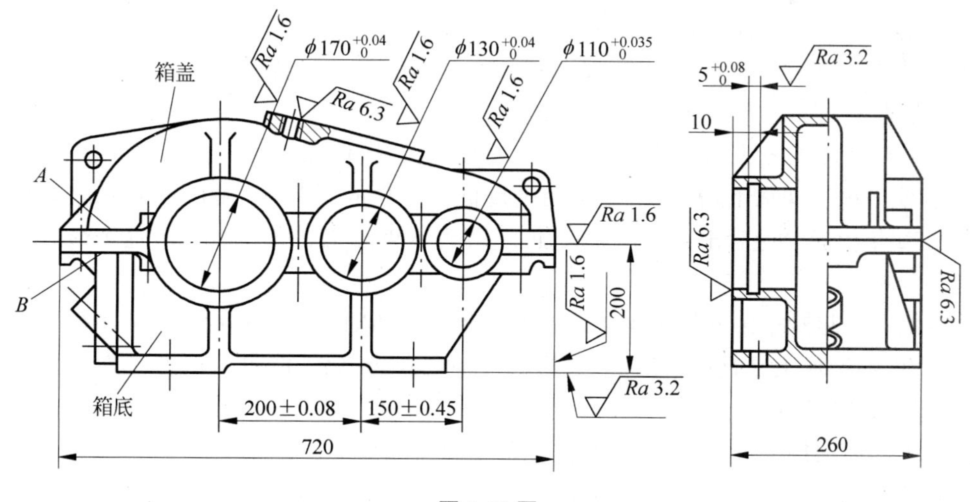

题 7-15 图

第8章

特种加工与先进制造技术

【内容提要】 本章介绍电火花加工、电解加工、激光加工、超声波加工、电子束和离子束特种加工的工作原理和工艺特点，分析了特种加工能解决传统加工很难完成、甚至无法完成的各种复杂型面、窄缝、小孔等的加工原因，详细地阐述了特种加工和先进制造技术的应用和发展前景，并简要讲解了柔性制造系统(FMS)产生的背景、基本功能及适用范围。

【本章要点】

1. 了解这些特种加工的工作原理和工艺特点
2. 熟悉特种加工的各种方法、应用范围
3. 掌握并能分析出各种特种加工方法的优缺点
4. 针对具体情况能合理选用

【本章难点】

1. 熟悉特种加工的各种方法及工艺特点
2. 掌握并能分析出各种特种加工方法的优缺点及应用范围

随着科学进步与生产技术的发展，一些高强度、高硬度的新材料不断出现，如钛合金、硬质合金等难加工材料，陶瓷、人造金刚石、硅片等非金属材料，以及特殊、复杂结构的型面加工，如薄壁、小孔、窄缝等，都对机械加工提出了挑战。

传统的切削加工很难解决上述问题，有些甚至无法加工。特种加工正是在这种新形势下迅速发展起来的。

传统的切削加工方法都是采用比工件材料硬的刀具，依靠机械力进行加工的。20世纪40年代发明的电火花加工，开始出现了用硬度低于工件的工具，不靠机械力来加工硬工件的方法。50年代后又先后出现了电子束加工、等离子束加工、激光加工等，逐步形成了特种加工的新领域。

特种加工是相对于传统切削加工而言的。传统的切削加工是利用刀具从工件上切除多余的材料，而特种加工是直接借助电能、热能、声能、光能、化学能等方法对工件材料进行加工的一系列加工方法的总称。

与传统的切削加工方法相比，特种加工的主要特点如下：

(1) 特种加工的工具与被加工零件基本不接触，工具材料的硬度可低于工件材料的硬度，加工时不受工件的强度和硬度的制约，故可加工超硬脆材料和精密微细零件。

(2) 加工时主要用电能、热能、声能、光能、化学能等去除多余材料，而不是靠机械能切除多余材料。

(3) 加工机理不同于一般金属切削加工，不产生宏观切屑，不产生强烈的弹、塑性变形，故可获得很低的表面粗糙度值，其残余应力、冷作硬化、热影响度等也远比一般金属切削加工小。

(4) 加工能量易于控制和转换，故加工范围广，适应性强。

由于特种加工方法具有其他加工方法无可比拟的优点，现已成为机械制造的一个新的重要领域，并在现代加工技术中占有越来越重要的地位。

本章仅简要介绍电火花加工、电解加工、超声波加工和激光加工等特种加工方法，以及先进的制造技术，要求了解和掌握这些加工方法的工作原理、加工特点和应用范围。

8.1　电火花加工

电火花加工是在一定绝缘性能的液体介质(如煤油、矿物油等)中，利用工具电极和工件电极之间瞬时火花放电所产生的高温熔蚀工件表面材料的方法来实现加工的，又称为放电加工、电蚀加工、电脉冲加工等。在特种加工中，电火花加工的应用最为广泛，尤其在模具制造、航空航天等领域占据着极为重要的地位。

8.1.1　电火花加工原理

早在19世纪初，人们就发现插头或电器开关触点在闭合或断开时会出现明亮的蓝白色火花，因而烧损接触部位。人们在研究如何延长电器触头使用寿命的过程中认识了产生电腐蚀的原因，掌握了电腐蚀的规律。1943年，苏联学者拉扎连科夫妇在研究电腐蚀现象的基础上发明了电火花加工，首次将电腐蚀原理运用到了生产制造领域。之后随着脉冲电源和控制系统的改进，迅速发展起来。

电火花加工原理如图8-1所示。加工时如图8-1(a)所示，将工具电极5与工件4置于具有一定绝缘强度的工作液7中，并分别与脉冲电源8的正、负极相连接。自动进给机构和间隙调节装置6控制工具电极5，使工具电极5与工件4之间经常保持一个很小的间隙(一般为0.01～0.05mm)。当脉冲电源不断发出脉冲电压(直流100V左右)作用在工件、工具电极上时，由于工具电极和工件的微观表面凹凸不平，极间相对最近点电场强度最大，最先击穿，形成放电通道，使通道成为一个瞬时热源。通道中心温度可达10000℃左右，使电极表面放电处金属迅速熔化，甚至汽化。

上述放电过程极为短促，具有爆炸性质。爆炸力把熔化和汽化的金属抛离电极表面，被液体介质迅速冷却凝固，继而从两极间被冲走。每次火花放电后使工件表面形成一个小凹坑，见图8-1(b)。在自动进给机构和间隙调节装置6的控制下，工具电极不断地向工件进给，脉冲放电将不断进行下去，得到由无数小凹坑组成的加工表面，最终工具电极的形状相当精确地“复印”在工件上。生产中可以通过控制极性和脉冲的长短(放电持续时间的长短)控制加工过程。

在电火花加工过程中，不仅工件被蚀除，工具电极也同样遭到蚀除，但两极的蚀除量不一样。工件应接在蚀除量大的一极。当脉冲电源为高频(即用脉冲宽度小的短脉冲作精加

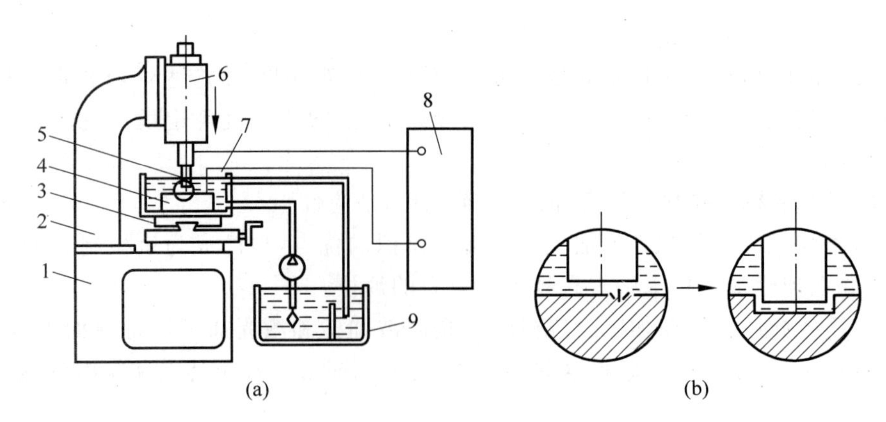

图 8-1 电火花加工原理

1—床身；2—立柱；3—工件台；4—工件；5—工具电极；6—自动进给机构及间隙调节器；
7—工作液；8—脉冲电源；9—工作液循环过滤系统

工)时，工件接正极；当脉冲电源输出频率低(即用脉冲宽度大的长脉冲作粗加工)时，工件应接负极；当用钢作工具电极时，工件一般接负极。

8.1.2 电火花加工的特点及应用

1. 适用的材料范围广

电火花加工可以加工任何硬、软、韧、脆、高熔点的材料，只要能导电，就可以加工。由于电火花加工是靠脉冲放电的热能去除材料，材料的可加工性主要取决于材料的热学特性，如熔点、沸点、比热容、导热系数等，而几乎与其力学性能(硬度、强度等)无关。这样就能以柔克刚，可以实现用软的工具加工硬韧的工件。工具电极一般采用紫铜或石墨等。

2. 适宜加工特殊及复杂形状的零件

由于加工中工具电极和工件不直接接触，没有机械加工的切削力，因此适宜加工低刚度工件及微细加工。由于可以简单地将工具电极的形状复制到工件上，因此特别适用于复杂几何形状工件的加工。因此，一些难以加工的小孔、窄槽、薄壁件和各种特殊及复杂形状截面的型孔、型腔等，如加工形状复杂的注塑模、压铸模及锻模等，都可以方便地进行加工。

3. 电脉冲参数调整范围大

脉冲参数可以在一个较大的范围内调节，可以在同一台机床上连续进行粗加工、半精加工及精加工。一般粗加工时表面粗糙度值为 $Ra3.2\sim6.3\mu m$，精加工时粗糙度值为 $Ra0.2\sim1.6\mu m$。电火花加工的表面粗糙度与生产率之间存在很大矛盾，如从 $Ra1.6\mu m$ 提高到 $Ra0.8\mu m$，生产率要下降 10 多倍。因此应适当选用电火花加工的表面粗糙度等级。一般电火花加工的尺寸精度可达 0.01～0.05mm。

4. 电火花加工的局限性

电火花加工的加工速度较慢和工具电极存在损耗，影响加工效率和成形精度。

8.1.3 电火花线切割加工

电火花加工机床已有系列产品。根据加工方式，可将其分成两种类型：一种是用特殊形状的工具电极加工相应工件的电火花成形加工机床(如上所述)；另一种是用线(一般为钼丝、钨丝或铜丝)电极加工二维轮廓形状工件的电火花线切割机床。

电火花线切割加工是在电火花加工基础上发展起来的一种新的工艺形式，是用金属丝(钼丝或铜丝)作工具电极，靠金属丝和工件间产生脉冲火花放电对工件进行切割的，故称为电火花线切割。目前已获得广泛应用。

1. 电火花线切割加工原理

电火花线切割加工简称线切割加工，它是利用一根运动的细金属丝($\phi0.02 \sim \phi0.3$的钼丝)作工具电极，在工件与金属丝间通以脉冲电流，靠火花放电对工件进行切割加工，其工作原理如图8-2所示。

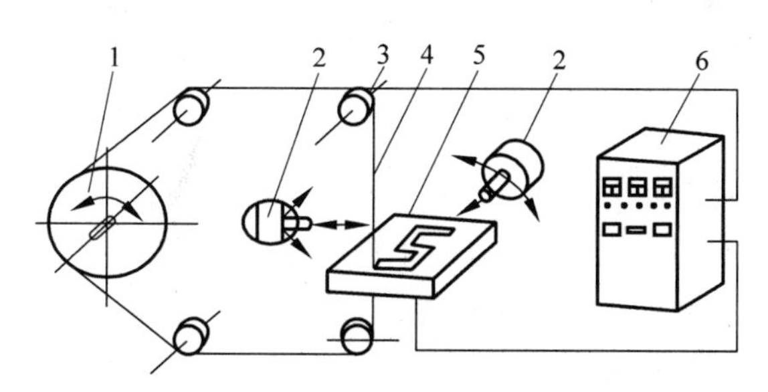

图8-2　线切割机床的工作原理图

1—储丝筒；2—工作台驱动电机；3—导向轮；
4—电极丝；5—工件；6—脉冲电源

加工前在工件上预先打好穿丝孔，电极丝穿过该孔后，经导向轮3由储丝筒1带动金属丝以8～10m/s的速度不断地作往复运动，带动电极丝4相对工件5上下移动。脉冲电源6的两极分别接在工件和电极丝上，使电极丝4与工件5之间发生脉冲放电，对工件5进行切割。工件安放在数控工作台上，由工作台驱动电机2按预定的控制程序，在X、Y两个坐标方向上作伺服进给移动，将工件加工成所需的形状。加工时，需在电极丝和工件间不断浇注工作液。

线切割加工的加工机理和使用的电压、电流波形与电火花加工相似。但线切割加工不需要特定形状的工具电极，减少了工具电极的制造费用，缩短了生产准备时间，从而比电火花穿孔加工生产率高，且加工成本低；加工中工具电极损耗很小，可获得高的加工精度；加工小孔、异形孔、小槽、窄缝以及凸、凹模可一次完成；多个工件可叠起来加工。但线切割加工不能加工盲孔和立体成形表面。图8-3所示为电火花加工产品实例。

2. 电火花线切割加工的特点及应用

(1) 可以切割各种高硬度的导电材料，如各种淬火模具钢和硬质合金模具、磁钢等。

(2) 由于切割工件图形的轨迹采用数控，只对工件进行图形轮廓加工，因而可以切割出形状很复杂的模具或直接切割出工件。加工工件形状和尺寸不同时，只要重新编制程序即可。目前大都采用微机编程，使数控编程工作简单易行。

(3) 由于切割时几乎没有切削力，故可以用于切割极薄的工件或用于加工易变形的工件。

(4) 电火花线切割加工无需制造成形电极，而是用金属丝为工具电极。由于线切割加

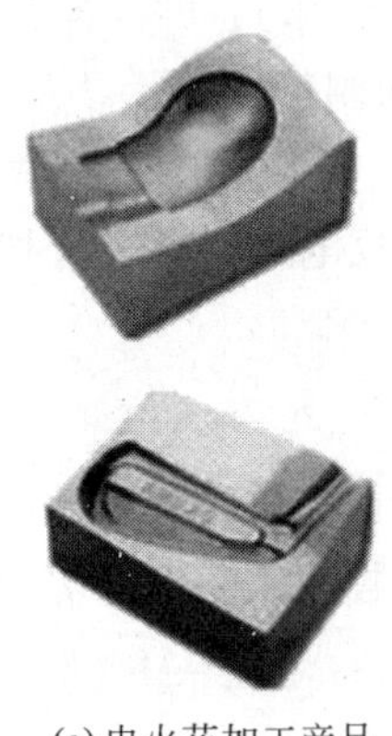

(a) 电火花加工产品

(b) 线切割加工产品

图 8-3 加工产品实例

工中是用移动着的长电极丝进行加工，可不必考虑电极丝损耗。由于电极丝直径很细，用它切断贵重金属可以节省材料。此外，还可用于加工窄缝、窄槽(0.07～0.09mm)等。

(5) 电火花线切割加工的尺寸精度可达0.003(最高)～0.02(平均)mm，表面粗糙度值可达 Ra0.2(最高)～1.6(平均)μm。

由于具有上述突出的特点，电火花线切割加工在国内、外发展都较快，已经成为一种高精度和高自动化的特种加工方法，在成形刀具与模具制造、难切削材料和精密复杂零件加工等方面得到了广泛应用。

8.2 电解加工

8.2.1 电解加工的基本原理

电解加工是利用金属在电解液中产生阳极溶解的电化学原理去除工件材料，以进行成形加工的一种方法。电解加工的原理与过程如图 8-4 所示。

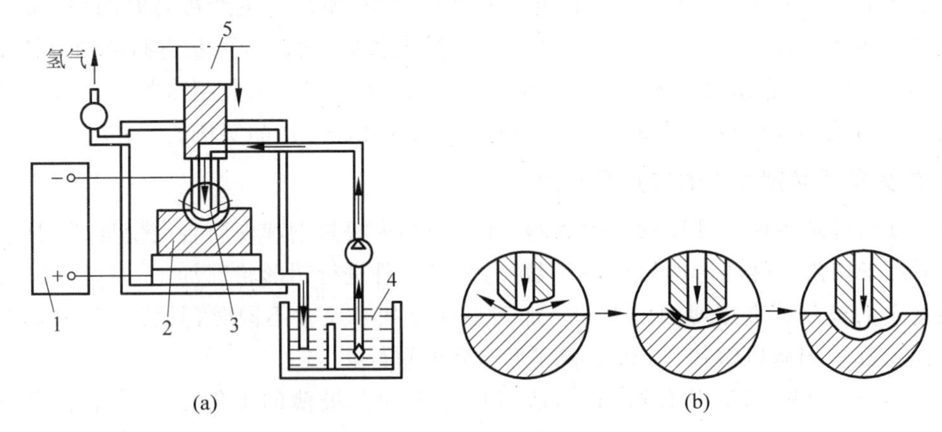

图 8-4 电解加工的基本原理

1—直流电源；2—工件；3—工具电极；4—电解液；5—进给机构

工件接直流电源1的正极作为阳极，工具电极3接直流电源的负极作为阴极。此时在进给机构5的控制下，工具电极3向工件2缓慢进给，使两极间保持较小的加工间隙(0.1～0.8mm)。具有一定压力(0.5～2.5MPa)的电解液4(10%～20%NaCl)从两极间的间隙中高速(15～60m/s)流过。电解液4在低电压(5～24V)、大电流(500～2000A)作用下使作为阳极的工件2的表面金属材料不断地溶解。阳极工件2表面的金属逐渐按阴极型面的形状溶解。电解产物被高速电解液带走，于是在工件2表面上加工出与阴极型面基本相似的形状，直到工具电极3的形状相应地“复印”在工件2上，即加工尺寸及形状符合要求时为止。

电解加工时电化学反应是比较复杂的，它随工件材料、电解液成分、工艺参数等加工条件的不同而不同。

电解加工常用的工具电极(阴极)材料有黄铜、不锈钢等。常用的电解液有氯化钠NaCl、硝酸钠$NaNO_3$、氯酸钠$NaClO_3$ 3种水溶液，其中以氯化钠应用最普及。

电解液的主要作用是：导电；在电场作用下进行电化学反应，使阳极溶解顺利进行；及时地把加工间隙内产生的电解物及热量带走，起净化与冷却作用。

8.2.2　电解加工的工艺特点和应用

电解加工的应用范围和发展速度仅次于电火花加工，已成功地应用于机械制造领域。

1. 电解加工的特点

与其他加工方法相比，电解加工的主要特点如下：

(1) 电解加工范围广泛，不受金属材料本身硬度和强度的限制，可加工高硬度、高强度和高韧性等难切削的金属材料。

(2) 能以简单的进给运动一次加工出形状复杂的型面或型腔(如锻模、叶片等)，生产率较高，其加工速度为电火花加工的5～10倍，机械切削加工的3～10倍。

(3) 加工过程中无切削力和切削热，工件不产生内应力和变形，适合于加工易变形和薄壁类零件。

(4) 加工过程中工具电极基本上没有损耗，可长期使用。

电解加工工艺的应用范围很广，适宜于加工型面、型腔、穿孔套料以及去毛刺、刻印等。电解抛光专用于提高表面质量，对于复杂表面和内表面特别适合。

2. 电解加工的弱点和局限性

(1) 加工稳定性不高，不易达到较高的加工精度。

(2) 加工复杂型腔和型面时，工具的制造费用较高，一般不适合于单件和小批量生产。

(3) 电解加工设备初期投资较大。其电解液过滤、循环装置庞大，占地面积大，电解液对设备有腐蚀作用。

(4) 电解液及电解产物容易污染环境。

8.2.3　电解加工精度和表面质量

由于影响电解加工的因素较多，难以实现高精度(±0.03mm以上)的稳定加工，很细的窄缝、小孔以及棱角很尖的表面加工也比较困难。

电解加工精度与被加工表面的几何特征有关。其大致范围为：尺寸精度对于内孔或套料可以达到±(0.03～0.05)mm、锻模加工可达±(0.02～0.05)mm，扭曲叶片型面加工可达±0.02mm。

影响加工精度的因素除加工间隙及稳定性外，工具阴极的精度和定位精度对加工亦有一定影响。

电解加工的表面粗糙度值可以达到 $Ra0.2 \sim 1.6\mu m$。

8.3 激光加工

激光加工是自 20 世纪 60 年代随着激光技术的发展出现的一种新型的特种加工方法。激光加工具有加工速度快、效率高、表面变形小、不需要加工工具的特点，可以加工各种硬淬和难溶的材料，应用非常广泛。

8.3.1 激光加工原理

激光加工是指利用光能经过透镜聚焦后形成能量密度很高的激光束，照射在零件的加工表面上，依靠光热效应来加工各种材料的一种加工方法。

激光是一种受激辐射得到的加强光，具有强度高、单色性好(波长或频率确定)、相干性好(相干长度长)、方向性好(几乎是一束平行光)四大特点。当把激光束照射到零件的加工表面时，光能被零件吸收并迅速转化为热能，温度高达 10000℃以上，使材料瞬间(千分之几秒或更短的时间)熔化甚至汽化而形成小坑。随着激光能量的不断吸收和热扩散，使斑点周围材料也熔化，材料小坑内金属蒸汽迅速膨胀，压力突然增大产生微型爆炸，在冲击波的作用下将熔融材料喷射出去，并在零件内部产生一个方向性很强的反冲击波，于是在零件加工表面打出一个具有一定锥度(上大下小)的小孔。

激光加工就是利用这种原理蚀除材料进行加工的。为了帮助蚀除物的排除，还需对加工区吹氧(加工金属用)或吹保护性气体，如二氧化碳、氮等(加工可燃材料时用)。

对工件的激光加工由激光加工机完成。激光加工机通常由激光器 1、电源 7，以及光栅 2、反射镜 3、聚焦镜 4 等光学系统和工作台 6 等机械系统所组成，如图 8-5 所示。

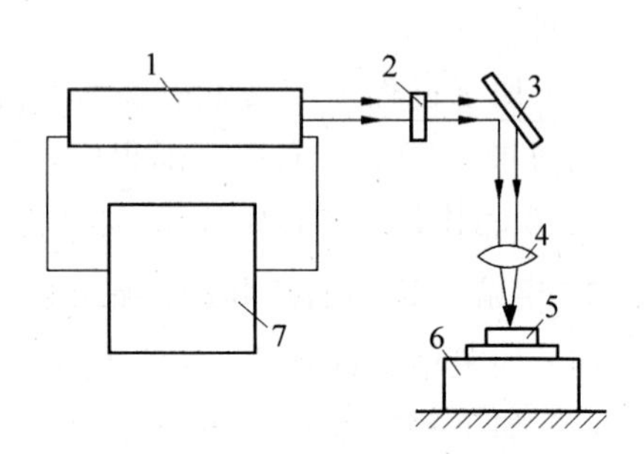

图 8-5 激光加工机示意图

1—激光器；2—光栅；3—反射镜；4—聚焦镜；5—工件；6—工作台；7—电源

激光器(常用的有固体激光器和气体激光器)把电能转变为光能，产生所需的激光束，经光学系统聚焦后，照射在工件表面上进行加工。工件则固定在三坐标精密工作台上，由数控系统控制和驱动，完成加工所需的进给运动。

8.3.2 激光加工的工艺特点及应用

1. 工艺特点

(1) 加工范围广。由于激光加工的功率密度高($10^7 \sim 10^8 W/cm^2$),几乎可以加工各种金属和非金属材料,如高温合金、钛合金、石英、金刚石、橡胶等。

(2) 能聚焦成极细的激光束,可进行精密细微加工。激光加工一般打孔孔径为$\phi0.1 \sim \phi1mm$,最小可达$\phi0.001mm$,且孔的长径比可达50～100。切割时,切缝宽度只有0.1～0.5mm,切割金属的厚度可达10mm以上。

(3) 加工速度快,效率高,打一个孔只需千分之一秒。热影响区很小,属非接触加工,无加工变形和工具损耗,且易实现自动化加工。

(4) 可通过空气、惰性气体或光学透明介质(如玻璃等)对工件进行加工,如焊接真空管内部的器件等。

2. 加工应用

(1) 激光打孔

利用激光打微型小孔,主要应用于某些特殊零件或行业。例如,火箭发动机和柴油机的喷油嘴,化学纤维的喷丝头,金刚石拉丝模,钟表及仪表中的宝石轴承,陶瓷、玻璃等非金属材料和硬质合金、不锈钢等金属材料的微细小的加工。

激光打孔的尺寸精度可达IT7级,表面粗糙度值为$Ra0.1 \sim 0.4\mu m$。值得注意的是,激光打孔以后,被蚀除的材料会重新凝固,少部分可能会粘附在孔壁上,甚至粘附到聚焦的物镜及工件表面上。为此,大多数激光加工机都采取了吹气或吸气措施,以排除蚀除产物。

(2) 激光切割

激光切割时,工件与激光束要相对移动,工件与激光束之间要依据所需切割的形状沿X、Y方向进行相对移动。小型工件多由机床工作台的移动来完成。

为了提高生产效率,切割时可在激光照射部位同时喷吹氧(对金属)、氮(对非金属)等气体,吹去熔化物并提高加工效率。对金属吹氧,还可利用氧与高温金属的反应促进照射点的熔化;对非金属喷吹氮等惰性气体,则可利用气体的冷却作用防止切割区周围部分材料的熔化和燃烧。

激光切割不仅具有切缝窄、速度快、热影响区小、成本低等优点,而且可以十分方便地切割各种曲线形状。目前已用激光切割加工飞机蒙皮、蜂窝结构、直升机旋翼、发动机机匣和火焰筒及精密元器件的窄缝等,并可进行激光雕刻。大功率二氧化碳气体激光器输出的连续激光,可切割铁板、不锈钢、钛合金、石英、陶瓷、塑料、木材、布匹、纸张等。

(3) 激光焊接

激光焊接时不需要使工件材料汽化蚀除,而只要将激光束直接辐射到材料表面,使材料局部熔化,以达到焊接的目的。因此,激光焊接所需要的能量密度比激光切割要低。

激光焊接具有诸多的优点,其最大优点是焊接过程迅速,不但生产效率高,而且被焊材不易氧化,热影响区及变形很小;激光焊接无焊渣,也不需要去除工件的氧化膜;激光不仅能焊接同类材料,而且还可以焊接不同种类的材料,甚至可以透过玻璃对真空管内的零件进行焊接。

激光焊接特别适合于微型精密焊接及对热敏感性很强的晶体管元件的焊接。激光焊接还为高熔点及氧化迅速材料的焊接提供了新的工艺方法。例如用陶瓷作基体的集成电路，由于陶瓷熔点很高，又不宜施加压力，采用其他焊接方法很困难，而使用激光焊接则比较方便。

(4) 激光热处理

用大功率激光进行金属表面热处理是近年来发展起来的一项新工艺。当激光的功率密度为 $10^3 \sim 10^5 \mathrm{W/cm^2}$，便可对铸铁、中碳钢，甚至低碳钢等材料进行激光表面淬火。激光淬火层的深度一般为 0.7～1.1mm。淬火层的硬度比常规淬火约高 20%，可达硬度 60HRC 以上，而且产生的变形小，解决了低碳钢的表面淬火强化问题。

激光热处理由于加热速度极快，工件不产生热变形；无需淬火介质便可获得超高硬度的表面；激光热处理不必使用炉子加热，特别适合大型零件的表面淬火及形状复杂零件(如齿轮)的表面淬火。

8.4 超声波加工

声波是人耳能够感受的一种纵波，其频率在 16～16000Hz 范围内。当频率超过 16kHz 就称为超声波。超声波的能量比声波大得多，它可以给传播方向以很大压力，能量强度达到每平方厘米几百瓦。超声波加工就是利用超声波的能量对工件进行成形加工，特别是在加工硬脆材料等方面有其独特的优越性。加工用的超声波频率为 16～25kHz。

8.4.1 超声波加工的工作原理

超声波加工是利用超声频振动的工具端面冲击工作液中的悬浮磨料，由磨料对工件表面撞击抛磨使局部材料破碎，从而实现对工件加工的一种方法。其加工原理如图 8-6 所示，在工件 7 和工具 6 之间注入液体(水或煤油等)和磨料混合为磨料悬浮液 8，使工具 6 对工件 7 保持一定的进给压力，超声波发生器 1 将工频交流电能转变为有一定功率输出的超声频电振荡，通过换能器 4 将此超声频电振荡转变为超声机械振动，借助于振幅扩大棒 5 把振动的位移幅值由 0.005～0.01mm 放大到 0.01～0.15mm，驱动工具 6 振动。

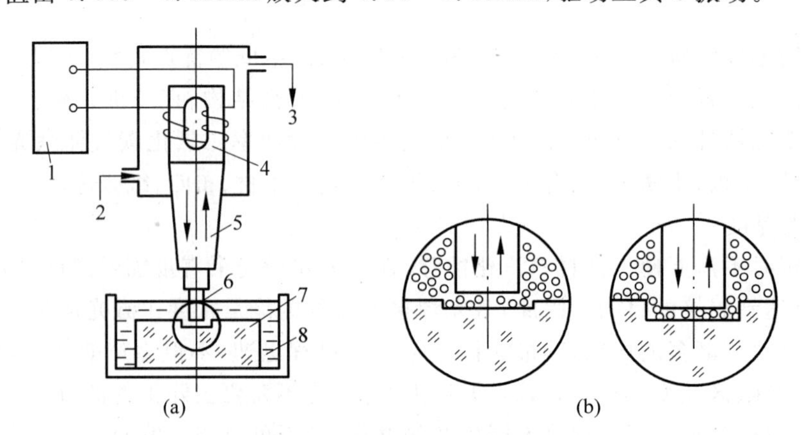

图 8-6 超声波加工原理示意图

1—超声波发生器；2,3—冷却水；4—换能器；5—振幅扩大棒；6—工具；7—工件；8—磨料悬浮液

工具6的端面在振动中冲击工作液中的悬浮磨粒，使其以很高的速度不断地撞击、抛磨被加工表面，把加工区域的材料粉碎成很细的微粒后打击下来。虽然每次打击下来的材料很少，但由于每秒打击的次数多达16×10^3次以上，所以仍具有一定的加工速度。由于磨料悬浮液8的循环流动，被打击下来的材料微粒被及时带走。随着工具的逐渐伸入，其形状便"复印"在工件上，直至达到所要求的尺寸和形状为止。

在工作中，超声振动还使悬浮液产生空腔，空腔不断扩大直至破裂或不断被压缩至闭合。这一过程时间极短。空腔闭合压力可达几百兆帕，爆炸时可产生水压冲击，引起加工表面破碎，形成粉末。

磨料悬浮液由水或煤油加入磨料组成。磨料硬度越高，加工速度越快。加工硬度不太高的材料时可用碳化硅磨料；加工硬质合金、淬火钢等高硬脆材料时，宜采用碳化硼磨料；加工金刚石、宝石等超硬材料时必须采用金刚砂磨料。制作工具的材料一般采用45钢。

8.4.2 超声波加工的工艺特点及应用

1. 超声波加工的工艺特点

(1) 适宜加工各种硬脆材料，特别是电火花加工和电解加工难以加工的不导电材料和半导体材料，如玻璃、陶瓷、石英、锗、硅、玛瑙、宝石、金刚石等；对于导电的硬质合金、淬火钢等也能加工，但加工效率比较低；对于脆性和硬度不大的韧性材料，由于它对冲击有缓冲作用则不易加工。

适宜超声波加工的工件表面有各种型孔、型腔及成形表面等。

(2) 加工精度高，表面质量好。因为主要靠极细磨料连续冲击去除材料，不会引起变形，加工精度可达0.01～0.02mm，表面粗糙度值可达$Ra0.1\sim0.8\mu m$。

(3) 由于采用成形法原理加工，只需按一个方向进给，故机床结构简单，操作维修方便。

2. 超声波加工的应用

超声波加工的生产率一般低于电火花加工和电解加工，但加工精度和表面质量都优于前者。更重要的是，它能加工前者所难以加工的半导体和非导体材料。

(1) 目前超声波加工主要用于加工硬脆材料的圆孔、异形孔和各种型腔，以及进行套料、雕刻和研抛等。

(2) 半导体材料(锗、硅等)又硬又脆，用机械切割非常困难，采用超声波切割则十分有效。

(3) 由于超声波在液体中会产生交变冲击波和超声空化现象，这两种作用的强度达到一定值时，产生的微冲击就可以使被清洗物表面的污渍遭到破坏并脱落下来。加上超声作用无处不入，即使是小孔和窄缝中的污物也容易被清洗干净。目前，超声波清洗不但用于机械零件或电子器件的清洗，国外已利用超声振动去污原理，生产出超声波洗衣机。

8.5 电子束加工

电子束加工是近几年得到较大发展的新型特种加工，尤其是在微电子领域应用较多。

8.5.1 电子束加工原理

电子束加工是在真空条件下，电子枪利用电流加热阴极发射电子束，带负电荷的电子束高速飞向阳极，途经加速极加速，并通过电磁透镜聚焦，使能量密度非常集中，可以把1000W或更高的功率集中到直径为5～10μm的斑点上，获得高达10^9 W/cm^{2}左右的功率密度。

高速电子撞击工件材料时，因电子质量小、速度大，动能几乎全部转化为热能，使工件材料被冲击部分的温度在百万分之一秒的时间内升高到几千摄氏度以上。热量还来不及向周围扩散就已把局部材料瞬时熔化、汽化直到蒸发去除，从而实现加工的目的，如图8-7所示。这种利用电子束热效应的加工方法，称为电子束热加工。

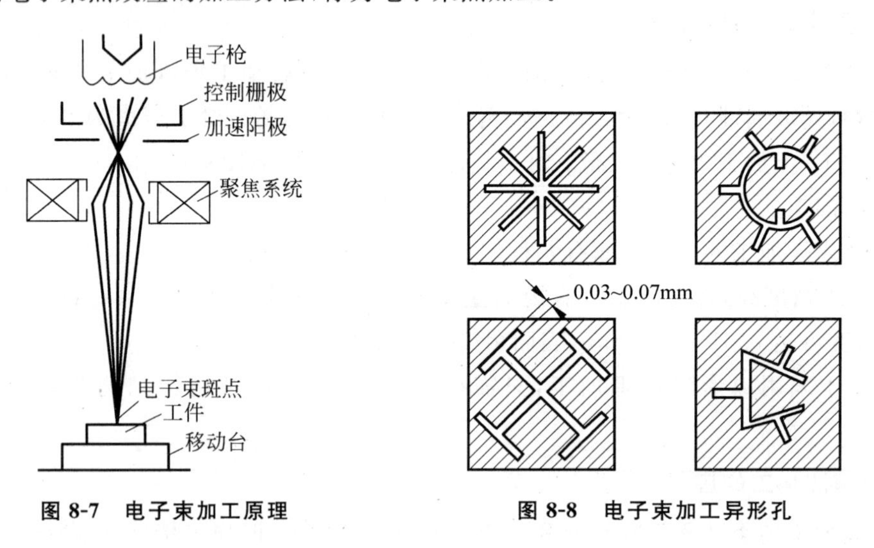

图8-7 电子束加工原理

图8-8 电子束加工异形孔

8.5.2 电子束加工特点及应用

1. 电子束的加工特点

(1) 能量密度很高，焦点范围小(能聚焦到0.1μm)，加工速度快，效率高，适于精微深孔、窄缝等加工，如图8-8所示。

(2) 工件不受机械力作用，不产生应力和变形，且不存在工具损耗。因此，可加工脆性、韧性、导体、非导体及半导体材料，特别适合加工热敏材料。

(3) 由于电子束加工在真空中进行，因而污染少，加工表面不氧化，特别适用于加工易氧化的金属及合金材料，以及纯度要求极高的半导体材料。

(4) 可以通过磁场或电场对电子束的强度、位置、聚焦等进行直接控制，便于实现自动化。其位置精度能精确到 0.1μm 左右。

(5) 加工设备投资高,因而生产应用不具有普遍性。

2. 电子束加工的应用

电子束加工可用于打孔、切割槽缝、焊接、热处理、蚀刻和曝光加工等。

电子束打孔最小直径可达 0.001mm 左右。孔径在 0.5～0.9mm 时,其最大孔深已超过 10mm,即孔的深径比大于 10∶1。在厚度为 0.3mm 的材料上加工出直径为 0.1mm 的孔,其孔径公差为 9μm。通常每秒可加工几十到几万个孔。电子束不仅可以加工各种直的型孔(包括锥孔和斜孔)和型面,而且也可以加工弯孔和曲面。

利用电子束在磁场中偏转的原理,使电子束在工件内部偏转,即可加工出斜孔。控制电子速度和磁场强度,即可控制曲率半径,加工出弯曲的孔。图 8-8 所示为电子束加工的喷丝头异型孔截面的一些实例。其缝宽可达 0.03～0.07mm,长度为 0.80mm,喷丝板厚度为 0.6mm。为了使人造纤维具有光泽、松软有弹性、透气性好,喷丝头的异型孔都是特殊形状的。用电子束切割的复杂型面,其切口宽度为 3～6μm,边缘表面粗糙度可控制在±0.5μm。

电子束焊接是利用电子束作为热源的一种焊接工艺。由于电子束焊接对焊件的热影响小,变形小,焊接速度快,焊接金属的化学成分纯净等,故可在工件精加工后进行焊接。又由于它能够实现异种金属焊接,且焊缝的机械强度很高,因此,可将复杂的工件分成几个零件,最后焊成一体。

电子束热处理是把电子束作为热源,并适当控制电子束的功率密度,使金属表面加热而不熔化,达到热处理的目的。

8.6 离子束加工

离子束加工是一种新兴的微细加工方法,在亚微米至纳米级精度的加工中很有发展前途。目前,离子束加工在技术上还不如电子束加工成熟。

8.6.1 离子束加工原理

离子束加工原理与电子束加工类似,也是在真空条件下,把氩(Ar)、氪(Kr)、氙(Xe)等惰性气体通过离子源产生离子束并经过加速、集束、聚焦后,投射到工件表面的加工部位上,依靠机械冲击作用去除材料的高能束加工。与电子束加工所不同的是离子的质量比电子的质量大千万倍,例如最小的氢离子,其质量是电子质量的 1840 倍,氩离子的质量是电子质量的 7.2 万倍。由于离子的质量大,故在同样的电场中加速较慢,速度较低,但一旦加速到最高速度时,离子束比电子束具有更大的能量。因此,离子束加工主要是通过离子微观撞击的动能轰击工件表面而进行加工,这种加工方法又称为“溅射”。图 8-9 所示为离子束加工原理示意图。

离子束加工的物理基础是离子束射到材料表面时所发生的撞击效应、溅射效应和注入效应。图 8-10 所示为各类离子束加工的示例图。具有一定动能的离子斜射到工件材料(靶材)表面时,可以将表面的原子撞击出来,这就是离子的撞击效应和溅射效应。如果将工件放置在靶材附近,靶材原子就会溅射到工件表面而被溅射沉积吸附,使工件表面镀上一层靶材原子的薄膜,如图 8-10(a)所示。如果离子能量足够大并垂直工件表面撞击时,离子就会钻进工件表面,这就是离子的注入效应,见图 8-10(b)所示。

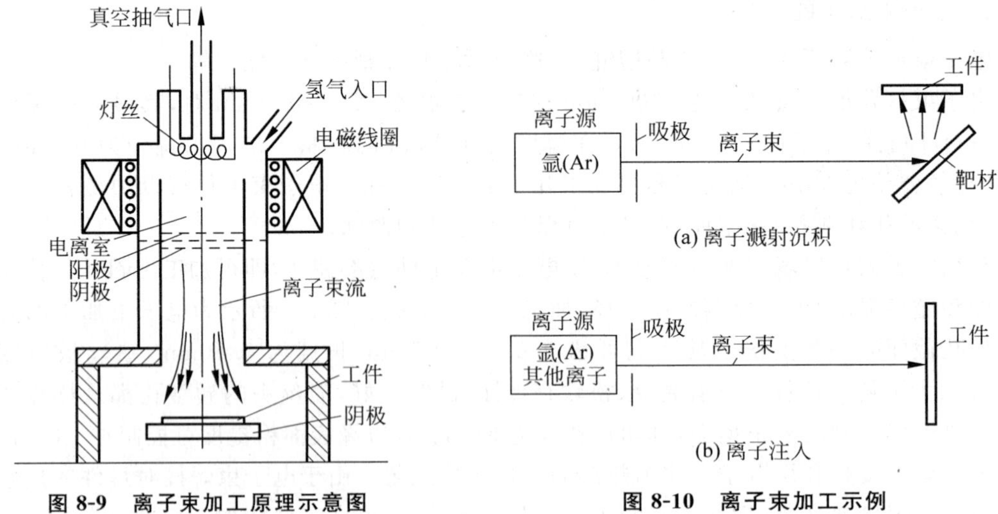

图 8-9 离子束加工原理示意图　　图 8-10 离子束加工示例

8.6.2 离子束加工的特点与应用

1. 离子束加工的特点

(1) 加工精度高,易精确控制

离子束通过离子光学系统进行扫描,使微离子束聚焦到光斑直径 1μm 以内进行加工,并能精确控制离子束流注入的宽度、深度和浓度等,因此能精确控制加工效果。

(2) 污染少

离子束加工在真空中进行,离子的纯度比较高,适合于加工易氧化的材料。加工时产生的污染少。

(3) 加工应力、变形极小

离子束加工是一种原子级或分子级的微细加工。作为一种微观作用,其宏观压力很小,适合于各类材料的加工,而且加工表面质量高。离子束加工是所有特种加工中最精密、最微细的加工方法,是当代纳米加工技术的基础。

2. 离子束加工的应用

离子束加工可将工件材料的原子一层一层的剥蚀去除,其尺寸精度和表面粗糙度均可达到极限的程度。目前,用于改变零件尺寸和表面物理力学性能的离子束加工技术主要有以下 4 种,即利用离子撞击和溅射效应的离子束刻蚀、离子溅射镀膜和离子镀,以及利用离子注入效应的离子注入。

离子束刻蚀是通过具用一定能量的离子轰击工件,将工件材料原子从工件表面去除的工艺过程,是一个撞击溅射过程。为了避免入射离子与工件材料发生化学反应,必须用惰性元素的离子。离子束刻蚀在高精度加工、表面抛光、图形刻蚀、石英晶体振荡器以及各种传感器件的制作等方面应用较为广泛。

离子镀膜加工包括溅射镀膜和离子镀两种方式。

(1) 离子溅射镀膜

离子溅射镀膜是基于离子溅射效应的一种镀膜工艺，不同的溅射技术所采用的放电方式是不同的。离子溅射镀膜工艺适用于合金膜和化合物膜等的镀制。在各种镀膜技术中，溅射沉积最适合于镀制合金膜。离子溅射还可用于制造薄壁零件，其最大特点是不受材料限制，可以制成陶瓷和多元合金的薄壁零件。

(2) 离子镀

离子镀是在真空蒸镀和溅射镀膜的基础上发展起来的一种镀膜技术。离子镀时，工件不仅接受靶材溅射来的原子，还同时接受离子的轰击。离子镀膜附着力强，膜层不易脱落。离子镀的可镀材料相当广泛，可在金属或非金属表面上镀制金属或非金属材料，各种合金、化合物、某些合成材料、半导体材料、高熔点材料均可镀覆。目前，离子镀技术已用于镀制耐磨膜、耐热膜、耐蚀膜、润滑膜和装饰膜等。

8.7　先进制造技术

8.7.1　微细制造技术

当今，现代制造技术的发展有两大趋势，一是向着自动化、柔性化、集成化、智能化等方向发展，使制造技术形成一个系统，进行设计、工艺和生产管理的集成，统称为机械制造自动化；另一是寻求固有制造技术自身微细加工的极限，也就是说，在现代制造技术中，能够加工零件的微小尺寸极限是多少，所以微细加工技术是指制造微小尺寸零件的加工技术。

微细制造技术主要用于制造微型机械。微型机械可以分成3个等级：毫米(mm)机械、微米(μm)机械和纳米(nm)机械。大小在10mm以下的机械称作毫米机械。毫米机械是手表、照相机、家电等精密机械装置进一步微型化的结果。大小在1mm以下的机械称作微米机械。半导体行业中，需要在硅片上加工尺寸为几微米至几百微米的各种可动式元件，从而导致了微小机械零件制造方法的研究，形成了微米机械的研究领域。纳米机械是与分子生物学紧密联系在一起的。人们提出了构造生物分子机械的设想，为了探明其机理，进行了纳米级测量和加工的研究，从而进入到纳米机械的研究领域。微细制造技术是制造微型机电零件和系统技术的总称，包括微细切削加工、微细磨削加工、微细电火花加工、微细蚀刻、聚焦粒子束加工、电铸加工和微生物加工等。

1. 微细切削加工

切削是机械制造业中使用最普遍的加工方法。精密切削的最新研究成果使人们能够掌握超精密运动控制、测量、刀具制造等基础技术，从而使古老的切削加工也走进了微细制造的殿堂。

图8-11所示是四轴联动超精密切削机床的示意图，由于配备了磨头，该机床还可从事磨削加工。X,Y,Z轴的行程分别为200，100，150mm，最高移动速度为1000mm/min，进给单位为0.1μm，各轴都装备了分辨率为1nm的刻度尺。导轨为特殊滚动导轨。C轴的分辨率为1/10000°，回转精度为0.05μm，最高转速为3000r/min，采用空气轴承。图8-12所示为用该机床加工的直径为100μm单头丝杠的扫描电镜照片的描图，其螺距为20μm，螺纹高

度为 5μm。加工丝杠螺纹使用了刃宽 10μm、顶角为 20°的单晶金刚石刀头，主轴转速为 130r/min、切深为 0.5μm，螺纹分作 10 次走刀切削而成，全部加工完成约需 4min。

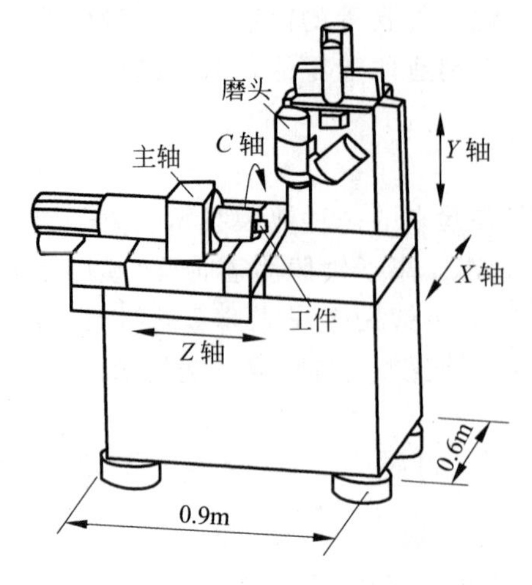

图 8-11 四轴联动超精密加工简图

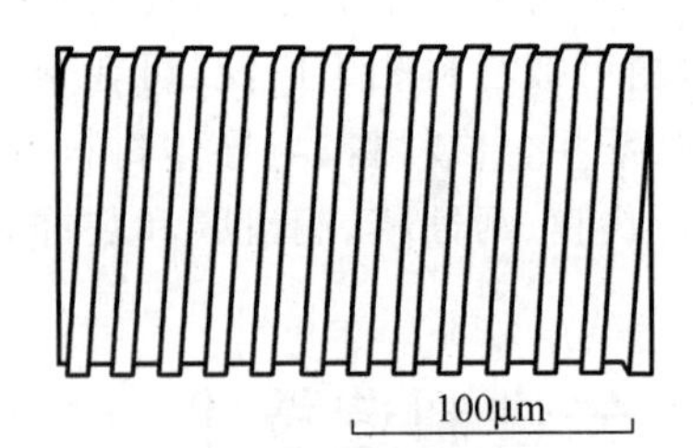

图 8-12 微型丝杠

2. 微细磨削加工

磨削是一种传统的精密机械加工方法。对常用金属材料均有良好的磨削性能，此外，陶瓷材料、高分子材料、绝缘材料、高硬度材料也都可以磨削。因此在探索微细机械零件制造方法的时候，人们自然而然地注意到这种加工方法。

图 8-13 所示为微细圆柱面磨削装置示意图，它由小型精密车床与磨削、钻削附件组合而成，能够从事外圆和内孔的磨削加工。工件转速可达 2000r/min，砂轮转速为 3500r/min，磨削采用手动走刀方式。为防止工件变形或损坏，显微镜和电视机显示屏监视着砂轮与工件的接触状态。

图 8-14 所示为用该装置加工的齿轮轴的扫描电镜照片的描图。齿轮轴的轴径为 200μm，齿顶圆直径为 500μm，齿宽为 130μm，齿轮轴全长 4mm，有 8 个齿，材料为硬质合金，轴和轮齿的表面粗糙度分别为 $Ra0.046\mu m$ 和 $Ra0.049\mu m$。

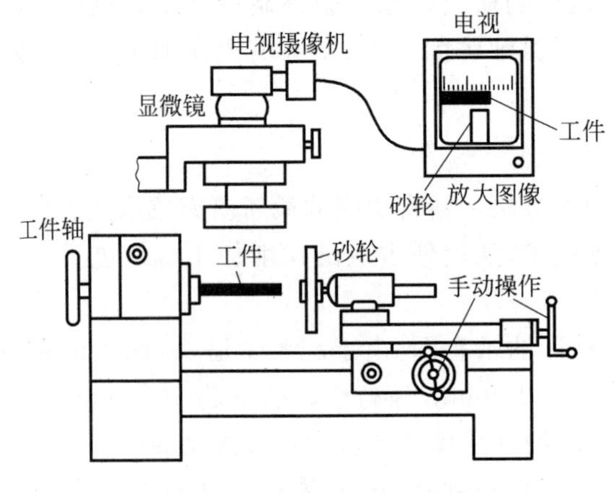

图 8-13 微细外圆磨削装置

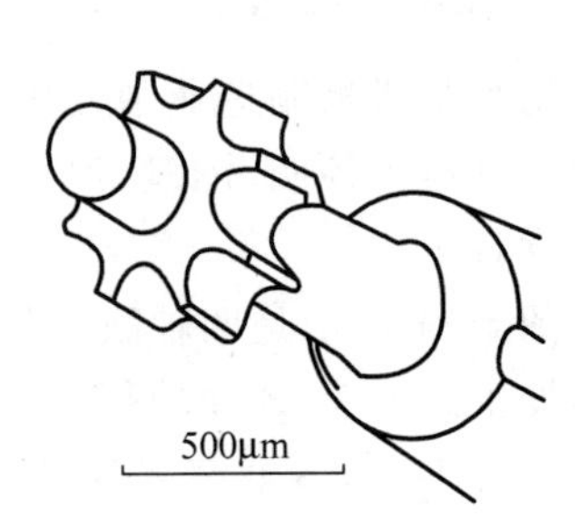

图 8-14 微型齿轮

3. 微细蚀刻

蚀刻是一种利用化学-物理作用制造零件的方法。其基本原理是：在被加工零件表面贴上特定形状的掩膜图，经蚀刻液淋洒并排除化学反应的产生物后，工件的裸露部分逐步被刻除从而达到设计的形状和尺寸。

利用蚀刻技术完成三维形体的微细加工，有以下几种方法。

(1) 等向蚀刻

适当选择蚀刻液和其他工艺条件，使工件被刻蚀的速度沿各个方向相等，这就是等向蚀刻，如图 8-15 所示。

采用等向微细蚀刻方法已成功制造出超声波显微镜的球面凹透镜。其材料为单晶硅，球面半径小于 50μm，圆球度小于 0.2μm。加工该凹透镜采用图 8-15 中左边所示的点状开口掩膜图，蚀刻液由氢氟酸、硝酸、醋酸按一定比例混合而成。

(2) 异向蚀刻

图 8-16 所示为异向蚀刻的截面图，可以看出，异向蚀刻以掩膜图为基准，从工件表面到底部或侧面，蚀刻量有着微小改变。根据被加工材料的性质，合理选择蚀刻剂和加工条件，可以实现异向蚀刻。异向蚀刻分为干蚀刻和化学蚀刻两种方式，前者以气体作蚀刻剂，后者以液体作蚀刻剂。

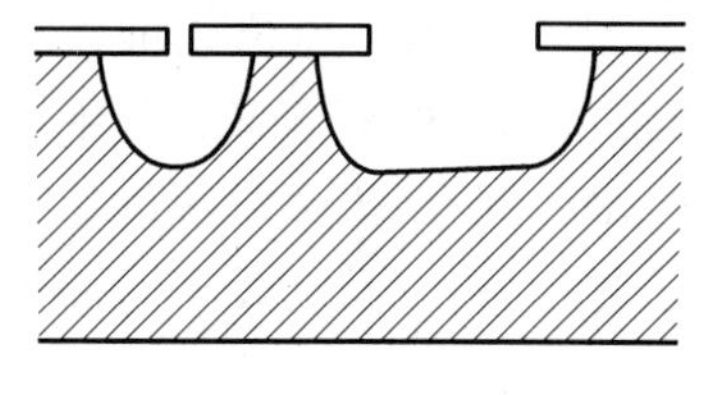

图 8-15　等向蚀刻

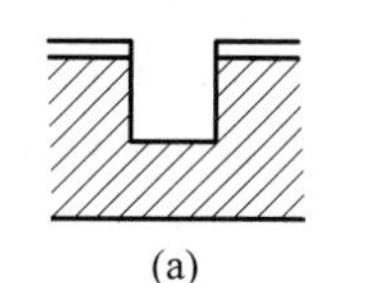

(a)

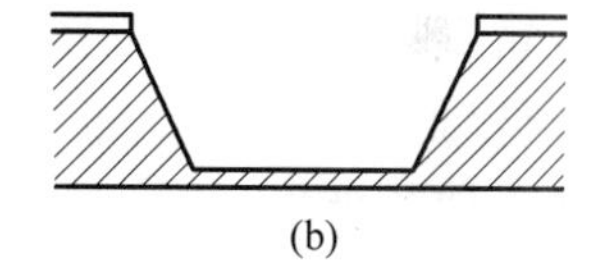

(b)

图 8-16　异向蚀刻

① 干蚀刻

微细干蚀刻技术可用来在单晶硅片上制造大规模集成电路。其原理是：真空容器内充有 CF_4、SF_6 等氟化气体，因外加高频电流而产生等离子区，并生成具有活性的离子和原子团。在电场作用下，带电离子加速冲击硅片表面，使垂直方向的蚀刻速度加快。图 8-16(a) 所示为采用微细干蚀刻技术加工的宽 1μm、深数微米的光滑矩形槽。

② 化学蚀刻

若化学药品对材料的腐蚀作用有很强的方向性，则可对该材料进行异向蚀刻，如具有金刚石晶体结构的单晶硅，沿(111)方位的腐蚀率比之其他方位小得多，可达到 1∶200。常用化学蚀刻剂有氢氧化钾水溶液、乙二胺-邻苯二酚水溶液、四甲基氢氧化胺水溶液等。此外，硅片表面形成的氧化膜(SiO_2)、氮化膜(Si_3N_4)以及硼涂层能保护材料不被腐蚀，利用这一性质也可实现异向蚀刻。

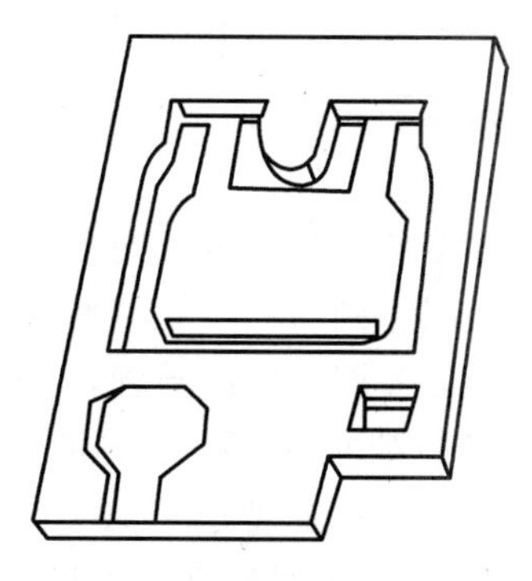

图 8-17　化学蚀刻的硅振动片

采用化学蚀刻制成的硅振动片是压力传感器的关键零件，在仪表、汽车等行业中已经得到广泛应用。图 8-17(扫描电镜照片的描图)所示为加速度传感器用零件，就是用化学蚀刻方法加工而成的。其材料为单晶硅，平衡锤部分厚 214μm，支承梁厚 14μm，边框厚 220μm，零件外形尺寸为 3.5mm×5mm。

8.7.2 超精密加工

1. 超精密加工的概念

超精密加工技术起源于 20 世纪 60 年代。1962 年美国 Union Carbide 公司研制成功首台超精密车床。此后，超精密加工技术受到人们日益普遍的关注，得到长足的发展。

按加工精度和加工表面质量的不同，可以把机械加工分为一般加工（粗加工、半精加工和精加工）、精密加工（如光整加工）和超精密加工。所谓超精密加工技术并不是指某一特定的加工方法，也不是指比某一特定的加工精度高一个数量级的加工技术，而是指在一定的发展时期，加工精度和加工表面质量达到最高水平的各种加工方法的总称。

超精密加工的概念及其与一般加工和精密加工的精度界限是相对的。由于科学技术的不断发展，昨天的精密加工对今天来说已是一般加工，今天的超精密加工则可能是明天的精密加工。目前，在工业发达国家，一般加工是指加工精度不高于 1μm 的加工技术，与此相应，精密加工是指加工精度为 0.1～1μm、表面粗糙度值小于 *Ra*0.02～0.1μm 的加工技术，超精密加工是指加工精度高于 0.1μm、表面粗糙度值小于 *Ra*0.01μm 的加工技术。

物质是由分子或原子组成的。从机械加工的角度来说，最小的加工单位或可以加工的尺寸或精度极限是分子或原子。因此，从这个意义上说，超精密加工的概念又有其绝对的一面，即可以把接近于加工极限的加工技术称为超精密加工技术。现在，人类掌握的加工技术已经接近加工极限，如纳米加工技术已经可以对单个的原子进行操作（移动原子），加工精度已经达到纳米级（原子晶格的间距通常为 0.2～0.4nm）。

2. 超精密加工的地位及意义

超精密加工是衡量一个国家科学技术发展水平的重要标志之一。

超精密加工技术在尖端科技产品和现代化武器的制造中占有重要地位。作为测量标准的所谓“原器”（如测量水的绝对密度的“标准球”、测量平面度的标准“光学平晶”等），与现代飞机、潜艇、导弹性能和命中率有关的惯性系统的精密陀螺，激光核聚变的反射镜，大型天体望远镜的透镜和多面棱镜，卫星的姿态轴承，大规模集成电路的硅片，计算机磁盘，复印机磁鼓和激光打印机的多面镜等都需要进行超精密加工。

现代机械工业之所以要致力于提高加工精度，主要原因在于提高制造精度后，可提高产品的性能和质量，特别是稳定性和可靠性，促进产品的小型化，增强零件的互换性，提高装配生产率和自动化程度。

如陀螺仪制造精度的提高使美国 MX 战略导弹（可装载 10 枚核弹头）的命中精度圆概率误差减小到 50～150m，而原来的民兵Ⅱ型洲际导弹的命中精度圆概率误差为 500m。再如雷达的关键元件波导管，如果采用一般方法生产，则其品质因数值为 2000～4000。改用超精密车削加工后，其内腔表面粗糙度值达到 *Ra*0.01～0.02μm，端面粗糙度值达到 *Ra*0.01μm，平面度小于 0.1μm，垂直度小于 0.1μm，品质因数值因此达到 6000。据英国 Rolls-Royce 公司提供的资料，若将飞机发动机转子叶片的加工精度由 60μm 提高到 12μm，表面粗糙度值由 *Ra*0.5μm 减小到 *Ra*0.2μm，则发动机的压缩效率将从 89%提高到 94%。

而传动齿轮的齿形及齿距误差若能从3～6μm降低到1μm，则单位齿轮箱质量所能传递的扭矩将提高近一倍。

3. 超精密加工的特点、应用范围及分类

(1) 超精密加工的特点

① 遵循精度“进化”原则

一般来说，用一定精度的“工作母机”(机床)只能加工出比工作母机精度低的零件，即“工作母机”的精度将逐渐蜕化，这一现象称为精度“蜕化”。一般加工大多遵循“蜕化”原则。对于精密和超精密加工，由于被加工零件的精度要求很高，制造更高精度的“工作母机”有时已不可能，这时一般借助工艺手段和特殊工具，直接利用精度低于工件精度的机床设备加工出精度高于“工作母机”的工件，这样的加工方式叫做直接式“进化”加工。也可以先用较低精度的机床和工具制造出加工精度比“工作母机”精度更高的机床和工具(即第二代“工作母机”和工具)，再用第二代“工作母机”加工高精度工件，相应的加工方式叫做间接式“进化”加工。直接式“进化”加工和间接式“进化”加工的加工精度逐渐提高，所以统称为精度“进化”加工或“创造性”加工。因此，超精密加工遵循精度“进化”原则，属于创造性加工。

② 属于微量切削(极薄切削)

超精密加工时，背吃刀量一般都很微小，属于微量切削和超微量切削。因此对刀具刃磨、砂轮修整和机床及其调整均有很高要求。

③ 影响因素众多，是一个系统工程

超精密加工是一门综合性很高的技术，凡是影响加工精度和表面质量的因素都要考虑，包括加工方法、加工工具及其材料的选择，被加工材料的结构及质量，加工设备的结构及技术性能，测试手段和测试设备的精度，工作环境的恒温、净化和防振，工件的定位与夹紧方式，人的技艺等。因此，超精密加工技术已不再是一个孤立的加工和单纯的工艺问题，而成为一项包含内容极其广泛的系统工程。

④ 与自动化技术关系密切

精密和超精密加工一般采用计算机控制、在线检测、适应控制、误差补偿等自动化技术来减少人为因素的影响，提高加工质量。

⑤ 综合应用各种加工方法

在精密和超精密加工方法中，不仅有传统的切削磨削加工方法，如超精密车削、铣削、磨削等，而且有特种加工和复合加工方法，如精密电加工、激光加工、电子束加工、离子束加工等。只有综合应用各种加工方法，取长补短，才能得到很高的精度和表面质量。

⑥ 加工和检测一体化

为了保证超精密加工的高精度，很多时候都采用在线检测、在位检测(工件加工完毕后不卸下，在机床上直接进行检测)和误差补偿技术，并常将加工和检测装置做成一体。

(2) 超精密加工的分类和应用范围

根据加工方法的机理和特点，可以将超精密加工分为以下4种类型：

① 超精密切削加工，如金刚石刀具超精密车削、微孔钻削等；

② 超精密磨料加工，如超精密磨削、超精密研磨等；

③ 超精密特种加工，如电子束加工、离子束加工及光刻加工等；

④ 超精密复合加工，如超声研磨、机械化学抛光等。

上述方法中，最具代表性的是超精密切削加工和超精密磨削加工。

超精密切削加工主要是借助锋利的金刚石刀具对工件进行车削和铣削，可用于加工要求高表面质量和高形状精度的有色金属或非金属零件，如加工激光或红外光的平面或非球面反射镜、磁盘、VIR 辊轴、有色金属阀心和多面棱镜等。超精密车削可达到 $Ra0.005\mu m$ 的表面粗糙度和 $0.1\mu m$ 的非球面形状精度，如美国 LLL 实验室于 1984 年研制的 LODTM 大型金刚石车床，如图 8-18 所示，采用双立柱立式车床结构，低热膨胀材料组合技术，恒温液体冷却，六角刀盘驱动，多重光路双频激光测长进给反馈，分辨率为 0.7nm，定位误差为 2.5nm。其主轴静态精度为：径向跳动≤25nm，轴向窜动≤51nm，可加工尺寸 ϕ1625mm×500mm，质量 1360kg 的光学镜头。

超精密磨削加工主要用于加工尺寸及形状精度很高的伺服阀、空气轴承和陀螺仪轴承等。超精密磨削可达到 $Ra0.005\mu m$ 的表面粗糙度，$0.01\mu m$ 的圆度。图 8-19 所示为英国 NPL 实验室开发的四面体结构主轴超精密磨床，它由 6 个圆柱连接 4 个支持球构成一个四面体框架，使每个圆柱承受压力，从而使机床的静刚度达到 10N/nm，加工精度达到 1nm 以上。

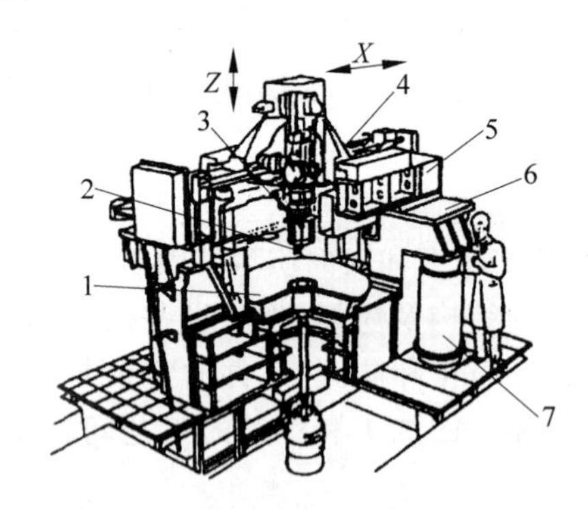

图 8-18 (美国)光学金刚石超精密车床

1—主轴；2—高速刀具伺服机构；3—刀具轴；4—X 轴拖板；5—上部机架；6—主机架；7—气动支承

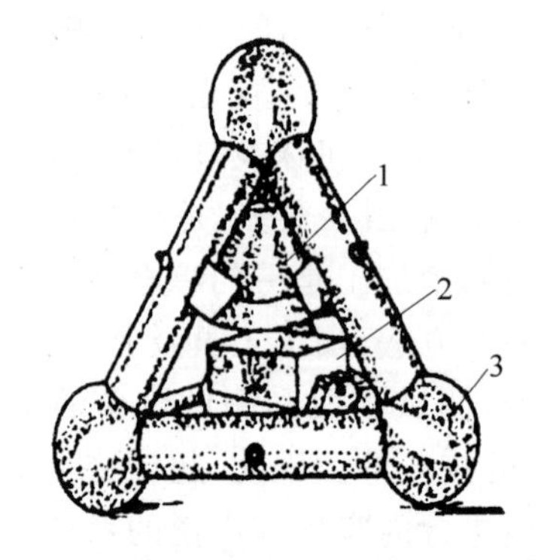

图 8-19 (英国)四面体主轴超精密磨床

1—主轴；2—工作台；3—支持球

在过去相当长的一段时间内，超精密加工的应用范围一直很窄。随着科学技术的进步，近 20 年来，超精密加工不仅进入了国民经济的各个领域，而且正从单件小批生产方式走向规模生产，产生了良好的经济效益。如录像机的磁头、集成电路的基片、计算机硬盘的盘片和激光打印机的多面镜等需求量较大的零件，目前都已经采用超精密加工。其中，多面镜的价格在 20 世纪 80 年代初期是每个 5～10 万日元，而在每年数百万台生产量的今天，表面粗糙度 $Ra0.02\mu m$、平面度 $\lambda/8$ 的 6～8 面镜，花 300～500 日元就可以买到一个。

可以预见，随着新的超精密加工方法和设备的不断涌现，超精密加工的应用范围将进一扩大。

8.7.3 柔性制造自动化技术与系统

制造技术一方面追求加工尺寸的微细化、精密化，另一方面追求更高水平的加工系统自动化。20 世纪后期广泛采用的柔性制造自动化技术便是加工系统自动化的一个里程碑。

1. 柔性制造系统产生的背景

1947 年,美国底特律福特汽车公司建成了机械加工自动线,将机械制造自动化技术推向了新的发展阶段。

图 8-20 所示为加工箱体类零件的组合机床自动线的示意图。其中,组合机床 1、2、3 是加工设备(主机),工件输送装置 4、输送传动装置 5、转位装置 6、转位鼓轮 7 等是工件自动输送设备,夹具 8、切屑运输装置 9 等是辅助设备,液压站 10、操作台 11 等是控制设备。

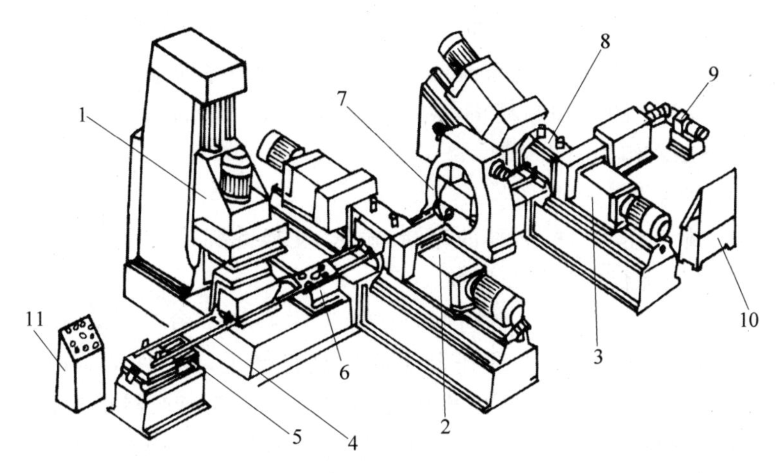

图 8-20　组合机床自动线

1,2,3—组合机床;4—工件输送装置;5—输送传动装置;6—转位装置;7—转位鼓轮;8—夹具;9—切屑运输装置;10—液压站;11—操作台

按稳定成熟的工艺顺序将具有相当自动化功能的机床排列起来,用自动输送工件设备和辅助设备把它们连成有机整体,在由电气柜、液压(或气动)装置构成的控制设备控制下,工件以严格的生产节拍,按预定工艺顺序"流"过每个工位,无需工人直接参与,自动完成工件的装卸、输送、定位夹紧、切削加工、切屑排除、质量监测,这种制造系统就是自动线。某个(或某几个)零件的成熟制造工艺是设计一条自动线的前提。为了提高生产效率和产品质量,自动线还采用了功能和结构都有很强针对性的工艺装备(工具、夹具等),因此一条自动线只能承担某个(或某几个)零件的制造任务,从这层意义上,人们又称自动线为"刚性"自动线。

第二次世界大战后,市场对商品的需求量远远大于生产厂家的制造能力。自动线承担着单一品种大批量生产的任务,从自动线上源源不断地"流"出了价廉物美的产品,极大地满足了市场的需求,使社会财富迅速积累起来。

20 世纪 70 年代,先进工业国家在经济上取得了显著发展,人们的生活水平得到很大提高。这些成就反映在消费市场,就是消费者对消费的多样化要求,就是商品的生命周期变得很短。以市场经济为基础的现代制造业因此而面临着严峻的挑战。制造厂商要想在激烈的市场竞争中获利,必须将单一品种大批大量生产模式转变成多品种小批量的生产模式,需解决以下问题:

(1) 当产品变更时,制造系统的基本设备配置不应变化;

(2) 按订单生产,在库的零部件和产品不能多;

(3) 能在很短的时间内交货;

(4) 产品的质量高,而价格应不高于大批量生产模式下制造出来的产品;

(5) 面对劳动力市场高龄、高学历、高工资而带来的困难,制造系统应该有很高的自动化水平,并能够在无人(或少人)的条件下长时间连续运行。

在这种背景下,柔性制造系统(FMS)诞生了。

2. 柔性制造系统的功能及适应范围

1967年,英国 Molins 公司在美国的一家分公司提出了一项发明专利申请,发明人 John Bond 申请保护一种命名为柔性制造系统(FMS)的新型制造系统的构想。

图 8-21 所示为 FMS 的一种布局图,从中可以看出,一个制造系统被称为柔性制造系统,至少应包含 3 个基本组成部分,即:

(1) 数控机床,即主机;

(2) 物流系统,即毛坯、工件、刀具的存储、输送、交换系统;

(3) 控制整个系统运行的计算机系统。

图 8-21 所示 FMS 的主机是 2 台同型卧式加工中心和 1 台立式加工中心;装卸站是毛坯、工件进入或离开 FMS 的门户;托盘缓冲站是存储毛坯工件的临时仓库,将毛坯送给加工中心加工,把加工好的工件送出机床外的作业由托盘交换器承担;在装卸站、托盘缓冲站、托盘交换器之间搬运毛坯和工件的工作是由有轨自动小车完成的。每台加工中心除了装备有盘形刀库外,还附加了一个大容量刀库,机械手担负着大容量刀库与盘形刀库、盘形刀库与机床主轴之间交换刀具的职责。图中所示 FMS 管理系统实际上是控制整个 FMS 运行的计算机系统的主体单元。从图 8-21 还可看到,常见的 FMS 具有以下功能:

(1) 自动制造功能(在柔性制造系统中,由数控机床这类设备承担制造任务);

(2) 自动交换工件和工具的功能;

(3) 自动输送工件和工具的功能;

(4) 自动保管毛坯、工件、半成品、工装夹具、模具的功能;

(5) 自动监视功能,即刀具磨损、破损的监测,自动补偿,自诊断等。

FMS 的上述功能是在计算机系统的控制下,协调一致、连续有序地实现的。制造系统运行所必需的作业计划以及加工或装配信息预先存放在计算机系统中。根据作业计划,物流系统从仓库中调出相应的毛坯、工装夹具,并将它们交换到对应的机床上。在计算机系统的控制下,机床根据程序执行预定的制造任务。柔性制造系统的“柔性”,是由计算机系统赋予的,零件变更时只需变换其“程序”,不必改动设备。

FMS 是在市场竞争的新形势下诞生的制造系统。与传统的制造系统比较,在品种和批量组成的二维空间中,FMS 占据了专用机床组成的制造系统和通用机床组成的制造系统所处的中间区域(见图 8-22)。对箱体类零件加工,图 8-22 可以具体化为图 8-23。从图 8-23 中可以看出,箱体类零件 FMS 适用于 5～1000 件的批量,能完成 5 至上百种零件的加工。

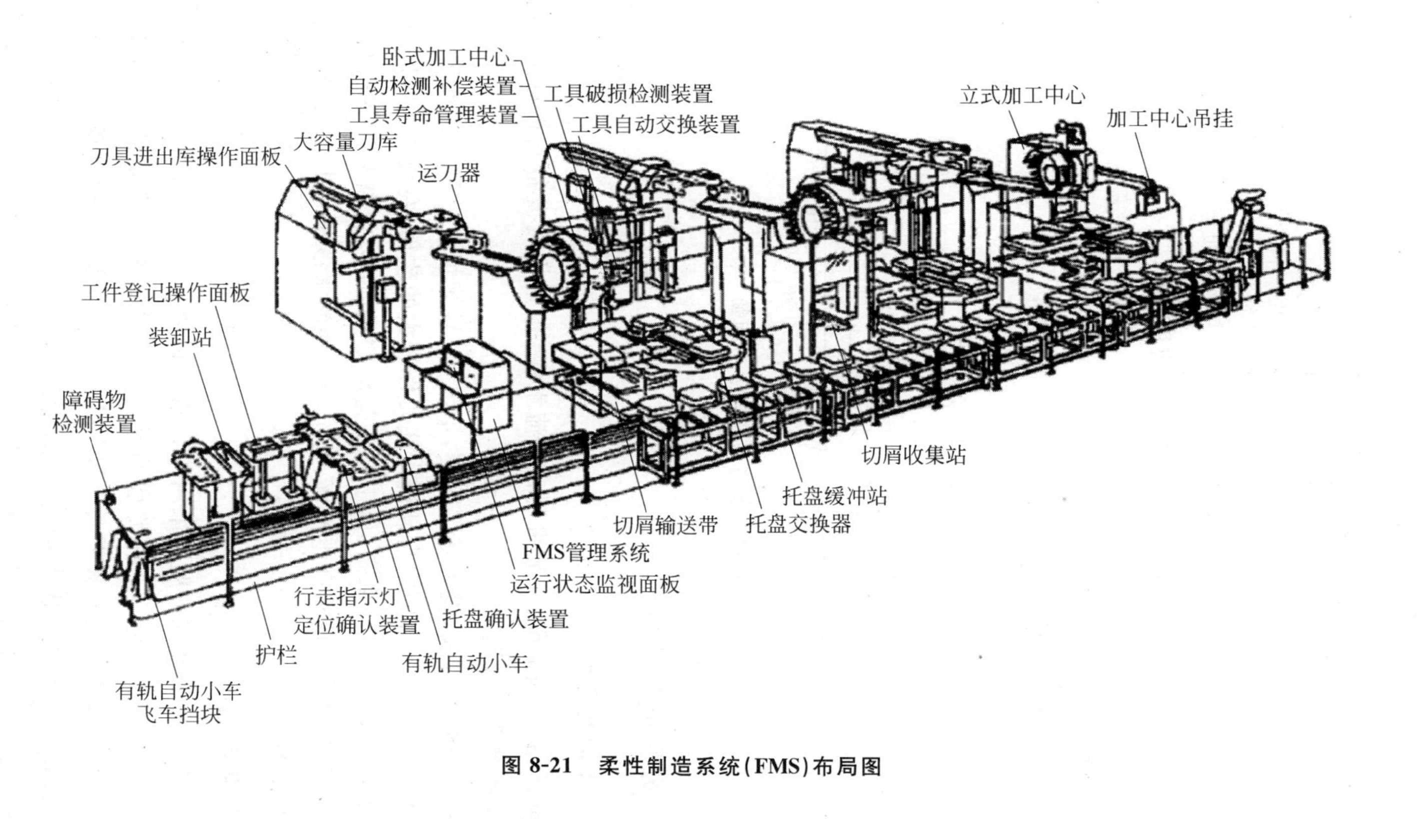

图 8-21　柔性制造系统(FMS)布局图

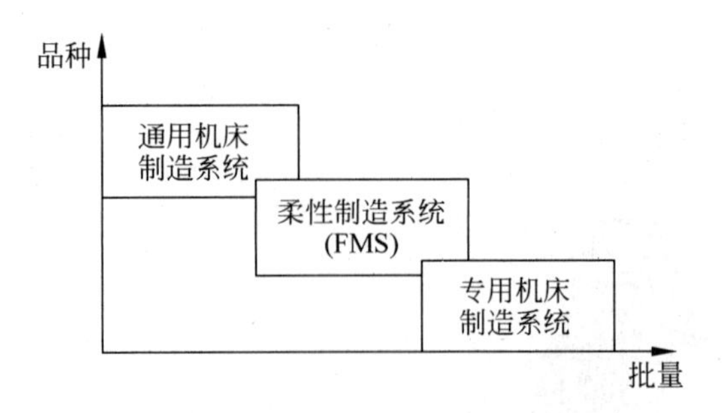

图 8-22 各种制造系统的应用范围

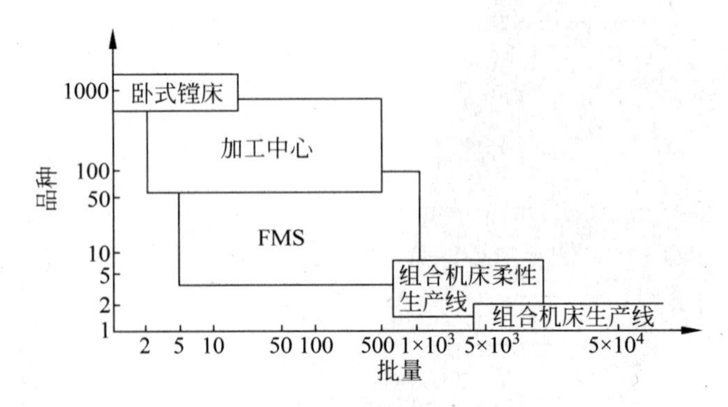

图 8-23 制造系统与生产纲领

8.7.4 先进制造生产模式

1. 刚性自动化制造模式

对于大批量、少品种的情况，一般采用自动流水线，包括物流设备和相对固定的加工工艺，这可称为“刚性制造模式”。

自动化流水线通常投资大，设备基本固定，不灵活，只能加工一种零件或者几种相互类似的零件。如果要改变产品的品种，自动流水线要作较大的改动，在投资和时间方面的消耗很大。自动流水线的优点是生产率高，由于设备是固定的，所以设备利用率也高，最终的结果是，每一产品的成本很低。追求高生产率，是选择自动流水线最主要的依据。这种生产方式至今仍然用得较多。

2. 柔性自动化制造模式

对于小批量、多品种的情况一般可采用单台数控机床。它可提供加工产品系列的灵活性。从一种类型的零件转换到另一种类型的零件不需要改变机床硬件，仅需要改变控制(number control，NC)程序及夹具和刀具。NC 程序是 NC 机床的控制逻辑，表示为指令和加工步骤。NC 机床加工产品的优点是灵活性较大。

对于中等批量、中等品种的情况，就要考虑一个折中方案。在金属制品中，中等批量、中等品种的情况是最主要的一种现象。根据国外统计资料，在金属加工工业中，这类情况约占75%。因此如何解决这种情况下的制造问题是一个十分关键的问题。结合自动流水线与NC 机床的特点，将 NC 机床与物料输送设备通过计算机联系起来，形成一个系统，来解决中等批量、中等品种的加工问题，这就形成了所谓的“柔性制造系统”。其中 NC 机床提供了灵活的加工工艺，物料输送系统将 NC 机床互相联系起来，计算机则不断对设备的动作进行监控，同时提供控制作用并进行工程记录。计算机还可通过仿真来预示系统各部分的行为，并提供必要的准确的测量。

3. 计算机集成制造模式

随着计算机技术的发展，20 世纪 70 年代国外提出了“计算机集成制造”的模式，按该模式构成的制造系统称为计算机集成制造系统。计算机集成制造系统以计算机网络和数据库为基础，利用计算机软硬件将制造企业的经营、管理、计划、产品设计、加工制造、销售及售后服务等全部生产活动集成起来，将各种局部自动化系统集成起来，将各种资源集成起来，将人、机系统集成起来，实现整个企业的信息集成和功能集成。

4. 敏捷制造模式

随着市场竞争的加剧和用户要求的不断提高，大批量的生产方式正在朝单件、多品种方向转化。美国于 1991 年提出了敏捷制造的设想。敏捷制造的基本思想就是通过把灵活的动态联盟、先进的柔性制造技术和高素质的人员进行全面集成，从而使企业能够从容应付快速的和不可预测的市场需求，获得企业的长期经济效益。大规模生产系统是通过大量生产同样产品来降低成本，而采用新的生产系统能获得敏捷性生产，即使用户定做的数量很少，也能得到高质量的产品，并使单件成本降到最低。

敏捷制造(agile manufacturing)的基本定义如下：以柔性生产技术和动态组织结构为特点，以高素质、协同良好的工作人员为核心，实施企业间网络集成，形成快速响应市场的社会化制造体系。

在敏捷制造企业中，可以迅速改变生产设备和程序，生产多种新型产品。在大规模生产系统中，即使提高及时生产能力和采用精良生产，各企业仍主张独立进行生产。企业间的竞争促使各企业不得不进行规模综合生产。而敏捷制造系统促使企业采用较小规模的模块化生产设施，促使企业间的合作，每一个企业都将对新的生产能力作出部分贡献。

在敏捷制造系统中，竞争和合作是相辅相成的。在这个系统中，竞争的优势取决于产品投放市场的速度、满足各个用户需要的能力以及对公众给予制造业的社会和环境关心的响应能力。敏捷制造将一些可重新编程、可重新组合、可连续更换的生产系统结合成一个新的、信息密集的制造系统，以使生产成本与批量无关。对于一种产品，生产 10 万件统一型号产品和生产 10 万件不同型号的产品，其成本相同，敏捷制造企业不是采用以固定的专门部门为基础的静态结构，而是采用动态结构。其敏捷性是通过将技术、管理和人员三种资源集成为一个协调的、相互关联的系统来实现的。

敏捷制造企业的特点就是多个企业在信息集成的基础上的合作与竞争。信息技术是支持敏捷制造的一个有力的关键技术。所以，基于开放式计算机网络的信息集成框架是敏捷制造的重要研究内容。在计算机网络和信息集成基础结构之上构成的虚拟制造环境中，根据客户需要和社会经济效益组成虚拟公司或动态联合公司，这是未来企业的最高形式，它完全是由市场机遇驱动而组织起来的。这使企业的组成和体系结构具备前所未有的柔性。

敏捷制造企业具有许多传统企业所不具备的特征，下面分别从组织和管理方面、技术方面、员工素质方面、工作环境方面和社会环境方面列出敏捷制造企业应具备的主要特征。

(1) 敏捷制造企业的组织和管理系统

① 柔性可重构的模块化组织机构；

② 采用并行工作方式的多功能工作组；

③ 适当地下放权利；

④ 十分简化的组织机构和很少的管理层次；

⑤ 动态多方合作；

⑥ 具有远见卓识的领导群体；

⑦ 管理、技术和人的集成。

(2) 敏捷制造企业的技术系统

① 先进的设计制造技术；

② 产品设计的一次成功；

③ 敏捷模块化的技术装备；

④ 公开的信息资源；

⑤ 开放的体系结构；

⑥ 先进的通信系统；

⑦ 清洁的生产技术。

(3) 敏捷制造企业的产品

① 技术先进、功能使用无冗余；

② 产品终生质量保证；

③ 模块化设计；

④ 绿色产品。

(4) 敏捷制造企业的员工

① 高素质的雇员；

② 尊重雇员；

③ 员工的继续教育；

④ 充分发挥一线员工的作用。

(5) 敏捷制造企业的工作环境

① 工作环境的宜人性；

② 工作环境的安全性。

(6) 敏捷制造企业的外部环境

① 四通八达的国际企业网；

② 良好的社会环境。

5. 智能制造模式

(1) 智能制造的定义

智能制造技术是指在制造工业的各个环节以一种高度柔性与高度集成的方式，通过计算机模拟人类专家的智能活动，进行分析、判断、推理、构思和决策，旨在取代或延伸制造环境中人的部分脑力劳动，并对人类专家的制造智能进行收集、存储、完善、共享、继承与发展的技术。基于智能制造技术的智能制造系统(intelligent management system，IMS)则是一种借助计算机，综合人工智能技术、智能制造技术、材料技术、现代管理技术、制造技术、信息技术、自动化技术和系统工程技术，在国际标准化和互换性的基础上，使得制造系统中的经营决策、生产规划、作业调度、制造加工和质量保证等各个子系统分别智能化，成为网络集成的高速自动化制造系统。

智能制造系统的特点突出表现在以下几方面。

① 制造系统的自组织能力

自组织能力是指 IMS 中的各种智能设备能够按照工作任务的要求，自行集结成一种最合适的结构，并按照最优的方式运行。完成任务后，该结构随即自行解散，以备在下一个任务中集结成新的结构。自组织能力是 IMS 的一个重要标志。

② 制造系统的自律能力

IMS 能根据周围环境自身作业状况的信息进行监测和处理，根据处理结果自行调整控制策略，并采用最佳运行方案。这种自律能力使整个制造系统具备抗干扰、自适应和容错等能力。

③ 自学习和自维护能力

IMS 能以原有的专家知识为基础，在实践中不断进行学习，完善系统知识库，并删除库中有误的知识，使知识库趋向最优。同时，还能对系统故障进行自我诊断、排除和修复。

④ 整个制造环境的智能集成

IMS 在强调各生产环节智能化的同时，更注重整个制造环境的智能集成。这是 IMS 与面向制造过程中特定环节、特定问题的"智能化孤岛"的根本区别。IMS 覆盖了产品的市场、开发、制造、服务与管理整个过程，把它们集成为一个整体，系统地加以研究，实现整体的智能化。

IMS 的研究是从人工智能化在制造中的应用开始的，但又有所不同。人工智能在制造领域的应用是面向制造过程中特定对象的，研究结果导致了"智能化孤岛"的出现，人工智能在其中起辅助和支持的作用。而 IMS 是以部分取代制造中人的脑力劳动为目标，并且要求系统能在一定的范围内独立地适应周围环境，开展工作。同时，IMS 不同于计算机集成制造系统(computer integrated manufacturing system，CIMS)，CIMS 强调的是企业内部物流的集成和信息流的集成，而 IMS 强调的则是更大范围的整个制造过程的自组织能力。但两者又是密切相关的，CIMS 中众多研究内容是 IMS 发展的基础，而 IMS 又将对 CIMS 提出更高的要求。集成是智能的基础，而智能又推动集成达到更高水平，即智能集团。因此，有人预言，21 世纪制造工业将以智能和集成为标志。

(2) 智能制造研究的内容

① 智能制造理论和系统设计技术

智能制造概念的正式提出至今时间还不长，其理论基础与技术体系仍在形成过程中，它的精确内涵和关键技术仍需进一步研究。其内容包括：智能制造的概念体系、智能制造系统的开发环境与设计方法以及制造过程中的各种评价技术等。

② 智能制造单元技术的集成

人们在过去的工作中，以研究人工智能在制造领域中的应用为出发点，开发出了众多的面向制造过程中特定环节、特定问题的智能单元，形成了一个个"智能化孤岛"。它们是智能制造研究的基础。为使这些"智能化孤岛"面向智能制造，使其成为智能制造的单元技术，必须研究它们在 IMS 中的集成，并进一步完善和发展这些智能单元。它们包括：智能设计、生长过程的智能规划、生产过程的智能调度、智能检测和诊断、生产过程的智能控制、智能质量控制、生产与经营的智能决策等。

③ 智能机器的设计

智能机器是IMS中模拟人类专家智能活动的工具之一，因此，对智能机器的研究在IMS研究中占有重要地位。IMS常用的智能机器包括智能机器人、智能加工中心、智能数控机床和自动导引小车等。

6. 绿色制造模式

(1) 绿色制造的概念

20世纪60年代以来，全球经济以前所未有的高速度持续发展。但由于忽略了环境污染，带来了全球变暖、臭氧层破坏、酸雨、空气污染、土地沙化等恶果。传统的治理方法是末端治理，但不能从根本上实现对环境的保护。要彻底解决这些环境污染问题，必须从源头上进行治理。具体到制造业，就是要考虑产品整个生命周期对环境的影响，最大限度地利用原材料、能源，减少有害废物和固体、液体、气体的排放物，改进操作安全，减轻对环境的污染。产品的生命周期分为：产品开发、产品制造、产品使用及最后的产品处置。基于生命周期的概念，绿色制造可定义为：在不牺牲产品功能、质量和成本的前提下，系统考虑产品开发制造及其活动对环境的影响，使产品在整个生命周期中对环境的负面影响最小，资源利用率最高，并使企业经济效益和社会效益协调优化。

传统制造企业的追求目标几乎是唯一的，即追求最大的经济效益。企业为了追求最大的经济效益有时甚至不惜牺牲环境，另外，对资源消耗企业主要算经济账，而很少考虑人类世界有限的资源如何节约问题。绿色制造的实施要求企业要考虑经济效益，更要考虑社会效益。于是企业追求目标从单一的经济效益优化变革到经济效益和社会效益协调优化。

从上述定义可以看出，绿色制造具有非常深刻的内涵，其要点如下。

① 绿色制造涉及的问题领域包括三部分：一是制造问题，包括产品生命周期全过程；二是环境影响问题；三是资源优化问题。绿色制造就是这三部分内容的交叉和集成。

② 绿色制造中的"制造"涉及产品整个生命周期，是一个"大制造"概念。同计算机集成制造、敏捷制造等概念中的"制造"一样，绿色制造体现了现代制造科学的"大制造、大过程、许可交叉"等特点。

③ 由于绿色制造是一个面向产品生命周期全过程的大概念，因此近年来提出的绿色设计、绿色工艺规划、清洁生产、绿色包装等可看做是绿色制造的组成部分。

④ 资源、环境、人口是当今人类社会面临的三大主要问题，绿色制造是一种充分考虑前两种问题的一种现代制造模式。

⑤ 当前人类社会正在实施全球化的可持续发展战略，绿色制造实质上是人类社会可持续发展战略在现代制造业中的体现。

(2) 绿色制造技术研究的内容

① 绿色设计技术，主要包括：面向环境的产品设计，面向环境的制造、设计或重组，面向环境的工艺设计，面向环境的产品包装方案设计；

② 制造企业的物能资源优化技术；

③ 绿色管理模式和绿色供应链；

④ 绿色制造数据库和知识库；

⑤ 绿色制造的实施工具和产品；
⑥ 绿色集成制造系统的运行模式；
⑦ 制造系统环境影响评估系统；
⑧ 绿色制造的社会化问题研究。

习题与思考题

8-1 常规加工工艺和特种加工工艺有何区别？

8-2 特种加工的特点是什么？其应用范围如何？

8-3 电火花加工与线切割加工的原理是什么？各有哪些用途？

8-4 电火花线切割加工和电火花成形加工有哪些共性和不同点？

8-5 电解加工的原理是什么？应用如何？

8-6 简述激光加工的特点及应用。

8-7 激光与普通光相比有何特点？为什么激光可直接用于材料的蚀除加工，而普通光则不能？

8-8 简述超声波加工的基本原理、特点及应用范围。

8-9 电子束加工有什么特点？其应用范围如何？

8-10 电子束加工的特点和应用范围是什么？

8-11 电子束和离子束加工在原理上和在应用范围上有何异同？

8-12 微细制造技术主要用于制造微型机械，微型机械可以分成哪几个等级？其应用范围是哪些领域？

8-13 何为超精密加工技术？

8-14 根据加工方法的机理和特点，可以将超精密加工分哪几种类型？

8-15 简述 FMS 产生的背景及适用范围。

8-16 简述 FMS 的基本组成部分、基本功能及分类。

8-17 一个制造系统被称为柔性制造系统，至少应包含哪几个基本组成部分？

8-18 常见的 FMS 具有哪些功能？

参考文献

[1] 鲁昌国.金属切削原理及刀具[M]. 北京：国防科技大学出版社，2011.

[2] 凌爱.金属学与热处理[M].北京：机械工业出版社，2008.

[3] 陈霖，甘露萍.机械设计基础[M]. 北京：人民邮电出版社，2008.

[4] 杨坤怡.制造技术[M].2 版.北京：国防工业出版社，2007.

[5] 李喜桥.加工工艺学[M].2 版.北京：北京航空航天大学出版社，2009.

[6] 张茂.机械制造技术基础[M].北京：机械工业出版社，2007.

[7] 余爱香.机械加工工艺与实践[M].西安：西北工业大学出版社，2009.

[8] 魏康明. 机械加工技术[M]. 西安：西安电子科技大学出版社，2006.

[9] 李振杰. 机械制造技术[M]. 北京：人民邮电出版社，2009.

[10] 焦小明，孙庆群.机械加工技术[M]. 北京：机械工业出版社，2005.

[11] 杜可可. 机械制造技术基础[M]. 北京：人民邮电出版社，2007.

[12] 熊良山. 机械制造技术基础[M].2 版. 武汉：华中科技大学出版社，2012.

[13] 李凯岭. 机械制造技术基础[M]. 北京：科学出版社，2007.

[14] 曲宝章，黄光烨.机械加工工艺与实践[M].哈尔滨：哈尔滨工业大学出版社，2004.

[15] 张绪祥，王军. 机械制造工艺[M]. 北京：高等教育出版社，2007.

[16] 侯志敏，金铁兴. 机械制造技术[M]. 北京：航空工业出版社，2011.

[17] 倪小丹，杨继荣，熊运昌. 机械制造技术基础[M].北京：清华大学出版社，2007.

[18] 韩秋实. 机械制造技术基础[M].2 版.北京：机械工业出版社，2005.

[19] 饶华球. 机械制造技术基础[M]. 北京：电子工业出版社，2007.

[20] 赵雪松，赵晓芬.机械制造技术基础[M]. 武汉：华中科技大学出版社，2006.